水泥及混凝土检验员常用标准汇编

主　编　刘冬梅　邹凌彦
副主编　刘长恒　张红丽　马修辉
主　审　隋良志

U0212534

中国建材工业出版社

图书在版编目(CIP)数据

水泥及混凝土检验员常用标准汇编 / 刘冬梅,邹凌彦
主编 . —北京:中国建材工业出版社,2016.1
ISBN 978-7-5160-1273-4

Ⅰ. ①水… Ⅱ. ①刘… ②邹… Ⅲ. ①水泥-混凝土
-质量检验-标准-汇编-中国 Ⅳ. ①TU528.45-65

中国版本图书馆 CIP 数据核字(2015)第 202860 号

内 容 简 介

本汇编主要依据水泥和混凝土企业检验员常用的国家与行业标准进行编写,便于职业院校学生和从业者的查找和学习。本汇编共分水泥类、骨料类、掺合料类、混凝土外加剂类、混凝土用水标准、混凝土等六部分共计 32 个标准、规程。

此外,本书附有课件,内容包括水泥、混凝土检验员所用的主要产品标准、试验方法标准、工程检测试验、工程施工及验收规范等标准,图像、视频素材库,专家学者报告(PPT稿)等。

本汇编可作为职业院校材料工程技术专业的学生学习的辅助资料,也可作为相关技术人员的参考资料。

水泥及混凝土检验员常用标准汇编

主 编 刘冬梅 邹凌彦
副主编 刘长恒 张红丽 马修辉
主 审 隋良志

出版发行:中国建材工业出版社
地 址:北京市海淀区三里河路 1 号
邮 编:100044
经 销:全国各地新华书店
印 刷:北京雁林吉兆印刷有限公司
开 本:787mm×1092mm 1/16
印 张:27.75
字 数:686 千字
版 次:2016 年 1 月第 1 版
印 次:2016 年 1 月第 1 次
定 价:84.00 元

本社网址:www.jccbs.com.cn 微信公众号:zgjcgycbs
广告经营许可证号:京海工商广字第 8293 号
本书如出现印装质量问题,由我社网络直销部负责调换。联系电话:(010) 88386906

前　言

　　《水泥及混凝土检验员常用标准汇编》是按照教育部对职业技术教育培养目标"要逐步建立以能力培养为基础的、特色鲜明的专业课教材和实训指导教材"的建设思想，以职业技术教育能力本位教育理念为立足点，围绕高等职业教育特点、培养方向及目标定位而编写的。

　　本汇编立足在校的材料工程技术专业学生，面向在水泥、混凝土企业工作的检验技术人员，将现有的国家与行业最常用标准进行编写，便于初学者和有一定工作经验的从业者的查找和学习。汇编共分水泥类、骨料类、掺合料类、混凝土外加剂类、混凝土用水、混凝土类等六部分标准。此外，本书附有课件资料（登录 www.jccbs.com.cn 课件专区下载），内容包括水泥、混凝土检验员所用的各种产品、试验方法、工程检测试验、工程施工及验收规范等标准，图像、视频素材库，专家学者报告（PPT稿）等，供学习、使用者参考并开拓视野。

　　本汇编由黑龙江建筑职业技术学院刘冬梅、邹凌彦主编。具体编写分工为：刘冬梅编写了绪论、1.3、第四部分混凝土外加剂类及第五部分混凝土用水标准；邹凌彦编写第二部分骨料类；田文富编写了第一部分水泥类的1.1、1.2和1.4三部分；纪明香编写了1.5、1.6和1.7三部分；林甄编写了1.8、1.9及图像视频材料的收集及制作；刘长恒编写了第三部分掺合料类及课件的制作；张红丽编写了第六部分混凝土类6.1、6.2和6.3；马修辉编写了6.4、6.5和6.6；刘畅编写了6.7、6.8和6.9；贲珊编写了6.10、6.11和6.12。

　　本书在编写出版过程中得到了中国建材工业出版社的大力支持，北京耐尔得仪器设备有限公司和石家庄赞皇预拌混凝土有限公司为本书出版提供了帮助，书中引用了中国建筑工业出版社、中国质检出版社和中国计划出版社出版的相关标准、行业会议相关专家的PPT以及专家提供的图像和视频，在此一并表示诚挚的谢意！

　　在本书付梓之际，获悉《通用硅酸盐水泥》GB 175—2007 第2号修改单自2015年12月1日开始执行，旨在取消P·C32.5水泥，正文已更新。针对此类情况，书后随附"标准规范变更清单"白页，方便读者对相关标准变更信息及时记录整理。

　　本汇编由黑龙江建筑职业技术学院隋良志院长主审。

　　本汇编虽力求完美，但由于编者水平有限，加之时间仓促，难免存在疏漏错误之处，竭诚欢迎读者批评指正。

编者

2015 年 12 月

中国建材工业出版社
China Building Materials Press

我 们 提 供

图书出版、图书广告宣传、企业/个人定向出版、设计业务、企业内刊等外包、代选代购图书、团体用书、会议、培训，其他深度合作等优质高效服务。

编 辑 部	宣传推广	出版咨询	图书销售	设计业务
010-88385207	010-68361706	010-68343948	010-88386906	010-68361706

邮箱：jccbs-zbs@163.com　　　网址：www.jccbs.com.cn

发展出版传媒　　服务经济建设

传播科技进步　　满足社会需求

目 录

0 绪 论

第一部分 水 泥 类

第二部分 集 料 类

第三部分 掺 合 料 类

第四部分 混凝土外加剂类

0 绪 论

0.1 水泥

0.1.1 水泥发展史

水泥，是指一种细磨材料，加入适量水后成为塑性浆体，既能在空气中硬化，又能在水中硬化，并能把砂、石等材料牢固地粘结在一起，形成坚固的石状体的水硬性胶凝材料。水泥是无机非金属材料中使用量最大的一种建筑材料和工程材料，广泛用于建筑、水利、道路、石油、化工以及军事工程中。

水泥按化学组成可分为硅酸盐水泥、铝酸盐水泥和硫铝酸盐水泥三大类，其中硅酸盐水泥，又分为硅酸盐水泥、普通硅酸盐水泥、火山灰硅酸盐水泥、粉煤灰硅酸盐水泥、矿渣硅酸盐水泥、复合硅酸盐水泥六类；铝酸盐水泥和硫铝酸盐水泥为特种水泥。

水泥的发明是人类在长期生产实践中不断积累的结果，是在古代建筑材料的基础上发展起来的，经历了漫长的历史过程。

1. 西方古代的建筑胶凝材料

在水泥发明的数千年岁月中，西方最初采用黏土作胶凝材料。古埃及人采用尼罗河的泥浆砌筑未经煅烧的土砖，为增加强度和减少收缩，在泥浆中还掺入砂子和草。用这种泥土建造的建筑物不耐水，经不住雨淋和河水冲刷，但在干燥地区可保存多年。

大约在公元前3 000～2 000年间，古埃及人开始采用煅烧石膏作建筑胶凝材料，埃及古金字塔的建造中使用了煅烧石膏。

古希腊人与古埃及人不同，在建筑中所用胶凝材料是将石灰石经煅烧后而制得的石灰。罗马人将石灰加水消解，与砂子混合成砂浆，然后用此砂浆砌筑建筑物。采用石灰砂浆的古罗马建筑，其中有些非常坚固，甚至保留到现在。

古罗马人对石灰使用工艺进行改进，在石灰中不仅掺砂子，还掺磨细的火山灰，在没有火山灰的地区，则掺入与火山灰具有同样效果的磨细碎砖。这种砂浆在强度和耐水性方面较"石灰-砂子"的二组分砂浆都有很大改善，用其砌筑的普通建筑和水中建筑都较耐久。有人将"石灰-火山灰-砂子"三组分砂浆称为"罗马砂浆"。罗马人制造砂浆的方法得到广泛的传播，在古代法国和英国都曾普遍采用这种三组分砂浆，用它砌筑各种建筑。

2. 中国古代的建筑胶凝材料

中国建筑胶凝材料的发展有着自己的一个很长的历史过程。

（1）白灰面

早在公元前5 000～3 000年的新石器时代的仰韶文化时期，就有人用"白灰面"涂抹山洞、地穴的地面和四壁，使其变得光滑和坚硬。"白灰面"因呈白色粉末状而得名，它由天然姜石磨细而成。姜石是一种二氧化硅含量较高的石灰石块，常夹在黄土中，是黄土中的钙质结核。"白灰面"是至今被发现的中国古代最早的建筑胶凝材料。

（2）黄泥浆

公元前16世纪的商代，地穴建筑迅速向木结构建筑发展，此时除继续用"白灰面"抹

1

地以外，开始采用黄泥浆砌筑土坯墙。在公元前 403～221 年的战国时代，出现用草拌黄泥浆筑墙，还用它在土墙上衬砌墙面砖。在中国建筑史上，"白灰面"很早就被淘汰，而黄泥浆和草拌黄泥浆作为胶凝材料则一直沿用到近代社会。

（3）石灰

公元前 7 世纪的周朝出现了石灰，周朝的石灰是用大蛤的外壳烧制而成。蛤壳主要成分是碳酸钙，将它煅烧到碳酸气全部逸出即成石灰。《左传》中有记载："成公二年（公元前 635 年）八月宋文公卒，始厚葬用蜃灰"。蜃灰就是用蛤壳烧制而成的石灰材料，在周朝就已发现它具有良好的吸湿防潮性能和胶凝性能。到秦汉时代，除木结构建筑外，砖石结构建筑占重要地位。

砖石结构需要用性能优良的胶凝材料进行砌筑，这就促使石灰制造业迅速发展，纷纷采用各地都能采集到的石灰石烧制石灰，石灰生产点应运而生。那时，石灰的使用方法是先将石灰与水混合制成石灰浆体，然后用浆体砌筑条石、砖墙和砖石拱券以及粉刷墙面。

（4）三合土

在公元 5 世纪的中国南北朝时代，出现一种名叫"三合土"的建筑材料，它由石灰、黏土和细砂所组成。到明代，有石灰、陶粉和碎石组成的"三合土"。在清代，除石灰、黏土和细砂组成的"三合土"外，还有石灰、炉渣和砂子组成的"三合土"，"三合土"也就是以石灰与黄土或其他火山灰质材料作为胶凝材料，以细砂、碎石炉渣作为填料的混凝土。"三合土"与罗马的三组分砂浆，即"罗马砂浆"有许多类似之处。"三合土"自问世后一般用作地面、屋面、房基和地面垫层。"三合土"经夯实后不仅具有较高的强度，还较好的防水性，在清代还将其用于夯筑水坝。

（5）石灰掺有机物的胶凝材料

中国古代建筑胶凝材料发展中一个鲜明的特点是采用石灰掺有机物的胶凝材料，如"石灰-糯米"，"石灰-桐油"，"石灰-血料"，"石灰-白芨"以及"石灰-糯米-明矾"等。

据民间传说，秦代修筑长城中，采用糯米汁砌筑砖石。考古发现，南北朝时期的河南邓县的画像砖墙是用含有淀粉的胶凝材料衬砌；河南登封县的少林寺，北宋宣和二年、明代弘治十二年和嘉靖四十年等不同时代的塔，在建造时都采用了掺有淀粉的石灰作胶凝材料。明代修筑的南京城是世界上最大的砖石城垣，以条石为基，上筑夯土，外砌巨砖，用石灰作胶凝材料，在重要部位则用石灰加糯米汁灌浆，城垣上部用桐油和土拌和结顶，非常坚固。采用桐油或糯米汁拌和明矾与石灰制成的胶凝材料，其粘结性非常好，常用于修补假山石，至今在古建筑修缮中仍在沿用。中国古代建筑胶凝材料的发展，到达石灰掺有机物的胶凝材料阶段后就停止不前，而西方古代建筑胶凝材料则在"罗马砂浆"的基础上继续发展，朝着现代水泥的方向不断提高，最终发明水泥。

3. 现代水泥的发明

（1）水硬性石灰

18 世纪中叶，英国航海业已较发达，但船只触礁和撞滩等海难事故频繁发生。为避免海难事故，采用灯塔进行导航。由于材料在海水中不耐久，所以灯塔经常损坏，船只无法安全航行，迅速发展的航运业遇到重大障碍。为解决航运安全问题，寻找抗海水侵蚀材料和建造耐久的灯塔成为 18 世纪 50 年代英国经济发展中的当务之急。

1756 年，史密顿在建造灯塔的过程中，研究了"石灰-火山灰-砂子"三组分砂浆中不同石灰石对砂浆性能的影响，发现含有黏土的石灰石，经煅烧和细磨处理后，加水制成的砂浆能慢慢硬化，在海水中的强度较"罗马砂浆"高很多，能耐海水的冲刷。史密顿使用新发现的砂浆建造了举世闻名的普利茅斯港的漩岩（Eddystone）大灯塔。

用含黏土、石灰石制成的石灰被称为水硬性石灰。史密顿的这一发现是水泥发明过程中知识积累的一大飞跃，不仅对英国航海业做出了贡献，也对"波特兰水泥"的发明起到了重要作用。然而，史密顿研究成功的水硬性石灰，并未获得广泛应用，当时大量使用的仍是石灰、火山灰和砂子组成的"罗马砂浆"。

（2）罗马水泥

1796 年，英国人派克（J. Parker）将称为 Sepa Tria 的黏土质石灰岩，磨细后制成料球，在高于烧石灰的温度下煅烧，然后进行磨细制成水泥。派克称这种水泥为"罗马水泥"（Roman Cement）。"罗马水泥"凝结较快，可用于与水接触的工程，在英国曾得到广泛应用，一直沿用到被"波特兰水泥"所取代。

约在"罗马水泥"生产的同时期，法国人采用 Boulogne 地区的化学成分接近现代水泥成分的泥灰岩也制造出水泥。这种与现代水泥化学成分接近的天然泥灰岩称为水泥灰岩，用此灰岩制成的水泥则称为天然水泥。美国人用 Rosendale 和 Louisville 地区的水泥灰岩也制成了天然水泥。在 19 世纪 80 年代及以后的很长一段时间里，天然水泥在美国得到广泛应用，在建筑业中曾占很重要的地位。

（3）英国水泥

英国人福斯特（J. Foster）是一位致力于水泥的研究者。他将两份重量白垩和一份重量黏土混合后加水湿磨成泥浆，送入料槽进行沉淀，置沉淀物于大气中干燥，然后放入石灰窑中煅烧，温度以料子中碳酸气完全挥发为准，烧成产品呈浅黄色，冷却后细磨成水泥。福斯特称该水泥为"英国水泥"（British Cement）。

"英国水泥"由于煅烧温度较低，其质量明显不及"罗马水泥"，所以售价较低，销售量不大。这种水泥虽然未能被大量推广，但其制造方法已是近代水泥制造的雏型，是水泥知识积累中的又一次重大飞跃。

4. 波特兰水泥（硅酸盐水泥）

1824 年 10 月 21 日，英国利兹（Leeds）城的泥水匠阿斯谱丁（J. Aspdin）成为流芳百世的水泥发明人。"波特兰水泥"制造方法是："把石灰石捣成细粉，配合一定量的黏土，掺水后以人工或机械搅和均匀成泥浆。置泥浆于盘上，加热干燥。将干料打击成块，然后装入石灰窑煅烧，烧至石灰石内碳酸气完全逸出。煅烧后的烧块在将其冷却和打碎磨细，制成水泥。使用水泥时加入少量水分，拌和成适当稠度的砂浆，可应用于各种不同的工作场合。"

该水泥水化硬化后的颜色类似英国波特兰地区建筑用石料的颜色，所以被称为"波特兰水泥"。

由于阿斯谱丁未能掌握"波特兰水泥"确切的烧成温度和正确的原料配比，因此他的工厂生产出的产品质量很不稳定，甚至造成有些建筑物因水泥质量问题而倒塌。

1845 年，英国的强生在实验中一次偶然的机会发现，煅烧到含有一定数量玻璃体的水泥烧块，经磨细后具有非常好的水硬性。另外还发现，在烧成物中含有石灰会使水硬化后开裂。根据这些意外的发现，强生确定了水泥制造的两个基本条件：第一是烧窑的温度必须高到足以使烧块含一定量玻璃体并呈黑绿色；第二是原料比例必须正确而固定，烧成物内部不能含过量石灰，水泥硬化后不能开裂。这些条件确保了"波特兰水泥"质量，解决了阿斯谱丁无法解决的质量不稳定问题。从此，现代水泥生产的基本参数已被发现。

18 世纪的欧洲发生了人类历史上第一次工业革命，推动了西方各国社会经济的迅猛向前，建筑胶凝材料的发展步伐也随之加快。西方国家在"罗马砂浆"的基础上，1756 年发现水硬性石灰；1796 年发明"罗马水泥"以及类似的天然水泥；1822 年出现"英国水泥"；1824 年英国政府发布第一个"波特兰水泥"专利。当代建筑"粮食"——"波特兰水泥"（硅酸盐水泥）就这样在西方徐徐诞生，同时踏上了不断改进的征途。

水泥的发明是一个渐进的过程。水泥生产技术随着社会生产力发展，也有一个不断进步、成熟和完善的过程。今天，人们把水泥的生产过程形象的概括为"二磨一烧"，即按一定比例配合的原料，先经粉磨制成生料，再在窑内烧成熟料，最后通过粉磨制成水泥。在这个过程中，窑是核心设备，所以人们在研究水泥技术发展史的时候，往往以窑为代表。

回顾过去的近二百年，水泥生产先后经历了仓窑、立窑、干法回转窑、湿法回转窑和新型干法回转窑等发展阶段，最终形成现代的新型干法预分解窑。

0.1.2 世界水泥发展现状

美国地质调查局 2015 年 1 月矿产摘要数据显示，2014 年全球水泥产量为 41.8 亿吨，较 2013 年增长 1 亿吨；熟料产量 35.7 亿吨，较 2013 年增长 1 亿吨。水泥熟料厂约 2 300 家，粉磨站数量超过 2 600 座。水泥产能集中在中国、西欧、南亚、中东、非洲和东南亚。

美国水泥产量及消费量：2014 年美国国内水泥产量增长，34 个洲 97 家水泥厂共生产波特兰水泥 8 050 万吨，砌筑水泥 220 万吨。水泥产量继续维持在 2005 年 9 900 万吨的峰值之下，数家水泥厂持续保持停窑状态，许多其他水泥企业产能不能完全发挥，近几年有一些水泥厂已经停业。2014 年水泥销量显著提高，但低于 2005 年最高纪录约 4 100 万吨，总体销售额大约为 89 亿美元。大部分水泥用于制作混凝土，混凝土价值至少有 480 亿美元。近几年，大约 70% 的水泥销量流向预拌混凝土企业，11% 流向混凝土制品企业，9% 流向建筑承包商（主要是路面建设），4% 流向油井和天然气井建设，4% 流向建材经销商，2% 流向其他用途。德克萨斯州、加利福尼亚州、密苏里州、佛罗里达州和密歇根依次为美国水泥产量前五大区域，合计产量占美国总产量的 53%。美国近几年水泥产量及消费量情况见表 1。

表 1　美国近几年水泥产量及消费量情况

项目 ＼ 年度	2010	2011	2012	2013	2014
波特兰水泥及砌筑水泥/万吨	6 644.7	6 889.5	7 415.1	7 680.4	8 270
熟料/万吨	5 980.2	6 124.1	9 717.3	6 939.4	7 230
销量（包括出口）/万吨	7 116.9	7 340.2	7 995.1	8 329.1	8 910
进口水泥/万吨	601.3	581.2	610.7	628.9	720
进口熟料量/万吨	61.3	60.6	78.6	80.6	82
出口水泥及熟料量/万吨	117.8	141.4	174.9	167	130
消费量/万吨	7 120	7 220	7 790	8 170	8 910
均价/（美元/吨）	92	89.5	89.5	95	98.5
年末存量/万吨	618	627	692	658	610
水泥消费中进口比例/%	8	7	7	7	7

亚洲（78%）是世界水泥生产集中地，欧洲水泥协会国家（7%）、非洲（5%）和南美洲（3%）分列其后。中国占世界水泥总产量的58%，印度占6.2%，日本占1.4%，亚洲其他国家占12.9%。2014年全球各国水泥产量及产能见表2。

表2 世界各国水泥产量及产能 　　　　　　　　万吨

国家	水泥产量		熟料产能	
	2013 年	2014 年	2013 年	2014 年
中国	242 000	250 000	190 000	200 000
印度	28 000	28 000	28 000	28 000
美国	7 740	8 330	10 430	10 430
伊朗	7 200	7 500	8 000	8 000
俄罗斯	6 640	6 900	8 000	8 000
越南	5 800	6 000	8 000	8 000
土耳其	7 130	7 500	6 850	6 900
巴西	7 000	7 200	6 000	6 000
日本	5 740	5 800	5 500	5 500
沙特阿拉伯	5 700	6 300	5 500	5 500
印度尼西亚	5 600	6 000	5 100	5 000
泰国	4 200	4 200	5 000	5 000
韩国	4 730	4 770	5 000	5 000
埃及	5 000	5 000	4 600	4 600
意大利	2 200	2 200	4 600	4 600
巴基斯坦	3 100	3 200	4 340	4 400
墨西哥	3 460	3 540	4 200	4 200
德国	3 100	3 100	3 100	3 100
其他国家	53 600	52 500	34 800	34 900
全球	408 000	418 000	347 000	357 000

Global Cement Magazine 在 2012 年 12 期发布了全球产能最大的 20 个水泥企业名单，除六大跨国公司外，中国有九家企业上榜，此外还有两家印度企业，爱尔兰、巴西和俄罗斯各一家（表3）。

表3 世界水泥产能前20大企业（2011年）

排名	集团	总部	产能/百万吨	工厂数/个
1	拉法基 Lafarge	法国	225	166
2	豪瑞 Holcim	瑞士	216	149
3	中国建材 CNBM	中国	200	69
4	安徽海螺	中国	180	34
5	海德堡 Heidelbergcement	德国	118.4	71
6	冀东	中国	100	100

排名	集团	总部	产能（百万吨）	工厂数（个）
7	西迈克斯 Cemex	墨西哥	95.6	59
8	华润	中国	89	16
9	中材	中国	87	24
10	山水	中国	84	13
11	意水 Italcementi	意大利	74	54（另有 10 座粉磨站）
12	台泥	中国台湾	70	——
13	Volorantim	巴西	57	37
14	CRH	爱尔兰	56	11
15	UltraTech	印度	53	12
16	华新	中国	52	51
17	Buzzi Unicem	意大利	44.5	33（另有 67 座粉磨站）
18	Eurocement	俄罗斯	40	16
19	天瑞	中国	35	11
20	Jaypee	印度	34	16

0.1.3 我国水泥工业发展现状

我国经济正处于高速发展期，基础设施建设成为国内投资最主要的方式。因此，水泥作为最主要的原材料之一，必然也处于扩张阶段。据相关资料统计，改革开放时，我国水泥产量仅为 6 524 万吨，经过 30 年的发展，到 2014 年，我国的水泥总产量已达到了 247 619.36 亿吨，与 2013 年相比增长 1.8%。

从 2010～2014 年中国水泥产量数据来看，连续五年增加，但增长幅度放缓。从增长率来看，2011～2012 以及 2013～2014 波动较大，尤其是 2013～2014 年增长率下降了 7.9%。2014 年 10 月上旬，由国家发改委、外交部、商务部牵头编制的"丝绸之路经济带"和"21 世纪海上丝绸之路"总体规划上报国务院。这将掀起基建热潮，加快中西部地区的基础建设，将有利于水泥企业找到出路，此外，还将缓解国内水泥产能过剩的矛盾。

1. 我国水泥面临的问题

（1）产能过剩

当前我国水泥行业结构性产能过剩问题较为突出，水泥行业的产品结构目前仍是低标号普通水泥占主导地位，中、低档水泥产品过剩，而高档、优化的水泥产品却存在较大的缺口。目前，我国的水泥生产企业有两大类：一类是传统的小生产企业，这类企业由于采用的生产线设备、技术、工艺和配套环保设备等相对落后，导致水泥跑漏量较大、大气污染物排放量等无法满足当前国家对大气污染物限值排放标准的要求，而这部分小、多、散、弱的落后水泥产能将是国家"十二五"规划中"淘汰落后产能，加快产业整体升级"的重点；另一类是新型的现代化大型水泥集团，这类生产企业主要采用新型干法水泥熟料生产线、余热发电等先进技术，实现了产业技术的升级，其已建、在建和新建的水泥行业生产线需要配置的除尘设备一直是袋式除尘设备企业的主要目标市场之一。

淘汰落后产能是近年水泥行业政策的重点之一，是国家加快行业结构调整、实现节能减排的重要手段。根据《水泥工业"十二五"发展规划》，"十二五"期间完成 2.5 亿吨落后产能（主要指水泥熟料）淘汰任务。到 2015 年，基本淘汰落后产能。2012 年 7 月、9 月、2013 年 7 月、9 月，工信部公告了四批工业行业淘汰落后产能企业名单，其中，涉及水泥企业共 1647 家，合计淘汰落后产能 3.77 亿吨/年（主要包括粉磨机组及窑线、熟料及磨机等）。

（2）行业集中度低 产业布局不合理

水泥是国民经济建设的重要基础原材料。近年来，我国水泥工业发展速度快，但存在行业集中度偏低，产业布局不合理的状况。水泥工业产业集中度低，不仅造成了严重的环境污染和市场混乱，而且制约了企业自主创新和竞争力的提高。

水泥产业布局不合理是中国水泥行业诸多结构性矛盾中比较突出的一个重要方面。水泥具有产品附加值低，保质期有限，不宜远距离运输等特点，因此水泥市场具有很强的区域性特征。我国由于中、东部地区经济相对发达，水泥工业已形成较大规模，且存在区域性过剩；西部地区经济相对落后，自实施西部大开发以来，西部地区基础设施建设取得了实质性的进展，大批重大项目相继开工，西部地区全社会固定资产投资幅度增加，水泥需求相对旺盛。

2. 我国水泥生产的现状

（1）全面进入新型干法水泥时代

实现"低投资、国产化"是中国全面进入新型干法水泥时代的关键，海螺、山水等集团是实践这一过程的先行者。我国新型干法水泥的飞速发展，源于对新型干法水泥工艺技术的研究和装备的开发、设计、制造取得的重大进展。在过去开发和研制 2 000 t/d 成套技术装备的基础上，采取自行研制与引进吸收相结合的方式，进一步开发了 5 000 t/d、8 000 t/d、10 000 t/d 级的新型干法水泥生产成套技术装备。大型设备国产化率的提高，大大增强了企业的竞争力。新型干法水泥生产工艺和装备在"工艺过程节能化、技术装备大型化、生产环境清洁化、控制管理信息化"等方面取得了突出的成绩。由于技术的先进、成熟、可靠，使得新型干法水泥生产线的各项主要技术经济指标达到国际同类生产线的先进水平，制造成本明显下降，企业竞争力显著增强。

前瞻产业研究院发布的《2014—2018 年中国水泥行业产销需求与投资战略规划分析报告》显示，2012 年，我国新增投产水泥熟料生产线 124 条，全年新增水泥熟料年设计产能16 000 万吨；2013 年我国新增投产水泥熟料生产线 72 条，全年新增水泥熟料年设计产能9 430 万吨，新增产能较 2012 年有所减少；2014 年底，新投产 56 条新型干粉生产线点火，新增熟料产能 7 254 万吨，较 2 013 年全年新增的 8 906.3 万吨减少 1 600 万吨；截止到2014 年已建成的新型干法生产线 1 758 条，设计熟料产能 17.7 亿吨。

从水泥产量来看，近年来，我国水泥产量呈现逐年增长趋势，2009 年我国水泥产量为16.3 亿吨，同比增长 17.27%，为近年来最大增幅，2012 年我国水泥产量达到 21.8 亿吨，到 2013 年我国水泥产量为 24.1 亿吨，同比增长 10.55%。

单线产能正向大型化发展，继海螺几条 10 000 t/d 生产线投产后，河南天瑞荥阳12 000 t/d 生产线也已投入正常运行。

（2）新增产能不断回落、行业集中度提高

近年来，大型水泥企业集团的扩张推动了兼并重组步伐，并提高了大型企业集团在水泥工业中的集中度。统计数据显示，我国水泥企业集中度逐年提升，CR10 由 2007 年的 12% 上升至 2013 年的 46%。与国际比较来看，我国水泥企业的平均规模仍然偏小，未来存在进一步整合的空间。

2014 年国家经济转型促使水泥市场需求明显趋缓，部分地区甚至出现负增长，低迷的市场正考验着企业的经营，劣势企业与优势企业的差距进一步扩大。对产业布局优秀、现金流充裕的强势企业而言，市场下行是收购的最好时机，不但能够降低收购成本，且洽谈对象的意愿也较为强烈。2014 年行业并购活跃程度较 2012、2013 年明显减弱，按新闻及上市公司财报披露的信息统计，2014 年全国仅发生并购案例 30 余起。

（3）节能减排成效显著

数据显示，2014 年，全国水泥行业实现销售收入 9 792.11 亿元，比 2013 年增长 0.92%；实现利润总额 780 亿元，同比增长 1.4%，为历史第二高位；利润率达 7.97%。

"2014 年，水泥行业在困境中仍能取得这样的成绩实属不易。"乔龙德认为，在经历了高速增长之后，水泥行业从过往以速度和增量为主导，转向以创新提升、提高资源能源利用率，提高品种质量和效益为发展主旋律的新阶段。

3. 我国水泥发展趋势

（1）行业重组，市场集中度进一步提高

产业集中度将进一步提升，在（2009）国 38 号与（2010）国 7 号两个文件的双重作用下，水泥行业落后产能未来两三年内绝大部分将退出市场。同时，水泥企业兼并重组的质量和力度也将加快升级，从原先的大企业有点"饥不择食"的兼并，演变成大企业集团有选择性地并购区域龙头，企业数量将大大减少，产业集中度将大幅度得到提升，水泥行业集中度提高到一定水平后，区域内的优势企业对市场价格的主导作用、企业的盈利能力和抵御市场风险的能力将会显著增强。有业内人士预判：到 2015 年，前 10 名大企业集团的水泥熟料产量有望达到总产量的 50% 以上。

（2）节能减排，低碳高质绿色可持续发展

"中国制造 2025"规划和出台的增强制造业核心竞争力三年行动计划，从水泥产品的原材料、燃料的开采与选用、制造生产过程、产品运输与储存、产品的消费使用到产品寿命的结束的全生命周期的各个环节，全面贯彻低碳高质绿色理念，采用政策引导、法规标准、先进技术、科学管理等有效措施，对水泥行业全产业链的各个环节进行审视，进行全面规划、分步实施，力争使水泥行业从资源、能源消耗大、污染物排放量多的原材料制造业向原材料及成品制造和生产服务业转型。

水泥工业是单位 GDP 排放 CO_2 比较高的行业，原因有三：一是水泥能耗高附加值低；二是水泥熟料煅烧主要是用煤作燃料；第三个原因，也是最重要的原因，是用石灰石作原料。每吨熟料大约排放 0.8 t CO_2。因此，如何加大节能减排的力度，将水泥单位产值的 CO_2 排放量降下来，是水泥工业面临的一大课题。

现在水泥行业正在寻求各种途径降低 CO_2 排放。例如：（1）采用先进的节能技术及工艺，提高水泥窑炉的能量利用率以减少 CO_2 排放；（2）通过实施节电技术及采用节电设备降低电耗，减少与发电相关的 CO_2 排放；（3）通过集约化、规模化生产减少 CO_2 的排放；（4）使用替代原料作为生产熟料的原料；（5）使用磨细的矿渣、粉煤灰、天然火山灰或石灰石细粉来替代部分熟料；（6）大量使用某些可燃废弃物作为水泥窑炉的二次替代燃料；（7）提高水泥的品质，延长水泥、混凝土的使用寿命，以减少水泥的用量；（8）捕集回收窑尾CO_2加以综合利用，生产衍生产品等。

推进窑炉等热工设备节能改造，继续推广大型新型干法水泥生产线，推进水泥粉磨、熟料生产等节能改造，加强粉尘回收利用。要大力推广纯低温余热发电等窑炉余热梯级利用技术，全国约有1 700条水泥生产线，其中约1 130条生产线进行了技术改造，安装了余热发电装置，总装机容量达740万千瓦，可满足企业生产线三分之一的用电需求。

（3）走出去、走进去、走上去

面对国际水泥贸易市场萎缩及发展中国家大兴水泥项目工程建设的局面，我国水泥（含熟料）出口量呈下降趋势。在国家鼓励水泥企业"走出去"战略的支持下，中国中材集团、中国建材集团在水泥成套装备出口和工程总承包方面已做出了骄人的业绩。承包的工程项目，不但有5 000 t/d、6 000 t/d，还有10 000 t/d。与外国承包商相比，中国承包的海外水泥厂工程，其造价低25%～35%，工期短20%～30%，具有很强的竞争力，目前中国企业在国际水泥建设工程承包市场所占份额已达40%以上。

我国水泥行业近年来在工艺技术、装备制造、工程建设、生产管理等方面取得的巨大进步都有力地促使建材的优势产能"走出去"开展广泛的国际产能合作，迈出更大更坚实的步伐，形成水泥行业新的经济增长点和产业优化升级的重要举措。在优势产能"走出去"、"走进去"和"走上去"的过程中促进企业的国际化进程和竞争力的全面提高。未来的10年到20年，中国企业的国际化发展将迎来黄金时代。我们要在水泥企业国际化战略的实践中成长一批国际化企业。

（4）由单一的水泥生产向多元产业发展初见端倪

"大家办水泥"在过去是司空见惯的现象，例如煤炭、钢铁、化工、电力、轻工、农垦以及建筑、房地产开发等行业，早已涉足办水泥产业。而"水泥办大家"却是近些年才出现的新事物。例如：北京金隅集团，是在原先琉璃河水泥厂、北京水泥厂基础上发展起步的，现已成为集水泥、新型建材、房地产开发、物业投资及管理为核心产业的大型企业集团；再如内蒙古蒙西高新技术集团，是从一家名不见经传的水泥企业起家，目前产业已涉及水泥、高岭土、纳米材料、二氧化碳全降解塑料、粉煤灰提取氧化铝、技术开发等多个领域。最近从冀东水泥集团更名为"冀东发展集团"可知，新的冀东集团除继续做大做强水泥产业外，重点加强水泥装备制造、风电装备制造和工程承包建设，做大商品混凝土业务，并涉足房地产开发行业。

由此可见，水泥产业由单一的水泥生产向多元产业发展，不但对企业由小变大、由大变强有重要意义，而且对延伸产业链，推进建材、建筑、房地产开发三业联动发展，实现经济增长方式转变有重要意义，尤其对面临矿山资源即将枯竭的水泥企业转型更具有战略意义。

（5）水泥的行业"低碳高质绿色发展"

在2015年中国国际水泥峰会发改委环资司副司长马荣做了"发展循环经济是水泥工业的必然选择"演讲。

循环经济可从源头和生产过程解决我国可持续发展面临的资源环境约束，是建设生态文明的必由之路。实现全面建成小康社会和现代化建设目标，破解资源环境约束的最佳路径是绿色发展、循环发展、低碳发展，其中循环发展与绿色、低碳发展有很高的协同效应。循环发展就是通过发展循环经济，最有效节约和利用资源，实现"资源—产品—废弃物—资源"的闭合式循环，变废为宝，化害为利，少排放或不排放污染物，其基本理念是没有废物，废物是放错地方的资源，实质是实现资源永续利用，解决资源消耗过程中引起的环境污染问题。可以说，如果整个经济实现了循环发展，绿色发展、低碳发展的水平会大大提高。

水泥行业是废弃物产生和排放的重要行业，据测算，水泥行业消耗的石灰石占我国物质总消耗量的 20% 以上，水泥行业的颗粒物排放占全国总排放量的 20%～30%；二氧化碳排放占全国总排放量的 5%～6%；二氧化氮占全国总排放量的 12%～15%。由于总量基数大，其污染物总排放量也较大。同时，水泥行业也是消纳废弃物的重要行业，据行业协会测算，中国水泥行业利用了全国 50% 以上的工业废渣，同时还有一些城市垃圾、污泥以及可替代原料的利用，行业发展循环经济的前景乐观。水泥行业应从以下几方面继续加强相关工作。

① 加强节能降耗

要推进窑炉等热工设备节能改造，继续推广大型新型干法水泥生产线，推进水泥粉磨、熟料生产等节能改造，加强粉尘回收利用。要大力推广纯低温余热发电等窑炉余热梯级利用技术，全国约有 1 700 条水泥生产线，其中约 1 130 条生产线进行了技术改造，安装了余热发电装置，总装机容量达 740 万千瓦，可满足企业生产线三分之一的用电需求，但还存在运行率不足等问题。

② 推动利废建材规模化发展

推进利用矿渣、煤矸石、粉煤灰、尾矿、工业副产石膏、建筑废弃物和废旧路面材料等大宗固体废物生产水泥等建材产品。在大宗固体废物产生量、堆存量大的地区，优先发展高档次、高掺量的利废新型建材产品。培育利废建材行业龙头企业。把推广绿色建材产品放到重要位置，提高高标号水泥及高性能混凝土的应用比例，推进水泥及混凝土用量的减量化。

③ 推进水泥窑协同资源化处理废弃物

鼓励水泥窑协同资源化处理城市生活垃圾、污水厂污泥、危险废物等，替代部分原料、燃料，提高我国废弃物无害化处理能力，推动建立相关技术标准和规范，探索建立企业与政府在协同资源化处理废弃物方面的合作机制。推进水泥行业与相关行业、社会系统的循环链接，促进产业融合发展。

④ 构建循环经济产业链

把建材行业作为循环链接的关键行业，发挥水泥行业消纳废弃物的特性，推动水泥行业成为园区循环化改造的重要内容，按照"布局优化、企业集群、产业成链、物质循环、集约发展"的要求，推动各类产业园区实施循环化改造，构建工业生产—废渣—建材，建筑废弃物、路面材料—建材、水泥，水泥—粉尘—水泥等产业链，实现企业、产业间的循环链接，提高产业关联度和循环化程度，促进园区绿色低碳循环发展。

0.2　混凝土

0.2.1　混凝土发展简史

波特兰水泥的发明开创了现代混凝土的历史，混凝土材料在发展初期，因为科学技术水平较低，质量很差。1850 年发明的钢筋混凝土弥补了混凝土抗拉性能较低的缺陷，这是在混凝土发展史上产生的第一次飞跃。

随着钢筋混凝土理论研究和实验研究的不断深入，出现了大量混凝土材料的科学理论。1896 年，法国人 Feret 提出了以孔隙含量为主要因素的强度公式；1918 年美国人阿布拉姆（Abram D）通过大量实验建立了水灰比理论，1925 年，利兹（Lyse）发表了水灰比学说、恒定用水量学说，奠定了现代混凝土理论的基础。1928 年法国弗瑞西奈（Freyssinet）提出了混凝土的收缩和徐变理论。1928 年发明了预应力钢筋混凝土，发挥了混凝土与钢筋的协同功能，在减少结构断面、增大荷载能力、提高抗裂性和耐久性等方面起到了显著的作用，这是混凝土发展史上的第二次飞跃。

1935 年，美国 E. W. Scripture 研究出木质素磺酸盐减水剂，通过强力搅拌、振动成型干硬与半干硬性混凝土，C50 和 C60 等级混凝土得到了广泛的工程应用。1962 年日本花王石碱公司服部建一博士研制出更高减水率的 β-奈磺酸甲醛缩合物钠盐减水剂，可用于制备高强（抗压强度达 100 MPa）或坍落度达 20 cm 以上的混凝土。1964 年联邦德国研制了磺化三聚氰胺甲醛树脂减水剂，并利用该减水剂制备高强或大流动性混凝土，将混凝土浇筑形式由人工或吊罐浇筑发展为泵送方式，促进混凝土生产水平与施工水平的提升。高效减水剂的应用成为混凝土发展史上第三次飞跃。近年来，随着混凝土材料的高性能化，聚羧酸系、氨基磺酸系、大流动度和坍落度经时损失小的新型高效减水剂得到了迅速的开发和应用。

因此，混凝土的发展简史可简单归纳为混凝土材料由塑性、干硬性到流态化的依次替代发展过程，也可以归纳为由简单应用、理论创新到技术创新的过程。

0.2.2 当今混凝土新特点

2014 年，中国混凝土行业也步入了更加成熟的一年，告别高速增长时代，行业迎来减速慢行的中高速增长时期，整体景气度伴随投资增速的放缓也趋于缓慢下行，根据中国混凝土网的不完全统计，2014 年我国商品混凝土总产量为 23.71 亿立方米，较上一年同比增长 7.94%，增速较上一年下滑 13.54 个百分点。

2014 年全国固定资产投资增速下滑，全年固定资产投资（不含农户）502 005 亿元，同比增长 15.7%（扣除价格因素实际增长 15.1%），12 月累计环比增速比 1～11 月份回落 0.1 个百分点。去年全国房地产开发投资额为 9.50 万亿元，同比增长 10.5%，12 月累计环比增速比 1～11 月回落 1.4 个百分点。房地产市场在前期限购、限贷调控政策整体不放松、信贷政策不断趋紧情况下，住宅市场低迷，需求观望情绪严重，房地产投资的增速明显下滑。2014 年我国铁路建设完成投资 8 088 亿元；新线投产 8 427 公里，创历史最高纪录，而 2015 年国内铁路投资额有望增至 9 500 亿元，超出原计划的 8 000 亿规模。今年国家在基础设施建设方面的力度将比去年有所加大，随着新型城镇化建设的进一步推进，未来将会改变过去以大城市为主导的发展模式，加快城市间互联互通建设，铁路、机场、城市轨道交通建设将呈现快速发展态势，预计将给混凝土行业带来较大的拉动作用。

从新中国成立至今，我国混凝土先后经历了预制混凝土和预拌混凝土两个主要发展阶段，并已经从建筑工程中发展成为一个独立的产业。目前，随着城市化水平不断提高和国家基础设施建设的不断扩大，混凝土用量逐年增加，预拌混凝土技术得到了巨大的发展，我国已经成为世界上混凝土和预拌混凝土应用量最大的国家。近十年来，随着世界经济的繁荣发展，欧美等发达国家的混凝土年产量也处于平稳上升阶段，混凝土及其结构已经变成现代世界经济的重要支柱。表 4 给出了今年来不同国家或者组织的预拌混凝土年产量。

表4 不同国家或者组织的预拌混凝土实际年产量（亿 m³）

年份 国家	2000	2002	2003	2004	2005	2006	2007	2008
中国	0.732	1.398	—	—	3.570	4.280	5.840	6.467
欧盟	—	—	3.49	3.56	3.7	3.97	3.96	—
俄罗斯	—	—	0.41	0.43	0.40	—	0.38	—
美国	—	—	3.10	3.30	3.45	—	3.15	—

现代混凝土已经被广泛用于建筑结构、铁路、桥梁、隧道、水工、海洋等各个行业。现代混凝土工业的集约化生产、施工和科学管理技术，促进了混凝土应用技术的不断进步。混凝土科学理论的不断创新不仅将矿物掺合料等原材料引入到现代混凝土中，而且还进一步推动了高性能混凝土、超高强混凝土、自密实混凝土、生态（种植）混凝土、橡胶混凝土、导电混凝土等技术欣欣向荣地发展。近几十年来，随着混凝土外加剂技术、混凝土施工工艺及设备、原材料制备、结构设计新形势、基础理论和质量管理等各个方面的发展，混凝土应用领域得到了进一步扩大，混凝土发展体现出新的特点。

首先，混凝土品种日益繁多，包括了普通塑性混凝土、流态混凝土、自密实混凝土、高强混凝土、轻骨料混凝土、重混混凝土、清水混凝土、纤维混凝土和装饰混凝土等。

其次，预拌混凝土成为混凝土主要的生产方式，生产方式的转换促进了混凝土质量的全面提高，并推动了混凝土行业的全面进步。

第三，我国处于工业化和城市化的加速期，商品混凝土年产量逐年提高，而欧洲、美国、日本等发达国家，经过二战后的长期基础建设，现今混凝土及商品混凝土用量表现为缓慢平稳增长。

第四，混凝土强度等级逐年提高，以 2006 年北京市商品混凝土统计为例，C30 和 C40 等级已经占据最大市场份额。国内建筑物已经成功应用 C100 以上等级的混凝土，日本已经成功应用强度高达 150 MPa 的混凝土。

第五，混凝土综合利用工业废弃物的逐年提高，粉煤灰、矿渣、硅灰等的年消耗量相应提高。积极探求传统混凝土组成材料的科学环保的替代物，例如针对传统的天然砂石骨料，可将建筑垃圾再生骨料与海砂等视为可用的骨料资源。上述均有利于保护环境和可持续发展。

最后，混凝土耐久性成为设计、施工等方面首要关注的问题。混凝土研究热点集中到提高耐久性、研究并应用特种混凝土、扩展混凝土应用领域等方面。

0.2.3 预拌混凝土的定义

根据我国现行行业标准《建筑材料术语标准》JGJ/T 191—2009 的规定，预拌混凝土（ready-mixed concrete）是指在搅拌站生产的、在规定时间内运至使用地点、交付时处于拌合物状态的混凝土。在国家产品标准《预拌混凝土》GB/T 14902—2012 中，对预拌混凝土作出的定义为：在搅拌站（楼）生产的、通过运输设备送至使用地点的、交货时拌合物的混凝土。

0.2.4 预拌混凝土面临的新问题

混凝土本身是一种不均匀的可变材料，原材料、配合比、生产、施工、养护和试验等因素均会影响到混凝土质量。因此，混凝土质量控制通常包括原材料质量控制、配合比控制、生产和施工质量控制、混凝土质量检验和验收等内容。应当指出，随着混凝土原材料品种的日益增多，生产和施工方式的不断变化，新型混凝土不断出现，混凝土应用领域不断扩展，这些均增加了混凝土质量控制难度。

1. 原材料质量控制难度加大

普通混凝土的原材料包括水泥、矿物掺合料、粗细骨料、外加剂和水等。其中水泥是影响混凝土质量的重要元素之一。从水泥工业的发展背景来说，20 世纪 20 年代以来，水泥的矿物组分和强度等性能随着水泥工业的现代化进程而发生了巨大变化。A. M. Neville 在《Properties of concrete》一书中指出水泥变化可主要概括如下：

（1）C_3S 含量有所增长，C_2S 含量相应降低

以英国为例，C_3S 含量从 1960 年的 40% 左右加到 20 世纪 70 年代的 54% 左右，C_2S 含量则相应降低，从而一直保持硅酸钙总量的 70%～71% 左右。在法国，从 20 世纪 60 年代中期到 1989，硅酸盐水泥的 C_3S 平均含量从 42% 增加到 58.4%，而 C_2S 含量则同时从 28% 降低到 13%。

（2）早期水泥胶砂强度增加

水泥胶砂强度的变化使固定水胶比的 7 d 强度明显增加，28 d 强度也是如此。而在 28 d 龄期之外缺乏显著的强度增长。混凝土立方体强度要达到 32.5 MPa，在 1970 年需要 0.50 的水灰比，而 1984 年则需要 0.57 的水灰比。假定工作性能够保持一致，即保持混凝土的立方米用水量为相同的 175 kg/m³，则水泥用量从 350 kg/m³ 降低到 307 kg/m³。采用更高水胶比和最低水泥用量导致混凝土具有更高渗透性，从而更易被碳化或被侵蚀物质渗透，一般具有更低的耐久性。与使用"旧"水泥的混凝土相比，快速获得早期强度也意味更早获得足够的拆模强度，这样就停止了早期有效养护，从而使混凝土长期性能不能得到改善。

（3）水泥胶砂 28 d 强度与 7 d 强度之比降低

由于 C_3S 含量与 C_3S 含量之比变大，受其水化速度影响，前 28 d 龄期的水泥胶砂强度快速增长，导致 28 d 强度与 7 d 强度之比降低。在低水胶比时，水泥胶砂 28 d 强度与 7 d 强度比值更低。结果之一导致现代水泥含有更多的碱。1923 年使用高 C_3S 含量、低细度的水泥配制混凝土，其抗压强度与龄期的对数成线性关系达到 25 或 50 年。1937 年使用 C_3S 低含量、高细度的水泥配制混凝土，其抗压强度与龄期的对数成线性关系大约 10 年，近年来，随着关系更短。

（4）水泥细度不断提高

与过去相比，由于现在水泥工业采用新型生产设备，特别是新型粉磨设备的不断更新进步，使得水泥比表面积（细度）稳步提高。应当指出，提高水泥比表面积和降低生产成本之间一直存在博弈问题。提高水泥比表面积可以提高早期水化速度和强度，进而提高水泥售价，但是过度粉磨而令生产成本提高。因此，水泥生产商更热衷于充分利用生产设备技术更新，找到两者平衡关系。此外，掺加助磨剂也是提高水泥细度的常用生产方式。

从上面可以看，很多高强水泥可采用高 C_3S、低 C_3S，高细度的方式实现早期高强目标。一尽管使用"高强水泥"可以降低规定强度的水泥用量、加快拆模、加速工程进度，而使建设总承包方获取丰厚利益，但是高水胶比和低水泥用量容易导致混凝土的渗透性较高，一般耐久性较差。过高早期强度和过早放弃模板的有效养护同样对工程质量产生安全隐患。

（5）掺合料的应用

由于混凝土中引入粉煤灰、矿粉等矿物掺合料，相同水胶比不同胶凝材料体系的混凝土也会产生性能差异。一般在配合比设计时，可根据水胶比大小、混凝土使用部位等因素，确定矿物掺合料的类型和用量。在满足混凝土设计强度和耐久性的基础上，选用较大水灰比，以节约水泥，降低混凝土成本。

由于矿物掺合料水化速度较慢，对混凝土后期强度贡献较大，掺加粉煤灰和矿粉等有利于改善混凝土综合性能。混凝土所用粉煤灰、矿粉和硅灰等矿物掺合料一般为工业废弃物所生产，利用矿物掺合料符合节能、低碳和可持续发展的产业政策要求。在实际应用过程中，为了进一步降低水泥用量并保持相应的拌合物性能和抗压强度，过量或劣质的矿物掺合料被引入到普通混凝土中，结果导致混凝土出现碳化深度过大、抗渗性能较差等现象。根据北京市商品混凝土配合比实际调研结果：配制 C20 混凝土使用的最低胶凝材料用量为 274 kg/m³，而矿物掺合料比例最高可达 67%；配制 C60 混凝土使用的最高胶凝材料用量为 605 kg/m³，而矿物掺合料比例最高可达 36%。许多现行标准规定，宜采用 I 级或 II 级粉煤灰，S75 等级以上矿粉用于混凝土生产。由于我国混凝土年产量巨大，消耗大量的胶凝材料，导致很多劣质矿物掺合料也被用于生产混凝土，造成许多质量隐患。

（6）砂石品质下降

近几十年来，我国砂石年产量急剧上升（表5），许多砂石资源丰富的地区也出现资源减少或枯竭现象。我国的砂石生产厂家普遍存在生产规模小、生产设备落后、技术水平较低、管理混乱等问题。这些均导致了砂石品质的降低、或产品规格不能够满足生产要求，进而影响到混凝土各种性能。以北京为例，由于缺乏天然中砂，生产混凝土所用天然砂的含石率一般在 20% 左右，有时候甚至使用粉砂和粗机制砂复配来生产混凝土。随着人工砂应用比例的提高和生产设备的改善，今后的砂石质量将会得到一定程度的提高。

表5　我国的砂石年用量

年　份	砂石年用量/万吨
1978	31 270
1990	104 855
2000	253 500
2007	680 000
2008	约 700 000

（7）外加剂的使用，使混凝土耐久性受影响

作为新一代高性能减水剂，聚羧酸系高性能减水剂得到了广泛应用，市场份额逐年增加。我国的京沪高速铁路、三峡大坝、青藏铁路等重大工程均使用了聚羧酸系高性能减水剂。与传统萘系高效减水剂相比，其具有更高的减水率，可以使混凝土获得更好的工作性能、力学性能和耐久性能，适用于普通混凝土和高强混凝土生产。随着我国混凝土外加剂工业的技术进步，未来几年内聚羧酸系高性能减水剂将取代萘系高效减水剂成为混凝土减水剂市场主流产品。

众所周知，水胶比是混凝土质量控制的一个重要参数。在水泥、骨料用量均不变的情况下，水灰比越大，拌合物流动性增加，反之则减小。水灰比过小，水泥浆体粘稠，拌合物流动性偏低。水灰比过大，会造成混凝土拌合物黏聚性和保水性不良。水胶比还直接影响混凝

土的孔隙率及孔结构，进而影响到混凝土力学性能和耐久性能。水胶比大的混凝土中毛细孔径较大，且形成了连通的毛细孔体系，试验证明，抗渗性随水灰比的增加而下降，当水灰比大于 0.6 时，混凝土抗渗性急剧下降。更通俗地来说，水胶比与混凝土强度密切相关，并影响混凝土的收缩、徐变、抗冻融性能、抗碳化、抗硫酸盐侵蚀等性能。因此，水灰比不能过大或过小，一般应根据混凝土的强度和耐久性要求合理选用。

2. 混凝土配合比控制难度增加

随着现代混凝土的快速发展，传统混凝土配合比设计理念受到新的挑战，配合比设计面临一些新的问题，其中包括：配合比指标以抗压强度为主转变为以耐久性设计为主；矿物掺合料的类型及掺量的提高；外加剂的普遍应用；特殊混凝土的性能要求等。

（1）从强度设计到耐久性设计的转变

混凝土的应用领域不断拓广，广泛应用于建工、水利、铁路、交通、港工、核电等技术领域，应用领域的拓展对混凝土耐久性能提出了更加严格的要求。

（2）不同矿物掺合料的比例及掺量

作为混凝土的第六组分，矿物掺合料对于配制现代高性能混凝土具有重要的意义，它的主要作用体现为改变混凝土拌合物性能、力学性能和耐久性能等，同时降低经济成本、利用工业废渣、保护环境。矿物掺合料的比例和掺量对混凝土质量影响很大，并与水泥、外加剂等材料存在相容性问题。

（3）新型高效减水剂的普遍应用

新型高效减水剂，特别是聚羧酸系高效减水剂的应用，改变混凝土综合性能。从流变学角度来看，传统高强混凝土拌合物的黏度较高，而新型高效减水剂可以降低低水胶比混凝土的黏度。此外，高效减水剂配制低强度等级混凝土，很容易出现离析泌水现象，对混凝土单位用水量也更加敏感，对其他原材料的相容性也提出更加严格的要求，此外对计量精度及设备也有更高的要求。

（4）特种混凝土对配合比设计的特殊要求

高强混凝土、自密实混凝土、轻骨料混凝土、纤维混凝土、泵送混凝土等对配合比设计的具体要求并不相同。这些特种混凝土的定义其实存在交叉之处，又难于完全重合。进行不同混凝土的配合比设计时，必须把混凝土的某些性能突出，并以普遍性原则或规律指导不同混凝土配合比的配制或设计。

3. 生产和施工质量控制

现代混凝土与传统混凝土的生产和施工差异较大，目前我国预拌混凝土比例超过了44%。以东部经济发达地区、大中城市为代表具有较高的混凝土技术水平，不仅预拌混凝土比例高，而且采用更加先进的施工设备和施工技术，特种混凝土应用比例也逐年增大，近年兴建的广州西塔、北京国贸、上海中心等混凝土工程体现了世界级先进水平。以西部和农村为代表的广大区域则仍然采用塑性混凝土或落后施工工艺。这种发展不平衡局面必然导致我国标准规范涉及面要广，提出的生产和施工质量控制指标要同时兼顾不同生产及施工方式。此外，我国目前建设普遍要求工程工期较短，这种情况也对生产和施工本身提出了更多要求，难度加大。

随着现代混凝土技术的快速发展，传统意义上对预拌混凝土的技术要求已无法完全适应实际应用和发展趋势，预拌混凝土的生产应用面临一些新的问题，其中包括：混凝土设计从过去的侧重考虑强度指标转变为综合考虑耐久性指标；矿物掺合料的类型多样化及掺量的提高；新型高效外加剂的普遍应用及生产质量控制等。

4. 高强混凝土发展所存在的问题

尽管高强混凝土在世界各地得到广泛应用，但是仍存在一些需要解决的技术问题，可归纳如下：

（1）自收缩开裂

由于高强混凝土采用更低的水胶比（或水灰比）配制，所以其自收缩比普通混凝土更大。这是由于水泥水化吸收毛细管中的水，导致毛细管失水而成真空状态，进而内部产生负压，使水泥产生自收缩。当自收缩应力大于混凝土抗拉应力时，就会出现开裂现象。

（2）湿胀开裂

硬化后的高强混凝土内部含有大量的未水化水泥颗粒，当环境中的水扩散到混凝土内部，这些颗粒会继续水化，形成体积约为未水化水泥体积2.1倍的水泥凝胶。此时，混凝土内部没有可供凝胶生长的空间而产生膨胀应力，当其应力超过混凝土抗拉应力时，就会出现开裂现象。

（3）拌合物稠度

与普通混凝土相比，高强混凝土拌合物的水胶比更低、黏性更大，对于超高强混凝土来说，如何解决抗压强度与拌合物稠度之间的矛盾关系至为重要。必须保证稠度指标满足现代化的泵送施工或预制生产要求。

（4）高温爆裂

高温爆裂是高强混凝土建筑结构物所面临的一个严重问题。一般以为 60 MPa 以上高强混凝土经常会发生遇火爆裂现象。高温爆裂程度随着混凝土强度增长而加剧。

（5）温度裂缝

高强混凝土的胶凝材料用量很大，大量的水泥水化放热极易导致温度开裂。因此，必须尽量降低混凝土的水泥用量。

事实上，为了解决高强混凝土的上述问题，大量的研究人员已经做出了富有成效的工作，并获得了一部分研究成果。这些成果包括：

① 采用高贝利特类低热水泥，或采用二元或三元体系水泥（一般是将普通硅酸盐水泥和矿粉以及硅灰按照一定比例在水泥厂预拌）来配制高强混凝土；

② 高强混凝土用于干燥环境，或表面涂刷防水层，或采用钢管混凝土方式；

③ 降低高强混凝土中的水泥用量，通过提高矿物掺合料和优化配合比来降低硬化混凝土中的未水化水泥含量；

④ 采用新型高效外加剂和保持一定的用水量，来保证混凝土的工作性；

⑤ 通过掺加纤维等方式消除由于胶凝材料过量而引起的开裂并可改善混凝土脆性；

⑥ 通过掺加直径更小、长度更短的聚丙烯纤维（PP）和缩醛树脂纤维（PA）来降低高温爆裂。PP 纤维可用于抗压强度 80～100 MPa 的混凝土，而 PA 纤维可用于抗压强度 120 MPa 或更高的混凝土。

第一部分 水泥类

（一）产品标准类

1.1 通用硅酸盐水泥 GB 175—2007

1 范围

本标准规定了通用硅酸盐水泥的定义与分类、组分与材料、强度等级、技术要求、试验方法、检验规则和包装、标志、运输与贮存等。

本标准适用于通用硅酸盐水泥。

2 规范性引用文件

下列文件中的条款通过本标准的引用而成为本标准的条款。凡是注日期的引用文件，其随后所有的修改单（不包括勘误的内容）或修订版均不适用于本标准，然而，鼓励根据本标准达成协议的各方研究是否可使用这些文件的最新版本。凡是不注日期的引用文件，其最新版本适用于本标准。

GB/T 176 水泥化学分析方法（GB/T 176—2008，eqv ISO 680：1990）

GB/T 203 用于水泥中的粒化高炉矿渣

GB/T 750 水泥压蒸安定性试验方法

GB/T 1345 水泥细度检验方法（筛析法）

GB/T 1346 水泥标准稠度用水量、凝结时间、安定性检验方法（GB/T 1346—2001，eqv ISO 9597：1989）

GB/T 1596 用于水泥和混凝土中的粉煤灰

GB/T 2419 水泥胶砂流动度测定方法

GB/T 2847 用于水泥中的火山灰质混合材料

GB/T 5483 石膏和硬石膏

GB/T 8074 水泥比表面积测定方法（勃氏法）

GB 9774 水泥包装袋

GB 12573 水泥取样方法

GB/T 12960 水泥组分的定量测定

GB/T 17671 水泥胶砂强度检验方法（ISO法）（GB/T 17671—1999，idt ISO 679：1989）

GB/T 18046 用于水泥和混凝土中的粒化高炉矿渣粉

JC/T 420 水泥原料中氯离子的化学分析方法

JC/T 667 水泥助磨剂

JC/T 742 掺入水泥中的回转窑窑灰

3 术语和定义

下列术语和定义适用于本标准。

通用硅酸盐水泥 common portland cement

以硅酸盐水泥熟料和适量的石膏、及规定的混合材料制成的水硬性胶凝材料。

18

4 分类

本标准规定的通用硅酸盐水泥按混合材料的品种和掺量分为硅酸盐水泥、普通硅酸盐水泥、矿渣硅酸盐水泥、火山灰质硅酸盐水泥、粉煤灰硅酸盐水泥和复合硅酸盐水泥。各品种的组分和代号应符合5.1的规定。

5 组分与材料

5.1 组分

通用硅酸盐水泥的组分应符合表1的规定。

表1   %

品　种	代号	组　分				
		熟料＋石膏	粒化高炉矿渣	火山灰质混合材料	粉煤灰	石灰石
硅酸盐水泥	P·Ⅰ	100	—	—	—	—
	P·Ⅱ	≥95	≤5	—	—	—
		≥95	—	—	—	≤5
普通硅酸盐水泥	P·O	≥80且<95		>5且≤20a		
矿渣硅酸盐水泥	P·S·A	≥50且<80	>20且≤50b	—	—	—
	P·S·B	≥30且<50	>50且≤70b	—	—	—
火山灰质硅酸盐水泥	P·P	≥60且<80	—	>20且≤40c	—	—
粉煤灰硅酸盐水泥	P·F	≥60且<80	—	—	>20且≤40d	—
复合硅酸盐水泥	P·C	≥50且<80		>20且≤50e		

a 本组分材料为符合本标准5.2.3的活性混合材料，其中允许用不超过水泥质量8%且符合本标准5.2.4的非活性混合材料或不超过水泥质量5%且符合本标准5.2.5的窑灰代替。

b 本组分材料为符合GB/T 203或GB/T 18046的活性混合材料，其中允许用不超过水泥质量8%且符合本标准第5.2.3条的活性混合材料或符合本标准第5.2.4条的非活性混合材料或符合本标准第5.2.5条的窑灰中的任一种材料代替。

c 本组分材料为符合GB/T 2847的活性混合材料。

d 本组分材料为符合GB/T 1596的活性混合材料。

e 本组分材料为由两种（含）以上符合本标准第5.2.3条的活性混合材料或/和符合本标准第5.2.4条的非活性混合材料组成，其中允许用不超过水泥质量8%且符合本标准第5.2.5条的窑灰代替。掺矿渣时混合材料掺量不得与矿渣硅酸盐水泥重复。

5.2 材料

5.2.1 硅酸盐水泥熟料

由主要含 CaO、SiO_2、Al_2O_3、Fe_2O_3 的原料，按适当比例磨成细粉烧至部分熔融所得以硅酸钙为主要矿物成分的水硬性胶凝物质。其中硅酸钙矿物含量（质量分数）不小于66%，氧化钙和氧化硅质量比不小于2.0。

5.2.2 石膏

5.2.2.1 天然石膏：应符合GB/T 5483中规定的G类或M类二级（含）以上的石膏或混合石膏。

5.2.2.2 工业副产石膏：以硫酸钙为主要成分的工业副产物。采用前应经过试验证明对水泥性能无害。

5.2.3 活性混合材料

符合 GB/T 203、GB/T 18046、GB/T 1596、GB/T 2847 标准要求的粒化高炉矿渣、粒化高炉矿渣粉、粉煤灰、火山灰质混合材料。

5.2.4 非活性混合材料

活性指标分别低于 GB/T 203、GB/T 18046、GB/T 1596、GB/T 2847 标准要求的粒化高炉矿渣、粒化高炉矿渣粉、粉煤灰、火山灰质混合材料；石灰石和砂岩，其中石灰石中的三氧化二铝含量（质量分数）应不大于 2.5%。

5.2.5 窑灰

符合 JC/T 742 的规定。

5.2.6 助磨剂

水泥粉磨时允许加入助磨剂，其加入量应不大于水泥质量的 0.5%，助磨剂应符合 JC/T 667的规定。

6 强度等级

6.1 硅酸盐水泥的强度等级分为 42.5、42.5R、52.5、52.5R、62.5、62.5R 六个等级。

6.2 普通硅酸盐水泥的强度等级分为 42.5、42.5R、52.5、52.5R 四个等级。

6.3 矿渣硅酸盐水泥、火山灰质硅酸盐水泥、粉煤灰硅酸盐水泥的强度等级分为 32.5、32.5R、42.5、42.5R、52.5、52.5R 六个等级。

6.4 复合硅酸盐水泥的强度等级分为 32.5R、42.5、42.5R、52.5、52.5R 五个等级。

7 技术要求

7.1 化学指标

通用硅酸盐水泥化学指标应符合表 2 规定。

表 2   %

品 种	代号	不溶物（质量分数）	烧失量（质量分数）	三氧化硫（质量分数）	氧化镁（质量分数）	氯离子（质量分数）
硅酸盐水泥	P·Ⅰ	≤0.75	≤3.0	≤3.5	≤5.0[a]	≤0.06[c]
	P·Ⅱ	≤1.50	≤3.5			
普通硅酸盐水泥	P·O	—	≤5.0			
矿渣硅酸盐水泥	P·S·A	—	—	≤4.0	≤6.0[b]	
	P·S·B	—	—		—	
火山灰质硅酸盐水泥	P·P	—	—	≤3.5	≤6.0[b]	
粉煤灰硅酸盐水泥	P·F	—	—			
复合硅酸盐水泥	P·C	—	—			

a 如果水泥压蒸试验合格，则水泥中氧化镁的含量（质量分数）允许放宽至 6.0%。

b 如果水泥中氧化镁的含量（质量分数）大于 6.0%时，需进行水泥压蒸安定性试验并合格。

c 当有更低要求时，该指标由买卖双方协商确定。

7.2 碱含量（选择性指标）

水泥中碱含量按 $Na_2O+0.658K_2O$ 计算值表示。若使用活性骨料，用户要求提供低碱水泥时，水泥中的碱含量应不大于 0.60% 或由买卖双方协商确定。

7.3 物理指标

7.3.1 凝结时间

硅酸盐水泥初凝不小于 45 min，终凝不大于 390 min；普通硅酸盐水泥、矿渣硅酸盐水泥、火山灰质硅酸盐水泥、粉煤灰硅酸盐水泥和复合硅酸盐水泥初凝不小于 45 min，终凝不大于 600 min。

7.3.2 安定性 沸煮法合格。

7.3.3 强度

不同品种不同强度等级的通用硅酸盐水泥，其不同各龄期的强度应符合表3的规定。

表3　　　　　　　　　　　　　　　　MPa

品　种	强度等级	抗压强度		抗折强度	
		3 d	28 d	3 d	28 d
硅酸盐水泥	42.5	≥17.0	≥42.5	≥3.5	≥6.5
	42.5R	≥22.0		≥4.0	
	52.5	≥23.0	≥52.5	≥4.0	≥7.0
	52.5R	≥27.0		≥5.0	
	62.5	≥28.0	≥62.5	≥5.0	≥8.0
	62.5R	≥32.0		≥5.5	
普通硅酸盐水泥	42.5	≥17.0	≥42.5	≥3.5	≥6.5
	42.5R	≥22.0		≥4.0	
	52.5	≥23.0	≥52.5	≥4.0	≥7.0
	52.5R	≥27.0		≥5.0	
矿渣硅酸盐水泥 火山灰质硅酸盐水泥 粉煤灰硅酸盐水泥 复合硅酸盐水泥	32.5	≥10.0	≥32.5	≥2.5	≥5.5
	32.5R	≥15.0		≥3.5	
	42.5	≥15.0	≥42.5	≥3.5	≥6.5
	42.5R	≥19.0		≥4.0	
	52.5	≥21.0	≥52.5	≥4.0	≥7.0
	52.5R	≥23.0		≥4.5	
复合硅酸盐水泥	32.5R	≥15.0	≥32.5	≥3.5	≥5.5
	42.5	≥15.0	≥42.5	≥3.5	≥6.5
	42.5R	≥19.0		≥4.0	
	52.5	≥21.0	≥52.5	≥4.0	≥7.0
	52.5R	≥23.0		≥4.5	

7.3.4 细度（选择性指标）

硅酸盐水泥和普通硅酸盐水泥的细度以比表面积表示，其比表面积不小于 300 m²/kg；矿渣硅酸盐水泥、火山灰质硅酸盐水泥、粉煤灰硅酸盐水泥和复合硅酸盐水泥以筛余表示，其 80 μm 方孔筛筛余不大于 10% 或 45 μm 方孔筛筛余不大于 30%。

8 试验方法

8.1 组分

由生产者按 GB/T 12960 或选择准确度更高的方法进行。在正常生产情况下，生产者应至少每月对水泥组分进行校核，年平均值应符合本标准第 5.1 条的规定，单次检验值应不超过本标准规定最大限量的 2%。

为保证组分测定结果的准确性，生产者应采用适当的生产程序和适宜的方法对所选方法的可靠性进行验证，并将经验证的方法形成文件。

8.2 不溶物、烧失量、氧化镁、三氧化硫和碱含量 按 GB/T 176 进行试验。

8.3 压蒸安定性 按 GB/T 750 进行试验。

8.4 氯离子 按 JC/T 420 进行试验。

8.5 标准稠度用水量、凝结时间和安定性 按 GB/T 1346 进行试验。

8.6 强度 按 GB/T 17671 进行试验。火山灰质硅酸盐水泥、粉煤灰硅酸盐水泥、复合硅酸盐水泥和掺火山灰质混合材料的普通硅酸盐水泥在进行胶砂强度检验时，其用水量按 0.50 水灰比和胶砂流动度不小于 180 mm 来确定。当流动度小于 180 mm 时，应以 0.01 的整倍数递增的方法将水灰比调整至胶砂流动度不小于 180 mm。

胶砂流动度试验按 GB/T 2419 进行，其中胶砂制备按 GB/T 17671 进行。

8.7 比表面积 按 GB/T 8074 进行试验。

8.8 80 μm 和 45 μm 筛余 按 GB/T 1345 进行试验。

9 检验规则

9.1 编号及取样

水泥出厂前按同品种、同强度等级编号和取样。袋装水泥和散装水泥应分别进行编号和取样。每一编号为一取样单位。水泥出厂编号按年生产能力规定为：

200×10^4 t 以上，不超过 4 000 t 为一编号；

120×10^4 t～200×10^4 t，不超过 2 400 t 为一编号；

60×10^4 t～120×10^4 t，不超过 1 000 t 为一编号；

30×10^4 t～60×10^4 t，不超过 600 t 为一编号；

10×10^4 t～30×10^4 t，不超过 400 t 为一编号；

10×10^4 t 以下，不超过 200 t 为一编号。

取样方法按 GB 12573 进行。可连续取，亦可从 20 个以上不同部位取等量样品，总量至少 12 kg。当散装水泥运输工具的容量超过该厂规定出厂编号吨数时，允许该编号的数量超过取样规定吨数。

9.2 水泥出厂

经确认水泥各项技术指标及包装质量符合要求时方可出厂。

9.3 出厂检验

出厂检验项目为 7.1、7.3.1、7.3.2、7.3.3 条。

9.4 判定规则

9.4.1 检验结果符合本标准 7.1、7.3.1、7.3.2、7.3.3 条为合格品。

9.4.2 检验结果不符合本标准 7.1、7.3.1、7.3.2、7.3.3 条中的任何一项技术要求为不合格品。

9.5　检验报告

检验报告内容应包括出厂检验项目、细度、混合材料品种和掺加量、石膏和助磨剂的品种及掺加量、属旋窑或立窑生产及合同约定的其他技术要求。当用户需要时，生产者应在水泥发出之日起 7 d 内寄发除 28 d 强度以外的各项检验结果，32 d 内补报 28 d 强度的检验结果。

9.6　交货与验收

9.6.1 交货时水泥的质量验收可抽取实物试样以其检验结果为依据，也可以生产者同编号水泥的检验报告为依据。采取何种方法验收由买卖双方商定，并在合同或协议中注明。卖方有告知买方验收方法的责任。当无书面合同或协议，或未在合同、协议中注明验收方法的，卖方应在发货票上注明"以本厂同编号水泥的检验报告为验收依据"字样。

9.6.2 以抽取实物试样的检验结果为验收依据时，买卖双方应在发货前或交货地共同取样和签封。取样方法按 GB 12573 进行，取样数量为 20 kg，缩分为二等份。一份由卖方保存 40 d，一份由买方按本标准规定的项目和方法进行检验。

在 40 d 以内，买方检验认为产品质量不符合本标准要求，而卖方又有异议时，则双方应将卖方保存的另一份试样送省级或省级以上国家认可的水泥质量监督检验机构进行仲裁检验。水泥安定性仲裁检验时，应在取样之日起 10 d 以内完成。

9.6.3 以生产者同编号水泥的检验报告为验收依据时，在发货前或交货时买方在同编号水泥中取样，双方共同签封后由卖方保存 90 d，或认可卖方自行取样、签封并保存 90 d 的同编号水泥的封存样。

在 90 d 内，买方对水泥质量有疑问时，则买卖双方应将共同认可的试样送省级或省级以上国家认可的水泥质量监督检验机构进行仲裁检验。

10　包装、标志、运输与贮存

10.1　包装

水泥可以散装或袋装，袋装水泥每袋净含量为 50 kg，且应不少于标志质量的 99%；随机抽取 20 袋总质量（含包装袋）应不少于 1 000 kg。其它包装形式由供需双方协商确定，但有关袋装质量要求，应符合上述规定。水泥包装袋应符合 GB 9774 的规定。

10.2　标志

水泥包装袋上应清楚标明：执行标准、水泥品种、代号、强度等级、生产者名称、生产许可证标志（QS）及编号、出厂编号、包装日期、净含量。包装袋两侧应根据水泥的品种采用不同的颜色印刷水泥名称和强度等级，硅酸盐水泥和普通硅酸盐水泥采用红色，矿渣硅酸盐水泥采用绿色；火山灰质硅酸盐水泥、粉煤灰硅酸盐水泥和复合硅酸盐水泥采用黑色或蓝色。

散装发运时应提交与袋装标志相同内容的卡片。

10.3　运输与贮存

水泥在运输与贮存时不得受潮和混入杂物，不同品种和强度等级的水泥在贮运中避免混杂。

1.2 硅酸盐水泥熟料 GB/T 21372—2008

1 范围

本标准规定了硅酸盐水泥熟料的定义和分类、技术要求、试验方法和验收规则等。

本标准适用于贸易的硅酸盐水泥熟料。

2 引用标准

下列文件中的条款通过本标准的引用而成为本标准的条款。凡是注日期的引用文件，其随后所有的修改单（不包括勘误的内容）或修订版均不适用于本标准，然而，鼓励根据本标准达成协议的各方研究是否可以使用这些文件的最新版本。凡是不注日期的引用文件，其最新版本适用于本标准。

GB 175　通用硅酸盐水泥

GB/T 176　水泥化学分析方法

GB/T 750　水泥压蒸安定性检测方法

GB/T 1345　水泥细度检验方法（筛析法）

GB/T 1346　水泥标准稠度用水量、凝结时间、安定性检验方法（GB/T 1346—2001，eqv ISO 9597：1989）

GB/T 8074　水泥比表面积测定方法（勃氏法）

GB/T 1767　水泥胶砂强度检验方法（ISO 法）（GB/T 17671—1999，idt ISO 619：1989）

3 术语和定义、分类

3.1 术语和定义

硅酸盐水泥熟料（简称水泥熟料）Portland cement clinker

是一种由主要含 CaO、SiO_2、Al_2O_3、Fe_2O_3 的原料按适当配比，磨成细粉，烧至部分熔融，所得以硅酸钙为主要矿物成分的产物。

3.2 分类

水泥熟料按用途和特性分为：通用水泥熟料、低碱水泥熟料、中抗硫酸盐水泥熟料、高抗硫酸盐水泥熟料、中热水泥熟料和低热水泥熟料。

4 要求

4.1 化学性能

本标准规定的各类水泥熟料应符合表 1 的基本化学性能。

低碱、中抗硫酸盐、高抗硫酸盐、中热和低热水泥熟料还应符合表 2 中相应的特性化学性能。

4.2 物理性能

水泥熟料的物理性能按制成 GB 175 中的 Ⅰ 型硅酸盐水泥的性能来表达。

4.2.1 凝结时间

初凝不得早于 45 min，终凝不得迟于 390 min。

4.2.2 安定性

沸煮法合格。

表 1 基本化学性能

f-CaO （质量分数） / %	MgO[a] （质量分数） / %	烧失量 （质量分数） / %	不溶物 （质量分数） / %	SO$_3$[b] （质量分数） / %	（3CaO·SiO$_2$＋2CaO·SiO$_2$） （质量分数）/ %	CaO/SiO$_2$ 质量比
≤1.5	≤5.0	≤1.5	≤0.75	≤1.5	≥66	≥2.0

a 当制成Ⅰ型硅酸盐水泥的压蒸安定性合格时，允许放宽到 6.0%。

b 也可以由买卖双方商定。

c 3CaO·SiO$_2$ 和 2CaO·SiO$_2$ 按下式计算：

$$3CaO·SiO_2 = 4.07CaO - 7.60SiO_2 - 6.72Al_2O_3 - 1.43Fe_2O_3 - 2.85SO_3 - 4.07f\text{-}CaO$$

$$2CaO·SiO_2 = 2.87SiO_2 - 0.75 \times 3CaO·SiO_2$$

表 2 特性化学性能

类 型	（Na$_2$O＋0.658K$_2$O） （质量分数）/%	3CaO·Al$_2$O$_3$ （质量分数）/%	f-CaO （质量分数）/%	3CaO·SiO$_2$ （质量分数）/%	2CaO·SiO$_2$ （质量分数）/%
低碱水泥熟料	≤0.60	—	—	—	—
中抗硫酸盐水泥熟料	—	≤5.0	≤1.0	＜57.0	—
高抗硫酸盐水泥熟料	—	≤3.0	—	＜52.0	—
中热水泥熟料	≤0.60	≤6.0	≤1.0	＜55.0	—
低热水泥熟料	≤0.60	≤6.0	≤1.0	—	≥40

4.2.3 抗压强度

各类水泥熟料的抗压强度不低于表 3 的数值。

表 3 水泥熟料抗压强度

类 型	抗压强度/ MPa		
	3 d	7 d	28 d
通用、低碱水泥熟料	26.0	—	52.5
中热、中抗、高抗硫酸盐水泥熟料	18.0	—	45.0
低热水泥熟料	—	15.0	45.0

4.3 其他要求

不带有杂物，如耐火砖、垃圾、废铁、炉渣、石灰石、黏土等。

5 试验方法

5.1 化学性能

化学性能按 GB/T 176 进行，矿物组成按表 1 和表 2 注中的公式计算。

5.2 物理性能

水泥熟料物理性能的检验，是通过将水泥熟料在 ϕ500 mm×500 mm 化验室统一小磨中与符合 GB 175 规定的二水石膏一起磨细至 350 $m^2/kg \pm 10m^2/kg$，80 μm 筛余（质量分数）≤ 4%制成 I 型硅酸盐水泥后来进行的。制成的水泥中 SO_3 含量（质量分数）应在 2.0%～2.5%范围内（也可按双方约定）。所有的试验（除 28 d 强度外）应在制成水泥后 10 d 内完成。

注 1：为了尽量保证制成水泥的颗粒级配相近，建议入磨熟料颗粒小于 5 mm。

注 2：为了尽量保证制成水泥的颗粒级配相近，建议经常性地检查小磨的球配。

5.2.1 细度

比表面积按 GB/T 8074 进行。

筛余按 GB/T 1345 进行。

5.2.2 凝结时间、安定性

按 GB/T 1346 检验。

5.2.3 压蒸安定性

按 GB/T 750 检验。

5.2.4 抗压强度

按 GB/T 17671 检验。

5.3 其他要求

目测检查。

6 验收规则

6.1 编号及取样

熟料出厂时的编号和取样按不超过 4 000 t 为一编号和取样单位，或双方合同约定。

熟料取样应有代表性，可连续取，亦可从 20 个以上不同部位取等量样品，总量至少 22 kg。所取熟料样品按本标准第 5 章规定的方法进行检验，检验项目包括需要对产品进行考核的全部技术要求。具体取样方法由买卖双方商定。

6.2 检验

水泥熟料出厂时应进行检验，检验项目为本标准规定的所有要求。

6.3 检验报告

检验报告内容应包括水泥熟料种类、检验项目、属旋窑立窑生产及合同约定的其他技术要求。当用户需要时，生产者应在水泥熟料发出之日起 10 d 内寄发除 28 d 强度以外的各项检验结果，32 d 内补报 28 d 强度的检验结果。

6.4 合格判定

6.4.1 除"其他要求"外，检验结果符合本标准规定的所有技术要求为合格品。

6.4.2 除"其他要求"外，检验结果不符合本标准规定的任何一项技术要求为不合格品。

7 交货和验收

交货时，熟料的质量验收可抽取熟料实物试样以其检验结果为依据，也可以生产厂出具的检验报告为依据。采取何种方法验收由买卖双方商定，并在合同或协议中注明。

以抽取实物熟料试样的检验结果为依据时，买卖双方应在发货前或交货地共同取样和签封。所取样品缩分为二等份，一份熟料由卖方密封保存 40 d，一份由买方按本标准规定的项目和方法进行检验。

以生产厂的检验报告为验收依据时，在发货前或交货时买方（或委托卖方）在同编号熟料中抽取试样，双方共同签封后保存三个月。

发生争议时，以省级以上质检机构的结果为准。

以上封存的样品和试验样品应密封并注意防潮。

8　运输和贮存

硅酸盐水泥熟料应按品种运输和贮存，防潮，不能与其他物品相混杂。

（二）检验与试验方法分类

1.3 水泥化学分析方法 GB/T 176—2008

1 范围

本标准规定了水泥化学分析方法及 X 射线荧光分析方法。水泥化学分析方法分为基准法和代用法。在有争议时，以水泥化学分析方法的基准法为准。

本标准适用于通用硅酸盐水泥和制备上述水泥的熟料、生料及指定采用本标准的其他水泥和材料。

2 规范性引用文件

下列文件中的条款通过本标准的引用而成为本标准的条款。凡是注日期的引用文件，其随后所有的修改单（不包括勘误的内容）或修订版均不适用于本标准，然而，鼓励根据本标准达成协议的各方研究是否可使用这些文件的最新版本。凡是不注日期的引用文件，其最新版本适用于本标准。

GB/T 6682 分析实验室用水规格和试验方法（GB/T 6682—2008，ISO 3696：1987，MOD）

GB/T 12573 水泥取样方法

GB/T 15000 （所有部分）标准样品工作导则

GBW 03201 硅酸盐水泥成分分析标准物质

GBW 03204 水泥熟料成分分析标准物质

GBW 03205 普通硅酸盐水泥成分分析标准物质

GSB 08—1355 水泥熟料成分分析标准样品

GSB 08—1356 普通硅酸盐水泥成分分析标准样品

GSB 08—1357 硅酸盐水泥成分分析标准样品

JC/T 1085 水泥用 X 射线荧光分析仪

JJG 1006 一级标准物质

3 术语和定义

GB/T 15000 （所有部分）确立的以及下列术语和定义适用于本标准。

3.1 重复性条件 repeatability conditions

在同一实验室，由同一操作员使用相同的设备，按相同的测试方法，在短时间内对同一被测对象相互独立进行的测试条件。

3.2 再现性条件 reproducibility conditions

在不同的实验室，由不同的操作员使用不同设备，按相同的测试方法，对同一被测对象相互独立进行的测试条件。

3.3 重复性限 repeatability limit

一个数值，在重复性条件（3.1）下，两个测试结果的绝对差小于或等于此数的概率为 95％。

3.4 再现性限 reproducibility limit

一个数值，在再现性条件（3.2）下，两个测试结果的绝对差小于或等于此数的概率为 95％。

3.5 校准样品 calibration materials

用于校准分析仪器，使分析仪器检测到的物理量与相应化学成分质量分数相关联的一批样品。

3.6 X 射线荧光分析用系列国家标准样品 certified reference materials for X-ray fluorescence analysis

可用于校准 X 射线荧光分析仪等分析仪器与化学成分相关联的成套国家标准样品。

3.7 玻璃熔片 beads

将试样用熔剂熔解，然后倒入特制的模具，按特定的冷却条件冷却所得到的分析表面平滑、无明显裂纹等缺陷的试样片。

3.8 防浸润剂 anti-wetting agents

用于防止玻璃熔片冷却时熔片发生破裂并易于脱模的物质。

3.9 粉末压片 pellets

将试样制成特定细度的粉末，在特定的条件下加压成型所得到的具有一定强度且分析表面平滑、无明显裂纹等缺陷的试样片。

3.10 粘合剂 binding agent

使样品易于高压成型而不含被测元素且对被测元素无特殊吸收或增强效应的物质。

4 试验的基本要求

4.1 试验次数与要求

每一项测定的试验次数规定为两次，用两次试验结果的平均值表示测定结果。

例行生产控制分析时，每一项测定的试验次数可以为一次。

在进行化学分析时，除另有说明外，应同时进行烧失量的测定。其他各项测定应同时进行空白试验，并对所测定结果加以校正。

4.2 质量、体积、滴定度和结果的表示

用"克（g）"表示质量，精确至 0.000 1 g 滴定管体积用"毫升（mL）"表示，精确至 0.05 mL。滴定度单位用"毫克每毫升（mg/mL）"表示。

硝酸汞标准滴定溶液对氯离子的滴定度经修约后保留有效数字三位，其他标准滴定溶液的滴定度和体积比经修约后保留有效数字四位。

除另有说明外，各项分析结果均以质量分数计。氯离子分析结果以％表示至小数点后三位，其他各项分析结果以％表示至小数点后二位。

4.3 空白试验

使用相同量的试剂，不加入试样，按照相同的测定步骤进行试验，对得到的测定结果进行校正。

4.4 灼烧

将滤纸和沉淀放入预先已灼烧并恒量的坩埚中，为避免产生火焰，在氧化性气氛中缓慢干燥、灰化，灰化至无黑色炭颗粒后，放入高温炉（6.7）中，在规定的温度下灼烧。在干燥器（6.5）中冷却至室温，称量。

4.5　恒量

经第一次灼烧、冷却、称量后，通过连续对每次 15 min 的灼烧，然后冷却、称量的方法来检查恒定质量，当连续两次称量之差小于 0.000 5 g 时，即达到恒量。

4.6　检查氯离子（Cl⁻）（硝酸银检验）

按规定洗涤沉淀数次后，用数滴水淋洗漏斗的下端，用数毫升水洗涤滤纸和沉淀，将滤液收集在试管中，加几滴硝酸银溶液（5.35），观察试管中溶液是否浑浊。如果浑浊，继续洗涤并检验，直至用硝酸银检验不再浑浊为止。

4.7　检验方法的验证

本标准所列检验方法应依照国家标准样品/标准物质（如 GSB 08—1355、GSB 08—1356、GSB 08—1357、GBW 03201、GBW 03204、GBW 03205）进行对比检验，以验证方法的准确性。

5　试剂和材料

除另有说明外，所用试剂应不低于分析纯。所用水应符合 GB/T 6682 中规定的三级水要求。

本标准所列市售浓液体试剂的密度指 20℃的密度（ρ），单位为克每立方厘米（g/cm³）。

在化学分析中，所用酸或氨水，凡未注浓度者均指市售的浓酸或浓氨水。

用体积比表示试剂稀释程度，例如：盐酸（1＋2）表示 1 份体积的浓盐酸与 2 份体积的水相混合。

5.1　盐酸（HCl）

1.18～1.19 g/cm³，质量分数 36%～38%。

5.2　氢氟酸（HF）

1.15～1.18 g/cm³，质量分数 40%。

5.3　硝酸（HNO_3）

1.39～1.41 g/cm³，质量分数 65%～68%。

5.4　硫酸（H_2SO_4）

1.84 g/cm³，质量分数 95%～98%。

5.5　高氯酸（$HClO_4$）

1.60 g/cm³，质量分数 70%～72%。

5.6　冰乙酸（CH_3COOH）

1.05 g/cm³，质量分数 99.8%。

5.7　磷酸（H_3PO_4）

1.68 g/cm³，质量分数 85%。

5.8　甲酸（HCOOH）

1.22 g/cm³，质量分数 88%。

5.9　过氧化氢（H_2O_2）

1.11 g/cm³，质量分数 30%。

5.10 氨水（$NH_3 \cdot H_2O$）

0.90～0.91 g/cm^3，质量分数 25～28%。

5.11 三乙醇胺 $[N(CH_2CH_2OH)_3]$

1.12 g/cm^3，质量分数 99%。

5.12 乙醇或无水乙醇（C_2H_5OH）

乙醇的体积分数 95%，无水乙醇的体积分数不低于 99.5%。

5.13 丙三醇 $[C_3H_5(OH)_3]$

体积分数不低于 99%。

5.14 乙二醇（$HOCH_2CH_2OH$）

体积分数 99%。

5.15 溴水（Br_2）

质量分数 ≥3%。

5.16 盐酸（1+1）；（1+2）；（1+3）；（1+5）；（1+10）；（3+97）。

5.17 硝酸（1+2）；（1+9）；（1+100）。

5.18 硫酸（1+1）；（1+2）；（1+4）；（1+9）；（5+95）。

5.19 磷酸（1+1）。

5.20 乙酸（1+1）。

5.21 甲酸（1+1）。

5.22 氨水（1+1）；（1+2）。

5.23 乙醇（1+4）。

5.24 三乙醇胺（1+2）。

5.25 氢氧化钠（NaOH）。

5.26 无水碳酸钠（Na_2CO_3）

将无水碳酸钠用玛瑙研钵研细至粉末状，贮存于密封瓶中。

5.27 氯化铵（NH_4Cl）。

5.28 焦硫酸钾（$K_2S_2O_7$）

将市售的焦硫酸钾在瓷蒸发皿中加热熔化，加热至无泡沫发生，冷却并压碎熔融物，贮存于密封瓶中。

5.29 碳酸钠-硼砂混合熔剂（2+1）

将 2 份质量的无水碳酸钠 $[Na_2CO_3]$ 与 1 份质量的无水硼砂（$Na_2B_4O_7$）混匀研细，贮存于密封瓶中。

5.30 高碘酸钾（KIO_4）。

5.31 氢氧化钠溶液（10g/L）

将 10 g 氢氧化钠（NaOH）溶于水中，加水稀释至 1 L，贮存于塑料瓶中。

5.32 氢氧化钠溶液（200 g/L）

将 20 g 氢氧化钠（NaOH）溶于水中，加水稀释至 100 mL，贮存于塑料瓶中。

5.33 氢氧化钾溶液（200 g/L）

将 200 g 氢氧化钾（KOH）溶于水中，加水稀释至 1 L，贮存于塑料瓶中。

5.34 氯化钡溶液（100 g/L）

将 100 g 氯化钡（$BaCl_2 \cdot 2H_2O$）溶于水中，加水稀释至 1 L。

5.35 硝酸银溶液（5 g/L）

将 0.5 g 硝酸银（$AgNO_3$）溶于水中，加入 1 mL 硝酸，加水稀释至 100 mL，贮存于棕色瓶中。

5.36 硝酸铵溶液（20 g/L）

将 2 g 硝酸铵（NH_4NO_3）溶于水中，加水稀释至 100 mL。

5.37 钼酸铵溶液（50 g/L）

将 5 g 钼酸铵［$(NH_4)_6Mo_7O_{24} \cdot 4H_2O$］溶于热水中，冷却后加水稀释至 100 mL，贮存于塑料瓶中，必要时过滤后使用。此溶液在一周内使用。

5.38 钼酸铵溶液（15 g/L）

将 3 g 钼酸铵［$(NH_4)_6Mo_7O_{24} \cdot 4H_2O$］溶于 100 mL 热水中，加入 60 mL 硫酸（1+1），混匀。冷却后加水稀释至 200 mL，贮存于塑料瓶中，必要时过滤后使用。此溶液在一周内使用。

5.39 抗坏血酸溶液（50 g/L）

将 5 g 抗坏血酸（$V \cdot C$）溶于 100 mL 水中，必要时过滤后使用。用时现配。

5.40 抗坏血酸溶液（5 g/L）

将 0.5 g 抗坏血酸（$V \cdot C$）溶于 100 mL 水中，必要时过滤后使用。用时现配。

5.41 二安替比林甲烷溶液（30 g/L 盐酸溶液）

将 3 g 二安替比林甲烷（$C_{23}H_{24}N_4O_2$）溶于 100 mL 盐酸（1+10）中，必要时过滤后使用。

5.42 草酸铵溶液（50 g/L）

将 50 g 草酸铵［$(NH_4)_2C_2O_4 \cdot H_2O$］溶于水中，加水稀释至 1 L，必要时过滤后使用。

5.43 碳酸铵溶液（100 g/L）

将 10 g 碳酸铵［$(NH_4)_2CO_3$］溶解于 100 mL 水中。用时现配。

5.44 pH3.0 的缓冲溶液

将 3.2 g 无水乙酸钠（CH_3COONa）溶于水中，加入 120 mL 冰乙酸，加水稀释至 1 L。

5.45 pH4.3 的缓冲溶液

将 42.3 g 无水乙酸钠（CH_3COONa）溶于水中，加入 80 mL 冰乙酸，加水稀释至 1 L。

5.46 pH10 的缓冲溶液

将 67.5 g 氯化铵（NH_4Cl）溶于水中，加入 570 mL 氨水，加水稀释至 1 L。

5.47 酒石酸钾钠溶液（100 g/L）

将 10 g 酒石酸钾钠（$C_4H_4KNaO_6 \cdot 4H_2O$）溶于水中，加水稀释至 100 mL。

5.48 氯化锶溶液（50 g/L）

将 152.2 g 氯化锶（$SrCl_2 \cdot 6H_2O$）溶解于水中，加水稀释至 1 L，必要时过滤后使用。

5.49 氯化钾（KCl）

颗粒粗大时，研细后使用。

5.50 氯化钾溶液（50 g/L）

将 50 g 氯化钾（KCl）溶于水中，加水稀释至 1 L。

5.51 氯化钾-乙醇溶液（50 g/L）

将 5 g 氯化钾（KCl）溶于 50 mL 水后，加入 50 mL 乙醇（5.12），混匀。

5.52 氟化钾溶液（150 g/L）

将 150 g 氟化钾（KF·2H$_2$O）置于塑料杯中，加水溶解后，加水稀释至 1 L，贮存于塑料瓶中。

5.53 氟化钾溶液（20 g/L）

将 20 g 氟化钾（KF·2H$_2$O）溶于水中，加水稀释至 1 L，贮存于塑料瓶中。

5.54 邻菲罗啉溶液（10 g/L 乙酸溶液）

将 1 g 邻菲罗啉（C$_{12}$H$_8$N$_2$·2H$_2$O）溶于 100 mL 乙酸（1+1）中，用时现配。

5.55 乙酸铵溶液（100 g/L）

将 10 g 乙酸铵（CH$_3$COONH$_4$）溶于 100 mL 水中。

5.56 盐酸羟胺（NH$_2$OH·HCl）。

5.57 氯化亚锡（SrCl$_2$·2H$_2$O）。

5.58 氯化亚锡—磷酸溶液

将 1 000 mL 磷酸放在烧杯中，在通风橱中于电炉上加热脱水，至溶液体积缩减至850～950 mL 时，停止加热。待溶液温度降至 100℃ 以下时，加入 100 g 氯化亚锡（5.57），继续加热至溶液透明，且无大气泡冒出时为止（此溶液的使用期一般不超过两周）。

5.59 氨性硫酸锌溶液（100 g/L）

将 100 g 硫酸锌（ZnSO$_4$·7H$_2$O）溶于水中，加入 700 mL 氨水，加水稀释至 1 L。静置 24 h 后使用，必要时过滤。

5.60 明胶溶液（5 g/L）

将 0.5 g 明胶（动物胶）溶于 100 mL 70～80℃ 的水中。用时现配。

5.61 H 型 732 苯乙烯强酸性阳离子交换树脂（1×12）

将 250 g 钠型 732 苯乙烯强酸性阳离子交换树脂（1×12）用 250 mL 乙醇（5.12）浸泡 12 h 以上，然后倾出乙醇，再用水浸泡 6 h～8 h。将树脂装入离子交换柱中，用 1 500 mL 盐酸（1+3）以 5 mL/min 的流速淋洗。然后再用蒸馏水逆洗交换柱中的树脂，直至流出液中无氯离子为止（4.6）。将树脂倒出，用布氏漏斗抽气抽滤，然后贮存于广口瓶中备用（树脂久放后，使用时应用水清洗数次）。

用过的树脂浸泡在稀盐酸中；当积至一定数量后，除去其中夹带的不溶残渣，然后再用上述方法进行再生。

5.62 铬酸钡溶液（10 g/L）

称取 10 g 铬酸钡（BaCrO$_4$）置于 1 000 mL 烧杯中，加 700 mL 水，搅拌下缓慢加入 50 mL 盐酸（1+1），加热溶解，冷却至室温后，移入 1 000 mL 容量瓶中，用水稀释至标线，摇匀。

5.63 五氧化二钒（V$_2$O$_5$）。

5.64 电解液

将 6 g 碘化钾（KI）和 6 g 溴化钾（KBr）溶于 300 mL 水中，加入 10 mL 冰乙酸。

5.65 硝酸溶液（0.5 mol/L）

取 3 mL 硝酸，加水稀释至 100 mL。

5.66 氢氧化钠溶液（0.5 mol/L）

将 2 g 氢氧化钠（NaOH）溶于 100 mL 水中。

5.67　pH6.0 的总离子强度配位缓冲溶液

将 294.1 g 柠檬酸钠（$C_6H_5Na_3O_7 \cdot 2H_2O$）溶于水中，用盐酸（1+1）和氢氧化钠溶液（5.32）调整溶液的 pH 至 6.0，加水稀释至 1 L。

5.68　氢氧化钠-无水乙醇溶液（0.1 mol/L）

将 0.4 g 氢氧化钠（NaOH）溶于 100 mL 无水乙醇（5.12）中。

5.69　甘油-无水乙醇溶液（1+2）

将 500 mL 丙三醇（5.13）与 1 000 mL 无水乙醇（5.12）混合，加入 0.1 g 酚酞，混匀。用氢氧化钠-无水乙醇溶液（5.68）中和至微红色。贮存于干燥密封的瓶中，防止吸潮。

5.70　乙二醇-无水乙醇溶液（2+1）

将 1 000 mL 乙二醇（5.14）与 500 mL 无水乙醇（5.12）混合，加入 0.2 g 酚酞，混匀。用氢氧化钠-无水乙醇溶液（5.68）中和至微红色。贮存于干燥密封的瓶中，防止吸潮。

5.71　硝酸锶〔$Sr(NO_3)_2$〕。

5.72　硝酸银标准溶液〔$c(AgNO_3) = 0.05\ mol/L$〕

称取 8.494 0 g 已于（150±5）℃烘过 2 h 的硝酸银（$AgNO_3$），精确至 0.000 1 g，加水溶解后，移入 1 000 mL 容量瓶中，加水稀释至标线，摇匀。贮存于棕色瓶中，避光保存。

5.73　硫氰酸铵标准滴定溶液〔$c(NH_4SCN) = 0.05\ mol/L$〕

称取 3.8 g 硫氰酸铵（NH_4SCN）溶于水，稀释至 1 L。

5.74　二氧化硅（SiO_2）标准溶液

5.74.1　二氧化硅标准溶液的配制

称取 0.200 0 g 已于 1 000～1 100℃灼烧过 60 min 的二氧化硅（SiO_2，光谱纯），精确至 0.000 1 g，置于铂坩埚中，加入 2 g 无水碳酸钠（5.26），搅拌均匀，在 950～1 000℃高温下熔融 15 min。冷却后，将熔融物浸出于盛有约 100 mL 沸水的塑料烧杯中，待全部溶解，冷却至室温后，移入 1 000 mL 容量瓶中。用水稀释至标线，摇匀，贮存于塑料瓶中。此标准溶液每毫升含 0.2 mg 二氧化硅。

吸取 50.00 mL 上述标准溶液放入 500 mL 容量瓶中，用水稀释至标线，摇匀，贮存于塑料瓶中。此标准溶液每毫升含 0.02 mg 二氧化硅。

5.74.2　工作曲线的绘制

吸取每毫升含 0.02 mg 二氧化硅的标准溶液 0 mL；2.00 mL；4.00 mL；5.00 mL；6.00 mL；8.00 mL；10.00 mL 分别放入 100 mL 容量瓶中，加水稀释至约 40 mL，依次加入 5 mL 盐酸（1+10），8 mL 乙醇（5.12），6 mL 钼酸铵溶液（5.37），摇匀。放置 30 min 后，加入 20 mL 盐酸（1+1），5 mL 抗坏血酸溶液（5.40），用水稀释至标线，摇匀。放置 60 min 后，用分光光度计（6.12），10 mm 比色皿，以水作参比，于波长 660 nm 处测定溶液的吸光度。用测得的吸光度作为相对应的二氧化硅含量的函数，绘制工作曲线。

5.75　氧化镁（MgO）标准溶液

5.75.1　氧化镁标准溶液的配制

称取 1.000 0 g 已于（950±25）℃灼烧过 60 min 的氧化镁（MgO，基准试剂或光谱纯），精确至 0.000 1 g，置于 250 mL 烧杯中，加入 50 mL 水，再缓缓加入 20 mL 盐酸（1+1），低温加热至完全溶解，冷却至室温后，移入 1000 mL 容量瓶中，用水稀释至标线，摇匀。此标准溶液每毫升含 1 mg 氧化镁。

吸取 25.00 mL 上述标准溶液放入 500 mL 容量瓶中，用水稀释至标线，摇匀。此标准溶液每毫升含 0.05 mg 氧化镁。

5.75.2 工作曲线的绘制

吸取每毫升含 0.05 mg 氧化镁的标准溶液 0 mL；2.00 mL；4.00mL；6.00 mL；8.00 mL；10.00 mL；12.00 mL 分别放入 500 mL 容量瓶中，加入 30 mL 盐酸及 10 mL 氯化锶溶液（5.48），用水稀释至标线，摇匀。将原子吸收光谱仪（6.14）调节至最佳工作状态，在空气-乙炔火焰中，用镁元素空心阴极灯，于波长 285.2 nm 处，以水校零测定溶液的吸光度。用测得的吸光度作为相对应的氧化镁含量的函数，绘制工作曲线。

5.76 二氧化钛（TiO_2）标准溶液

5.76.1 二氧化钛标准溶液的配制

称取 0.100 0 g 已于 (950±25)℃灼烧过 60 min 的二氧化钛（TiO_2，光谱纯），精确至 0.000 1 g，置于铂坩埚中，加入 2g 焦硫酸钾（5.28），在 500～600℃下熔融至透明。冷却后，熔块用硫酸（1+9）浸出，加热至 50～60℃使熔块完全溶解，冷却至室温后，移入 1 000 mL 容量瓶中，用硫酸（1+9）稀释至标线，摇匀。此标准溶液每毫升含 0.1 mg 二氧化钛。

吸取 100.00 mL 上述标准溶液放入 500 mL 容量瓶中，用硫酸（1+9）稀释至标线，摇匀。此标准溶液每毫升含 0.02 mg 二氧化钛。

5.76.2 工作曲线的绘制

吸取每毫升含 0.02 mg 二氧化钛的标准溶液 0 mL；2.00 m，L；4.00mL；6.00 mL；8.00 mL；10.00 mL；12.00 mL；15.00 mL 分别放入 100 mL 容量瓶中，依次加入 10 mL 盐酸（1+2）、10 mL 抗坏血酸溶液（5.40）、5 mL 乙醇（5.12）、20 mL 二安替比林甲烷溶液（5.41），用水稀释至标线，摇匀。放置 40 min 后，使用分光光度计（6.12），10 mm 比色皿，以水作参比，于波长 420 nm 处测定溶液的吸光度。用测得的吸光度作为相对应的二氧化钛含量的函数，绘制工作曲线。

5.77 氧化钾（K_2O）、氧化钠（Na_2O）标准溶液

5.77.1 氧化钾、氧化钠标准溶液的配制

称取 1.582 9 g 已于 105～110℃烘过 2 h 的氯化钾（KCl，基准试剂或光谱纯）及 1.885 9 g 已于 105～110℃烘过 2 h 的氯化钠（NaCl，基准试剂或光谱纯），精确至 0.000 1g，置于烧杯中，加水溶解后，移入 1 000 mL 容量瓶中，用水稀释至标线，摇匀。贮存于塑料瓶中。此标准溶液每毫升含 1 mg 氧化钾及 1 mg 氧化钠。

吸取 50.00 mL 上述标准溶液放入 1 000 mL 容量瓶中，用水稀释至标线，摇匀。贮存于塑料瓶中。此标准溶液每毫升含 0.05 mg 氧化钾和 0.05 mg 氧化钠。

5.77.2 工作曲线的绘制

5.77.2.1 用于火焰光度法的工作曲线的绘制

吸取每毫升含 1 mg 氧化钾及 1 mg 氧化钠的标准溶液 0 mL；2.50 mL；5.00 mL；10.00 mL；15.00 mL；20.00 mL 分别放入 500 mL 容量瓶中，用水稀释至标线，摇匀。贮存于塑料瓶中。将火焰光度计（6.13）调节至最佳工作状态，按仪器使用规程进行测定。用测得的检流计读数作为相对应的氧化钾和氧化钠含量的函数，绘制工作曲线。

5.77.2.2 用于原子吸收光谱法的工作曲线的绘制

吸取每毫升含 0.05 mg 氧化钾及 0.05 mg 氧化钠的标准溶液 0 mL；2.50 mL；5.00 mL；10.00 mL；15.00 mL；20.00 mL；25.00 mL 分别放入 500 mL 容量瓶中，加入 30 mL 盐酸及 10 mL 氯化锶溶液（5.48），用水稀释至标线，摇匀，贮存于塑料瓶中。将原子吸收光谱仪（6.14）调节至最佳工作状态，在空气——乙炔火焰中，分别用钾元素空心阴极灯于波长 766.5 nm 处和钠元素空心阴极灯于波长 589.0 nm 处，以水校零测定溶液的吸光度。用测得的吸光度作为相对应的氧化钾和氧化钠含量的函数，绘制工作曲线。

5.78　一氧化锰（MnO）标准溶液

5.78.1　无水硫酸锰（MnSO₄）

取一定量硫酸锰（$MnSO_4$，基准试剂或光谱纯）或含水硫酸锰（$MnSO_4 \cdot xH_2O$，基准试剂或光谱纯）置于称量瓶中，在（250±10）℃温度下烘干至恒量，所获得的产物为无水硫酸锰（$MnSO_4$）。

5.78.2　一氧化锰标准溶液的配制

称取 0.106 4 g 无水硫酸锰（5.78.1），精确至 0.000 1 g。置于 300 mL 烧杯中，加水溶解后，加入约 1 mL 硫酸（1+1），移入 1 000 mL 容量瓶中，用水稀释至标线，摇匀。此标准溶液每毫升含 0.05 mg 一氧化锰。

5.78.3　工作曲线的绘制

5.78.3.1　用于分光光度法的工作曲线的绘制

吸取每毫升含 0.05 mg 一氧化锰的标准溶液 0 mL；2.00 mL；6.00 mL；10.00 mL；14.00 mL；20.00mL 分别放入 150 mL 烧杯中，加入 5 mL 磷酸（1+1）及 10 mL 硫酸（1+1），加水稀释至约 50 mL，加入约 1 g 高碘酸钾（5.30），加热微沸 10～15 min 至溶液达到最大颜色深度，冷却至室温后，移入 100 mL 容量瓶中，用水稀释至标线，摇匀。使用分光光度计（6.12），10 mm 比色皿，以水作参比，于波长 530 nm 处测定溶液的吸光度。用测得的吸光度作为相对应的一氧化锰含量的函数，绘制工作曲线。

5.78.3.2　用于原子吸收光谱法的工作曲线的绘制

吸取每毫升含 0.05 mg 一氧化锰的标准溶液 0 mL；5.00 mL；10.00 mL；15.00 mL；20.00 mL；25.00 mL；30.00 mL 分别放入 500 mL 容量瓶中，加入 30 mL 盐酸及 10 mL 氯化锶溶液（5.48），用水稀释至标线，摇匀。将原子吸收光谱仪（6.14）调节至最佳工作状态，在空气-乙炔火焰中，用锰元素空心阴极灯，于波长 279.5 nm 处，以水校零测定溶液的吸光度。用测得的吸光度作为相对应的一氧化锰含量的函数，绘制工作曲线。

5.79　五氧化二磷（P₂O₅）标准溶液

5.79.1　五氧化二磷标准溶液的配制

称取 0.191 7 g 已于 105～110℃烘过 2 h 的磷酸二氢钾（KH_2PO_4，基准试剂），精确至 0.000 1g，置于 300 mL 烧杯中，加水溶解后，移入 1 000 mL 容量瓶中，用水稀释至标线，摇匀。此标准溶液每毫升含 0.1 mg 五氧化二磷。

吸取 50.00 mL 上述标准溶液放入 500 mL 容量瓶中，用水稀释至标线，摇匀。此标准溶液每毫升含 0.01 mg 五氧化二磷。

5.79.2　工作曲线的绘制

吸取每毫升含 0.01 mg 五氧化二磷的标准溶液 0 mL；2.00 mL；4.00 mL；6.00 mL；8.00mL；10.00 mL；15.00 mL；20.00 mL；25.00 mL 分别放入 200 mL 烧杯中，加水稀

释至 50 mL，如入 10 mL 钼酸铵溶液（5.38）和 2 mL 抗坏血酸溶液（5.39），加热微沸（1.5±0.5）min，冷却至室温后，移入 100 mL 容量瓶中，用盐酸（1+10）洗涤烧杯并用盐酸（1+10）稀释至标线，摇匀。用分光光度计（6.12），10 mm 比色皿，以水作参比，于波长 730 nm 处测定溶液的吸光度。用测得的吸光度作为相对应的五氧化二磷含量的函数，绘制工作曲线。

5.80 三氧化二铁（Fe_2O_3）标准溶液

5.80.1 三氧化二铁标准溶液的配制

称取 0.100 0 g 已于（950±25）℃灼烧过 60 min 的三氧化二铁（Fe_2O_3，光谱纯），精确至 0.000 1 g，置于 300 mL 烧杯中，依次加入 50 mL 水、30 mL 盐酸（1+1）、2 mL 硝酸，低温加热微沸，待溶解完全，冷却至室温后，移入 1 000 mL 容量瓶中，用水稀释至标线，摇匀。此标准溶液每毫升含 0.1 mg 三氧化二铁。

5.80.2 工作曲线的绘制

5.80.2.1 用于分光光度法的工作曲线的绘制

吸取每毫升含 0.1 mg 三氧化二铁的标准溶液 0 mL；1.00 mL；2.00 mL；3.00 mL；4.00 mL；5.00 mL；6.00 mL 分别放入 100 mL 容量瓶中，加水稀释至约 50 mL，加入 5 mL 抗坏血酸溶液（5.40），放置 5 min 后，加入 5 mL 邻菲罗啉溶液（5.54）、10 mL 乙酸铵溶液（5.55），用水稀释至标线，摇匀。放置 30 min 后，用分光光度计（6.12），10 mm 比色皿，以水作参比，于波长 510 nm 处测定溶液的吸光度。用测得的吸光度作为相对应的三氧化二铁含量的函数，绘制工作曲线。

5.80.2.2 用于原子吸收光谱法的工作曲线的绘制

吸取每毫升含 0.1 mg 三氧化二铁的标准溶液 0 mL；10.00 mL；20.00 mL；30.00 mL；40.00 mL；50.00 mL 分别放入 500 mL 容量瓶中，加入 30 mL 盐酸及 10 mL 氯化锶溶液（5.48），用水稀释至标线，摇匀。将原子吸收光谱仪（6.14）调节至最佳工作状态，在空气-乙炔火焰中，用铁元素空心阴极灯，于波长 248.3 nm 处，以水校零测定溶液的吸光度。用测得的吸光度作为相对应的三氧化二铁含量的函数，绘制工作曲线。

5.81 三氧化硫（SO_3）标准溶液

5.81.1 三氧化硫标准溶液的配制

称取 0.887 0 g 已于 105～110℃烘过 2 h 的硫酸钠（Na_2SO_4，优级纯试剂），精确至 0.000 1 g，置于 300 mL 烧杯中，加水溶解后，移入 1 000 mL 容量瓶中，用水稀释至标线，摇匀。此标准溶液为每毫升相当于 0.5 mg 三氧化硫。

5.81.2 离子强度调节溶液的配制

称取 0.85 g 三氧化二铁（Fe_2O_3）置于 400 mL 烧杯中，加入 200 mL 盐酸（1+1），盖上表面皿，加热微沸使之溶解，将此溶液缓慢注入已盛有 21.42 g 碳酸钙（$CaCO_3$）及 100 mL 水的 1 000 mL 烧杯中，待碳酸钙完全溶解后，加入 250 mL 氨水（1+2），再加入盐酸（1+2）至氢氧化铁沉淀刚好溶解，冷却。稀释至约 900 mL，用盐酸（1+1）和氨水（1+1）调节溶液 pH 值在 1.0～1.5 之间（用精密 pH 试纸检验），移入 1 000 mL 容量瓶中，用水稀释至标线，摇匀。此溶液每毫升含有 12 mg 氧化钙，0.85 mg 三氧化二铁。

5.81.3 工作曲线的绘制

吸取每毫升相当于 0.5 mg 三氧化硫的标准溶液 0 mL；5.00 mL；10.00 mL；

15.00 mL；20.00 mL；25.00 mL；30.00 mL 分别放入 150 mL 容量瓶中，加入 20 mL 离子强度调节溶液（5.81.2），用水稀释至 100 mL，加入 10 mL 铬酸钡溶液（5.62），每隔 5 min 摇荡溶液一次。30 min 后，加入 5 mL 氨水（1+2），用水稀释至标线，摇匀。用中速滤纸干过滤，将滤液收集于 50 mL 烧杯中，使用分光光度计（6.12），20 mm 比色皿，以水作参比，于波长 420 nm 处测定各滤液的吸光度。用测得的吸光度作为相对应的三氧化硫含量的函数，绘制工作曲线。

5.82 重铬酸钾基准溶液 $[c(1/6K_2Cr_2O_7)=0.03 \ mol/L]$

称取 1.471 0 g 已于 150～180℃烘过 2h 的重铬酸钾（$K_2Cr_2O_7$，基准试剂），精确至 0.000 1g，加水溶解后，移入 1 000 mL 容量瓶中，用水稀释至标线，摇匀。

5.83 碘酸钾标准滴定溶液 $[c(1/6KIO_3)=0.03 mol/L]$

称取 5.4 g 碘酸钾（KIO_3）溶于 200 mL 新煮沸的冷水中，加入 5 g 氢氧化钠及 150 g 碘化钾，溶解后再用新煮沸的冷水稀释至 5 L，摇匀，贮存于棕色瓶中。

5.84 硫代硫酸钠标准滴定溶液 $[c(Na_2S_2O_3)=0.03 \ mol/L]$

5.84.1 硫代硫酸钠标准滴定溶液的配制

将 37.5 g 硫代硫酸钠（$Na_2S_2O_3 \cdot 5H_2O$）溶于 200 mL 新煮沸过的冷水中，加入约 0.25 g 无水碳酸钠（5.26），溶解后再用新煮过的冷水稀释至 5 L，摇匀，贮存在棕色瓶中。

提示：由于硫代硫酸钠标准溶液不稳定，建议在每批实验之前，要重新标定。

5.84.2 标准溶液的标定

5.84.2.1 硫代硫酸钠标准滴定溶液的标定

吸取 15.00 mL 重铬酸钾基准溶液（5.82）放入带有磨口塞的 200 mL 锥形瓶中。加入 3 g 碘化钾（KI）及 50 ml 水，搅拌溶解后，加入 10 mL 硫酸（1+2），盖上磨口塞，于暗处放置 15～20 min。用少量水冲洗瓶壁和瓶塞，用硫代硫酸钠标准滴定溶液滴定至淡黄色后，加入约 2 mL 淀粉溶液（5.105），再继续滴定至蓝色消失。

另用 15 mL 水代替重铬酸钾基准溶液，按上述步骤进行空白实验。

硫代硫酸钠标准滴定溶液的浓度按式（1）计算；

$$c(Na_2S_2O_3)=\frac{0.03 \times 15.00}{V_2-V_1} \quad\cdots\cdots\cdots\cdots\cdots (1)$$

式中：

$c(Na_2S_2O_3)$——硫代硫酸钠标准滴定溶液的浓度，单位为摩尔每升（mol/L）；

0.03——重铬酸钾基准溶液的浓度，单位为摩尔每升（mol/L）；

15.00——加入重铬酸钾基准溶液的体积，单位为毫升（mL）；

V_2——滴定时消耗硫代硫酸钠标准滴定溶液的体积，单位为毫升（mL）；

V_1——空白试验消耗硫代硫酸钠标准滴定溶液的体积，单位为毫升（mL）。

5.84.2.2 碘酸钾标准滴定溶液与硫代硫酸钠标准滴定溶液体积比的标定

从滴定管中缓慢放出 15.00 mL 碘酸钾标准滴定溶液（5.83）于 200 mL 锥形瓶中，加入 25 mL 水及 10 mL 硫酸（1+2），在摇动下用硫代硫酸钠标准滴定溶液（5.84）滴定至淡黄色后，加入约 2 mL 淀粉溶液（5.105），再继续滴定至蓝色消失。

碘酸钾标注滴定溶液与硫代硫酸钠标准滴定溶液的体积比按式（2）计算；

$$K_1=\frac{15.00}{V_3} \quad\cdots\cdots\cdots\cdots\cdots (2)$$

式中：

K_1——碘酸钾标准滴定溶液与硫代硫酸钠标准滴定溶液的体积比；

15.00——加入碘酸钾标准滴定溶液的体积，单位为毫升（mL）；

V_3——滴定时消耗硫代硫酸钠标准滴定溶液的体积，单位为毫升（mL）；

5.84.2.3 碘酸钾标准滴定溶液对三氧化硫及对硫的滴定度的计算

碘酸钾标准滴定溶液对三氧化硫及对硫的滴定度分别按式（3）和（4）计算：

$$T_{SO_3} = \frac{c(Na_2S_2O_3) \times V_3 \times 40.03}{15.00} \quad\cdots\cdots\cdots\cdots\cdots\cdots\cdots\cdots (3)$$

$$T_S = \frac{c(Na_2S_2O_3) \times V_3 \times 15.03}{15.00} \quad\cdots\cdots\cdots\cdots\cdots\cdots\cdots\cdots (4)$$

式中：

T_{SO_3}——碘酸钾标准滴定溶液对三氧化硫的滴定度，单位为毫克每毫升（mg/mL）；

T_S——碘酸钾标准滴定溶液对硫的滴定度，单位毫克每毫升（mg/mL）；

$c(Na_2S_2O_3)$——硫代硫酸钠标准滴定溶液的浓度，单位为摩尔每升（mol/L）；

V_3——标定体积比 K_1 时消耗硫代硫酸钠标准滴定溶液的体积，单位为毫升（mL）；

40.03——（1/2 SO_3）的摩尔质量，单位为克每摩尔（g/mol）；

16.03——（1/2 S）的摩尔质量，单位为克每摩尔（g/mol）；

15.00——标定体积比 K_1 时加入碘酸钾标准滴定溶液的体积，单位为毫升（mL）。

5.85 碳酸钙标准溶液 [$c(CaCO_3) = 0.024$ mol/L]

称取 0.6 g（m_1）已于 105～110℃ 烘过 2 h 的碳酸钙（$CaCO_3$，基准试剂），精确至 0.000 1 g，置于 400 mL 烧杯中，加入约 100 mL 水，盖上表面皿，沿杯口慢慢加入 5～10 mL 盐酸（1+1），搅拌至碳酸钙全部溶解，加热煮沸并微沸 1～2 min。冷却至室温后，移入 250 mL 容量瓶中，用水稀释至标线，摇匀。

5.86 EDTA标准滴定溶液 [$c(EDTA) = 0.015$ mol/L]

5.86.1 EDTA标准滴定溶液的配制

称取 5.6 g EDTA（乙二胺四乙酸二钠，$C_{10}H_{14}N_2O_8Na_2 \cdot 2H_2O$）置于烧杯中，加入约 200 mL 水，如热溶解，过滤，加水稀释至 1 L，摇匀。

5.86.2 EDTA标准滴定溶液浓度的标定

吸取 25.00 mL 碳酸钙标准溶液（5.85）放入 300 mL 烧杯中，加水稀释至约 200 mL 水，加入适量的 CMP 混合指示剂（5.97），在搅拌下加入氢氧化钾溶液（5.33）至出现绿色荧光后再过量 2～3 mL，用 EDTA 标准滴定溶液滴定至绿色荧光消失并呈现红色。

EDTA 标准滴定溶液的浓度按式（5）计算：

$$c(EDTA) = \frac{m_1 \times 25 \times 1000}{250 \times V_4 \times 100.9} = \frac{m_1}{V_4 \times 1.0009} \quad\cdots\cdots\cdots\cdots\cdots (5)$$

式中：

$c(EDTA)$——EDTA 标准滴定溶液的浓度，单位为摩尔每升（mol/L）；

m_1——按 5.85 配制碳酸钙标准溶液的碳酸钙的质量，单位为克（g）；

V_4——滴定时消耗 EDTA 标准滴定溶液的体积，单位为毫升（mL）；

100.09——$CaCO_3$ 的摩尔质量，单位为克每摩尔（g/mol）。

5.86.3 EDTA 标准滴定溶液对各氧化物的滴定度的计算

EDTA 标准滴定溶液对三氧化二铁、三氧化二铝、氧化钙、氧化镁的滴定度分别按式 (6)、(7)、(8)、(9) 计算：

$$T_{Fe_2O_3} = c(EDTA) \times 79.84 \quad \cdots\cdots\cdots\cdots\cdots\cdots\cdots\cdots\cdots (6)$$

$$T_{Al_2O_3} = c(EDTA) \times 50.98 \quad \cdots\cdots\cdots\cdots\cdots\cdots\cdots\cdots\cdots (7)$$

$$T_{CaO} = c(EDTA) \times 56.08 \quad \cdots\cdots\cdots\cdots\cdots\cdots\cdots\cdots\cdots (8)$$

$$T_{MgO} = c(EDTA) \times 40.31 \quad \cdots\cdots\cdots\cdots\cdots\cdots\cdots\cdots\cdots (9)$$

式中：

$T_{Fe_2O_3}$——EDTA 标准滴定溶液对三氧化二铁的滴定度，单位为毫克每毫升（mg/mL）；

$T_{Al_2O_3}$——EDTA 标准滴定溶液对三氧化二铝的滴定度，单位为毫克每毫升（mg/mL）；

T_{CaO}——EDTA 标准滴定溶液对氧化钙的滴定度，单位为毫克每毫升（mg/mL）；

T_{MgO}——EDTA 标准滴定溶液对氧化镁的滴定度，单位为毫克每毫升（mg/mL）；

$c(EDTA)$——EDTA 标准滴定溶液的浓度，单位为摩尔每升（mol/L）；

79.84——（$1/2Fe_2O_3$）的摩尔质量，单位为克每摩尔（g/mol）；

50.98——（$1/2Al_2O_3$）的摩尔质量，单位为克每摩尔（g/mol）；

56.08——CaO 的摩尔质量，单位为克每摩尔（g/mol）；

40.31——MgO 的摩尔质量，单位为克每摩尔（g/mol）。

5.87 硫酸铜标准滴定溶液 [$c(CuSO_4) = 0.015$ mol/L]

5.87.1 硫酸铜标准滴定溶液的配制

称取 3.7 g 硫酸铜（$CuSO_4 \cdot 5H_2O$）溶于水中，加入 4~5 滴硫酸（1+1），加水稀释至 1 L，摇匀。

5.87.2 EDTA 标准滴定溶液与硫酸铜标准滴定溶液体积比的标定

从滴定管中缓慢放出 10.00~15.00 mL EDTA 标准滴定溶液（5.86）于 300 mL 烧杯中，加水稀释至约 150 mL，加入 15 mL pH4.3 的缓冲溶液（5.45），加热至沸，取下稍冷，加入 4~5 滴 PAN 指示剂溶液（5.101），用硫酸铜标准滴定溶液滴定至亮紫色。

EDTA 标准滴定溶液与硫酸铜标准滴定溶液的体积比按式（10）计算：

$$K_2 = \frac{V_5}{V_6} \quad \cdots\cdots\cdots\cdots\cdots\cdots\cdots\cdots\cdots (10)$$

式中：

K_2——EDTA 标准滴定溶液与硫酸铜标准滴定溶液的体积比；

V_5——加入 EDTA 标准滴定溶液的体积，单位为毫升（mL）；

V_6——滴定时消耗硫酸铜标准滴定溶液的体积，单位为毫升（mL）。

5.88 高锰酸钾标准滴定溶液 [$c(1/5\ KMnO_4) = 0.18$ mol/L]

5.88.1 高锰酸钾标准滴定溶液的配制

称取 5.7 g 高锰酸钾（$KMnO_4$）置于 400 mL 烧杯中，溶于约 250 mL 水，加热微沸数分钟，冷至室温，用玻璃砂芯漏斗（6.19）或垫有一层玻璃棉的漏斗将溶液过滤于 1 000 mL 棕色瓶中，然后用新煮沸过的冷水稀释至 1 L，摇匀，于阴暗处放置一周后标定。

提示：由于高锰酸钾标准滴定溶液不稳定，建议至少两个月重新标定一次。

5.88.2 高锰酸钾标准滴定溶液浓度的标定

称取 0.5 g（m_2）已于 105～110℃ 烘过 2 h 的草酸钠（$Na_2C_2O_4$，基准试剂），精确至 0.000 1 g，置于 400 mL 烧杯中，加入约 150 mL 水，20 mL 硫酸（1+1），加热至 70～80℃，用高锰酸钾标准滴定溶液滴定至微红色出现，并保持 30 s 不消失。

高锰酸钾标准滴定溶液的浓度按式（11）计算：

$$c(1/5KMnO_4) = \frac{m_2 \times 1\,000}{V_7 \times 67.00} \quad\text{……………………………}(11)$$

式中：

$c(1/5KMnO_4)$ ——高锰酸钾标准滴定溶液的浓度，单位为摩尔每升（mol/L）；

$\quad m_2$ ——草酸钠的质量，单位为克（g）；

$\quad V_7$ ——滴定时消耗高锰酸钾标准滴定溶液的体积，单位为毫升（mL）；

$\quad 67.00$ ——（$1/2Na_2C_2O_4$）的摩尔质量，单位为克每摩尔（g/mol）。

5.88.3 高锰酸钾标准滴定溶液对氧化钙的滴定度的计算

高锰酸钟标准滴定溶液对氧化钙的滴定度按式（12）计算：

$$T'_{CaO} = c(1/5KMnO_4) \times 28.04 \quad\text{………………………………}(12)$$

式中：

$\quad T'_{CaO}$ ——高锰酸钾标准滴定溶液对氧化钙的滴定度，单位为毫克每毫升（mg/mL）；

$c(1/5KMnO_4)$ ——高锰酸钾标准滴定溶液的浓度，单位为摩尔每升（mol/L）；

$\quad 28.04$ ——（$1/2CaO$）的摩尔质量，单位为克每摩尔（g/mol）。

5.89 氢氧化钠标准滴定溶液 $[c(NaOH) = 0.15\ mol/L]$

5.89.1 氢氧化钠标准滴定溶液 $[c(NaOH) = 0.15\ mol/L]$ 的配制

称取 30 g 氢氧化钠（NaOH）溶于水后，加水稀释至 5 L，充分摇匀，贮存于塑料瓶或带胶塞（装有钠石灰干燥管）的硬质玻璃瓶内。

5.89.2 氢氧化钠标准滴定溶液 $[c(NaOH) = 0.15\ mol/L]$ 浓度的标定

称取 0.8 g（m_3）苯二甲酸氢钾（$C_8H_5KO_4$，基准试剂），精确至 0.000 1 g，置于 300 mL 烧杯中，加入约 200 mL 预先新煮沸过并冷却后用氢氧化钠溶液中和至酚酞呈微红色的冷水，搅拌使其溶解，加入 6～7 滴酚酞指示剂溶液（5.99），用氢氧化钠标准滴定溶液滴定至微红色。

氢氧化钠标准滴定溶液的浓度按式（13）计算：

$$c(NaOH) = \frac{m_3 \times 1\,000}{V_8 \times 204.2} \quad\text{…………………………………}(13)$$

式中：

$c(NaOH)$ ——氢氧化钠标准滴定溶液的浓度，单位为摩尔每升（mol/L）；

$\quad m_3$ ——苯二甲酸氢钾的质量，单位为克（g）；

$\quad V_8$ ——滴定时消耗氢氧化钠标准滴定溶液的体积，单位为毫升（mL）；

$\quad 204.2$ ——苯二甲酸氢钾的摩尔质量，单位为克每摩尔（g/mol）。

5.89.3 氢氧化钠标准滴定溶液 $[c(NaOH) = 0.15\ mol/L]$ 对二氧化硅的滴定度的计算

氢氧化钠标准滴定溶液对二氧化硅的滴定度按式（14）计算：

$$T_{SiO_2} = c(NaOH) \times 15.02 \quad\text{…………………………………}(14)$$

式中：

T_{SiO_2}——氢氧化钠标准滴定溶液对二氧化硅的滴定度，单位为毫克每毫升（mg/mL）；

c（NaOH）——氢氧化钠标准滴定溶液的浓度，单位为摩尔每升（mol/L）；

15.02——（1/4SiO$_2$）的摩尔质量，单位为克每摩尔（g/mol）。

5.90　氢氧化钠标准滴定溶液 [c'（NaOH）=0.06 mol/L]

5.90.1　氢氧化钠标准滴定溶液 [c'（NaOH）=0.06 mol/L] 的配制

称取 12 g 氢氧化钠（NaOH）溶于水后，加水稀释至 5 L，充分摇匀，贮存于塑料瓶或带胶塞（装有钠石灰干燥管）的硬质玻璃瓶内。

5.90.2　氢氧化钠标准滴定溶液 [c'（NaOH）=0.06 mol/L] 浓度的标定

称取 0.3 g（m_4）苯二甲酸氢钾（C$_8$H$_5$KO$_4$，基准试剂），精确至 0.000 1 g，置于 300 mL 烧杯中，加入约 200 mL 预先新煮沸过并冷却后用氢氧化钠溶液中和至酚酞呈微红色的冷水，搅拌使其溶解，加入 6～7 滴酚酞指示剂溶液（5.99），用氢氧化钠标准滴定溶液滴定至微红色。氢氧化钠标准滴定溶液的浓度按式（15）计算：

$$c'（NaOH）=\frac{m_4\times1\,000}{V_9\times204.2} \quad\cdots\cdots\cdots\cdots\cdots\cdots\cdots\cdots（15）$$

式中：

c'（NaOH）——氢氧化钠标准滴定溶液的浓度，单位为摩尔每升（mol/L）；

m_4——苯二甲酸氢钾的质量，单位为克（g）；

V_9——滴定时消耗氢氧化钠标准滴定溶液的体积，单位为毫升（mL）；

204.2——苯二甲酸氢钾的摩尔质量，单位为克每摩尔（g/mol）。

5.90.3　氢氧化钠标准滴定溶液 [c'（NaOH）=0.06 mol/L] 对三氧化硫的滴定度的计算

氢氧化钠标准滴定溶液对三氧化硫滴定度按式（16）计算：

$$T'_{SO_3}=c'（NaOH）\times40.03 \quad\cdots\cdots\cdots\cdots\cdots\cdots\cdots\cdots（16）$$

式中：

T'_{SO_3}——氢氧化钠标准滴定溶液对三氧化硫的滴定度，单位为毫克每毫升（mg/mL）；

c'（NaOH）——氢氧化钠标准滴定溶液的浓度，单位为摩尔每升（mol/L）；

40.03——（1/2 SO$_3$）的摩尔质量，单位为克每摩尔（g/mol）。

5.91　氯离子标准溶液

称取 0.329 7 g 已于 105℃～110℃烘过 2 h 的氯化钠（NaCl，基准试剂或光谱纯），精确至 0.000 1 g，置于 200 mL 烧杯中，加水溶解后，移入 1 000 mL 容量瓶中，用水稀释至标线，摇匀。此标准溶液每毫升含 0.2 mg 氯离子。

吸取 50.00 mL 上述标准溶液放入 250 mL 容量瓶中，用水稀释至标线，摇匀。此标准溶液每毫升含 0.04 mg 氯离子。

5.92　硝酸汞标准滴定溶液 [c（Hg（NO$_3$）$_2$）=0.001 mol/L]

5.92.1　硝酸汞标准滴定溶液 [c（Hg（NO$_3$）$_2$）=0.001 mol/L] 的配制

称取 0.34 g 硝酸汞 [Hg（NO$_3$）$_2$·1/2H$_2$O]，溶于 10 mL 硝酸（5.65）中，移入 1 000 mL 容量瓶内，用水稀释至标线，摇匀。

5.92.2 硝酸汞标准滴定溶液 $[c(Hg(NO_3)_2)=0.001\ mol/L]$ 对氯离子滴定度的标定

准确加入 5.00 mL 0.04 mg/mL 氯离子标准溶液（5.91）于 50 mL 锥形瓶中，加入 20 mL 乙醇（5.12）及 1～2 滴溴酚蓝指示剂溶液（5.103），用氢氧化钠溶液（5.66）调节至溶液呈蓝色，然后用硝酸（5.65）调节至溶液刚好变黄色，再过量 1 滴，加入 10 滴二苯偶氮碳酰肼指示剂溶液（5.106），用硝酸汞标准滴定溶液滴定至紫红色出现。

同时进行空白试验。使用相同量的试剂，不加入氯离子标准溶液，按照相同的测定步骤进行试验。

硝酸汞标准滴定溶液对氯离子的滴定度按式（17）计算：

$$T_{cl^-}=\frac{0.04\times 5.00}{V_{11}-V_{10}}=\frac{0.2}{V_{11}-V_{10}}\quad\cdots\cdots\cdots\cdots\cdots\cdots\cdots\cdots\cdots\cdots\quad(17)$$

式中：

T_{cl^-}——硝酸汞标准滴定溶液对氯离子的滴定度，单位为毫克每毫升（mg/mL）；

0.04——氯离子标准溶液的浓度，单位为毫克每毫升（mg/mL）；

5.00——加入氯离子标准溶液的体积，单位为毫升（mL）；

V_{11}——标定时消耗硝酸汞标准滴定溶液的体积，单位为毫升（mL）；

V_{10}——空白试验消耗硝酸汞标准滴定溶液的体积，单位为毫升（mL）。

5.93 硝酸汞标准滴定溶液 $[c'(Hg(NO_3)_2)=0.005\ mol/L]$

5.93.1 硝酸汞标准滴定溶液 $[c'(Hg(NO_3)_2)=0.005\ mol/L]$ 的配制

称取 1.67 g 硝酸汞 $[Hg(NO_3)_2\cdot 1/2H_2O]$，溶于 10 mL 硝酸（5.65）中，移入 1 000 mL 容量瓶内，用水稀释至标线，摇匀。

5.93.2 硝酸汞标准滴定溶液 $[c'(Hg(NO_3)_2)=0.005\ mol/L]$ 对氯离子滴定度的标定

准确加入 7.00 mL 0.2 mg/mL 氯离子标准溶液（5.91）于 50 mL 锥形瓶中，以下操作按 5.92.2 步骤进行。

硝酸汞标准滴定溶液对氯离子的滴定度按式（18）计算：

$$T'_{cl^-}=\frac{0.2\times 7.00}{V_{13}-V_{12}}=\frac{1.4}{V_{13}-V_{12}}\quad\cdots\cdots\cdots\cdots\cdots\cdots\cdots\cdots\cdots\quad(18)$$

式中：

T'_{cl^-}——硝酸汞标准滴定溶液对氯离子的滴定度，单位为毫克每毫升（mg/mL）；

0.2——氯离子标准溶液的浓度，单位为毫克每毫升（mg/mL）；

7.00——加入氯离子标准溶液的体积，单位为毫升（mL）；

V_{13}——标定时消耗硝酸汞标准滴定溶液的体积，单位为毫升（mL）；

V_{12}——空白试验消耗硝酸汞标准滴定溶液的体积，单位为毫升（mL）。

5.94 氟离子（F⁻）标准溶液

5.94.1 氟离子标准溶液的配制

称取 0.276 3 g 已于 105～110℃烘过 2 h 的氟化钠（NaF，优级纯），精确至 0.000 1 g，置于塑料烧杯中，加水溶解后，移入 500 mL 容量瓶中，用水稀释至标线，摇匀，贮存于塑料瓶中。此标准溶液每毫升含 0.25 mg 氟离子。

吸取每毫升含 0.25 mg 氟离子的标准溶液 10.00 mL；20.00 mL；40.00 mL；60.00 mL 分别放入 500 mL 容量瓶中，用水稀释至标线，摇匀，贮存于塑料瓶中。此系列标准溶液分别每毫升含 0.005 mg；0.010 mg；0.020 mg；0.030 mg 氟离子。

5.94.2 工作曲线的绘制

移取 5.94.1 中系列标准溶液各 10.00 mL，放入置有一磁力搅拌子的 50 mL 干烧杯中。准确加入 10.00 mL pH6 的总离子强度配位缓冲液（5.67），将烧杯置于磁力搅拌器（6.11）上，在溶液中插入氟离子选择电极和饱和氯化钾甘汞电极，开动磁力搅拌器（6.11）搅拌 2 min，停搅 30 s。用离子计或酸度计（6.15）测量溶液的平衡电位。用单对数坐标纸，以对数坐标为氟离子的浓度，常数坐标为电位值，绘制工作曲线。

5.95 苯甲酸-无水乙醇标准滴定溶液 $[c(C_6H_5COOH)=0.1 \text{ mol/L}]$

5.95.1 苯甲酸-无水乙醇标准滴定溶液的配制

称取 12.2 g 已在干燥器（6.5）中干燥 24 h 后的苯甲酸（C_6H_5COOH）溶于 1 000 mL 无水乙醇（5.12）中，贮存于带胶塞（装有硅胶干燥管）的玻璃瓶内。

5.95.2 苯甲酸-无水乙醇标准滴定溶液对氧化钙滴定度的标定

5.95.2.1 用于甘油酒精法的滴定度的标定

取一定量碳酸钙（$CaCO_3$，基准试剂）置于铂（或瓷）坩埚中，在（950±25）℃下灼烧至恒量，从中称取 0.04 g 氧化钙（m_5），精确至 0.000 1 g，置于 250 mL 干燥的锥形瓶中，加入 30 mL 甘油-无水乙醇溶液（5.69），加入约 1 g 硝酸锶（5.71），放入一根搅拌子，装上冷凝管，置于游离氧化钙测定仪（6.18）上，以适当的速度搅拌溶液，同时升温并加热煮沸，在搅拌下微沸 10 min 后，取下锥形瓶，立即用苯甲酸-无水乙醇标准滴定溶液滴定至微红色消失。再装上冷凝管，继续在搅拌下煮沸至红色出现，再取下滴定。如此反复操作，直至在加热 10 min 后不出现红色为止。苯甲酸-无水乙醇标准滴定溶液对氧化钙的滴定度按式（19）计算：

$$T''_{CaO}=\frac{m_5 \times 1000}{V_{14}} \qquad \cdots\cdots\cdots\cdots\cdots\cdots\cdots\cdots\cdots\cdots (19)$$

式中：

T''_{CaO}——苯甲酸-无水乙醇标准滴定溶液对氧化钙的滴定度，单位为毫克每毫升（mg/mL）；

m_{15}——氧化钙的质量，单位为克（g）；

V_{14}——滴定时消耗苯甲酸-无水乙醇标准滴定溶液的总体积，单位为毫升（mL）。

5.95.2.2 用于乙二醇法的滴定度的标定

取一定量碳酸钙（$CaCO_3$，基准试剂）置于铂（或瓷）坩埚中，在（950±25）℃下灼烧至恒量，从中称取 0.04 g 氧化钙（m_6），精确至 0.000 1 g，置于 250 mL 干燥的锥形瓶中，加入 30 mL 乙二醇—乙醇溶液（5.70），放入一根搅拌子，装上冷凝管，置于游离氧化钙测定仪（6.18）上，以适当的速度搅拌溶液，同时升温并加热煮沸，当冷凝下的乙醇开始连续滴下时，继续在搅拌下加热微沸 4 min，取下锥形瓶，用预先用无水乙醇润湿过的快速滤纸抽气过滤或预先用无水乙醇洗涤过的玻璃砂芯漏斗（6.19）抽气过滤，用无水乙醇（5.12）洗涤锥形瓶和沉淀 3 次，过滤时等上次洗涤液过滤完后再洗涤下次。滤液及洗液收集于 250 mL 干燥的抽滤瓶中，立即用苯甲酸-无水乙醇标准滴定溶液滴定至微红色消失。

苯甲酸-无水乙醇标准滴定溶液对氧化钙的滴定度按式（20）计算

$$T''_{CaO}=\frac{m_6 \times 1000}{V_{15}} \qquad \cdots\cdots\cdots\cdots\cdots\cdots\cdots\cdots\cdots\cdots (20)$$

式中：

T''_{CaO}——苯甲酸-无水乙醇标准滴定溶液对氧化钙的滴定度，单位为毫克每毫升（mg/mL）；

m_6——氧化钙的质量，单位为克（g）；

V_{15}——滴定时消耗苯甲酸-无水乙醇标准滴定溶液的体积，单位为毫升（mL）。

5.96　EDTA-铜溶液

按 EDTA 标准滴定溶液（5.86）与硫酸铜标准滴定溶液的体积比（5.87.2），准确配制成等物质的量浓度的混合溶液。

5.97　钙黄绿素-甲基百里香酚蓝-酚酞混合指示剂（简称 CMP 混合指示剂）

称取 1.000 g 钙黄绿素、1.000 g 甲基百里香酚蓝、0.200 g 酚酞与 50 g 已在 105～110℃烘干过的硝酸钾（KNO_3），混合研细，保存在磨口瓶中。

5.98　酸性铬蓝 K－萘酚绿 B 混合指示剂（简称 KB 混合指示剂）

称取 1.000 g 酸性铬蓝 K、2.500 g 萘酚绿 B 与 50 g 已在 105～110℃烘干过的硝酸钾（KNO_3），混合研细，保存在磨口瓶中。

滴定终点颜色不正确时，可调节酸性铬篮 K 与萘酚绿 B 的配制比例，并通过国家标准样品/标准物质进行对比确认。

5.99　酚酞指示剂溶液（10 g/L）

将 1 g 酚酞溶于 100 mL 乙醇（5.12）中。

5.100　磺基水杨酸钠指示剂溶液（100 g/L）

将 10 g 磺基水杨酸钠（$C_7H_5O_6SNa \cdot 2H_2O$）溶于水中，加水稀释至 100 mL。

5.101　1-(2-吡啶偶氮)-2 萘酚指示剂溶液（简称 PAN 指示剂溶液）（2 g/L）

将 0.2 g 1-(2-吡啶偶氮)-2 萘酚溶于 100 mL 乙醇（5.12）中。

5.102　甲基红指示剂溶液（2 g/L）

将 0.2 g 甲基红溶于 100 mL 乙醇（5.12）中。

5.103　溴酚蓝指示剂溶液（2 g/L）

将 0.2 g 溴酚蓝溶于 100 mL 乙醇（1+4）中。

5.104　硫酸铁铵指示剂溶液

将 10 mL 硝酸（1+2）加入到 100 mL 冷的硫酸铁（Ⅲ）铵［$NH_4Fe(SO_4)_2 \cdot 12H_2O$］饱和水溶液中。

5.105　淀粉溶液（10 g/L）

将 1 g 淀粉（水溶性）置于烧杯中，加水调成糊状后，加入 100 mL 沸水，煮沸约 1 min，冷却后使用。

5.106　二苯偶氮碳酰肼指示剂溶液（10 g/L）

将 1 g 二苯偶氮碳酰肼溶于 100 mL 乙醇（5.12）中。

5.107　对硝基酚指示剂溶液（2 g/L）

将 0.2 g 对硝基酚溶于 100 mL 水中。

5.108　硫酸铜溶液（50 g/L）

将 5 g 硫酸铜（$CuSO_4 \cdot 5H_2O$）溶于 100 mL 水中。

5.109　硫酸铜（$CuSO_4 \cdot 5H_2O$）饱和溶液。

5.110　硫化氢吸收剂

将称量过的、粒度在 1～2.5 mm 的干燥浮石放在一个平盘内，然后用一定体积的硫酸铜饱和溶液（5.109）浸泡，硫酸铜溶液的质量约为浮石质量的一半。把混合物放在（150±5）℃的干燥箱（6.6）内，在玻璃棒经常搅拌下，蒸发混合物至干，烘干 5 h 以上，将固体混合物冷却后，密封保存。

5.111　碱石棉（二氧化碳吸收剂）

碱石棉，粒度 1～2 mm（10 目～20 目），化学纯，密封保存。

5.112　水分吸收剂

无水高氯酸镁 $[Mg(ClO_4)_2]$，制成粒度 0.6～2 mm，密封保存；或者无水氯化钙（$CaCl_2$），制成粒度 1～4 mm，密封保存。

5.113　钠石灰

粒度 2～5 mm，医药用或化学纯，密封保存。

5.114　硝酸银溶液（5 g/L）

将 5 g 硝酸银（$AgNO_3$）溶于水中，加水稀释至 1 L。

5.115　滤纸浆

将定量滤纸撕成小块，放入烧杯中，加水浸没，在搅拌下加热煮沸 10 min 以上，冷却后放入广口瓶中备用。

6　仪器与设备

6.1　天平　精确至 0.000 1 g。

6.2　铂、银、瓷坩埚　带盖，容量 20～30 mL。

6.3　铂皿　容量 50～100 mL。

6.4　瓷蒸发皿　容量 150～200 mL。

6.5　干燥器　内装变色硅胶。

6.6　干燥箱　可控制温度（105±5）℃、（150±5）℃、（250±10）℃。

6.7　高温炉　隔焰加热炉，在炉膛外围进行电阻加热。应使用温度控制器准确控制炉温，可控制温度（700±25）℃、（800±25）℃、（950±25）℃。

6.8　蒸汽水浴

6.9　滤纸　快速、中速，慢速三种型号的定量滤纸。

6.10　玻璃容量器皿　滴定管、容量瓶、移液管。

6.11　磁力搅拌器　带有塑料壳的搅拌子，具有调速和加热功能。

6.12　分光光度计　可在波长 400～800 nm 范围内测定溶液的吸光度，带有 10 mm、20 mm 比色皿。

6.13　火焰光度计　可稳定地测定钾在波长 768 nm 处和钠在波长 589 nm 处的谱线强度。

6.14　原子吸收光谱仪　带有镁、钾、钠、铁、锰元素空心阴极灯。

6.15　离子计或酸度计　可连接氟离子选择电极和饱和氯化钾甘汞电极。

6.16　库仑积分测硫仪　由管式高温炉、电解池、磁力搅拌器和库仑积分器组成。

6.17　瓷舟　长 70～80 mm，可耐温 1 200℃。

6.18　游离氧化钙测定仪　具有加热、搅拌、计时功能，并配有冷凝管。

6.19　玻璃砂芯漏斗　直径 50 mm，型号 G4（平均孔径 4～7 μm）。

6.20 测定硫化物及硫酸盐的仪器装置 测定硫化物及硫酸盐的仪器装置示意图如图1所示。

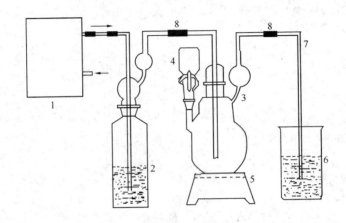

图1 测定硫化物及硫酸盐的仪器装置示意图

1—吹气泵；2—洗气瓶，250 mL，内盛100 mL硫酸铜溶液（50 g/L）（5.108）；

3—反应瓶，100 mL；4—加液漏斗，20 mL；5—电炉，600 W，与1 kVA～2 kVA调压变压器相连接；

6—烧杯，400 mL，内盛300 mL水及20 mL氨性硫酸锌溶液（5.59）；7—导气管；8—硅橡胶管

6.21 二氧化碳测定装置 碱石棉吸收重量法-二氧化碳测定装置示意图如图2所示。安装一个适宜的抽气泵和一个玻璃转子流量计，以保证气体通过装置均匀流动。

进入装置的气体先通过含钠石灰（5.113）或碱石棉（5.111）的吸收塔1和含碱石棉（5.111）的U形管2，气体中的二氧化碳被除去。反应瓶4上部与球形冷凝管7相连接。

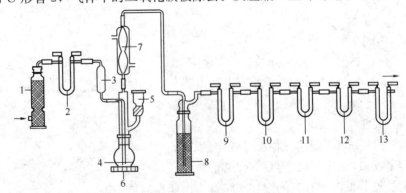

图2 碱石棉吸收重量法-二氧化碳测定装置示意图

1—吸收塔，内装钠石灰（5.113）或碱石棉（5.111）；2—U形管，内装碱石棉（5.111）；3—缓冲瓶；4—反应瓶，100 mL；5—分液漏斗；6—电炉；7—球形冷凝管；8—洗气瓶，内装浓硫酸；9—U形管，内装硫化氢吸收剂（5.110）；10—U形管，内装水分吸收剂（5.112）；11、12—U形管，内装碱石棉（5.111）和水分吸收剂（5.112）；13—U形管，内装钠石灰（5.113）或碱石棉（5.111）

气体通过球形冷凝管7后，进入含硫酸的洗气瓶8，然后通过含硫化氢吸收剂（5.110）的U形管9和水分吸收剂（5.112）的U形管10，气体中的硫化氢和水分被除去。接着通过两个可以称量的U形管11和12，分别内装3/4碱石棉（5.111）和1/4水分吸收剂

（5.112）。对气体流向而言，碱石棉（5.111）应装在水分吸收剂（5.112）之前。U形管11和12后面接一个附加的U形管13，内装钠石灰（5.113）或碱石棉（5.111），以防止空气中的二氧化碳和水分进入U形管12中。

6.22 U形管 可以称量的U形管11和12的尺寸应符合下述规定：

——二支直管之间内侧距离　　　　25～30 mm；

——内径　　　　　　　　　　　　15～20 mm；

——管底部和磨口段上部之间距离　100～120 mm；

——管壁厚度　　　　　　　　　　1～1.5 mm。

6.23 测氯蒸馏装置 测氯蒸馏装置如图3所示。

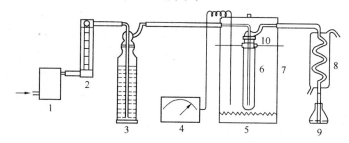

图3　测氯蒸馏装置示意图

1—吹气泵；2—转子流量计；3—洗气瓶，内装硝酸银溶液（5 g/L）（5.114）；

4—温控仪；5—电炉；6—石英蒸馏管；7—炉膛保温罩；

8—蛇形冷凝管；9—50 mL锥形瓶；10—固定架

6.24 X射线荧光分析仪 测定试样中二氧化硅、三氧化二铁、三氧化二铝、氧化钙、氧化钾、氧化钠、氯和硫（以三氧化硫计）等成分具有足够灵敏度的X射线荧光分析仪。

6.25 熔器和铸模 熔器和铸模应由铂合金（铂/金或铂/铑）制成。铸模内部底面应保持光洁平整无缺陷。

6.26 熔炉或自动熔样设备 用于灼烧试剂或熔融样品的熔炉，如电阻炉、高频感应电炉，可控制试验所需要的温度。

6.27 冷却装置 冷却装置可以产生一束狭窄的空气流从下方直接吹向铸模底部的中心位置，使熔体快速冷却，以得到均匀的玻璃熔片并且容易与铸模分离。

6.28 氩-甲烷气体（P10气体） 氩-甲烷气体钢瓶和仪器之间的输送管道应尽可能短，并且处于放置光谱仪的带有温度控制装置的房间里。新气瓶在使用前应在房间内至少恒温2 h。气瓶中的气体快用尽时，气体的组成会发生变化。应在气体全部用尽前及时更换气瓶。

6.29 粉磨设备、压片机和模具 粉磨设备能将样品粉磨至适宜细度，必要时可加入粘合剂。压片机可把样品稳定压制成坚固的样片，表面平整光滑无缺陷。模具通常为钢制，且具有适宜的强度，能承受压力，不变形，具有适宜的尺寸，用其压制的样片能满足X射线光谱仪分析的需要。

7　试样的制备

按GB/T 12573方法取样，送往实验室的样品应是具有代表性的均匀性样品。采用四分法或缩分器将试样缩分至约100 g，经80 µm方孔筛筛析，用磁铁吸去筛余物中金属铁，将筛余物经过研磨后使其全部通过孔径为 80 μm 方孔筛，充分混匀，装入试样瓶中，密封保存，供测定用。

提示：尽可能快速地进行试样的制备，以防止吸潮。

8 烧失量的测定——灼烧差减法

8.1 方法提要

试样在 (950 ± 25)℃的高温炉中灼烧，驱除二氧化碳和水分，同时将存在的易氧化的元素氧化。通常矿渣硅酸盐水泥应对由硫化物的氧化引起的烧失量的误差进行校正，而其他元素的氧化引起的误差一般可忽略不计。

8.2 分析步骤

称取约 1 g 试样（m_7），精确至 0.000 1 g，放入已灼烧恒量的瓷坩埚中，将盖斜置于坩埚上，放在高温炉（6.7）内，从低温开始逐渐升高温度，在 (950 ± 25)℃下灼烧 15～20 min，取出坩埚置于干燥器（6.5）中，冷却至室温，称量。反复灼烧，直至恒量。

8.3 结果的计算与表示

8.3.1 烧失量的计算

烧失量的质量分数 ω_{LOI} 按式（21）计算：

$$\omega_{LOI}=\frac{m_7-m_8}{m_7}\times100 \quad\cdots\cdots\cdots\cdots\cdots\cdots\cdots（21）$$

式中：

ω_{LOI}——烧失量的质量分数，%；

m_7——试料的质量，单位为克（g）；

m_8——灼烧后试料的质量，单位为克（g）。

8.3.2 矿渣硅酸盐水泥和掺入大量矿渣的其他水泥烧失量的校正

称取两份试样，一份用来直接测定其中的三氧化硫含量；另一份则按测定烧失量的条件于 (950 ± 25)℃下灼烧 15～20 min，然后测定灼烧后的试料中的三氧化硫含量。

根据灼烧前后三氧化硫含量的变化，矿渣硅酸盐水泥在灼烧过程中由于硫化物氧化引起烧失量的误差可按式（22）进行校正：

$$\omega'_{LOI}=\omega_{LOI}+0.8(\omega_后-\omega_前) \quad\cdots\cdots\cdots\cdots\cdots\cdots（22）$$

式中：

ω'_{LOI}——校正后烧失量的质量分数，%；

ω_{LOI}——实际测定的烧失量的质量分数，%；

$\omega_前$——灼烧前试料中三氧化硫的质量分数，%；

$\omega_后$——灼烧后试料中三氧化硫的质量分数，%；

0.8——S^{2-} 氧化为 SO_4^{2-} 时增加的氧与 SO_3 的摩尔质量比，即 $(4\times16)/80=0.8$。

9 不溶物的测定——盐酸-氢氧化钠处理

9.1 方法提要

试样先以盐酸溶液处理，尽量避免可溶性二氧化硅的析出，滤出的不溶渣再以氢氧化钠溶液处理，进一步溶解可能已沉淀的痕量二氧化硅，以盐酸中和、过滤后，残渣经灼烧后称量。

9.2　分析步骤

称取约 1 g 试样（m_9），精确至 0.000 1 g，置于 150 mL 烧杯中，加入 25 mL 水，搅拌使试样完全分散，在不断搅拌下加入 5 mL 盐酸，用平头玻璃棒压碎块状物使其分解完全（必要时可将溶液稍稍加温几分钟）。用近沸的热水稀释至 50 mL，盖上表面皿，将烧杯置于蒸汽水浴中加热 15 min。用中速定量滤纸过滤，用热水充分洗涤 10 次以上。

将残渣和滤纸一并移入原烧杯中，加入 100 mL 近沸的氢氧化钠溶液（5.31），盖上表面皿，置于蒸汽水浴中加热 15 min，加热期间搅动滤纸及残渣 2～3 次。取下烧杯，加入 1～2 滴甲基红指示剂溶液（5.102），滴加盐酸（1+1）至溶液呈红色，再过量 8～10 滴。用中速定量滤纸过滤，用热的硝酸铵溶液（5.36）充分洗涤至少 14 次。

将残渣及滤纸一并移入已灼烧恒量的瓷坩埚中，灰化后在（950±25）℃的高温炉（6.7）内灼烧 30min。取出坩埚，置于干燥器（6.5）中，冷却至室温，称量。反复灼烧，直至恒量。

9.3　结果的计算与表示

不溶物的质量分数 ω_{IR} 按式（23）计算：

$$\omega_{IR} = \frac{m_{10}}{m_9} \times 100 \quad\cdots\cdots\cdots\cdots\cdots\cdots\cdots\cdots\cdots\cdots\cdots\cdots\quad (23)$$

式中：

ω_{IR}——不溶物的质量分数，%；

m_{10}——灼烧后不溶物的质量，单位为克（g）；

m_9——试料的质量，单位为克（g）。

10　三氧化硫的测定——硫酸钡重量法（基准法）

10.1　方法提要

在酸性溶液中，用氯化钡溶液沉淀硫酸盐，经过滤灼烧后，以硫酸钡形式称量。测定结果以三氧化硫计。

10.2　分析步骤

称取约 0.5 g 试样（m_{11}），精确至 0.000 1 g，置于 200 mL 烧杯中，加入约 40 mL 水，搅拌使试样完全分散，在搅拌下加入 10 mL 盐酸（1+1），用平头玻璃棒压碎块状物，加热煮沸并保持微沸（5±0.5）min。用中速滤纸过滤，用热水洗涤 10～12 次，滤液及洗液收集于 400 mL 烧杯中。加水稀释至约 250 mL，玻璃棒底部压一小片定量滤纸，盖上表面皿，加热煮沸，在微沸下从杯口缓慢逐滴加入 10 mL 热的氯化钡溶液（5.34），继续微沸 3 min 以上使沉淀良好地形成，然后在常温下静置 12～24 h 或温热处静置至少 4 h（仲裁分析应在常温下静置 12～24 h），此时溶液体积应保持在约 200 mL。用慢速定量滤纸过滤，以温水洗涤，直至检验无氯离子为止（4.6）。

将沉淀及滤纸一并移入已灼烧恒量的瓷坩埚中，灰化完全后，放入 800～950℃ 的高温炉（6.7）内灼烧 30 min，取出坩埚，置于干燥器（6.5）中冷却至室温，称量。反复灼烧，直至恒量。

10.3　结果的计算与表示

试样中三氧化硫的质量分数 ω_{SO_3} 按式（24）计算：

$$\omega_{SO_3} = \frac{m_{12} \times 0.343}{m_{11}} \times 100 \quad\cdots\cdots\cdots\cdots\cdots\cdots\cdots\cdots\cdots\cdots\cdots (24)$$

式中：

ω_{SO_3}——三氧化硫的质量分数，%；

m_{12}——灼烧后沉淀的质量，单位为克（g）；

m_{11}——试料的质量，单位为克（g）；

0.343——硫酸钡对三氧化硫的换算系数。

11 二氧化硅的测定——氯化铵重量法（基准法）

11.1 方法提要

试样以无水碳酸钠烧结，盐酸溶解，加入固体氯化铵于蒸汽水浴上加热蒸发，使硅酸凝聚，经过滤灼烧后称量。用氢氟酸处理后，失去的质量即为胶凝性二氧化硅含量，加上从滤液中比色回收的可溶性二氧化硅含量即为总二氧化硅含量。

11.2 分析步骤

11.2.1 胶凝性二氧化硅的测定

称取约 0.5 g 试样（m_{13}），精确至 0.000 1 g，置于铂坩埚中，将盖斜置于坩埚上，在 950～1 000℃下灼烧 5 min，取出坩埚冷却。用玻璃棒仔细压碎块状物，加入（0.30±0.01）g 已磨细的无水碳酸钠（5.26），仔细混匀。再将坩埚置于 950～1 000℃下灼烧 10 min，取出坩埚冷却。

将烧结块移入瓷蒸发皿中，加入少量水润湿，用平头玻璃棒压碎块状物，盖上表面皿，从皿口慢慢加入 5 mL 盐酸及 2～3 滴硝酸，待反应停止后取下表面皿，用平头玻璃棒压碎块状物使其分解完全，用热盐酸（1+1）清洗坩埚数次，洗液合并于蒸发皿中。将蒸发皿置于蒸汽水浴上，皿上放一玻璃三角架，再盖上表面皿。蒸发至糊状后，加入约 1 g 氯化铵（5.27），充分搅匀，在蒸汽水浴上蒸发至干后继续蒸发 10～15 min。蒸发期间用平头玻璃棒仔细搅拌并压碎大颗粒。

取下蒸发皿，加入 10～20 mL 热盐酸（3+97），搅拌使可溶性盐类溶解。用中速定量滤纸过滤，用胶头擦棒擦洗玻璃棒及蒸发皿，用热盐酸（3+97）洗涤沉淀 3～4 次，然后用热水充分洗涤沉淀，直至检验无氯离子为止（4.6）。滤液及洗液收集于 250 mL 容量瓶中。

将沉淀连同滤纸一并移入铂坩埚中，将盖斜置于坩埚上，在电炉上干燥、灰化完全后，放入 950～1 000℃的高温炉（6.7）内灼烧 60 min，取出坩埚置于干燥器（6.5）中，冷却至室温，称量。反复灼烧，直至恒量（m_{14}）。

向坩埚中慢慢加入数滴水润湿沉淀，加入 3 滴硫酸（1+4）和 10 mL 氢氟酸，放入通风橱内电热板上缓慢加热，蒸发至干，升高温度继续加热至三氧化硫白烟完全驱尽。将坩埚放入 950～1 000℃的高温炉（6.7）内灼烧 30 min，取出坩埚置于干燥器（6.5）中，冷却至室温，称量。反复灼烧，直至恒量（m_{15}）。

11.2.2 经氢氟酸处理后的残渣的分解

向按 11.2.1 经过氢氟酸处理后得到的残渣中加入 0.5 g 焦硫酸钾（5.28），在喷灯上熔融，熔块用热水和数滴盐酸（1+1）溶解，溶液合并入按 11.2.1 分离二氧化硅后得到的滤液和洗液中。用水稀释至标线，摇匀。此溶液 A 供测定滤液中残留的可溶性二氧化硅（11.2.3）、三氧化二铁（12.2 或 24.2）、三氧化二铝（13.2 或 26.2）、氧化钙（14.2）、氧化镁（29.2）、二氧化钛（16.2）和五氧化二磷（21.2）用。

11.2.3　可溶性二氧化硅的测定——硅钼蓝分光光度法

从 11.2.2 溶液 A 中吸取 25.00 mL 溶液放入 100 mL 容量瓶中，加水稀释至 40 mL，依次加入 5 mL 盐酸（1+10）、8 mL 乙醇（5.12）、6 mL 钼酸铵溶液（5.37），摇匀。放置 30 min 后，加入 20 mL 盐酸（1+1）、5 mL 抗坏血酸（5.40），用水稀释至标线，摇匀。放置 60 min 后，用分光光度计（6.12），10 mm 比色皿，用水做参比，于波长 660 nm 处测定溶液的吸光度，在工作曲线（5.74.2）上查出二氧化硅的含量（m_{16}）。

11.3　结果的计算与表示

11.3.1　凝胶性二氧化硅的质量分数 $\omega_{凝胶SiO_2}$ 按式（25）计算：

$$\omega_{凝胶SiO_2} = \frac{m_{14} - m_{15}}{m_{13}} \times 100 \quad\cdots\cdots\cdots\cdots\cdots\cdots\cdots \text{（25）}$$

式中：

$\omega_{凝胶SiO_2}$——可溶性二氧化硅的质量分数，%；

m_{14}——灼烧后未经氢氟酸处理的沉淀剂坩埚质量，单位为克（g）；

m_{15}——用氢氟酸处理并经灼烧后的残渣及坩埚的质量，单位为克（g）；

m_{13}——11.2.1 中试料的质量，单位为克（g）。

11.3.2　可溶性二氧化硅的质量分数的计算

可溶性二氧化硅的质量分数 $\omega_{可溶SiO_2}$ 按式（26）计算

$$\omega_{可溶SiO_2} = \frac{m_{16} \times 250}{m_{13} \times 25 \times 1\,000} \times 1\,000 = \frac{m_{16}}{m_{13}} \quad\cdots\cdots\cdots\cdots\cdots \text{（26）}$$

式中：

$\omega_{可溶SiO_2}$——可溶性二氧化硅的质量分数，%；

m_{16}——按 11.2.3 测定的 100 mL 溶液中二氯化硅的含量，单位为毫克（mg）；

m_{13}——11.2.1 中试料的质量，单位为克（g）。

11.3.3　总二氧化硅质量分数的计算

总二氧化硅的质量分数 $\omega_{总SiO_2}$ 按式（27）计算：

$$\omega_{总SiO_2} = \omega_{可溶SiO_2} + \omega_{胶凝SiO_2} \quad\cdots\cdots\cdots\cdots\cdots\cdots\cdots \text{（27）}$$

式中：

$\omega_{总SiO_2}$——总二氧化硅的质量分数，%；

$\omega_{胶凝SiO_2}$——胶凝性二氧化硅的质量分数，%；

$\omega_{可溶SiO_2}$——可溶性二氯化硅的质量分数，%。

12　三氧化二铁的测定——EDTA 直接滴定法（基准法）

12.1　方法提要

在 pH 1.8～2.0、温度为 60～70℃的溶液中，以磺基水杨酸钠为指示剂，用 EDTA 标准滴定溶液滴定。

12.2 分析步骤

称取约 $0.5\,g$ 试样（m_{17}），精确至 $0.000\,1g$，置于银坩埚中，加入 $6\sim7\,g$ 氢氧化钠（5.25），盖上坩埚盖（留有缝隙），放入高温炉（6.7）中，从低温升起，在 $650\sim700\,℃$ 的高温下熔融 $20\,min$，期间取出摇动 1 次。取出冷却，将坩埚放入已盛有约 $100\,mL$ 沸水的 $300\,mL$ 烧杯中，盖上表面皿，在电炉上适当加热，待熔块完全浸出后，取出坩埚，用水冲洗坩埚和盖。在搅拌下一次加入 $25\sim30\,mL$ 盐酸，再加 $1\,mL$ 硝酸，用热盐酸（$1+5$）洗净坩埚和盖。将溶液加热煮沸，冷却至室温后，移入 $250\,mL$ 容量瓶中，用水稀释至标线，摇匀。此溶液 B 供测定二氧化硅（23.2）、三氧化二铁（12.2 或 24.2）、三氧化二铝（13.2 或 26.2）、氧化钙（27.2）、氧化镁（29.2）和二氧化钛（16.2）用。

从 11.2.2 溶液 A 或上述溶液 B 中吸取 $25.00\,mL$ 溶液放入 $300\,mL$ 烧杯中，加水稀释至约 $100\,mL$，用氨水（$1+1$）和盐酸（$1+1$）调节溶液 pH 值在 $1.8\sim2.0$ 之间（用精密 pH 试纸或酸度计检验）。将溶液加热至 $70\,℃$，加入 10 滴磺基水杨酸钠指示剂溶液（5.100），用 EDTA 标准滴定溶液（5.86）缓慢地滴定至亮黄色（终点时溶液温度应不低于 $60\,℃$，如终点前溶液温度降至近 $60\,℃$ 时，应再加热至 $65\sim70\,℃$）。保留此溶液供测定三氧化二铝（13.2 或 26.2）用。

12.3 结果的计算与表示

三氧化二铁的质量分数 $\omega_{Fe_2O_3}$，按式（28）计算：

$$\omega_{Fe_2O_3}=\frac{T_{Fe_2O_3}\times V_{16}\times 10}{m_{18}\times 1\,000}\times 100=\frac{T_{Fe_2O_3}\times V_{16}}{m_{18}} \quad\cdots\cdots\cdots\cdots\cdots\cdots\cdots（28）$$

式中：

$\omega_{Fe_2O_3}$——三氧化二铁的质量分数，%；

$T_{Fe_2O_3}$——EDTA 标准滴定溶液对三氧化二铁的滴定度，单位为毫克每毫升（mg/mL）；

V_{16}——滴定时消耗 EDTA 标准滴定溶液的体积，单位为毫升（mL）；

m_{18}——11.2.1（m_{13}）或 12.2（m_{17}）中试料的质量，单位为克（g）。

13 三氧化二铝的测定——EDTA 直接滴定法（基准法）

13.1 方法提要

将滴定铁后的溶液的 pH 值调节至 3.0，在煮沸下以 EDTA-铜和 PAN 为指示剂，用 EDTA 标准滴定溶液滴定。

13.2 分析步骤

将 12.2 中测完铁的溶液加水稀释至约 $200\,mL$，加入 $1\sim2$ 滴溴酚蓝指示剂溶液（5.103），滴加氨水（$1+1$）至溶液出现蓝紫色，再滴加盐酸（$1+1$）至黄色。加入 $15\,mL$ pH3.0 的缓冲溶液（5.44），加热煮沸并保持微沸 $1\,min$，加入 10 滴 EDTA-铜溶液（5.96）及 $2\sim3$ 滴 PAN 指示剂溶液（5.101），用 EDTA 标准滴定溶液（5.86）滴定至红色消失。继续煮沸，滴定，直至溶液经煮沸后红色不再出现呈稳定的亮黄色为止。

13.3 结果的计算与表示

三氧化二铝的质量分数 $\omega_{Al_2O_3}$ 按式（29）计算：

$$\omega_{Al_2O_3} = \frac{T_{Al_2O_3} \times V_{17} \times V_{10}}{m_{18} \times 1\,000} \times 100 = \frac{T_{Al_2O_3} \times V_{17}}{m_{18}} \quad\cdots\cdots\cdots\cdots\cdots\cdots (29)$$

式中：

$\omega_{Al_2O_3}$——三氧化二铝的质量分数，%；

$T_{Al_2O_3}$——EDTA 标准滴定溶液对三氧化二铝的滴定度，单位为毫克每毫升（mg/mL）；

V_{17}——滴定对消耗 EDTA 标准滴定溶液的体积，单位为毫升（mL）；

m_{18}——11.2.1（m_{13}）或 12.2（m_{17}）中试料的质量，单位为克（g）。

14 氧化钙的测定——EDTA 滴定法（基准法）

14.1 方法提要

在 pH13 以上的强碱性溶液中，以三乙醇胺为掩蔽剂，用钙黄绿素-甲基百里香酚蓝-酚酞混合指示剂（简称 CMP 混合指示剂），用 EDTA 标准滴定溶液滴定。

14.2 分析步骤

从 11.2.2 溶液 A 中吸取 25.00 mL 溶液放入 300 mL 烧杯中，加水稀释至约 200 mL。加入 5 mL 三乙醇胺溶液（1+2）及适量的 CMP 混合指示剂（5.97），在搅拌下加入氢氧化钾溶液（5.33）至出现绿色荧光后再过量 5～8 mL，此时溶液酸度在 pH13 以上，用 EDTA 标准滴定荧光完全消失并呈现红色。

14.3 结果的计算与表示

氧化钙的质量分数 ω_{CaO} 按式（30）计算：

$$\omega_{CaO} = \frac{T_{CaO} \times V_{18} \times 10}{m_{13} \times 1\,000} = \frac{T_{CaO} \times V_{18}}{m_{13}} \quad\cdots\cdots\cdots\cdots\cdots\cdots\cdots\cdots (30)$$

式中：

ω_{CaO}——氧化钙的质量分数，%；

T_{CaO}——EDTA 标准滴定溶液对氧化钙的滴定度，单位为毫克每毫升（mg/mL）；

V_{18}——滴定时消耗 EDTA 标准滴定溶液的体积，单位为毫升（mL）；

m_{13}——11.2.1 中试料的质量，单位为克（g）。

15 氧化镁的测定——原子吸收光谱法（基准法）

15.1 方法提要

以氢氟酸-高氧酸分解或氢氧化钠熔融-盐酸分解试样的方法制备溶液，分取一定量的溶液，用锶盐消除硅、铝、钛等对镁的干扰，在空气－乙炔火焰中，于波长 285.2 nm 处测定溶液的吸光度。

15.2 分析步骤

15.2.1 氢氟酸-高氯酸分解试棒

称取约 0.1 g 试样（m_{19}），精确至 0.000 1 g，置于铂坩埚（或铂皿）中，加入 0.5～1 mL 水润湿，加入 5～7 mL 氢氟酸和 0.5 mL 高氯酸，放入通风橱内低温电热板上加热，近干时摇动铂坩埚以防溅失。待白色浓烟完全驱尽后，取下冷却。加入 20 mL 盐酸（1+1），温热至溶液澄清，冷却后，移入 250 mL 容量瓶中，加入 5 mL 氯化锶溶液（5.48），用水稀释至标线，摇匀。此溶液 C 供原子吸收光谱法测定氧化镁（15.2.3）、三氧化二铁

（25.2）、氧化钾和氧化钠（34.2）、一氧化锰（36.2）用。

15.2.2 氢氧化钠熔融-盐酸分解试样

称取约 0.1 g 试样（m_{20}），精确至 0.000 1 g，置于银坩埚中，加入 3～4 g 氢氧化钠（5.25）、盖上坩埚盖（留有缝隙），放入高温炉（6.7）中，在 750℃的高温下熔融 10 min，取出冷却。将坩埚放入已盛有约 100 mL 沸水的 300 mL 烧杯中，盖上表面皿，待熔块完全浸出后（必要时适当加热），取出坩埚，用水冲洗坩埚和盖。在搅拌下一次加入 35 mL 盐酸（1+1），用热盐酸（1+9）洗净坩埚和盖。将溶液加热煮沸，冷却后，移入 250 mL 容量瓶中，用水稀释至标线，摇匀。此溶液 D 供原子吸收光谱法测定氧化镁（15.2.3）。

15.2.3 氧化镁的测定

从 15.2.1 溶液 C 或 15.2.2 溶液 D 中吸取一定量的溶液放入容量瓶中（试样溶液的分取量及容量瓶的容积视氧化镁的含量而定），加入盐酸（1+1）及氯化锶溶液（5.48），使测定溶液中盐酸的体积分数为 6%，锶的浓度为 1 mg/mL，用水稀释至标线，摇匀。用原子吸收光谱仪（6.14），在空气-乙炔火焰中，用镁空心阴极灯，于波长 285.2 nm 处，在与 5.75.2 相同的仪器条件下测定溶液的吸光度，在工作曲线（5.75.2）上查出氧化镁的浓度（c_1）。

15.3 结果的计算与表示

氧化镁的质量分数 ω_{MgO} 按式（31）计算：

$$\omega_{MgO} = \frac{c_1 \times V_{19} \times n}{m_{21} \times 1\ 000} \times 100 = \frac{c_1 \times V_{19} \times n \times 0.1}{m_{21}} \quad\cdots\cdots\cdots\cdots\cdots\cdots (31)$$

式中：

ω_{MgO}——氧化镁的质量分数，%；

c_1——测定溶液中氧化镁的浓度，单位为毫克每毫升（mg/mL）；

V_{19}——测定溶液的体积，单位为毫升（mL）；

n——全部试样溶液与所分取试样溶液的体积比；

m_{21}——15.2.1（m_{19}）或 15.2.2（m_{20}）中试料的质量，单位为克（g）。

16 二氧化钛的测定——二安替比林甲烷分光光度法

16.1 方法提要

在酸性溶液中钛氧基离子（TiO^{2+}）与二安替比林甲烷生成黄色配合物，于波长 420 nm 处测定溶液的吸光度。用抗坏血酸消除三价铁离子的干扰。

16.2 分析步骤

从 11.2.2 溶液 A 或 12.2 溶液 B 中，吸取 25.00 mL 溶液放入 100 mL 容量瓶中，加入 10 mL 盐酸（1+2）、10 mL 抗坏血酸溶液（5.40），放置 5 min，加入 5 mL 乙醇（5.12）、20 mL 二安替比林甲烷溶液（5.41），用水稀释至标线，摇匀。放置 40 min 后，用分光光度计（6.12），10 mm 比色皿，以水作参比，于波长 420 nm 处测定溶液的吸光度，在工作曲线（5.76.2）上查出二氧化钛的含量（m_{22}）。

16.3 结果的计算与表示

二氧化钛的质量分数 ω_{TiO_2} 按式（32）计算：

$$\omega_{TiO_2}=\frac{m_{31}\times10}{m_{18}\times1\,000}\times100=\frac{m_{22}}{m_{18}}\quad\cdots\cdots\cdots\cdots\cdots\cdots\cdots\cdots\cdots\cdots\cdots\quad(32)$$

式中：

ω_{TiO_2}——二氧化钛的质量分数，%；

m_{22}——100 mL 测定溶液中二氧化钛的含量，单位为毫克（mg）；

m_{18}——11.2.1（m_{13}）或 12.2（m_{17}）中试料的质量，单位为克（g）。

17 氧化钾和氧化钠的测定——火焰光度法（基准法）

17.1 方法提要

试样经氢氟酸-硫酸蒸发处理除去硅，用热水浸取残渣，以氨水和碳酸铵分离铁、铝、钙、镁。滤液中的钾、钠用火焰光度计进行测定。

17.2 分析步骤

称取约 0.2 g 试样（m_{23}），精确至 0.000 1 g，置于铂皿中，加入少量水润湿，加入 5～7 mL 氢氟酸和 15～20 滴硫酸（1+1），放入通风橱内低温电热板上加热，近干时摇动铂皿，以防溅失，待氢氟酸驱尽后逐渐升高温度，继续将三氧化硫白烟驱尽，取下冷却。加入 40～50 mL 热水，压碎残渣使其溶解，加入 1 滴甲基红指示剂溶液（5.102），用氨水（1+1）中和至黄色，再加入 10 mL 碳酸铵溶液（5.43），搅拌，然后放入通风橱内电热板上加热至沸并继续微沸 20～30 min。用快速滤纸过滤，以热水充分洗涤，滤液及洗液收集于 100 mL 容量瓶中，冷却至室温。用盐酸（1+1）中和至溶液呈微红色，用水稀释至标线，摇匀。在火焰光度计（6.13）上，按仪器使用规程，在与 5.77.2.1 相同的仪器条件下进行测定。在工作曲线（5.77.2.1）上分别查出氧化钾和氧化钠的含量（m_{24}）和（m_{25}）。

17.3 结果的计算与表示

氧化钾和氧化钠的质量分数 ω_{K_2O} 和 ω_{Na_2O} 分别按式（33）和式（34）计算：

$$\omega_{K_2O}=\frac{m_{24}}{m_{23}\times1\,000}\times100=\frac{m_{24}\times0.1}{m_{23}}\quad\cdots\cdots\cdots\cdots\cdots\quad(33)$$

$$\omega_{Na_2O}=\frac{m_{25}}{m_{23}\times1\,000}\times100=\frac{m_{25}\times0.1}{m_{23}}\quad\cdots\cdots\cdots\cdots\cdots\quad(34)$$

式中：

ω_{K_2O}——氧化钾的质量分数，%；

ω_{Na_2O}——氧化钠的质量分数，%；

m_{24}——100 mL 测定溶液中氧化钾的含量，单位为毫克（mg）；

m_{25}——100 mL 测定溶液中氧化钠的含量，单位为毫克（mg）；

m_{23}——试料的质量，单位为克（g）。

18 氯离子的测定——硫氰酸铵容量法（基准法）

18.1 方法提要

本方法测定除氟以外的卤素含量，以氯离子（Cl^-）表示结果。试样用硝酸进行分解。同时消除硫化物的干扰。加入已知量的硝酸银标准溶液使氯离子以氯化银的形式沉淀。煮沸、过滤后，将滤液和洗涤液冷却至25℃以下，以铁（Ⅲ）盐为指示剂，用硫酸氰铵标准滴定溶液滴定过量的硝酸银。

18.2　分析步骤

称取约5 g试样（m_{26}），精确至0.000 1 g，置于400 mL烧杯中，加入50 mL水，搅拌使试样完全分散，在搅拌下加入50 mL硝酸（1+2），加热煮沸，在搅拌下微沸1～2 min。准确移取5.00 mL硝酸银标准溶液（5.72）放入溶液中，煮沸1～2 min，加入少许滤纸浆（5.115），用预先用硝酸（1+100）洗涤过的慢速滤纸抽气过滤或玻璃砂芯漏斗（6.19）抽气过滤，滤液收集于250 mL锥形瓶中，用硝酸（1+100）洗涤烧杯、玻璃棒和滤纸，直至滤液和洗液总体积达到约200 mL，溶液在弱光线或暗处冷却至25℃以下。

加入5 mL硫酸铁铵指示剂溶液（5.104），用硫氰酸铵标准滴定溶液滴定（5.73）至产生的红棕色在摇动下不消失为止。记录滴定所用硫氰酸铵标准滴定溶液的体积V_{20}。如果V_{20}小于0.5 mL，用减少一半的试样质量重新试验。

不加入试样按上述步骤进行空白试验，记录空白滴定所用硫氰酸铵标准滴定溶液的体积V_{21}。

18.3　结果的计算与表示

氯离子的质量分数ω_{Cl^-}按式（35）计算：

$$\omega_{Cl^-} = \frac{1.773 \times 5.00 \times (V_{21}-V_{20})}{V_{21} \times m_{26} \times 1\ 000} \times 100 = 0.886\ 5 \times \frac{V_{21}-V_{20}}{V_{21} \times m_{26}} \quad\cdots\cdots\cdots\cdots\cdots (35)$$

式中：

ω_{Cl^-}——氯离子的质量分数，%；

V_{20}——滴定时消耗硫氰酸铵标准滴定溶液的体积，单位为毫升（mL）；

V_{21}——空白试验滴定时消耗的硫氰酸铵标准滴定溶液的体积，单位为毫升（mL）；

m_{26}——试料的质量，单位为克（g）；

1.773——硝酸银标准溶液对氯离子的滴定度，单位为毫克每毫升（mg/mL）。

19　硫化物的测定——碘量法

19.1　方法提要

在还原条件下，试样用盐酸分解，产生的硫化氢收集于氨性硫酸锌溶液中，然后用碘量法测定。如试样中除硫化物（S^{2-}）和硫酸盐外，还有其他状态硫存在时，将对测定造成误差。

19.2　分析步骤

使用6.20规定的仪器装置进行测定。

称取约1 g试样（m_{27}），精确至0.000 1 g，置于100 mL的干燥反应瓶中，轻轻摇动使试样均匀地分散于反应瓶底部，加入2 g固体氯化亚锡（5.57），按6.20中仪器装置图连接各部件。

由分液漏斗向反应瓶中加入20 mL盐酸（1+1），迅速关闭活塞，开动空气泵，在保持通气速度每秒钟4～5个气泡的条件下，加热反应瓶，当吸收杯中刚出现氯化铵白色烟雾时（一般约在加热5 min左右），停止加热，再继续通气5 min。

取下吸收杯，关闭空气泵，用水冲洗插入吸收液内的玻璃管，加入10 mL明胶溶液

（5.60），准确加入 5.00 mL 碘酸钾标准滴定溶液（5.83），在搅拌下一次性快速加入 30 mL 硫酸（1+2），用硫代硫酸钠标准滴定溶液（5.84）滴定至淡黄色，加入约 2 mL 淀粉溶液（5.105），再继续滴定至蓝色消失。

19.3　结果的计算与表示

硫化物硫的质量分数 ω_S 按式（36）计算：

$$\omega_S = \frac{T_S \times (V_{22} - K_1 \times V_{23})}{m_{27} \times 1\,000} \times 100 = \frac{T_S \times (V_{32} - K_1 \times V_{23}) \times 0.1}{m_{27}} \cdots\cdots\cdots\cdots (36)$$

式中：

ω_S——硫化物硫的质量分数，%；

T_S——碘酸钾标准滴定溶液对硫的滴定度，单位为毫克每毫升（mg/mL）；

V_{22}——加入碘酸钾标准滴定溶液的体积，单位为毫升（mL）；

V_{23}——滴定时消耗硫代硫酸钠标准滴定溶液的体积，单位为毫升（mL）；

K_1——碘酸钾标准滴定溶液与硫代硫酸钠标准滴定溶液的体积比；

m_{27}——试料的质量，单位为克（g）。

20　一氧化锰的测定——高碘酸钾氧化分光光度法（基准法）

20.1　方法提要

在硫酸介质中，用高碘酸钾将锰氧化成高锰酸根，于波长 530 nm 处测定溶液的吸光度。用磷酸掩蔽三价铁离子的干扰。

20.2　分析步骤

称取约 0.5 g 试样（m_{28}），精确至 0.000 1 g，置于铂坩埚中，加入 3 g 碳酸钠—硼砂混合熔剂（5.29），混匀，在 950～1 000℃ 下熔融 10 min，用坩埚钳夹持坩埚旋转，使熔融物均匀地附于坩埚内壁，冷却后，将坩埚放入已盛有 50 mL 硝酸（1+9）及 100 mL 硫酸（5+95）并加热至微沸的 300 mL 烧杯中，并继续保持微沸状态，直至熔融物完全溶解，用水洗净坩埚及盖，用快速滤纸将溶液过滤至 250 mL 容量瓶中，并用热水洗涤数次。将溶液冷却至室温后，用水稀释至标线，摇匀。

吸取 50.00 mL 上述溶液放入 150 mL 烧杯中，依次加入 5 mL 磷酸（1+1）、10 mL 硫酸（1+1）和约 1 g 高碘酸钾（5.30），加热微沸 10～15 min 至溶液达到最大颜色深度，冷却至室温后，移入 100 mL 容量瓶中，用水稀释至标线，摇匀。用分光光度计（6.12），10 mm 比色皿，以水作参比，于波长 530 nm 处测定溶液的吸光度。在工作曲线（5.78.3.1）上查出一氧化锰的含量（m_{29}）。

20.3　结果的计算与表示

一氧化锰的质量分数 ω_{MnO} 按式（37）计算：

$$\omega_{MnO} = \frac{m_{29} \times 5}{m_{28} \times 1\,000} \times 100 = \frac{m_{29} \times 0.5}{m_{28}} \cdots\cdots\cdots\cdots\cdots (37)$$

式中：

ω_{MnO}——氧化锰的质量分数，%；

m_{29}——100 mL 测定溶液中一氧化锰的含量，单位为毫克（mg）；

m_{28}——试料的质量，单位为克（g）。

21 五氧化二磷的测定——磷钼酸铵分光光度法

21.1 方法提要

在一定的酸性介质中，磷与钼酸铵和抗坏血酸生成蓝色配合物，于波长 730 nm 处测定溶液的吸光度。

21.2 分析步骤

称取约 0.25 g 试样（m_{30}），精确至 0.000 1 g，置于铂坩埚中，加入少量水润湿，慢慢加入 3 mL 盐酸、5 滴硫酸（1+1）和 5 mL 氢氟酸，放入通风橱内低温电热板上加热，近干时摇动坩埚，以防溅失，蒸发至干，再加入 3 mL 氢氟酸，继续放入通风橱内电热板上蒸发至干。

取下冷却，向经氢氟酸处理后得到的残渣中加入 3g 碳酸钠－硼砂混合溶剂（5.29），在 950～1 000℃ 下熔融 10 min，用坩埚钳夹持坩埚旋转，使熔融物均匀地附于坩埚内壁，冷却后，将坩埚放入已盛有 10 mL 硫酸（1+1）及 100 mL 水并加热至微沸的 300 mL 烧杯中，并继续保持微沸状态，直至熔融物完全溶解，用水洗净坩埚及盖，冷却至室温后，移入 250 mL 容量瓶中，用水稀释至标线，摇匀。

吸取 50.00 mL 上述试样溶液或 11.2.2 溶液 A 放入 200 mL 烧杯中（试样溶液的分取量视五氧化二磷的含量而定，如分取试样溶液不足 50 mL，需加水稀释至 50 mL），加入 1 滴对硝基酚指示剂溶液（5.107），滴加氢氧化钠溶液（5.32）至黄色，再滴加盐酸（1+1）至无色，加入 10 mL 钼酸铵溶液（5.38）和 2 mL 抗坏血酸（5.39），加热微沸（1.5±0.5）min，冷却至室温后，移入 100 mL 容量瓶中，用盐酸（1+10）洗涤烧杯并用盐酸（1+10）稀释至标线，摇匀。用分光光度计（6.12），10 mm 比色皿，以水作参比，于波长 730 nm 处测定溶液的吸光度。在工作曲线（5.79.2）上查出五氧化二磷的含量（m_{31}）。

21.3 结果的计算与表示

五氧化二磷的质量分数 $\omega_{P_2O_5}$ 按式（38）计算：

$$\omega_{P_2O_5} = \frac{m_{31} \times 5}{m_{32} \times 1\,000} \times 100 = \frac{m_{31} \times 0.5}{m_{32}} \quad\cdots\cdots\cdots\cdots\cdots (38)$$

式中：

$\omega_{P_2O_5}$——五氧化二磷的质量分数,%；

m_{31}——100 mL 溶液中五氧化二磷的含量，单位为毫克（mg）；

m_{32}——21.2（m_{30}）或 11.2.1（m_{13}）中试料的质量，单位为克（g）。

22 二氧化碳的测定——碱石棉吸收重量法

22.1 方法提要

用磷酸分解试样，碳酸盐分解释放出的二氧化碳由不含二氧化碳的气流带入一系列的 U 形管，先除去硫化氢和水分，然后被碱石棉吸收，通过称量来确定二氧化碳的含量。

22.2 分析步骤

使用 6.21 规定的仪器装置进行测定。

每次测定前，将一个空的反应瓶连接到 6.21 所示的仪器装置上，连通 U 形管 9、10、11、12、13。启动抽气泵，控制气体流速为 50～100 mL/min（每秒 3～5 个气泡），通气

30 min 以上，以除去系统中的二氧化碳和水分。

关闭抽气泵，关闭 U 形管 10、11、12、13 的磨口塞。取下 U 形管 11 和 12 放在平盘上，在天平室恒温 10 min，然后分别称量。重复此操作，再通气 10 min，取下，恒温，称量，直至每个管子连续二次称量结果之差不超过 0.001 0 g 为止，以最后一次称量值为准。

提示：取用 U 形管时，应小心避免影响质量、打碎或损坏。建议进行操作时带防护手套。

如果 U 形管 11 和 12 的质量变化连续超过 0.001 0 g，更换 U 形管 9 和 10。

称取约 1 g 试样（m_{33}），精确至 0.000 1g，置于 100 mL 的干燥反应瓶中，将反应瓶连接到 6.21 所示的仪器装置上，并将已称量的 U 形管 11 和 12 连接到 6.21 所示的仪器装置上。启动抽气泵，控制气体流速为 50～100 mL/min（每秒 3～5 个气泡）。加入 20 mL 磷酸到分液漏斗 5 中，小心旋开分液漏斗活塞，使磷酸滴入反应瓶 4 中，并留少许磷酸在漏斗中起液封作用，关闭活塞。打开反应瓶下面的小电炉，调节电压使电炉丝呈暗红色，慢慢低温加热使反应瓶中的液体至沸，并加热微沸 5 min，关闭电炉，并继续通气 25 min。

提示：切勿剧烈加热，以防反应瓶中的液体产生倒流现象。

关闭抽气泵，关闭 U 形管 10、11、12、13 的磨口塞。取下 U 形管 11 和 12 放在平盘上，在天平室恒温 10 min，然后分别称量。用每根 U 形管增加的质量（m_{34} 和 m_{35}）计算水泥中二氧化碳的含量。

如果第二根 U 形管 12 的质量变化小于 0.000 5 g，计算时忽略。实际上二氧化碳应全部被第一根 U 形管 11 吸收。如果第二根 U 形管 12 的质量变化连续超过 0.001 0 g，应更换第一根 U 形管 11，并重新开始试验。

同时进行空白试验。计算时从测定结果中扣除空白试验值（m_{36}）。

如果试样中碳酸盐含量较高，应按比例适当减少试样称取量。

22.3　结果的计算与表示

二氧化碳的质量分数 ω_{CO_2} 按式（39）计算：

$$\omega_{CO_2} = \frac{m_{34} + m_{35} - m_{36}}{m_{33}} \times 100 \quad \cdots\cdots\cdots\cdots\cdots\cdots\cdots \text{（39）}$$

式中：

ω_{CO_2}——水泥中二氧化碳的质量分数，%；

m_{34}——吸收后 U 形管 11 增加的质量，单位为克（g）；

m_{35}——吸收后 U 形管 12 增加的质量，单位为克（g）；

m_{36}——空白试验值，单位为克（g）；

m_{33}——试料的质量，单位为克（g）。

23　二氧化硅的测定——氟硅酸钾容量法（代用法）

23.1　方法提要

在有过量的氟离子、钾离子存在的强酸性溶液中，使硅酸形成氟硅酸钾（K_2SiF_6）沉淀。经过滤、洗涤及中和残余酸后，加入沸水使氟硅酸钾沉淀水解生成等物质的量的氢氟酸。然后以酚酞为指示剂，用氢氧化钠标准滴定溶液进行滴定。

23.2　分析步骤

从 12.2 溶液 B 中吸取 50.00 mL 溶液，放入 300 mL 塑料杯中，然后加入 10～15 mL

硝酸，搅拌，冷却至 30℃ 以下。加入氯化钾（5.49），仔细搅拌、压碎大颗粒氯化钾至饱和并有少量氯化钾析出，然后再加入 2 g 氯化钾（5.49）和 10 mL 氟化钾溶液（5.52），仔细搅拌、压碎大颗粒氯化钾，使其完全饱和，并有少量氯化钾析出（此时搅拌，溶液应该比较浑浊，如氯化钾析出量不够，应再补充加入氯化钾，但氯化钾的析出量不宜过多），在 30℃ 以下放置 15～20 min，期间搅拌 1～2 次。用中速滤纸过滤，先过滤溶液，固体氯化钾和沉淀留在杯底，溶液滤完后用氯化钾溶液（5.50）洗涤塑料杯及沉淀 3 次，洗涤过程中使固体氯化钾溶解，洗涤液总量不超过 25 mL。将滤纸连同沉淀取下，置于原塑料杯中，沿杯壁加入 10 mL 30℃ 以下的氯化钾-乙醇溶液（5.51）及 1 mL 酚酞指示剂溶液（5.99），将滤纸展开，用氢氧化钠标准滴定溶液（5.89）中和未洗尽的酸，仔细搅动、挤压滤纸并随之擦洗杯壁直至溶液呈红色（过滤、洗涤、中和残余酸的操作应迅速，以防止氟硅酸钾沉淀的水解）。向杯中如入约 200 mL 沸水（煮沸后用氢氧化钠溶液中和至酚酞呈微红色的沸水），用氢氧化钠标准滴定溶液（5.89）滴定至微红色。

23.3 结果的计算与表示

二氧化硅的质量分数 ω_{SiO_2} 按式（40）计算：

$$\omega_{SiO_2} = \frac{T_{SiO_2} \times V_{24} \times 5}{m_{17} \times 1\,000} \times 100 = \frac{T_{SiO_2} \times V_{24} \times}{m_{17}} \quad\cdots\cdots\cdots\cdots (40)$$

式中：

ω_{SiO_2}——二氧化硅的质量分数，%；

T_{SiO_2}——氢氧化钠标准滴定溶液对二氧化硅的滴定度，单位为毫克每毫升（mg/mL）；

V_{24}——滴定时消耗氢氧化钠标准滴定溶液的体积，单位为毫升（mL）；

m_{17}——12.2（m_{17}）中试料的质量，单位为克（g）。

24 三氧化二铁的测定——邻菲罗啉分光光度法（代用法）

24.1 方法提要

在酸性溶液中，加入抗坏血酸溶液，使三价铁离子还原为二价铁离子，与邻菲罗林生成红色配合物，于波长 510 mm 处测定溶液的吸光度。

24.2 分析步骤

从 11.2.2 溶液 A 或 12.2 溶液 B 中吸取 10.00 mL 溶液放入 100 mL 容量瓶中，用水稀释至标线，摇匀后吸取 25.00 mL 溶液放入 100 mL 容量瓶中，加水稀释至约 40 mL。加入 5 mL 抗坏血酸溶液（5.40），放置 5 分钟然后再加 5 mL 邻菲罗啉溶液（5.54）、10 mL 乙酸铵溶液（5.55），用水稀释至标线，摇匀。放置 30min 后，用分光光度计（6.12），10 mm 比色皿，以水做参比，于波长 510nm 处测定溶液的吸光度。在工作曲线（5.80.2）上查出三氧化二铁的含量（m_{37}）。

24.3 结果的计算与表示

三氧化二铁的质量分数 $\omega_{Fe_2O_3}$ 按式（41）计算：

$$\omega_{Fe_2O_3} = \frac{m_{37} \times 100}{m_{18} \times 1\,000} \times 100 = \frac{m_{37} \times 10}{m_{18}} \quad\cdots\cdots\cdots\cdots (41)$$

式中：

$\omega_{Fe_2O_3}$——三氧化二铁的质量分数，%；

m_{37}——100 ml 测定溶液中三氧化二铁的含量，单位为毫克（mg）；

m_{18}——11.2.1（m_{13}）或 12.2（m_{17}）中试料的质量，单位为克（g）。

25　三氧化二铁的测定——原子吸收光谱法（代用法）

25.1　方法提要

分取一定量的试样溶液，以锶盐消除硅、铝、钛等对钛的干扰，在空气-乙炔火焰中，于波长 248.3 nm 处测定吸光度。

25.2　分析步骤

从 15.2.1 溶液 C 中吸取一定量的溶液放入容量瓶中（试样溶液的分取量及容量瓶的容积视三氧化二铁的含量而定），加入氯化锶溶液（5.48），使测定溶液中锶的浓度为 1 mg/mL。用水稀释至标线，摇匀，用原子吸收光谱仪（6.14），在空气-乙炔火焰中，用铁空心阴极灯，于波长 248.3 nm 处，在与 5.80.2.2 相同的仪器条件下测定溶液的吸光度，在工作曲线（5.80.2.2）上查出三氧化二铁的浓度（c_2）。

25.3　结果的计算与表示

三氧化二铁的质量分数 $\omega_{Fe_2O_3}$ 按式（42）计算：

$$\omega_{Fe_2O_3} = \frac{c_2 \times V_{25} \times n}{m_{19} \times 1\,000} \times 100 = \frac{c_2 \times V_{25} \times n \times 0.1}{m_{19}} \qu\quad\quad\quad\quad (42)$$

式中：

$\omega_{Fe_2O_3}$——三氧化二铁的质量分数，%；

c_2——测定溶液中三氧化二铁的浓度，单位为毫克每毫升（mg/mL）；

V_{25}——测定溶液的体积，单位为毫升（mL）；

n——全部试样溶液与所分取试样溶液的体积比；

m_{19}——15.2.1 中试料的质量，单位为克（g）。

26　三氧化二铝的测定——硫酸铜反滴定法（代用法）

26.1　方法提要

在滴定铁后的溶液中，加入对铝、钛过量的 EDTA 标准滴定溶液，控制溶液 pH3.8～4.0，以 PAN 为指示剂，用硫酸铜标准滴定溶液返滴定过量的 EDTA。

本法只适用于一氧化锰含量在 0.5% 以下的试样。

26.2　分析步骤

往 12.2 中测完铁的溶液中加入 EDTA 标准滴定溶液（5.86）至过量 10.00～15.00 mL（对铝、钛含量而言），加水稀释至 150～200 mL。将溶液加热至 70～80℃ 后，在搅拌下用氨水（1+1）调节溶液 pH 值在 3.0～3.5 之间（用精密 pH 试纸检验），加入 15 mL pH4.3 的缓冲溶液（5.45），加热煮沸并保持微沸 1～2 min，取下稍冷，加入 4～5 滴 PAN 指示剂溶液（5.101），用硫酸铜标准滴定溶液（5.87）滴定至亮紫色。

26.3　结果的计算与表示

三氧化二铝的质量分数 $\omega_{Al_2O_3}$ 按式（43）计算：

$$\omega_{Al_2O_3} = \frac{T_{Al_2O_3} \times (V_{26} - K_2 \times V_{27}) \times 10}{m_{18} \times 1\,000} \times 1\,000 - 0.64 \times \omega_{TiO_2}$$

$$= \frac{T_{Al_2O_3} \times (V_{26} - K_2 \times V_{27})}{m_{18}} - 0.64 \times \omega_{TiO_2} \quad\text{……………} \quad (43)$$

式中：

$\omega_{Al_2O_3}$——三氧化二铝的质量分数，%；

$T_{Al_2O_3}$——EDTA 标准滴定溶液对三氧化二铝的滴定度，单位为毫克每毫升（mg/mL）；

V_{26}——加入 EDTA 标准滴定溶液的体积，单位为毫升（mL）；

V_{27}——滴定时消耗硫酸铜标准滴定溶液的体积，单位为毫升（mL）；

K_2——EDTA 标准滴定溶液与硫酸铜标准滴定溶液的体积比；

m_{18}——11.2.1（m_{13}）或 12.2（m_{17}）中试料的质量，单位为克（g）；

ω_{TiO_2}——按 16.2 测得的二氧化钛的质量分数，%；

0.64——二氧化钛对三氧化二铝的换算系数。

27 氧化钙的测定——氢氯化钠熔样－EDTA 滴定法（代用法）

27.1 方法提要

在酸性溶液中加入适量的氟化钾，以抑制硅酸的干扰。然后在 pH13 以上的强碱性溶液中，以三乙醇胺为掩蔽剂，用钙黄绿素-甲基百里香酚蓝-酚酞混合指示剂，用 EDTA 标准滴定溶液滴定。

27.2 分析步骤

从 12.2 溶液 B 中吸取 25.00 mL 溶液放入 300 mL 烧杯中，加入 7 mL 氟化钾溶液（5.53），搅匀并放置 2 min 以上。然后加水稀释至约 200 mL。加入 5 mL 三乙醇胺溶液（1＋2）及适量的 CMP 混合指示剂（5.97），在搅拌下加入氢氧化钾溶液（5.33）至出现绿色荧光后再过量 5～8 mL，此时溶液酸度在 pH13 以上，用 EDTA 标准滴定溶液（5.86）滴定至绿色荧光完全消失并呈现红色。

27.3 结果的计算与表示

氧化钙的质量分数 ω_{CaO} 按式（44）计算：

$$\omega_{CaO} = \frac{T_{CaO} \times V_{28} \times 10}{m_{17} \times 1\,000} \times 100 = \frac{T_{CaO} \times V_{28}}{m_{17}} \quad\text{…………………………}\quad (44)$$

式中：

ω_{CaO}——氧化钙的质量分数，%；

T_{CaO}——EDTA 标准滴定溶液对氧化钙的滴定度，单位为毫克每毫升（mg/mL）；

V_{28}——滴定时消耗 EDTA 标准滴定溶液的体积，单位为毫升（mL）；

m_{17}——12.2 中试料的质量，单位为克（g）。

28 氧化钙的测定——高锰酸钾滴定法（代用法）

28.1 方法提要

以氨水将铁、铝、钛等沉淀为氢氧化物，过滤除去。然后，将钙以草酸钙形式沉淀，过滤和洗涤后，将草酸钙溶解，用高锰酸钾标准滴定溶液滴定。

28.2 分析步骤

称取约 0.3 g 试样（m_{38}），精确至 0.000 1 g，置于铂坩埚中，将盖斜置于坩埚上，在

950～1 000℃下灼烧 5 min，取出坩埚冷却。用玻璃棒仔细压碎块状物，加入（0.20±0.01）g 已磨细的无水碳酸钠（5.26），仔细混匀。再将坩埚置于 950～1 000℃下灼烧 10 min，取出坩埚冷却。

将烧结块移入 300 mL 烧杯中，加入 30～40 mL 水，盖上表面皿。从杯口慢慢加入 10 mL 盐酸（1+1）及 2～3 滴硝酸，待反应停止后取下表面皿，用热盐酸（1+1）清洗坩埚数次，洗液合并于烧杯中，加热煮沸使熔块全部溶解，加水稀释至 150 mL，煮沸取下，加入 3～4 滴甲基红指示剂溶液（5.102），搅拌下缓慢滴加氨水（1+1）至溶液呈黄色，再过量 2～3 滴，加热微沸 1 min. 加入少许滤纸浆（5.115），静置待氢氧化物下沉后，趁热用快速滤纸过滤，并用热硝酸铵溶液（5.36）洗涤烧杯及沉淀 8～10 次，滤液及洗液收集于 500 mL 烧杯中，弃去沉淀.

提示：当样品中锰含量较高时，应用以下方法除去锰。把滤液用盐酸（1+1）调节至甲基红呈红色，加热蒸发至约 150 mL，加入 40 mL 溴水（5.15）和 10 mL 氨水（1+1），再煮沸 5 min 以上. 静置待氢氧化物下沉后，用中速滤纸过滤，用热水洗涤 7～8 次，弃去沉淀。滴加盐酸（1+1）使滤液呈酸性，煮沸，使溴完全驱尽，然后按以下步骤进行操作。

加入 10 mL 盐酸（1+1），调整溶液体积至约 200 mL（需要时加热浓缩溶液），加入 30 mL 草酸铵溶液（5.42），煮沸取下，然后加 2～3 滴甲基红指示剂溶液（5.102），在搅拌下缓慢逐滴加入氨水（1+1），至溶液呈黄色，并过量 2～3 滴，静置（60±5）min，在最初的 30 min 期间内，搅拌混合溶液 2～3 次。加入少许滤纸浆（5.115）。用慢速滤纸过滤，用热水洗涤沉淀 8～10 次（洗涤烧杯和沉淀用水总量不超过 75 mL）。在洗涤时，洗涤水应该直接绕着滤纸内部以便将沉淀冲下，然后水流缓缓地直接朝着滤纸中心洗涤，目的是为了搅动和彻底地清洗沉淀。

提示：逐滴加入氨水（1+1）时应缓慢进行，否则生成的草酸钙在过滤时可能有透过滤纸的趋向。当同时进行几个测定时，下列方法有助于保证缓慢地中和。边搅拌边向第一个烧杯中加入 2～3 滴氨水（1+1），再向第二个烧杯中加入 2～3 滴氨水（1+1），依此类推。然后返回来再向第一个烧杯中加 2～3 滴，直至每个烧杯中的溶液呈黄色，并过量 2～3 滴。

将沉淀连同滤纸置于原烧杯中，加入 150～200 mL 热水，10 mL 硫酸（1+1），加热至 70～80℃，搅拌使沉淀溶解，将滤纸展开，贴附于烧杯内壁上部，立即用高锰酸钾标准滴定溶液（5.88）滴定至微红色后，再将滤纸浸入溶液中充分搅拌，继续滴定至微红色出现并保持 30 s 不消失。

提示：当测定空白试验或草酸钙的量很少时，开始时高锰酸钾（$KMnO_4$）的氧化作用很慢，为了加速反应，在滴定前溶液中加入少许硫酸锰（$MnSO_4$）。

28.3　结果的计算与表示

氧化钙的质量分数 ω_{CaO} 按式（45）计算：

$$\omega_{CaO}=\frac{T'_{CaO}\times V_{29}}{m_{38}\times 1\,000}\times 100=\frac{T'_{CaO}\times V_{29}\times 0.1}{m_{38}} \qu................\quad（45）$$

式中：

ω_{CaO}——氧化钙的质量分数，%；

T'_{CaO}——高锰酸钾标准滴定溶液对氧化钙的滴定度，单位为毫克每毫升（mg/mL）；

V_{29}——滴定时消耗高锰酸钾标准滴定溶液的体积，单位为毫升（mL）；

m_{38}——试料的质量，单位为克（g）。

29 氧化镁的测定——EDTA 滴定差减法（代用法）

29.1 方法提要

在 pH10 的溶液中，以酒石酸钾钠、三乙醇胺为掩蔽剂，用酸性铬蓝 K-萘酚绿 B 混合指示剂，用 EDTA 标准滴定溶液滴定。

当试样中一氧化锰含量（质量分数）＞0.5％时，在盐酸羟胺存在下，测定钙、镁、锰总量，差减法测得氧化镁的含量。

29.2 分析步骤

29.2.1 一氧化锰含量（质量分数）≤0.5％时，氧化镁的测定

从 11.2.2 溶液 A 或 12.2 溶液 B 中吸取 25.00 mL 溶液放入 300 mL 烧杯中，加水稀释至约 200 mL，加入 1 mL 酒石酸钾钠溶液（5.47），搅拌，然后加入 5 mL 三乙醇胺（1+2），搅拌。加入 25 mLpH10 缓冲溶液（5.46）及适量的酸性铬蓝 K-萘酚绿 B 混合指示剂（5.98），用 EDTA 标准滴定溶液（5.86）滴定，近终点时应缓慢滴定至纯蓝色。

氧化镁的质量分数 ω_{MgO} 按式（46）计算：

$$\omega_{MgO}=\frac{T_{MgO}\times(V_{30}-V_{31})\times10}{m_{18}\times1\,000}\times100=\frac{T_{MgO}\times(V_{30}-V_{31})}{m_{18}} \quad\cdots\cdots\cdots\cdots(46)$$

式中：

ω_{MgO}——氧化镁的质量分数，％；

T_{MgO}——EDTA 标准滴定溶液对氧化镁的滴定度，单位为毫克每毫升（mg/mL）；

V_{30}——滴定钙、镁总量时消耗 EDTA 标准滴定溶液的体积，单位为毫升（mL）；

V_{31}——按 14.2 或 27.2 测定氧化钙时消耗 EDTA 标准滴定溶液的体积，单位为毫升（mL）；

m_{18}——11.2.1（m_{13}）或 12.2（m_{17}）中试料的质量，单位为克（g）。

29.2.2 一氧化锰含量（质量分数）＞0.5％时，氧化镁的测定

除将三乙醇胺（1+2）的加入量改为 10 mL，并在滴定前加入 0.5～1 g 盐酸羟胺（5.56）外，其余分析步骤同 29.2.1。

氧化镁的质量分数 ω_{MgO} 按式（47）计算：

$$\omega_{MgO}=\frac{T_{MgO}\times(V_{32}-V_{31})\times10}{m_{18}\times1\,000}\times100-0.57\times\omega_{MnO}$$

$$=\frac{T_{MgO}\times(V_{32}-V_{31})}{m_{18}}\times\omega_{MnO}-0.57\times\omega_{MnO} \quad\cdots\cdots\cdots\cdots(47)$$

式中：

ω_{MgO}——氧化镁的质量分数，％；

T_{MgO}——EDTA 标准滴定溶液对氧化镁的滴定度，单位为毫克每毫升（mg/mL）；

V_{32}——滴定钙、镁、锰总量时消耗 EDTA 标准滴定溶液的体积，单位为毫升（mL）；

V_{31}——按 14.2 或 27.2 测定氧化钙时消耗 EDTA 标准滴定溶液的体积，单位为毫升（mL）；

m_{18}——11.2.1（m_{13}）或 12.2（m_{17}）中试料的质量，单位为克（g）；

ω_{MnO}——按 20.2 或 36.2 测定的一氧化锰的质量分数，％；

0.57——一氧化锰对氧化镁的换算系数。

30 三氧化硫的测定——碘量法（代用法）

30.1 方法提要

试样先经磷酸处理，将硫化物分解除去。再加入氯化亚锡-磷酸溶液并加热，将硫酸盐的硫还原成等物质的量的硫化氢，收集于氨性硫酸锌溶液中，然后用碘量法进行测定。

试样中除硫化物（S^{2-}）和硫酸盐外，还有其他状态的硫存在时，将给测定结果造成误差。

30.2 分析步骤

使用 6.20 规定的仪器装置进行测定。

称取约 0.5 g 试样（m_{39}），精确至 0.000 1 g，置于 100 mL 的干燥反应瓶中，加入 10 mL 磷酸，置于小电炉上加热至沸，并继续在微沸下加热至无大气泡、液面平静、无白烟出现时为止。取下放冷，向反应瓶中加入 10 mL 氯化亚锡-磷酸溶液（5.58），按 6.20 中仪器装置图连接各部件。

开动空气泵，保持通气速度为每秒钟 4～5 个气泡。于电压 200 V 下，加热 10 min，然后将电压降至 160 V，加热 5 min 后停止加热。取下吸收杯，关闭空气泵。

用水冲洗插入吸收液内的玻璃管，加入 10 mL 明胶溶液（5.60），加入 15.00 mL 碘酸钾标准滴定溶液（5.83），在搅拌下一次性快速加入 30 mL 硫酸（1＋2），用硫代硫酸钠标准滴定溶液（5.84）滴定至淡黄色，加入 2 mL 淀粉溶液（5.105），继续滴定至蓝色消失。

30.3 结果的计算与表示

三氧化硫的质量分数 ω_{SO_3} 按式（48）计算：

$$\omega_{SO_3} = \frac{T_{SO_3} \times (V_{33} - K1 \times V_{34})}{m_{39} \times 100} \times 100$$

$$= \frac{T_{SO_3} \times (V_{33} - K_1 \times V_{34}) \times 0.1}{m_{39}} \quad\cdots\cdots\cdots\cdots\cdots\cdots\cdots\cdots\cdots\cdots (48)$$

式中：

ω_{SO_3}——三氧化硫的质量分数，％；

T_{SO_3}——碘酸钾标准滴定溶液对三氧化硫的滴定度，单位为毫克每毫升（mg/mL）；

V_{33}——加入碘酸钾标准滴定溶液的体积，单位为毫升（mL）；

V_{34}——滴定时消耗硫代硫酸钠标准滴定溶液的体积，单位为毫升（mL）；

K_1——碘酸钾标准滴定溶液与硫代硫酸钠标准滴定溶液的体积比；

m_{39}——试料的质量，单位为克（g）。

31 三氧化硫的测定——离子交换法（代用法）

31.1 方法提要

在水介质中，用氢型阳离子交换树脂对水泥中的硫酸钙进行两次静态交换，生成等物质的量的氢离子，以酚酞为指示剂，用氢氧化钠标准滴定溶液滴定。

本方法只适用于掺加天然石膏并且不含有氟、氯、磷的水泥中三氧化硫的测定。

31.2 分析步骤

称取约 0.2 g 试样（m_{40}），精确至 0.000 1 g，置于已放有 5 g 树脂（5.61）、10 mL 热水

及一根磁力搅拌子的 150 mL 烧杯中，摇动烧杯使试样分散。然后加入 40 mL 沸水，立即置于磁力搅拌器（6.11）上，加入搅拌 10 min。取下，以快速滤纸过滤，用热水洗涤烧杯和滤纸上的树脂 4～5 次，滤液及洗液收集于已放有 2 g 树脂（5.61）及一根磁力搅拌子的 150 mL 烧杯中（此时溶液体积在 100 mL 左右）。将烧杯再置于磁力搅拌器（6.11）上，搅拌 3 min。取下，以快速滤纸将溶液过滤于 300 mL 烧杯中，用热水洗涤烧杯和滤纸上的树脂 5～6 次。

向溶液中加入 5～6 滴酚酞指示剂溶液（5.99），用氢氧化钠标准滴定溶液（5.90）滴定至微红色。

保存滤纸上的树脂，可以回收处理后再利用。

31.3 结果的计算与表示

三氧化硫的质量分数 ω_{SO_3} 按式（49）计算：

$$\omega_{SO_3} = \frac{T'_{SO_3} \times V_{35}}{m_{40} \times 1\,000} \times 100 = \frac{T'_{SO_3} \times V_{35} \times 0.1}{m_{40}} \quad\cdots\cdots\cdots\cdots\cdots (49)$$

式中：

ω_{SO_3}——三氧化硫的质量分数，%；

T'_{SO_3}——氢氧化钠标准滴定溶液对三氧化硫的滴定度，单位为毫克每毫升（mg/mL）；

V_{35}——滴定时消耗氢氧化钠标准滴定溶液的体积，单位为毫升（mL）；

m_{40}——试料的质量，单位为克（g）。

32 三氧化硫的测定——铬酸钡分光光度法（代用法）

32.1 方法提要

试样经盐酸溶解，在 pH2 的溶液中，加入过量铬酸钡，生成与硫酸根等物质的量的铬酸根。在微碱性条件下，使过量的铬酸钡重新析出。干过滤后在波长 420 nm 处测定游离铬酸根离子的吸光度。

试样中除硫化物（S^{2-}）和硫酸盐外，还有其他状态的硫存在时，将给测定结果造成误差。

32.2 分析步骤

称取 0.33 g～0.36 g 试样（m_{41}），精确至 0.000 1g，置于带有标线的 200 mL 烧杯中。加 4 mL 甲酸（1+1），分散试样，低温干燥，取下。加 10 mL 盐酸（1+2）及 1～2 滴过氧化氢（5.9），将试料搅起后加热至小气泡冒尽，冲洗杯壁，再煮沸 2 min，期间冲洗杯壁 2 次。取下，加水至约 90 mL，加 5 mL 氨水（1+2），并用盐酸（1+1）和氨水（1+1）调节酸度至 pH2.0（用精密 pH 试纸检验），稀释至 100 mL。加 10 mL 铬酸钡溶液（5.62），搅匀。流水冷却至室温并放置，时间不少于 10 min，放置期间搅拌 3 次。加入 5 mL 氨水（1+2），将溶液连同沉淀移入 150 mL 容量瓶中，用水稀释至标线，摇匀。用中速滤纸干过滤。滤液收集于 50 mL 烧杯中，用分光光度计（6.12），20 mm 比色皿，以水作参比，于波长 420 nm 处测定溶液的吸光度。在工作曲线（5.81.3）上查出三氧化硫的含量（m_{42}）。

32.3 结果的计算与表示

三氧化硫的质量分数 ω_{SO_3} 按式（50）计算：

$$\omega_{SO_3} = \frac{m_{42}}{m_{41} \times 1\,000} \times 100 = \frac{m_{42} \times 0.1}{m_{41}} \quad\cdots\cdots\cdots\cdots\cdots\quad (50)$$

式中：

ω_{SO_3}——三氧化硫的质量分数，%；

m_{42}——测定溶液中三氧化硫的含量，单位为毫克（mg）；

m_{41}——试料的质量，单位为克（g）。

33　三氧化硫的测定——库仑滴定法（代用法）

33.1　方法提要

试样经甲酸处理，将硫化物分解除去。在催化剂的作用下，于空气流中燃烧分解，试样中硫生成二氧化硫并被碘化钾溶液吸收，以电解碘化钾溶液所产生的碘进行滴定。

试样中除硫化物（S^{2-}）和硫酸盐外，还有其他状态的硫存在时，将给测定结果造成误差。

33.2　分析步骤

使用库仑积分测硫仪（6.16）进行测定，将管式高温炉升温并控制在 1 150～1 200℃。

开动供气泵和抽气泵并将抽气流量调节到约 1 000 mL/min。在抽气下，将约 300 mL 电解液（5.64）加入电解池内，开动磁力搅拌器。

调节电位平衡：在瓷舟中放入少量含一定硫的试样，并盖一薄层五氧化二钒（5.63），将瓷舟置于一稍大的石英舟上，送进炉内，库仑滴定随即开始。如果试验结束后库仑积分器的显示值为零，应再次调节直至显示值不为零为止。

称取约 0.04～0.05 g 试样（m_{43}），精确至 0.000 1 g，将试样均匀地平铺于瓷舟中，慢慢滴加 4～5 滴甲酸（1+1），用拉细的玻璃棒沿舟方向搅拌几次，使试样完全被甲酸润湿，再用 2～3 滴甲酸（1+1）将玻璃棒上沾有的少量试样冲洗至瓷舟中，将瓷舟放在电炉上，控制电炉丝呈暗红色，低温加热并烤干，防止溅失，再升高温度加热 2 min。取下冷却后在试料上覆盖一薄层五氧化二钒（5.63），将瓷舟置于石英舟上，送进炉内，库仑滴定随即开始，试验结束后，库仑积分器显示出三氧化硫（或硫）的毫克数（m_{44}）。

33.3　结果的计算与表示

三氧化硫的质量分数 ω_{SO_3} 按式（51）计算：

$$\omega_{SO_3} = \frac{m_{44}}{m_{43} \times 1\,000} \times 100 = \frac{m_{44} \times 0.1}{m_{43}} \quad\cdots\cdots\cdots\cdots\cdots\quad (51)$$

式中：

ω_{SO_3}——三氧化硫的质量分数，%；

m_{44}——库仑积分器上三氧化硫的显示值，单位为毫克（mg）；

m_{43}——试料的质量，单位为克（g）。

34　氧化钾和氧化钠的测定——原子吸收光谱法（代用法）

34.1　方法提要

用氢氟酸-高氯酸分解试样，以锶盐消除硅、铝、钛等的干扰，在空气-乙炔火焰中，分别于波长 766.5 nm 处和波长 589.0 nm 处测定氧化钾和氧化钠的吸光度。

34.2 分析步骤

从 15.2.1 溶液 C 中吸取一定量的试样溶液放入容量瓶中（试样溶液的分取量及容量瓶的容积视氧化钾和氧化钠的含量而定），加入盐酸（1+1）及氯化锶溶液（5.48），使测定溶液中盐酸的体积分数为 6%，锶的浓度为 1 mg/mL。用水稀释至标线，摇匀。用原子吸收光谱仪（6.14），在空气-乙炔火焰中，分别用钾元素空心阴极灯于波长 766.5 nm 处和钠元素空心阴极灯于波长 589.0 nm 处，在与 5.77.2.2 相同的仪器条件下测定溶液的吸光度，在工作曲线（5.77.2.2）上查出氧化钾的浓度（c_3）和氧化钠的浓度（c_4）。

34.3 结果的计算与表示

氧化钾和氧化钠的质量分数 ω_{K_2O} 和 ω_{Na_2O} 分别按式（52）和式（53）计算：

$$\omega_{K_2O} = \frac{c_3 \times V_{36} \times n}{m_{19} \times 1\,000} \times 100 = \frac{c_3 \times V_{36} \times n \times 0.1}{m_{19}} \quad\cdots\cdots\cdots\cdots (52)$$

$$\omega_{Na_2O} = \frac{c_4 \times V_{36} \times n}{m_{19} \times 1\,000} \times 1\,000 = \frac{c_4 \times V_{36} \times n \times 0.1}{m_{19}} \quad\cdots\cdots\cdots\cdots (53)$$

式中：

ω_{K_2O} ——氧化钾的质量分数，%；

ω_{Na_2O} ——氧化钠的质量分数，%；

c_3 ——测定溶液中氧化钾的浓度，单位为毫克每毫升（mg/mL）；

c_4 ——测定溶液中氧化钠的浓度，单位为毫克每毫升（mg/mL）；

V_{36} ——测定溶液的体积，单位为毫升（mL）；

n ——全部试样溶液与所分取试样溶液的体积比；

m_{19} ——15.2.1 中试料的质量，单位为克（g）。

35 氯离子的测定——磷酸蒸馏—汞盐滴定法（代用法）

35.1 方法提要

用规定的蒸馏装置在 250～260℃ 温度条件下，以过氧化氢和磷酸分解试样，以净化空气做载体，蒸馏分离氯离子，用稀硝酸作吸收液。在 pH3.5 左右，以二苯偶氮碳酰肼为指示剂，用硝酸汞标准滴定溶液滴定。

35.2 分析步骤

使用 6.23 规定的测氯蒸馏装置进行测定。

向 50 mL 锥形瓶中加入约 3 mL 水及 5 滴硝酸（5.65），放在冷凝管下端用以承接蒸馏液，冷凝管下端的硅胶管插于锥形瓶的溶液中。

称取约 0.3 g（m_{45}）试样，精确至 0.000 1g，置于已烘干的石英蒸馏管中，勿使试样粘附于管壁。

向蒸馏管中加入 5～6 滴过氧化氢溶液（5.9），摇动使试样完全分散后加入 5 mL 磷酸，套上磨口塞，摇动，待试料分解产生的二氧化碳气体大部分逸出后，将 6.23 所示的仪器装置中的固定架 10 套在石英蒸馏管上，并将其置于温度 250～260℃ 的测氯蒸馏装置（6.23）炉膛内，迅速地以硅橡胶管连接好蒸馏管的进出口部分（先连出气管，后连进气管），盖上炉盖。

开动气泵，调节气流速度在 100～200 mL/min，蒸馏 10～15 min 后关闭气泵，拆下连接管，取出蒸馏管置于试管架内。

用乙醇（5.12）吹洗冷凝管及其下端，洗液收集于锥形瓶内（乙醇用量约为 15 mL）。由冷凝管下部取出承接蒸馏液的锥形瓶，向其中加入 1～2 滴溴酚蓝指示剂溶液（5.103），用氢氧化钠溶液（5.66）调节至溶液呈蓝色，然后用硝酸（5.65）调节至溶液刚好变黄，再过量 1 滴，加入 10 滴二苯偶氮碳酰肼指示剂溶液（5.106），用硝酸汞标准滴定溶液（5.92）滴定至紫红色出现。记录滴定所用硝酸汞标准滴定溶液的体积 V_{37}。

氯离子含量为 0.2%～1% 时，蒸馏时间应为 15～20 min；用硝酸汞标准滴定溶液（5.93）进行滴定。

不加入试样按上述步骤进行空白试验，记录空白滴定所用硝酸汞标准滴定溶液的体积 V_{38}。

35.3 结果的计算与表示

氯离子的质量分数 ω_{Cl^-} 按（54）式计算：

$$\omega_{Cl^-} = \frac{T_{Cl^-} \times (V_{37} - V_{38})}{m_{45} \times 1\,000} \times 100 = \frac{T_{Cl^-} \times (V_{37} - V_{38}) \times 0.1}{m_{45}} \quad\cdots\cdots\cdots\cdots (54)$$

式中：

ω_{Cl^-} ——氯离子的质量分数，%；

T_{Cl^-} ——硝酸汞标准滴定溶液对氯离子的滴定度，单位为毫克每毫升（mg/mL）；

V_{37} ——滴定时消耗硝酸汞标准滴定溶液的体积，单位为毫升（mL）；

V_{38} ——空白试验消耗硝酸汞标准滴定溶液的体积，单位为毫升（mL）；

m_{45} ——试料的质量，单位为克（g）。

36 一氧化锰的测定——原子吸收光谱法（代用法）

36.1 方法提要

用氢氟酸-高氯酸分解试样，以锶盐消除硅、铝、钛等对锰的干扰，在空气-乙炔火焰中，于波长 279.5 nm 处测定吸光度。

36.2 分析步骤

直接取用 15.2.1 中溶液 C，用原子吸收光谱仪（6.14），在空气-乙炔火焰中，用锰空心阴极灯，于波长 279.5 nm 处，在与 5.78.3.2 相同的仪器条件下测定溶液的吸光度，在工作曲线（5.78.3.2）上查出一氧化锰的浓度（c_5）。

36.3 结果的计算与表示

一氧化锰的质量分数 ω_{MnO} 按式（55）计算：

$$\omega_{MnO} = \frac{c_5 \times V_{39} \times n}{m_{19} \times 1\,000} \times 100 = \frac{c_5 \times V_{39} \times n \times 0.1}{m_{19}} \quad\cdots\cdots\cdots\cdots (55)$$

式中：

ω_{MnO} ——一氧化锰的质量分数，%；

c_5 ——测定溶液中一氧化锰的浓度，单位为毫克每毫升（mg/mL）；

V_{39} ——测定溶液的体积，单位为毫升（mL）；

n ——全部试样溶液与所分取试样溶液的体积比；

m_{19} ——15.2.1 中试料的质量，单位为克（g）。

37 氟离子的测定——离子选择电极法

37.1 方法提要

在 pH6.0 的总离子强度配位缓冲溶液的存在下，以氟离子选择电极作指示电极，饱和氯化钾甘汞电极作参比电极，用离子计或酸度计（6.15）测量含氟离子溶液的电极电位。

37.2 分析步骤

称取约 0.2 g 试样（m_{46}），精确至 0.000 1 g，置于 100 mL 干烧杯中，加入 10 mL 水使试样分散，在搅拌下加入 5 mL 盐酸（1+1），加热煮沸并继续微沸 1～2 min。用快速滤纸过滤，用热水洗涤 5～6 次，冷却至室温。加入 2～3 滴溴酚蓝指示剂溶液（5.103），用盐酸（1+1）和氢氧化钠溶液（5.32）调节溶液酸度，使溶液颜色刚由蓝色变为黄色（应防止氢氧化铝沉淀生成），然后移入 100 mL 容量瓶中，用水稀释至标线，摇匀。

吸取 10.00 mL 放入 50 mL 干烧杯中，加入 10.00 mL pH6.0 的总离子强度配位缓冲溶液（5.67），放入一根搅拌子，将烧杯置于磁力搅拌器（6.11）上，在溶液中插入氟离子选择电极和饱和氯化钾甘汞电极，搅拌 2 min 后，停止搅拌 30 s，用离子计或酸度计（6.15）测量溶液的平衡电位，在工作曲线（5.94.2）上查出氟离子的浓度（c_6）。

37.3 结果的计算与表示

氟离子的质量分数 ω_{F^-} 按式（56）计算：

$$\omega_{F^-} = \frac{c_6 \times 100}{m_{46} \times 1\,000} \times 100 = \frac{c_6 \times 10}{m_{46}} \qquad\qquad (56)$$

式中：

ω_{F^-}——氟离子的质量分数，%；

c_6——测定溶液中氟离子的浓度，单位为毫克每毫升（mg/mL）；

100——试样溶液的总体积，单位为毫升（mL）；

m_{46}——试料的质量，单位为克（g）。

38 游离氧化钙的测定——甘油乙醇法（代用法）

38.1 方法提要

在加热搅拌下，以硝酸锶为催化剂，使试样中的游离氧化钙与甘油作用生成弱碱性的甘油钙，以酚酞为指示剂，用苯甲酸—无水乙醇标准滴定溶液滴定。

38.2 分析步骤

称取约 0.5 g 试样（m_{47}），精确至 0.000 1 g，置于 250 mL 干燥的锥形瓶中，加入 30 mL 甘油-无水乙醇溶液（5.69），加入约 1 g 硝酸锶（5.71），放入一根搅拌子，装上冷凝管，置于游离氧化钙测定仪（6.18）上，以适当的速度搅拌溶液，同时升温并加热煮沸，在搅拌下微沸 10 min 后，取下锥形瓶，立即用苯甲酸-无水乙醇标准滴定溶液（5.95）滴定至微红色消失。再装上冷凝管，继续在搅拌下煮沸至红色出现，再取下滴定。如此反复操作，直至在加热 10 min 后不出现红色为止。

38.3 结果的计算与表示

游离氧化钙的质量分数 ω_{fCaO} 按式（57）计算：

$$\omega_{fCaO} = \frac{T''_{fCaO} \times V_{40}}{m_{47} \times 1\ 000} \times 100 = \frac{T''_{fCaO} \times V_{40} \times 0.1}{m_{47}} \quad \cdots\cdots\cdots\cdots\cdots\cdots \text{(57)}$$

式中：

ω_{fCaO}——游离氧化钙的质量分数，%；

T''_{fCaO}——苯甲酸-无水乙醇标准滴定溶液对氧化钙的滴定度，单位为毫克每毫升（mg/mL）；

V_{40}——滴定时消耗苯甲酸-无水乙醇标准滴定溶液的总体积，单位为毫升（mL）；

m_{47}——试料的质量，单位为克（g）。

39 游离氧化钙的测定——乙二醇法（代用法）

39.1 方法提要

在加热搅拌下，使试样中的游离氧化钙与乙二醇作用生成弱碱性的乙二醇钙，以酚酞为指示剂，用苯甲酸-无水乙醇标准滴定溶液滴定。

39.2 分析步骤

称取约 0.5 g 试样（m_{48}），精确至 0.000 1g，置于 250 mL 干燥的锥形瓶中，加入 30 mL乙二醇-乙醇溶液（5.70），放入一根搅拌子，装上冷凝管，置于游离氧化钙测定仪（6.18）上，以适当的速度搅拌溶液，同时升温并加热煮沸，当冷凝下的乙醇开始连续滴下时，继续在搅拌下加热微沸 4 min，取下锥形瓶，用预先用无水乙醇润湿过的快速滤纸抽气过滤或预先用无水乙醇洗涤过的玻璃砂芯漏斗（6.19）抽气过滤，用无水乙醇（5.12）洗涤锥形瓶和沉淀 3 次，过滤时等上次洗涤液过滤完后再洗涤下次。滤液及洗液收集于 250 mL 干燥的抽滤瓶中，立即用苯甲酸-无水乙醇标准滴定溶液（5.95）滴定至微红色消失。

提示：尽可能快速地进行抽气过滤，以防止吸收大气中的二氧化碳。

39.3 结果的计算与表示

游离氧化钙的质量分数 ω_{fCaO} 按式（58）计算：

$$\omega_{fCaO} = \frac{T''_{fCaO} \times V_{41}}{m_{48} \times 1\ 000} \times 100 = \frac{T''_{fCaO} \times V_{41} \times 0.1}{m_{48}} \quad \cdots\cdots\cdots\cdots\cdots\cdots \text{(58)}$$

式中：

ω_{fCaO}——游离氧化钙的质量分数，%；

T''_{fCaO}——苯甲酸-无水乙醇标准滴定溶液对氧化钙的滴定度，单位为毫克每毫升（mg/mL）；

V_{41}——滴定时消耗苯甲酸-无水乙醇标准滴定溶液的体积，单位为毫升（mL）；

m_{48}——试料的质量，单位为克（g）。

1.4 水泥胶砂强度检验方法（ISO 法）
GB/T 17671—1999

1 范围

本标准规定了水泥胶砂强度检验基准方法的仪器、材料、胶砂组成、试验条件、操作步骤和结果计算等。其抗压强度测定结果与 ISO 679 结果等同。同时也列入可代用的标准砂和振实台，当代用后结果有异议时以基准方法为准。

本标准适用于硅酸盐水泥、普通硅酸盐水泥、矿渣硅酸盐水泥、粉煤灰硅酸盐水泥、复合硅酸盐水泥、石灰石硅酸盐水泥的抗折与抗压强度的检验。其他水泥采用本标准时必须研究本标准规定的适用性。

2 引用标准

下列标准所包含的条文，通过在本标准中引用而构成为本标准的条文。本标准出版时，所示版本均为有效。所有标准都会被修订，使用本标准的各方应探讨使用下列标准最新版本的可能性。

GB/T 6003—1985 试验筛

JC/T 681—1997 行星式水泥胶砂搅拌机

JC/T 682—1997 水泥胶砂试体成型振实台

JC/T 683—1997　40 mm×40 mm 水泥抗压夹具

JC/T 723—1982（1996）水泥物理检验仪器 胶砂振动台

JC/T 724—1982（1996）水泥物理检验仪器 电动抗折试验机

JC/T 726—1997 水泥胶砂试模

3 方法概要

本方法为 40 mm×40 mm×160 mm 棱柱试体的水泥抗压强度和抗折强度测定。

试体是由按质量计的一份水泥、三份中国 ISO 标准砂，用 0.5 的水灰比拌制的一组塑性胶砂制成。中国 ISO 标准砂的水泥抗压强度结果必须与 ISO 基准砂的相一致。

胶砂用行星搅拌机搅拌，在振实台上成型。也可使用频率 2800～3000 次/min，振幅 0.75 mm 振动台成型。

试体连模一起在湿气中养护 24 h，然后脱模在水中养护至强度试验。到试验龄期时将试体从水中取出，先进行抗折强度试验，折断后每截再进行抗压强度试验。

4 试验室和设备

4.1 试验室

试体成型试验室的温度应保持在（20±2）℃，相对湿度应不低于 50％；

试体带模养护的养护箱或雾室温度保持在（20±1）℃，相对湿度不低于 90％；

试体养护池水温度应在（20±1）℃范围内。

试验室空气温度和相对湿度及养护池水温在工作期间每天至少记录一次。

养护箱或雾室的温度与相对湿度至少每 4h 记录一次，在自动控制的情况下记录次数可以酌减至一天记录二次。在温度给定范围内，控制所设定的温度应为此范围中值。

4.2 设备

4.2.1 总则

设备中规定的公差，试验时对设备的正确操作很重要。当定期控制检测发现公差不符时，该设备应替换，或及时进行调整和修理。控制检测记录应予保存。

对新设备的接收检测应包括本标准规定的质量、体积和尺寸范围，对于公差规定的临界尺寸要特别注意。

有的设备材质会影响试验结果，这些材质也必须符合要求。

4.2.2 试验筛

金属丝网试验筛应符合 GB/T 6003 要求，其筛网孔尺寸如表 1（R20 系列）。

表 1 试验筛

系列	网眼尺寸（mm）
R20	2.0 1.6 1.0
R20	0.50 0.16 0.080

4.2.3 搅拌机

搅拌机（图 1）属行星式，应符合 JC/T 681 要求。

用多台搅拌机工作时，搅拌锅和搅拌叶应保持配对使用，叶片与锅之间的间隙是指叶片与锅壁最近的距离，每月检查一次。

4.2.4 试模

试模由三个水平的模槽组成（图 2），可同时成型三条截面为 40 mm×40 mm，长 160 mm 的棱形试体，其材质和制造尺寸应符合 JC/T 726 要求。

注：不同生产厂家的试模和振实台可能有不同的尺寸和重量，因而买主在采购时考虑其与振实台设备的匹配性。

当试模的任何一个公差超过规定的要求时，就应更换。在组装备用的干净模型时，应用黄干油等密封材料涂覆模型的外接缝。试模的内表面应涂上一薄层模型油或机油。

成型操作时，应在试模上面加有一个壁高 20 mm 的金属模套，当从上往下看时，模套壁与模型内壁应该重叠，超出内壁不应大于 1 mm。

为了控制料层厚度和刮平胶砂，应备有图 3 所示的二个播料器和一金属刮平直尺。

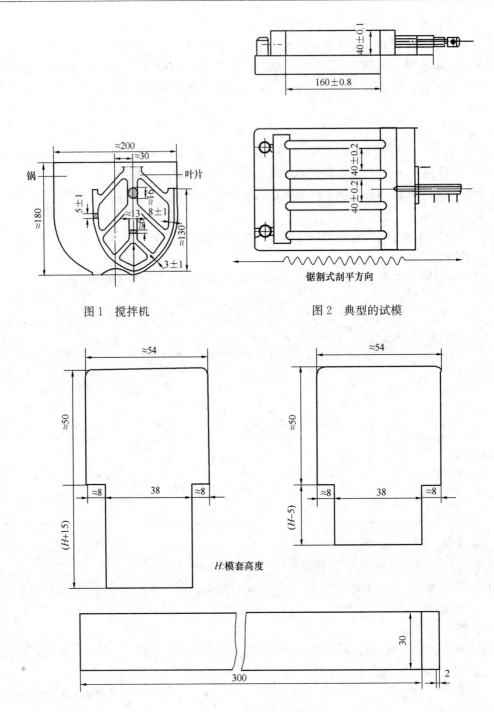

图1 搅拌机 图2 典型的试模

图3 典型的播料器和金属刮平尺

4.2.5 振实台

振实台（图4）应符合 JC/T 682 要求。振实台应安装在高度约 400 mm 的混凝土基座上。混凝土体积约为 0.25 时，重约 600 kg。需防外部振动影响振实效果时，可在整个混凝土基座下放一层厚约 5 mm 天然橡胶弹性衬垫。

将仪器用地脚螺丝固定在基座上，安装后设备成水平状态，仪器底座与基座之间要铺一层砂浆以保证它们的完全接触。

注：振实台的代用设备振动台见11.7。

4.2.6 抗折强度试验机

抗折强度试验机应符合 JC/T 724 的要求。试件在夹具中受力状态如图5。

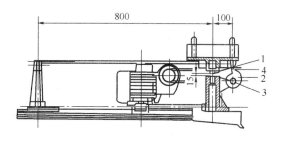

通过三根圆柱轴的三个竖向平面应该平行，并在试验时继续保持平行和等距离垂直试体的方向，其中一根支撑圆柱和加荷圆柱能轻微地倾斜使圆柱与试触，以便荷载沿试体宽度方向均匀分布，同时不产生任何扭转应力。

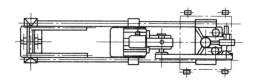

图 4 典型的振实台
1—突头；2—凸轮；3—止动器；4—随动轮

抗折强度也可用抗压强度试验机（4.2.7）来测定，此时应使用符合上述规定的夹具。

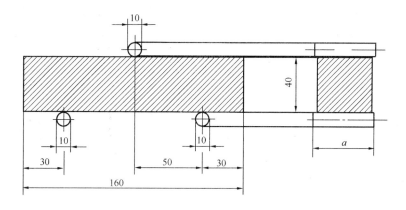

图 5 抗折强度测定加荷图

4.2.7 抗压强度试验机

抗压强度试验机，在较大的五分之四量程范围内使用时记录的荷载应有 1% 精度，并具有按（2400±200）N/s 速率的加荷能力，应有一个能指示试件破坏时荷载并把它保持到试验机卸荷以后的指示器，可以用表盘里的峰值指针或显示器来达到。人工操纵的试验机应配有一个速度动态装置以便于控制荷载增加。

压力机的活塞竖向轴应与压力机的竖向轴重合，在加荷时也不例外，而且活塞作用的合力要通过试件中心。压力机的下压板表面应与该机的轴线垂直并在加荷过程中一直保持不变。

压力机上压板球座中心应在该机竖向轴线与上压板下表面相交点上，其公差±1 mm。上压板在与试体接触时能自动调整，但在加荷期间上下压板的位置应固定不变。

试验机压板应由维氏硬度不低于 HV600 硬质钢制成，最好为碳化钨，厚度不小于10 mm，宽为 40mm±0.1 mm，长不小于 40 mm。压板和试件接触的表面平面度公差应为

0.01 mm，表面粗糙度（Ra）应在 0.1～0.8 之间。

当试验机没有球座，或球座已不灵活或直径大于 120 mm 时，应采用 4.2.8 规定的夹具。

注：

1. 试验机的最大荷载以 200～300kN 为佳，可以有两个以上的荷载范围，其中最低荷载范围的最高值大致为最高范围里的最大值的五分之一。

2. 采用具有加荷速度自动调节方法和具有记录结果装置的压力机是合适的。

3. 可以润滑球座以便使其与试件接触更好，但在加荷期间不致因此而发生压板的位移。在高压下有效的润滑剂不适宜使用，以免导致压板的移动。

4. "竖向"、"上"、"下"等术语是对传统的试验机而言。此外，轴线不呈竖向的压力机也可以使用，只要按 11.7 规定和其他要求接受为代用试验方法时。

4.2.8 抗压强度试验机用夹具

当需要使用夹具时，应把它放在压力机的上下压板之间并与压力机处于同一轴线，以便将压力机的荷载传递至胶砂试件表面。夹具应符合 JC/T 683 的要求，受压面积为 40 mm×40 mm。夹具在压力机上位置见图 6，夹具要保持清洁，球座应能转动以使其上压板能从一开始就适应试体的形状并在试验中保持不变。使用中夹具应满足 JC/T 683 的全部要求。

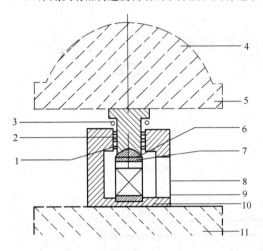

图 6　典型的抗压强度试验夹具

1—滚珠轴承；2—滑块；3—复位弹簧；4—压力机球座；5—压力机上压板；6—夹具球座；7—夹具上压板；8—试体；9—底板；10—夹具下垫板；11—压力机下压板

注：

1. 可以润滑夹具的球座，但在加荷期间不会使压板发生位移，不能用高压下有效的润滑剂。

2. 试件破坏后，滑块能自动回复到原来的位置。

5　胶砂的组成

5.1　砂

5.1.1　总则

各国生产 ISO 标准砂都可以用来按本标准测定水泥强度。中国 ISO 标准砂 ISO 679 中 5.1.3 要求。中国 ISO 标准砂的质量控制按本标准第 11 章进行。对标准砂作全面地和明确地规定是困难的，因此在鉴定和质量控制时使砂子与 ISO 基准砂比对标准化是必要的。ISO 基准砂在 5.1.2 中叙述。

5.1.2　ISO 基准砂

ISO 基准砂（reference sand）是由德国标准砂公司制备的 SiO_2 含量不低于 98% 的天然的圆形硅质砂组成，其颗粒分布在表 2 规定的范围内。

砂的筛析试验应用有代表性的样品来进行，每个筛子的筛析试验应进行至每分钟通过量小于 0.5 g 为止。

砂的湿含量是在 105～110 ℃下用代表性砂样烘 2 h 的质量损失来测定，以干基的质量百分数表示，应小于 0.2%。

表 2　ISO 基准砂颗粒分布

方孔边长/mm	累计筛于/%
2.0	0
1.6	7±5
1.0	33±5
0.5	67±5
0.16	87±5
0.08	99±1

5.1.3　中国 ISO 标准砂

中国 ISO 标准砂完全符合 5.1.2 颗粒分布和湿含量的规定。生产期间这种测定每天应至少进行一次。这些要求不足以保证标准砂与基准砂等同。这种等效性是通过标准砂和基准砂比对检验程序来保持的。这种程序和相关的计算在 11.6 中叙述。

中国 ISO 标准砂可以单级分包装，也可以各级预配合以（1350±5）g 量的塑料袋混合包装，但所用塑料袋材料不得影响强度试验结果。

5.2　水泥

当试验水泥从取样至试验要保持 24h 以上时，应把它贮存在基本装满和气密的容器里，这个容器应不与水泥起反应。

5.3　水

仲裁试验或其他重要试验用蒸馏水，其他试验可用饮用水。

6　胶砂的制备

6.1　配合比

胶砂的质量配合比应为一份水泥（5.2）三份标准砂（5.1）和半份水（5.3）（水灰比为0.5）。一锅胶砂成三条试体，每锅材料需要量如表 3。

表 3　每锅胶砂的材料数量

材料量 水泥品种	水泥	标准砂	水
硅酸盐水泥			
普通硅酸盐水泥			
矿渣硅酸盐水泥	450±2	1350±5	225±1
粉煤灰硅酸盐水泥			
复合硅酸盐水泥			
石灰石硅酸盐水泥			

6.2　配料

水泥、砂、水和试验用具的温度与试验室相同（4.1），称量用的天平精度应为±1 g。当用自动滴管加 225 mL 水时，滴管精度应达到±1 mL。

6.3 搅拌

每锅胶砂用搅拌机（4.2.3）进行机械搅拌。先使搅拌机处于待工作状态，然后按以下的程序进行操作：

把水加入锅里，再加入水泥，把锅放在固定架上，上升至固定位置。

然后立即开动机器，低速搅拌 30 s 后，在第二个 30 s 开始的同时均匀地将砂子加入。当各级砂是分装时，从最粗粒级开始，依次将所需的每级砂量加完。把机器转至高速再拌 30 s。

停拌 90 s，在第 1 个 15 s 内用一胶皮刮具将叶片和锅壁上的胶砂，刮入锅中间。在高速下继续搅拌 60 s。各个搅拌阶段，时间误差应在 ±1 s 以内。

7 试件的制备

7.1 尺寸应是 40 mm×40 mm×160 mm 的棱柱体。

7.2 成型

7.2.1 用振实台成型

胶砂制备后立即进行成型。将空试模和模套固定在振实台上，用一个适当勺子直接从搅拌锅里将胶砂分二层装入试模，装第一层时，每个槽里约放 300 g 胶砂，用大播料器（图 3）垂直架在模套顶部沿每个模槽来回一次将料层播平，接着振实 60 次。再装入第二层胶砂，用小播料器播平，再振实 60 次。移走模套，从振实台上取下试模，用一金属直尺（图 3）以近似 90°的角度架在试模模顶的一端，然后沿试模长度方向以横向锯割动作慢慢向另一端移动，一次将超过试模部分的胶砂刮去，并用同一直尺以近乎水平的情况下将试体表面抹平。

在试模上作标记或加字条标明试件编号和试件相对于振实台的位置。

7.2.2 用振动台成型

当使用代用的振动台成型时，操作如下：

在搅拌胶砂的同时将试模和下料漏斗卡紧在振动台的中心。将搅拌好的全部胶砂均匀地装入下料漏斗中，开动振动台，胶砂通过漏斗流入试模。振动（120±5）s 停车。振动完毕，取下试模，用刮平尺以 7.2.1 规定的刮平手法刮去其高出试模的胶砂并抹平。接着在试模上作标记或用字条表明试件编号。

8 试件的养护

8.1 脱模前的处理和养护

去掉留在模子四周的胶砂。立即将作好标记的试模放入雾室或湿箱的水平架子上养护，湿空气应能与试模各边接触。养护时不应将试模放在其他试模上。一直养护到规定的脱模时间时取出脱模。脱模前，用防水墨汁或颜料笔对试体进行编号和做其他标记。二个龄期以上的试体，在编号时应将同一试模中的三条试体分在二个以上龄期内。

8.2 脱模

脱模应非常小心①。对于 24 h 龄期的，应在破型试验前 20 min 内脱模②。对于 24 h 以上龄期的，应在成型后 20～24 h 之间脱模②。

注：如经 24 h 养护，会因脱模对强度造成损害时，可以延迟至 24 h 以后脱模，但在试验报告中应予说明。

① 脱模时可用塑料锤或橡皮榔头或专门的脱模器。

② 对于胶砂搅拌或振实操作或胶砂含气量试验的对比，建议称量每个模型中试体的重量。

已确定作为 24 h 龄期试验（或其他不下水直接做试验）的已脱模试体，应用湿布覆盖至做试验时为止。

8.3 水中养护

将做好标记的试件立即水平或竖直放在（20±1）℃水中养护，水平放置时刮平面应朝上。

试件放在不易腐烂的箅子上，并彼此间保持一定间距，以让水与试件的六个面接触。养护期间试件之间间隔或试体上表面的水深不得小于 5 mm。

注：不宜用木箅子。

每个养护池只养护同类型的水泥试件。

最初用自来水装满养护池（或容器），随后随时加水保持适当的恒定水位，不允许在养护期间全部换水。

除 24 h 龄期或延迟至 48 h 脱模的试体外，任何到龄期的试体应在试验（破型）前 15 min 从水中取出。揩去试体表面沉积物，并用湿布覆盖至试验为止。

8.4 强度试验试体的龄期

试体龄期是从水泥加水搅拌开始试验时算起。不同龄期强度试验在下列时间里进行。

—24 h±5 min；

—48 h±30 min；

—72 h±45 min；

—7 d±2 h；

—>28 d±8 h

9 试验程序

9.1 总则

用 4.2.6 规定的设备以中心加荷法测定抗折强度。

在折断后的棱柱体上进行抗压试验，受压面是试体成型时的两个侧面，面积为 40 mm×40 mm。

当不需要抗折强度数值时，抗折强度试验可以省去。但抗压强度试验应在不使试件受有害应力情况下折断的两截棱柱体进行。

9.2 抗折强度测定

将试体一个侧面放在试验机（4.2.6）支撑圆柱上，试体长轴垂直于支撑圆柱，通过加荷圆柱以（50±10）N/s 的速率均匀地将荷载垂直地加在棱柱体相对侧面上，直至折断。

保持两个半截棱柱体处于潮湿状态直至抗压试验。

抗折强度 R_f，以牛顿每平方毫米（MPa）表示，按式（1）进行计算：

$$R_f = \frac{1.5 F_f L}{b^3} \cdots\cdots\cdots\cdots\cdots\cdots\cdots\cdots\cdots (1)$$

式中：

F_f——折断时施加于棱柱体中部的荷，N；

    L——支撑圆柱之间的距离，mm；

    b——棱柱体正方形截面的边长，mm。

9.3 抗压强度测定

抗压强度试验通过 4.2.7 和 4.2.8 规定的仪器，在半截棱柱体的侧面上进行。

半截棱柱体中心与压力机压板受压中心差应在±0.5 mm 内，棱柱体露在压板外的部分约有 10 mm。

在整个加荷过程中以（2400±200）N/s 的速率均匀地加荷直至破坏。

抗压强度 R_c 以牛顿每平方毫米（MPa）为单位，按式（2）进行计算：

$$R_c = \frac{F_c}{A} \quad\cdots\cdots\cdots\cdots\cdots\cdots\cdots\cdots\cdots\cdots\cdots\cdots\cdots (2)$$

式中：

    F_c——破坏时的最大荷载，N；

    A——受压部分面积，mm^2（40 mm×40 mm ＝ 1 600 mm^2）。

10 水泥的合格检验

10.1 总则

强度测定方法有两种主要途径，即合格检验和验收检验。本条叙述了合格检验，即用他确定水泥是否符合规定的强度要求。验收检验在第 11 章叙述。

10.2 试验结果的确定

10.2.1 抗折强度

以一组三个棱柱体抗折结果的平均值作为试验结果。

当三个强度值中有超出平均值±10%时，应剔除后再取平均值作为抗折强度试验结果。

10.2.2 抗压强度

以一组三个棱柱体上得到的六个抗压强度测定值的算术平均值为试验结果。

如六个测定值中有一个超出六个平均值的±10%，就应剔除这个结果，而以剩下的五个的平均数为结果。如果五个测定值中再有超过它们平均数±10%的，则此组结果作废。

10.3 试验结果的计算

各试体的抗折强度记录至 0.1 MPa，按 10.2.1 规定计算平均值。计算精确至 0.1 MPa。

各个半棱体得到的单个抗压强度结果计算至 0.1 MPa，按 10.2.2 规定计算平均值，计算精确至 0.1 MPa。

10.4 试验报告

报告应包括所有各单个强度结果（包括按 10.2 规定舍去的试验结果）和计算出的平均值。

10.5 检验方法的精确性

检验方法的精确性通过其重复性（11.5）和再现性（10.6）来测量。

合格检验方法的精确性是通过它的再现性来测量的。

验收检验方法和以生产控制为目的的检验方法的精确性是通过它的重复性来测量的。

10.6 再现性

抗压强度测量方法的再现性，是同一个水泥样品在不同试验室工作的不同操作人员，在不同的时间，用不同来源的标准砂和不同套设备所获得试验结果误差的定量表达。

对于 28 d 抗压强度的测定，在合格试验室之间的再现性，用变异系数表示，可要求不超过 6%.

这意味着不同试验室之间获得的两个相应试验结果的差可要求（概率 95%）小于约 15%。

11 中国 ISO 标准砂和振实台代用设备的验收检验

11.1 总则

按 ISO 679 进行水泥试验不能基于一种普遍可得的试验砂。因此有几种被视同为 ISO 标准砂的试验砂是必要的，也是可行的。

同样，国际标准不能要求试验室使用一种规定类型的振实设备，因此使用了"代用材料和设备"的术语。显然这种自由选择不可避免要与国际标准的要求相联系，因而不得不对代用物作某些限制。因此 ISO 679 标准的重要特点之一是代用物必须通过一个试验程序以保证按验收检验得到的强度结果不会因用代用物代替"基准"材料或设备而受到明显影响。

验收检验程序应包含对一个新提出代用物符合本标准要求的鉴定试验和保证通过鉴定的代用物继续符合 ISO 679 标准的验证试验。

由于砂子和振实设备是两种最重要的代用物，对其检验分别在 11.6 和 11.7 中叙述，作为验收检验总的原则说明。

11.2 试验结果的确定

在一组三条棱柱体上测得的六个抗压强度算术平均值作为该组试验结果。

11.3 试验结果的计算

同 10.3。

11.4 试验方法的精确度

对于验收检验和生产控制为目的的试验方法的精确度是通过它的重复性来评定的（对于再现性，见 10.6）。

11.5 重复性

抗压强度试验方法的重复性是由同一个试验室在基本相同的情况下（相同的操作人员，相同的设备，相同的标准砂，较短时间间隔内等）用同一水泥样品所得试验结果的误差来定量表达。

对于 28 d 抗压强度的测定，一个合格的试验室在上述条件下的重复性以变异系数表示，可要求在 1%~3% 之间。

11.6 中国 ISO 标准砂

11.6.1 中国 ISO 标准砂的鉴定试验

作为中国 ISO 标准砂应通过规定鉴定。

鉴定试验以 28 d 抗压强度为依据，并由鉴定试验室来承担，按本标准规定的程序进行。

鉴定试验室应进行国际合作，并参加合作试验计划以保证中国生产的标准砂长期与基准砂质量的一致性。

11.6.2 砂子的验证试验

验证试验程序是中国 ISO 标准砂生产更换年度证书所要求的。它包括鉴定机构对一个随机砂样的年度试验和该机构对砂子生产质量控制检验记录的检查。

验证试验项目和鉴定试验相同。

砂子生产质量控制检验由厂家试验室或鉴定试验室定期进行（在连续生产情况下每月一次）。作为验证程序的一个部分，应提供至少三年的质量控制试验结果记录供鉴定机构检查。

11.6.3 中国 ISO 标准砂的鉴定试验方法

11.6.3.1 总则

在初生产的至少三个月期间，由鉴定机构对要作为中国 ISO 标准砂的推荐砂取三个独立的砂样进行鉴定试验。

与 ISO 基准砂进行对比试验，应将这三个砂样中的每一个砂样用鉴定机构为对比目的选取的三个水泥中的每一个来进行。

在 28d 龄期，这些对比试验的每一个，使相应砂样可以验收时，此推荐的砂子可接受作为一种 ISO 标准砂。

11.6.3.2 验收指标

用推荐砂最终测得的水泥 28 d 抗压强度与用 ISO 基准砂获得的强度结果相差在 5% 以内为合格。

11.6.3.3 每个对比试验步骤

每个中国 ISO 标准砂推荐砂样和 ISO 基准砂各制备一批胶砂试体，共用 20 对试模制备。这两批胶砂中的每一对为一组，每组应按本标准一个接着另一个进行试体成型，各组顺序可以打乱。经 28 d 养护后，对两批各对的全部六条试体进行抗压强度试验，并按 10.3 计算每种砂子的试验结果，推荐 ISO 标准砂结果为 x，ISO 基准砂结果为 Y。

11.6.3.4 每个比对试验的评定

计算下列参数

　　　a)　20 组中由 ISO 基准砂制备的所有 20 个的抗压强度平均值 $\overline{y}$；

　　b) 20 组中由推荐中国 ISO 标准砂制备的所有 20 个的抗压强度平均值 $\overline{x}$；计算 $D = 100(\overline{x} - \overline{y})/y$，精确至 0.1，不计正负。

11.6.3.5 离差处理

如果出现超差，计算下列参数：

a) 每对试验结果的代数差 $\Delta = x - y$；

b) 结果平均差 $\overline{\Delta} = \overline{x} - \overline{y}$；

c) 差值的标准偏差 S；

d) $3S$ 的值；

e) 如 Δ 最高值即 Δ_{max} 和 $\overline{\Delta}$ 之间，Δ 最低值即 Δ_{min} 和 $\overline{\Delta}$ 之间的差中有一个大于 $3S$，应剔除有关值（Δ_{max} 或 Δ_{min}），并重复计算剩下的 19 个差值。

11.6.3.6 验收要求

按 11.6.3.4 计算的三个 D 中的每一个都小于 5 时，此推荐中国 ISO 标准砂通过鉴定，该砂可作为中国 ISO 标准砂。当计算 D 值有一个或多个等于或大于 5 时该砂不能通过鉴定，该砂不能作为中国 ISO 标准砂。必须对原砂或工艺过程进行调整，并重新鉴定。

11.6.4 中国 ISO 标准砂的验证试验方法

11.6.4.1 鉴定机构的年度检验

由鉴定机构从生产厂抽取一个单独的随机砂样，并按 11.6.3.3 叙述的总的操作步骤用检验机构为验证专门选取的一种水泥试样进行试验。

按 11.6.3.4 计算 D 值小于 5 时，该砂样被认为符合验证试验要求。如果 D 值等于或大于 5 时，应按 11.6.1 全部鉴定检验操作步骤再试验三个随机砂样。

11.6.4.2 砂子生产的月检

砂生产者应按 11.6.4.1 验证检验办法进行月检，以鉴定机构为月检而选的一种水泥，用这个月生产的一个随机砂样与已鉴定合格的 ISO 标准砂至少进行 10 个样品的比对。

如果按 11.6.3.4 计算的 D 值，在连续 12 个月比对检验中大于 2.5 的超过 2 次，就应通知鉴定机构，并应按 11.6.1 进行三个随机样品的全部鉴定试验程序。

11.7 振实台代用设备的检验

中国的振实台代用设备为全波振幅（0.75±0.02）mm，频率为 2 800～3 000 次/min 的振动台，其结构和配套漏斗如图 7、图 8。它的制造应符合 JC/T 723 的有关要求。

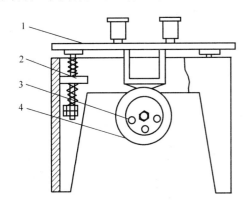

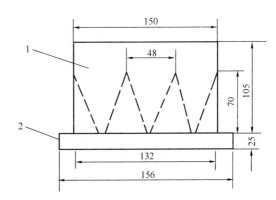

图 7 胶砂振动台
1—台板；2—弹簧；3—偏重轮；4—电机

图 8 下料漏斗
1—漏斗；2—模套

11.7.1 总则

当要求进行代用振实设备验收时，检验机构应选择三套能从市场买到的设备，并排放在检定机构试验室内符合 4.2.5 要求标准设备的旁边。

试验设备应附有：

——详细的设计和结构技术说明书；

——操作说明书；

——保证正常运行的检测项目；

——推荐振实操作的详细说明。

检验机构应对设备在试验条件下的技术性能和所提供的技术说明书进行仔细比较。然后应进行三组比对试验，即每台用检验机构为此目的选取三个水泥中每一个水泥样和 ISO 基准砂来进行。

当三组试验的每一个都可以通过代用设备的验收试验时，该推荐振实设备被认为是可接受的代用品。

11.7.2 代用设备

11.7.2.1　验收指标

用该设备的振实方法最终所得的 28 d 抗压强度与按 ISO 679 规定方法所得强度之差在 5% 以内为合格。

11.7.2.2　每个比对试验步骤

用为此目的选取的水泥试样，制备两组 20 对胶砂，一组用推荐的代用振实设备振实成型试件，另一组用标准振实设备振实。

两组中每一对应一个接一个地制备，各对次序可以打乱，振实后的棱柱体（试件）的处理按本标准的规定进行。

养护 28 d 后，对两组的所有六个棱柱体进行抗压强度试验，每种振实试验方法的结果应按 11.3 进行计算，推荐的代用设备振实的为 x，标准振实台的为 y。

11.7.2.3　每个比对试验的评定

计算下列参数：

a) 20 组中用标准设备振实的所有 20 个的抗压强度平均 $\overline{y}$；

b) 20 组中用推荐代用设备振实的所有 20 个的抗压强度平均值 $\overline{x}$。

计算 $D = \dfrac{100(\overline{x} - \overline{y})}{\sqrt{y}}$，精确至 0.1，正负不计。

11.7.2.4　超差处理

见 11.6.3.5。

11.7.2.5　推荐代用设备的验收要求

当按 11.7.2.3 计算的三个 D 值的每一个都小于 5 时，应认为这个代用设备可以接受。

在这种情况下该种设备的技术说明应附在 4.2.5 所述设备的后面，其振实操作说明应附在 7.2 操作程序的后面。

当其中一个或多个计算的 D 值等于或大于 5 时，这个代用设备不能通过鉴定。

1.5 水泥标准稠度用水量、凝结时间、安定性检验方法
GB 1346—2011

1 范围

本标准规定了水泥标准稠度用水量、凝结时间和由游离氧化钙造成的体积安定性检验方法的原理、仪器设备、材料、试验条件和测定方法。

本标准适用于硅酸盐水泥、普通硅酸盐水泥、矿渣硅酸盐水泥、粉煤灰硅酸盐水泥、火山灰质硅酸盐水泥、复合硅酸盐水泥以及指定采用本方法的其他品种水泥。

2 规范性引用文件

下列文件对于本文件的应用是必不可少的。凡是注日期的引用文件，仅注日期的版本适用于本文件。凡是不注日期的引用文件，其最新版本（包括所有的修改单）适用于本文件。

JC/T 727　水泥净浆标准稠度与凝结时间测定仪

JC/T 729　水泥净浆搅拌机

JC/T 955　水泥安定性试验用沸煮箱

3 原理

3.1 水泥标准稠度

水泥标准稠度净浆对标准试杆（或试锥）的沉入具有一定阻力。通过试验不同含水量水泥净浆的穿透性，以确定水泥标准稠度净浆中所需加入的水量。

3.2 凝结时间

试针沉入水泥标准稠度净浆至一定深度所需的时间。

3.3 安定性

3.3.1　雷氏法是通过测定水泥标准稠度净浆在雷氏夹中沸煮后试针的相对位移表征其体积膨胀的程度。

3.3.2　试饼法是通过观测水泥标准稠度净浆试饼煮沸后的外形变化情况表征其体积安定性。

4 仪器设备

4.1 水泥净浆搅拌机

符合 JC/T 729 的要求。

注：通过减小搅拌翅和搅拌锅之间间隙，可以制备更加均匀的净浆。

4.2 标准法维卡仪

图 1 测定水泥标准稠度和凝结时间用维卡仪及配件示意图中包括：

a）为测定初凝时间时维卡仪和试模示意图；

b）为测定终凝时间反转试模示意图；

c）为标准稠度试杆；

d）为初凝用试针；

e）为终凝用试针等。

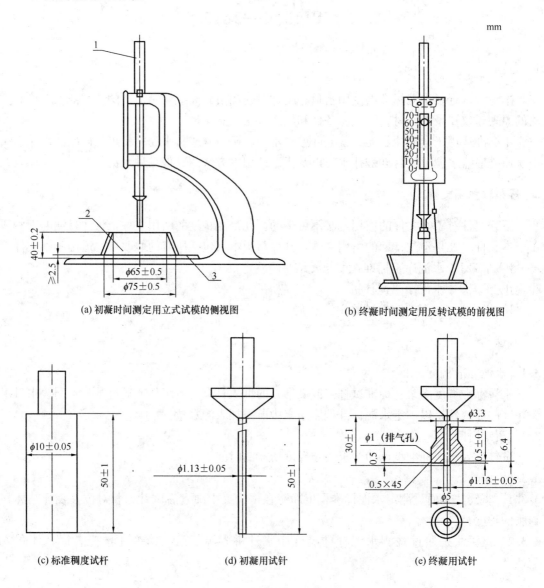

图 1　测定水泥标准稠度和凝结时间用维卡仪及配件示意图
1—滑动杆；2—试模；3—玻璃板

标准稠度试杆由有效长度为（50±1）mm，直径为 ϕ（10＋0.05）mm 的圆柱形耐腐蚀金属制成。初凝用试针由钢制成，其有效长度初凝针为（50±1）mm、终凝针为（30±1）mm，直径为 ϕ（1.13±0.05）mm。滑动部分的总质量为（300±1）g。与试杆、试针联结的滑动杆表面应光滑，能靠重力自由下落，不得有紧涩和旷动现象。

盛装水泥净浆的试模由耐腐蚀的、有足够硬度的金属制成。试模为深（40±0.2）mm、

顶内径 ϕ（65±0.5）mm、底内径 ϕ（75±0.5）mm 的截顶圆锥体。每个试模应配备一个边长或直径约 100 mm、厚度 4～5 mm 的平板玻璃底板或金属底板。

4.3 代用法维卡仪

符合 JC/T 727 要求。

4.4 雷氏夹

由铜质材料制成，其结构如图 2。当一根指针的根部先悬挂在一根金属丝或尼龙丝上，另一根指针的根部再挂上 300 g 质量的砝码时，两根指针针尖的距离增加应在（17.5±2.5）mm 范围内，即 $2x$＝（17.5±2.5）mm（图 3），当去掉砝码后针尖的距离能恢复至挂砝码前的状态。

mm

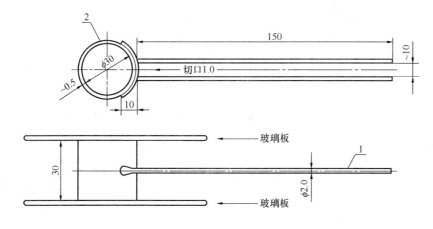

图 2 雷氏夹

1—指针；2—环模

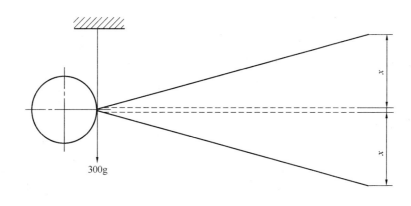

图 3 雷氏夹受力示意图

4.5 沸煮箱

符合 JC/T 955 的要求。

4.6 雷氏夹膨胀测定仪

如图 4 所示，标尺最小刻度为 0.5 mm。

mm

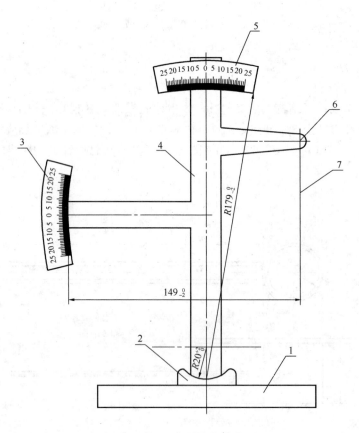

图 4　雷氏夹膨胀测定仪

1—底座；2—模子座；3—测弹性标尺；4—立柱；5—测膨胀值标尺；6—悬臂；7—悬丝

4.7　量筒或滴定管

精度±0.5 mL。

4.8　天平

最大称量不小于 1 000 g，分度值不大于 1 g。

5　材料

试验用水应是洁净的饮用水，如有争议时应以蒸馏水为准。

6　试验条件

6.1　试验室温度为（20±2）℃，相对湿度应不低于 50%；水泥试样、拌和水、仪器和用具的温度应与试验室一致；

6.2　湿气养护箱的温度为（20±1）℃，相对湿度不低于 90%。

7　标准稠度用水量测定方法（标准法）

7.1　试验前准备工作

7.1.1　维卡仪的滑动杆能自由滑动。试模和玻璃底板用湿布擦拭，将试模放在底板上。

7.1.2 调整至试杆接触玻璃板时指针对准零点。

7.1.3 搅拌机运行正常。

7.2 水泥净浆的拌制

用水泥净浆搅拌机搅拌，搅拌锅和搅拌叶片先用湿布擦过，将拌和水倒入搅拌锅内，然后在 5~10 s 内小心将称好的 500 g 水泥加入水中，防止水和水泥溅出；拌和时，先将锅放在搅拌机的锅座上，升至搅拌位置，启动搅拌机，低速搅拌 120 s，停 15 s，同时将叶片和锅壁上的水泥浆刮入锅中间，接着高速搅拌 120 s 停机。

7.3 标准稠度用水量的测定步骤

拌和结束后，立即取适量水泥净浆一次性将其装入已置于玻璃底板上的试模中，浆体超过试模上端，用宽约 25 mm 的直边刀轻轻拍打超出试模部分的浆体 5 次以排除浆体中的孔隙，然后在试模上表面约 1/3 处，略倾斜于试模分别向外轻轻锯掉多余净浆，再从试模边沿轻抹顶部一次，使净浆表面光滑。在锯掉多余净浆和抹平的操作过程中，注意不要压实净浆；抹平后迅速将试模和底板移到维卡仪上，并将其中心定在试杆下，降低试杆至与水泥净浆表面接触，拧紧螺丝 1~2 s 后，突然放松，使试杆垂直自由地沉入水泥净浆中。在试杆停止沉入或释放试杆 30 s 时记录试杆距底板之间的距离，升起试杆后，立即擦净；整个操作应在搅拌后 1.5 min 内完成。以试杆沉入净浆并距底板（6±1）mm 的水泥净浆为标准稠度净浆。其拌和水量为该水泥的标准稠度用水量（P），按水泥质量的百分比计。

8 凝结时间测定方法

8.1 试验前准备工作

调整凝结时间测定仪的试针接触玻璃板时指针对准零点。

8.2 试件的制备

以标准稠度用水量按 7.2 制成标准稠度净浆，按 7.3 装模和刮平后，立即放入湿气养护箱中。记录水泥全部加入水中的时间作为凝结时间的起始时间。

8.3 初凝时间的测定

试件在湿气养护箱中养护至加水后 30 min 时进行第一次测定。测定时，从湿气养护箱中取出试模放到试针下，降低试针与水泥净浆表面接触。拧紧螺丝 1~2 s 后，突然放松，试针垂直自由地沉入水泥净浆。观察试针停止下沉或释放试针 30 s 时指针的读数。临近初凝时间时每隔 5 min（或更短时间）测定一次，当试针沉至距底板（4±1）mm 时，为水泥达到初凝状态；由水泥全部加入水中至初凝状态的时间为水泥的初凝时间，用 min 来表示。

8.4 终凝时间的测定

为了准确观测试针沉入的状况，在终凝针上安装了一个环形附件（图 1e）。在完成初凝时间测定后，立即将试模连同浆体以平移的方式从玻璃板取下，翻转 180°，直径大端向上，小端向下放在玻璃板上，再放入湿气养护箱中继续养护。临近终凝时间时每隔 15 min（或更短时间）测定一次，当试针沉入试体 0.5 mm 时，即环形附件开始不能在试体上留下痕迹时，为水泥达到终凝状态。由水泥全部加入水中至终凝状态的时间为水泥的终凝时间，用 min 来表示。

8.5 测定注意事项

测定时应注意，在最初测定的操作时应轻轻扶持金属柱，使其徐徐下降，以防试针撞弯,但结果以自由下落为准;在整个测试过程中试针沉入的位置至少要距试模内壁 10 mm。临近初凝时,每隔 5 min(或更短时间)测定一次,临近终凝时每隔 15 min(或更短时间)测定一次,到达初凝时应立即重复测一次,当两次结论相同时才能确定到达初凝状态,到达终凝时,需要在试体另外两个不同点测试,确认结论相同才能确定到达终凝状态。每次测定不能让试针落入原针孔,每次测试完毕须将试针擦净并将试模放回湿气养护箱内,整个测试过程要防止试模受振。

注:可以使用能得出与标准中规定方法相同结果的凝结时间自动测定仪,有矛盾时以标准规定方法为准。

9 安定性测定方法(标准法)

9.1 试验前准备工作

每个试样需成型两个试件,每个雷氏夹需配备两个边长或直径约 80 mm、厚度 4~5 mm 的玻璃板,凡与水泥净浆接触的玻璃板和雷氏夹内表面都要稍稍涂上一层油。

注:有些油会影响凝结时间,矿物油比较合适。

9.2 雷氏夹试件的成型

将预先准备好的雷氏夹放在已稍擦油的玻璃板上,并立即将已制好的标准稠度净浆一次装满雷氏夹,装浆时一只手轻轻扶持雷氏夹,另一只手用宽约 25 mm 的直边刀在浆体表面轻轻插捣 3 次,然后抹平,盖上稍涂油的玻璃板,接着立即将试件移至湿气养护箱内养护(24±2)h。

9.3 沸煮

9.3.1 调整好沸煮箱内的水位,使能保证在整个沸煮过程中都超过试件,不需中途添补试验用水,同时又能保证在(30±5)min 内升至沸腾。

9.3.2 脱去玻璃板取下试件,先测量雷氏夹指针尖端间的距离(A),精确到 0.5 mm,接着将试件放入沸煮箱水中的试件架上,指针朝上,然后在(30±5)min 内加热至沸并恒沸(180±5)min。

9.3.3 结果判别

沸煮结束后,立即放掉沸煮箱中的热水,打开箱盖,待箱体冷却至室温,取出试件进行判别。测量雷氏夹指针尖端的距离(C),准确至 0.5 mm,当两个试件煮后增加距离(C-A)的平均值不大于 5.0 mm 时,即认为该水泥安定性合格,当两个试件煮后增加距离(C-A)的平均值大于 5.0 mm 时,应用同一样品立即重做一次试验。以复检结果为准。

10 标准稠度用水量测定方法(代用法)

10.1 试验前准备工作

10.1.1 维卡仪的金属棒能自由滑动。

10.1.2 调整至试锥接触锥模顶面时指针对准零点。

10.1.3 搅拌机运行正常。

10.2 水泥净浆的拌制同 7.2。

10.3 标准稠度的测定

10.3.1 采用代用法测定水泥标准稠度用水量可用调整水量和不变水量两种方法的任一种测

定。采用调整水量方法时拌和水量按经验找水，采用不变水量方法时拌和水量用 142.5 mL。

10.3.2 拌和结束后，立即将拌制好的水泥净浆装入锥模中，用宽约 25 mm 的直边刀在浆体表面轻轻插捣 5 次，再轻振 5 次，刮去多余的净浆；抹平后迅速放到试锥下面固定的位置上，将试锥降至净浆表面，拧紧螺丝 1～2 s 后，突然放松，让试锥垂直自由地沉入水泥净浆中。到试锥停止下沉或释放试 30 s 时记录试锥下沉深度。整个操作应在搅拌后 1.5 min 内完成。

10.3.3 用调整水量方法测定时，以试锥下沉深度（30±1）mm 时的净浆为标准稠度净浆。其拌和水量为该水泥的标准稠度用水量（P），按水泥质量的百分比计。如下沉深度超出范围需另称试样，调整水量，重新试验，直至达到（30±1）mm 为止。

10.3.4 用不变水量方法测定时，根据式（1）（或仪器上对应标尺）计算得到标准稠度用水量 P。当试锥下沉深度小于 13 mm 时，应改用调整水量法测定。

$$P = 33.4 - 0.185S \quad\cdots\cdots\cdots\cdots\cdots\cdots\cdots\cdots\cdots\cdots \text{（1）}$$

式中：

P——标准稠度用水量，%；

S——试锥下沉深度，单位为毫米（mm）。

11 安定性测定方法（代用法）

11.1 试验前准备工作

每个样品需准备两块边长约 100 mm 的玻璃板，凡与水泥净浆接触的玻璃板都要稍稍涂上一层油。

11.2 试饼的成型方法

将制好的标准稠度净浆取出一部分分成两等份，使之成球形，放在预先准备好的玻璃板上，轻轻振动玻璃板并用湿布擦过的小刀由边缘向中央抹，做成直径 70～80 mm、中心厚约 10 mm、边缘渐薄、表面光滑的试饼，接着将试饼放入湿气养护箱内养护 24 h±2h。

11.3 沸煮

11.3.1 步骤同 9.3.1。

11.3.2 脱去玻璃板取下试饼，在试饼无缺陷的情况下将试饼放在沸煮箱水中的篦板上，在（30±5）min 内加热至沸并恒沸（180±5）min。

11.3.3 结果判别

沸煮结束后，立即放掉沸煮箱中的热水，打开箱盖，待箱体冷却至室温，取出试件进行判别。目测试饼未发现裂缝，用钢直尺检查也没有弯曲（使钢直尺和试饼底部紧靠，以两者间不透光为不弯曲）的试饼为安定性合格，反之为不合格。当两个试饼判别结果有矛盾时，该水泥的安定性为不合格。

12 试验报告

试验报告应包括标准稠度用水量、初凝时间、终凝时间、雷氏夹膨胀值或试饼的裂缝、弯曲形态等所有的试验结果。

1.6 水泥比表面积测定方法 勃氏法 GB/T 8074—2008

1 范围

本标准规定了用勃氏透气仪来测定水泥细度的试验方法。

本标准适用于测定水泥的比表面积及适合采用本标准方法的、比表面积在 2 000 cm²/g 到 6 000 cm²/g 范围的其他各种粉状物料，不适用于测定多孔材料及超细粉状物料。

2 规范性引用文件

下列文件中的条款通过本标准的引用而成为本标准的条款。凡是注日期的引用文件，其随后所有的修改单（不包括勘误的内容）或修订版均不适用于本标准，然而，鼓励根据本标准达成协议的各方研究是否可使用这些文件的最新版本。凡是不注日期的引用文件，其最新版本适用于本标准。

GB/T 208　水泥密度测定方法

GB/T 1914　化学分析滤纸

GB 12573　水泥取样方法

GSB 14—1511　水泥细度和比表面积标准样品

JC/T 956　勃氏透气仪

3 方法原理

本方法主要是根据一定量的空气通过具有一定空隙率和固定厚度的水泥层时，所受阻力不同而引起流速的变化来测定水泥的比表面积。在一定空隙率的水泥层中，空隙的大小和数量是颗粒尺寸的函数，同时也决定了通过料层的气流速度。

4 术语和定义

下列定义和术语适用于本标准。

4.1 水泥比表面积 specific area

单位质量的水泥粉末所具有的总表面积，以平方厘米每克（cm²/g）或平方米每千克（m²/kg）来表示。

4.2 空隙率 area ratio

试料层中颗粒间空隙的容积与试料层总的容积之比，以 ε 表示。

5 试验设备及条件

5.1 透气仪
本方法采用的勃氏比表面积透气仪，分手动和自动两种，均应符合 JC/T 956 的要求。

5.2 烘干箱
控制温度灵敏度±1℃。

5.3 分析天平
分度值为 0.001 g。

5.4 秒表 精确至 0.5 s。

5.5 水泥样品 水泥样品按 GB 12573 进行取样，先通过 0.9 mm 方孔筛，再在 110 ℃±5 ℃下烘干1 h，并在干燥器中冷却至室温。

5.6 基准材料 GSB 14—1511 或相同等级的标准物质。有争议时以 GSB 14—1511 为准。

5.7 压力计液体 采用带有颜色的蒸馏水会直接采用无色蒸馏水。

5.8 滤纸 采用符合 GB/T 1914 的中速定量滤纸。

5.9 汞 分析纯汞。

5.10 试验室条件 相对湿度不大于50％。

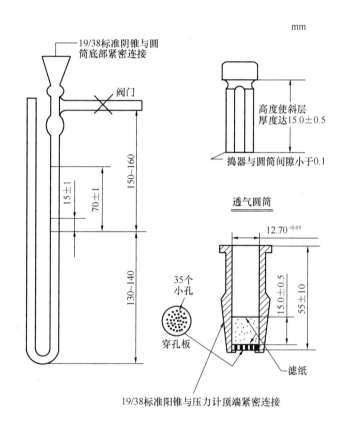

图 1 比表面积 U 型压力计示意图

6 仪器校准

6.1 仪器的校准采用 GSB 14—1511 或相同等级的其他标准物质。有争议时以前者为准。

6.2 仪器校准按 JC/T 956 进行。

6.3 校准周期

至少每年进行一次。仪器设备使用频繁则应半年进行一次；仪器设备维修后也要重新标定。

7 操作步骤

7.1 测定水泥密度

按 GB/T 208 测定水泥密度。

7.2 漏气检查

将透气圆筒上口用橡皮塞塞紧，接到压力计上。用抽气装置从压力计一臂中抽出部分气体，然后关闭阀门，观察是否漏气。如发现漏气，可用活塞油脂加以密封。

7.3 空隙率 (ε) 的确定

P Ⅰ、P Ⅱ型水泥的空隙率采用 0.500 ± 0.005，其他水泥或粉料的空隙率选用 0.530 ± 0.005。

当按上述空隙率不能将试样压至 7.5 条规定的位置时，则允许改变空隙率。

空隙率的调整以 2 000 g 砝码（5 等砝码）将试样压实至 7.5 规定的位置为准。

7.4 确定试样量

试样量按公式（1）计算：

$$m = \rho V(1-\varepsilon) \quad \cdots\cdots\cdots\cdots\cdots\cdots\cdots\cdots (7\text{-}1)$$

式中：

m——需要的试样量，单位为克（g）；

ρ——试样密度，单位为克每立方厘米（g/cm^3）；

V——试料层体积，按 JC/T 956 测定；单位为立方厘米（cm^3）；

ε——试料层空隙率。

7.5 试料层制备

7.5.1 将穿孔板放入透气圆筒的突缘上，用捣棒把一片滤纸放到穿孔板上，边缘放平并压紧。称取按第 7.4 条确定的试样量，精确到 0.001 g，倒入圆筒。轻敲圆筒的边，使水泥层表面平坦。再放入一片滤纸，用捣器均匀捣实试料直至捣器的支持环与圆筒顶边接触，并旋转 1—2 圈，慢慢取出捣器。

7.5.2 穿孔板上的滤纸为 ϕ12.7mm 边缘光滑的圆形滤纸片。每次测定需用新得滤纸片。

7.6 透气试验

7.6.1 把装有试料层的透气圆筒下锥面涂一薄层活塞油脂，然后把它插入压力计顶端锥型磨口处，旋转 1—2 圈。要保证紧密连接不致漏气，并不振动所制备的试料层。

7.6.2 打开微型电磁泵慢慢从压力计一臂中抽出空气，直到压力计内液面上升到扩大部下端时关闭阀门。当压力计内液体的凹月面下降到第一条刻度线到第二条刻度线时开始计时（参见图 1），当液体的凹月面下降到第二条刻度线时停止计时，记录液面从第一条刻度线到第二条刻度线所需的时间。以秒记录，并记录下试验时的温度（℃）。每次透气试验，应重新制备试料层。

8 计算

8.1 当被测试样的密度、试料层中空隙率与标准样品相同，试验时的温度与校准温度之差 ≤3℃时，可按式（8-1）计算。

$$S = \frac{S_s \sqrt{T}}{\sqrt{T_s}} \quad \cdots\cdots\cdots\cdots\cdots\cdots\cdots\cdots (8\text{-}1)$$

如试验时的温度与校准温度之差 >3℃时，则按式（8-2）计算：

$$S = \frac{S_s \sqrt{\eta_s} \sqrt{T}}{\sqrt{\eta} \sqrt{T_s}} \quad \cdots\cdots\cdots\cdots\cdots\cdots\cdots\cdots\cdots (8\text{-}2)$$

式中：

S——被测试样的比表面积，单位为平方厘米每克（cm^2/g）；

S_s——标准样品的比表面积，单位为平方厘米每克（cm^2/g）；

T——被测试样试验时，压力计中液面降落测得的时间，单位为秒（s）；

T_s——标准样品试验时，压力计中液面降落测得的时间，单位为秒（s）；

η——被测试样试验温度下的空气粘度，单位为微帕·秒（$\mu Pa \cdot s$）；

η_s——标准样品试验温度下的空气粘度，单位为微帕·秒（$\mu Pa \cdot s$）。

8.2 当被测试样的试料层中空隙率与标准品试料层中空隙率不同，试验时的温度与校准温度之差≤3℃时，可按式（8-3）计算。

$$S = \frac{S_s \sqrt{T}(1-\varepsilon_s) \sqrt{\varepsilon^3}}{\sqrt{T_s}(1-\varepsilon) \sqrt{\varepsilon_s^3}} \quad \cdots\cdots\cdots\cdots\cdots\cdots\cdots\cdots\cdots (8\text{-}3)$$

如试验时的温度与校准温度之差＞3℃时，则按式（8-4）计算：

$$S = \frac{S_s \sqrt{\eta_s} \sqrt{T}(1-\varepsilon_s) \sqrt{\varepsilon^3}}{\sqrt{\eta} \sqrt{T_s}(1-\varepsilon) \sqrt{\varepsilon_s^3}} \quad \cdots\cdots\cdots\cdots\cdots\cdots (8\text{-}4)$$

式中：

ε——被测试样试料层中的空隙率；

ε_s——标准样品试料层中的空隙率。

8.3 当被测试样的密度和空隙率均与标准样品不同，试验时的温度与校准温度之差≤3℃时，可按式（8-5）计算．

$$S = \frac{S_s \rho_s \sqrt{T}(1-\varepsilon_s) \sqrt{\varepsilon^3}}{\rho \sqrt{T_s}(1-\varepsilon) \sqrt{\varepsilon_s^3}} \quad (8\text{-}5)$$

如试验时的温度与校准温度之差＞3℃时，则按式（8-6）计算：

$$S = \frac{S_s \rho_s \sqrt{\eta_s} \sqrt{T}(1-\varepsilon_s) \sqrt{\varepsilon^3}}{\rho \sqrt{\eta} \sqrt{T_s}(1-\varepsilon) \sqrt{\varepsilon_s^3}} \quad \cdots\cdots\cdots\cdots\cdots\cdots (8\text{-}6)$$

式中：

ρ——被测试样的密度，克每立方厘米（g/cm^3）；

ρ_s——标准样品的密度，克每立方厘米（g/cm^3）。

8.4　结果处理

8.4.1 水泥比表面积应由二次透气试验结果的平均值确定。如二次试验结果相差2％以上时，应重新试验。计算结果保留至 $10 \ cm^2/g$。

8.4.2 当同一水泥用手动勃氏透气仪测定的结果与自动勃氏透气仪测定的结果有争议时，以手动勃氏透气仪测定结果为准。

1.7 水泥胶砂流动度测定方法 GB/T 2419—2005

1 范围

本标准规定了水泥胶砂流动度测定方法的原理、仪器和设备、试验条件及材料、试验方法、结果与计算。

本标准适用于水泥胶砂流动度的测定。

2 规范性引用文件

下列文件中的条款通过本标准的引用而成为本标准的条款。凡是注日期的引用文件，其随后所有的修改单（不包括勘误的内容）或修订版均不适用于本标准，然而，鼓励根据本标准达成协议的各方研究是否可使用这些文件的最新版本。凡是不注日期的引用文件，其最新版本适用于本标准。

GB/T 17671—1999 水泥胶砂强度检验方法（ISO 法）（idt ISO 679：1989）

JC/T 681 行星式水泥胶砂搅拌机

JBW 01-1-1 水泥胶砂流动度标准样

3 方法原理

通过测量一定配比的水泥胶砂在规定振动状态下的扩展范围来衡量其流动性。

4 仪器和设备

4.1 水泥胶砂流动度测定仪（简称跳桌）

技术要求及其安装方法见附录 A。

4.2 水泥胶砂搅拌机

符合 JC/T 681 的要求。

4.3 试模

由截锥圆模和模套组成。金属材料制成，内表面加工光滑。圆模尺寸为：

高度（60±0.5）mm；

上口内径（70±0.5）mm；

下口内径（100±0.5）mm；

下口外径 120 mm；

模壁厚大于 5 mm。

4.4 捣棒

金属材料制成，直径为（20±0.5）mm，长度约 200 mm。

捣棒底面与侧面成直角，其下部光滑，上部手柄滚花。

4.5 卡尺

量程不小于 300 mm，分度值不大于 0.5 mm。

4.6 小刀

刀口平直，长度大于 80 mm。

4.7 天平

量程不小于 1 000 g，分度值不大于 1 g。

5 试验条件及材料

5.1 试验室、设备、拌和水、样品

应符合 GB/T 17671—1999 中第 4 条试验室和设备的有关规定。

5.2 胶砂组成

胶砂材料用量按相应标准要求或试验设计确定。

6 试验方法

6.1 如跳桌在 24 h 内未被使用，先空跳一个周期 25 次。

6.2 胶砂制备按 GB/T 17671 有关规定进行。在制备胶砂的同时，用潮湿棉布擦拭跳桌台面、试模内壁、捣棒以及与胶砂接触的用具，将试模放在跳桌台面中央并用潮湿棉布覆盖。

6.3 将拌好的胶砂分两层迅速装入试模，第一层装至截锥圆模高度约三分之二处，用小刀在相互垂直两个方向各划 5 次，用捣棒由边缘至中心均匀捣压 15 次（图 1）；随后，装第二层胶砂，装至高出截锥圆模约 20 mm，用小刀在相互垂直两个方向各划 5 次，再用捣棒由边缘至中心均匀捣压 10 次（图 2）。捣压后胶砂应略高于试模。捣压深度，第一层捣至胶砂高度的二分之一，第二层捣实不超过已捣实底层表面。装胶砂和捣压时，用手扶稳试模，不要使其移动。

6.4 捣压完毕，取下模套，将小刀倾斜，从中间向边缘分两次以近水平的角度抹去高出截锥圆模的胶砂，并擦去落在桌面上的胶砂。将截锥圆模垂直向上轻轻提起。立刻开动跳桌，以每秒钟一次的频率，在 25 s±1 s 内完成 25 次跳动。

6.5 流动度试验，从胶砂加水开始到测量扩散直径结束，应在 6 min 内完成。

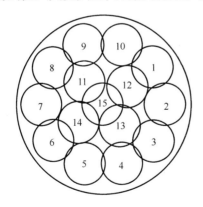

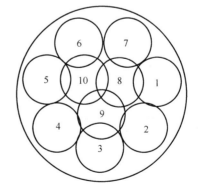

图 1 第一层捣压位置示意图   图 2 第二层捣压位置示意图

7 结果与计算

跳动完毕，用卡尺测量胶砂底面互相垂直的两个方向直径，计算平均值，取整数，单位为毫米。该平均值即为该水量的水泥胶砂流动度。

1.8 水泥细度检验方法 筛析法 GB/T 1345—2005

1 范围

本标准规定了 40 μm 方孔标准筛和 80 μm 方孔标准筛的水泥细度筛析试验方法。

本标准适用于硅酸盐水泥、普通硅酸盐水泥、矿渣硅酸盐水泥、火山灰质硅酸盐水泥、粉煤灰硅酸盐 水泥、复合硅酸盐水泥以及指定采用本标准的其他品种水泥和粉状物料。

2 规范性引用文件

下列文件中的条款通过本标准的引用而成为本标准的条款。凡是注日期的引用文件，其随后所有的修改单（不包括勘误的内容）或修订版均不适用于本标准，然而，鼓励根据本标准达成协议的各方研究是否可使用这些文件的最新版本。凡是不注日期的引用文件，其最新版本适用于本标准。

GB/T 5329 试验筛与筛分试验 术语

GB/T 6003.1 金属丝编织网试验筛

GB/T 6005 试验筛 金属丝编织网、穿孔板和电成型薄板、筛孔的基本尺寸

GB 12573—1990 水泥取样方法

GSB 14—1511 水泥细度和比表面积标准样

JC/T 728 水泥物理检验仪器 标准筛

3 方法原理

本标准是采用 45 μm 方孔筛和 80 μm 孔筛对水泥试样进行筛析试验，用筛上筛余物的质量百分数来表示水泥样品的细度。

为保持筛孔的标准度，在用试验筛应用已知筛余的标准样品来标定。

4 术语和定义

本标准采用 GB/T 5329 及下列术语和定义。

4.1 负压筛析法 vacuum sieving

用负压筛析仪，通过负压源产生的恒定气流，在规定筛析时间内使试验筛内的水泥达到筛分。

4.2 水筛法 wet sieving

将试验筛放在水筛座上，用规定压力的水流，在规定时间内使试验筛内的水泥达到筛分。

4.3 手工筛析法 manual sieving

将试验筛放在接料盘（底盘）上，用手工按照规定的拍打速度和转动角度，对水泥进行筛析试验。

5 仪器

5.1 试验筛

5.1.1 试验筛由圆形筛框和筛网组成，筛网符合 GB/T 6005 R20/3 80 μm，GB/T 6005 R20/3 45 μm 的要求，分负压筛、水筛和手工筛三种，负压筛和水筛的结构尺寸见图 1 和图 2，负压筛应附有透明筛盖，筛盖与筛上口应有良好的密封性。手工筛结构符合 GB/T 6003.1，其中筛框高度为 50 mm，筛子的直径为 150 mm。

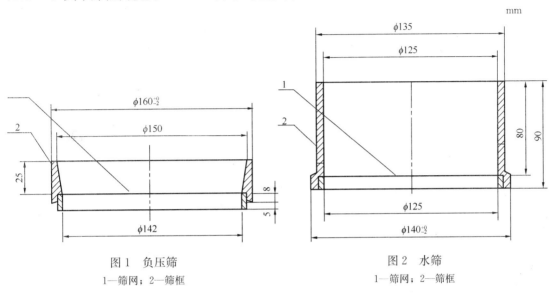

图 1　负压筛
1—筛网；2—筛框

图 2　水筛
1—筛网；2—筛框

5.1.2 筛网应紧绷在筛框上，筛网和筛框接触处，应用防水胶密封，防止水泥嵌入。

5.1.3 筛孔尺寸的检验方法按 GB/T 6003.1 进行。由于物料会对筛网产生磨损，试验筛每使用 100 次后需重新标定，标定方法按附录 A 进行。

5.2 负压筛析仪

5.2.1 负压筛析仪由筛座、负压筛、负压源及收尘器组成，其中筛座由转速为（30±2）r/min 的喷气嘴、负压表、控制表、微电机及壳体构成，见图 3。

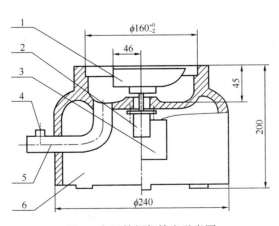

图 3　负压筛析仪筛座示意图

1—喷气嘴；2—微电机；3—控制板开口；4—负压表接口；5—负压源及收尘器接口；6—壳体

5.2.2 筛析仪负压可调范围为 4 000～6 000 Pa。

5.2.3 喷气嘴上口平面与筛网之间距离为 2～8 mm。

5.2.4 喷气嘴的上开口尺寸见图 4。

mm

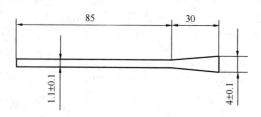

图 4 喷气嘴上开口

5.2.5 负压源和收尘器，由功率≥600 W 的工业吸尘器和小型旋风收尘筒组成或用其他具有相当功能的设备。

5.3 水筛架和喷头

水筛架和喷头的结构尺寸应符合 JC/T 728 规定，但其中水筛架上筛座内径为 140^{+0}_{-3} mm。

5.4 天平

最小分度值不大于 0.01 g。

6 样品要求

水泥样品应有代表性，样品处理方法按 GB 12573—1990 第 3.5 条进行。

7 操作程序

7.1 试验准备

试验前所用试验筛应保持清洁，负压筛和手工筛应保持干燥。试验时，80 μm 筛析试验称取试样 25 g，45 μm 筛析试验称取试样 10 g。

7.2 负压筛析法

7.2.1 筛析试验前应把负压筛放在筛座上，盖上筛盖，接通电源，检查控制系统，调节负压至 4 000～6 000 Pa 范围内。

7.2.2 称取试样精确至 0.01 g，置于洁净的负压筛中，放在筛座上，盖上筛盖，接通电源，开动筛析仪连续筛析 2 min，在此期间如有试样附着在筛盖上，可轻轻地敲击筛盖使试样落下。筛毕，用天平称量全部筛余物。

7.3 水筛法

7.3.1 筛析试验前，应检查水中无泥、砂，调整好水压及水筛架的位置，使其能正常运转，并控制喷头底面和筛网之间距离为 35～75 mm。

7.3.2 称取试样精确至 0.01 g，置于洁净的水筛中，立即用淡水冲洗至大部分细粉通过后，放在水筛架上，用水压为（0.05±0.02）MPa 的喷头连续冲洗 3 min。筛毕，用少量水把筛余物冲至蒸发皿中，等水泥颗粒全部沉淀后，小心倒出清水，烘干并用天平称量全部筛余物。

7.4 手工筛析法

7.4.1 称取水泥试样精确至 0.01 g，倒入手工筛内。

7.4.2 用一只手持筛往复摇动，另一只手轻轻拍打，往复摇动和拍打过程应保持近于水平。拍打速度每分钟约 120 次，每 40 次向同一方向转动 60°，使试样均匀分布在筛网上，直至每分钟通过的试样量不超过 0.03 g 为止。称量全部筛余物。

7.5 对其他粉状物料或采用 45～80 μm 以外规格方孔筛进行筛析试验时，应指明筛子的规格、称样量、筛析时间等相关参数。

7.6 试验筛的清洗

试验筛必须经常保持洁净，筛孔通畅，使用 10 次后要进行清洗。金属框筛、铜丝网筛清洗时应用专门的清洗剂，不可用弱酸浸泡。

8 结果计算及处理

8.1 计算

水泥试样筛余百分数按下式计算：

$$F = \frac{R_t}{W} \times 100$$

式中：

F——水泥试样的筛余百分数，单位为质量百分数（%）；

R_t——水泥筛余物的质量，单位为克（g）；

W——水泥试样的质量，单位为克（g）。

结果计算至 0.1%。

8.2 筛余结果的修正

试验筛的筛网会在试验中磨损，因此筛析结果应进行修正。修正的方法是将 8.1 的结果乘以该试验筛按附录 A 标定后得到的有效修正系数，即为最终结果。

实例：

用 A 号试验筛对某水泥样的筛余值为 5.0%，而 A 号试验筛的修正系数为 1.10，则该水泥样的最终结果为：5.0%×1.10 = 5.5%。

合格评定时，每个样品应称取二个试样分别筛析，取筛余平均值为筛析结果。若两次筛余结果绝对误差大于 0.5% 时（筛余值大于 5.0% 时可放至 1.0%）应再做一次试验，取两次相近结果的算术平均值作为最终结果。

8.3 试验结果

负压筛析法、水筛法和手工筛析法测定的结果发生争议时，以负压筛析法为准。

1.9 水泥企业质量管理规程

第一章 总 则

第一条 为加强水泥企业管理，保证和稳定水泥及水泥熟料产品质量，根据《中华人民共和国产品质量法》和相关水泥、水泥熟料的产品标准，特制定本规程。

第二条 本规程适用于中华人民共和国境内所有水泥和水泥熟料生产企业。

第三条 水泥企业应严格执行国家有关法律、法规和相关标准，按照 GB/T 19000—ISO 9000 族标准，建立健全质量管理体系，结合企业实际情况制定质量管理体系文件，确保有效运行。水泥企业应建立质量考核制度，实行质量否决权，并设立质量基金，用于开展质量活动和奖励对企业质量管理有突出贡献的单位和个人。

第四条 企业法定代表人是本企业产品质量的第一责任者。

企业最高管理者可以任命管理者代表全权负责质量管理，化验室主任在企业法人或管理者代表直接领导下对产品质量具体负责。

第五条 在工业和信息化部及各省行业主管部门的领导下，中国建筑材料联合会和省级建材（水泥）行业协会应加强对水泥企业产品质量管理的监督检查，督促企业认真执行本规程。

第二章 质量管理机构

第六条 质量管理机构的设置

（一）企业应确立以最高管理者或管理者代表负责的质量管理组织和设立符合《水泥企业化验室基本条件》（附件 1）的化验室。

（二）质量管理组织设专门机构或专职人员负责企业的质量管理工作，各车间和职能部门设立相应的质量管理组织，负责本部门的质量管理工作。

（三）企业化验室内设控制组、分析组、物检组和质量管理组等，分别负责原燃材料、半成品、成品质量的检验、控制、监督与管理工作。

第七条 质量管理机构的职责

（一）质量管理组织的职责

1. 编制适合本企业的质量管理体系文件；

2. 组织制定企业的质量方针和质量目标；

3. 负责和监督企业质量管理体系的有效运行；

4. 制定质量奖惩制度，负责协调各部门的质量责任，并考核工作质量；

5. 组织企业内部质量审核；

6. 负责重大质量事故的分析处理；

7. 监督企业质量基金的使用与管理；

8. 组织开展群众性质量活动。

（二）各车间和职能部门的职责

1. 保证质量管理体系在本单位得到有效运行;

2. 组织开展质量管理活动;

3. 严格执行质量管理组织和化验室的质量指令;

4. 完成本单位涉及的质量指标或质量目标。

（三）化验室的职责和权限

1. 质量检验

按照有关标准和规定，对原燃材料、半成品、成品进行检验。按规定做好质量记录和标识，及时提供准确可靠的检验数据，掌握质量动态，保证产品检验的可追溯性。

2. 质量控制

根据产品质量要求，制定原燃材料、半成品和成品的企业内控质量指标，组织实施过程质量控制，运用数理统计方法掌握质量波动规律，不断提高预见性与预防能力，并及时采取纠正措施、预防措施，使生产全过程处于受控状态。

3. 出厂水泥和水泥熟料的合格确认和验证

严格按照相关产品标准和企业制定的出厂水泥和水泥熟料合格确认程序进行确认和验证，杜绝不合格水泥和水泥熟料的出厂。

4. 质量统计和分析

利用数理统计方法，及时进行质量统计，做好分析和改进工作。

5. 试验研究

根据原燃材料、助磨剂、混合材等材料的变更情况及用户需求，及时进行产品试验研究，提高水泥和熟料质量，改善产品使用性能。

6. 化验室具有水泥和水泥熟料出厂决定权。

第八条　化验室人员配备

（一）化验室应配备主任、工艺、质量调度、统计及检验等人员。企业根据具体情况可配备一定数量科研人员。检验人员人数应能满足检验工作需要，一般不得低于全厂生产职工总数的4%，或不得少于12人。

（二）化验室人员任职要求

1. 化验室主任：必须具备中级职称以上资格，或从事化验室工作多年，具备较丰富的质量管理经验和良好职业道德，有一定的组织能力和分析处理问题的能力，坚持原则，熟知生产工艺、相关标准和质量法规，并取得省级（含省级）以上建材行业主管部门或其授权的建材行业协会或其授权的建材质检机构签发的水泥企业化验室主任资格证书。化验室主任的任命和变动应报行业主管部门备案。

2. 工艺、质量调度人员：具备初级职称以上资格，具有良好职业道德，经过专业训练，掌握水泥生产理论知识和检验技术，熟知有关标准和规章制度。

3. 质量统计人员：具备初级职称以上资格，具有良好职业道德，经过专业训练，掌握水泥生产理论知识和相关统计技术，熟知有关标准和规章制度，并取得省级（含省级）以上建材行业主管部门或其授权的建材行业协会或其授权的建材质检机构签发的水泥企业质量统计员资格证书。

4. 检验人员：具有高中（或相当于高中）以上文化水平，熟知本岗位的操作规程、控制项目、指标范围及检验方法，经专门培训、考核，取得省级（含省级）以上建材行业主管部门或其授权的建材行业协会或其授权的建材质检机构签发的岗位资格证书。

5. 化验室人员要相对稳定，化验室业务骨干的任用和调动应征求化验室主任的意见。

第九条 企业化验室的认定

（一）化验室需取得合格证：日产熟料 4 000 吨（合计产能）及以上规模的企业需取得中国建筑材料联合会颁发的化验室合格证，其他水泥企业需取得各省级建材行业主管部门或其授权的各省级建材行业协会颁发的化验室合格证。

（二）水泥企业化验室评审考核管理办法、水泥企业化验室评审考核评审员管理办法、水泥企业化验室评审考核表见附件2、附件3、附件4。

第三章　质量管理制度

第十条 企业结合实际情况，按照本规程的要求，制定企业质量管理实施细则，编制生产过程质量控制图表和原燃材料、半成品、成品的内控指标，按照 GB/T 19000—ISO 9000 族标准编制为保证质量管理体系有效运行所必需的程序文件。

第十一条 化验室应建立健全内部管理与检验制度，主要包括：

（一）各组职责范围、岗位责任制和作业指导书。

（二）质量事故报告制度。

（三）对比验证制度（如与国家级、省级对比验证；内部抽查对比验证；使用国家有证标准样品/标准物质对比验证）。

（四）检验和试验仪器设备、化学试剂的管理制度。

（五）标准溶液配制和专人管理制度。

（六）标准砂采购和管理制度。

（七）文件管理制度。

（八）样品管理制度。

（九）人员培训和考核制度。

（十）检验原始记录、台帐和检验报告的填写、编制、审批制度。

（十一）月报、年报的填写和上报制度。

（十二）质量统计管理制度。

（十三）出厂水泥（熟料）的合格确认制度。

第十二条 检验环境条件、试验仪器设备和化学试剂的管理要求

（一）检验环境条件必须符合相关技术标准的要求。

（二）仪器设备必须按相关水泥产品标准和《水泥企业化验室基本条件》要求配置齐全，符合有关技术标准，并建立仪器设备档案。

（三）检验用的化学试剂应验明其生产企业名称、产品等级、执行标准及生产许可证的编号，严禁使用不符合要求的化学试剂。

第十三条 产品对比验证检验和抽查对比的管理要求

（一）企业应按《水泥企业产品质量对比验证检验管理办法》（附件5）的要求，定期向国家水泥质量监督检验中心或建材行业授权的质检机构寄（送）样品，进行对比验证检验，不断提高检验水平和检验结果的准确性；检验结果以相应质检机构的检验结果为准。凡无故不按规定寄（送）样品者，当年对比合格率按零统计。

（二）参加国家或省级建材行业质检机构组织的水泥物理性能检验和化学分析对比。

（三）为了确保检验数据的准确性和可靠性，化验室对各检验岗位人员要组织内部密码抽查和操作考核。

抽查次数：生产控制岗位每人每月不少于 4 个样品；

化学全分析岗位每人每月不少于 2 个样品；

单项物理检验岗位每人每月不少于 4 个样品；

强度检验岗位每月不少于 2 个样品；

同一岗位的对比检验每月应进行一次。

（四）企业检验中所用基准物质，必须是国家有证标准样品和标准物质。

（五）试验允许误差应符合《试验允许误差表》规定。

第十四条 质量记录、档案、资料、报表管理及上报的要求

（一）按照《档案法》的要求，做好质量技术文件的档案管理工作。原始记录和台帐使用统一的表式，各项检验要有完整的原始记录和分类台帐，并按月装订成册，由专人保管，按期存技术档案室。原始记录保存期为三年。台帐应长期保存。

（二）各项检验原始记录和分类台帐的填写，必须清晰、完整，不得任意涂改。当笔误时，须在笔误数据中央划两横杠，在其上方书写更改后的数据并加盖修改人印章，涉及出厂水泥和水泥熟料的检验记录的更正应有化验室主任签字或盖章。

（三）对质量检验数据要及时整理和统计，每月有月统计报表和月统计分析总结，全年应有年统计报表和年统计质量总结。

（四）质量月报、年报要按统一表式填报齐全，月报于每月 10 日前，年报于次年 2 月10 日前报相应的管理部门（附件 7）。

（五）企业应创造条件，建立计算机质量管理数据库，利用互联网在企业内部和省级建材行业主管部门或建材行业质检机构建立质量信息交流平台。

第十五条 人员培训和考核

（一）提高企业职工的质量意识和技术素质，是保证产品质量的重要环节，每年应制定培训和考核计划，并按期实施。

（二）每年按计划对检验人员进行质量教育和技术培训、考核，建立检验人员培训档案，考核成绩应作为评价其技术素质的依据之一，对连续两次考核不合格者，应调离质检岗位。

第四章 原燃材料的质量管理

第十六条 企业应根据质量控制要求选择合格的供方，以保证所采购的原燃材料符合规定要求，供应部门应严格按照原燃材料质量标准均衡组织进货。建立原燃材料供货方的档案，并对其符合性进行评价。原燃材料质量控制指标应符合《过程质量控制指标要求》（以下简称《指标要求》。

第十七条 原燃材料的质量应能满足工艺技术条件的要求，建立预均化库或预均化堆场，保证原燃材料均化后再使用，使用前应先检验。对于同库存放多种原料时，应按原料种类分区存放，存放现场应有标识，避免混杂。原燃材料初次使用或更换产地时，必须检验放射性，确认能保证水泥和水泥熟料产品放射性合格后方可使用。

第十八条 混合材、石膏、水泥助磨剂、水泥包装袋等质量应符合相关的标准要求。

（一）企业在初次使用时，必须按相关标准进行检验，确认能保证产品质量后方可使用。

（二）供方应按品种和批次随货提供货物出厂检验报告或型式检验报告。

（三）水泥企业应按相关标准进行验收。

（四）对质量波动大的材料应及时记录，并在生产时注意搭配使用。对验收不合格的材料，应及时通知供方，可采取退货或让步接收的办法处理；当采取让步接收的办法处理时，应不影响下道工序产品的质量；当双方发生纠纷时，可委托省级或省级以上建材质检机构进行型式检验或仲裁检验；

（五）混合材的品种和掺量必须符合相应产品标准的要求。

第十九条 原燃材料应保持合理的贮存量，其最低贮存量为：石灰石质原料 5 天（外购 10 天）；粘土质原料、燃料、混合材 10 天；铁质校正原料、铝质校正原料、石膏 20 天。企业根据原燃材料供应的难易程度，在保证正常生产的前提下，可以适当调整其最低贮存量。当低于最低贮存量时，企业应组织有关部门采取措施，限期补足。

第二十条 矿山开采应执行国家相关规定。制定开采计划和质量指标时，首先要满足配料要求，不同品位的矿石应分别开采，按化验室规定的比例搭配进厂。企业自备矿山外包开采时，应对分包方进行能力评定，签订外包协议书，并进行有效的控制。

第五章 半成品的质量管理

第二十一条 化验室会同有关部门制定半成品的质量管理和控制方案，经企业质量负责人批准后执行。化验室负责监督、检查方案的实施。

第二十二条 生料

（一）为保证生料质量，应配备精度符合配料需求的计量设备，并建立定期维护和校准制度，生料配料应按化验室下达的通知进行，配料过程应及时调控，确保稳定配料；出磨生料的质量控制要求应符合《指标要求》的规定。

（二）出磨生料要采取必要的均化措施，并保持合理库存。出磨生料和入窑生料的质量控制要求应符合《指标要求》的规定。

第二十三条 入窑煤粉

煤粉质量应相对稳定。入窑煤粉应配置准确的计量控制装备。煤粉质量控制要求应符合《指标要求》的规定。

第二十四条 熟料

熟料质量是确保水泥质量的关键。要求：

（一）窑操作员应经培训持证后上岗。

（二）入窑风、煤、料的配合应合理，统一操作，确保窑热工制度的稳定，并根据窑况及时采取调整措施，防止欠烧料、生烧料的出现。

（三）出窑熟料的质量控制要求应符合《指标要求》的规定。

（四）出窑熟料按化验室指定的贮库存放，不应直接入磨，应搭配或均化后使用，可用贮量应保证 5 天的使用量。熟料中不得混有杂物，对质量差的熟料，化验室应采取多点搭配或分开存放并标识，经检验后按比例搭配使用，同时对出磨水泥质量进行跟踪管理。

第二十五条 水泥粉磨

（一）为保证水泥质量，水泥磨喂料设备应配备精度符合配料需求的计量设备，并建立定期维护和校准制度。发生断料或不能保证物料配比准确性时，应立即采取有效措施予以纠正。

（二）熟料、石膏、混合材和水泥助磨剂等入磨物料的配比应按化验室下达的通知进行，并有相应的记录。

（三）粉磨中改品种或强度等级由低改高时，应用高强度等级水泥清洗磨和输送设备，清洗的水泥全部按低强度等级处理，并做好相应的记录。

（四）入磨熟料温度控制在 100 ℃以下。

（五）出磨水泥温度不大于 135 ℃。超过此温度应停磨或采取降温措施，防止石膏脱水而影响水泥的性能。

第二十六条　出磨水泥

（一）出磨水泥的质量控制要求应符合《指标要求》的规定。

（二）水泥库应有明显标识，出磨水泥应按化验室指令入库，每班应准确测量各水泥库的库存量并做好记录，按化验室要求做好入库管理。

（三）同一库不得混装不同品种、强度等级的水泥。生产中改品种或强度等级由低改高时，应用高强度等级水泥清洗输送设备、水泥贮存库和包装设备，清洗的水泥全部按低强度等级处理，并做好相应的记录。

（四）专用水泥或特性水泥应用专用库贮存。

（五）出磨水泥要保持 3 天以上的贮存量。

（六）出磨水泥应按相关产品标准的规定进行检验，检验数据经验证可以作为出厂水泥相关指标的确认依据，但不能作为出厂水泥的实物质量检验数据。检验项目、频次应符合《指标要求》的规定。

第二十七条　在生产过程中重要质量指标三小时以上或连续三次检测不合格时，属于过程质量事故，化验室应及时向责任部门反馈，责任部门应及时采取纠正措施，做好记录并报有关部门。

第六章　出厂水泥和水泥熟料的质量管理

第二十八条　水泥和水泥熟料的出厂决定权属于化验室。化验室应配备专业技术人员负责出厂水泥和水泥熟料的检验和过程管理，水泥和水泥熟料出厂应有化验室通知方可出厂。

第二十九条　出厂水泥和水泥熟料质量必须按相关的水泥产品标准严格检验和控制，由于出厂水泥和水泥熟料检验结果滞后，企业必须建立出厂水泥和水泥熟料质量合格确认制度，经确认合格后方可出厂。出厂水泥和水泥熟料质量合格确认制度由化验室负责制定，内容如下：

（一）按照水泥产品标准规定，出厂水泥所有的技术指标均应建立相应的质量合格确认制度（出厂前已有检验结果的项目除外），并形成书面文件。

（二）以出厂水泥进行确认时，其中强度指标应根据出厂水泥品种和强度等级分别建立早期强度与实物水泥 3 天和 28 天强度的关系式。早期强度检验方法按 JC/T 738《水泥强度快速检验方法》进行。

（三）以出磨水泥进行确认时，出磨水泥质量应稳定，且 28 天抗压强度月（或一统计期）平均变异系数满足 $Cv \leqslant 5.0\%$（强度等级 32.5）、$Cv \leqslant 4.0\%$（强度等级 42.5）、$Cv \leqslant$

3.5%（强度等级52.5及以上）。其中强度指标应根据出磨水泥品种和强度等级分别建立早期强度与实物水泥3天和28天强度的关系式。早期强度检验方法按JC/T 738《水泥强度快速检验方法》进行。

（四）当出磨水泥质量出现波动或28天抗压强度月（或一统计期）平均变异系数Cv＞5.0%（强度等级32.5）、Cv＞4.0%（强度等级42.5）、Cv＞3.5%（强度等级52.5及以上）时，应按出厂水泥进行确认。

（五）出厂水泥的合格确认制度应定期根据生产条件、原料变化等及时修正。

（六）水泥熟料的出厂合格确认制度参照出厂水泥制定。

第三十条 出厂水泥质量控制

为保证出厂水泥的实物质量，企业应制定严于现行标准要求的内控指标。出厂水泥的内控指标要求应符合《指标要求》的规定。

第三十一条 均化

水泥出厂必须均化后出厂。保证水泥的均匀性，缩小标准偏差，严禁无均化功能的水泥库单库包装或散装，严禁上入下出。每季度应进行一次水泥28天抗压强度匀质性试验。水泥匀质性试验方法按GB 12573附录B规定进行。

第三十二条 根据化验室签发的书面通知，按库号和比例出库，并做好记录。同时水泥库应定期清理和维护，卸料设备保持完好，确保正常出库。

第三十三条 包装

按照水泥产品标准的规定，应建立水泥包装质量的确认程序，形成书面文件，并定期根据包装质量的变化进行修正。水泥包装质量的确认内容要求如下：

（一）选择水泥包装袋定点生产企业，建立供方资质、生产能力等档案。每批包装袋应有出厂检验报告，每年至少一次型式检验报告，每月或按包装袋的批次进行牢固度验收检验。

（二）建立包装质量抽查制度。每班每台包装机至少抽查20袋，其包装质量、标志等应符合标准要求，发现不符合要求时，应及时处理，并做好记录。散装水泥应出具与袋装水泥包装标志内容相同的卡片。

（三）袋装水泥在确认或检验合格后存放一个月以上，化验室应发出停止该批水泥出厂通知，并现场标识。经重新取样检验，确认符合标准规定后方能重新签发水泥出厂通知单。

第三十四条 取样和编号

（一）出厂水泥必须按产品标准规定取代表性样品进行检验并留样封存，封存日期按相关产品标准规定。

（二）出厂水泥的编号，应严格执行产品标准的规定，禁止超吨位编号。

第三十五条 交货与验收

出厂水泥质量交货与验收必须严格执行相关产品标准的规定。

第三十六条 标准砂

标准砂是检验水泥胶砂强度的法定标准物质，企业应在国家指定的各省（区、市）定点经销单位购买标准砂，并保存购买发票和标准砂标准样品证书复印件等。根据水泥产量和试验需求制定合理的标准砂年采购数量。杜绝使用和购买假砂。

第三十七条 不合格水泥的处理

（一）出厂水泥检验结果中任一项指标不合格时，应立即通知用户停止使用该批水泥，企业与用户双方将该编号封存样寄送省级或省级以上国家认可的建材行业质检机构进行复检，以复检结果为准。

（二）按合同要求进行实物质量验收中，双方共同签封的样品在有效期内被省级或省级以上国家认可的建材行业质检机构判为不合格的，企业应及时查明原因，采取纠正措施和预防措施。

（三）出厂水泥自检或经过复检，富裕强度不符合《指标要求》时，企业应及时查明原因，采取纠正措施和预防措施。

第三十八条 本规程未指明的其他品种水泥和商品熟料生产企业应参照本规程制定对出厂产品的要求，并组织实施。

第三十九条 企业应积极做好售后服务，建立和坚持访问用户制度，广泛征询对水泥质量、性能、包装、运输及执行合同等方面的意见，建立用户档案，持续改进和追踪。

本规程自 2011 年 1 月 1 日起实施。自实施之日起，原《水泥企业质量管理规程》、《水泥企业化验室基本条件》和《水泥企业产品质量对比验证检验管理办法》同时废止。

本规程由工业和信息化部负责解释。

第二部分 集 料 类

2.1 建设用砂 GB/T 14684—2011

1 范围

本标准规定了建设用砂的术语和定义、分类与规格、技术要求、试验方法、检验规则、标志、储存和运输等。

本标准适用于建设工程中混凝土及其制品和普通砂浆用砂。

2 规范性引用文件

下列文件对于本文件的应用是必不可少的。凡是注日期的引用文件，仅注日期的版本适用于本文件。凡是不注日期的引用文件，其最新版本（包括所有的修改单）适用于本文件。

GB 175 通用硅酸盐水泥

GB/T 601 化学试剂 标准滴定溶液的制备

GB/T 602 化学试剂 杂质测定用标准溶液的制备

GB/T 2419 水泥胶砂流动度测定方法

GB/T 6003.1 金属丝编织网试验筛

GB/T 6003.2 金属穿孔板试验筛

GB 6566 建筑材料放射性核索限量

GB/T 17671 水泥胶砂强度检验方法（ISO法）

3 术语和定义

下列术语和定义适用于本文件。

3.1 天然砂 natural sand

自然生成的，经人工开采和筛分的粒径小于 4.75 mm 的岩石颗粒，包括河砂、湖砂、山砂、淡化海砂，但不包括软质、风化的岩石颗粒。

3.2 机制砂 manufactured sand

经除土处理，由机械破碎、筛分制成的，粒径小于 4.75 mm 的岩石、矿山尾矿或工业废渣颗粒，但不包括软质、风化的颗粒，俗称人工砂。

3.3 含泥量 clay content

天然砂中粒径小于 $75 \mu m$ 的颗粒含量。

3.4 石粉含量 fine content

机制砂中粒径小于 $75 \mu m$ 的颗粒含量。

3.5 泥块含量 clay lumps and friable particles content

砂中原粒径大于 1.18 mm，经水浸洗、手捏后小于 $600 \mu m$ 的颗粒含量。

3.6 细度模数 fineness module

衡量砂粗细程度的指标。

3.7 坚固性 soundness

砂在自然风化和其他外界物理化学因素作用下抵抗破裂的能力。

3.8 轻物质 material lighter than 2 000 kg/m³

砂中表观密度小于 2 000 kg/m³ 的物质。

3.9 碱集料反应 alkali-aggregate reaction

水泥、外加剂等混凝土组成物及环境中的碱与集料中碱活性矿物在潮湿环境下缓慢发生并导致混凝土开裂破坏的膨胀反应。

3.10 亚甲蓝（MB）值 methylene blue value

用于判定机制砂中粒径小于 75μm 颗粒的吸附性能的指标。

4 分类与规格

4.1 分类

砂按产源分为天然砂、机制砂两类。

4.2 规格

砂按细度模数分为粗、中、细三种规格，其细度模数分别为：

——粗：3.7～3.1；

——中：3.0～2.3；

——细：2.2～1.6。

4.3 类别

砂按技术要求分为 I 类、II 类和III 类。

5 一般要求

5.1 用矿山尾矿、工业废渣生产的机制砂有害物质除应符合 6.3 的规定外，还应符合我国环保和安全相关标准和规范，不应对人体、生物、环境及混凝土、砂浆性能产生有害影响。

5.2 砂的放射性应符合 GB 6566 的规定。

6 技术要求

6.1 颗粒级配

砂的颗粒级配应符合表 1 的规定；砂的级配类别应符合表 2 的规定。对于砂浆用砂，4.75 mm 筛孔的累计筛余量应为 0。砂的实际颗粒级配除 4.75 mm 和 600μm 筛档外，可以略有超出，但各级累计筛余超出值总和应不大于 5%。

表 1 颗粒级配

砂的分类	天然砂			机制砂		
级配区	1 区	2 区	3 区	1 区	2 区	3 区
方筛孔	累计筛余/%					
4.75mm	10～0	10～0	10～0	10～0	10～0	10～0
2.36mm	35～5	25～0	15～0	35～5	25～0	15～0
1.18mm	65～35	50～10	25～0	65～35	50～10	25～0
600μm	85～71	70～41	40～16	85～71	70～41	40～16
300μm	95～80	92～70	85～55	95～80	92～70	85～55
150μm	100～90	100～90	100～90	97～85	94～80	94～75

表 2 级配类别

类别	I	II	III
级配区	2 区	1、2、3 区	

6.2 砂的含泥量、石粉含量和泥块含量

6.2.1 天然砂的含泥量和泥块含量应符合表 3 的规定。

表 3 含泥量和泥块含量

类别	I	II	III
含泥量（按质量计）/%	≤1.0	≤3.0	≤5.0
泥块含量（按质量计）/%	0	≤1.0	≤2.0

6.2.2 机制砂 MB 值≤1.4 或快速法试验合格时，石粉含量和泥块含量应符合表 4 的规定；机制砂 MB 值＞1.4 或快速法试验不合格时，石粉含量和泥块含量应符合表 5 的规定。

表 4 石粉含量和泥块含量（MB 值≤1.4 或快速法试验合格）

类别	I	II	III
MB 值	≤0.5	≤1.0	≤1.4 或合格
石粉含量（安置量计）/%[a]	≤10.0		
泥块含量（按质量计）/%	0	≤1.0	≤2.0
a 此指标根据适用地区和途径，经试验验证，可由供需双方协商确定			

表 5 石粉含量和泥块含量（MB 值＞1.4 或快速法试验不合格）

类别	I	II	III
石粉含量（按质量计）/%	≤1.0	≤3.0	≤5.0
泥块含量（按质量计）/%	0	≤1.0	≤2.0

6.3 有害物质

砂中如含有云母、轻物质、有机物、硫化物及硫酸盐、氯化物、贝壳，其限量应符合表 6 的规定。

表 6 有害物质限量

类别	I	II	III
云母（按质量计）/%	≤1.0		≤2.0
轻物质（按质量计）/%	≤1.0		
有机物	合格		
硫化物及硫酸盐（按 SO_3 质量计）/%	≤0.5		
氯化物（以氯离子质量计）/%	≤0.01	≤0.02	≤0.06
贝壳（按质量计）/%[a]	≤3.0	≤5.0	≤8.0
a 该指标适用于海砂，其他砂种不作要求。			

6.4 坚固性

6.4.1 采用硫酸钠溶液法进行试验，砂的质量损失应符合表7的规定。

表 7　坚固性指标

类别	Ⅰ	Ⅱ	Ⅲ
质量损失/%	≤8		≤10

6.4.2 机制砂除了要满足6.4.1中的规定外，压碎指标还应满足表8的规定。

表 8　压碎指标

类别	Ⅰ	Ⅱ	Ⅲ
单级最大压碎指标/%	≤20	≤25	≤30

6.5 表观密度、松散堆积密度、空隙率

砂表观密度、松散堆积密度应符合如下规定：

——表观密度不小于 2 500 kg/m³；

——松散堆积密度不小于 1 400 kg/m³；

——空隙率不大于44%。

6.6 碱集料反应

经碱集料反应试验后，试件应无裂缝、酥裂、胶体外溢等现象，在规定的试验龄期膨胀率应小于0.10%。

6.7 含水率和饱和面干吸水率

当用户有要求时，应报告其实测值。

7 试验方法

7.1 试样

7.1.1 取样方法

7.1.1.1 在料堆上取样时，取样部位应均匀分布。取样前先将取样部位表层铲除，然后从不同部位随机抽取大致等量的砂8份，组成一组样品。

7.1.1.2 从皮带运输机上取样时，应用与皮带等宽的接料器在皮带运输机机头出料处全断面定时随机抽取大致等量的砂4份，组成一组样品。

7.1.1.3 从火车、汽车、货船上取样时，从不同部位和深度随机抽取大致等量的砂8份，组成一组样品。

7.1.2 取样数量

单项试验的最少取样数量应符合表9的规定。若进行几项试验时，如能保证试样经一项试验后不致影响另一项试验的结果，可用同一试样进行几项不同的试验。

表 9　单项试验取样数量

序号	试验项目	最少取样数量/kg
1	颗粒级配	4.4
2	含泥量	4.4

序号	试验项目		最少取样数量/kg
3	泥块含量		20.0
4	石粉含量		6.0
5	云母含量		0.6
6	轻物质含量		3.2
7	有机物含量		2.0
8	硫化物与硫酸盐含量		0.6
9	氯化物含量		4.4
10	贝壳含量		9.6
11	坚固性	天然砂	8.0
		机制砂	20.0
12	表观密度		2.6
13	松散堆积密度与空隙率		5.0
14	碱集料反应		20.0
15	放射性		6.0
16	饱和面干吸水率		4.4

7.1.3 试样处理

7.1.3.1 用分料器法：将样品在潮湿状态下拌和均匀，然后通过分料器，取接料斗中的其中一份再次通过分料器。重复上述过程，直至把样品缩分到试验所需量为止。

7.1.3.2 人工四分法：将所取样品置于平板上，在潮湿状态下拌和均匀，并堆成厚度约为20 mm的圆饼，然后沿互相垂直的两条直径把圆饼分成大致相等的四份，取其中对角线的两份重新拌匀，再堆成圆饼。重复上述过程，直至把样品缩分到试验所需量为止。

7.1.3.3 堆积密度、机制砂坚固性试验所用试样可不经缩分，在拌匀后直接进行试验。

7.2 试验环境和试验用筛

7.2.1 试验环境：试验室的温度应保持在（20±5）℃。

7.2.2 试验用筛：应满足 GB/T 6003.1 和 GB/T 6003.2 中方孔试验筛的规定，筛孔大于4.00 mm 的试验筛应采用穿孔板试验筛。

7.3 颗粒级配

7.3.1 仪器设备

本试验用仪器设备如下：

鼓风干燥箱：能使温度控制在（105±5）℃；天平：称量1 000 g，感量1 g；方孔筛：规格为 150 μm，300 μm，600 μm，1.18 mm，2.36 mm，4.75 mm 及 9.50 mm 的筛各一只，并附有筛底和筛盖；摇筛机；搪瓷盘，毛刷等。

7.3.2 试验步骤

7.3.2.1 按 7.1 规定取样，筛除大于 9.50 mm 的颗粒（并算出其筛余百分率），并将试样缩分至约 1 100 g，放在干燥箱中于（105±5）℃下烘干至恒量，待冷却至室温后，分为大致相等的两份备用。

注：恒量系指试样在烘干 3 h 以上的情况下，其前后质量之差不大于该项试验所要求的称量精度（下同）。

7.3.2.2 称取试样 500 g，精确至 1 g。将试样倒入按孔经大小从上到下组合的套筛（附筛底）上，然后进行筛分。

7.3.2.3 将套筛置于摇筛机上，摇 10 min；取下套筛，按筛孔大小顺序再逐个用手筛，筛至每分钟通过量小于试样总量 0.1% 为止。通过的试样并入下一号筛中，并和下一号筛中的试样一起过筛，这样顺序进行，直至各号筛全部筛完为止。

称出各号筛的筛余量，精确至 1 g，试样在各号筛上的筛余量不得超过按式（7-1）计算出的量。

$$G = \frac{A \times d^{1/2}}{200} \quad\cdots\cdots\cdots\cdots\cdots\cdots\cdots\cdots\cdots \quad (7\text{-}1)$$

式中：

G——在一个筛上的筛余量，单位为克（g）；

A——筛面面积，单位为平方毫米（mm²）；

d——筛孔尺寸，单位为毫米（mm）。

超过时应按下列方法之一处理：

a) 将该粒级试样分成少于按式（7-1）计算出的量，分别筛分，并以筛余量之和作为该号筛的筛余量。

b) 将该粒级及以下各粒级的筛余混合均匀，称出其质量，精确至 1 g。再用四分法缩分为大致相等的两份，取其中一份，称出其质量，精确至 1 g，继续筛分。计算该粒级及以下各粒级的分计筛余量时应根据缩分比例进行修正。

7.3.3 结果计算与评定

7.3.3.1 计算分计筛余百分率：各号筛的筛余量与试样总量之比，计算精确至 0.1%。

7.3.3.2 计算累计筛余百分率：该号筛的分计筛余百分率加上该号筛以上各分计筛余百分率之和，精确至 0.1%。筛分后，如每号筛的筛余量与筛底的剩余量之和同原试样质量之差超过 1% 时，应重新试验。

7.3.3.3 砂的细度模数按式（7-2）计算，精确至 0.01：

$$M_x = \frac{(A_2 + A_2 + A_3 + A_4 + A_5 + A_6) - 5A_1}{100 - A_1} \quad\cdots\cdots\cdots\cdots \quad (7\text{-}2)$$

式中：

M_x——细度模数；

A_1、A_2、A_3、A_4、A_5、A_6——分别为 4.75 mm、2.36 mm、1.18 mm、600 μm、300 μm、150 μm 筛的累计筛余百分率。

7.3.3.4 累计筛余百分率取两次试验结果的算术平均值，精确至 1%。细度模数取两次试验结果的算术平均值，精确至 0.1；如两次试验的细度模数之差超过 0.20 时，应重新试验。

7.3.3.5 根据各号筛的累计筛余百分率，采用修约值比较法评定该试样的颗粒级配。

7.4 含泥量

7.4.1 仪器设备

本试验用仪器设备如下：

鼓风干燥箱：能使温度控制在（105±5）℃；天平：称量 1000 g，感量 0.1 g；方孔筛：

孔径为 $75\mu m$ 及 1.18 mm 的筛各一只；容器：要求淘洗试样时，保持试样不溅出（深度大于 250 mm）；搪瓷盘、毛刷等。

7.4.2 试验步骤

7.4.2.1 按 7.1 规定取样，并将试样缩分至约 1100 g，放在干燥箱中于（105±5）℃下烘干至恒量，待冷却至室温后，分为大致相等的两份备用。

7.4.2.2 称取试样 500 g，精确至 0.1 g，将试样倒入淘洗容器中，注入清水，使水面高于试样面约 150 mm，充分搅拌均匀后，浸泡 2 h，然后用手在水中淘洗试样，使尘屑、淤泥和黏土与砂粒分离，把浑水缓缓倒入 1.18 mm 及 75 μm 的套筛上（1.18 mm 筛放在 75 μm 筛上面），滤去小于 75 μm 的颗粒。试验前筛子的两面应先用水润湿，在整个过程中应小心防止砂粒流失。

7.4.2.3 再向容器中注入清水，重复上述操作，直至容器内的水目测清澈为止。

7.4.2.4 用水淋洗剩余在筛上的细粒，并将 75 μm 筛放在水中（使水面略高出筛中砂粒的上表面）来回摇动，以充分洗掉小于 75 μm 的颗粒，然后将两只筛的筛余颗粒和清洗容器中已经洗净的试样一并倒入搪瓷盘，放在干燥箱中于（105±5）℃下烘干至恒量，待冷却至室温后，称出其质量，精确至 0.1 g。

7.4.3 结果计算与评定

7.4.3.1 含泥量按式（7-3）计算，精确至 0.1%：

$$Q_a = \frac{G_0 - G_1}{G_0} \times 100 \quad \cdots\cdots\cdots\cdots\cdots\cdots\cdots\cdots (7\text{-}3)$$

式中：

Q_a——含泥量，%；

G_0——试验前烘干试样的质量，单位为克（g）；

G_1——试验后烘干试样的质量，单位为克（g）。

7.4.3.2 含泥量取两个试样的试验结果算术平均值作为测定值，采用修约值比较法进行评定。

7.5 石粉含量与 MB 值

7.5.1 试剂和材料

本试验用试剂和材料如下：

a）亚甲蓝：（$C_{16}H_{18}CIN_3S \cdot 3H_2O$）含量≥95%；

b）亚甲蓝溶液：

1）亚甲蓝粉末含水率测定：称量亚甲蓝粉末约 5 g，精确到 0.01 g，记为 M_h。将该粉末在（100±5）℃烘至恒量。置于干燥器中冷却。从干燥器中取出后立即称重，精确到 0.01 g，记为 M_g。按式（7-4）计算含水率，精确到小数点后一位，记为 W。

$$W = \frac{M_h - M_g}{M_g} \times 100 \quad \cdots\cdots\cdots\cdots\cdots\cdots\cdots\cdots (7\text{-}4)$$

式中：

W——含水率，%；

M_h——烘干前亚甲蓝粉末质量，单位为克（g）；

M_g——烘干后亚甲蓝粉末质量，单位为克（g）。

每次染料溶液制备均应进行亚甲蓝含水率测定。

2）亚甲蓝溶液制备：称量亚甲蓝粉末[(100＋W)/10±0.01] g(相当于干粉 10 g)，精确至 0.01 g。倒入盛有约 600 ml 蒸馏水(水温加热至 35～40℃)的烧杯中，用玻璃棒持续搅拌 40 min，直至亚甲蓝粉末完全溶解，冷却至 20℃。将溶液倒入 1L 容量瓶中，用蒸馏水淋洗烧杯等，使所有亚甲蓝溶液全部移入容量瓶，容量瓶和溶液的温度应保持在(20±1)℃，加蒸馏水至容量瓶 1L 刻度。振荡容量瓶以保证亚甲蓝粉末完全溶解。将容量瓶中溶液移入深色储藏瓶中，标明制备日期、失效日期(亚甲蓝溶液保质期应不超过 28 d)，并置于阴暗处保存。

c) 定量滤纸（快速）。

7.5.2 仪器设备

本试验用仪器设备如下：

鼓风干燥箱：能使温度控制在 (105±5)℃；天平：称量 1 000 g、感量 0.1 g 及称量 100 g、感量 0.01 g 各一台；方孔筛：孔径为 75 μm、1.18 mm 和 2.36 mm 的筛各一只；容器：要求淘洗试样时，保持试样不溅出 （深度大于 250 mm）；移液管：5 mL、2 mL 移液管各一个；三片或四片式叶轮搅拌器：转速可调[最高达(600±60) r/min]，直径(75±10) mm；定时装置：精度 1 s；玻璃容量瓶：1 L；温度计：精度 1℃；玻璃棒：2 支 （直径 8 mm，长 300 mm）；搪瓷盘、毛刷、1000 mL 烧杯等。

7.5.3 试验步骤

7.5.3.1 石粉含量的测定

按 7.4.2 进行。

7.5.3.2 亚甲蓝 MB 值的测定

7.5.3.2.1 按 7.1 规定取样，并将试样缩分至约 400 g，放在干燥箱中于 (105±5)℃下烘干至恒量，待冷却至室温后，筛除大于 2.36 mm 的颗粒备用。

7.5.3.2.2 称取试样 200 g，精确至 0.1 g。将试样倒入盛有(500±5) mL 蒸馏水的烧杯中，用叶轮搅拌机以(600±60) r/min 转速搅拌 5 min，使成悬浮液，然后持续以(400±40) r/min 转速搅拌，直至试验结束。

7.5.3.2.3 悬浮液中加入 5 mL 亚甲蓝溶液，以(400±40) r/min 转速搅拌至少 1 min 后，用玻璃棒沾取一滴悬浮液(所取悬浮液滴应使沉淀物直径在 8～12 mm 内)，滴于滤纸(置于空烧杯或其他合适的支撑物上，以使滤纸表面不与任何固体或液体接触)上。若沉淀物周围未出现色晕，再加入 5 mL 亚甲蓝溶液，继续搅拌 1 min，再用玻璃棒沾取一滴悬浮液，滴于滤纸上，若沉淀物周围仍未出现色晕。重复上述步骤，直至沉淀物周围出现约 1 mm 的稳定浅蓝色色晕。此时，应继续搅拌，不加亚甲蓝溶液，每 1 min 进行一次沾染试验。若色晕在 4 min 内消失，再加入 5 mL 亚甲蓝溶液；若色晕在第 5 min 消失，再加入 2 mL 亚甲蓝溶液。两种情况下，均应继续进行搅拌和沾染试验，直至色晕可持续 5 min。

7.5.3.2.4 记录色晕持续 5 min 时所加入的亚甲蓝溶液总体积，精确至 1 mL。

7.5.3.3 亚甲蓝的快速试验

7.5.3.3.1 按 7.5.3.2.1 制样。

7.5.3.3.2 按 7.5.3.2.2 搅拌。

7.5.3.3.3 一次性向烧杯中加入 30 mL 亚甲蓝溶液，在 (400±40) r/min 转速持续搅拌 8

min，然后用玻璃棒沾取一滴悬浮液，滴于滤纸上，观察沉淀物周围是否出现明显色晕。

7.5.4 结果计算与评定

7.5.4.1 石粉含量的计算

按 7.4.3.1 进行。

7.5.4.2 亚甲蓝 *MB* 值的计算

按式（7-5）计算，精确至 0.1

$$MB = \frac{V}{G} \times 10 \tag{7-5}$$

式中：

MB——亚甲蓝值，单位为克每千克（ g/kg），表示每千克 $0 \sim 2.36$ mm 粒级试样所消
耗的亚甲蓝质量；

G——试样质量，单位为克（g）；

V——所加入的亚甲蓝溶液的总量，单位为毫升（mL）；

10——用于每千克试样消耗的亚甲蓝溶液体积换算成亚甲蓝质量。

7.5.4.3 亚甲蓝快速试验结果评定

若沉淀物周围出现明显色晕，则判定亚甲蓝快速试验为合格，若沉淀物周围未出现明显
色晕，则判定亚甲蓝快速试验为不合格。

7.5.4.4 采用修约值比较法进行评定。

7.6 泥块含量

7.6.1 仪器设备

本试验用仪器设备如下：

鼓风干燥箱：能使温度控制在（105±5)℃；天平：称量 1000 g，感量 0.1 g；方孔筛：
孔径为 $600 \mu m$ 及 1.18 mm 的筛各一只；容器：要求淘洗试样时，保持试样不溅出（深度大
于 250 mm）；搪瓷盘，毛刷等。

7.6.2 试验步骤

7.6.2.1 按 7.1 规定取样，并将试样缩分至约 5 000 g，放在干燥箱中于（105±5)℃下烘
干至恒量，待冷却至室温后，筛除小于 1.18 mm 的颗粒，分为大致相等的两份备用。

7.6.2.2 称取试样 200 g，精确至 0.1 g。将试样倒入淘洗容器中，注入清水，使水面高于
试样面约 150 mm，充分搅拌均匀后，浸泡 24 h。然后用手在水中碾碎泥块，再把试样放在
$600 \mu m$ 筛上，用水淘洗，直至容器内的水目测清澈为止。

7.6.2.3 保留下来的试样小心地从筛中取出，装入浅盘后，放在干燥箱中于（105±5)℃下
烘干至恒量，待冷却到室温后，称出其质量，精确至 0.1 g。

7.6.3 结果计算与评定

7.6.3.1 泥块含量按式（7-6）计算，精确至 0.1%：

$$Q_b = \frac{G_1 - G_2}{G_1} \times 100 \quad \cdots\cdots\cdots\cdots\cdots\cdots\cdots\cdots\cdots \tag{7-6}$$

式中：

Q_b——泥块含量，%；

G_1——1.18 mm 筛筛余试样的质量，单位为克（g）；

121

G_2——试验后烘干试样的质量，单位为克（g）。

7.6.3.2 泥块含量取两次试验结果的算术平均值，精确至 0.1%。

7.6.3.3 采用修约值比较法进行评定。

7.7 云母含量

7.7.1 仪器设备

本试验用仪器设备如下：

a）鼓风干燥箱：能使温度控制在（105±5）℃；

b）放大镜：（3～5）倍放大率；

c）天平：称量 100 g，感量 0.01 g；

d）方孔筛：孔径为 300 μm 双 4.75 mm 的筛各一只；

e）钢针、搪瓷盘等。

7.7.2 试验步骤

7.7.2.1 按 7.1 规定取样，并将试样缩分至约 150 g，放在干燥箱中于（105±5）℃下烘干至恒量，待冷却至室温后，筛除大于 4.75 mm 及小于 300 μm 的颗粒备用。

7.7.2.2 称取试样 15 g，精确至 0.01 g。将试样倒入搪瓷盘中摊开，在放大镜下用钢针挑出全部云母，称出云母质量，精确至 0.01 g。

7.7.3 结果计算与评定

7.7.3.1 云母含量按式（7-7）计算，精确至 0.1%：

$$Q_c = \frac{G_2}{G_1} \times 100 \quad \cdots\cdots\cdots\cdots\cdots\cdots\cdots\cdots\cdots (7\text{-}7)$$

式中：

Q_c——云母含量，%；

G_1——300 μm～4.75 mm 颗粒的质量，单位为克（g）；

G_2——云母质量，单位为克（g）。

7.7.3.2 云母含量取两次试验结果的算术平均值，精确至 0.1%。

7.7.3.3 采用修约值比较法进行评定。

7.8 轻物质含量

7.8.1 试剂和材料

本试验用试剂和材料如下：

a）氯化锌：化学纯；

b）重液：向 1 000 mL 的量杯中加水至 600 mL 刻度处，再加入 1 500 g 氯化锌；用玻璃棒搅拌使氯化锌充分溶解，待冷却至室温后，将部分溶液倒入 250 mL 量筒中测其相对密度；若相对密度小于 2 000 kg/m³，则倒回 1 000 mL 量杯中，再加入氯化锌，待全部溶解并冷却至室温后测其密度，直至溶液密度达到 2 000 kg/m³ 为止。

7.8.2 仪器设备

本试验用仪器设备如下：鼓风干燥箱：能使温度控制在（105±5）℃；天平：称量 1 000 g，感量 0.1 g；量具：1 000 mL 量杯，250 mL 量筒，150 mL 烧杯各一只；比重计：测定范围为 1800～2 200 kg/m³；方孔筛：孔径为 4.75 mm 及 300 μm 的筛各一只；网篮：内径和高度均约为 70 mm，网孔孔径不大于 300 μm；陶瓷盘、玻璃棒、毛刷等。

7.8.3　试验步骤

7.8.3.1　按 7.1 规定取样，并将试样缩分至约 800 g，放在干燥箱中于（105±5）℃下烘干至恒量，待冷却至室温后，筛除大于 4.75 mm 及小于 300 μm 颗粒，分为大致相等的两份备用。

7.8.3.2　称取试样 200 g，精确至 0.1 g。将试样倒入盛有重液的量杯中，用玻璃棒充分搅拌，使试样中的轻物质与砂充分分离，静置 5 min 后，将浮起的轻物质连同部分重液倒入网篮中，轻物质留在网篮上，而重液通过网篮流入另一容器，倾倒重液时应避免带出砂粒，一般当重液表面与砂表面相距 20～30 mm 时即停止倾倒，流出的重液倒回盛试样的量杯中，重复上述过程，直至无轻物质浮起为止。

7.8.3.3　用清水洗净留存于网篮中的物质，然后将它移入已恒量的烧杯，放在干燥箱中在（105±5）℃下烘干至恒量，待冷却至室温后，称出轻物质与烧杯的总质量，精确至 0.1 g。

7.8.4　结果计算与评定

7.8.4.1　轻物质含量，按式（7-8）计算，精确至 0.1%：

$$Q_d = \frac{G_2 - G_3}{G_1} \times 100 \quad \cdots\cdots\cdots\cdots\cdots\cdots\cdots\cdots \quad (7\text{-}8)$$

式中：

　　Q_d——轻物质含量，%；

　　G_1——300 μm～4.75 mm 颗粒的质量，单位为克（g）；

　　G_2——烘干的轻物质与烧杯的总质量，单位为克（g）；

　　G_3——烧杯的质量，单位为克（g）。

7.8.4.2　轻物质含量取两次试验结果的算术平均值，精确至 0.1%。

7.8.4.3　采用修约值比较法进行评定。

7.9　有机物含量

7.9.1　试剂和材料

本试验用试剂和材料如下：

a）试剂：氢氧化钠、鞣酸、乙醇，蒸馏水；

b）标准溶液：取 2 g 鞣酸溶解于 98 mL 浓度为 10% 乙醇溶液中（无水乙醇 10 mL 加蒸馏水 90 mL）即得所需的鞣酸溶液。然后取该溶液 25 mL 注入 975 mL 浓度为 3% 的氢氧化钠溶液中（3 g 氢氧化钠溶于 97 mL 蒸馏水中），加塞后剧烈摇动，静置 24 h 即得标准溶液。

7.9.2　仪器设备

本试验用仪器设备如下：

天平：称量 1000 g，感量 0.1 g 及称量 100 g，感量 0.01 g 各一台；量筒：10 mL、100 mL、250 mL、1 000 mL；方孔筛：孔径为 4.75 mm 的筛一只；烧杯、玻璃棒、移液管。

7.9.3　试验步骤

7.9.3.1　按 7.1 规定取样，并将试样缩分至约 500 g，风干后，筛除大于 4.75 mm 的颗粒备用。

7.9.3.2　向 250 mL 容量筒中装入风干试样至 130 mL 刻度处，然后注入浓度为 3% 的氢氧化钠溶液至 200 mL 刻度处，加塞后剧烈摇动，静置 24 h。

7.9.3.3　比较试样上部溶液和标准溶液的颜色，盛装标准溶液与盛装试样的容量筒大小应一致。

7.9.4 结果评定

试样上都的溶液颜色浅于标准溶液颜色时，则表示试样有机物含量合格；若两种溶液的颜色接近，应把试样连同上部溶液一起倒入烧杯中，放在 60～70℃ 的水浴中，加热 2～3 h，然后再与标准溶液比较，如浅于标准溶液，认为有机物含量合格；若深于标准溶液，则应配制成水泥砂浆作进一步试验。即将一份原试样用 3% 氢氧化钠溶液洗除有机质，再用清水淋洗干净，与另一份原试样分别按相同的配合比按 GB/T 17671 的规定制成水泥砂浆，测定 28 d 的抗压强度。当原试样制成的水泥砂浆强度不低于洗除有机物后试样制成的水泥砂浆强度的 95% 时，则认为有机物含量合格。

7.10 硫化物和硫酸盐含量

7.10.1 试剂和材料

本试验用试剂和材料如下：

a）浓度为 10% 氯化钡溶液（将 5 g 氯化钡溶于 50 mL 蒸馏水中）；

b）稀盐酸（将浓盐酸与同体积的蒸馏水混合）；

c）1% 硝酸银溶液（将 1 g 硝酸银溶于 100 mL 蒸馏水中，再加入 5～10 mL 硝酸，存于棕色瓶中）。

7.10.2 仪器设备

本试验用仪器设备如下：

a）鼓风干燥箱：能使温度控制在（105±5）℃；

b）天平：称量 100 g，感量为 0.001 g；

c）高温炉：最高温度 1 000℃；

d）方孔筛：孔径为 75 μm 的筛一只；

e）烧杯：300 mL；

f）量筒：20 mL 及 100 mL；

g）粉磨钵或破碎机；

h）中速滤纸、慢速滤纸；

i）干燥器、瓷坩埚、搪瓷盘、毛刷等。

7.10.3 试验步骤

7.10.3.1 按 7.1 的规定取样，并将试样缩分至约 150 g，放在干燥箱中于（105±5）℃ 下烘干至恒量，待冷却至室温后，粉磨全部通过 75 μm 筛，成为粉状试样。再按四分法缩分至 30～40 g，放在干燥箱中于（105±5）℃ 下烘干至恒量，待冷却至室温后备用。

7.10.3.2 称取粉状试样 1 g，精确至 0.001 g。将粉状试样倒入 300 mL 烧杯中，加入 20～30 mL 蒸馏水及 10 mL 稀盐酸，然后放在电炉上加热至微沸，并保持微沸 5 min，使试样充分分解后取下，用中速滤纸过滤，用温水洗涤 10～12 次。

7.10.3.3 加入蒸馏水调整滤液体积至 200 mL，煮沸后，搅拌滴加 10 mL 浓度为 10% 的氯化钡溶液，并将溶液煮沸数分钟，取下静置至少 4 h（此时溶液体积应保持在 200 mL），用慢速滤纸过滤，用温水洗涤至氯离子反应消失（用 1% 硝酸银溶液检验）。

7.10.3.4 将沉淀物及滤纸一并移入已恒量的瓷坩埚内，灰化后在 800 ℃ 高温炉内灼烧 30 min。取出瓷坩埚，在干燥器中冷却至室温后，称出试样质量，精确至 0.001 g。如此反复灼烧，直至恒量。

7.10.4 结果计算与评定

7.10.4.1 水溶性硫化物和硫酸盐含量（以 SO_3 计）按式（7-9）计算，精确至 0.1%：

$$Q_e = \frac{G_2 \times 0.343}{G_1} \times 100 \quad\cdots\cdots\cdots\cdots\cdots\cdots (7\text{-}9)$$

式中：

Q_e——水溶性硫化物和硫酸盐含量，%；

G_1——粉磨试样质量，单位为克（g）；

G_2——灼烧后沉淀物的质量，单位为克（g）；

0.343——硫酸钡（$BaSO_4$）换算成 SO_3 的系数。

7.10.4.2 硫化物和硫酸盐含量取两次试验结果的算术平均值，精确至 0.1%。若两次试验结果之差大于 0.2% 时，应重新试验。

7.10.4.3 采用修约值比较法进行评定。

7.11 氯化物含量

7.11.1 试剂和材料

本试验用试剂和材料如下：

a) 0.01 mol/L 氯化钠标准溶液；

b) 0.01 mol/L 硝酸银标准溶液；

c) 5% 铬酸钾指示剂溶液。

以上三种溶液配制及标定方法按 GB/T 601、GB/T 602 的规定进行。

7.11.2 仪器设备

本试验用仪器设备如下：

鼓风干燥箱：能使温度控制在（105±5）℃；天平：称量 1 000 g，感量 0.1 g；带塞磨口瓶：1 L；三角瓶：300 ml；移液管：50 ml；滴定管：10 ml 或 25 ml，精度 0.1 ml；1 000 ml 烧杯、滤纸、搪瓷盘、毛刷等。

7.11.3 试验步骤

7.11.3.1 按 7.1 规定取样，并将试样缩分至约 1100 g，放在干燥箱中于（105±5）℃下烘干至恒量，待冷却至室温后，分为大致相等的两份备用。

7.11.3.2 称取试样 500 g，精确至 0.1 g。将试样倒入磨口瓶中，用容量瓶量取 500 mL 蒸馏水，注入磨口瓶，盖上塞子，摇动一次后，放置 2h，然后，每隔 5 min 摇动一次，共摇动 3 次，使氯盐充分溶解。将磨口瓶上部已澄清的溶液过滤，然后用移液管吸取 50 mL 滤液，注入到三角瓶中，再加入 5% 铬酸钾指示剂 1 mL，用 0.01 mol/L 硝酸银标准溶液滴定至呈现砖红色为终点。记录消耗的硝酸银标准溶液的毫升数，精确至 1 mL。

7.11.3.3 空白试验：用移液管移取 50 mL 蒸馏水注入三角瓶内，加入 5% 铬酸指示剂 1 mL，并用 0.01 mol/L 硝酸银溶液滴定至溶液呈现砖红色为止，记录此点消耗的硝酸银标准溶液的毫升数，精确至 1 mL。

7.11.4 结果计算与评定

7.11.4.1 氯离子含量按式（7-10）计算，精确至 0.01%：

$$Q_f = \frac{N(A-B) \times 0.0355 \times 10}{G_0} \times 100 \quad\cdots\cdots\cdots\cdots (7\text{-}10)$$

式中：

  Q_f——氯离子含量，%；

  N——硝酸银标准溶液的浓度，单位为摩尔每升（mol/L）；

  A——样品滴定时消耗的硝酸银标准溶液的体积，单位为毫升（mL）；

  B——空白试验时消耗的硝酸银标准溶液的体积，单位为毫升（mL）；

0.035 5——换算系数

10——全部试样溶液与所分取试样溶液的体积比；

  G_0——试样质量，单位为克（g）。

7.11.4.2 氯离子含量取两次试验结果的算术平均值，精确至 0.01%。

7.11.4.3 采用修约值比较法进行评定。

7.12 海砂中贝壳含量试验（盐酸清洗法）

7.12.1 试剂和材料

  盐酸溶液——由浓盐酸（相对密度 1.18，浓度 26%~38%）和蒸馏水按 1：5 的比例配制而成；

7.12.2 仪器和设备

  本试验用仪器设备如下：

  干燥箱：温度控制范围为（105±5）℃；天平：称量 1 000 g、感量 1 g 和称量 5 000 g、感量 5 g 的天平各一台；试验筛：筛孔公称直径为 5.00 mm 的方孔筛一只；量筒：容量 1 000 mL；搪瓷盘：直径 200 mm 左右；玻璃棒；烧杯：容量 2 000 ml。

7.12.3 试验步骤

7.12.3.1 按 7.1 规定取样，将样品缩分至不少于 2 400 g，置于温度为（105±5）℃干燥箱中烘干至恒量，冷却至室温后，过筛孔公称直径为 5.00 mm 的方孔筛后，称 500 g（m_1）试样两份，先按 7.4 测出砂的含泥量（Q_a），再将试样放入烧杯中备用。

7.12.3.2 在盛有试样的烧杯中加入盐酸溶液 900 mL，不断用玻璃棒搅拌，使反应完全。待溶液中不再产生后，再加少量上述盐酸溶液，若再无气体生成则表明反应已完全。否则，应重复上一步骤，直至无气体产生为止。然后进行五次清洗，清洗过程中要避免砂粒丢失。洗净后，置于温度为（105±5）℃的干燥箱中，取出冷却至室温，称重（m_2）。

7.12.4 结果计算与评定

7.12.4.1 贝壳含量按式（7-11）计算，精确至 0.1%：

$$Q_g = \frac{m_1 - m_2}{m_1} \times 100 - Q_a \quad\cdots\cdots\cdots\cdots\cdots\cdots\cdots\cdots\cdots\text{(7-11)}$$

式中：

  Q_g——砂中贝壳含量，%；

  m_1——试验总重，单位为克（g）；

  m_2——试样除去贝壳后的质量，单位为克（g）；

  Q_a——含泥量，%。

7.12.4.2 以两次试验结果的算术平均值作为测定值，精确至 0.1%；

7.12.4.3 当两次结果之差超过 0.5% 时，应重新取样进行试验，采用修约值比较法进行评定。

7.13 坚固性

7.13.1 硫酸钠溶液法

7.13.1.1 试剂和材料

本试验用试剂和材料如下：

a) 10％氯化钡溶液；

b) 硫酸钠溶液：在 1L 水中（水温在 30 ℃左右），加入无水硫酸钠（Na_2SO_4）350 g，或结晶硫酸钠（$Na_2SO_4 \cdot H_2O$）750 g，边加入边用玻璃棒搅拌，使其溶解并饱和。然后冷却至 20～25 ℃，在此温度下静置 48 h，即为试验溶液，其密度应为 1.151～1.174 g/cm³。

7.13.1.2 仪器设备

本试验用仪器设备如下：

鼓风干燥箱：能使温度控制在（105±5）℃；天平：称量 1 000 g，感量 0.1 g；三脚网篮：用金属丝制成，网篮直径和高均为 70 mm，网的孔径应不大于所盛试样中最小粒径的一半；方孔筛：同 7.3.1；容器：瓷缸，容积不小于 10 L；比重计；玻璃棒、搪瓷盘、毛刷等。

7.13.1.3 试验步骤

7.13.1.3.1 按 7.1 规定取样，并将试样缩分至约 2 000 g。将试样倒入容器中，用水浸泡、淋洗干净后，放在干燥箱中于（105±5）℃下烘干至恒量，待冷却至室温后，筛除大于 4.75 mm 及小于 300 μm 的颗粒，然后按 7.3 规定筛分成 300～600 μm，600 μm～1.18 mm，1.18～2.36mm 和 2.36～4.75 mm 四个粒级备用。

7.13.1.3.2 称取各粒级试样各 100 g，精确至 0.1 g。将不同粒级的试样分别装入网篮，并浸入盛有硫酸钠溶液的容器中，溶液的体积应不小于试样总体积的 5 倍。网篮浸入溶液时，应上下升降 25 次，以排除试样的气泡，然后静置于该容器中，网篮底面应距离容器底面约 30 mm，网篮之间距离应不小于 30 mm，液面至少高于试样表面 30 mm，溶液温度应保持在 20～25℃。

7.13.1.3.3 浸泡 20 h 后，把装试样的网篮从溶液中取出，放在干燥箱中于（105±5）℃烘 4 h，至此，完成了第一次试验循环，待试样冷却至 20～25 ℃后，再按上述方法进行第二次循环。从第二次循环开始，浸泡与烘干时间均为 4 h，共循环 5 次。

7.13.1.3.4 最后一次循环后，用清洁的温水淋洗试样，直至淋洗试样后的水加入少量氯化钡溶液不出现白色浑浊为止，洗过的试样放在干燥箱中于（105±5）℃下烘干至恒量。待冷却至室温后，用孔径为试样粒级下限的筛过筛，称出各粒级试样试验后的筛余量，精确至 0.1 g。

7.13.1.4 结果计算与评定

7.13.1.4.1 各粒级试样质量损失百分率按式（7-12）计算，精确至 0.1％：

$$P_i = \frac{G_1 - G_2}{G_1} \times 100 \quad \cdots\cdots\cdots\cdots\cdots\cdots\cdots \text{(7-12)}$$

式中：

P_i——各粒级试样质量损失百分率，％；

G_1——各粒级试样试验前的质量，单位为克（g）；

G_2——各粒级试样试验后的筛余量，单位为克（g）。

7.13.1.4.2 试样的总质量损失百分率按式（7-13）计算，精确至 1%：

$$P = \frac{\partial_1 P_1 + \partial_2 P_2 + \partial_3 P_3 + \partial_4 P_4}{\partial_1 + \partial_2 + \partial_3 + \partial_4} \quad \cdots\cdots\cdots\cdots\cdots\cdots (7\text{-}13)$$

式中：

P——试样的总质量损失率，%；

∂_1、∂_2、∂_3、∂_4——分别为各粒级质量占试样（原试样中筛除了大于 4.75 mm 及小于 300 μm 的颗粒）总质量的百分率，%；

P_1、P_2、P_3、P_4——分别为各粒级试样质量损失百分率，%。

7.13.1.4.3 用各粒级试样中的最大损失率作为判定结果，采用修约值比较法进行评定。

7.13.2 压碎指标法

7.13.2.1 仪器设备

本试验用仪器设备如下：

鼓风干燥箱：能使温度控制在（105±5）℃；天平：称量 10 kg 或 1 000 g，感量为 1 g；压力试验机：50～1 000 kN；受压钢模：由圆筒、底盘和加压压块组成，其尺寸如附图 1 所示；方孔筛：孔径为 4.75 mm、2.36 mm、1.18 mm、600 μm 及 300 μm 的筛各一只；搪瓷盘、小勺、毛刷等。

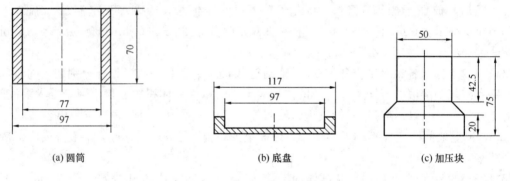

(a) 圆筒　　　　　　　　(b) 底盘　　　　　　　　(c) 加压块

图 1　受压钢模尺寸图

7.13.2.2 试验步骤

7.13.2.2.1 按 7.1 规定取样，放在干燥箱中于（105±5）℃下烘干至恒量，待冷却至室温后，筛除大于 4.75 mm 及小于 300 μm 的颗粒，然后按 7.3 筛分成 300～600 μm；600 μm～1.18 mm；1.18～2.36 mm 及 2.36～4.75 mm 四个粒级，每级 1 000 g 备用。

7.13.2.2.2 称取单粒级试样 330 g，精确至 1 g。将试样倒入已组装成的受压钢模内，使试样距底盘面的高度约为 50 mm。整平钢模内试样的表面，将加压块放入圆筒内，并转动一周使之与试样均匀接触。

7.13.2.2.3 将装好试样的受压钢模置于压力机的支承板上，对准压板中心后，开动机器，以每秒钟 500 N 的速度加荷。加荷至 25 kN 时稳荷 5s 后，以同样速度卸荷。

7.13.2.2.4 取下受压模，移去加压块，倒出压过的试样，然后用该粒级的下限筛（如粒级为 4.75～2.36 mm 时，则其下限筛指孔径为 2.36 mm 的筛）进行筛分，称出试样的筛余量和通过量，均精确至 1 g。

7.13.2.3 绪果计算与评定

7.13.2.3.1 第 i 单级砂样的压碎指标按式（7-14）计算，精确至 1%：

$$Y_i = \frac{G_2}{G_1 + G_2} \times 100 \quad\text{……………………………………} (7\text{-}14)$$

式中：

Y_i——第 i 单粒级压碎指标值，%；

G_1——试样的筛余量，单位为克（g）；

G_2——通过量，单位为克（g）。

7.13.2.3.2 第 i 单粒级压碎指标值取三次试验结果的算术平均值，精确至 1%。

7.13.2.3.3 取最大单粒级压碎指标值作为其压碎指标值。

7.13.2.3.4 采用修约值比较法进行评定。

7.14 表观密度

7.14.1 仪器设备

本试验用仪器设备如下：

a）鼓风干燥箱：能使温度控制在（105±5）℃；

b）天平：称量 1000 g，感量 0.1 g；

c）容量瓶：500 mL；

d）干燥器、搪瓷盘、滴管、毛刷、温度计等。

7.14.2 试验步骤

7.14.2.1 按 7.1 规定取样，并将试样缩分至约 660 g，放在干燥箱中于（105±5）℃下烘干至恒量，待冷却至室温后，分为大致相等的两份备用。

7.14.2.2 称取试样 300 g，精确至 0.1 g。将试样装入容量瓶，注入冷开水至接近 500 mL 的刻度处，用手旋转摇动容量瓶，使砂样充分摇动，排除气泡，塞紧瓶盖，静置 24 h。然后用滴管小心加水至容量瓶 500 mL 刻度处，塞紧瓶塞，擦干瓶外水分，称出其质量，精确至 1 g。

7.14.2.3 倒出瓶内水和试样，洗净容量瓶，再向容量瓶内注水（应与 7.14.2.2 水温相差不超过 2 ℃，并在 15～25 ℃范围内）至 500 mL 刻度处，塞紧瓶塞，擦干瓶外水分，称出其质量，精确至 1 g。

注：在砂的表观密度试验过程中应测量并控制水的温度，试验的各项称量可在 15～25 ℃的温度范围内进行。从试样加水静置的最后 2 h 起直至实验结束，其温度相差不应超过 2 ℃。

7.14.3 结果计算与评定

7.14.3.1 砂的表观密度按式（7-15）计算，精确至 10 kg/m³：

$$\rho_0 = \left(\frac{G_0}{G_0 + G_2 - G_1} - \alpha_t \right) \times \rho_{水} \quad\text{……………………………………} (7\text{-}15)$$

式中：

ρ_0——表观密度，单位为千克每立方米（kg/m³）；

$\rho_{水}$——1 000，单位为千克每立方米（kg/m³）

G_0——烘干试样的质量，单位为克（g）；

G_1——试样，水及容量瓶的总质量，单位为克（g）；

G_2——水及容量瓶的总质量，单位为克（g）；

α_t——水温对表观密度影响的修正系数（见表 10）。

表 10　不同水温对砂的表观密度影响的修正系数

水温/℃	15	16	17	18	19	20	21	22	23	24	25
α_t	0.002	0.003	0.003	0.004	0.004	0.005	0.005	0.006	0.006	0.007	0.008

7.14.3.2 表观密度取两次试验结果的算术平均值，精确至 10 kg/m³；如两次试验结果之差大于 20 kg/m³，应重新试验。

7.14.3.3 采用修约值比较法进行评定。

7.15　堆积密度与空隙率

7.15.1　仪器设备

本试验用仪器设备如下：

鼓风干燥箱：能使温度控制在（105±5）℃；天平：称量 10 kg，感量 1 g；容量筒：圆柱形金属筒，内径 108 mm，净高 109 mm，壁厚 2 mm，筒底厚约 5 mm，容积为 1L；方孔筛：孔径为 4.75 mm 的筛一只；垫棒：直径 10 mm，长 500 mm 的圆钢；直尺、漏斗或料勺、搪瓷盘、毛刷等。

7.15.2　试验步骤

7.15.2.1 按 7.1 规定取样，用搪瓷盘装取试样约 3 L，放在干燥箱中于（105±5）℃下烘干至恒量，待冷却至室温后，筛除大于 4.75 mm 的颗粒，分为大致相等的两份备用。

7.15.2.2 松散堆积密度：取试样一份，用漏斗或料勺将试样从容量筒中心上方 50 mm 处徐徐倒入，让试样以自由落体落下，当容量筒上部试样呈堆体，且容量筒四周溢满时，即停止加料。然后用直尺沿筒口中心线向两边刮平（试验过程应防止触动容量筒），称出试样和容量筒总质量，精确至 1 g。

7.15.2.3 紧密堆积密度：取试样一份分二次装入容量筒。装完第一层后（约计稍高于 1/2），在筒底垫放一根直径为 10 mm 的圆钢，将筒按住，左右交替击地面各 25 下。然后装入第二层，第二层装满后用同样方法颠实（但筒底所垫钢筋的方向与第一层时的方向垂直）后，再加试样直至超过筒口，然后用直尺沿筒口中心线向两边刮平，称出试样和容量筒总质量，精确至 1 g。

7.15.3　结果计算与评定

7.15.3.1 松散或紧密堆积密度按式（7-16）计算，精确至 10 kg/m³：

$$\rho_1 = \frac{G_1 - G_2}{V} \quad\cdots\cdots\cdots\cdots\cdots\cdots\cdots (7\text{-}16)$$

式中：

ρ_1——松散堆积密度或紧密堆积密度，单位为千克每立方米（kg/m³）；

G_1——容量筒和试样总质量，单位为克（g）；

G_2——容量筒质量，单位为克（g）；

V——容量筒的容积，单位为升（L）。

7.15.3.2 空隙率按式（7-17）计算，精确至 1%：

$$V_0 = \left(1 - \frac{\rho_1}{\rho_2}\right) \times 100 \cdots\cdots\cdots\cdots\cdots\cdots\cdots (7\text{-}17)$$

式中：

V_0——空隙率，%

ρ_1——试样的松散（或紧密）堆积密度，单位为千克每立方米（kg/m³）；

ρ_2——按式（7-15）计算的试样表观密度，单位为千克每立方米（kg/m³）。

7.15.3.3 堆积密度取两次试验结果的算术平均值，精确至 10 kg/m³。空隙率取两次试验结果的算术平均值，精确至 1%。

7.15.3.4 采用修约值比较法进行评定。

7.15.4 容量筒的校准方法

将温度为（20±2）℃的饮用水装满容量筒，用一玻璃板沿筒口推移，使其紧贴水面。擦干筒外壁水分，然后称出其质量，精确至 1 g。容量筒容积按式（7-18）计算，精确至 1 mL：

$$V = G_1 - G_2 \cdots\cdots\cdots\cdots\cdots\cdots\cdots\cdots（7\text{-}18）$$

式中：

V——容量筒容积，单位为毫升（mL）；

G_1——容量筒、玻璃板和水的总质量，单位为克（g）；

G_2——容量筒和玻璃板质量，单位为克（g）。

7.15.5 采用修约值比较法进行评定。

7.16 碱集料反应

在碱集料反应试验前，应先用岩相法鉴定岩石种类及所含的活性矿物种类。试验方法见附录 A。

7.16.1 碱-硅酸反应

7.16.1.1 适用范围

本方法适用于检验硅质集料与混凝土中的碱发生潜在碱-硅酸反应的危害性。不适用于碳酸盐类集料。

7.16.1.2 仪器设备

本试验用仪器设备如下：

鼓风干燥箱：能使温度控制在（105±5）℃；天平：称量 1 000 g，感量 0.1 g；方孔筛：4.75 mm，2.36 mm，1.18 mm，600 μm，300 μm 及 150 μm 的筛各一只；比长仪：由百分表和支架组成，百分表量程为 10 mm，精度 0.01 mm；水泥胶砂搅拌机：符合 GB/T 17671 的要求；恒温养护箱或养护室：温度（40±2）℃，相对湿度 95%以上；养护筒：由耐腐蚀材料制成，应不漏水，筒内设有试件架；试模：规格为 25 mm×25 mm×280 mm，试模两端正中有小孔，装有不锈钢质膨胀端头；跳桌、秒表、干燥器、搪瓷盘、毛刷等。

7.16.1.3 环境条件

本试验环境条件规定如下：

a）材料与成型室的温度应保持在 20～27.5 ℃，拌合水及养护室的温度应保持在（20±2）℃；

b) 成型室、测长室的相对湿度不应少于80%；

c) 恒温养护箱或养护室温度应保持在（40±2）℃。

7.16.1.4 试件制作

7.16.1.4.1 按7.1规定取样，并将试样缩分至约5 000 g，用水淋洗干净后，放在干燥箱中于（105±5）℃下烘干至恒量，待冷却至室温后，筛除大于4.75 mm及小于150 μm 的颗粒，然后按7.3规定筛分成150～300 μm，300～600 μm，600 μm～1.18 mm，1.18～2.36 mm和2.36～4.75 mm五个粒级，分别存放在干燥器内备用。

7.16.1.4.2 采用碱含量（以 Na_2O 计，即 $K_2O \times 0.658 + Na_2O$）大于1.2%的高碱水泥。低于此值时，掺浓度为10%的 Na_2O 溶液，将碱含量调至水泥量的1.2%。

7.16.1.4.3 水泥与砂的质量比为1∶2.25，一组3个试件共需水泥440 g（精确至0.1 g）、砂990 g（各粒级的质量按表11分别称取，精确至0.1 g）。用水量按GB 2419确定。跳桌跳动频率为6 s跳动10次，流动度以105～120 mm为准。

表11　碱集料反应用砂各粒级的质量

筛孔尺寸	4.7～2.36 mm	2.36～1.18 mm	1.18 mm～600 μm	600～300 μm	300～150 μm
质量/g	99.0	247.5	247.5	247.5	148.5

7.16.1.4.4 砂浆搅拌应按GB/T 17671规定进行。

7.16.1.4.5 搅拌完成后，立即将砂浆分两次装入已装有膨胀测头的试模中，每层捣40次，注意膨胀测头四周应小心捣实，浇捣完毕后用镘刀刮除多余砂浆，抹平、编号并表明测长方向。

7.16.1.5 养护与测长

7.16.1.5.1 试件成型完毕后，立即带模放入标准养护室内。养护24±2 h后脱模，立即测量试件的长度，此长度为试件的基准长度。测长应在（20±2）℃的恒温室中进行。每个试件至少重复测量两次，其算术平均值作为长度测定值，待测的试件须用湿布覆盖，以防止水分蒸发。

7.16.1.5.2 测完基准长度后，将试件垂直立于养护筒的试件架上，架下放水，但试件不能与水接触（一个养护筒内的试件品种应相同），加盖后放人（40±2）℃的养护箱或养护室内。

7.16.1.5.3 测长龄期自测定基准长度之日起计算，14 d、1个月、2个月、3个月、6个月，如有必要还可适当延长。在测长前一天，应把养护筒从（40±2）℃的养护箱或养护室内取出，放到（20±2）℃的恒温室内。测长方法与测基准长度的方法相同，测量完毕后，应将试件放入养护筒中，加盖后放回（40±2）℃的养护箱或养护室继续养护至下一个测试龄期。

7.16.1.5.4 每次测长后，应对每个试件进行挠度测量和外观检查。

挠度测量：把试件放在水平面上，测量试件与平面问的最大距离应不大于0.3 mm。

外观检查：观察有无裂缝，表面沉积物或渗出物，特别注意在空隙中有无胶体存在，并作详细记录。

7.16.1.6 结果计算与评定

7. 16. 1. 6. 1 试件膨胀率按式（7-19）计算，精确至 0.001%：

$$\Sigma_t = \frac{L_t - L_0}{L_0 - 2\Delta} \times 100 \quad\cdots\cdots\cdots\cdots\cdots\cdots\cdots\cdots\cdots\quad (7\text{-}19)$$

式中：

Σ_t——试件在 t 天龄期的膨胀率，%；

L_t——试件在 t 天龄期的长度，单位为毫米（mm）；

L_0——试件的基准长度，单位为毫米（mm）；

Δ——膨胀端头的长度，单位为毫米（mm）。

7. 16. 1. 6. 2 膨胀率以 3 个试件膨胀值的算术平均值作为试验结果，精确至 0.01%。一组试件中任何一个试件的膨胀率与平均值相差不大于 0.01%，则结果有效，而对膨胀率平均值大于 0.05% 时，每个试件的测定值与平均值之差小于平均值的 20%，也认为结果有效。

7. 16. 1. 7 结果判定

当半年膨胀率小于 0.10% 时，判定为无潜在碱—硅酸反应危害。否则，则判定为有潜在碱-硅酸反应危害，采用修约值比较法进行评定。

7. 16. 2 快速碱-硅酸反应

7. 16. 2. 1 适用范围

同 7. 16. 1. 1。

7. 16. 2. 2 试剂和材料

本试验用试剂和材料如下：

a）NaOH（分析纯）；

b）蒸馏水或去离子水；

c）NaOH 溶液：40 g NaOH 溶于 900 mL 水中，然后加水到 1 L，所需 NaOH 溶液总体为试件总体积的 4±0.5 倍（每一个试件的体积约为 184 mL）。

7. 16. 2. 3 仪器设备

本试验用仪器设备如下：

鼓风干燥箱：能使温度控制在（105±5）℃；天平：称量 1 000 g，感量 0.1 g；方孔筛：4.75 mm，2.36 mm，1.18 mm，600 μm，300 μm 及 150 μm 的筛各一只；比长仪：由百分表和支架组成，百分表的量程为 10 mm，精度 0.01 mm；水泥胶砂搅拌机：符合 GB/T 17671 的要求；高温恒温养护箱或水浴：温度保持在（80±2）℃；养护筒：由可耐碱长期腐蚀的材料制成，应不漏水，筒内设有试件架，筒的容积可以保证试件分离地浸没在体积为（2208±276）mL 的水中或 1 mol/L 的 NaOH 溶液中，且不能与容器壁接触；试模：规格为 25 mm×25 mm×280 mm，试模两端正中有小孔，装有不锈钢质膨胀端头；干燥器、搪瓷盘、毛刷等。

7. 16. 2. 4 环境条件

本试验环境条件规定如下：

a）材料与成型室的温度应保持在 20～27.5 ℃，拌合水及养护室的温度应保持在（20±2）℃；

b）成型室、测长室的相对湿度不应少于 80%；

c）高温恒温养护箱或水浴应保持在（80±2）℃。

7.16.2.5 试件制作

7.16.2.5.1 按 7.1 规定取样，并将试样缩分至约 5 000 g，用水淋洗干净，放在干燥箱中于（105±5）℃下烘干至恒量，待冷却至室温后，筛除大于 4.75 mm 及小于 150 μm 的颗粒，然后按 7.3 规定筛分成 150～300 μm，300～600 μm，600 μm～1.18 mm，1.18～2.36 mm 和 2.36～4.75 mm 五个粒级，分别存放在干燥器内备用。

7.16.2.5.2 采用符合 GB 175 规定的硅酸盐水泥，水泥中不得有结块，并在保质期内。

7.16.2.5.3 水泥与砂的质量比为 1∶2.25，水灰比为 0.47。一组 3 个试件共需水泥 440 g（精确至 0.1 g）、砂 990 g（各粒级的质量按表 11 分别称取，精确至 0.1 g）。

7.16.2.5.4 砂浆搅拌应按 GB/T 17671 的规定进行。

7.16.2.5.5 搅拌完成后，立即将砂浆分两次装入已装有膨胀测头的试模中，每层捣 40 次，注意膨胀测头四周应小心捣实，浇捣完毕后用镘刀刮除多余砂浆，抹平、编号并标明测长方向。

7.16.2.6 养护与测长

7.16.2.6.1 试件成型完毕后，立即带模放入标准养护室内。养护（24±2）h 后脱模，立即测量试件的初始长度。待测的试件须用湿布覆盖，以防止水分蒸发。

7.16.2.6.2 测完初始长度后，将试件浸没于养护筒（一个养护筒内的试件品种应相同）内的水中，并保持水温在（80±2）℃的范围内（加盖放在高温恒温养护箱或水浴中），养护（24±2）h。

7.16.2.6.3 从高温恒温养护箱或水浴中拿出一个养护筒，从养护筒内取出试件，用毛巾擦干表面，立即读出试件的基准长度［从取出试件至完成读数应在（15±5）s 内］，在试件上覆盖湿毛巾，全部试件测完基准长度后，再将所有试件分别浸没于养护筒内的 1 mol/L NaOH 溶液中，并保持溶液温度在（80±2）℃的范围内（加盖放在高温恒温养护箱或水浴中）。

7.16.2.6.4 测长龄期自测定基准长度之日起计算，在测基准长度后第 3 d、7 d、10 d、14 d 再分别测长，每次测长时间安排在每天近似同一时刻内，测长方法与测基准长度的方法相同，每次测长完毕后，应将试件放入原养护筒中，加盖后放回（80±2）℃的高温恒温养护箱或水浴中继续养护至下一个测试龄期。14 d 后如需继续测长，可安排每 7 d 一次测长。

7.16.2.7 结果计算与评定

同 7.16.1.6.1～16.1.6.2。

7.16.2.8 结果判定

采用修约值比较法进行评定。结果按如下判定：

a) 当 14 d 膨胀率小于 0.10% 时，在大多数情况下可以判定为无潜在碱-硅酸反应危害；

b) 当 14 d 膨胀率大于 0.20% 时，可以判定为有潜在碱-硅酸反应危害；

c) 当 14 d 膨胀率在 0.10%～0.20% 时，不能最终判定有潜在碱-硅酸反应危害，可以按 7.16.1 方法再进行试验来判定。

7.17 放射性

按照 GB 6566 的规定进行。

7.18 含水率

7.18.1 仪器设备

本试验用仪器设备如下：

鼓风干燥箱：能使温度控制在（105±5）℃；天平：称量1 000 g，感量0.1 g；吹风机（手提式）；饱和面干试模及重约340 g的捣棒（图2）；干燥器、吸管、搪瓷盘、小勺、毛刷等。

7.18.2 试验步骤

7.18.2.1 将自然潮湿状态下的试样用四分法缩分至约1 100 g，拌匀后分为大致相等的两份备用。

7.18.2.2 称取一份试样的质量，精确至0.1 g。将试样倒入已知质量的烧杯中，放在干燥箱中于（105±5）℃下烘至恒量。待冷却至室温后，再称出其质量，精确至0.1 g。

7.18.3 结果计算与评定

7.18.3.1 含水率按式（7-20）计算，精确至0.1%：

$$Z = \frac{G_2 - G_1}{G_1} \times 100 \quad\cdots\cdots\cdots\cdots\cdots\cdots\cdots\cdots\quad (7\text{-}20)$$

式中：

Z——含水率，%；

G_2——烘干前的试样质量，单位为克（g）；

G_1——烘干后的试样质量，单位为克（g）。

7.18.3.2 含水率取两次试验结果的算术平均值，精确至0.1%；两次试验结果之差大于0.2%时，应重新试验。

7.19 饱和面干吸水率

7.19.1 仪器设备

本试验用仪器设备如下：

鼓风干燥箱，能使温度控制在（105±5）℃；天平，称量1 000 g，感量0.1 g；手提式吹风机；饱和面干试模及重340 g的捣棒（图2）；烧杯、吸管、毛刷、玻璃棒、搪瓷盆、不锈钢盘等。

7.19.2 试验步骤

7.19.2.1 在自然状态下用分料器法或四分法缩分细集料至约1 100 g，均匀拌合后分为大致相等的两份备用。

7.19.2.2 将一份试样倒入搪瓷盆中，注入洁净水，使水面高出试样表面20 mm左右水温控制在（23±5）℃，用玻璃棒连续搅拌5 min，以排除气泡，静置24 h。浸泡完成后，在水澄清的状态下，细心地倒去试样上部的清水，不得将细粉部分倒走。在盘中摊开试样，用吹风机缓缓吹拂暖风，并不断翻动试样，使表面水份均匀蒸发，不得将砂样颗粒吹出。

7.19.2.3 将试样分两层装入饱和面干试模中，第一层装入模高度的一半，用捣棒均匀捣13下(捣棒离试样表面约10 mm处自由落下)。第二层装满试模，再轻捣13下，刮平试模上口后，垂直将试模徐徐提起，如试样如图3(a)、图4(a)状，说明试样仍含有表面水，应再行暖风干燥，并按上述方法试验，直至试模提起后，试样如图3(b)、图4(b)状为止。若试模提起后，试样如图3(c)、图4(c)状，说明试样过干，此时应喷洒水50 mL，在充分拌匀后，静置于加盖容器中30 min，再按上述方法进行试验，直至达到图3(b)、图4(b)状为止。

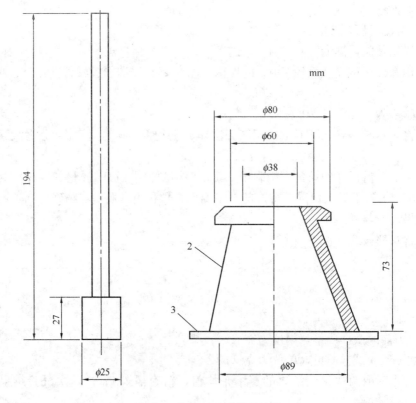

图 2 饱和面干试模及捣棒

(a) 试样过湿时的状态 　　(b) 试样饱和面干状态 　　(c) 试样过干状态

图 3 机制砂饱和面干试样的状态

7.19.2.4 立即称取饱和面干试样 500 g，精确至 0.1 g，倒入已知质量的烧杯（或搪瓷盘）中，置于（105±5）℃的干燥箱中烘干至恒量，在干燥器内冷却至室温后，称取干样的质量（m_0），精确至 0.1 g。

(a) 试样过湿时的状态 　　(b) 试样饱和面干状态 　　(c) 试样过干状态

图 4 天然砂饱和面干试样的状态

7.19.3 结果计算与评定

7.19.3.1 吸水率按下式（7-21）计算，精确至 0.01%：

$$Q_x = \frac{m_1 - m_0}{m_0} \times 100 \quad \cdots\cdots\cdots\cdots\cdots\cdots\cdots（7-21）$$

式中：

Q_x——吸水率，％；

M_1——饱和面干试样质量，单位为克（g）；

M_0——烘干试样质量，单位为克（g）。

7.19.3.2　精度及允许差

取两次试验的结果的算术平均值作为吸水率值，精确至0.1％，如果两次试验结果之差大于平均值的3％，则这组数据作废，应重新试验。

采用修约值比较法进行评定。

8　检验规则

8.1　检验分类

检验分为出厂检验和型式检验。

8.1.1　出厂检验

8.1.1.1　天然砂的出厂检验项目：颗粒级配、含泥量、泥块含量、云母含量、松散堆积密度。

8.1.1.2　机制砂的出厂检验项目：颗粒级配、石粉含量（含亚甲蓝试验）、泥块含量、压碎指标、松散堆积密度。

8.1.2　型式检验

砂的型式检验项目包括本标准6.1～6.5规定的所有技术要求，碱集料反应、含水率和饱和面干吸水率根据需要进行。有下列情况之一时，应进行型式检验：

　　a）新产品投产时；

　　b）原材料产源或生产工艺发生变化时；

　　c）正常生产时，每年进行一次；

　　d）长期停产后恢复生产时；

　　e）出厂检验结果与型式检验有较大差异时。

8.2　组批规则

按同分类、规格、类别及日产量每600 t为一批，不足600 t亦为一批；日产量超过2 000 t，按1 000 t为一批，不足1 000 t亦为一批。

8.3　判定规则

8.3.1　试验结果均符合本标准的相应类别规定时，可判为该批产品合格。

8.3.2　技术要求6.1～6.5若有一项指标不符合标准规定时，则应从同一批产品中加倍取样，对该项进行复验。复验后，若试验结果符合标准规定，可判为该批产品合格；若仍然不符合本标准要求时，否则判为不合格。若有两项及以上试验结果不符合标准规定时，则判该批产品不合格。

9　标志、储存和运输

9.1　砂出厂时，供需双方在厂内验收产品，生产厂应提供产品质量合格证书，其内容包括：

　　a）砂的分类、规格、类别和生产厂信息；

　　b）批量编号及供货数量；

c）出厂检验结果、日期及执行标准编号；

d）合格证编号及发放日期；

e）检验部门及检验人员签章。

9.2 砂应按分类、规格、类别分别堆放和运输，防止人为碾压、混合及污染产品。

9.3 运输时，应有必要的防遗撒设施，严禁污染环境。

2.2　建设用卵石、碎石 GB/T 14685—2011

1　范围

本标准规定了建设用卵石、碎石的术语和定义、分类、技术要求、试验方法、检验规则、标志、储存和运输等。

本标准适用于建设工程（除水工建筑物）中水泥混凝土及其制品用卵石、碎石。

2　规范性引用文件

下列文件对于本文件的应用是必不可少的。凡是注日期的引用文件，仅注日期的版本适用于本文件。凡是不注日期的引用文件，其最新版本（包括所有的修改单）适用于本文件。

GB 175　通用硅酸盐水泥

GB/T 2419　水泥胶砂流动度测定方法

GB/T 6003.1　金属丝编织网试验筛

GB/T 6003.2　金属穿孔板试验筛

GB 6566　建筑材料放射性核素限量

GB/T 17671　水泥胶砂强度检验方法（ISO 法）

3　术语和定义

下列术语和定义适用于本文件。

3.1　卵石　pebble

由自然风化、水流搬运和分选、堆积形成的，粒径大于 4.75 mm 的岩石颗粒。

3.2　碎石　crushed stone

天然岩石、卵石或矿山废石经机械破碎、筛分制成的，粒径大于 4.75 mm 的岩石颗粒。

3.3　针、片状颗粒　elongated or flat particle

卵石、碎石颗粒的长度大于该颗粒所属相应粒级的平均粒径 2.4 倍者为针状颗粒；厚度小于平均粒径 0.4 倍者为片状颗粒。

3.4　含泥量　clay content

卵石、碎石中粒径小于 75 μm 的颗粒含量。

3.5　泥块含量　clay lumps and friable particles content

卵石、碎石中原粒径大于 4.75 mm，经水浸洗、手捏后小于 2.36 mm 的颗粒含量。

3.6　坚固性　soundness

卵石、碎石在自然风化和其他外界物理化学因素作用下抵抗破裂的能力。

3.7　碱集料反应　alkali-aggregate reaction

水泥、外加剂等混凝土组成物及环境中的碱与集料中碱活性矿物在潮湿环境下缓慢发生并导致混凝土开裂破坏的膨胀反应。

4 分类

4.1 分类

建设用石分为：卵石和碎石。

4.2 类别

卵石、碎石按技术要求分为Ⅰ类、Ⅱ类和Ⅲ类。

5 一般要求

5.1 用矿山废石生产的碎石有害物质除应符合 6.4 的规定外，还应符合我国环保和安全相关的标准和规范，不应对人体、生物、环境及混凝土性能产生有害影响。

5.2 卵石、碎石的放射性应符合 GB 6566 的规定。

6 技术要求

6.1 颗粒级配

卵石、碎石的颗粒级配应符合表 1 的规定。

表 1 颗粒级配

公称粒数 mm		累计筛余%											
		方孔筛%mm											
		2.36	4.75	9.50	16.0	19.0	26.5	31.5	37.5	53.0	63.0	75.0	90
连续粒级	5~16	95~100	85~100	30~60	0~10	0							
	5~20	95~100	90~100	40~80	—	0~10	0						
	5~25	95~100	90~100	—	30~70	—	0~5	0					
	5~31.5	95~100	90~100	70~90	—	15~45	—	0~5	0				
	5~40	—	95~100	70~90	—	30~65	—	—	0~5	0			
单粒粒级	5~10	95~100	80~100	0~15	0								
	10~16		95~100	80~100	0~15								
	10~20		95~100	85~100		0~15	0						
	16~25			95~100	55~70	25~40	0~10						
	16~31.5		95~100		85~100			0~10					
	20~40			95~100		80~100			0~10	0			
	40~80					95~100			70~100		30~60	0~10	0

6.2 含泥量和泥块含量

卵石、碎石的含泥量和泥块含量应符合表 2 的规定。

表 2 含泥量和泥块含量

类 别	Ⅰ	Ⅱ	Ⅲ
含泥量(按质量计)/%	≤0.5	≤1.0	≤1.5
泥块含量(按质量计)/%	0	≤0.2	≤0.5

6.3　针、片状颗粒含量

卵石、碎石的针、片状颗粒含量应符合表3的规定。

表3　针、片状颗粒含量

类　别	Ⅰ	Ⅱ	Ⅲ
针、片状颗粒总含量(按质量计)/%	≤5	≤10	≤15

6.4　有害物质

有害物质限量应符合表4的规定。

表4　有害物质限量

类　别	Ⅰ	Ⅱ	Ⅲ
有机物	合格	合格	合格
硫化物及硫酸盐(按SO_3质量计)/%	≤0.5	≤1.0	≤1.0

6.5　坚固性

采用硫酸钠溶液法进行试验,卵石、碎石的质量损失应符合表5的规定。

表5　坚固性指标

类　别	Ⅰ	Ⅱ	Ⅲ
质量损失/%	≤5	≤8	≤12

6.6　强度

6.6.1　岩石抗压强度

在水饱和状态下,其抗压强度火成岩应不小于80 MPa,变质岩应不小于60 MPa,水成岩应不小于30 MPa。

6.6.2　压碎指标

压碎指标应符合表6的规定。

表6　压碎指标

类　别	Ⅰ	Ⅱ	Ⅲ
碎石压碎指标/%	≤10	≤20	≤30
卵石压碎指标/%	≤12	≤14	≤16

6.7　表观密度、连续级配松散堆积空隙率

卵石、碎石表观密度、连续级配松散堆积空隙率应符合如下规定:

——表观密度不小于2 600 kg/m^3;

——连续级配松散堆积空隙率应符合表7的规定。

表7　连续级配松散堆积空隙率

类　别	Ⅰ	Ⅱ	Ⅲ
空隙率/%	≤43	≤45	≤47

6.8　吸水率

吸水率应符合表8的规定。

表 8 吸水率

类 别	I	II	III
吸水率/%	≤1.0	≤2.0	≤2.0

6.9 碱集料反应

经碱集料反应试验后，试件应无裂缝、酥裂、胶体外溢等现象，在规定的试验龄期膨胀率应小于0.10%。

6.10 含水率和堆积密度

报告其实测值。

7 试验方法

7.1 试样

7.1.1 取样方法

7.1.1.1 在料堆上取样时，取样部位应均匀分布。取样前先将取样部位表层铲除，然后从不同部位随机抽取大致等量的石子15份（在料堆的顶部、中部和底部均匀分布的15个不同部位取得）组成一组样品。

7.1.1.2 从皮带运输机上取样时，应用接料器在皮带运输机机头的出料处用与皮带等宽的容器，全断面定时随机抽取大致等量的石子8份，组成一组样品。

7.1.1.3 从火车、汽车、货船上取样时，从不同部位和深度抽取大致等量的石子16份，组成一组样品。

7.1.2 取样数量

单项试验的最少取样数量应符合表9的规定。若进行几项试验时，如能保证试样经一项试验后不致影响另一项试验的结果，可用同一试样进行几项不同的试验。

表 9 单项试验取样数量

序号	试验项目	最大粒径/mm							
		9.5	16.0	19.0	26.5	31.5	37.5	63.0	75.0
		最少取样数量/kg							
1	颗粒级配	9.5	16.0	19.0	25.0	31.5	37.5	63.0	80.0
2	含泥量	8.0	8.0	24.0	24.0	40.0	40.0	80.0	80.0
3	泥块含量	8.0	8.0	24.0	24.0	40.0	40.0	80.0	80.0
4	针、片状颗粒含量	1.2	4.0	8.0	12.0	20.0	40.0	40.0	40.0
5	有机物含量	按试验要求的粒级和数量取样							
6	硫酸盐和硫化物含量								
7	坚固性								
8	岩石抗压强度	随机选取完整石块锯切或钻取成试验用样品							
9	压碎指标	按试验要求的粒级和数量取样							

序号	试验项目	最大粒径/mm							
		9.5	16.0	19.0	26.5	31.5	37.5	63.0	75.0
		最少取样数量/kg							
10	表观密度	8.0	8.0	8.0	8.0	12.0	16.0	24.0	24.0
11	堆积密度与空隙率	40.0	40.0	40.0	40.0	80.0	80.0	120.0	120.0
12	吸水率	2.0	4.0	8.0	12.0	20.0	40.0	40.0	40.0
13	碱集料反应	20.0	20.0	20.0	20.0	20.0	20.0	20.0	20.0
14	放射性	6.0							
15	含水率	按试验要求的粒级和数量取样							

7.1.3 试样处理

将所取样品置于平板上，在自然状态下拌和均匀，并堆成堆体，然后沿互相垂直的两条直径把堆体分成大致相等的四份，取其中对角线的两份重新拌匀，再堆成堆体。重复上述过程，直至把样品缩分到试验所需量为止。

7.1.4 堆积密度试验所用试样可不经缩分，在拌匀后直接进行试验。

7.2 试验环境和试验用筛

7.2.1 试验环境：试验室的温度应保持在（20±5）℃。

7.2.2 试验用筛：应满足 GB/T 6003.1、GB/T 6003.2 中方孔筛的规定，筛孔大于 4.00 mm 的试验筛采用穿孔板试验筛。

7.3 颗粒级配

7.3.1 仪器设备

本试验用仪器设备如下：

a）鼓风干燥箱：能使温度控制在（105±5）℃；

b）天平：称量 10 kg，感量 1 g；

c）方孔筛：孔径为 2.36 mm、4.75 mm、9.50 mm、16.0 mm、19.0 mm、26.5 mm、31.5 mm、37.5 mm、53.0 mm、63.0 mm、75.0 mm 及 90 mm 的筛各一只，并附有筛底和筛盖（筛框内径为 300 mm）；

d）摇筛机；

e）搪瓷盘，毛刷等。

7.3.2 试验步骤

7.3.2.1 按 7.1 规定取样，并将试样缩分至略大于表 10 规定的数量，烘干或风干后备用。

表 10 颗粒级配试验所需试样数量

最大粒径/mm	9.5	16.0	19.0	26.5	31.5	37.5	63.0	75.0
最少试样质量/kg	1.9	3.2	3.8	5.0	6.3	7.5	12.6	16.0

7.3.2.2 根据试样的最大粒径，称取按表 10 的规定数量试样一份，精确到 1 g。将试样倒入按孔径大小从上到下组合的套筛（附筛底）上，然后进行筛分。

7.3.2.3 将套筛置于摇筛机上，摇 10 min，取下套筛，按筛孔大小顺序再逐个用手筛，筛至每分钟通过量小于试样总量 0.1% 为止。通过的颗粒并入下一号筛中，并和下一号筛中的试样一起过筛，这样顺序进行，直至各号筛全部筛完为止。当筛余颗粒的粒径大于 19.0 mm 时，在筛分过程中，允许用手指拨动颗粒。

7.3.2.4 称出各号筛的筛余量，精确至 1 g。

7.3.3 结果计算与评定

7.3.3.1 计算分计筛余百分率：各号筛的筛余量与试样总质量之比，精确至 0.1%。

7.3.3.2 计算累计筛余百分率：该号筛及以上各筛的分计筛余百分率之和，精确至 1%。筛分后，如每号筛的筛余量与筛底的筛余量之和同原试样质量之差超过 1% 时，应重新试验。

7.3.3.3 根据各号筛的累计筛余百分率，采用修约值比较法评定该试样的颗粒级配。

7.4 含泥量

7.4.1 仪器设备

本试验用仪器设备如下：鼓风干燥箱：能使温度控制在（105±5）℃；天平：称量 10 kg，感量 1 g；方孔筛：孔径为 75 μm 及 1.18 mm 的筛各一只；容器：要求淘洗试样时，保持试样不溅出；搪瓷盘，毛刷等。

7.4.2 试验步骤

7.4.2.1 按 7.1 规定取样，并将试样缩分至略大于表 11 规定的 2 倍数量，放在干燥箱中于（105±5）℃下烘干至恒量，待冷却至室温后，分为大致相等的两份备用。

注：恒量系指试样在烘干 3h 以上，其前后质量之差不大于该项试验所要求的称量精度（下同）。

表 11　含泥量试验所需试样数量

最大粒径/mm	9.5	16.0	19.0	26.5	31.5	37.5	63.0	75.0
最少试样质量/kg	2.0	2.0	6.0	6.0	10.0	10.0	20.0	20.0

7.4.2.2 根据试样的最大粒径，称取按表 11 的规定数量试样一份，精确到 1 g。将试样放入淘洗容器中，注入清水，使水面高于试样上表面 150 mm，充分搅拌均匀后，浸泡 2 h，然后用手在水中淘洗试样，使尘屑、淤泥和粘土与石子颗粒分离，把浑水缓缓倒入 1.18 mm 及 75 μm 的套筛上（1.18 mm 筛放在 75 μm 筛上面），滤去小于 75 μm 的颗粒。试验前筛子的两面应先用水润湿。在整个试验过程中应小心防止大于 75 μm 颗粒流失。

7.4.2.3 再向容器中注入清水，重复上述操作，直至容器内的水目测清澈为止。

7.4.2.4 用水淋洗剩余在筛上的细粒，并将 75 μm 筛放在水中（使水面略高出筛中石子颗粒的上表面）来回摇动，以充分洗掉小于 75 μm 的颗粒，然后将两只筛上筛余的颗粒和清洗容器中已经洗净的试样一并倒入搪瓷盘中，置于干燥箱中于（105±5）℃下烘干至恒量，待冷却至室温后，称出其质量，精确至 1 g。

7.4.3 结果计算与评定

7.4.3.1 含泥量按式（1）计算，精确至 0.1%：

$$Q_a = \frac{G_1 - G_2}{G_1} \times 100 \quad \cdots\cdots\cdots\cdots\cdots\cdots\cdots\cdots (7\text{-}1)$$

式中：

Q_a——含泥量，%；

G_1——试验前烘干试样的质量，单位为克（g）；

G_2——试验后烘干试样的质量，单位为克（g）。

7.4.3.2 含泥量取两次试验结果的算术平均值,精确至 0.1%。

7.4.3.3 采用修约值比较法进行评定。

7.5 泥块含量

7.5.1 仪器设备

本试验用仪器设备如下:鼓风干燥箱:能使温度控制在(105±5)℃;天平:称量 10 kg,感量 1 g;方孔筛:孔径为 2.36 mm 及 4.75 mm 筛各一只;容器:要求淘洗试样时,保持试样不溅出;搪瓷盘,毛刷等。

7.5.2 试验步骤

7.5.2.1 按 7.1 规定取样,并将试样缩分至略大于表 11 规定的 2 倍数量,放在干燥箱中于 (105±5)℃下烘干至恒量,待冷却至室温后,筛除小于 4.75 mm 的颗粒,分为大致相等的两份备用。

7.5.2.2 根据试样的最大粒径,称取按表 11 的规定数量试样一份,精确到 1 g。将试样倒入淘洗容器中,注入清水,使水面高于试样上表面。充分搅拌均匀后,浸泡 24 h。然后用手在水中碾碎泥块,再把试样放在 2.36 mm 筛上,用水淘洗,直至容器内的水目测清澈为止。

7.5.2.3 保留下来的试样小心地从筛中取出,装入搪瓷盘后,放在干燥箱中于(105±5)℃下烘干至恒量,待冷却至室温后,称出其质量,精确到 1 g。

7.5.3 绪果计算与评定

7.5.3.1 泥块含量按式(7-2)计算,精确至 0.1%:

$$Q_b = \frac{G_2 - G_1}{G_1} \times 100 \quad\cdots\cdots\cdots\cdots\cdots\cdots\cdots\cdots\cdots\cdots\cdots\cdots (7\text{-}2)$$

式中:

Q_b——泥块含量,%;

G_1——4.75 mm 筛筛余试样的质量,单位为克(g);

G_2——试验后烘干试样的质量,单位为克(g)。

7.5.3.2 含量取两次试验结果的算术平均值,精确至 0.1%。

7.5.3.3 采用修约值比较法进行评定。

7.6 针、片状颗粒含量

7.6.1 仪器设备

本试验用仪器设备如下:针状规准仪与片状规准仪(图 1 和图 2);天平:称量 10 kg,感量 1 g;方孔筛:孔径为 4.75 mm、9.50 mm、16.0 mm、19.0 mm、26.5 mm、31.5 mm

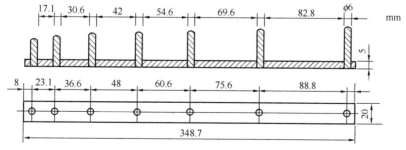

图 1 针状规准仪

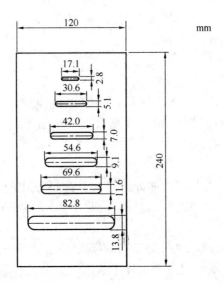

图 2　片状规准仪

及 37.5 mm 的筛各一个。

7.6.2　试验步骤

7.6.2.1　按 7.1 规定取样，并将试样缩分至略大于表 12 规定的数量，烘干或风干后备用。

表 12　针、片状颗粒含量试验所需试样数量

最大粒径/mm	9.5	16.0	19.0	26.5	31.5	37.5	63.0	75.0
最少试样质量/kg	0.3	1.0	2.0	3.0	5.0	10.0	10.0	10.0

7.6.2.2　根据试样的最大粒径，称取按表 12 的规定数量试样一份，精确到 1 g。然后按表 13 规定的粒级按 7.3 规定进行筛分。

表 13　针、片状颗粒含量试验的粒级划分及其相应的规准仪孔宽或间距　　mm

石子粒级	4.75～9.50	9.50～16.0	16.0～19.0	19.0～26.5	26.5～31.5	31.5～37.5
片状规准仪相对应孔宽	2.8	5.1	7.0	9.1	11.6	13.8
针状规准仪相对应间距	17.1	30.6	42.0	54.6	69.6	82.8

7.6.2.3　按表 13 规定的粒级分别用规准仪逐粒检验，凡颗粒长度大于针状规准仪上相应间距者，为针状颗粒；颗粒厚度小于片状规准仪上相应孔宽者，为片状颗粒。称出其总质量，精确至 1 g。

7.6.2.4　石子粒径大于 37.5 mm 的碎石或卵石可用卡尺检验针、片状颗粒，卡尺卡口的设定宽度应符合表 14 的规定。

表 14　大于 37.5 mm 颗粒针、片状颗粒含量试验的粒级划分及
其相应的卡尺卡口设定宽度　　mm

石子粒级	37.5～53.0	53.0～63.0	63.0～75.0	75.0～90
检验片状颗粒的卡尺卡口设定宽度	18.1	23.2	27.6	33.0
检验针状颗粒的卡尺卡口设定宽度	108.6	139.2	165.6	198.0

7.6.3　结果计算与评定

7.6.3.1　针、片状颗粒含量按式（7-3）计算，精确至 1％：

$$Q_c = \frac{G_2}{G_1} \times 100 \quad \cdots\cdots\cdots\cdots\cdots\cdots\cdots\cdots\cdots\cdots\cdots\cdots \text{（7-3）}$$

式中：

Q_c——针、片状颗粒含量，％；

G_1——试样的质量，单位为克（g）；

G_2——试样中所含针、片状颗粒的总质量，单位为克（g）。

7.6.3.2　采用修约值比较法进行评定。

7.7　有机物含量

7.7.1　试剂和材料

本试验用试剂和材料如下：

a）试剂：氢氧化钠、鞣酸、乙醇、蒸馏水；

b）标准溶液：取 2 g 鞣酸溶解于 98 mL 浓度为 l0％乙醇溶液中（无水乙醇 10 mL 加蒸馏水 90 mL）即得所需的鞣酸溶液。然后取该溶液 25 mL 注入 975 mL 浓度为 3％的氢氧化钠溶液中（3 g 氢氧化钠溶于 97 mL 蒸馏水中），加塞后剧烈摇动，静置 24 h 即得标准溶液。

7.7.2　仪器设备

本试验用仪器设备如下：天平：称量 10 kg，感量 1 g 及称量 100 g，感量 0.01 g 各一台；量筒：100 mL 及 1000 mL；方孔筛：孔径为 19.0 mm 的筛一只；烧杯、玻璃棒、移液管等。

7.7.3　试验步骤

7.7.3.1　按 7.1 规定取样，筛除大于 19.0 mm 以上的颗粒，然后缩分至约 1.0 kg，风干后备用。

7.7.3.2　向 1000 mL 容量筒中装入风干试样至 600 mL 刻度处，然后注入浓度为 3％的氢氧化钠溶液至 800 mL 刻度处，剧烈搅动后静置 24 h。

7.7.3.3　比较试样上部溶液和标准溶液的颜色，盛装标准溶液与盛装试样的容量筒大小应一致。

7.7.4　结果评定

试样上部的溶液颜色浅于标准溶液颜色时，则表示试样有机物含量合格；若两种溶液的颜色接近，应把试样连同上部溶液一起倒入烧杯中，放在 60～70 ℃的水浴中，加热 2～3 h，然后再与标准溶液比较，如浅于标准溶液，认为有机物含量合格；若深于标准溶液，则应配制成混凝土作进一步试验。即将一份原试样 3％氢氧化钠溶液洗除有机质，再用清水淋洗干净，与另一份原试样分别按相同的配合比制成混凝土，测定 28 d 的抗压强度。当原试样制成的混凝土强度不低于淘洗试样制成的混凝土强度的 95％时，则认为有机物含量合格。

7.8　硫化物和硫酸盐含量

7.8.1　试剂和材料

本试验用试剂和材料如下：

a）浓度为 10％氯化钡溶液（将 5 g 氯化钡溶于 50 mL 蒸馏水中）；

b）稀盐酸（将浓盐酸与同体积的蒸馏水混合）；

c）1‰硝酸银溶液（将 1 g 硝酸银溶于 100 mL 蒸馏水中，再加入 5～10 mL 硝酸，存于棕色瓶中）；

d）中速滤纸。

7.8.2 仪器设备

本试验用仪器设备如下：鼓风干燥箱：能使温度控制在（105±5）℃；天平：称量 10 kg，感量为 1 g 及称量 100 g，感量为 0.001 g 各一台；高温炉：最高温度 1 000 ℃；方孔筛：孔径为 75 μm 的筛一只；烧杯：300 mL；量筒：20 mL 及 100 mL；粉磨钵或破碎机；干燥器、瓷坩埚、搪瓷盘、毛刷等。

7.8.3 试验步骤

7.8.3.1 按 7.1 规定取样，筛除大于 37.5 mm 的颗粒，然后缩分至约 1.0 kg。烘干或风干后粉磨，筛除大于 75 μm 的颗粒。将小于 75 μm 的粉状试样再按四分法缩分至 30～40 g，放在干燥箱中于（105±5）℃下烘干至恒量，待冷却至室温后备用。

7.8.3.2 称取粉状试样 1 g，精确至 0.001 g。将粉状试样倒入 300 mL 烧杯中，加入 20～30 mL 蒸馏水及 10 mL 稀盐酸，然后放在电炉上加热至微沸，并保持微沸 5 min，使试样充分分解后取下，用滤纸过滤，用温水洗涤 10～12 次。

7.8.3.3 加入蒸馏水调整滤液体积至 200 mL，煮沸后，搅拌滴加 10 mL 浓度为 10％的氯化钡溶液，并将溶液煮沸数分钟，取下静置至少 4 h（此时溶液体积应保持在 200 mL），用慢速滤纸过滤，用温水洗涤至氯离子反应消失（用 1‰硝酸银溶液检验）。

7.8.3.4 将沉淀物及滤纸一并移入已恒量的瓷坩埚内，灰化后在 800 ℃高温炉内灼烧 30 min。取出瓷坩埚，在干燥器中冷却至室温后，称出试样质量，精确至 0.001 g。如此反复灼烧，直至恒量。

7.8.4 结果计算与评定

7.8.4.1 水溶性硫化物和硫酸盐含量（以 SO_3 计）按式（7-4）计算，精确至 0.1％：

$$Q_d = \frac{G_2 \times 0.343}{G_1} \times 100 \quad\cdots\cdots\cdots\cdots\cdots\cdots\cdots (7\text{-}4)$$

式中：

Q_d——水溶性硫化物和硫酸盐含量，％；

G_1——粉磨试样质量，单位为克（g）；

G_2——灼烧后沉淀物的质量，单位为克（g）；

0.343——硫酸钡（$BaSO_4$）换算成 SO_3 的系数。

7.8.4.2 硫化物和硫酸盐含量取两次试验结果的算术平均值，精确至 0.1％。若两次试验结果之差大于 0.2％时，应重新试验。

7.8.4.3 采用修约值比较法进行评定。

7.9 坚固性

7.9.1 试剂和材料

本试验用试剂和材料如下：

a）10％氯化钡溶液；

b）硫酸钠溶液：在 1 L 水中（水温 30℃左右），加入无水硫酸钠（Na_2SO_4）350 g 或结晶硫酸钠（$Na_2SO_4 \cdot H_2O$）750 g，边加入边用玻璃棒搅拌，使其溶解并饱和。然后冷却至 20～25 ℃，在此温度下静置 48 h，即为试验溶液，其密度应为（1.151～1.174）g/cm^3。

7.9.2 仪器设备

本试验用仪器设备如下：鼓风干燥箱：能使温度控制在（105±5）℃；天平：称量 10 kg，感量 1 g；三脚网篮：用金属丝制成，网篮直径为 100 mm，高为 150 mm，网的孔径 2～3 mm；方孔筛：同 7.3.1；容器：瓷缸，容积不小于 50 L；比重计；玻璃棒、搪瓷盘、毛刷等。

7.9.3 试验步骤

7.9.3.1 按 7-1 规定取样，并将试样缩分至可满足表 15 规定的数量，用水淋洗干净，放在干燥箱中于（105±5）℃下烘干至恒量，待冷却至室温后，筛除小于 4.75 mm 的颗粒，然后按 6.3 规定进行筛分后备用。

表 15 坚固性试验所需的试样数量

石子粒级/mm	4.75～9.50	9.50～19.0	19.0～37.5	37.5～63.0	63.0～75.0
试样量/g	500	1 000	1 500	3 000	3 000

7.9.3.2 根据试样的最大粒径，称取按表 15 规定的数量试样一份，精确至 1 g，将不同粒级的试样分别装入网篮，并浸入盛有硫酸钠溶液的容器中，溶液的体积应不小于试样总体积的 5 倍。网篮浸入溶液时，应上下升降 25 次，以排除试样的气泡，然后静置于该容器中，网篮底面应距离容器底面约 30 mm，网篮之间距离应不小于 30 mm，液面至少高于试样表面 30 mm，溶液温度应保持在 20～25 ℃。

7.9.3.3 浸泡 20 h 后，把装试样的网篮从溶液中取出，放在干燥箱中于（105±5）℃烘 4 h，至此，完成了第一次试验循环，待试样冷却至 20～25 ℃后，再按上述方法进行第二次循环。从第二次循环开始，浸泡与烘干时间均为 4 h，共循环 5 次。

7.9.3.4 最后一次循环后，用清洁的温水淋洗试样，直至淋洗试样后的水加入少量氯化钡溶液不出现白色浑浊为止，洗过的试样放在干燥箱中于（105±5）℃下烘干至恒量。待冷却至室温后，用孔径为试样粒级下限的筛过筛，称出各粒级试样试验后的筛余量，精确至 0.1 g。

7.9.4 结果计算与评定

7.9.4.1 各粒级试样质量损失百分率按式（7-5）计算，精确至 0.1%：

$$P_i = \frac{G_1 - G_2}{G_2} \times 100 \quad \cdots\cdots\cdots\cdots\cdots\cdots\cdots\cdots (7\text{-}5)$$

式中：

P_i——各粒级试样质量损失百分率，%，

G_1——各粒级试样试验前的质量，单位为克（g）；

G_2——各粒级试样试验后的筛余量，单位为克（g）。

7.9.4.2 试样的总质量损失百分率按式（7-6）计算，精确至 1%：

$$P = \frac{\partial_1 p_1 + \partial_2 p_2 + \partial_3 p_3 + \partial_4 p_4 + \partial_5 p_5}{\partial_1 + \partial_2 + \partial_3 + \partial_4 + \partial_5} \quad \cdots\cdots\cdots\cdots\cdots (7\text{-}6)$$

式中：

P——试样的总质量损失率，%；

∂_1、∂_2、∂_3、∂_4、∂_5——分别为各粒级质量占试样（原试样中筛除了小于 4.75 mm 颗粒）总质量的百分率，%；

P_1、P_2、P_3、P_4、P_5——分别为各粒级试样质量损失百分率，%。

7.9.4.3 采用修约值比较法进行评定。

7.10 岩石抗压强度

7.10.1 仪器设备

本试验用仪器设备如下：压力试验机：量程 1 000 kN，示值相对误差 2%；钻石机或锯石机；岩石磨光机；游标卡尺和角尺。

7.10.2 试件

本试验用试件如下：

a) 立方体试件尺寸：50 mm×50mm×50 mm；

b) 圆柱体试件尺寸：ϕ50 mm×50 mm；

c) 试件与压力机压头接触的两个面要磨光并保持平行，6 个试件为一组。对有明显层理的岩石，应制作二组，一组保持层理与受力方向平行，另一组保持层理与受力方面垂直，分别测试。

7.10.3 试验步骤

7.10.3.1 用游标卡尺测定试件尺寸，精确至 0.1 mm，并计算顶面和底面的面积。取顶面和底面的算术平均值作为计算抗压强度所用的截面积。将试件浸没于水中浸泡 48 h。

7.10.3.2 从水中取出试件，擦干表面，放在压力机上进行强度试验，加荷速度为 0.5～1 MPa/s。

7.10.4 结果计算与评定

7.10.4.1 试件抗压强度按式（7-7）计算，精确至 0.1 MPa：

$$R = \frac{F}{A} \quad\cdots\cdots\cdots\cdots\cdots\cdots\cdots\cdots\cdots\cdots\cdots\cdots\cdots (7\text{-}7)$$

式中：

R——抗压强度，单位为兆帕（MPa）；

F——破坏荷载，单位为牛顿（N）；

A——试件的荷载面积，单位为平方毫米（mm²）；

7.10.4.2 岩石抗压强度取 6 个试件试验结果的算术平均值，并给出最小值，精确至 1 MPa，采用修约值比较法进行评定。

7.10.4.3 对存在明显层理的岩石，应分别给出受力方向平行层理的岩石抗压强度与受力方向垂直层理的岩石抗压强度。

注：仲裁检验时，以 ϕ50 mm×50 mm 圆柱体试件的抗压强度为准。

7.11 压碎指标

7.11.1 仪器设备

本试验用仪器设备如下：压力试验机：量程 300 kN，示值相对误差 2%；天平：称量 10 kg，感量 1 g；受压试模（压碎指标测定仪，图 3）；方孔筛：孔径分别为 2.36 mm，9.50 mm 及 19.0 mm 的筛各一只；垫棒：ϕ10 mm，长 500 mm 圆钢。

7.11.2 试验步骤

7.11.2.1 按 7.1 规定取样，风干后筛除大于 19.0 mm 及小于 9.50 mm 的颗粒，并去除针、片状颗粒，分为大致相等的三份备用。当试样中粒径在 9.50～19.0 mm 之间的颗粒不足时，允许将粒径大于 19.0 mm 的颗粒破碎成粒径在 9.50～19.0 mm 之间的颗粒用作压碎指标试验。

7.11.2.2 称取试样 3 000 g，精确至 1 g。将试样分两层装入圆模（置于底盘上）内，每装完一层试样后，在底盘下面垫放一直径为 10 mm 的圆钢，将筒按住，左右交替颠击地面各 25 下，两层颠实后，平整模内试样表面，盖上压头。当圆模装不下 3 000 g 试样时，以装至距圆模上口 10 mm 为准。

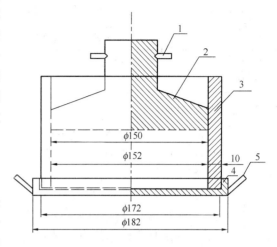

图 3　压碎指标测定仪
1—把手；2—加压头；3—圆模；4—底盘；5—手把

7.11.2.3 把装有试样的圆模置于压力试验机上，开动压力试验机，按 1 kN/s 速度均匀加荷至 200 kN 并稳荷 5 s，然后卸荷。取下加压头，倒出试样，用孔径 2.36 mm 的筛筛除被压碎的细粒，称出留在筛上的试样质量，精确至 1 g。

7.11.3　结果计算与评定

7.11.3.1　压碎指标按式（7-8）计算，精确至 0.1%：

$$Q_c = \frac{G_1 - G_2}{G_1} \times 100 \quad\cdots\cdots\cdots\cdots\cdots\cdots\cdots\cdots\cdots\cdots\quad (7\text{-}8)$$

式中：

Q_c——压碎指标，%；

G_1——试样的质量，单位为克（g）；

G_2——压碎试验后筛余的试样质量，单位为克（g）。

7.11.3.2　压碎指标取三次试验结果的算术平均值，精确至 1%。

7.11.3.3　采用修约值比较法进行评定。

7.12　表观密度

7.12.1　液体比重天平法

7.12.1.1　环境条件：试验时各项称量可在 15～25 ℃范围内进行，但从试样加水静止的 2 h 起至试验结束，其温度变化不应超过 2 ℃。

7.12.1.2　仪器设备

本试验用仪器设备如下：鼓风干燥箱：能使温度控制在（105±5）℃；天平：称量 5 kg，感量 5 g；其型号及尺寸应能允许在臂上悬挂盛试样的吊篮，并能将吊篮放在水中称量；吊篮：直径和高度均为 150 mm，由孔径为 1～2 mm 的筛网或钻有 2～3 mm 孔洞的耐锈蚀金属板制成；方孔筛：孔径为 4.75 mm 的筛一只；盛水容器：有溢流孔；温度计、搪瓷盘、毛巾等。

7.12.1.3　试验步骤

7.12.1.3.1　按 7.1 规定取样，并缩分至略大于表 16 规定的数量，风干后筛除小于

4.75 mm 的颗粒，然后洗刷干净，分为大致相等的两份备用。

表 16　表观密度试验所需试样数量

最大粒径/mm	<26.5	31.5	37.5	63.0	75.0
最少试样质量/kg	2.0	3.0	4.0	6.0	6.0

7.12.1.3.2　取试样一份装入吊篮，并浸入盛水的容器中，水面至少高出试样 50 mm。浸泡 24 h 后，移放到称量用的盛水容器中，并用上下升降吊篮的方法排除气泡（试样不得露出水面）。吊篮每升降一次约 1 s，升降高度为 30~50 mm。

7.12.1.3.3　测定水温后（此时吊篮应全浸在水中），准确称出吊篮及试样在水中的质量，精确至 5 g。称量时盛水容器中水面的高度由容器的溢流孔控制。

7.12.1.3.4　提起吊篮，将试样倒入浅盘，放在干燥箱中于（105±5）℃下烘干至恒量，待冷却至室温后，称出其质量，精确至 5 g。

7.12.1.3.5　称出吊篮在同样温度水中的质量，精确至 5 g。称量时盛水容器的水面高度仍由溢流孔控制。

7.12.1.4　结果计算

7.12.1.4.1　表观密度按式（7-9）计算，精确至 10 kg/m³：

$$\rho_0 = \left(\frac{G_0}{G_0 + G_2 - G_1} - \alpha_t \right) \times \rho_水 \quad\cdots\cdots\cdots\cdots\cdots (7\text{-}9)$$

式中：

P_0——表观密度，单位为千克每立方米（kg/m³）；

G_0——烘干后试样的质量，单位为克（g）；

G_1——吊篮及试样在水中的质量，单位为克（g）；

G_2——吊篮在水中的质量，单位为克（g）；

$\rho_水$——1 000，单位为千克每立方米（kg/m³）；

α_t——水温对表观密度影响的修正系数（表 17）。

表 17　不同水温对碎石和卵石的表观密度影响的修正系数

水温/℃	15	16	17	18	19	20	21	22	23	24	25
α_t	0.002	0.003	0.003	0.004	0.004	0.005	0.005	0.006	0.006	0.007	0.008

7.12.1.4.2　表观密度取两次试验结果的算术平均值，两次试验结果之差大于 20 kg/m³，应重新试验。对颗粒材质不均匀的试样，如两次试验结果之差超过 20 kg/m³，可取 4 次试验结果的算术平均值。

7.12.2　广口瓶法

本方法不宜用于测定最大粒径大于 37.5 mm 的碎石或卵石的表观密度。

7.12.2.1　环境条件

试验时各项称量可在 15~25 ℃ 范围内进行，但从试样加水静止的 2 h 起至试验结束，其温度变化不应超过 2 ℃。

7.12.2.2　仪器设备

本试验用仪器设备如下：鼓风干燥箱：能使温度控制在（105±5）℃；天平：称量2 kg，感量1 g；广口瓶：1 000 mL，磨口；方孔筛：孔径为 4.75 mm 的筛一只；玻璃片（尺寸约

100 mm×100 mm)、温度计、搪瓷盘、毛巾等。

7.12.2.3 试验步骤

7.12.2.3.1 接 7.1 规定取样，并缩分至略大于表 17 规定的数量，风干后筛除小于 4.75 mm 的颗粒，然后洗刷干净，分为大致相等的两份备用。

7.12.2.3.2 将试样浸水饱和，然后装入广口瓶中。装试样时，广口瓶应倾斜放置，注入饮用水，用玻璃片覆盖瓶口。以上下左右摇晃的方法排除气泡。

7.12.2.3.3 气泡排尽后，向瓶中添加饮用水，直至水面凸出瓶口边缘。然后用玻璃片沿瓶口迅速滑行，使其紧贴瓶口水面。擦干瓶外水分后，称出试样、水、瓶和玻璃片总质量，精确至 1 g。

7.12.2.3.4 将瓶中试样倒入浅盘，放在干燥箱中于（105±5)℃下烘干至恒量，待冷却至室温后，称出其质量，精确至 1 g。

7.12.2.3.5 将瓶洗净并重新注入饮用水，用玻璃片紧贴瓶口水面，擦干瓶外水分后，称出水、瓶和玻璃片总质量，精确至 1 g。

7.12.2.4 结果计算与评定

7.12.2.4.1 表观密度按式（7-9）计算，精确至 10 kg/m³。

7.12.2.4.2 表观密度取两次试验结果的算术平均值，两次试验结果之差大于 20 kg/m³，应重新试验。对颗粒材质不均匀的试样，如两次试验结果之差超过 20 kg/m³，可取 4 次试验结果的算术平均值。

7.12.2.4.3 采用修约值比较法进行评定。

7.13 堆积密度与空隙率

7.13.1 仪器设备

本试验用仪器设备如下：天平：称量 10 kg，感量 10 g；称量 50 kg 或 100 kg，感量 50 g 各一台；容量筒：容量筒规格见表 18；垫棒：直径 16 mm，长 600 mm 的圆钢；直尺，小铲等。

表 18　容量筒的规格要求

最大粒径/mm	容量筒容积/L	容量筒规格		
		内径/mm	净高/mm	壁厚/mm
9.5，16.0，19.0，26.5	10	208	294	2
31.5，37.5	20	294	294	3
53.0，63.0，75.0	30	360	294	4

7.13.2 试验步骤

7.13.2.1 按 7.1 规定取样，烘干或风干后，拌匀并把试样分为大致相等的两份备用。

7.13.2.2 松散堆积密度

取试样一份，用小铲将试样从容量筒口中心上方 50 mm 处徐徐倒入，让试样以自由落体落下，当容量筒上部试样呈堆体，且容量筒四周溢满时，即停止加料。除去凸出容量口表面的颗粒，并以合适的颗粒填入凹陷部分，使表面稍凸起部分和凹陷部分的体积大致相等（试验过程应防止触动容量筒），称出试样和容量筒总质量。

7.13.2.3 紧密堆积密度

取试样一份分三次装入容量筒。装完第一层后，在筒底垫放一根直径为 16 mm 的圆钢，将筒按住，左右交替颠击地面各 25 次，再装入第二层，第二层装满后用同样方法颠实（但筒底所垫钢筋的方向与第一层时的方向垂直），然后装入第三层，第三层装满后用同样方法颠实（但筒底所垫钢筋的方向与第一层时的方向平行）。试样装填完毕，再加试样直至超过筒口，用钢尺沿筒口边缘刮去高出的试样，并用适合的颗粒填平凹陷部分，使表面稍凸起部分与凹陷部分的体积大致相等。称取试样和容量筒的总质量，精确至 10 g。

7.13.3 结果计算与评定

7.13.3.1 松散或紧密堆积密度按式（7-10）计算，精确至 10 kg/m³：

$$\rho_1 = \frac{G_1 - G_2}{V} \quad\cdots\cdots\cdots\cdots\cdots\cdots\cdots\cdots\cdots\cdots\cdots\cdots (7\text{-}10)$$

式中：

ρ_1——松散堆积密度或紧密堆积密度，单位为千克每立方米（kg/m³）；

G_1——容量筒和试样的总质量，单位为克（g）；

G_2——容量筒的质量，单位为克（g）；

V——容量筒的容积，单位为升（L）。

7.13.3.2 空隙率按式（7-11）计算，精确至 1%：

$$V_0 = \left(1 - \frac{\rho_1}{\rho_2}\right) \times 100 \quad\cdots\cdots\cdots\cdots\cdots\cdots\cdots\cdots (7\text{-}11)$$

式中：

V_0——空隙率，%；

ρ_1——按式（7-10）计算的松散或紧密堆积密度，单位为千克每立方米（kg/m³）；

ρ_2——按式（7-9）计算的表观密度，单位为千克每立方米（kg/m³）。

7.13.3.3 堆积密度取两次试验结果的算术平均值，精确至 10 kg/m³。空隙率取两次试验结果的算术平均值，精确至 1 %。

7.13.3.4 采用修约值比较法进行评定。

7.13.4 容量筒的校准方法

将温度为（20±2）℃的饮用水装满容量筒，用一玻璃板沿筒口推移，使其紧贴水面。擦干筒外壁水分，然后称出其质量，精确至 10 g。容量筒容积按式（7-12）计算，精确至 1 mL：

$$V = G_1 - G_2 \quad\cdots\cdots\cdots\cdots\cdots\cdots\cdots\cdots\cdots (7\text{-}12)$$

式中：

V——容量筒容积，单位为毫升（mL）；

G_1——容量筒、玻璃板和水的总质量，单位为克（g）；

G_2——容量筒和玻璃板质量，单位为克（g）。

7.14 吸水率

7.14.1 仪器设备

本试验用仪器设备如下：鼓风干燥箱：能使温度控制在（105±5）℃；天平：称量 10 kg，感量 1 g；方孔筛：孔径为 4.75 mm 的筛一只；容器、搪瓷盘、毛巾、刷子等。

7.14.2　试验步骤

7.14.2.1　按7.1规定取样，并将试样缩分至略大于表19规定的数量。洗刷干净后分为大致相等的两份备用。

表19　吸水率试验所需试样数量

石子最大粒径/mm	9.50	16.0	19.0	26.5	31.5	37.5	63.0	75.0
最少试样质量/kg	2.0	2.0	4.0	4.0	4.0	6.0	6.0	8.0

7.14.2.2　取试样一份置于盛水的容器中，水面应高出试样表面约5 mm，浸泡24 h后，从水中取出，用湿毛巾将颗粒表面的水分擦干，即成为饱和面干试样，立即称出其质量，精确至1 g。

7.14.2.3　将饱和面干试样放在干燥箱中于（105±5）℃下烘干至恒量，待冷却至室温后，称出其质量，精确至1 g。

7.14.3　结果计算与评定

7.14.3.1　吸水率按式（7-13）计算，精确至0.1%：

$$W = \frac{G_1 - G_2}{G_2} \times 100 \quad\cdots\cdots\cdots\cdots\cdots\cdots\cdots\cdots\cdots\cdots (7\text{-}13)$$

式中：

W——吸水率，%；

G_1——饱和面干试样的质量，单位为克（g）；

G_2——烘干后试样的质量，单位为克（g）。

7.14.3.2　吸水率取两次试验结果的算术平均值，精确至0.1%。

7.14.3.3　采用修约值比较法进行评定。

7.15　碱集料反应

在碱集料反应试验前，应用岩相法鉴定岩石种类及所含的活性矿物种类，试验方法见附录A。

7.15.1　碱-硅酸反应

7.15.1.1　适用范围

本方法适用于检验硅质集料与混凝土中的碱发生潜在碱-硅酸反应的危害性。不适用于碳酸类集料。

7.15.1.2　仪器设备

本试验用仪器设备如下：鼓风干燥箱：能使温度控制在（105±5）℃；天平：称量1 000 g，感量0.1 g；方孔筛：4.75 mm，2.36 mm，1.18 mm，600 μm，300 μm及150 μm的筛各一只；比长仪：由百分表和支架组成。百分表的量程10 mm，精度0.01 mm；水泥胶砂搅拌机：符合GB/T 17671的要求；恒温养护箱或养护室：温度（40±2）℃，相对湿度95%以上；养护筒：由耐腐蚀材料制成，应不漏水，筒内设有试件架；试模：规格为25 mm×25 mm×280 mm，试模两端正中有小孔，装有不锈钢质膨胀测头；破碎机、跳桌、秒表、干燥器、搪瓷盘、毛刷等。

7.15.1.3　环境条件

本试验环境条件如下：

a）材料与成型室的温度应保持在 20～27.5 ℃，拌合水及养护室的温度应保持在 (20±2)℃；

b）成型室、测长室的相对湿度应不小于 80%；

c）恒温养护箱或养护室温度应保持在 (40±2)℃，相对湿度 95% 以上。

7.15.1.4 试件制作

7.15.1.4.1 按 7.1 规定取样，并缩分至约 5.0 kg，将试样破碎后筛分成 150～300 μm，300～600 μm，600 μm～1.18 mm，1.18～2.36 mm 和 2.36～4.75 mm 五个粒级。每一个粒级在相应筛上用水淋洗干净后，放在干燥箱中于 (105±5)℃ 下烘干至恒量，分别存放在干燥器内备用。

7.15.1.4.2 采用碱含量（以 Na_2O 计，即 $K_2O×0.658+Na_2O$）大于 1.2% 的高碱水泥。低于此值时，掺浓度为 10% 的 Na_2O 溶液，将碱含量调至水泥量的 1.2%。

7.15.1.4.3 水泥与集料的质量比为 1:2.25，一组 3 个试件共需水泥 440 g（确至 0.1 g）、990 g（各粒级的质量按表 20 分别称取，精确至 0.1 g）。用水量按 GB/T 2419 确定。跳桌跳动频率为 6 s 跳动 10 次，流动度以 105～120 mm 为准。

表 20　碱集料反应用破碎集料各粒级的质量

筛孔尺寸	4.75～2.36 mm	2.36～1.18 mm	1.18 mm～600 μm	600～300 μm	300～150 μm
质量/g	99.0	247.5	247.5	247.5	148.5

7.15.1.4.4 砂浆搅拌应按 GB/T 17671 的规定进行。

7.15.1.4.5 搅拌完成后，立即将砂浆分两次装入已装有膨胀测头的试模中，每层捣 40 次，注意膨胀测头四周应小心捣实，浇捣完毕后用镘刀刮除多余砂浆，抹平、编号并表明测长方向。

7.15.1.5 养护与测长

7.15.1.5.1 试件成型完毕后，立即带模放入标准养护室或养护箱内。养护 (24±2) h 后脱模，立即测量试件的长度，此长度为试件的基准长度。测长应在 (20±2)℃ 的恒温室中进行。每个试件至少重复测量两次，其算术平均值作为长度测定值，待测的试件须用湿布覆盖，以防止水分蒸发。

7.15.1.5.2 测完基准长度后，将试件垂直立于养护筒的试件架上，架下放水，但试件不能与水接触（一个养护筒内的试件品种应相同），加盖后放入 (40±2)℃ 的养护箱或养护室内。

7.15.1.5.3 测长龄期自测定基准长度之日起计算，14 d、1 个月、2 个月、3 个月、6 个月，如有必要还可适当延长。在测长前一天，应把养护筒从 (40±2)℃ 的养护箱或养护室内取出，放到 (20±2)℃ 的恒温室内。测长方法与测基准长度的方法相同，测量完毕后，应将试件放入养护筒中，加盖后放回 (40±2)℃ 的养护箱或养护室继续养护至下一个测试龄期。

7.15.1.5.4 每次测长后，应对每个试件进行挠度测量和外观检查。

7.15.1.5.5 挠度测量：把试件放在水平面上，测量试件与平面间的最大距离，应不大于 0.3 mm。

7.15.1.5.6 外观检查：观察有无裂缝，表面沉积物或渗出物，特别注意在空隙中有无胶体存在，并作详细记录。

7.15.1.6 结果计算与评定

7.15.1.6.1 试件膨胀率按式（7-14）计算，精确至 0.001%：

$$\Sigma_t = \frac{L_t - L_0}{L_0 - 2\Delta} \times 100 \quad\cdots\cdots\cdots\cdots\cdots\cdots\cdots\cdots\cdots\cdots\cdots\cdots \text{(7-14)}$$

式中：

Σ_t——试件在 t 天龄期的膨胀率，%；

L_t——试件在 t 天龄期的长度，单位为毫米（mm）；

L_0——试件的基准长度，单位为毫米（mm）；

Δ——膨胀测头的长度，单位为毫米（mm）。

7.15.1.6.2 膨胀率以 3 个试件膨胀值的算术平均值作为试验结果，精确至 0.01%，一组试件中任何一个试件的膨胀率与平均值相差不大于 0.01%，则结果有效，而膨胀率平均值大于 0.05% 时，每个试件的测定值与平均值之差小于平均值的 20%，也认为结果有效。

7.15.1.6.3 结果判定

采用修约值比较法进行评定，当 6 个月龄期的膨胀率小于 0.10% 时，判定为无潜在碱一硅酸反应危害。否则，则判定为有潜在碱一硅酸反应危害。

7.15.2 快速碱-硅酸反应

7.15.2.1 适用范围同 7.15.1.1。

7.15.2.2 试剂与材料

本试验用试剂和材料如下：

a）NaOH（化学纯）；

b）蒸馏水或去离子水；

c）NaOH 溶液：40 g NaOH 溶于 900 mL 水中，然后加水到 1 升，所需 NaOH 溶液总体积为试件总体积的（4±0.5）倍（每一个试件的体积约为 184 mL）。

7.15.2.3 仪器设备

本试验用仪器设备如下：鼓风干燥箱：能使温度控制在（105±5）℃；天平：称量 1 000 g，感量 0.1 g；方孔筛：4.75 mm，2.36 mm，1.18 mm，600 μm，300 μm 及 150 μm 的筛各一只；比长仪：由百分表和支架组成。百分表的量程 10 mm，精度 0.01 mm；水泥胶砂搅拌机：符合 GB/T 17671 的要求；高温恒温养护箱或水浴：温度保持在（80±2）℃；养护筒：由可耐碱长期腐蚀的材料制成，应不漏水，筒内设有试件架，筒的容积可以保证试件分离地浸没在体积为（2 208±276）mL 水中或 1 mol/L 的 NaOH 溶液中，且不能与容器壁接触；试模：规格为 25 mm×25 mm×280 mm，试模两端正中有小孔，装有不锈钢质膨胀测头；破碎机、干燥器、搪瓷盘、毛刷等。

7.15.2.4 环境条件

本试验环境条件如下：

a）材料与成型室的温度应保持在 20～27.5 ℃，拌合水及养护室的温度应保持在（20±2）℃；

b）成型室、测长室的相对湿度应不小于 80%；

c）高温恒温养护箱或水浴应保持在（80±2）℃。

7.15.2.5 试件制作

7.15.2.5.1 按 7.1 规定取样，并将试样缩分至约 5.0 kg，将试样破碎后筛分成 $150\sim300~\mu m$，$300\sim600~\mu m$，$600~\mu m\sim1.18~mm$，$1.18\sim2.36~mm$ 和 $2.36\sim4.75~mm$ 五个粒级。每一个粒级在相应筛上用水淋洗干净后，放在干燥箱中于 (105 ± 5)℃下烘干至恒量，分别存放在干燥器内备用。

7.15.2.5.2 采用符合 GB 175 规定的硅酸盐水泥，水泥中不得有结块，并在保质期内。

7.15.2.5.3 水泥与集料的质量比为 1∶2.25，水灰比为 0.47。一组 3 个试件共需水泥 440 g（精确至 0.1 g）、砂 990 g（各粒级的质量按表 20 分别称取，精确至 0.1 g）。

7.15.2.5.4 砂浆搅拌应按 GB/T 17671 的规定进行。

7.15.2.5.5 搅拌完成后，立即将砂浆分两次装入已装有膨胀测头的试模中，每层捣 40 次，注意膨胀测头四周应小心捣实，浇捣完毕后用镘刀刮除多余砂浆，抹平、编号并表明测长方向。

7.15.2.6 养护与测长

7.15.2.6.1 试件成型完毕后，立即带模放入标准养护室内。养护 (24 ± 2) h 后脱模，立即测量试件的初始长度。待测的试件须用湿布覆盖，以防止水分蒸发。

7.15.2.6.2 测完初始长度后，将试件浸没于养护筒（一个养护筒内的试件品种应相同）内的水中，并保持水温在 (80 ± 2)℃的范围内（加盖放在高温恒温养护箱或水浴中），养护 (24 ± 2) h。

7.15.2.6.3 从高温恒温养护箱或水浴中拿出一个养护筒，从养护筒内取出试件，用毛巾擦干表面，立即读出试件的基准长度［取出试件至完成读数应在 (15 ± 5) s 时间内］，在试件上覆盖湿毛巾，待全部试件测完基准长度后，再将所有试件分别浸没于养护筒内的 1 mol/L NaOH 溶液中，并保持溶液温度在 (80 ± 2)℃的范围内（加盖放在高温恒温养护箱或水浴中）。

7.15.2.6.4 测长龄期自测定基准长度之日起计算，在测基准长度后第 3 d、7 d、14 d 各测量一次，每次测长时间安排在每天近似同一时刻内，测长方法与测基准长度的方法相同，每次测长完毕后，应将试件放入原养护筒中，加盖后放回 (80 ± 2)℃的高温恒温养护箱或水浴中继续养护至下一个测试龄期。14 d 后如需继续测长，可安排每 7 d 一次测长。

7.15.2.7 结果计算与评定

7.15.2.7.1 结果计算同 7.15.1.6.1～7.15.1.6.2。

7.15.2.7.2 结果判定

采用修约值比较法进行评定。结果按如下判定：

a) 当 14 d 膨胀率小于 0.10% 时，在大多数情况下可以判定为无潜在碱-硅酸反应危害；

b) 当 14 d 膨胀率大于 0.20% 时，可以判定为有潜在碱-硅酸反应危害；

c) 当 14 d 膨胀率在 0.10%～0.20% 时，不能最终判定有潜在碱-硅酸反应危害，可以按 7.15.1 方法再进行试验来判定。

7.15.3 碱-碳酸盐反应

7.15.3.1 适用范围

本方法适用于检验碳酸盐类集料与混凝土中的碱发生潜在碱-碳酸盐反应的危害性。不适用于硅质集料。

7.15.3.2 试剂和材料

本试验用试剂和材料如下：

a) NaOH（化学纯）；

b) 1 mol/L NaOH 溶液：将（40±1）g NaOH 溶解于 1 L 蒸馏水中；

c) 蒸馏水。

7.15.3.3 仪器设备

本试验用仪器设备如下：圆筒钻机：$\phi 9$ mm；测长仪：量程 25~50 mm，精度0.01 mm；养护瓶：由耐碱材料制成，能盖严以避免溶液变质；锯石机、磨片机。

7.15.3.4 试验步骤

7.15.3.4.1 将一块岩石按其层理方向水平放置（如岩石层理不清，可任意放置），再按三个相互垂直的方向钻切三个岩石圆柱体 [ϕ（9±1）mm，高（35±5）mm] 或棱柱体 [ϕ（9±1）mm，高（35±5）] 试件，仲裁试验采用棱柱体试件，试件两端面应磨光，互相平行且垂直于圆柱体主轴，并保持干净显露岩面本色。

7.15.3.4.2 试件编号后，放入盛有蒸馏水的养护瓶中，置于（20±2）℃的恒温室内，每隔 24 h 取出擦干表面，进行测长，直到前后两次测得的长度变化率之差≤0.02％为止，以最后一次测得的长度为基准长度。

7.15.3.4.3 再将试件浸入盛有 1 mol/L NaOH 溶液的养护瓶中，液面高出岩石柱不少于 10 mm，且每个试件的平均需液量应不少于 50 mL，同一容器中不得浸泡不同晶种的试件。盖严养护瓶，置于（20±2）℃的恒温室内。溶液每六个月更换一次。

7.15.3.4.4 将试件从 NaOH 溶液中取出，用蒸馏水洗净，擦干表面，在（20±2）℃恒温室内测长，测定的周期为 7d、14 d、21d、28 d、56 d、84 d，如有需要，以后每 4 周测长一次，一年后，每 12 周测长一次。注意观察在碱液浸泡过程中，试件的开裂，弯曲，断裂等变化，并及时记录。

7.15.3.5 结果计算与评定

7.15.3.5.1 膨胀率计算同 7.15.1.6.1。

7.15.3.5.2 同块岩石所取的试件，取膨胀率最大的一个测值作为岩样的膨胀率。

7.15.3.5.3 结果评定

采用修约值比较法进行评定，当 84 d 龄期的膨胀率小于 0.10％时，判定为无潜在碱-碳酸盐反应危害。否则，则判定为有潜在碱-碳酸盐反应危害。

7.16 放射性

按 GB 6566 的规定进行。

7.17 含水率

7.17.1 仪器设备

本试验用仪器设备如下：鼓风干燥箱：能使温度控制在（105±5）℃；天平：称量 10 kg，感量 1 g；小铲、搪瓷盘、毛巾、刷子等。

7.17.2 试验步骤

7.17.2.1 按 7-1 规定取样，并将试样缩分至约 4.0 kg，拌匀后分为大致相等的两份备用。

7.17.2.2 称取试样一份，精确至 1 g，放在干燥箱中于（105±5）℃下烘干至恒量，待冷却至室温后，称出其质量，精确至 1 g。

7.17.3 结果计算与评定

7.17.3.1 含水率按式（7-15）计算，精确至 0.1%：

$$Z = \frac{G_1 - G_2}{G_2} \times 100 \quad\cdots\cdots\cdots\cdots\cdots\cdots\cdots (7\text{-}15)$$

式中：

Z——含水率，%；

G_1——烘干前试样的质量，单位为克（g）；

G_2——烘干后试样的质量，单位为克（g）。

7.17.3.2 含水率取两次试验结果的算术平均值，精确至 0.1%。

8 检验规则

8.1 检验分类

检验分为出厂检验和型式检验。

8.1.1 出厂检验

卵石、碎石的出厂检验项目为：松散堆积密度、颗粒级配、含泥量、泥块含量、针片状颗粒含量；连续粒级的石子应进行空隙率检验；吸水率应根据用户需要进行检验。

8.1.2 型式检验

卵石、碎石的型式检验项目包括 6.1～6.7 规定的所有技术要求，吸水率碱集料反应根据需要进行。有下列情况之一时，应进行型式检验：

　　a）新产品投产时；

　　b）原材料产源或生产工艺发生变化时；

　　c）正常生产时，每年进行一次；

　　d）长期停产后恢复生产时；

　　e）出厂检验结果与型式检验有较大差异时。

8.2 组批规则

按同分类、类别、公称粒级及日产量每 600 t 为一批，不足 600 t 亦为一批，日产量超过 2 000 t，按 1 000 t 为一批，不足 1 000 t 亦为一批。日产量超过 5 000 t，按 2 000 t 为一批，不足 2 000 t 亦为一批。

8.3 判定规则

8.3.1 试验结果均符合本标准的相应类别规定时，可判为该批产品合格。

8.3.2 技术要求 6.1～6.7 若有一项指标不符合标准规定时，则应从同一批产品中加倍取样，对该项进行复验。复验后，若试验结果符合标准规定，可判为该批产品合格；若仍然不符合本标准要求时，否则判为不合格。若有两项及以上试验结果不符合标准规定时，则判该批产品不合格。

9 标志、储存和运输

9.1 卵石、碎石出厂时，供需双方在厂内验收产品，生产厂应提供产品质量合格证书，其内容包括：

　　a）分类、类别、公称粒级和生产厂家信息；

　　b）批量编号及供货数量；

  c）出厂检验结果、日期及执行标准编号；

  d）合格证编号及发放日期；

  e）检验部门及检验人员签章。

9.2 卵石、碎石应按分类、类别、公称粒级分别堆放和运输，防止人为碾压及污染产品。

9.3 运输时，应有必要的防遗撒设施，严禁污染环境。

2.3　普通混凝土用砂、石质量及检验
方法标准 JGJ 52—2006

1　总则

1.1　为在普通混凝土中合理使用天然砂、人工砂和碎石、卵石，保证普通混凝土用砂、石的质量，制定本标准。

1.2　本标准适用于一般工业与民用建筑和构筑物中普通混凝土用砂和石的质量要求和检验。

1.3　对于长期处于潮湿环境的重要混凝土结构所用的砂、石，应进行碱活性检验。

1.4　砂和石的质量要求和检验，除应符合本标准外，尚应符合国家现行有关标准的规定。

2　术语、符号

2.1　术语

2.1.1　天然砂　natural sand

由自然条件作用而形成的，公称粒径小于 5.00 mm 的岩石颗粒。按其产源不同，可分为河砂、海砂、山砂。

2.1.2　人工砂　artificial sand

岩石经除土开采、机械破碎、筛分而成的，公称粒径小于 5.00 mm 的岩石颗粒。

2.1.3　混合砂　mixed sand

由天然砂与人工砂按一定比例组合而成的砂。

2.1.4　碎石　crushed stone

由天然岩石或卵石经破碎、筛分而得的，公称粒径大于 5.00 mm 的岩石颗粒。

2.1.5　卵石　gravel

由自然条件作用形成的，公称粒径大于 5.00 mm 的岩石颗粒。

2.1.6　含泥量　dust content

砂、石中公称粒径小于 80 μm 颗粒的含量。

2.1.7　砂的混块含量　clay lump content in sands

砂中公称粒径大于 1.25 mm，经水洗、手捏后变成小于 630 的颗粒的含量。

2.1.8　石的泥块含量　clay lump content in stones

石中公称粒径大于 5.00 mm，经水洗、手握后变成小于 2.50 mm 的颗粒的含量。

2.1.9　石粉含量　crusher dust content

人工砂中公称粒径小于 80 μm，且其矿物组成和化学成分与被加工母岩相同的颗粒含量。

2.1.10　表观密度　apparent density

骨料颗粒单位体积（包括内封闭孔隙）的质量。

2.1.11　紧密密度　tight density

骨料按规定方法填实后单位体积的质量。

2.1.12 堆积密度 bulk density

骨料在自然堆积状态下单位体积的质量。

2.1.13 坚固性 soundness

骨料在气候、环境变化或其他物理因素作用下抵抗破裂的能力。

2.1.14 轻物质 light material

砂中表观密度小于 2 000kg/m³ 的物质。

2.1.15 针、片状颗粒 elongated and flaky particle

凡岩石颗粒的长度大于该颗粒所属粒级的平均粒径 2.4 倍者为针状颗粒；厚度小于平均粒径 0.4 倍者为片状颗粒。平均粒径指该粒级上、下限粒径的平均值。

2.1.16 压碎值指标 crushing value index

人工砂、碎石或卵石抵抗压碎的能力。

2.1.17 碱活性骨料 alkali-active aggregate

能在一定条件下与混凝土中的碱发生化学反应导致混凝土产生膨胀、开裂甚至破坏的骨料。

2.2 符号

δ_a——碎石或卵石的压碎值指标；

δ_{sa}——人工砂压碎值指标；

ε_t——试件在 t 天龄期的膨胀率；

ε_{st}——试件浸泡 t 天的长度变化率；

μ_f——细度模数；

ρ——表观密度；

ρ_c——紧密密度；

ρ_L——堆积密度；

ω_b——贝壳含量；

ω_c——含泥量；

$\omega_{c,L}$——泥块含量；

ω_{cl}——氯离子含量；

ω_f——石粉含量；

ω_l——轻物质含量；

ω_m——云母含量；

ω_p——碎石或卵石中针、片状颗粒含量；

ω_{wa}——吸水率；

ω_{wc}——含水率；

m_r——试样在一个筛上的剩留量；

MB——人工砂中亚甲蓝测定值。

3 质量要求

3.1 砂的质量要求

3.1.1 砂的粗细程度按细度模数 μ_f 分为粗、中、细、特细四级，其范围应符合下列规定：

粗砂：$\mu_f = 3.7 \sim 3.1$

中砂：$\mu_f = 3.0 \sim 2.3$

细砂：$\mu_f = 2.2 \sim 1.6$

特细砂：$\mu_f = 1.5 \sim 0.7$

3.1.2 砂筛应采用方孔筛。砂的公称粒径、砂筛筛孔的公称直径和方孔筛筛孔边长应符合表 3-1 的规定。

表 3-1 砂的公称粒径、砂筛筛孔的公称直径和方孔筛筛孔边长尺寸

砂的公称粒径	砂筛筛孔的公称直径	方孔筛筛孔边长
5.00 mm	5.00 mm	4.75 mm
2.50 mm	2.50 mm	2.36 mm
1.25 mm	1.25 mm	1.18 mm
630 μm	630 μm	600 μm
315 μm	315 μm	300 μm
160 μm	160 μm	150 μm
80 μm	80 μm	75 μm

除特细砂外，砂的颗粒级配可按公称直径 630 μm 筛孔的累计筛余量（以质量百分率计，下同），分成三个级配区（表 3-2），且砂的颗粒级配应处于表 3-2 中的某一区内。

砂的实际颗粒级配与表 3-2 中的累计筛余相比，除公称粒径为 5.00 mm 和 630 μm（表 3-2 斜体所标数值）的累计筛余外，其余公称粒径的累计筛余可稍有超出分界线，但总超出量不应大于 5%。

当天然砂的实际颗粒级配不符合要求时，宜采取相应的技术措施，并经试验证明能确保混凝土质量后，方允许使用。

表 3-2 砂颗粒级配区

累计筛余（%） 公称粒径	Ⅰ 区	Ⅱ 区	Ⅲ 区
5.00 mm	10～0	10～0	10～0
2.50 mm	35～5	25～0	15～0
1.25 mm	65～35	50～10	25～0
630 μm	85～71	70～41	40～16
315 μm	95～80	92～70	85～55
160 μm	100～90	100～90	100～90

配制混凝土时宜优先选用Ⅱ区砂。当采用Ⅰ区砂时，应提高砂率，并保持足够的水泥用量，满足混凝土的和易性；当采用Ⅲ区砂时，宜适当降低砂率，当采用特细砂时，应符合相应的规定。

配制泵送混凝土，宜选用中砂。

3.1.3 天然砂中含泥量应符合表 3-3 的规定。

表 3-3 天然砂中含泥量

混凝土强度等级	≥C60	C55～C30	≤C25
含泥量（按质量计,%）	≤2.0	≤3.0	≤5.0

对于有抗冻、抗渗或其他特殊要求的小于或等于 C25 混凝土用砂，其含泥量不应大于 3.0 %。

3.1.4 砂中泥块含量应符合表 3-4 的规定。

表 3-4 砂中泥块含量

混凝土强度等级	≥C60	C55～C30	≤C25
泥块混量（按质量计,%）	≤0.5	≤1.0	≤2.0

对于有抗冻、抗渗或其他特殊要求的小于或等于 C25 混凝土用砂，其泥块含量不应大于 1.0%。

3.1.5 人工砂或混合砂中石粉含量应符合表 3-5 的规定。

表 3-5 人工砂或混合砂中石粉含量

混凝土强度等级		≥C60	C55～C30	≤C25
石粉含量（%）	MB<1.4（合格）	≤5.0	≤7.0	≤10.0
	MB≥1.4（不合格）	≤2.0	≤3.0	≤5.0

3.1.6 砂的坚固性应采用硫酸钠溶液检验，试样经 5 次循环后，其质量损失应符合表 3-6 的规定。

表 3-6 砂的坚固性指标

混凝土所处的环境条件及其性能要求	5 次循环后的质量损失（%）
在严寒及寒冷地区室外使用并经常处于潮湿或干湿交替状态下的混凝土 对于有抗疲劳、耐磨、抗冲击要求的混凝土 有腐蚀介质作用或经常处于本位变化区的地下结构混凝土	≤8
其他条件下使用的混凝土	≤10

3.1.7 人工砂的总压碎值指标应小于 30%。

3.1.8 当砂中含有云母、轻物质、有机物、硫化物及硫酸盐等有害物质时，其含量应符合表 3-8 的规定。

表 3-8 砂中的有害物质含量

项 目	质量指标
云母含量（按质量计,%）	≤2.0
轻物质含量（按质量计,%）	≤1.0
硫化物及硫酸盐含量（折算成 SO_3 按质量计,%）	≤1.0
有机物含量（用比色法试验）	颜色不应深于标准色。当颜色深于标准色时，应按水泥胶砂强度试验方法进行强度对比试验，抗压强度比不应低于 0.95

对于有抗冻、抗渗要求的混凝土用砂，其云母含量不应大于 1.0%。

当砂中含有颗粒状的硫酸盐或硫化物杂质时，应进行专门检验，确认能满足混凝土耐久性要求后，方可采用。

3.1.9 对于长期处于潮湿环境的重要混凝土结构用砂，应采用砂浆棒（快速法）或砂浆长度法进行骨料的碱活性检验。经上述检验判断为有潜在危害时，应控制混凝土中的碱含量不超过 3 kg/m³，或采用能抑制碱-骨料反应的有效措施。

3.1.10 砂中氯离子含量应符合下列规定：

1. 对于钢筋混凝土用砂，其氯离子含量不得大于 0.06%（以干砂的质量百分率计）；

2. 对于预应力混凝土用砂，其氯离子含量不得大于 0.02%（以干砂的质量百分率计）。

3.1.11 海砂中贝壳含量应符合表 3-11 的规定。

表 3-11 海砂中贝壳含量

混凝土强度等级	≥C40	C35～C30	C25～C15
贝壳含量（按质量计,%）	≤3	≤5	≤8

对于有抗冻、抗渗或其他特殊要求的小于或等于 C25 混凝土用砂，其贝壳含量不应大于 5%。

3.2 石的质量要求

3.2.1 石筛应采用方孔筛。石的公称粒径、石筛筛孔的公称直径与方孔筛筛孔边长应符合表 3-12 的规定。

表 3-12 石筛筛孔的公称直径与方孔筛尺寸 （mm）

石的公称粒径	石筛筛孔的公称直径	方孔筛筛孔边长
2.50	2.50	2.36
5.00	5.00	4.75
10.0	10.0	9.5
16.0	16.0	16.0
20.0	20.0	19.0
25.0	25.0	26.5
31.5	31.5	31.5
40.0	40.0	37.5
50.0	50.0	53.0
63.0	63.0	63.0
80.0	80.0	75.0
100.0	100.0	90.0

碎石或卵石的颗粒级配，应符合表 3-13 的要求。混凝土用石应采用连续粒级。

单粒级宜用于组合成满足要求的连续粒级；也可与连续粒级混合使用，以改善其级配或配成较大粒度的连续粒级。

当卵石的颗粒级配不符合本标准表 3-13 要求时，应采取措施并经试验证实能确保工程质量后，方允许使用。

表 3-13　碎石或卵石的颗粒级配范围

级配情况	公称粒级（mm）	累计筛余，按质量（%）											
		方孔筛筛孔边长尺寸（mm）											
		2.36	4.75	9.5	16.0	19.0	26.5	31.5	37.5	53	63	75	90
连续粒级	5～10	95～100	80～100	0～15	0	—	—	—	—	—	—	—	—
	5～16	95～100	85～100	30～60	0～10	0	—	—	—	—	—	—	—
	5～20	95～100	90～100	40～80	—	0～10	0	—	—	—	—	—	—
	5～25	95～100	90～100	—	30～70	—	0～5	0	—	—	—	—	—
	5～31.5	95～100	90～100	70～90	—	15～45	—	0～5	0	—	—	—	—
	5～40	—	95～100	70～90	—	30～65	—	—	0～5	0	—	—	—
单粒级	10～20	—	95～100	85～100	—	0～15	0	—	—	—	—	—	—
	16～31.5	—	95～100	—	85～100	—	—	0～10	0	—	—	—	—
	20～40	—	—	95～100	—	80～100	—	—	0～10	0	—	—	—
	31.5～63	—	—	—	95～100	—	75～100	45～75	—	0～10	0	—	—
	40～80	—	—	—	—	95～100	—	70～100	—	30～60	0～10	0	

3.2.2 碎石或卵石中针、片状颗粒含量应符合表 3-14 的规定。

表 3-14　针、片状颗粒含量

混凝土强度等级	≥C60	C50～C30	≤C25
针、片状颗粒含量（按质量计,%）	≤8	≤15	≤25

3.2.3 碎石或卵石中含泥量应符合表 3-15 的规定。

表 3-15　碎石或卵石中含泥量

混凝土强度等级	≥C60	C55～C30	≤C25
含泥量（按质量计,%）	≤0.5	≤1.0	≤2.0

对于有抗冻、抗渗或其他特殊要求的混凝土，其所用碎石或卵石中含泥量不应大于 1.0%。当碎石或卵石的含泥是非黏土质的石粉时，其含泥量可由表 3-15 的 0.5%、1.0%、2.0%，分别提高到 1.0%、1.5%、3.0%。

3.2.4 碎石或卵石中泥块含量应符合表 3-16 的规定。

表 3-16　碎石或卵石中泥块含量

混凝土强度等级	≥C60	C55～C30	≤C25
泥块含量（按质量计,%）	≤0.2	≤0.5	≤0.7

对于有抗冻、抗渗或其他特殊要求的强度等级小于 C30 的混凝土，其所用碎石或卵石中泥块含量不应大于 0.5%。

3.2.5 碎石的强度可用岩石的抗压强度和压碎值指标表示。岩石的抗压强度应比所配制的混凝土强度至少高 20%。当混凝土强度等级大于或等于 C60 时，应进行岩石抗压强度检验。岩石强度首先应由生产单位提供，工程中可采用压碎值指标进行质量控制。碎石的压碎值指标宜符合表 3-17 的规定。

表 3-17　碎石的压碎值指标

岩石品种	混凝土强度等级	碎石压碎值指标（%）
沉积石	C60~C40	≤10
	≤C35	≤16
变质岩或深成的火成岩	C60~C40	≤12
	≤C35	≤20
喷出的火成岩	C60~C40	≤13
	≤C35	≤30

注：沉积岩包括石灰岩、砂岩等；变质岩包括片麻岩、石英岩等；深成的火成岩包括花岗岩、正长岩、闪长岩和橄榄岩等；喷出的火成岩包括玄武岩和辉绿岩等。

卵石的强度可用压碎值指标表示。其压碎值指标宜符合表 3-18 的规定。

表 3-18　卵石的压辞值指标

混凝土强度等级	C60~C40	≤C35
压碎值指标（%）	≤12	≤16

3.2.6　碎石或卵石的坚固性应用硫酸钠溶液法检验，试样经 5 次循环后，其质量损失应符合表 3-19 的规定。

表 3-19　碎石或卵石的坚固性指标

混凝土所处的环境条件及其性能要求	5 次循环后的质量损失（%）
在严寒及寒冷地区室外使用，并经常处于潮湿或干湿交替状态下的混凝土；有腐蚀性介质作用或经常处于水位变化区的地下结构或有抗疲劳、耐磨、抗冲击等要求的混凝土	≤8
在其他条件下使用的混凝土	≤12

3.2.7　碎石或卵石中的硫化物和硫酸盐含量以及卵石中有机物等有害物质含量，应符合表 3-20 的规定。

表 3-20　碎石或卵石中的有害物质含量

项　目	质量要求
硫化物及硫酸盐含量（折算成 SO_3，按质量计，%）	≤1.0
卵石中有机物含量（用比色法试验）	颜色应不深于标准色。当颜色深于标准色时，应配制成混凝土进行强度对比试验，抗压强度比应不低于 0.95

当碎石或卵石中含有颗粒状硫酸盐或硫化物杂质时，应进行专门检验，确认能满足混凝土耐久性要求后，方可采用。

3.2.8　对于长期处于潮湿环境的重要结构混凝土，其所使用的碎石或卵石应进行碱活性检验。

进行碱活性检验时，首先应采用岩相法检验碱活性骨料的品种、类型和数量。当检验出骨料中含有活性二氧化硅时，应采用快速砂浆棒法和砂浆长度法进行碱活性检验；当检验出骨料中含有活性碳酸盐时，应采用岩石柱法进行碱活性检验。

经上述检验，当判定骨料存在潜在碱—碳酸盐反应危害时，不宜用作混凝土骨料；否则，应通过专门的混凝土试验，做最后评定。

当判定骨料存在潜在碱—硅反应危害时，应控制混凝土中的碱含量不超过 3kg/m³，或采用能抑制碱-骨料反应的有效措施。

4　验收、运输和堆放

4.1　供货单位应提供砂或石的产品合格证及质量检验报告。

使用单位应按砂或石的同产地同规格分批验收。采用大型工具（如火车、货船或汽车）运输的，应以 400 m³ 或 600t 为一验收批；采用小型工具（如拖拉机等）运输的，应以 200 m³ 或 300 t 为一验收批。不足上述量者，应按一验收批进行验收。

4.2　每验收批砂石至少应进行颗粒级配、含泥量、泥块含量检验。

对于碎石或卵石，还应检验针片状颗粒含量；对于海砂或有氯离子污染的砂，还应检验其氯离子含量；对于海砂，还应检验贝壳含量；对于人工砂及混合砂，还应检验石粉含量。对于重要工程或特殊工程，应根据工程要求增加检测项目。对其他指标的合格性有怀疑时，应予检验。

当砂或石的质量比较稳定、进料量又较大时，可以 1 000 t 为一验收批。

当使用新产源的砂或石时，供货单位应按本标准第 3 章的质量要求进行全面检验。

4.3　使用单位的质量检验报告内容应包括：委托单位、样品编号、工程名称、样品产地、类别、代表数量、检测依据、检测条件、检测项目、检测结果、结论等。检测报告可采用附录 A、附录 B 的格式。

4.4　砂或石的数量验收，可按质量计算，也可按体积计算。

测定质量，可用汽车地量衡或船舶吃水线为依据；测定体积，可按车皮或船舶的容积为依据。采用其他小型运输工具时，可按量方确定。

4.5　砂或石在运输、装卸和堆放过程中，应防止颗粒离析、混入杂质，并应按产地、种类和规格分别堆放。碎石或卵石的堆料高度不宜超过 5 m，对于单粒级或最大粒径不超过 20 mm 的连续粒级，其堆料高度可增加到 10 m。

5　取样与缩分

5.1　取样。

5.1.1　每验收批取样方法应按下列规定执行：

1. 从料堆上取样时，取样部位应均匀分布。取样前应先将取样部位表层铲除，然后由各部位抽取大致相等的砂 8 份，石子为 16 份，组成各自一组样品。

2. 从皮带运输机上取样时，应在皮带运输机机尾的出科处用接料器定时抽取砂 4 份、石 8 份组成各自一组样品。

3. 从火车、汽车、货船上取样时，应从不同部位和深度抽取大致相等的砂 8 份，石 16 份组成各自一组样品。

5.1.2　除筛分外，当其余检验项目存在不合格项时，应加倍取样进行复验。当复验仍有一项不满足标准要求时，应按不合格品处理。

注：如经观察，认为各节车皮间（汽车、货船问）所载的砂、石质量相差甚为悬殊时，应对质量有怀

疑的每节列率（汽车、货船）分别取样和验收。

5.1.3 对于每一单项检验项目，砂、石的每组样品取样数量应分别满足表 5-1 和表 5-2 的规定。当需要做多项检验时，可在确保样品经一项试验后不致影响其他试验结果的前提下，用同组样品进行多项不同的试验。

表 5-1　每一单项检验项目所需砂的最少取样质量

检验项目	最少取样质量（g）
筛分析	4 400
表观密度	2 600
吸水率	4 000
紧密密度和堆积密度	5 000
含水率	1 000
含泥量	4 400
泥块含量	20 000
石粉含量	1 600
人工砂压碎值指标	分成公称粒级 5.00～2.50 mm；2.50～1.25 mm； 1.25～630 μm；630～135 μm；315～160 μm 每个粒级各需 1000g
有机物含量	2 000
云母含量	600
轻物质含量	3 200
坚固性	分成公称粒级 5.00～2.50 mm；2.50～1.25 mm； 1.25 mm～630 μm；630～315 μm；315～160 μm 每个粒级各需 100 g
硫化物及硫酸盐含量	50
氯离子含量	2 000
贝壳含量	10 000
碱活性	20 000

表 5-2　每一单项检验项目所需碎石或卵石的最小取样质量（kg）

试验项目	最大公称粒径（mm）							
	10.0	16.0	20.0	25.0	31.5	40.0	63.0	80.0
筛分析	8	15	16	20	25	32	50	64
表观密度	8	8	8	8	12	16	24	24
含水率	2	2	2	2	3	3	4	6
吸水率	8	8	16	16	16	24	24	32
堆积密度、紧密密度	40	40	40	40	80	80	120	120
含泥量	8	8	24	24	40	40	80	80
泥块含量	8	8	24	24	40	40	80	80
针、片状含量	1.2	4	8	12	20	40	—	—
硫化物及硫酸盐	1.0							

注：有机物含量、坚固性、压碎值指标及碱-骨料反应检测，应按试验要求的粒级及质量取样。

5.1.4 每组样品应妥善包装，避免细料散失，防止污染，并附样品卡片，标明样品的编号、取样时间、代表数量、产地、样品量、要求检验项目及取样方式等。

5.2 样品的缩分

5.2.1 砂的样品缩分方法可选择下列两种方法之一：

1. 用分料器缩分（图 5-1）：将样品在潮湿状态下拌和均匀，然后将其通过分料器，留下两个接料斗中的一份，并将另一份再次通过分料器。重复上述过程，直至把样品缩分到试验所需量为止。

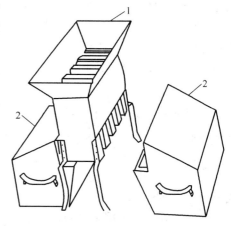

2. 人工四分法缩分：将样品至于平板上，在潮湿状态下拌和均匀，并堆成厚度为 20 mm 的"圆饼"状，然后沿互相垂直的两条直径把"圆饼"分成大致相等的四份，取其对角的两份重新拌匀，堆成"圆饼"状。重复上述过程，直至把样品缩分后的材料量略多于进行试验所需量为止。

5.2.2 碎石或卵石缩分时，应将样品置于平板上，再自然状态下拌均匀，并堆成锥体，然后沿互相垂直的两条直径把锥体分成大致相等的四份，其对角的两份重新拌匀，再堆成锥体。重复上述过程，直至把样品缩分到试验所需量为止。

图 5-1　分料器
1—分料漏斗；2—接料斗

5.2.3 砂、碎石或卵石的含水率、堆积密度、紧密密度检验所用到试样，可不经缩分，拌匀后直接进行试验。

6 砂的检验方法

6.1 砂的筛分析试验。

6.1.1 本方法适用于测定普通混凝土用砂的颗粒级配及细度模数。

6.1.2 砂的筛分析试验应采用下列仪器设备：

1. 试验筛——公称直径分别为 10.0 mm、5.00 mm、2.50 mm、1.25 mm、630 μm、315 μm、160 μm 的方孔筛各一只，筛的底盘和盖各一只，筛框直径为 300 mm 或 200 mm。其产品质量要求应符合现行国家标准《金属丝编织网试验筛》GB/T 6003.1 和《金属穿孔板试验筛》GB/T 6003.2 的要求；

2. 天平——称量 1 000 g，感量 1 g；

3. 摇筛机；

4. 烘箱——温度控制范围为（105±5)℃；

5. 浅盘、硬、软毛刷等。

6.1.3 试样制备应符合下列规定：

用于筛分析的试样，其颗粒的公称粒径不应大于 10.0 m。试验前应先将来样通过公称直径 10.0 mm 方孔筛，并计算筛余。称取经缩分后样品不少于 550 g 两份，分别装入两个浅盘，在（105±5)℃的温度下烘干到恒重。冷却至室温备用。

注：恒重是指在相邻两次称量同隔时间不小于 3 h 的情况下，前后两次称量之差小于该项试验所要求

171

的称量精度（下同）。

6.1.4 筛分析试验应按下列步骤进行：

1. 准确称取烘干试样 500 g（特细砂可称 250 g），置于按筛孔大小顺序排列（大孔在上、小孔在下）的套筛的最上一只筛（公称直径为 5.00 mm 的方孔筛）上；将套筛装入摇筛机内固紧，筛分 10 min；然后取出套筛，再按筛孔由大到小的顺序，在清洁的浅盘上逐一进行手筛，直至每分钟的筛出量不超过试样总量的 0.1％时为止；通过的颗粒并入下一只筛子，并和下一只筛子中的试样一起进行手筛。按这样顺序依次进行，直至所有的筛子全部筛完为止。

注：1）当试样含泥量超过 5％时，应先将试样水洗，然后烘干至恒重，再进行筛分；
　　2）无摇筛机时，可改用手筛。

2. 试样在各只筛子上的筛余量均不得超过按式（6-1）计算得出的剩留量，否则应将该筛的筛余试样分成两份或数份，再次进行筛分，并以其筛余量之和作为该筛的筛余量。

$$m_t = \frac{A\sqrt{d}}{300} \quad\cdots\cdots\cdots\cdots\cdots\cdots\cdots\cdots\cdots (6\text{-}1)$$

式中：

m_r——某一筛上的剩留量（g）；

d——筛孔边长（mm）；

A——筛的面积（mm²）。

3. 称取各筛筛余试样的质量（精确至 1 g），所有各筛的分计筛余量和底盘中的剩余量之和与筛分前的试样总量相比，相差不得超过 1％。

6.1.5 筛分析试验结果应按下列步骤计算：

1. 计算分计筛余（各筛上的筛余量除以试样总量的百分率），精确至 0.1％；

2. 计算累计筛余（该筛的分计筛余与筛孔大于该筛的各筛的分计筛余之和），精确至 0.1％；

3. 根据各筛两次试验累计筛余的平均值，评定该试样的颗粒级配分布情况，精确至 1％；

4. 砂的细度模数应按下式计算，精确至 0.01。

$$\mu_f = \frac{(\beta_2 + \beta_3 + \beta_4 + \beta_5 + \beta_6) - 5\beta_1}{100 - \beta_1} \quad\cdots\cdots\cdots\cdots\cdots\cdots (6\text{-}2)$$

式中：

μ_f——砂的细度模数；

β_1、β_2、β_3、β_4、β_5、β_6——分别为公称直径 5.00 mm、2.50 mm、1.25 mm、630 μm、315 μm、160 μm 方孔筛上的累计筛余，

5. 以两次试验结果的算术平均值作为测定值，精确至 0.1。当两次试验所得的细度模数之差大于 0.20 时，应重新取试样进行试验。

6.2　砂的表观密度试验（标准法）

6.2.1 本方法适用于测定砂的表观密度。

6.2.2 标准法表观密度试验应采用下列仪器设备

1. 天平——称量 1 000 g，感量 1 g；

2. 容量瓶——容量 500 mL；

3. 烘箱——温度控制范围为（105±5）℃；

4. 干燥器、浅盘、铝制料勺、温度计等。

6.2.3 试样制备应符合下列规定

经缩分后不少于 650 g 的样品装入浅盘，在温度为（105±5）℃的烘箱中烘干至恒重，并在干燥器内冷却至室温。

6.2.4 标准法表观密度试验应按下列步骤进行

1. 称取烘干的试样 300 g（m_0），装入盛有半瓶冷开水的容量瓶中。

2. 摇转容量瓶，使试样在水中充分搅动以排除气泡，塞紧瓶塞，静置 24 h；然后用滴管加水至瓶颈刻度线平齐，再塞紧瓶塞，擦干容量瓶外壁的水分，称其质量（m_1）。

3. 倒出容量瓶中的水和试样，将瓶的内外壁洗净，再向瓶内加入与本条文第 2 款水温相差不超过 2℃的冷开水至瓶颈刻度线。塞紧瓶塞，擦干容量瓶外壁水分，称质量（m_2）。

注：在砂的表观密度试验过程中应测量并控制水的温度，试验的各项称量可在 15～25℃的温度范围内进行。从试样加水静置的最后 2 h 起直至试验结束，其温度相差不应超过 2℃。

6.2.5 表观密度（标准法）应按下式计算，精确至 10 kg/m³：

$$\rho = \left(\frac{m_0}{m_0 + m_2 - m_1} - \alpha_t \right) \times 1\,000 \quad\cdots\cdots\cdots\cdots\cdots\cdots\cdots (6\text{-}3)$$

式中：

ρ——表观密度（kg/m³）；

m_0——试样的烘干质量（g）；

m_1——试样、水及容量瓶总质量（g）；

m_2——水及容量瓶总质量（g）；

α_t——水温对砂的表观密度影响的修正系数，见表 6-1。

表 6-1 不同水温对砂的表观密度影响的修正系数

水温（℃）	15	16	17	18	19	20
α_t	0.002	0.003	0.003	0.004	0.004	0.005
水温（℃）	21	22	23	24	25	—
α_t	0.005	0.006	0.006	0.007	0.008	—

以两次试验结果的算术平均值作为测定值。当两次结果之差大于 20 kg/m³时，应重新取样进行试验。

6.3 砂的表观密度试验（简易法）

6.3.1 本方法适用于测定砂的表观密度。

6.3.2 简易法表观密度试验应采用下列仪器设备：

1. 天平——称量 1 000 g，感量 1 g；

2. 李氏瓶——容量 250 mL；

3. 烘箱——温度控制范围为（105±5）℃；

4. 其他仪器设备应符合本标准第 6.2.2 条的规定。

6.3.3 试样制备应符合下列规定：

将样品缩分至不少于 120 g，在（105±5）℃的烘箱中烘干至恒重，并在干燥器中冷却至室温，分成大致相等的两份备用。

6.3.4 简易法表观密度试验应按下列步骤进行：

1. 向李氏瓶中注入冷开水至一定刻度处，擦干瓶颈内部附着水，记录水的体积（V_1）；

2. 称取烘干试样 50 g（m_0），徐徐加入盛水的李氏瓶中；

3. 试样全部倒入瓶中后，用瓶内的水将粘附在瓶颈和瓶壁的试样洗入水中，摇转李氏瓶以排除气泡，静置约 24 h 后，记录瓶中水面升高后的体积（V_2）。

注：在砂的表观密度试验过程中应测量并控制水的温度，允许在 15～25 ℃的温度范围内进行体积测定，但两次体积测定（指 V_1 和 V_2）的温差不得大于 2 ℃。从试样加水静置的最后 2 h 起，直至记录完瓶中水面高度时止，其相差温度不应超过 2 ℃。

6.3.5 表观密度（简易法）应按下式计算，精确至 10 kg/m³：

$$\rho = \left(\frac{m_0}{v_2 - v_1} - \alpha_t \right) \times 1\,000 \quad\cdots\cdots\cdots\cdots\cdots\cdots (6\text{-}4)$$

式中：

ρ——表观密度（kg/m³）；

M_0——试样的烘干质量（g）；

V_1——水的原有体积（mL）；

V_2——倒入试样后的水和试样的体积（mL）；

a_t——水温对砂的表观密度影响的修正系数，见表 6-1。

以两次试验结果的算术平均值作为测定值，两次结果之差大于 20 kg/m³ 时，应重新取样进行试验。

6.4 砂的吸水率试验

6.4.1 本方法适用于测定砂的吸水率，即测定以烘干质量为基准的饱和面干吸水率。

6.4.2 吸水率试验应采用下列仪器设备：

1. 天平——称量 1 000 g，感量 1 g；

2. 饱和面干试模及质量为（340±15）g 的钢制捣棒（图 6-2）；

3. 干燥器、吹风机（手提式）、浅盘、铝制料勺、玻璃棒、温度计等；

4. 烧杯——容量 500 mL；

5. 烘箱——温度控制范围为（105±5）℃。

6.4.3 试样制备应符合下列规定：

饱和面干试样的制备，是将样品在潮湿状态下用四分法缩分至 1 000 g，拌匀后分成两份，分别装入浅盘或其他合适的容器中，注入清水，使水面高出试样表面 20 mm 左右［水温控制在（20±5）℃］。用玻璃棒连续搅拌 5 min，以排除气泡。静置 24 h 以后，细心地倒去试样上的水，并用吸管吸去余水。再将试样在盘中摊开，用手提吹风机缓缓吹入暖风，并不断翻拌试样，使砂表面的水分在各部位均匀蒸发。然后将试样松散地一次装满

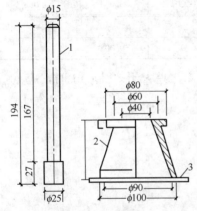

图 6-2　饱和面干试模及其捣棒

（单位：mm）

1—捣棒；2—试模；3—玻璃板

饱和面干试模中，捣 25 次（捣棒端面距试样表面不超过 10 mm，任其自由落下），捣完后，留下的空隙不用再装满，从垂直方向徐徐提起试模。试样呈图 6-3（a）形状时，则说明砂中尚含有表面水，应继续按上述方法用暖风干燥，并按上述方法进行试验，直至试模提起后试样呈图 6-3（b）的形状为止。试模提起后，试样呈图 6-3（c）的形状时，则说明试样已干燥过分，此时应将试样洒水 5 mL，充分拌匀，并静置于加盖容器中 30 min 后，再按上述方法进行试验，直至试样达到图 6-3（b）的形状为止。

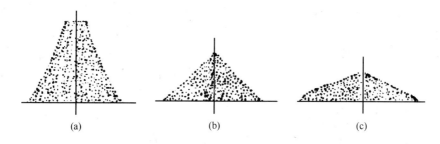

(a)   (b)   (c)

图 6-3 试样的塌陷情况

6.4.4 吸水率试验应按下列步骤进行：

立即称取饱和面干试样 500 g，放入已知质量（m_1）烧杯中，于温度为（105 ± 5）℃的烘箱中烘干至恒重，并在干燥器内冷却至室温后，称取干样与烧杯的总质量（m_2）。

6.4.5 吸水率 ω_{wa} 应按下式计算，精确至 0.1%：

$$\omega_{wa} = \frac{500 - (m_2 - m_1)}{m_2 - m_1} \times 100\% \quad\cdots\cdots\cdots\cdots\cdots (6\text{-}5)$$

式中：

ω_{wa}——吸水率（%）；

m_1——烧杯质量（g）；

m_2——烘干的试样与烧杯的总质量（g）。

以两次试验结果的算术平均值作为测定值，当两次结果之差大于 0.2% 时，应重新取样进行试验。

6.5 砂的堆积密度和紧密密度试验。

6.5.1 本方法适用于测定砂的堆积密度、紧密密度及空隙率。

6.5.2 堆积密度和紧密密度试验应采用下列仪器设备：

1. 秤——称量 5 kg，感量 5 g；

2. 容量筒——金属制，圆柱形，内径 108 mm，净高 109 mm，简壁厚 2 mm，容积 1 L，筒底厚度为 5 mm；

3. 漏斗（图 6-4）或铝制料勺；

4. 烘箱——温度控制范围为（105 ± 5）℃；

5. 直尺、浅盘等。

6.5.3 试样制备应符合下列规定：

先用公称直径 5.00 mm 的筛子过筛，然后取经缩分后的样品不少于 3 L，装入浅盘，在温度为（105 ± 5）℃烘箱中烘

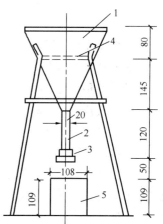

图 6-4 标准漏斗（单位：mm）

1—漏斗；2—ϕ20mm 管子；

3—活动门；4—筛；5—金属量筒

干至恒重，取出并冷却至室温，分成大致相等的两份备用。试样烘干后若有结块，应在试验前先予捏碎。

6.5.4 堆积密度和紧密密度试验应按下列步骤进行：

1. 堆积密度：取试样一份，用漏斗或铝制勺，将它徐徐装入容量筒（漏斗出料口或料勺距容量筒筒口不应超过 50 mm）直至试样装满并超出容量筒筒口。然后用直尺将多余的试样沿筒口中心线向相反方向刮平，称其质量（m_2）。

2. 紧密密度：取试样一份，分两层装入容量筒。装完一层后，在筒底垫放一根直径为 10 mm 的钢筋，将筒按住，左右交替颠击地面各 25 下，然后再装入第二层；第二层装满后用同样方法颠实（但筒底所垫钢筋的方向应与第一层放置方向垂直），二层装完并颠实后，加料直至试样超出容量筒筒口，然后用直尺将多余的试样沿筒口中心线向两个相反方向刮平，称其质量（m_2）。

6.5.5 试验结果计算应符合下列规定：

1. 堆积密度（ρ_L）及紧密密度（ρ_c）按下式计算，精确至 10 kg/m³。

$$\rho_L(\rho_c) = \frac{m_2 - m_1}{V} \times 1\,000 \quad\cdots\cdots\cdots\cdots\cdots\cdots\cdots (6\text{-}6)$$

式中：

$\rho_L(\rho_c)$——堆积密度（紧密密度）（kg/m³）；

m_1——容量筒的质量（kg）；

m_2——容量筒和砂总质量（kg）；

V——容量筒容积（L）。

以两次试验结果的算术平均值作为测定值。

2. 空隙率按下式计算，精确至 1%：

孔隙率
$$v_L = \left(1 - \frac{\rho_L}{\rho}\right) \times 100\% \quad\cdots\cdots\cdots\cdots\cdots\cdots (6\text{-}7)$$

$$v_c = \left(1 - \frac{\rho_c}{\rho}\right) \times 100\% \quad\cdots\cdots\cdots\cdots\cdots\cdots (6\text{-}8)$$

式中：

v_L——堆积密度的空隙率（%）；

v_c——紧密密度的空隙率（%）；

ρ_L——砂的堆积密度（kg/m³）；

ρ——砂的表观密度（kg/m³）；

ρ_c——砂的紧密密度（kg/m³）。

6.5.6 容量筒容积的校正方法：

以温度为（20±2）℃的饮用水装满容量筒，用玻璃板沿筒口滑移，使其紧贴水面。擦干筒外壁水分，然后称其质量。用下式计算筒的容积：

$$V = m'_2 - m'_1 \quad\cdots\cdots\cdots\cdots\cdots\cdots\cdots\cdots\cdots (6\text{-}9)$$

式中：

V——容量筒容积（L）；

m_1——容量筒和玻璃板质量（kg）；

m_2——容量筒、玻璃板和水总质量（kg）。

6.6　砂的含水率试验（标准法）

6.6.1　本方法适用于测定砂的含水率。

6.6.2　砂的含水率试验（标准法）应采用下列仪器设备：

1. 烘箱——温度控制范围为（105±5）℃；

2. 天平——称量 1000 g，感量 1 g；

3. 容器——如浅盘等。

6.6.3　含水率试验（标准法）应按下列步骤进行：

由密封的样品中取各重 500 g 的试样两份，分别放入已知质量的干燥容器（m_1）中称重，记下每盘试样与容器的总重（m_2）。将容器连同试样放入温度为（105±5）℃的烘箱中烘干至恒重，称量烘干后的试样与容器的总质量（m_3）。

6.6.4　砂的含水率（标准法）按下式计算，精确至 0.1%：

$$W_{wc} = \frac{m_2 - m_3}{m_3 - m_1} \times 100\% \tag{6-10}$$

式中：

ω_{wc}——砂的含水率（%）；

m_1——容器质量（g）；

m_2——未烘干的试样与容器的总质量（g）；

m_3——烘干后的试样与容器的总质量（g）。

以两次试验结果的算术平均值作为测定值。

6.7　砂的含水率试验（快速法）。

6.7.1　本方法适用于快速测定砂的含水率。对含混量过大及有机杂质含量较多的砂不宜采用。

6.7.2　砂的含水率试验（快速法）应采用下列仪器设备：

1. 电炉（或火炉）；

2. 天平——称量 1 000 g，感量 1 g；

3. 炒盘（铁制或铝制）；

4. 油灰铲、毛刷等。

6.7.3　含水率试验（快速法）应按下列步骤进行

1. 由密封样品中取 500 g 试样放入干净的炒盘（m_1）中，称取试样与炒盘的总质量（m_2）；

2. 置炒盘于电炉（或火炉）上，用小铲不断地翻拌试样，到试样表面全部干燥后，切断电源（或移出火外），再继续翻排 1 min，稍予冷却（以免损坏天平）后，称干样与炒盘的总质量（m_3）。

6.7.4　砂的含水率（快速法）应按下式计算，精确至 0.1%：

$$W_{wc} = \frac{m_2 - m_3}{m_3 - m_1} \times 100\% \quad \cdots\cdots\cdots\cdots\cdots\cdots\cdots\cdots (6-11)$$

式中：

W_{wc}——砂的含水率（%）；

m_1——炒盘质量（g）；

m_2——未烘干的试样与妙盘的总质量（g）；

m_3——烘干后的试样与炒盘的总质量（g）。

以两次试验结果的算术平均值作为测定值。

6.8 砂中含泥量试验（标准法）。

6.8.1 本方法适用于测定粗砂、中砂和细砂的含泥量，特细砂中含泥量测定方法见本标准第 6.9 节。

6.8.2 含泥量试验应采用下列仪器设备：

1. 天平——称量 1 000 g，感量 1 g；

2. 烘箱——温度控制范围为（105±5）℃；

3. 试验筛——筛孔公称直径为 80 μm 及 1.25 mm 的方孔筛各一个；

4. 洗砂用的容器及烘干用的浅盘等。

6.8.3 试样制备应符合下列规定：

样品缩分至 1 100 g，置于温度为（105±5）℃的烘箱中烘干至恒重，冷却至室温后，称取各为 400 g（m_0）的试样两份备用。

6.8.4 含泥量试验应按下列步骤进行：

1 取烘干的试样一份置于容器中，并注入饮用水，使水面高出砂面约 150 mm，充分拌匀后，浸泡 2 h，然后用手在水中淘洗试样，使尘屑、淤泥和黏土与砂粒分离，并使之悬浮或溶于水中。缓缓地将浑浊液倒入公称直径为 1.25 mm、80 μm 的方孔套筛（1.25 mm 筛放置于上面）上，滤去小于 80 μm 的颗粒。试验前筛子的两面应先用水润湿，在整个试验过程中应避免砂粒丢失。

2 再次加水于容器中，重复上述过程，直到简内洗出的水清澈为止。

3 用水淋洗剩留在筛上的细粒，并将 80 μm 筛放在水中（使水面略高出筛中砂粒的上表面）来回摇动，以充分洗除小于 80 μm 的颗粒。然后将两只筛上剩留的颗粒和容器中已经洗净的试样一并装入浅盘，置于温度为（105±5）℃的烘箱中烘干至恒重。取出来冷却至室温后，称试样的质量（m_1）：

6.8.5 砂中含泥量应按下式计算，精确至 0.1%：

$$W_c = \frac{m_0 - m_1}{m_0} \times 100\% \quad\cdots\cdots\cdots\cdots\cdots\cdots\cdots\cdots (6\text{-}12)$$

式中：

W_c——砂中含混量（%）；

m_0——试验前的烘干试样质量（g）；

m_1——试验后的烘干试样质量（g）。

以两个试样试验结果的算术平均值作为测定值。两次结果之差大于 0.5% 时，应重新取样进行试验。

6.9 砂中含泥量试验（虹吸管法）。

6.9.1 本方法适用于测定砂中含泥量。

6.9.2 含泥量试验（虹吸管法）应采用下列仪器设备：

1. 虹吸管——玻璃管的直径不大于 5mm，后接胶皮弯管；

2. 玻璃容器或其他容器——高度不小于 300mm，直径不小于 200mm；

3. 其他设备应符合本标准第 6.8.2 条的要求。

6.9.3 试样制备应按本标准第 6.8.3 条的规定进行。

6.9.4 含泥量试验（虹吸管法）应按下列步骤进行：

1. 称取烘干的试样 500 g（m_0），置于容器中，并注入饮用水，使水面高出砂面约 150 mm，浸泡 2 h，浸池过程中每隔一段时间搅拌一次，确保尘屑、淤泥和黏土与砂分离；

2. 用搅拌棒均匀搅拌 1 min（单方向旋转），以适当宽度和高度的闸板闸水，使水停止旋转。经 20～25 s 后取出闸板，然后从上到下用虹吸管细心地将浑浊液吸出，虹吸管吸口的最低位置应距离砂面不小于 30 mm；

3. 再倒入清水，重复上述过程，直到吸出的水与清水的颜色基本一致为止；

4. 最后将容器中的清水吸出，把洗净的试样倒入浅盘并在（105±5）℃的烘箱中烘干至恒重，取出，冷却至室温后称砂质量（m_1）。

6.9.5 砂中含泥量（虹吸管法）应按下式计算，精确至 0.1%：

$$W_C = \frac{m_0 - m_1}{m_0} \times 100\% \quad\cdots\cdots\cdots\cdots\cdots\cdots\cdots\cdots\cdots\cdots\cdots\cdots (6\text{-}13)$$

式中：

W_c——砂中含泥量（%）；

m_0——试验前的烘干试样质量（g）；

m_1——试验后的烘干试样质量（g）。

以两个试样试验结果的算术平均值作为测定值。两次结果之差大于 0.5% 时，应重新取样进行试验。

6.10 砂中泥块含量试验。

6.10.1 本方法适用于测定砂中泥块含量。

6.10.2 砂中泥块含量试验应采用下列仪器设备：

1. 天平——称量 1 000 g，感量 1 g；称量 5 000 g，感量 5 g；

2. 烘箱——温度控制范围为（105±5）℃；

3. 试验筛——筛孔公称直径为 630 μm 及 1.25 mm 的方孔筛各一只；

4. 洗砂用的容器及烘干用的浅盘等。

6.10.3 试样制备应符合下列规定

将样品缩分至 5 000 g，置于温度为（105±5）℃的烘箱中烘干至恒重，冷却至室温后，用公称直径 1.25 mm 的方孔筛筛分，取筛上的砂不少于 400 g 分为两份备用。特细砂按实际筛分量。

6.10.4 泥块含量试验应按下列步骤进行：

1. 称取试样约 200 g（m_1）置于容器中，并注入饮用水，使水面高出砂面 150 mm。充分拌匀后，浸泡 24 h，然后用手在水中碾碎泥块，再把试样放在公称直径 630 μm 的方孔筛上，用水淘洗，直至水清澈为止。

2. 保留下来的试样应小心地从筛里取出，装入水平浅盘后，置于温度为（105±5）℃供箱中烘干至恒重，冷却后称重（m_2）。

6.10.5 砂中泥块含量应按下式计算，精确至 0.1%：

179

$$W_{c,1} = \frac{m_1 - m_2}{m_1} \times 100\% \quad \text{······························} \quad (6\text{-}14)$$

式中：

$W_{c,1}$——泥块含量（%）；

m_1——试验前的干燥试样质量（g）；

m_2——试验后的干燥试样质量（g）。

以两次试样试验结果的算术平均值作为测定值。

6.11 人工砂及混合砂中石粉含量试验（亚甲蓝法）。

6.11.1 本方法适用于测定人工砂和混合砂中石粉含量。

6.11.2 石粉含量试验（亚甲蓝法）应采用下列仪器设备：

1. 烘箱——温度控制范围为（105±5）℃；

2. 天平——称量 1 000 g，感量 1 g；称量 100 g，感量 0.01 g；

3. 试验筛——筛孔公称直径为 80 μm 及 1.25 mm 的方孔筛各一只；

4. 容器——要求淘洗试样时，保持试样不溅出（深度大于 250 mm）；

5. 移液管——5 mL、2 mL 移液管各一个，

6. 三片或四片式叶轮搅拌器—转速可调[最高达（600±60）r/min]，直径（75±10）mm；

7. 定时装置——精度 1 s；

8. 玻璃容量瓶——容量 1 L；

9. 温度计——精度 1 ℃；

10. 玻璃棒——2 支，直径 8 mm，长 300 mm；

11. 滤纸——快速；

12. 搪瓷盘、毛刷、容量为 1 000 mL 的烧杯等。

6.11.3 溶液的配制及试样制备应符合下列规定：

1. 亚甲蓝溶液的配制按下述方法：

将亚甲蓝（$C_{16}H_{18}ClN_3S \cdot 3H_2O$）粉末在（105±5）℃下烘干至恒重，称取烘干亚甲蓝粉末 10 g，精确至 0.01 g，倒入盛有约 600 mL 蒸馏水（水温加热至 35~40 ℃）的烧杯中，用玻璃棒持续搅拌 40 min，直至亚甲蓝粉末完全溶解，冷却至 20 ℃。将溶液倒入 1 L 容量瓶中，用蒸馏水淋洗烧杯等，使所有亚甲蓝溶液全部移入容量瓶，容量瓶和溶液的温度应保持在（20±1）℃，加蒸馏水至容量瓶 1 L 刻度。振荡容量瓶以保证亚甲蓝粉末完全溶解。将容量瓶中溶液移入深色储藏瓶中，标明制备日期、失效日期（亚甲蓝溶液保质期应不超过 28 d），并置于阴暗处保存。

2. 将样品缩分至 400 g，放在烘箱中于（105±5）℃下烘干至恒重，待冷却至室温后，筛除大于公称直径 5.0 mm 的颗粒备用。

6.11.4 人工砂及混合砂中的石粉含量按下列步骤进行：

1. 亚甲蓝试验应按下述方法进行：

（1）称取试样 200 g，精确至 1 g。将试样倒入盛有（500±5）mL 蒸馏水的烧杯中，用叶轮搅拌机以（600±60）r/min 转速搅拌 5 min，形成悬浮液，然后以（400±40）r/min 转速持续搅拌，直至试验结束。

（2）悬浮液中加入 5 mL 亚甲蓝溶液，以（400±40）r/min 转速搅拌至少 1 min 后，用

玻璃棒蘸取一滴悬浮液（所取悬浮液滴应使沉淀物直径在 8～12 mm 内），滴于滤纸（置于空烧杯或其他合适的支撑物上，以使滤纸表面不与任何固体或液体接触）上。若沉淀物周围未出现色晕，再加入 5 mL 亚甲蓝溶液，继续搅拌 1 min，再用玻璃棒蘸取一滴悬浮液，滴于滤纸上，若沉淀物周围仍未出现色晕，重复上述步骤，直至沉淀物周围出现约 1 mm 宽的稳定浅蓝色色晕。此时，应继续搅拌，不加亚甲蓝溶液，每 1 min 进行一次蘸染试验。若色晕在 4 min 内消失，再加入 5 mL 亚甲蓝溶液；若色晕在第 5 min 消失，再加入 2 mL 亚甲蓝溶液。两种情况下，均应继续进行搅拌和蘸染试验，直至色晕可持续 5 min。

（3）记录色晕持续 5 min 时所加入的亚甲蓝溶液总体积，精确至 1 mL。

（4）亚甲蓝 MB 值按下式计算：

$$MB = \frac{V}{G} \times 10 \qquad (6\text{-}15)$$

式中：

MB——亚甲蓝值（g/kg），表示每千克 0～2.36 mm 粒级试样所消耗的亚甲蓝克数，精确至 0.01；

G——试样质量（g）；

V——所加入的亚甲蓝溶液的总量（mL）。

注：公式中的系数 10 用于将每千克试样消耗的亚甲蓝溶液体积换算成亚甲蓝质量。

（5）亚甲蓝试验结果评定应符合下列规定

当 MB 值<1.4 时，则判定是以石粉为主；当 MB 值≥1.4 时，则判定为以泥粉为主的石粉。

2. 亚甲蓝快速试验应按下述方法进行：

（1）应按本条第一款第一项的要求进行制样；

（2）一次性向烧杯中加人 30 mL 亚甲蓝溶液，以(400±40) r/min 转速持续搅拌 8 min，然后用玻璃棒蘸取一滴悬浊液，滴于滤纸上，观察沉淀物周围是否出现明显色晕，出现色晕的为合格，否则为不合格。

3. 人工砂及混合砂中的含泥量或石粉含量试验步骤及计算按本标准 6.8 节的规定进行。

6.12 人工砂压碎值指标试验。

6.12.1 本方法适用于测定粒级为 315 μm～5.00 mm 的人工砂的压碎指标。

6.12.2 人工砂压碎指标试验应采用下列仪器设备：

1. 压力试验机，荷载 300 kN；

2. 受压钢模（图 6-5）；

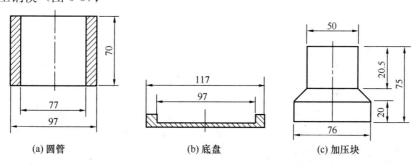

(a) 圆管　　　　　(b) 底盘　　　　　(c) 加压块

图 6-5　受压钢模示意图（单位：mm）

3. 天平——称量为 1 000 g，感量 1 g；

4. 试验筛——筛孔公称直径分别为 5.00 mm、2.50 mm、1.25 mm、630 μm、315 μm、160 μm、80 μm 的方孔筛各一只；

5. 烘箱——温度控制范围为 (105±5) ℃；

6. 其他——瓷盘 10 个，小勺 2 把。

6.12.3 试样制备应符合下列规定：

将缩分后的样品置于 (105±5) ℃的烘箱内烘干至恒重，待冷却至室温后，筛分成 5.00～2.50 mm、2.50～1.25 mm、1.25 mm～630 μm、630～315 μm 四个粒级，每级试样质量不得少于 1 000 g。

6.12.4 试验步骤应符合下列规定：

1. 置圆筒于底盘上，组成受压模，将一单级砂样约 300 g 装入模内，使试样距底盘约为 50 mm；

2. 平整试模内试样的表面，将加压块放入圆筒内，并转动一周使之与试样均匀接触；

3. 将装好砂样的受压钢模置于压力机的支承板上，对准压板中心后，开动机器，以 500 N/s 的速度加荷，加荷至 25 kN 时持荷 5 s，而后以同样速度卸荷；

4. 取下受压模，移去加压块，倒出压过的试样并称其质量（m_0），然后用该粒级的下限筛（如砂样为公称粒级 5.00～2.50 mm 时，其下限筛为筛孔公称直径 2.50 mm 的方孔筛）进行筛分，称出该粒级试样的筛余量（m_1）。

6.12.5 人工砂的压碎指标按下述方法计算：

1. 第 i 单级砂样的压碎指标按下式计算，精确至 0.1%

$$\partial_i = \frac{m_0 - m_1}{m_0} \times 100\% \quad\cdots\cdots\cdots\cdots\cdots\cdots (6\text{-}16)$$

式中：

∂_i——第 i 单级砂样压碎指标（%）；

m_0——第 i 单级试样的质量（g）；

m_1——第 i 单级试样的压碎试验后筛余的试样质量（g）。

以三份试样试验结果的算术平均值作为各单粒级试样的测定值。

2. 四级砂样总的压碎指标按下式计算：

$$\partial_{sa} = \frac{a_1\,\partial_1 + a_2\,\partial + a_3\,\partial_3 + a_4\,\partial_4}{a_1 + a_2 + a_3 + a_4} \times 100\% \quad\cdots\cdots\cdots\cdots (6\text{-}17)$$

式中：

∂_{sa}——总的压碎指标（%），精确至 0.1%；

a_1、a_2、a_3、a_4——公称直径分别为 2.50 mm、1.25 mm、630 μm、315 μm 各方孔筛的分计筛余（%）；

∂_1、∂_2、∂_3、∂_4——公称粒径分别为 5.00～2.50 mm、2.50～1.25 mm、1.25 mm～630 μm；630 μm～315 μm 单级试样压碎指标（%）。

6.13 砂中有机物含量试验。

6.13.1 本方法适用于近似地判断天然砂中有机物含量是否会影响混凝土质量

6.13.2 有机物含量试验应采用下列仪器设备：

1. 天平——称量 100 g，感量 0.1 g 和称量 1 000 g，感量 1 g 的天平各一台；

2. 量筒——容量为 250 mL、100 mL 和 10 mL；

3. 烧杯、玻璃棒和筛孔公称直径为 5.00 mm 的方孔筛；

4. 氢氧化钠溶液——氢氧化钠与蒸馏水之质量比为 3∶97；

5. 鞣酸、酒精等。

6.13.3 试样的制备与标准溶液的配制应符合下列规定：

1. 筛除样品中的公称粒径 5.00 mm 以上颗粒，用四分法缩分至 500 g，风干备用；

2. 称取鞣酸粉 2 g，溶解于 98 mL 的 10％酒精溶液中，即配得所需的鞣酸溶液，然后取该溶液 2.5 mL，注入 97.5 mL 浓度为 3％的氢氧化钠溶液中，加塞后剧烈摇动，静置 24 h，即配得标准溶液。

6.13.4 有机物含量试验应按下列步骤进行：

1. 向 250 mL 量筒中倒入试样至 130 mL 刻度处，再注入浓度为 3％氢氧化钠溶液至 200 mL 刻度处，剧烈摇动后静置 24 h；

2. 比较试样上部溶液和新配制标准溶液的颜色，盛装标准溶液与盛装试样的量筒容积应一致。

6.13.5 结果评定应按下列方法进行：

1. 当试样上部的溶液颜色浅于标准溶液的颜色时，则试样的有机物含量判定合格；

2. 当两种溶液的颜色接近时，则应将该试样（包括上部溶液）倒入烧杯中放在温度为 60～70 ℃的水浴锅中加热 2～3 h，然后再与标准溶液比色；

3. 当溶液颜色深于标准色时，则应按下法进一步试验。

取试样一份，用 3％的氢氧化钠溶液洗除有机杂质，再用清水淘洗干净，直至试样上部溶液颜色浅于标准溶液的颜色，然后用洗除有机质和未洗除的试样分别按现行的国家标准《水泥胶砂强度检验方法（ISO 法）》GB/T 17671 配制两种水泥砂浆，测定 28 d 的抗压强度，当未经洗除有机杂质的砂的砂浆强度与经洗除有机物后的砂的砂浆强度比不低于 0.95 时，则此砂可以采用，否则不可采用。

6.14 砂中云母含量试验。

6.14.1 本方法适用于测定砂中云母的近似百分含量。

6.14.2 云母含量试验应采用下列仪器设备：

1. 放大镜（5 倍）；

2. 钢针；

3. 试验筛——筛孔公称直径为 5.00 mm 和 315 μm 的方孔筛各一只；

4. 天平——称量 100 g，感量 0.1 g。

6.14.3 试样制备应符合下列规定

称取经缩分的试样 50 g，在温度(105±5) ℃的烘箱中烘干至恒重，冷却至室温后备用。

6.14.4 云母含量试验应按下列步骤进行：

先筛出粒径大于公称粒径 5.00 mm 和小于公称粒径 315 μm 的颗粒，然后根据砂的粗细不同称取试样 10～20 g（m_0），放在放大镜下观察，用钢针将砂中所有云母全部挑出，称取所挑出云母质量（m）。

6.14.5 砂中云母含量 W_m 应按下式计算，精确至 0.1%：

$$W_m = \frac{m}{m_0} \times 100\% \quad \cdots\cdots\cdots\cdots\cdots\cdots\cdots \text{(6-18)}$$

式中：

W_m——砂中云母含量（%）；

m_0——烘干试样质量（g）；

m_1——云母质量（g）。

6.15 砂中轻物质含量试验

6.15.1 本方法适用于测定砂中轻物质的近似含量。

6.15.2 轻物质含量试验应采用下列仪器设备和试剂：

1. 烘箱——温度控制范围为(105±5)℃；

2. 天平——称量 1 000 g，感量 1 g；

3. 量具——量杯（容量 1 000 mL）、量筒（容量 250 mL）、烧杯（容量 150 mL）各一只；

4. 比重计——测定范围为 1.0～2.0；

5. 网篮——内径和高度均为 70 mm，网孔孔径不大于 150 μm（可用坚固性检验用的网篮，也可用孔径 150 μm 的筛）；

6. 试验筛——筛孔公称直径为 5.00 mm 和 315 μm 的方孔筛各一只；

7. 氯化锌——化学纯。

6.15.3 试样制备及重液配制应符合下列规定：

1. 称取经缩分的试样约 800 g，在温度为(105±5)℃的烘箱中烘干至恒重，冷却后将粒径大于公称粒径 5.00 mm 和小于公称粒径 315 μm 的颗粒筛去，然后称取每份为 200 g 的试样两份备用；

2. 配制密度为 1 950～2 000 kg/m³ 的重液：向 1 000 mL 的量杯中加水至 600 mL 刻度处，再加入 1 500 g 氯化锌，用玻璃棒搅拌使氯化锌全部溶解，待冷却至室温后，将部分溶液倒入 250 mL 量筒中测其密度；

3. 如溶液密度小于要求值，则将它倒回量杯，再加入氯化锌，溶解并冷却后测其密度，直至溶液密度满足要求为止。

6.15.4 轻物质含量试验应按下列步骤进行：

1. 将上述试样一份（m_0）倒入盛有重液（约 500 mL）的量杯中，用玻璃棒充分搅拌，使试样中的轻物质与砂分离，静置 5 min 后，将浮起的轻物质连同部分重液倒入网篮中，轻物质留在网篮中，而重液通过网篮流入另一容器，倾倒重液时应避免带出砂粒，一般当重液表面与砂表面相距约 20～30 mm 时即停止倾倒，流出的重液倒回盛试样的量杯中，重复上述过程，直至无轻物质浮起为止；

2. 用清水洗净留存于网篮中的物质，然后将它倒入烧杯，在(105±5)℃的烘箱中烘干至恒重，称取轻物质与烧杯的总质量（m_1）。

6.15.5 砂中轻物质的含量 W_1 应按下式计算，精确到 0.1%：

$$W_1 = \frac{m_1 - m_2}{m_0} \times 100\% \quad \cdots\cdots\cdots\cdots\cdots\cdots \text{(6-19)}$$

式中：

W_1——砂中轻物质含量（%）；

m_1——烘干的轻物质与烧杯的总质量（g）；

m_2——烧杯的质量（g）；

m_0——试验前烘干的试样质量（g）。

以两次试验结果的算术平均值作为测定值。

6.16 砂的坚固性试验

6.16.1 本方法适用于通过测定硫酸钠饱和溶液渗入砂中形成结晶时的裂胀力对砂的破坏程度，来间接地判断其坚固性。

6.16.2 坚固性试验应采用下列仪器设备和试剂：

1. 烘箱——温度控制范围为(105±5) ℃；

2. 天平——称量 1 000 g，感量 1 g；

3. 试验筛——筛孔公称直径为 160 μm、315 μm、630 μm、1.25 mm、2.50 mm、5.00 mm 的方孔筛各一只；

4. 容器——搪瓷盆或瓷缸，容量不小于 10 L；

5. 三脚网篮——内径及高均为 70 mm，由铜丝或镀锌铁丝制成，网孔的孔径不应大于所盛试样粒级下限尺寸的一半；

6. 试剂——无水硫酸钠；

7. 比重计；

8. 氯化钡——浓度为 10%。

6.16.3 溶液的配制及试样制备应符合下列规定：

1. 硫酸钠溶液的配制应按下述方法进行：

取一定数量的蒸馏水（取决于试样及容器大小，加温至 30～50 ℃），每 1 000 mL 蒸馏水加入无水硫酸钠（Na_2SO_4）300～350 g，用玻璃棒搅拌，使其溶解并饱和，然后冷却至 20～25 ℃，在此温度下静置两昼夜，其密度应为 1 151～1 174 kg/m³；

2. 将缩分后的样品用水冲洗干净，在(105±5) ℃的温度下烘干冷却至室温备用。

6.16.4 坚固性试验应按下列步骤进行：

1. 称取公称粒级分别为 315～630 μm、630 μm～1.25 mm、1.25～2.50 mm 和 2.50～5.00 mm 的试样各 100 g。若是特细砂，应筛去公称粒径 160 μm 以下和 2.50 mm 以上的颗粒，称取公称粒级分别为 160～315 μm、315～630 μm、630 μm～1.25 mm、1.25～2.50 mm 的试样各 100 g。分别装入网篮并浸入盛有硫酸钠溶液的容器中，溶液体积应不小于试样总体积的 5 倍，其温度应保持在 20～25 ℃。三脚网篮浸入溶液时，应先上下升降 25 次以排除试样中的气泡，然后静置于该容器中。此时，网篮底面应距容器底面约 30 mm（由网篮脚高控制），网篮之间的间距应不小于 30 mm，试样表面至少应在液面以下 30 mm。

2. 浸泡 20 h 后，从溶液中提出网篮，放在温度为(105±5) ℃的烘箱中烘烤 4 h，至此，完成了第一次循环。待试样冷却至 20～25 ℃后，即开始第二次循环，从第二次循环开始，浸泡及烘烤时间均为 4 h。

3. 第五次循环完成后，将试样置于 20～25 ℃的清水中洗净硫酸钠，再在(105±5) ℃的烘箱中烘干至恒重，取出并冷却至室温后，用孔径为试样粒级下限的筛，过筛并称量各粒级试样试验后的筛余量。

注：试样中硫酸钠是否洗净，可按下法检验：取冲流过试样的水若干毫升，滴入少量 10% 的氯化钡（$BaCl_2$）溶液，如无白色沉淀，则说明硫酸钠已被洗净。

6.16.5 试验结果计算应符合下列规定：

1. 试样中各粒级颗粒的分计质量损失百分率 δ_{ji} 应按下式计算

$$\partial_{ji} = \frac{m_i - m_i'}{m_i} \times 100\% \quad \cdots\cdots\cdots\cdots\cdots (6\text{-}20)$$

式中：

∂_{ji}——各粒级颗粒的分计质量损失百分率（%）；

m_i——每一粒级试样试验前的质量（g）；

m_i'——经硫酸钠溶液试验后，每一粒级筛余颗粒的烘干质量（g）。

2. 300 μm～4.75 mm 粒级试样的总质量损失百分率 δ_j 应按下式计算，精确至 1%。

$$\partial_i = \frac{a_1 \partial_{j1} + a_2 \partial_{j2} + a_3 \partial_{j3} + a_4 \partial_{j4}}{a_1 + a_2 + a_3 + a_4} \times 100\% \quad \cdots\cdots\cdots\cdots (6\text{-}21)$$

式中：

∂_j——试样的总质量损失百分率（%）；

a_1、a_2、a_3、a_4——公称粒级分别为 315～630 μm、630 μm～1.25 mm、1.25～2.50 mm、2.50～5.00 mm 粒级在筛除小于公称粒径 315 μm 及大于公称粒径 5.00 mm 颗粒后的原试样中所占的百分率（%）；

∂_{j1}、∂_{j2}、∂_{j3}、∂_{j4}——公称粒级分别为 315～630 μm、630 μm～1.25 mm、1.25～2.50 mm、2.50～5.00 mm 各粒级的分计质量损失百分率（%）。

3. 特细砂按下式计算，精确至 1%。

$$\partial_j = \frac{a_0 \partial_{j0} + a_1 \partial_1 + a_2 \partial_2 + a_3 \partial_3}{a_0 + a_1 + a_2 + a_3} \times 100\% \quad \cdots\cdots\cdots\cdots (6\text{-}22)$$

式中：

∂_j——试样的总质量损失百分率（%）；

a_0、a_1、a_2、a_3——公称粒级分别为 160～315 μm、315～630 μm、630 μm～1.25 mm、1.25～2.50 mm 粒级在筛除小于公称粒径 160 μm 及大于公称粒径 2.50 mm 颗粒后的原试样中所占的百分率（%）；

∂_{j0}，∂_{j1}，∂_{j2}，∂_{j3}——公称粒级分别为 160～315 μm、315～630 μm、630 μm～1.25 mm、1.25～2.50 mm 各粒级的分计质量损失百分率（%）。

6.17 砂中硫酸盐及硫化物含量试验。

6.17.1 本方法适用于测定砂中的硫酸盐及硫化物含量（按 SO_3 百分含量计算）。

6.17.2 硫酸盐及硫化物试验应采用下列仪器设备和试剂：

1. 天平和分析天平——天平，称量 1 000 g，感量 1 g；分析天平，称量 100 g，感量 0.000 1 g；

2. 高温炉——最高温度 1 000 ℃；

3. 试验筛——筛孔公称直径为 80 μm 的方孔筛一只；

4. 瓷坩锅；

5. 其他仪器——烧瓶、烧杯等；

6.10％（W/V）氯化钡溶液——10 g 氯化钡溶于 100 mL 蒸馏水中；

7. 盐酸（1＋1）——浓盐酸溶于同体积的蒸馏水中；

8.1％（W/V）硝酸银溶液——1 g 硝酸银溶于 100 mL 蒸馏水中，并加入 5～10 mL 硝酸，存于棕色瓶中。

6.17.3 试样制备应符合下列规定

样品经缩分至不少于101g，置于温度为(105±5)℃烘干至恒重，冷却至室温后，研磨至全部通过筛孔公称直径为80 μm 的方孔筛，备用。

6.17.4 硫酸盐及硫化物含量试验应按下列步骤进行：

1. 用分析天平精确称取砂粉试样 1 g（m），放入 300 mL 的烧杯中，加入 30～40 mL 蒸馏水及 10 mL 的盐酸（1＋1），加热至微沸，并保持微沸 5 min，试样充分分解后取下，以中速滤纸过滤，用温水洗涤 10～12 次；

2. 调整滤液体积至 200 mL，煮沸，搅拌同时滴加 10 mL10％氯化钡溶液，并将溶液煮沸数分钟，然后移至温热处静置至少 4 h（此时溶液体积应保持在 200 mL），用慢速滤纸过滤，用温水洗到无氯离子（用硝酸银溶液检验）；

3. 将沉淀及滤纸一并移入已灼烧至恒重的瓷坩锅（m_1）中，灰化后在 800 ℃的高温炉内灼烧 30 min。取出坩锅，置于干燥器中冷却至室温，称量，如此反复灼烧，直至恒重（m_2）。

6.17.5 硫化物及硫酸盐含量（以 SO_3 计）应按下式计算，精确至 0.01％。

$$W_{so_3} = \frac{(m_2 - m_1) \times 0.343}{m} \times 100\% \quad \cdots\cdots\cdots\cdots\cdots\cdots (6\text{-}23)$$

式中：

　　W_{so3}——硫酸盐含量（％）；

　　m——试样质量（g）；

　　m_1——瓷坩锅的质量（g）；

　　m_2——瓷坩锅质量和试样总质量（g）；

　　0.343——$BaSO_4$ 换算成 SO_3 的系数。

以两次试验的算术平均值作为测定值，当两次试验结果之差大于 0.15％时，须重做试验。

6.18 砂中氯离子含量试验。

6.18.1 本方法适用于测定砂中的氯离子含量。

6.18.2 氯离子含量试验应采用下列仪器设备和试剂：

1. 天平——称量 1 000 g，感量 1 g；

2. 带塞磨口瓶——容量 1 L；

3. 三角瓶——容量 300 mL；

4. 滴定管——容量 10 mL 或 25 mL；

5. 容量瓶——容量 500 mL；

6. 移液管——容量 50 mL，2 mL；

7. 5％（W/V）铬酸钾指示剂溶液；

8. 0.01 mol/L 的氯化钠标准溶液；

9. 0.01 mol/L 的硝酸银标准溶液。

6.18.3 试样制各应符合下列规定：

取经缩分后样品 2 kg，在温度(105±5) ℃的烘箱中烘干至恒重，经冷却至室温备用。

6.18.4 氯离子含量试验应按下列步骤进行：

1. 称取试样 500 g （m），装入带塞磨口瓶中，用容量瓶取 500 mL 蒸馏水，注入磨口瓶内，加上塞子，摇动一次，放置 2 h，然后每隔 5 min 摇动一次，共摇动 3 次，使氯盐充分溶解。将磨口瓶上部已澄清的溶液过滤，然后用移液管吸取 50 mL 滤液，注入三角瓶中，再加入浓度为 5%的 （W/V）铬酸钾指示剂 1 mL，用 0.01 mol/L 硝酸银标准溶液滴定至呈现砖红色为终点，记最消耗的硝酸银标准溶液的毫升数 （V_1）。

2. 空白试验：用移液管准确吸取 50 mL 蒸馏水到三角瓶内，加入 5%铬酸钾指示剂 1 mL，并用 0.01 mol/L 的硝酸银标准溶液滴定至溶液呈砖红色为止，记录此点消耗的硝酸银标准溶液的毫升数 （V_2）。

6.18.5 砂中氯离子含量 W_{Cl} 应按下式计算，精确至 0.001%：

$$W_{Cl} = \frac{C_{AgNO_3}(V_1 - V_2) \times 0.035\ 5 \times 10}{m} \times 100\% \quad \cdots\cdots\cdots\cdots\cdots (6\text{-}24)$$

式中：

 W_{Cl}——砂中氯离子含量 （%）；

C_{AgNO_3}——硝酸银标准溶液的浓度 （mol/L）；

 V_1——样品滴定时消耗的硝酸银标准溶液的体积 （mL）；

 V_2——空白试验时消耗的硝酸银标准溶液的体积 （mL）；

 m——试样质量 （g）。

6.19 海砂中贝壳含量试验 （盐酸清洗法）

6.19.1 本方法适用于检验海砂中的贝壳含量。

6.19.2 贝壳含量试验应采用下列仪器设备和试剂

1. 烘箱——温度控制范围为(105±5) ℃；

2. 天平——称量 1 000 g、感量 1 g 和称量 5 000 g、感量 5 g 的天平各一台；

3. 试验筛——筛孔公称直径为 5.00 mm 的方孔筛一只；

4. 量筒——容积 1 000 mL；

5. 搪瓷盆——直径 200 mm 左右；

6. 玻璃棒；

7. （1+5）盐酸溶液——由浓盐酸 （相对密度 1.18，浓度 26%~38%）和素馏水按1∶5的比例配制而成；

8. 烧杯——容积 2 000 mL。

6.19.3 试样制备应符合下列规定：

将样品缩分至不少于 2 400 g，置于温度为(105±5) ℃烘箱中烘干至恒重，冷却至室温后，过筛孔公称直径为 5.00 mm 的方孔筛后，称取 500 g （m_1）试样两份，先按本标准第 6.8 节测出砂的含泥量 （W_c），再将试样放入烧杯中备用。

6.19.4 海砂中贝壳含量应按下列步骤进行：

在盛有试样的烧杯中加入 （1+5）盐酸溶液 900 mL，不断用玻璃棒搅拌，使反应完全。

待溶液中不再有气体产生后，再加少量上述盐酸溶液，若再无气体生成则表明反应已完全。否则，应重复上一步骤，直至无气体产生为止。然后进行五次清洗，清洗过程中要避免砂粒丢失。洗净后，置于温度为(105±5)℃的烘箱中，取出冷却至室温，称重（m_2）。

6.19.5 砂中贝壳含量W_b应按下式计算，精确至0.1%。

$$W_b = \frac{m_1 - m_2}{m_1} \times 100\% - W_c \quad\cdots\cdots\cdots\cdots\cdots\cdots\cdots\cdots (6\text{-}25)$$

式中：

W_b——砂中贝壳含量（%）；

m_1——式样总量（g）；

m_2——试样除去贝壳后的质量（g）；

W_c——含泥量（%）。

以两次试验结果的算术平均值作为测定值，当两次结果之差超过0.5%时，应重新取样进行试验。

6.20 砂的碱活性试验（快速法）。

6.20.1 本方法适用于在1 mol/L氢氧化钠溶液中浸泡试样14 d以检验硅质骨料与混凝土中的碱产生潜在反应的危害性，不适用于碱碳酸盐反应活性骨料检验。

6.20.2 快速法碱活性试验应采用下列仪器设备：

1. 烘箱——温度控制范围为(105±5)℃；

2. 天平——称量1 000 g，感量1 g；

3. 试验筛——筛孔公称直径为5.00 mm、2.50 mm、1.25 mm、630 μm、315 μm、160 μm的方孔筛各一只；

4. 测长仪——测量范围280～300 mm，精度0.01 mm；

5. 水泥胶砂搅拌机——应符合现行行业标推《行星式水泥胶砂搅拌机》JC/T 681的规定；

6. 恒温养护箱或水浴——温度控制范围为(80±2)℃；

7. 养护筒——由耐碱耐高温的材料制成，不漏水，密封，防止容器内湿度下降，筒的容积可以保证试件全部浸没在水中。筒内设有试件架，试件垂直于试件架放置；

8. 试模——金属试模，尺寸为25 mm×25 mm×280 mm，试模两端正中有小孔，装有不锈钢测头；

9. 镘刀、捣棒、量筒、干燥器等。

6.20.3 试件的制作应符合下列规定：

1. 将砂样缩分成约5 kg，按表6-2中所示级配及比例组合成试验用料，并将试样洗净烘干或晾干备用。

表6-2　砂级配表

公称粒级	5.00～2.50 mm	2.50～1.25 mm	1.25 mm～630 μm	630～315 μm	315～160 μm
分级质量（%）	10	25	25	25	15

注：对特细砂分级质量不作规定。

2. 水泥应采用符合现行国家标准《硅酸盐水泥、普通硅酸盐水泥》（GB 175）要求的普通硅酸盐水泥。水泥与砂的质量比为 1∶2.25，水灰比为 0.47。试件规格 25 mm×25 mm× 280 mm，每组三条，称取水泥 440 g，砂 990 g。

3. 成型前 24 h，将试验所用材料（水泥、砂、拌合用水等）放入（20±2）℃的恒温室中。

4. 将称好的水泥与砂倒入搅拌锅，应按现行国家标准《水泥胶砂强度检验方法（ISO 法）》（GB/T 17671）的规定进行搅拌。

5. 搅拌完成后，将砂浆分两层装入试模内，每层捣 40 次，测头周围应填实，浇捣完毕后用镘刀刮除多余砂浆，抹平表面，并标明测定方向及编号。

6.20.4 快速法试验应按下列步骤进行：

1. 将试件成型完毕后，带模放入标准养护室，养护（24±4）h 后脱模。

2. 脱模后，将试件浸泡在装有自来水的养护筒中，并将养护筒放入温度（80±2）℃的烘箱或水浴箱中养护 24 h。同种骨料制成的试件放在同一个养护筒中。

3. 然后将养护筒逐个取出。每次从养护筒中取出一个试件，用抹布擦干表面，立即用测长仪测试件的基长（L_0）。每个试件至少重复测试两次，取差值在仪器精度范围内的两个读数的平均值作为长度测定值（精确至 0.02 mm），每次每个试件的测量方向应一致，待测的试件须用湿布覆盖，防止水分蒸发；从取出试件擦干到读数完成应在（15±5）s 内结束，读完数后的试件应用湿布覆盖。全部试件测完基准长度后，把试件放入装有浓度为 1 mol/L 氢氧化钠溶液的养护筒中，并确保试件被完全浸泡。溶液温度应保持在（80±2）℃，将养护筒放回烘箱或水浴箱中。

注：用测长使测定任一组试件的长度时，均应先调整测长仪的零点。

4. 自测定基准长度之日起，第 3 d、7 d、10 d、14 d 再分别测其长度（L_t）。测长方法与测基长方法相同。每次测量完毕后，应将试件调头放入原养护筒，盖好筒盖，放回（80±2）℃的烘箱或水浴箱中，继续养护到下一个测试龄期。操作时防止氢氧化钠溶液溢溅，避免烧伤皮肤。

5. 在测量时应观察试件的变形、裂缝、渗出物等，特别应观察有无胶体物质，并作详细记录。

6.20.5 试件中的膨胀率应按下式计算，精确至 0.01%：

$$\varepsilon_t = \frac{L_t - L_0}{L_0 - 2\Delta} \times 100\% \quad \cdots\cdots\cdots\cdots\cdots\cdots\cdots\cdots (6\text{-}26)$$

式中：

ε_t——试件在 t 天龄期的膨胀率（%）；

L_t——试件在 t 天龄期的长度（mm）；

L_0——试件的基长（mm）；

Δ——测头长度（mm）。

以三个试件膨胀率的平均值作为某一龄期膨胀率的测定值。任一试件膨胀率与平均值均应符合下列规定：

1. 当平均值小于或等于 0.05% 时，其差值均应小于 0.01%；

2. 当平均值大于 0.05% 时，单个测值与平均值的差值均应小于平均值的 20%；

3. 当三个试件的膨胀率均大于 0.10% 时，无精度要求；

4. 当不符合上述要求时，去掉膨胀率最小的，用其余两个试件的平均值作为该龄期的膨胀率。

6.20.6 结果评定应符合下列规定：

1. 当 14 d 膨胀率小于 0.10％时，可判定为无潜在危害；

2. 当 14 d 膨胀率大于 0.20％时，可判定为有潜在危害；

3. 当 14 d 膨胀率在 0.10％～0.20％之间时，应按本标准第 6.21 节的方法再进行试验判定。

6.21 砂的碱活性试验（砂浆长度法）。

6.21.1 本方法适用于鉴定硅质骨料与水泥（混凝土）中的碱产生潜在反应的危害性，不适用于碱碳酸盐反应活性骨料检验。

6.21.2 砂浆长度法碱活性试验应采用下列仪器设备：

1. 试验筛——应符合本标准第 6.1.2 条的要求；

2. 水泥胶砂搅拌机——应符合现行行业标准《行星式水泥胶砂搅拌机》（JC/T 681）规定；

3. 镘刀及截面为 14 mm×13 mm、长 120～150 mm 的钢制捣棒；

4. 量筒、秒表；

5. 试模和测头——金属试模，规格为 25 mm×25 mm×280 mm，试模两端正中应有小孔，测头在此固定埋入砂浆，测头用不锈钢金属制成；

6. 养护筒——用耐腐蚀材料制成，应不漏水，不透气，加盖后放在养护室中能确保筒内空气相对湿度为 95％以上，筒内设有试件架，架下盛有水，试件垂直立于架上并不与水接触；

7. 测长仪——测量范围 280～300 mm，精度 0.01 mm；

8. 室温为(40±2) ℃的养护室；

9. 天平——称量 2 000 g，感量 2 g；

10. 跳桌——应符合现行行业标准《水混胶砂流动度测定仪》（JC/T 958）要求。

6.21.3 试件的制备应符合下列规定：

1. 制作试件的材料应符合下列规定：

(1) 水泥——在做一般骨料活性鉴定时，应使用高碱水泥，含碱量为 1.2％；低于此值时，掺浓度为 10％的氢氧化钠溶液，将碱含量调至水泥量的 1.2％；对于具体工程，当该工程拟用水泥的含碱量高于此值，则应采用工程所使用的水泥；

注：水泥含碱量以氧化钠（Na_2O）计，氧化钾（K_2O）换算为氧化钠时乘以换算系数 0.658。

(2) 砂——将样品缩分成约 5 kg，按表 6-3 中所示级配及比例组合成试验用料，并将试样洗净晾干。

表 6-3　砂级配表

公称粒级	5.00～2.50 mm	2.50～1.25 mm	1.25 mm～630 μm	630～315 μm	315～160 μm
分级质量（％）	10	25	25	25	15

注：对特细砂分级质量不作规定。

2. 制作试件用的砂浆配合比应符合下列规定：

水泥与砂的质量比为 1：2.25。每组 3 个试件，共需水泥 440 g，砂料 990 g，砂浆用水量应按现行国家标准《水泥胶砂流动度测定方法》（GB/T 2419）确定，跳桌次数改为 6 s 跳动 10 次，以流动度在 105～120 mm 为准。

3. 砂浆长度法试验所用试件应按下列方法制作：

（1）成型前 24 h，将试验所用材料（水泥、砂、拌和用水等）放入（20±2）℃的恒温室中；

（2）先将称好的水泥与砂倒入搅拌锅内，开动搅拌机，拌合 5 s 后徐徐加水，20～30 s 加完，自开动机器起搅拌（180±5）s 停机，将粘在叶片上的砂浆刮下，取下搅拌锅；

（3）砂浆分两层装入试模内，每层捣 40 次；测头周围应填实，浇捣完毕后用镘刀刮除多余砂浆，抹平表面并标明测定方向和编号。

6.21.4 砂浆长度法试验应按下列步骤进行：

1. 试件成型完毕后，带模放入标准养护室，养护（24±4）h 后脱模（当试件强度较低时，可延至 48 h 脱模），脱模后立即测量试件的基长（L_0）。测长应在（20±2）℃的恒温室中进行，每个试件至少重复测试两次，取差值在仪器精度范围内的两个读数的平均值作为长度测定值（精确至 0.02 mm）。待测的试件须用湿布覆盖，以防止水分蒸发。

2. 测量后将试件放入养护筒中，盖严后放入（40±2）℃养护室里养护（一个筒内的品种应相同）。

3. 自测基长之日起，14 d、1 个月、2 个月、3 个月、6 个月再分别测其长度（L_t），如有必要还可适当延长。在测长前一天，应把养护筒从（40±2）℃养护室中取出，放入（20±2）℃的恒温室。试件的测长方法与测基长相同，测量完毕后，应将试件调头放入养护筒中，盖好筒盖，放回（40±2）℃养护室继续养护到下一测龄期。

4. 在测量时应观察试件的变形、裂缝和渗出物，特别应观察有无胶体物质，并作详细记录。

6.21.5 试件的膨胀率应按下式计算，精确至 0.001%：

$$\varepsilon_t = \frac{L_t - L_0}{L_0 - 2\Delta} \times 100\% \quad \cdots\cdots\cdots\cdots\cdots\cdots\cdots\cdots\cdots\cdots\cdots (6\text{-}27)$$

式中：

ε_t——试件在 t 天龄期的膨胀率（%）；

L_0——试件的基长（mm）；

L_t——试件在 t 天龄期的长度（mm）；

Δ——测头长度（mm）。

以三个试件膨胀率的平均值作为某一龄期膨胀率的测定值。任一试件膨胀率与平均值均应符合下列规定：

1. 当平均值小于或等于 0.05% 时，其差值均应小于 0.01%；

2. 当平均值大于 0.05% 时，其差值均应小于平均值的 20%；

3. 当三个试件的膨胀率均超过 0.10% 时，无精度要求；

4. 当不符合上述要求时，去掉膨胀率最小的，用其余两个试件的平均值作为该龄期的膨胀率。

6.21.6 结果评定应符合下列规定：

当砂浆 6 个月膨胀率小于 0.10% 或 3 个月的膨胀率小于 0.05%（只有在缺少 6 个月膨

胀率时才有效）时，则判为无潜在危害。否则，应判为有潜在危害。

7　石的检验方法

7.1　碎石或卵石的筛分析试验

7.1.1　本方法适用于测定碎石或卵石的颗粒级配。

7.1.2　筛分析试验应采用下列仪器设备

　　1. 试验筛——筛孔公称直径为 100.0 mm、80.0 mm、63.0 mm、50.0 mm、40.0 mm、31.5 mm、25.0 mm、20.0 mm、16.0 mm、10.0 mm、5.00 mm 和 2.50 mm 的方孔筛以及筛的底盘和盖各一只，其规格和质量要求应符合现行国家标准《金属穿孔板试验筛》（GB/T 6003.2）的要求，筛框直径为 300 mm；

　　2. 天平和秤——天平的称量 5 kg，感量 5 g；秤的称量 20 kg，感量 20 g；

　　3. 烘箱——温度控制范围为(105±5) ℃；

　　4. 浅盘。

7.1.3　试样制备应符合下列规定：试验前，应将样品缩分至表 7-1 所规定的试样最少质量，并烘干或风干后备用。

表 7-1　筛分新所需试样的最少质量

公称粒径（mm）	10.0	16.0	20.0	25.0	31.5	40.0	63.0	80.0
试样最少质量（kg）	2.0	3.2	4.0	5.0	6.3	8.0	12.6	16.0

7.1.4　筛分析试验应按下列步骤进行：

　　1. 按表 7-1 的规定称取试样；

　　2. 将试样按筛孔大小顺序过筛，当每只端上的筛余层厚度大于试样的最大粒径值时，应将该筛上的筛余试样分成两份，再次进行筛分，直至各筛每分钟的通过量不超过试样总量的 0.1%；

　　注：当筛余试样的颗粒粒径比公称粒径大 20 mm 以上时，在筛分过程中，允许用手拨动颗粒。

　　3. 称取各筛筛余的质量，精确至试样总质量的 0.1%。各筛的分计筛余量和筛底剩余量的总和与筛分前测定的试样总量相比，其相差不得超过 1%。

7.1.5　筛分析试验结果应按下列步骤计算：

　　1. 计算分计筛余（各筛上筛余量除以试样的百分率），精确至 0.1%；

　　2. 计算累计筛余（该筛的分计筛余与筛孔大于该筛的各筛的分计筛余百分率之总和），精确至 1%，

　　3. 根据各筛的累计筛余，评定该试样的颗粒级配。

7.2　碎石或卵石的表观密度试验（标准法）

7.2.1　本方法适用于测定碎石或卵石的表观密度。

7.2.2　标准法表观密度试验应采用下列仪器设备：

　　1. 液体天平——称量 5 kg，感量 5 g，其型号及尺寸应能允许在臂上悬挂盛试样的吊篮，并在水中称重（图 7-1）；

　　2. 吊篮——直径和高度均为 150 mm，由孔径为 1～2 mm 的筛网或钻有孔径为 2～3 mm 孔洞的耐锈独金属板制成；

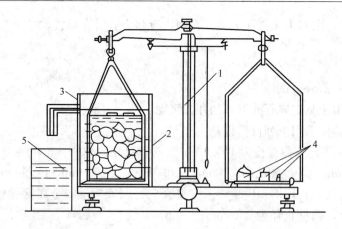

图 7-1　液体天平

1—5kg 天平；2—吊篮；3—带有溢流孔的金属容器；4—砝码；5—容器

3. 盛水容器——有溢流孔；

4. 烘箱——温度控制范围为(105±5) ℃；

5. 试验筛——筛孔公称直径为 5.00 mm 的方孔筛一只；

6. 温度计——0～100 ℃；

7. 带盖容器、浅盘、刷子和毛巾等。

7.2.3 试样制备应符合下列规定：

试验前，将样品筛除公称粒径 5.00 mm 以下的颗粒，并缩分至略大于两倍于表 7-2 所规定的最少质量，冲洗干净后分成两份备用。

表 7-2　表观密度试验所需的试样最少质量

最大公称粒径（mm）	10.0	16.0	20.0	25.0	31.5	40.0	63.0	80.0
试样最少质量（kg）	2.0	2.0	2.0	2.0	3.0	4.0	6.0	6.0

7.2.4 标准法表观密度试验应按以下步骤进行：

1. 按表 7-2 的规定称取试样；

2. 取试样一份装入吊篮，并浸入盛水的容器中，水面至少高出试样 50mm；

3. 浸水 24 h 后，移放到称量用的盛水容器中，并用上下升降吊篮的方法排除汽泡（试样不得露出水面）。吊篮每升降一次约为 1 s，升降高度为 30～50 mm；

4. 测定水温（此时最篮应全浸在水中），用天平称取品篮及试样在水中的质量（m_2）。称量时盛水容器中水面的高度由容器的溢流孔控制；

5. 提起吊篮，将试样置于浅盘中，放入(105±5) ℃的烘箱中洪干至恒重；取出来放在带盖的容器中冷却至室温后，称重（m_0）；

注：恒重是指相部两次称量间隔时间不小于 3 h 的情况下，其前后两次称量之差小于该项试验所要求的称量精度。下同。

6. 称取吊篮在同样温度的水中质量（m_1），称量时盛水容器的水面高度仍应由溢流口控制。

注：试验的各项称重可以在 15～25 ℃的温度范围内进行，但从试样加水静置的最后 2 h 起直至试验结束，其温度相差不应超过 2 ℃。

7.2.5 表观密度 ρ 应按下式计算，精确至 $10\ kg/m^3$：

$$\rho = \left(\frac{m_0}{m_0 + m_1 - m_2} - a_t\right) \times 1\ 000 \qquad \cdots\cdots\cdots\cdots\cdots\cdots\cdots (7\text{-}1)$$

式中：

ρ——表观密度（kg/m^3）；

m_0——试样的烘干质量（g）；

m_1——吊篮在水中的质量（g）；

m_2——吊篮及试样在水中的质量（g）；

a_t——水温对表观密度影响的修正系数，见表 7-3。

表 7-3 不同水温下碎石或卵石观表观密度影响的修正系数

水温（℃）	15	16	17	18	19	20	21	22	23	24	25
a_t	0.002	0.003	0.003	0.004	0.004	0.005	0.005	0.006	0.006	0.007	0.008

以两次试验结果的算术平均值作为测定值。当两次结果之差大于 $20\ kg/m^3$ 时，应重新取样进行试验。对颗粒材质不均匀的试样，两次试验结果之差大于 $20\ kg/m^3$ 时，可取四次测定结果的算术平均值作为测定值。

7.3 碎石或卵石的表观密度试验（简易法）。

7.3.1 本方法适用于测定碎石或卵石的表观密度，不宜用于测定最大公称粒径超过 40 mm 的碎石或卵石的表观密度。

7.3.2 简易法测定表观密度应采用下列仪器设备：

1. 烘箱——温度控制范围为(105±5) ℃；

2. 秤——称量 20 kg，感量 20 g；

3. 广口瓶——容量 1 000 mL，磨口，并带玻璃片；

4. 试验筛——筛孔公称直径为 5.00 mm 的方孔筛一只；

5. 毛巾、刷子等。

7.3.3 试样制备应符合下列规定：

试验前，筛除样品中公称粒径为 5.00 mm 以下的颗粒，缩分至略大于本标准表 7-2 所规定的量的两倍。洗刷干净后，分成两份备用。

7.3.4 简易法测定表观密度应按下列步骤进行：

1. 按本标准表 7-2 规定的数量称取试样；

2. 将试样浸水饱和，然后装入广口瓶中。装试样时，广口瓶应倾斜放置，注入饮用水，用玻璃片覆盖瓶口，以上下左右摇晃的方法排除气泡；

3. 气泡排尽后，向瓶中添加饮用水直至水面凸出瓶口边缘。然后用玻璃片沿瓶口迅速滑行，使其紧贴瓶口水面。擦干瓶外水分后，称取试样、水、瓶和玻璃片总质量（m_1）；

4. 将瓶中的试样倒入浅盘中，放在(105±5) ℃的烘箱中烘干至恒重；取出，放在带盖的容器中冷却至室温后称取质量（m_0）；

5. 将瓶洗净，重新注入饮用水，用玻璃片紧贴瓶口水面，擦干瓶外水分后称取质量（m_2）。

注：试验时各项称重可以在 15～25 ℃的温度范围内进行，但从试样加水静置的最后 2 h 起直至试验结束，其温度相差不应超过 2 ℃。

7.3.5 表观密度 ρ 应按下式计算，精确至 10 kg/m³：

$$\rho = \left(\frac{m_0}{m_0 + m_2 - m_1} - a_t \right) \times 1\,000 \quad \cdots\cdots\cdots\cdots\cdots\cdots\cdots (7\text{-}2)$$

式中：

ρ——表观密度（kg/m³）；

m_0——烘干后试样质量（g）；

m_1——试样、水、瓶和玻璃片的总质量（g）；

m_2——水、瓶和玻璃片总质量（g）；

a_t——水温对表观密度影响的修正系数，见表 7-3。

以两次试验结果的算术平均值作为测定值。当两次结果之差大于 20 kg/m³ 时，应重新取样进行试验。对颗粒材质不均匀的试样，如两次试验结果之差大于 20 kg/m³ 时，可取四次测定结果的算术平均值作为测定值。

7.4 碎石或卵石的含水率试验。

7.4.1 本方法适用于测定碎石或卵石的含水率。

7.4.2 含水率试验应采用下列仪器设备：

1. 烘箱——温度控制范围为（105±5）℃；

2. 秤——称量 20 kg，感量 20 g；

3. 容器——如浅盘等。

7.4.3 含水率试验应按下列步骤进行：

1. 按本标准表 5-1 的要求称取试样，分成两份备用；

2. 将试样置于干净的容器中，称取试样和容器的总质量（m_1），并在（105±5）℃的烘箱中烘干至恒重；

3. 取出试样，冷却后称取试样与容器的总质量（m_2），并称取容器的质量（m_3）。

7.4.4 含水率 W_{wc} 应按下式计算，精确至 0.1%。

$$W_{wc} = \frac{m_1 - m_2}{m_2 - m_3} \times 100\% \quad \cdots\cdots\cdots\cdots\cdots\cdots\cdots (7\text{-}3)$$

式中：

W_{wc}——含水率（%）；

m_1——烘干前试样与容器总质量（g）；

m_2——烘干后试样与容器总质量（g）；

m_3——容器质量（g）。

以两次试验结果的算术平均值为测定值。

注：碎石或卵石含水率简易测定法可采用"烘干法"。

7.5 碎石或卵石的吸水率试验

7.5.1 本方法适用于测定碎石或卵石的吸水率，即测定以烘干质量为基准的饱和面干吸水率。

7.5.2 吸水率试验应采用下列仪器设备：

1. 烘箱——温度控制范围为（105±5）℃；

2. 秤——称量 20 kg，感量 20 g；

3. 试验筛——筛孔公称直径为 5.00 mm 的方孔筛一只;

4. 容器、浅盘、金属丝刷和毛巾等。

7.5.3 试样的制备应符合下列要求:

试验前,筛除样品中公称粒径 5.00 mm 以下的颗粒,然后缩分至两倍于表 7-4 所规定的质量,分成两份,用金属丝刷刷净后备用。

表 7-4　吸水率试验所需的试样最少质量

最大公称粒径（mm）	10.0	16.0	20.0	25.0	31.5	40.0	63.0	80.0
试样最少质量（kg）	2	2	4	4	4	6	6	8

7.5.4 吸水率试验应按下列步骤进行:

1. 取试样一份置于盛水的容器中,使水面高出试样表面 5 mm 左右,24 h 后从水中取出试样,并用拧干的湿毛巾将颗料表面的水分拭干,即成为饱和面干试样。然后,立即将试样放在浅盘中称取质量（m_2）,在整个试验过程中,水温必须保持在（20±5）℃。

2. 将饱和面干试样连同浅盘置于（105±5）℃的烘箱中烘干至恒重。然后取出,放入带盖的容器中冷却 0.5～1 h,称取烘干试样与浅盘的总质量（m_1）,称取浅盘的质量（m_3）。

7.5.5 吸水率 W_{wa} 应按下式计算,精确至 0.01 %:

$$W_{wa} = \frac{m_2 - m_1}{m_1 - m_3} \times 100\% \quad\cdots\cdots\cdots\cdots\cdots\cdots\cdots\cdots\cdots (7\text{-}4)$$

式中:

W_{wa}——吸水率（%）;

m_1——烘干后试样与浅盘总质量（g）;

m_2——烘干前饱和面干试样与浅盘总质量（g）;

m_3——浅盘质量（g）。

以两次试验结果的算术平均值作为测定值。

7.6 碎石或卵石的堆积密度和紧密密度试验。

7.6.1 本方法适用于测定碎石或卵石的堆积密度、紧密密度及空隙率。

7.6.2 堆积密度和紧密密度试验应采用下列仪器设备:

1. 秤——称量 100 kg,感量 100 g;

2. 容量筒——金属制,其规格见表 7-5;

3. 平头铁锹;

4. 烘箱——温度控制范围为（105±5）℃。

表 7-5　容量筒的规格要求

碎石或卵石的最大 公称粒径（mm）	容量筒容积 （L）	容量筒规格（mm）		壁厚度 （mm）
		内径	净高	
10.0, 16.0, 20.0, 25	10	208	294	2
31.5, 40.0	20	294	294	3
63.0, 80.0	30	360	294	4

注:测定紧密密度时,对最大公称粒径为 31.5 mm、40.0 mm 的骨料,可采用 10L 的容量筒,对最大公称粒径为 63.0 mm、80.0 mm 的骨料,可采用 20 L 容量筒。

7.6.3 试样的制备应符合下列要求：

按表 7-5 的规定称取试样，放入浅盘，在 (105±5)℃ 的烘箱中烘干，也可摊在清洁的地面上风干，拌匀后分成两份备用。

7.6.4 堆积密度和紧密密度试验应按以下步骤进行：

1. 堆积密度：取试样一份，置于平整干净的地板（或铁板）上，用平头铁锹铲起试样，使石子自由落入容量筒内。此时，从铁锹的齐口至容量筒上口的距离应保持为 50 mm 左右。装满容量筒除去凸出筒口表面的颗粒，并以合适的颗粒填入凹陷部分，使表面稍凸起部分和凹陷部分的体积大致相等，称取试样和容量筒总质量 (m_2)。

2. 紧密密度：取试样一份，分三层装入容量筒。装完一层后，在筒底垫放一根直径为 25 mm 的钢筋，将筒按住并左右交替颠击地面各 25 下，然后装入第二层。第二层装满后，用同样方法颠实（但筒底所垫钢筋的方向应与第一层放置方向垂直），然后再装入第三层，如法颠实。待三层试样装填完毕后，加料直到试样超出容量筒筒口，用钢筋沿筒口边缘滚转，刮下高出筒口的颗粒，用合适的颗粒填平凹处，使表面稍凸起部分和凹陷部分的体积大致相等。称取试样和容量筒总质量 (m_2)。

7.6.5 试验结果计算应符合下列规定：

1. 堆积密度 (ρ_L) 或紧密密度 (ρ_c) 按下式计算，精确至 10 kg/m³。

$$\rho_L(\rho_c) = \frac{m_2 - m_1}{V} \times 1\,000 \quad \cdots\cdots (7\text{-}5)$$

式中：

ρ_L——堆积密度（kg/m³）；

ρ_c——紧密密度（kg/m³）；

m_1——容量筒的质量（kg）；

m_2——容量筒和试样总质量（kg）；

V——容量筒的体积（L）。

以两次试验结果的算术平均值作为测定值。

2. 空隙率 (ν_L、ν_c) 按 7.6.5-2 及 7.6.5-3 计算，精确至 1%：

$$\nu_L = \left(1 - \frac{\rho_L}{\rho}\right) \times 100\%$$
$$\quad\cdots\cdots (7\text{-}6)$$
$$\nu_c = \left(1 - \frac{\rho_c}{\rho}\right) \times 100\%$$

式中：

ν_L、ν——空隙率（%）；

ρ_L——碎石或卵石的堆积密度（kg/m³）；

ρ_c——碎石或卵石的紧密密度（kg/m³）；

ρ——碎石或卵石的表观密度（kg/m³）。

7.6.6 容量筒容积的校正应以 (20±5)℃ 的饮用水装满容量筒，用玻璃板沿筒口滑移，使其紧贴水面，擦干筒外壁水分后称取质量。用下式计算筒的容积。

$$V = m_2' - m_1' \quad\cdots\cdots (7\text{-}7)$$

式中：

V——容量筒的体积（L）；

m_1——容量筒和玻璃板质量（kg）；

m_2——容量筒、玻璃板和水总质量（kg）。

7.7 碎石或卵石中含泥量试验。

7.7.1 本方法适用于测定碎石或卵石中的含泥量。

7.7.2 含泥量试验应采用下列仪器设备：

1. 秤——称量 20 kg，感量 20 g；

2. 烘箱——温度控制范围为（105±5）℃；

3. 试验筛——筛孔公称直径为 1，25 mm 及 80 μm 的方孔筛各一只；

4. 容器——容积约 10 L 的瓷盘或金属盒；

5. 浅盘。

7.7.3 试样制备应特合下列规定：

将样品缩分至表 7-6 所规定的量（注意防止细粉丢失），并置于温度为（105±5）℃的烘箱内烘干至恒重，冷却至室温后分成两份备用。

表 7-6 含泥量试验所需的试样最少质量

最大公称粒径（mm）	10.0	16.0	20.0	25.0	31.5	40.0	63.0	80.0
试样量不少于（kg）	2	2	6	6	10	10	20	20

7.7.4 含泥量试验应按下列步骤进行：

1. 称取试样一份（m_0）装入容器中摊平，并注入饮用水，使水面高出石子表面 150 mm；浸泡 2 h 后，用手在水中淘洗颗粒，使尘屑、淤泥和黏土与较粗颗粒分离，并使之悬浮或溶解于水。缓缓地将浑浊液倒入公称直径为 1.25 mm 及 80 μm 的方孔套筛（1.25 mm 筛放置上面）上，虑去小于 80 μm 的颗粒。试验前筛子的两面应先用水湿润。在整个试验过程中应注意避免大于 80 μm 的颗粒丢失。

2. 再次加水于容器中，重复上述过程，直至洗出的水清澈为止。

3. 用水冲洗剩留在筛上的细粒，并将公称直径为 80μm 的方孔筛放在水中（使水面略高出筛内颗粒）来回摇动，以充分洗除小于 80 μm 的颗粒。然后将两只筛上剩留的颗粒和筒中已洗净的试样一并装入浅盘，置于温度为（105±5）℃的烘箱中烘干至恒重。取出冷却至室温后，称取试样的质量（m_1）。

7.7.5 碎石或卵石中含泥量 W_c 应按下式计算，精确至 0.1％。

$$W_c = \frac{m_0 - m_1}{m_0} \times 100\% \quad \cdots\cdots\cdots\cdots\cdots\cdots\cdots (7-8)$$

式中：

W_c——含泥量（％）；

m_0——试验前烘干试样的质量（g）；

m_r——试验后烘干试样的质量（g）。

以两个试样试验结果的算术平均值作为测定值。两次结果之差大于 0.2％时，应重新取样进行试验。

7.8 碎石或卵石中泥块含量试验。

7.8.1 本方法适用于测定碎石或卵石中泥块的含量。

7.8.2 泥块含量试验应采用下列仪器设备：

1. 秤——称量 20 kg，感量 20 g；

2. 试验筛——筛孔公称直径为 2.50 mm 及 5.00 mm 的方孔筛各一只；

3. 水筒及浅盘等；

4. 烘箱——温度控制范围为 （105±5）℃

7.8.3 试样制备应符合下列规定：

将样品缩分至略大于表 7-6 所示的量，缩分时应防止所含黏土块被压碎。缩分后的试样在 （105±5）℃ 烘箱内烘至恒重，冷却至室温后分成两份备用。

7.8.4 混块含量试验应按下列步骤进行：

1. 筛去公称粒径 5.00 mm 以下颗粒，称取质量 （m_1）；

2. 将试样在容器中摊平，加入饮用水使水面高出试样表面，24 h 后把水放出，用手碾压混块，然后把试样放在公称直径为 2.50 mm 的方孔筛上摇动淘洗，直至洗出的水清澈为止；

3. 将筛上的试样小心地从筛里取出，置于温度为 （105±5）℃ 烘箱中烘干至恒重。取出冷却至室温后称取质量 （m_2）。

7.8.5 泥块含量 $W_{c,l}$ 应按下式计算，精确至 0.1%。

$$W_{c,l} = \frac{m_1 - m_2}{m_1} \times 100\% \quad \cdots\cdots\cdots\cdots\cdots (7\text{-}9)$$

式中：

$W_{c,l}$——泥块含量（%）；

m_1——公称直径 5 mm 剩上筛余量（g）；

m_2——试验后烘干试样的质量（g）。

以两个试样试验结果的算术平均值作为测定值。

7.9 碎石或卵石中针状和片状颗粒的总含量试验。

7.9.1 本方法适用于测定碎石或卵石中针状和片状颗粒的总含量。

7.9.2 针状和片状颗粒的总含量试验应采用下列仪器设备：

1. 针状规准仪（图 7-2）和片状规准仪（图 7-3），或游标卡尺；

2. 天平和秤——天平的称量 2 kg，感量 2 g，秤的称量 20 kg，感量 20 g；

3. 试验筛——筛孔公称直径分别为 5.00 mm、10.0 mm、20.0 mm、25.0 mm、31.5 mm、40.0 mm、63.0 mm 和 80.0 mm 的方孔筛各一只，根据需要选用；

4. 卡尺。

7.9.3 试样制备应符合下列规定：

将样品在室内风干至表面干燥，并缩分至表 7-7 规定的量，称量 （m_0），然后筛分成表 7-8 所规定的粒级备用。

表 7-7 针状和片状颗粒的总含量试验所需的试样最少质量

最大公称粒径（mm）	10.0	16.0	20.0	25.0	31.5	≥40.0
试样最少质量（kg）	0.3	1	2	3	5	10

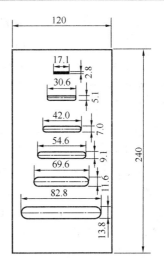

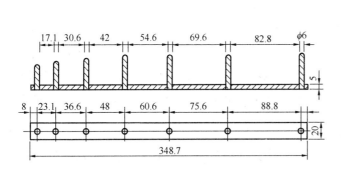

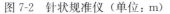

图 7-2　针状规准仪（单位：m）　　　图 7-3　片状规准仪（单位：mm）

表 7-8　针状和片状颗粒的总含量试验的粒级制分及其相应的规准仪孔宽或间距

公称粒级（mm）	5.00～10.0	10.0～16.0	16.0～20.0	20.0～25.0	25.0～31.5	31.5～40.0
片状规准使上相对应的孔宽（mm）	2.8	5.1	7.0	9.1	11.6	13.8
针状规准使上相对应的间距（mm）	17.1	30.6	42.0	54.6	69.6	82.8

7.9.4　针状和片状颗粒的总含量试验应按下列步骤进行：

1. 按表 7-8 所规定的粒级用规准仪逐粒对试样进行鉴定，凡颗粒长度大于针状规准仪上相对应的间距的，为针状颗粒。厚度小于片状规准仪上相应孔宽的，为片状颗粒。

2. 公称粒径大于 40 mm 的可用卡尺鉴定其针片状颗粒，卡尺卡口的设定宽度应符合表 7-9 的规定。

表 7-9　公称粒径大于 40 mm 用卡尺卡口的设定宽度

公称粒级（mm）	40.0～63.0	63.0～80.0
片状颗粒的卡口宽度（mm）	18.1	27.6
针状颗粒的卡口宽度（mm）	108.6	165.6

3. 称取由各粒级挑出的针状和片状颗粒的总质量（m_1）。

7.9.5　碎石或卵石中针状和片状颗粒的总含量 W_p 按下式计算，精确至 1%：

$$W = \frac{m_1}{m_0} \times 100\% \quad \cdots\cdots\cdots\cdots\cdots\cdots (7\text{-}10)$$

式中：

W_p——针状和片状颗粒的总含量（%）；

m_1——试样中所含针状和片状颗粒的总质量（g）；

m_0——试样总质量（g）。

7.10　卵石中有机物含量试验

7.10.1　本方法适用于定性地测定卵石中的有机物含量是否达到影响混凝土质量的程度。

7.10.2　有机物含量试验应采用下列仪器、设备和试剂：

1. 天平——称量 2 kg、感量 2 g 和称量 100 g、感量 0.1 g 的天平各 1 台;
2. 量筒——容量为 100 mL、250 mL 和 1 000 mL;
3. 烧杯、玻璃棒和筛孔公称直径为 20 mm 的试验筛;
4. 浓度为 3% 的氢氧化钠溶液——氢氧化钠与蒸馏水之质量比为 3∶97;
5. 鞣酸、酒精等。

7.10.3 试样的制备和标准溶液配制应符合下列规定:

1. 试样制备:筛除样品中公称粒径 20 mm 以上的颗粒,缩分至约 1 kg,风干后备用;
2. 标准溶液的配制方法:称取 2 g 鞣酸粉,溶解于 98 mL 的 10% 酒精溶液中,即得所需的鞣酸溶液,然后取该溶液 2.5 mL,注入 97.5 mL 液度为 3% 的氢氧化钠溶液中,加塞后剧烈摇动,静置 24 h 即得标准溶液。

7.10.4 有机物含量试验应按下列步骤进行:

1. 向 1 000 mL 量筒中,倒入干试样至 600 mL 刻度处,再注入浓度为 3% 的氢氧化钠溶液至 800 mL 刻度处,剧烈搅动后静置 24 h;
2. 比较试样上部溶液和新配制标准溶液的颜色。盛装标准溶液与盛装试样的量筒容积应一致。

7.10.5 结果评定应符合下列规定:

1. 若试样上部的溶液颜色浅于标准溶液的颜色,则试样有机物含量鉴定合格;
2. 若两种溶液的颜色接近,则应将该试样(包括上部溶液)倒入烧杯中放在温度为 60～70℃ 的水浴锅中加热 2～3 h,然后再与标准溶液比色;
3. 若试样上部的溶液的颜色深于标准色,则应配制成混凝土作进一步检验。其方法为:取试样一份,用浓度 3% 氢氧化钠溶液洗除有机物,再用清水淘洗干净,直至试样上部溶液的颜色浅于标准色;然后用洗除有机物的和未经清洗的试样用相同的水混、砂配成配合比相同、坍落度基本相同的两种混凝土,测其 28 d 抗压强度。者未经洗除有机物的卵石混凝土强度与经洗除有机物的混擬土强度之比不低于 0.95,则此卵石可以使用。

7.11 碎石或卵石的坚固性试验。

7.11.1 本方法适用于以硫酸钠饱和溶液法间接地判断碎石或卵石的坚固性。

7.11.2 坚固性试验应采用下列仪器、设备及试剂:

1. 烘箱——温度控制范围为 (105±5)℃;
2. 台秤——称量 5 kg,感量 5 g;
3. 试验筛——根据试样粒级,按表 7-10 选用;

表 7-10 坚固性试验所需的各粒级试样量

公称粒级（mm）	5.00～10.0	10.0～20.0	20.0～40.0	40.0～63.0	63.0～80.0
试样重（g）	500	1 000	1 500	3 000	3 000

注:1 公称粒级为 10.0～20.0 mm 试样中,应含有 40% 的 10.0～16.0 mm 粒级颗粒、60% 的 16.0～20.0 mm 粒级颗粒;

2 公称粒级为 20.0～40.0 mm 的试样中,应含有 40% 的 20.0～31.5 mm 粒级颗粒、60% 的 31.5～40.0 mm 粒级颗粒。

4. 容器——搪瓷盆或瓷盆,容积不小于 50 L;
5. 三脚网篮——网篮的外径为 100 mm,高为 150 mm,采用网孔公称直径不大于 2.50

mm 的网，由铜丝制成，检验公称粒径为 40.0～80.0 mm 的颗粒时，应采用外径和高度均为 150 mm 的网篮；

　　6. 试剂——无水硫酸钠。

7.11.3　硫酸钠溶液的配制及试样的制各应符合下列规定：

　　1. 硫酸钠溶液的配制：取一定数量的蒸馏水（取决于试样及容器的大小）。加温至 30～50℃，每 1 000 mL 蒸馏水加入无水硫酸钠（Na_2SO_4）300～350 g，用玻璃棒搅拌，使其溶解至饱和，然后冷却至 20～25 ℃，在此温度下静置两昼夜。其密度保持在 1 151～1 174 kg/m^3 范围内；

　　2. 试样的制备：将样品按表 7-10 的规定分级，并分别擦洗干净，放入 105～110 ℃烘箱内烘 24 h，取出并冷却至室温，然后按表 7-10 对各粒级规定的量称取试样（m_1）。

7.11.4　坚固性试验应按下列步骤进行：

　　1. 将所称取的不同粒级的试样分别装入三脚网篮并浸入盛有硫酸钠溶液的容器中。溶液体积应不小于试样总体积的 5 倍，其温度保持在 20～25 ℃ 的范围内。三脚网篮浸入溶液时应先上下升降 25 次以排除试样中的气泡，然后静置于该容器中。此时，网篮底面应距容器底面约 30 mm（由网篮脚控制），网篮之间的间距应不小于 30 mm，试样表面至少应在液面以下 30 mm。

　　2. 浸泡 20 h 后，从溶液中提出网篮，放在（105±5）℃的烘箱中烘 4 h。至此，完成了第一个试验循环。待试样冷却至 20～25 ℃ 后，即开始第二次循环。从第二次循环开始，浸泡及烘烤时间均可为 4 h。

　　3. 第五次循环完后，将试样置于 25～30 ℃ 的清水中洗净硫酸钠，再在（105±5）℃的烘箱中烘至恒重。取出冷却至室温后，用筛孔孔径为试样粒级下限的筛过筛，并称取各粒级试样试验后的余量（m_i'）。

　　注：试样中硫酸钠是否洗净，可按下法检验：取洗试样的水数毫升，滴入少量氯化钡（$BaCl_2$）溶液，如无白色沉淀，即说明硫酸钠已被洗净。

　　4. 对公称粒径大于 20.0 mm 的试样部分，应在试验前后记录其颗粒数量，并作外观检查，描述颗粒的裂缝、开裂、剥落、掉边和掉角等情况所占颗粒数量，以作为分析其坚固性时的补充依据。

7.11.5　试样中各粒级颗粒的分计质量损失百分率 δ_{ji} 应按下式计算：

$$\delta_{ji} = \frac{m_i - m_i'}{m_i} \times 100\% \quad\cdots\cdots\cdots\cdots\cdots\cdots\cdots\cdots\cdots (7\text{-}11)$$

式中：

　　δ_{ji}——各粒级颗粒的分计质量损失百分率（%）；

　　m_i——各粒级试样试验前的烘干质量（g）；

　　m_i'——经硫酸钠溶液法试验后，各粒级筛余颗粒的烘干质量（g）。

　　试样的总质量损失百分率 δ_j，应按下式计算，精确至 1%：

$$\delta_j = \frac{a_1\delta_{j1} + a_2\delta_{j2} + a_3\delta_{j3} + a_4\delta_{j4} + a_5\delta_{j5}}{a_1 + a_2 + a_3 + a_4 + a_5} \times 100\% \quad\cdots\cdots\cdots (7\text{-}12)$$

式中：

　　δ_j——总质量损失百分率（%）；

a_1、a_2、a_3、a_4、a_5——试样中分别为 5.00~10.0 mm、10.0~20.0 mm、20.0~40.0 mm、40.0~63.0 mm、63.0~80.0 mm 各公称粒级的分计百分含量（%）；

δ_{ji}、δ_{j2}、δ_{j3}、δ_{j4}、δ_{j5}——各粒级的分计质量损失百分率（%）。

7.12 岩石的抗压强度试验。

7.12.1 本方法适用于测定碎石的原始岩石在水饱和状态下的抗压强度。

7.12.2 岩石的抗压强度试验应采用下列设备：

1. 压力试验机——荷载 1 000 kN；

2. 石材切割机或钻石机；

3. 岩石磨光机；

4. 游标卡尺，角尺等。

7.12.3 试样制备应符合下列规定：

试验时，取有代表性的岩石样品用石材切割机切割成边长为 50 mm 的立方体，或用钻石机钻取直径与高度均为 50 mm 的圆柱体。然后用磨光机把试件与压力机压板接触的两个面磨光并保持平行，试件形状须用角尺检查。

7.12.4 至少应制作六个试块。对有显著层理的岩石，应取两组试件（12 块）分别测定其垂直和平行于层理的强度值。

7.12.5 岩石抗压强度试验应按下列步骤进行：

1. 用游标卡尺量取试件的尺寸（精确至 0.1 mm），对于立方体试件，在顶面和底面上各量取其边长，以各个面上相互平行的两个边长的算术平均值作为宽或高，由此计算面积。对于圆柱体试件，在顶面和底面上各量取相互垂直的两个直径，以其算术平均值计算面积。取顶面和底面面积只的算术平均值作为计算抗压强度所用的截面积。

2. 将试件置于水中浸泡 48 h，水面应至少高出试件顶面 20 mm。

3. 取出试件，擦干表面，放在有防护网的压力机上进行强度试验，防止岩石碎片伤人。试验时加压速度应为 0.5~1.0 MPa/s。

7.12.6 岩石的抗压强度 f 应按下式计算，精确至 1 MPa。

$$f = \frac{F}{A} \quad \cdots\cdots\cdots\cdots\cdots\cdots\cdots\cdots\cdots\cdots\cdots\cdots\cdots\cdots \quad (7\text{-}13)$$

式中：

f——岩石的抗压强度（MPa）；

F——破坏荷载（N）；

A——试件的截面积（mm²）。

7.12.7 结果评定应符合下列规定：

以六个试件试验结果的算术平均值作为抗压强度测定值；当其中两个试件的抗压强度与其他四个试件抗压强度的算术平均值相差三倍以上时，应以试验结果相接近的四个试件的抗压强度算术平均值作为抗压强度测定值。

对具有显著层理的岩石，应以垂直于层理及平行于层理的抗压强度的平均值作为其抗压强度。

7.13 碎石或卵石的压碎值指标试验。

7.13.1 本方法适用于测定碎石或卵石抵抗压薄的能力，以间接地推测其相应的强度。

7.13.2 压碎值指标试验应采用下列仪器设备：

1. 压力试验机——荷载 300 kN；

2. 压碎值指标测定仪（图 7-4）；

3. 秤——称量 5 kg，感量 5 g；

4. 试验筛——筛孔公称直径为 10.0 mm 和 20.0 mm 的方孔筛各一只。

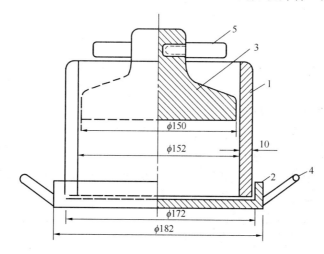

图 7-4 压碎值指标测定仪

1—圆筒；2—底盘；3—加压头；4—手把；5—把手

7.13.3 试样制各应符合下列规定：

1. 标准试样一律采用公称粒级为 10.0～20.0 mm 的颗粒，并在风干状态下进行试验。

2. 对多种岩石组成的卵石，当其公称粒径大于 20.0 mm 颗粒的岩石矿物成分与 10.0～20.0 mm 粒级有显著差异时，应将大于 20.0 mm 的颗粒应经人工破碎后，筛取 10.0～20.0 mm 标准粒级另外进行压碎值指标试验。

3. 将缩分后的样品先筛除试样中公称粒径 10.0 mm 以下及 20.0 mm 以上的颗粒，再用针状和片状规准仪剔除针状和片状颗粒，然后称取每份 3 kg 的试样 3 份备用。

7.13.4 压碎值指标试验应按下列步骤进行：

1. 置圆筒于底盘上，取试样一份，分二层装入圆筒。每装完一层试样后，在底盘下面垫放一直径为 10 mm 的圆钢筋，将筒按住，左右交替颠击地面各 25 下。第二层累实后，试样表面距盘底的高度应控制为 100 mm 左右。

2. 整平筒内试样表面，把加压头装好（注意应使加压头保持平正），放到试验机上在 160～300 s 内均匀地加荷到 200 kN，稳定 5 s，然后卸荷，取出测定筒。倒出筒中的试样并称其质量（m_0），用公称直径为 2.50 mm 的方孔筛筛除被压碎的细粒，称量剩留在筛上的试样质量（m_1）。

7.13.5 碎石或卵石的压碎值指标 δ_a，应按下式计算（精确至 0.1%）：

$$\delta_a = \frac{m_0 - m_1}{m_0} \times 100\% \quad \cdots\cdots\cdots\cdots\cdots\cdots\cdots (7\text{-}14)$$

式中：

δ_a——压碎值指标（%）；

m_0——试样的质量（g）；

m_1——压碎试验后筛余的试样质量（g）。

多种岩石组成的卵石，应对公称粒径 20.0 mm 以下和 20.0 mm 以上的标准粒级（10.0 ~20.0 mm）分别进行检验，则其总的压碎值指标 δ_a 应按下式计算：

$$\delta_a = \frac{a_1 \delta_{a1} + a_2 \delta_{a2}}{a_1 + a_2} \times 100\% \quad \cdots\cdots\cdots\cdots\cdots\cdots\cdots\cdots\cdots (7\text{-}15)$$

式中：

δ_a——总的压碎值指标（%）；

a_1、a_2——公称粒径 20.0 mm 以下和 20.0 mm 以上两粒级的颗粒含量百分率；

δ_{a1}、δ_{a2}——两粒级以标准粒级试验的分计压碎值指标（%）。

以三次试验结果的算术平均值作为压碎指标测定值。

7.14 碎石或卵石中硫化物及硫酸盐含量试验

7.14.1 本方法适用于测定碎石或卵石中硫化物及硫酸盐含量（按 SO_3 百分含量计）。

7.14.2 硫化物及硫酸盐含量试验应采用下列仪器、设备及试剂：

1. 天平——称量 1 000 g，感量 1 g；

2. 分析天平——称量 100 g，感量 0.000 1 g；

3. 高温炉——最高温度 1 000 ℃；

4. 试验筛——筛孔公称直径为 630 μm 的方孔筛一只；

5. 烧瓶、烧杯等；

6. 10%氯化钡溶液——10 g 氯化钡溶于 100 mL 蒸馏水中；

7. 盐酸（1+1）——浓盐酸溶于同体积的蒸馏水中；

8. 1%硝酸银溶液——1 g 硝酸银溶于 100 mL，蒸馏水中，加入 5~10 mL 硝酸，存于棕色瓶中。

7.14.3 试样制作应符合下列规定：

试验前，取公称粒径 40.0 mm 以下的风干碎石或卵石约 1 000 g，按四分法缩分至约 200 g，磨细使全部通过公称直径为 630μm 的方孔筛，仔细样匀，烘干备用。

7.14.4 硫化物及硫酸盐含量试验应按下列步骤进行：

1. 精确称取石粉试样约 1 g（m）放入 300 mL 的烧杯中，加入 30~40 mL 蒸馏水及 10 mL 的盐酸（1+1），加热至微沸，并保持微沸 5 min，使试样充分分解后取下，以中速滤纸过滤，用温水洗涤 10~12 次；

2. 调整滤液体积至 200 mL，煮沸，边搅拌边滴加 10 mL 氯化钡溶液（10%），并将溶液煮沸数分钟，然后移至温热处至少静置 4 h（此时溶液体积应保持在 200 mL），用慢速滤纸过滤，用温水洗至无氯离子（用硝酸银溶液检验）；

3. 将沉淀及滤纸一并移入已的烧至恒重（m_1）的瓷坩埚中，灰化后在 800℃的高温炉内灼烧 30 min。取出坩埚，置于干燥器中冷却至室温，称重，如此反复灼烧，直至恒重（m_2）。

7.14.5 水溶性硫化物及硫酸盐含量（以 SO_3 计）（W_{SO_3}）应按下式计算，精确至 0.01%。

$$W_{SO_3} = \frac{(m_2 - m_1) \times 0.343}{m} \times 100\% \quad \cdots\cdots\cdots\cdots\cdots \quad (7\text{-}16)$$

式中：

W_{SO_3}——硫化物及硫酸盐含量（以 SO_3 计）（%）；

m——试样质量（g）；

m_2——沉淀物与坩埚共重（g）；

m_1——坩埚质量（g）；

0.343——$BaSO_4$ 换算成 SO_3 的系数。

以两次试验的算术平均值作为评定指标，当两次试验结果的差值大于 0.15% 时，应重做试验。

7.15 碎石或卵石的碱活性试验（岩相法）。

7.15.1 本方法适用于鉴定碎石、卵石的岩石种类、成分，检验骨科中活性成分的品种和含量。

7.15.2 岩相法试验应采用下列仪器设备：

1. 试验筛——筛孔公称直径为 80.0 mm、40.0 mm、20.0 mm、5.00 mm 的方孔筛以及筛的底盘和盖各一只；

2. 秤——称量 100 kg，感量 100 g；

3. 天平——称量 2 000 g，感量 2 g；

4. 切片机、磨片机；

5. 实体显微镜、偏光显微镜。

7.15.3 试样制备应符合下列规定：

经缩分后将样品风干，并按表 7-11 的规定筛分、称取试样。

表 7-11　岩相试验样最少质量

公称粒级/mm	40.0～80.0	20.0～40.0	5.00～20.0
试验最少质量/1 kg	150	50	10

注：1. 大于 80.0 mm 的颗粒，按照 40.0～80.0 mm 一级进行试验；

　　2. 试样最少数量也可以以颗粒计，每级至少 300 颗。

7.15.4 岩相试验应按下列步骤进行：

1. 用肉眼逐粒观察试样，必要时将试样放在砧板上用地质锤击碎（应使岩石碎片损失最小），观察颗粒新鲜断面。将试样按岩石品种分类。

2. 每类岩石先确定其品种及外观品质，包括矿物质成分、风化程度、有无裂缝、坚硬性、有无包裹体及断口形状等。

3. 每类岩石均应制成若干薄片，在显微镜下鉴定矿物质组成、结构等，特别应测定其隐性品质、玻璃质成分的含量。测定结果填入表 7-12 中。

7.15.5 结果处理应符合下列规定：

根据岩相鉴定结果，对于不含活性矿物的岩石，可评定为非碱活性骨料。

评定为碱活性骨料或可疑时，应按本标准第 3.2.8 条的规定进行进一步鉴定。

表 7-12　骨料活性成分含量测定表

委托单位			样品编号	
样品产地、名称			检测条件	
公称粒级/mm		40.0～80.0	20.0～40.0	5.00～20.0
质量百分数/%				
岩石名称及外观品质				
碱活性矿物	品种及占本级配试样的质量百分含量/%			
	占试样总重的百分含量/%			
	合计			
结论			备注	

注: 1. 硅酸类活性硬度物质包括蛋白石、火山玻璃体、玉髓、玛瑙、鳞石英、磷石英、方石英、微晶石英、燧石、具有严重波状消光的石英;

2. 碳酸盐类活性矿物为具有细小菱形的白云石晶体。

7.16　碎石或卵石的碱活性试验（快速法）。

7.16.1　本方法适用于检验硅质骨料与混凝土中的碱产生潜在反应的危害性，不适用于碳酸盐骨料检验。

7.16.2　快速法碱活性试验应采用下列仪器设备：

1. 烘箱——温度控制范围为（105±5）℃；

2. 台秤——称量 5 000 g，感量 5 g；

3. 试验筛——筛孔公称直径为 5.00 mm、2.50 mm、1.25 mm、630 μm、315 μm、160 μm 的方孔筛各一只；

4. 测长仪——测量范围 280～300 mm，精度 0.01 mm；

5. 水泥胶砂搅拌机——应符合现行国家标准《行星式水泥胶砂搅拌机》JC/T 681 要求；

6. 恒温养护箱或水浴——温度控制范围为（80±2）℃；

7. 养护筒——由耐碱耐高温的材料制成，不漏水，密封，防止容器内温度下降，筒的容积可以保证试件全部浸没在水中，内设有试件架，试件垂直于试架放置；

8. 试模——金属试模尺寸为 25 mm×25 mm×280 mm，试模两端正中有小孔，可装入不锈钢测头；

9. 镘刀、捣棒、量筒、干燥器等；

10. 破碎机。

7.16.3　试样制备应符合下列规定：

1. 将试样缩分成约 5 kg，把试样破碎后筛分成按表 6-2 中所示级配及比例组合成试验用料，并将试样洗净烘干或晾干备用；

2. 水混采用符合现行国家标准《硅酸盐水泥、普通硅酸盐水泥》GB 175 要求的普通硅酸盐水混，水泥与砂的质量比为 1∶2.25，水灰比为 0.47，每组试件称取水泥 440 g，石料 990 g；

3. 将称好的水泥与砂倒入搅拌锅，应按现行国家标准《水泥胶砂强度检验方法（ISO

法)》GB/T 17671 规定的方法进行；

　　4. 搅拌完成后，将砂浆分两层装入试模内，每层捣 40 次，测头周围应填实，浇捣完毕后用镘刀刮除多余砂浆，抹平表面，并标明测定方向。

7.16.4　碎石或卵石快速法试验应按下列步骤进行：

　　1. 将试件成型完毕后，带模放入标准养护室，养护（24±4）h 后脱模。

　　2. 脱模后，将试件浸泡在装有自来水的养护筒中，并将养护筒放入温度（80±2）℃的恒温养护箱或水浴箱中，养护 24 h，同种骨料制成的试件放在同一个养护筒中。

　　3. 然后将养护筒逐个取出，每次从养护筒中取出一个试件，用抹布擦干表面，立即用测长仪测试件的基长（L_0），测长应在（20±2）℃恒温室中进行，每个试件至少重复测试两次，取差值在使用精度范围内的两个读数的平均值作为长度测定值（精确至 0.02 mm），每次每个试件的测量方向应一致，待测的试件须用湿布覆盖，以防止水分蒸发；从取出试件擦干到读数完成应在（15±5）s 内结束，读完数后的试件用湿布覆盖。全部试件测完基长后，将试件放入装有浓度为 1 mol/L 氢氧化钠溶液的养护筒中，确保试件被完全浸泡，且溶液温度应保持在（80±2）℃，将养护筒放回恒温养护箱或水浴箱中 。

　　注：用测长仪测定任一组试件的长度时，均应先调整测长仪的零点。

　　4. 自测定基长之日起，第 3 d、7 d、14 d 再分别测长（L_t），测长方法与测基长方法一致。测量完毕后，应将试件调头放入原养护筒中，盖好筒盖放回（80±2）℃的恒温养护箱或水浴箱中，继续养护至下一测试龄期。操作时应防止氢氧化钠溶液溅湿烧伤皮肤。

　　5. 在测量时应观察试件的变形、裂缝和渗出物等，特别应观察有无胶体物质，并作详细记录。

7.16.5　试件的膨胀率按下式计算，精确至 0.01%：

$$\varepsilon_t = \frac{L_t - L_0}{L_0 - 2\Delta} \times 100\% \quad\cdots\cdots\cdots\cdots\cdots\cdots\cdots\cdots (7\text{-}17)$$

式中：

　　ε_t——试件在 t 天龄期的膨胀率（%）；

　　L_0——试件的基长（ mm）；

　　L_t——试件在 t 天龄期的长度（mm）；

　　Δ——测头长度（mm）。

　　以三个试件膨胀率的平均值作为某一龄期膨胀率的测定值。任一试件膨胀率与平均值应符合下列规定：

　　1. 当平均值小于或等于 0.05% 时，单个测值与平均值的差值均应小于 0.01%；

　　2. 当平均值大于 0.05% 时，单个测值与平均值的差值均应小于平均值的 20%；

　　3. 当三个试件的膨胀率均大于 0.10% 时，无精度要求；

　　4. 当不符合上述要求时，去掉膨胀率最小的，用其余两个试件膨胀率的平均值作为该龄期的膨胀率。

7.16.6　结果评定应符合下列规定：

　　1. 当 14 d 膨胀率小于 0.10% 时，可判定为无潜在危害；

　　2. 当 14 d 膨涨率大于 0.20% 时，可判定为有潜在危害；

　　3. 当 14 d 膨胀率在 0.10%～0.20% 之间时，需按 7.17 节的方法再进行试验判定。

7.17 碎石或卵石的碱活性试验（砂浆长度法）

7.17.1 本方法适用于鉴定硅质骨料与水泥（混凝土）中的碱产生潜在反应的危险性，适用于碱碳酸盐反应活性骨料检验。

7.17.2 砂装长度法碱活性试验应采用下列仪器设备：

1. 试验筛——筛孔公称直径为 160 μm、315 μm、630 μm、1.25 mm、2.50 mm、5.00 mm 方孔筛各一只；

2. 胶砂搅拌机——应符合现行国家标准《行星式水泥胶砂搅拌机》JC/T 681 的规定；

3. 镘刀及截面为 14 mm×13 mm、长 130～150 mm 的铜制捣棒；

4. 量筒、秒表；

5. 试模和测头（埋钉）——金属试模，规格为 25 mm×25 mm×280 mm，试模两端板正中有小洞，测头以耐锈蚀金属制成；

6. 养护筒——用耐腐材料（如塑料）制成，应不漏水、不透气，加盖后在养护室能确保筒内空气相对湿度为 95 ％以上，筒内设有试件架，架下盛有水，试件垂直立于架上并不与水接触；

7. 测长仪——测量范围 160～185 mm，精度 0.01 mm；

8. 恒温箱（室）——温度为（40±2）℃；

9. 台秤——称量 5 kg，感量 5 g；

10. 跳桌——应符合现行行业标准《水泥胶砂流动度测定仪》JC/T 958 的要求。

7.17.3 试样制备应符合下列规定：

1. 制备试样的材料应符合下列规定：

（1）水泥：水泥含碱量应为 1.2％，低于此值时，可掺浓度 10％的氢氧化钠溶液，将碱含量调至水泥量的 1.2％。当具体工程所用水泥含碱量高于此值时，则应采用工程所使用的水泥。

注：水泥含碱量以氧化钠（Na_2O）计，氧化钾（K_2O）换算为氧化钠时乘以换算系数 0.658。

（2）石料：将试样缩分至约 5 kg，破碎筛分后，各粒级都应在筛上用水冲净粘附在骨料上的淤泥和细粉，然后烘干备用。石料按表 7-13 的级配配成试验用料。

表 7-13　石料级配表

公称粒级	5.00～2.50 mm	2.50～1.25 mm	1.25 mm～630 μm	630～315 μm	315～160 μm
分级质量（％）	10	25	25	25	15

2. 制作试件用的砂浆配合比应符合下列规定：

水泥与石料的质量比为 1：2.25。每组 3 个试件，共需水混 440 g，石料 990 g。砂浆用水量按现行国家标准《水泥胶砂流动度测定方法》GB/T 2419 确定，跳桌跳动次数应为 6 s 跳动 10 次，流动度应为 105～120 mm。

3. 砂浆长度法试验所用试件应按下列方法制作：

（1）成型前 24 h，将试验所用材料（水泥、骨料、拌合用水等）放入（20±2）℃的恒温室中。

（2）石料水泥浆制备：先将称好的水泥，石料倒入搅拌锅内，开动搅拌机。拌合 5 s 后，徐徐加水，20～30 s 加完，自开动机器起搅拌 120 s。将粘在叶片上的料刮下，取下搅拌锅。

（3）砂浆分二层装入试模内，每层捣 40 次，测头周围应捣实，浇捣完毕后用镘刀刮除多余砂浆，抹平表面，并标明测定方向及编号。

7.17.4　砂浆长度法试验应按下列步骤进行：

1. 试件成型完毕后，带模放入标准养护室，养护 24 h 后，脱模（当试件强度较低时，可延至 48 h 脱模）。脱模后立即测量试件的基长（L_0），测长应在（20±2）℃的恒温室中进行，每个试件至少重复测试两次，取差值在仪器精度范围内的两个读数的平均值作为测定值。待测的试件须用湿布覆盖，防止水分蒸发。

2. 测量后将试件放入养护筒中，盖严筒盖放入（40±2）℃的养护室里养护（同一筒内的试件品种应相同）。

3. 自测量基长起，第 14 d、1 个月、2 个月、3 个月、6 个月再分别测长（L_t），需要时可以适当延长。在测长前一天，应把养护筒从（40±2）℃的养护室取出，放入（20±2）℃的恒温室。试件的测长方法与测基长相同，测量完毕后，应将试件调头放入养护筒中。盖好筒盖，放回（40±2）℃的养护室继续养护至下一测试龄期。

4. 在测量时应观察试件的变形、裂缝和渗出物等，特别应观察有无胶体物质，并作详细记录。

7.17.5　试件的膨胀率应按下式计算，精确至 0.001%：

$$\varepsilon_t = \frac{L_t - L_0}{L_0 - 2\Delta} \times 100\% \quad \cdots\cdots\cdots\cdots\cdots\cdots\cdots\cdots\cdots (7\text{-}18)$$

式中：

ε_t——试件在 t 天龄期的膨胀率（%）；

L_0——试件的基长（mm）；

L_t——试件在 t 天龄期的长度（mm）；

Δ——测头长度（mm）。

以三个试件膨胀率的平均值作为某一龄期膨胀率的测定值。任一试件膨胀率与平均值应符合下列规定：

1. 当平均值小于或等于 0.05% 时，单个测值与平均值的差值均应小于 0.01%；

2. 当平均值大于 0.05% 时，单个测值与平均值的差值均应小于平均值的 20%；

3. 当三个试件的膨胀率均超过 0.10% 时，无精度要求；

4. 当不符合上述要求时，去掉膨胀率最小的，用其余两个试件膨胀率的平均值作为该龄期的膨胀率。

7.17.6　结果评定应符合下列规定：

当砂浆半年膨胀率低于 0.10% 时或 3 个月膨胀率低于 0.05% 时（只有在缺半年膨胀率资料时才有效），可判定为无潜在危害。否则，应判定为具有潜在危害。

7.18　碳酸盐骨料的碱清性试验（岩石柱法）

7.18.1　本方法适用于检验碳酸盐岩石是否具有碱活性。

7.18.2　岩石柱法试验应采用下列仪器、设备和试剂：

1. 钻机——配有小圆筒钻头；

2. 锯石机、磨片机；

3. 试件养护瓶——耐碱材料制成，能盖严以避免溶液变质和改变浓度；

4. 测长仪——量程 25～50 mm，精度 0.01 mm；

5. 1mol/L 氢氧化钠溶液——（40±1）g 氢氧化钠（化学纯）溶于 1 L 蒸馏水中。

7.18.3 试样制备应符合下列规定：

1. 应在同块岩石的不同岩性方向取样；岩石层理不清时，应在三个相互垂直的方向上各取一个试件；

2. 钻取的圆柱体试件直径为（9±1）mm，长度为（35±5）mm，试件两端面应磨光、互相平行且与试件的主轴线垂直，试件加工时应避免表面变质而影响碱溶液渗入岩样的速度。

7.18.4 岩石柱法试验应按下列步骤进行：

1. 将试件编号后，放入盛有蒸馏水的皿中，置于（20±2）℃的恒温室内，每隔 24 h 取出擦干表面水分，进行测长，直至试件前后两次测得的长度变化不超过 0.02 % 为止，以最后一次测得的试件长度为基长（L_0）。

2. 将测完基长的试件浸入盛有浓度为 1 mol/L 氢氧化钠溶液的瓶中，液面应超过试件顶面至少 10 mm，每个试件的平均液量至少应为 50 mL。同一瓶中不得浸泡不同品种的试件，盖严瓶盖，置于（20±2）℃的恒温室中。溶液每六个月更换一次。

3. 在（20±2）℃的恒温室中进行测长（L_t）。每个试件测长方向应始终保持一致。测量时，试件从瓶中取出，先用蒸馏水洗涤，将表面水擦干后再测量。测长龄期从试件泡入碱液时算起，在 7 d、14 d、21 d、28 d、56 d、84 d 时进行测量，如有需要，以后每 1 个月一次，一年后每 3 个月一次。

4. 试件在浸泡期间，应观测其形态的变化，如开裂、弯曲、断裂等，并作记录。

7.18.5 试件长度变化应按下式计算，精确至 0.001% ：

$$\varepsilon_{st} = \frac{L_t - L_0}{L_0} \times 100\% \quad\cdots\cdots (7\text{-}19)$$

式中：

ε_{st}——试件浸泡 t 天后的长度变化率；

L_t——试件浸泡 t 天后的长度（mm）；

L_0——试件的基长（mm）。

注：测量精度要求为同一试验人员、同一仪器测量同一试件，其误差不应超过±0.02%；不同试验人员，同一仪器测量同一试件，其误差不应超过±0.03%。

7.18.6 结果评定应符合下列规定：

1. 同块岩石所取的试样中以其膨胀率最大的一个测值作为分析该岩石碱活性的依据；

2. 试件浸泡 84 d 的膨胀率超过 0.10%，应判定为具有潜在碱活性危害。

第三部分　掺　合　料　类

3.1 用于水泥和混凝土中的粉煤灰 GB/T 1596—2005

1 范围

本标准规定了用于水泥和混凝土中的粉煤灰的定义和术语、分类、技术要求、试验方法、检验规则、包装标志与批号、运输与储存。

本标准适用于拌制混凝土和砂浆时作为掺合料的粉煤灰及水泥生产中作为活性混合材料的粉煤灰。

2 规范性引用文件

下列文件中的条款通过本标准的引用而成为本标准的条款。凡是注日期的引用文件，其随后所有的修改单（不包括勘误的内容）或修订版均不适用于本标准，然而，鼓励根据本标准达成协议的各方研究是否可使用这些文件的最新版本。凡是不注日期的引用日期，其最新版本适用于本标准。

GB/T 176 水泥化学分析方法（GB/T 176—1996，eqv ISO 680：1990）

GB/T 1346 水泥标准稠度用水量、凝结时间、安定性检验方法（GB/T 1346—2001，eqv ISO 9597：1989）

GB/T 2419 水泥胶砂流动度试验方法

GB 6566 建筑材料放射形核素限量

GB 12573 水泥取样方法

GB/T 17671—1999 水泥胶砂强度检验方法（ISO 法）（idt ISO 679：1989）

GSB 08—1337 中国 ISO 标准砂

GSB 14—1510 强度检验用水泥标准样品

3 定义和术语

本标准采用下列定义和术语。

3.1 粉煤灰 fly ash

电厂粉煤炉烟道气体中收集的粉末称为粉煤灰。

3.2 对比样品 contrast sample

符合 GSB 14—1510《强度检验用水泥标准样品》。

3.3 试验样品 testing sample

对比样品和被检验粉煤灰按 7：3 质量比混合而成。

3.4 对比胶砂 contrast mortar

对比样品与 GSB 08—1337 中国 ISO 标准砂按 1：3 质量比混合而成。

3.5 试验胶砂 testing mortar

试验样品与 GSB 08—1337 中国 ISO 标准砂按 1：3 质量比混合而成。

3.6 强度活性指数 strength activity index

试验胶砂抗压强度与对比胶砂抗压强度之比，以百分数表示。

4 分类

按煤种分为 F 类和 C 类。

4.1 F 类粉煤灰——由无烟煤或烟煤煅烧收集的粉煤灰。

4.2 C 类粉煤灰——由褐煤或次烟煤煅烧收集的粉煤灰，其氧化钙含量一般大于 10％。

5 等级

制混凝土和砂浆用粉煤灰分为三个等级：Ⅰ级、Ⅱ级、Ⅲ级。

6 技术要求

6.1 拌制混凝土和砂浆用粉煤灰应符合表 1 中技术要求

表 1 拌制混凝土和砂浆用粉煤灰技术要求

项　　目		技术要求		
		Ⅰ级	Ⅱ级	Ⅲ级
细度（45 μm 方孔筛筛余）， 不大于/％	F 类粉煤灰	12.0	25.0	45.0
	C 类粉煤灰			
需水量比，不大于/％	F 类粉煤灰	95	105	115
	C 类粉煤灰			
烧失量，不大于/％	F 类粉煤灰	5.0	8.0	15.0
	C 类粉煤灰			
含水量，不大于/％	F 类粉煤灰	1.0		
	C 类粉煤灰			
三氧化硫，不大于/％	F 类粉煤灰	3.0		
	C 类粉煤灰			
游离氧化钙，不大于/％	F 类粉煤灰	1.0		
	C 类粉煤灰	4.0		
安定性 雷氏夹沸煮后增加距离，不大于/mm	C 类粉煤灰	5.0		

6.2 水泥活性混合材料用粉煤灰应符合表 2 中技术要求

表 2 水泥活性混合材料用粉煤灰技术要求

项　　目		技术要求
烧失量，不大于/％	F 类粉煤灰	8.0
	C 类粉煤灰	
含水量，不大于/％	F 类粉煤灰	1.0
	C 类粉煤灰	

项　目		技术要求
三氧化硫，不大于/%	F 类粉煤灰	3.5
	C 类粉煤灰	
游离氧化钙，不大于/%	F 类粉煤灰	1.0
	C 类粉煤灰	4.0
安定性，雷氏夹沸煮后增加距离，不大于/mm	CF 类粉煤灰	5.0
强度活性指数，不小于/%	F 类粉煤灰	70.0
	C 类粉煤灰	

6.3 放射性

合格。

6.4 碱含量

粉煤灰中的碱含量按 $Na_2O+0.685K_2O$ 计算值表示，当粉煤灰用于活性骨料混凝土，要限制掺合料的碱含量时，由买卖双方协商确定。

6.3 均匀性

以细度（45 μm 方孔筛筛余）为考核依据，单一样品的细度不应超过前 10 个样品细度平均值的最大偏差，最大偏差范围由买卖双方协商确定。

7　试验方法

7.1　细度　按附录 A 进行

7.2　需水量比　按附录 B 进行

7.3　烧失量、三氧化硫、游离氧化钙和碱含量　按（GB/T 176）进行

7.4　含水量　按附录 C 进行

7.5　安定性　静浆试验样品按本标准第 3.3 条制备，安定性试验按 GB/T 1346 进行。

7.6　活性指数　按附录 D 进行

7.7　放射性　按（GB 6566）进行

7.8　均匀性　按附录 A 进行。

8　检验规则

8.1　编号与取样

8.1.1　编号。

以连续供应的 200 t 相同等级、相同种类的粉煤灰为一编号，不足 200 t 按一个编号论，粉煤灰质量按干灰（含水量小于 1%）的质量计算。

8.1.2　取样。

8.1.2.1　每一编号为一取样单位，当散装粉煤灰运输工具的容量超过该厂规定出厂编号吨数时，允许该编号的数量超过取样规定吨数。

8.1.2.2　取样方法按（GB 12573）进行。取样应有代表性，可连续取，也可从 10 个以上

不同部位取等量样品，总量至少 3 kg。

8.1.2.3 拌制混凝土和砂浆用粉煤灰，必要时，买方可对粉煤灰的技术要求进行随机抽样检验。

8.2 出厂检验

8.2.1 拌制混凝土和砂浆用粉煤灰，出厂检验项目为 6.1、6.3 条技术要求。

8.2.2 水泥活性混合材料用粉煤灰形式检验项目为 6.2、6.3 条技术要求。

8.2.3 有下列情况之一应进行形式试验：

——原料工艺有较大改变，可能影响产品性能时；

——正常生产时，每半年检验一次（放射性除外）

——产品长期停产后，恢复生产时；

——出厂检验结果与上次形式检验有较大差异时。

8.3 判定规则

8.3.1 拌制混凝土和砂浆用粉煤灰，试验结果符合本标准 6.1 条表 1 技术要求时为等级品。若其中任何一项不符合要求，允许在同一编号中重新加倍取样进行全部的项目的复检，以复检结果判定，复检不合格可降级处理。凡低于本标准第 6.1 条表 1 最低级别要求的为不合格品。

8.3.2 水泥活性混合材料用粉煤灰

8.3.2.1 出厂检验结果符合本标准 6.2 表 2 技术要求时，判为出厂检验合格。其中任何一项不符合要求，允许在同一编号中重新加倍取样进行全部项目的复检，以复检结果判定。

8.3.2.2 型式检验结果符合本标准 6.2 条表 2 技术要求时，判为型式检验合格。若其中任何一项不符合要求，允许在统一编号中重新加倍取样进行全部项目复检，以复检结果判定。只有当活性指数小于 70.0% 时，该粉煤灰可作为水泥生产中的非活性混合材料。

8.4 仲裁

当买卖双方对产品质量有争议时，买卖双方应将双方认可的样品签封，送省级或省级以上国家认可的质量监督检验机构进行仲裁试验。

9 标志和包装

9.1 标志。

袋装粉煤灰的包装上应标明产品名称（F 类粉煤灰或 C 类粉煤灰）、等级、分选或细磨、净含量、批号、执行标准号、生产厂名称和地址、包装日期。

散装粉煤灰应提交与袋装标志相同的内容和卡片。

9.2 包装

粉煤灰可以袋装或散装。袋装每袋净含量为 25 kg 或 40 kg，每袋净含量不得少于标志质量的 98%。其他包装规格由买卖双方协商确定。

10 运输和贮存

粉煤灰在运输和贮存时不得受潮、混入杂物、同时应防止环境污染。

3.2 用于水泥和混凝土中的粒化高炉矿渣粉
GB/T 18046—2008

1 范围

本标准规定了粒化高炉矿渣粉的定义、组分与材料、技术要求、试验方法、检验规则、包装、标志、运输和贮存等。

本标准适用于作水泥混合材和混凝土掺合料的粒化高炉矿渣粉。

2 规范性引用文件

下列文件中的条款通过本标准的引用而成为本标准的条款。凡是注日期的引用文件，其随后所有的修改单（不包括勘误的内容）或修订版均不适用于本标准，然而，鼓励根据本标准达成协议的各方研究是否可使用这些文件的最新版本。凡是不注日期的引用文件，其最新版本适用于本标准。

GB 175 通用硅酸盐水泥

GB/T 176 水泥化学分析方法（GB/T 176—1996，eqv ISO 680：1990）

GB/T 203 用于水泥中粒化高炉矿渣

GB/T 208 水泥密度测定方法

GB/T 2419 水泥胶砂流动度测定方法

GB/T 5483 石膏和硬石膏（GB/T 5483—1996，neq ISO 1587：1975）

GB 6566 建筑材料放射性核素限量

GB/T 8074 水泥比表面积测定方法（勃氏法）

GB 9774 水泥包装袋

GB 12573 水泥取样方法

GB/T 17671 水泥胶砂强度检验方法（ISO 法）（GB/T 17671—1999．idt ISO 679：1989）

JC/T 420 水泥原材料中氯的化学分析方法

JC/T 667 水泥助磨剂

3 术语和定义

下列术语和定义适用于本标准。

粒化高炉矿渣粉 ground granulated blast furnace slag powder

以粒化高炉矿渣为主要原料，可掺加少量石膏磨制成一定细度的粉体，称作粒化高炉矿渣粉，简称矿渣粉。

4 组分与材料

4.1 矿渣

符合 GB/T 203 规定的粒化高炉矿渣。

4.2 石膏

符合 GB/T 5483 中规定的 G 类或 M 类二级（含）以上的石膏或混合石膏。

4.3 助磨剂

符合 JC/T 667 的规定，其加入量不应超过矿渣粉质量的 0.5%。

5 技术要求

矿渣粉应符合表 1 的技术指标规定。

表 1 技术指标

项目			级 别		
			S105	S95	S75
密度/（g/cm²）		≥	2.8		
比表面积/（m²/kg）		≥	500	400	300
活性指数/% ≥	7 d		95	75	55
	28 d		105	95	75
流动度比/%		≥	95		
含水量（质量分数）/%		≤	1.0		
三氧化硫（质量分数）/%		≤	4.0		
氯离子（质量分数）/%		≤	0.06		
烧失量（质量分数）/%		≤	3.0		
玻璃体含量（质量分数）/%		≥	85		
放射性			合格		

6 试验方法

6.1 烧失量

按 GB/T 176 进行，但灼烧时间为 15～20 min。

矿渣粉在灼烧过程中由于硫化物的氧化引起的误差，可通过式（1）、式（2）进行校正：

$$\omega_{O_2} = 0.8 \times (\omega_{灼SO_3} - \omega_{未灼SO_3}) \quad\cdots\cdots\cdots\cdots\cdots\cdots\cdots (6\text{-}1)$$

式中：

ω_{O_2} ——矿渣粉灼烧过程中吸收空气中氧的质量分数，%；

$\omega_{灼SO_3}$ ——矿渣灼烧后测得的 SO_3 质量分数，%；

$\omega_{未灼SO_3}$ ——矿渣未经灼烧时的 SO_3 质量分数，%。

$$X_{校正} = X_{测} + \omega_{O_2} \quad\cdots\cdots\cdots\cdots\cdots\cdots\cdots (6\text{-}2)$$

式中：

$X_{校正}$——矿渣粉校正后的烧失量（质量分数），%；

$X_{测+}$——矿渣粉试验测得的烧失量（质量分数）%。

6.2　三氧化硫

按 GB/T 176 进行。

6.3　氯离子

按 JC/T 420 进行。

6.4　密度

按 GB/T 208 进行。

6.5　比表面积

按 GB/T 8074 进行。

6.6　活性指数及流动度比

按附录 A（规范性附录）进行。

GB/T 18046—2008

6.7　含水量

按附录 B（规范性附录）进行。

6.8　玻璃体含量

按附录 C（规范性附录）进行。

6.9　放射性

按 GB 6566 进行，其中放射性试验样品为矿渣粉和硅酸盐水泥按质量比 1∶1 混合制成。

7　检验规则

7.1　编号及取样

7.1.1　编号

矿渣粉出厂前按同级别进行编号和取样。每一编号为一个取样单位。矿渣粉出厂编号按矿渣粉单线年生产能力规定为：

$60×10^4$ t 以上，不超过 2 000 t 为一编号；

$30×10^4 \sim 60×10^4$ t，不超过 1 000 t 为一编号；

$10×10^4 \sim 30×10^4$ t，不超过 600 t 为一编号；

$10×10^4$ t 以下，不超过 200 t 为一编号。

当散装运输工具容量超过该厂规定出厂编号吨数时，允许该编号数量超过该厂规定出厂编号吨数。

7.1.2　取样方法

取样按 GB 12573 规定进行，取样应有代表性，可连续取样，也可以在 20 个以上部位取等量样品，总量至少 20 kg。试样应混合均匀，按四分法缩取出比试验所需要量大一倍的试样。

7.2　出厂检验

7.2.1　经确认矿渣粉各项技术指标及包装符合要求时方可出厂。

7.2.2　出厂检验项目为密度、比表面积、活性指数、流动度比、含水量、三氧化硫等技术要求（如掺有石膏则出厂检验项目中还应增加烧失量）。

7.3 型式检验

7.3.1 型式检验项目为第5章表1全部技术要求。

7.3.2 有下列情况之一应进行型式检验：

——原料、工艺有较大改变，可能影响产品性能时；

——正常生产时，每年检验一次；

——产品长期停产后，恢复生产时；

——出厂检验结果与上次型式检验有较大差异时；

——国家质量监督机构提出型式检验要求时。

7.4 判定规则

7.4.1 检验结果符合本标准第5章中密度、比表面积、活性指数、流动度比、含水量、三氧化硫等技术要求的为合格品。

7.4.2 检验结果不符合本标准第5章中密度、比表面积、活性指数、流动度比、含水量、三氧化硫等技术要求的为不合格品。若其中任何一项不符合要求，应重新加倍取样，对不合格的项目进行复检，评定时以复检结果为准。

7.4.3 型式检验结果不符合本标准第5章表1中任一项要求的为型式检验不合格。若其中任何一项不符合要求，应重新加倍取样，对不合格的项目进行复检，评定时以复检结果为准。

7.4.4 检验报告

检验报告内容应包括出厂检验项目、石膏和助磨剂的品种和掺量及合同约定的其他技术要求。当用户需要时，生产厂应在矿渣粉发出之日起11 d内寄除28 d活性指数以外的各项试验结果，28 d活性指数应在矿渣粉发出之日起32 d内补报。

7.5 交货与验收

7.5.1 交货时矿渣粉的质量验收可抽取实物试样以其检验结果为依据，也可以生产者同编号矿渣粉的检验报告为依据。采取何种方法验收由买卖双方商定，并在合同或协议中注明。卖方有告知买方验收方法的责任。当无书面合同或协议，或未在合同、协议中注明验收方法的，卖方应在发货票上注明"以本厂同编号矿渣粉的检验报告为验收依据"字样。

7.5.2 以抽取实物试样的检验结果为验收依据时，买卖双方应在发货前或交货地共同取样和签封。取样方法按GB 12573进行，取样数量为10 kg，缩分为二等份。一份由卖方保存40 d，一份由买方按本标准规定的项目和方法进行检验。

在40 d以内，买方检验认为产品质量不符合本标准要求，而卖方又有异议时，则双方应将卖方保存的另一份试样送省级或省级以上国家认可的建材产品质量监督检验机构进行仲裁检验。

7.5.3 以生产厂同编号矿渣粉的检验报告为验收依据时，在发货前或交货时买方（或委托卖方）在同编号矿渣粉中抽取试样，双方共同签封后保存三个月。

在三个月内，买方对矿渣粉质量有疑问时，则买卖双方应将共同签封的试样送省级或省级以上国家认可的建材产品质量监督检验机构进行仲裁检验。

8 包装、标志、运输与贮存

8.1 包装

矿渣粉可以袋装或散装。袋装每袋净含量 so kg，且不得少于标志质量的 99%，随机抽取 20 袋，总量不得少于 1 000 kg（含包装袋），其他包装形式由供需双方协商确定。

矿渣粉包装袋应符合 GB 9774 的规定。

8.2 标志

包装袋上应清楚标明：生产厂名称、产品名称、级别、包装日期和编号。掺石膏的矿渣粉还应标有"掺石膏"的字样。散装时应提交与袋装标志相同内容的卡片。

8.3 运输与贮存

矿渣粉在运输与贮存时不得受潮和混入杂物。

3.3 砂浆和混凝土用硅灰 GB/T 27690—2011

1 范围

本标准规定了砂浆和混凝土用硅灰的术语和定义、分类和标记、要求、试验方法、检验规则、包装、标识、运输和贮存。

本标准适用于砂浆和混凝土用硅灰。

2 规范性引用文件

下列文件对于本文件的应用是必不可少的。凡是注日期的引用文件，仅所注日期的版本适用于本文件。凡是不注日期的引用文件，其最新版本（包括所有的修改单）适用于本文件。

GB/T 176 水泥化学分析方法

GB/T 2419 水泥胶砂流动度测定方法

GB 6566 建筑材料放射性核素限量

GB 8076—2008 混凝土外加剂

GB/T 12573 水泥取样方法

GB/T 19587 气体吸附 BET 法测定固态物质比表面积

GB/T 17671—1999 水泥胶砂强度检验方法（ISO 法）

GB/T 18736—2002 高强高性能混凝土用矿物外加剂

GB/T 50082—2009 普通混凝土长期性能和耐久性能试验方法标准

JC/T 420 水泥原料中氯的化学分析方法

JC/T 681 行星式水泥胶砂搅拌机

3 术语和定义

下列术语和定义适用于本文件。

3.1 硅灰 sijica fume

在冶炼硅铁合金或工业硅时，通过烟道排出的粉尘，经收集得到的以无定形二氧化硅为主要成分的粉体材料。

3.2 硅灰浆 silica fume slurry

以水为载体的含有一定数量硅灰的匀质性浆料。

4 分类和标记

4.1 分类

硅灰按其使用时的状态，可分为硅灰（代号 SF）和硅灰浆（代号 SF-S）。

4.2 产品标记

产品标记由分类代号和标准号组成。

示例：硅灰浆，标记为：
SF-S GB/T 27690—2011

5 要求

硅灰的技术要求应符合表1的规定。

表1 硅灰的技术要求

项 目	指 标
固含量（液体）	按生产厂控制值的±2%
总碱量	≤1.5%
SiO_2 含量	≥85.0%
氯含量	≤0.1%
含水率（粉料）	≤3.0%
烧失量	≤4.0%
需水量比	≤125%
比表面积（BET 法）	≥15 m^2/g
活性指数（7 d 快速法）	≥105%
放射性	$Ira \leqslant 1.0$ 和 $Ir \leqslant 1.0$
抑制碱骨料反应性	14 d 膨胀率降低值≥35%
抗氯离子渗透性	28 d 电通量之比≤40%

注1：硅灰浆折算为固体含量按此表进行检验。

注2：抑制碱骨料反应性和抗氯离子渗透性为选择性试验项目，由供需双方协商决定，

6 试验方法

6.1 SiO_2 含量

按 GB/T 18736—2002 附录 A 进行。

6.2 氯含量

按 JC/T 420 进行。

6.3 含水率、烧失量、总碱量

按 GB/T 176 进行。

6.4 固含量

按附录 A 进行。

第四部分　混凝土外加剂类

4.1 混凝土外加剂 GB 8076—2008

1 范围

本标准规定了用于水泥混凝土中外加剂的术语和定义、要求、试验方法、检验规则、包装、出厂、贮存及退货等。

本标准适应于高性能减水剂（早强型、标准型、缓凝型）、高效减水剂（标准型、缓凝型）、普通减水剂（早强型、标准型、缓凝型）、引气减水剂、泵送剂、早强剂、缓凝剂及引气剂共八类混凝土外加剂。

2 规范性引用文件

下列文件中的条款通过本标准的引用而成为本标准的条款。凡是注日期的引用文件，其随后所有的修改单（不包括勘误的内容）或修订版均不适用于本标准，然而，鼓励根据本标准达成协议的各方研究是否可使用这些文件的最新版本。凡是不注明日期的引用文件，其最新版本适用于本标准。

GB/T 176　水泥化学分析方法

GB/T 8074　水泥表面积测定方法　勃氏法

GB/T 8075　混凝土外加剂的分类、命名、定义

GB/T 8077　混凝土外加剂匀质性能试验方法

GB/T 14684　建筑用砂

GB/T 14685　建筑用石、碎石

GB/T 50080　普通混凝土拌合物性能试验方法标准

GB/T 50081　普通混凝土力学性能试验方法标准

GBJ 82　普通混凝土长期性能和耐久性能试验方法

JG 3036　混凝土试验用搅拌机

JGJ 55　普通混凝土配合比设计规程

JGJ 63　混凝土用水标准

3 术语和定义

GB/T 8075 确立的以及下列术语和定义适用于本标准。

3.1 高性能减水剂 high performance water reducer

比高效减水剂具有更高减水率、更好坍落度保持性能、较小干燥收缩，且具有一定引气性能的减水剂。

3.2 基准水泥　reference cement

符合本标附录 A 要求的、专门用于检验混凝土外加剂性能的水泥。

3.3 基准混凝土　reference concrete

按照本标准规定的试验条件配制的不掺外加剂的混凝土。

3.3 受检混凝土 test concrete

按照本标准规定的试验条件配制的掺有外加剂的混凝土。

4　代号

采用以下代号表示下列各种外加剂的类型：

早强型高性能减水剂：HPWR-A

标准型高性能减水剂：HPWR-S

缓凝型高性能减水剂：HPWR-R

标准型高效减水剂：HWR-S

缓凝型高效减水剂：HWR-R

早强型普通减水剂：WR-A

标准型普通减水剂：WR-S

缓凝型普通减水剂：WR-R

引气减水剂：AEWR

泵送剂：PA

早强剂：Ac

缓凝剂：Re

引气剂：AE

5　要求

5.1　受检混凝土性能指标

掺外加剂混凝土性能应符合表1的要求。

5.2　匀质性指标

匀质性指标应符合表2的要求。

6　试验方法

6.1　材料

6.1.1　水泥

采用本标准附录 A 规定的水泥。

6.1.2　砂

符合 GB/T 14684 中Ⅱ区要求的中砂，但细度模数为 2.6～2.9，含泥量<1%。

6.1.3　石子

符合 GB/T 14685 要求的公称粒径为 5～20 mm 的碎石或卵石，采用二级配，其中 5～10 mm 占 40%，10～20 mm 占 60%，满足连续级配要求，针片状物质含量小于 10%，孔隙率小于 47%，含泥量小于 0.5%。如有争议，以碎石结果为准。

6.1.4　水

符合 JGJ 63 混凝土拌和用水的技术要求。

6.1.5　外加剂

需要检测的外加剂。

表 1 掺外加剂混凝土性能指标

试验项目	普通减水剂		高效减水剂		早强减水剂		缓凝高效减水剂		缓凝减水剂		引气减水剂		早强剂		缓凝剂		引气剂	
外加剂品种	一等品	合格品	一等品	合格品	一等品	合格品	一等品	合格品	一等品	合格品	一等品	合格品	一等品	合格品	一等品	合格品	一等品	合格品
减水率,%,不小于	8	5	12	10	8	5	12	10	8	5	10	10	—	—	—	—	6	6
泌水率比,%,不大于	95	100	90	95	95	100	100	120	100	100	70	80	100	100	100	110	70	80
含气量,%	≤3.0	≤4.0	≤3.0	≤4.0	≤3.0	≤3.0	<4.5	<4.5	<5.5	<5.5	>3.0	>3.0	—	—	—	—	>3.0	>3.0
凝结时间之差 min 初凝/终凝	-90~+120	-90~+120	-90~+120	-90~+120	-90~+90	-90~+90	>+90	>+90	>+90	>+90	-90~+120	-90~+120	-90~+90	-90~+90	>+90	>+90	-90~+120	-90~+120
抗压强度比,% 不小于 1d	—	—	140	130	140	130	—	—	—	—	—	—	135	125	—	—	—	—
3d	115	110	130	120	130	120	125	120	100	100	115	110	130	120	100	90	95	80
7d	115	110	125	115	115	110	125	115	110	110	110	110	110	105	100	90	95	80
28d	110	105	120	110	105	100	120	110	110	105	100	100	100	95	100	90	90	80
收缩率比,% 不大于 28d	135	—	135	135	135	135	135	135	135	135	135	135	135	135	135	135	135	135
相对耐久性指标,% 200次,不小于	—	—	—	—	—	—	—	—	—	—	80	60	—	—	—	—	80	60
对钢筋锈蚀作用	应说明对钢筋有无锈蚀危害																	

注
1　除含气量外，表中所列数据为掺外加剂混凝土与基准混凝土的差值或比值。
2　凝结时间指标，"—"号表示提前，"+"号表示延缓。
3　相对耐久性指标一栏中，"200次≥80和60"表示将 28 d 龄期的掺外加剂混凝土试件冻融循环 200 次后，动弹性模量保留值≥80%或 60%。
4　对于可以用高频振捣排除的、由外加剂所引入的气泡的产品，允许用高频振捣，达到某类型性能指标要求的外加剂，可按本表进行命名和分类，但须在产品说明书和包装上注明"用于高频振捣的××剂"。

表2 匀质性指标

项 目	指 标
氯离子含量/%	不超过生产控制值
总碱量/%	不超过生产控制值
含固量/%	$S>25\%$时，应控制在 $0.95\ S\sim1.05\ S$； $S\leqslant25\%$时，应控制在 $0.90\ S\sim1.10\ S$
含水率/%	$W>5\%$时，应控制在 $0.90\ W\sim1.10\ W$； $W\leqslant5\%$时，应控制在 $0.80\ W\sim1.20\ W$
密度/（g/cm）	$D>1.1$时，应控制在 $D\pm0.03$； $D\leqslant1.1$时，应控制在 $D\pm0.02$
细度	应在生产厂控制范围内
pH 值	应在生产厂控制范围内
硫酸钠含量/%	部超过生产厂控制值

注1：生产厂应在相关的技术资料中明示产品匀质性指标的控制值；
注2：对相同和不同批次直接的匀质性和等效性的其他要求，可由供需双方商定；
注3：表中的 S、W 和 D 分别为相同含固量、含水率和密度的生产厂控制值。

6.2 配合比

基准混凝土配合比按 JGJ 55 进行设计。掺非引气型外加剂的受检混凝土和其对应的基准混凝土的水泥、砂、石的比例相同。配合比设计应符合以下规定：

6.2.1 水泥用量

掺高性能减水剂或泵送剂的基准混凝土和受检混凝土的单位水泥用量为 360 kg/m³；掺其他外加剂的基准混凝土和受检混凝土单位水泥用量为 330 kg/m³。

6.2.2 砂率

掺高性能减水剂或泵送剂的基准混凝土和受检混凝土的均为 $43\%\sim47\%$；掺其他外加剂的基准混凝土和受检混凝土的砂率为 $36\%\sim40\%$；但掺引气减水剂和引气剂的受检混凝土的砂率应比基准混凝土的砂率低 $1\%\sim3\%$。

6.2.3 外加剂掺量

按生产厂家指定掺量。

6.2.4 用水量

掺高性能减水剂或泵送剂的基准混凝土和受检混凝土的坍落度控制在（210±10）mm 时的最小用水量；掺其他外加剂的基准混凝土和受检混凝土的坍落度控制在（80±10）mm。用水量包括液体外加剂、砂、石材料中所含的水量。

6.3 混凝土搅拌

采用符合 JG 3036 要求的公称容量为 60 L 的单卧轴式强制搅拌机，搅拌机的拌和量应不小于 20 L，不宜大于 45 L。

外加剂为粉状时，将水泥砂、石外加剂一次投入搅拌机，干拌均匀，再加入拌和水，一起搅拌 2 min。

出料后，在铁板上用人工翻拌至均匀，再行试验。各种混凝土试验材料及环境温度均应保持在（20±3）℃。

6.4 试件制作及试验所需试件数量

6.4.1 试件制作

混凝土试件制作及养护按 GB/T 50080 进行，但混凝土预养温度为（20±3）℃。

6.4.2 试验项目及数量详见表 3。

表 3 试验项目及所需数量

试验项目		外加剂类别	试验类别	试验所需数量			
				混凝土拌合批数	每批取样数量	掺外加剂混凝土总取样数目	基准混凝土总取样数目
减水率		除早强剂、缓凝剂外各种外加剂	混凝土拌合物	3	1 次	3 次	3 次
泌水率比		各种外加剂		3	1 个	3 个	3 个
含气量				3	1 个	3 个	3 个
凝结时间差				3	1 个	3 个	3 个
1 h 经时变化量	坍落度	高性能减水剂、泵送剂		3	1 个	3 个	3 个
	含气量	引气剂、引气减水剂		3	1 个	3 个	3 个
抗压强度比		各种外加剂	硬化混凝土	3	6、9 或 12 块	18、27 或 36 块	18、27 或 36 块
收缩率比				3	1 块	3 块	3 块
相对耐久性		引气剂、引气减水剂	硬化混凝土	3	1 块	3 块	3 块

注 1：试验时，检验同一种外加剂的三批混凝土的制作宜在开始试验一周内的不同日期完成。对比的基本混凝土和受检混凝土应同时成型。

注 2：试验龄期参考 1 试验项目栏；

注 3：试验前后应仔细观察试样，对有明显缺陷的试样和试验结果都应舍除

6.5 混凝土拌合物性能试验方法

6.5.1 坍落度和坍落度 1 h 经时变化量测定

每批混凝土取一个试样。坍落度和坍落度 1 小时经时变化量均以三次试验结果的平均值表示。三次试验的最大值和最小值之差有一个超过 10 mm 时，将最大值和最小值一并舍去，取中间值作为该批的试验结果；最大值和最小值之差均超过 10 mm 时，则应重做。

坍落度及坍落度 1 小时经时变化量测定值以 mm 表示，结果表达修约到 5 mm。

6.5.1.1 坍落度测定

混凝土坍落度按照 GB/T 50080 测定；但坍落度为（210±10）mm 的混凝土，分两层装料，每层装入高度为筒高的一半，每层用插捣棒插捣 15 次。

6.5.1.2 坍落度 1 h 经时变化量测定

当要求测定此项时，应将按照 6.3 搅拌的混凝土留下足够一次混凝土坍落度的试验数量，并装入用湿布擦过的试样筒内，容器加盖，静置至 1 h（从加水搅拌时开始计算），然后倒出，在铁板上用铁锹翻拌至均匀后，再按照坍落度测定方法测定坍落度。计算出机时和 1 h 之后的坍落度之差值，即得到坍落度的经时变化量。

坍落度 1 h 经时变化量按式（1）计算：

$$\Delta Sl = Sl_0 - Sl_{1h} \cdots\cdots\cdots\cdots\cdots\cdots\cdots\cdots (1)$$

式中：

ΔSl——坍落度经时变化量，单位为毫米（mm）；

Sl_0——出机时测得的坍落度，单位为毫米（mm）；

Sl_{1h}——1 h 后测得的坍落度，单位为毫米（mm）。

6.5.2 减水率测定

减水率为坍落度基本相同时，基准混凝土和受检混凝土单位用水量之差与基准混凝土单位用水量之比。减水率按式（2）计算，应精确到 0.1%。

$$W_R = \frac{W_0 - W_1}{W_0} \times 100 \cdots\cdots\cdots\cdots\cdots\cdots\cdots\cdots (2)$$

式中：

W_R——减水率，%；

W_0——基准混凝土单位用水量，单位为千克每立方米（kg/m³）；

W_1——掺外加剂混凝土单位用水量，单位为千克每立方米（kg/m³）。

W_R 以三批试验的算术平均值计，精确到 1%。若三批试验在最大值或最小值中有一个与中间值之差超过中间值的 15% 时，则把最大值与最小值一并舍去，取中值作为该组试验的减水率。若有两个测值与中间值之差均超过 15% 时，则该批试验结果无效，应该重做。

6.5.3 泌水率比测定

泌水率比按式（3）计算，精确到 1%。

$$B_R = \frac{B_t}{B_c} \times 100 \cdots\cdots\cdots\cdots\cdots\cdots\cdots\cdots (3)$$

式中：

B_R——泌水率比，%；

B_t——受检混凝土泌水率，%；

B_c——基准混凝土泌水率，%。

泌水率的测定和计算方法如下：

先用湿布润湿容积为 5 L 的带盖筒（内径为 185 mm，高 200 mm），将混凝土拌合物一次装入，在振动台上振动 20 s，然后用抹刀轻轻抹平，加盖以防水分蒸发。试样表面应比筒口边低约 20 mm。自抹面开始计算时间，在前 60 min，每隔 10 min 用吸管吸出泌水一次，以后每隔 20 min 吸水一次，直至连续三次无泌水为止。每次吸水前 5 min，应将筒低一侧垫高约 20 mm，使筒倾斜，以便于吸水，吸水后，将筒轻轻放平盖好。将每次吸出的水都注入带塞量筒，最后计算出总的泌水量，准确至 1 g，并按式（4）（5）计算泌水率：

$$B = \frac{V_W}{(W/G)G_W} \times 100 \cdots\cdots\cdots\cdots\cdots\cdots\cdots\cdots (4)$$

$$G_W = G_1 - G_0 \cdots\cdots\cdots\cdots\cdots\cdots\cdots\cdots (5)$$

式中：

B——泌水率，%；

V_W——泌水总质量，单位为克（g）；

W——混凝土拌合物的用水量，单位为克（g）；

G——混凝土拌合物的总质量，单位为克（g）

G_W——试样质量，单位为克（g）；

G_1——筒及试样质量，单位为克（g）；

G_0——筒质量，单位为克（g）。

试验时，从每批混凝土拌合物中取一个试样，泌水率取三个试样算术平均值，精确到 0.1%。若三个试样的最大值或最小值中有一个与中间值之差大于中间值的 15%，则把最大值与最小值一并舍去，取中间值作为该组试验的泌水率，如果最大值与最小值与中间值之差均大于中间值的 15% 时，则应重做。

6.5.4 含气量和含气量 1 h 经时变化量的测定

试验时，从每批混凝土拌合物取一个试样，含气量以三个试样测值的算术平均值来表示。若三个试样中的最大值或最小值中有一个与中间值之差超过 0.5% 时，将最大值与最小值一并舍去，取中间值作为该批的试验结果；如果最大值与最小值与中间值之差均超过 0.5%，则应重做。含气量和 1 h 经时变化量测定值精确到 0.1%。

6.5.4.1 含气量测定

按 GB/T 50080 用气水混合式含气量测定仪，并按仪器说明进行操作，但混凝土拌合物应一次装满并稍高于容器，用振动台振实 15~20 s。

6.5.4.2 含气量 1 h 经时变化量测定

当要求测定此项时，将按照 6.3 搅拌的混凝土留下足够一次含气量试验的数量，并装入用湿布擦过的试样筒内，容器加盖，静止至 1 h（从加水搅拌时开始计算），然后倒出，在铁板上用铁锹翻拌至均匀后，再按照含气量测定方法测含气量。计算出机时和 1 h 之后的坍落度之差值，即得到含气量的经时变化量。

含气量 1 h 经时变化量按式（6）计算：

$$\Delta A = A_0 - A_{1h} \cdots\cdots\cdots\cdots\cdots\cdots\cdots\cdots\cdots\cdots (6)$$

式中：

ΔA——含气量经时变化量，%；

A_0——出机时测得的含气量，%；

A_{1h}——1 h 后测得的含气量，%。

6.5.5 凝结时间差测定

凝结时间差按式（7）计算：

$$\Delta T = T_t - T_c \cdots\cdots\cdots\cdots\cdots\cdots\cdots\cdots\cdots\cdots (7)$$

式中：

ΔT——凝结时间之差，单位为分钟（min）；

T_t——受检混凝土的初凝或终凝时间，单位为分钟（min）；

T_c——基准混凝土的初凝或终凝时间，单位为分钟（min）。

凝结时间采用贯入阻力仪测定，仪器精度为 10 N，凝结时间测定方法如下：

将混凝土拌合物用 5 mm（圆孔筛）振动筛筛出砂浆，拌匀后装入上口内径为 160 mm，下口内径为 150 mm，净高 150 mm 的刚性不渗水的金属圆筒，试样表面应低于筒口约 10 mm，用振动台振实（约 3～5 s），置于（20±2）℃的环境中，容器加盖。一般基准混凝土在成型后 3～4 h，掺早强剂混凝土在成型后 1～2 h，掺缓凝剂的在成型后 4～6 h 开始测定，以后每 0.5 h 或 1 h 测定一次，但在临近初、终凝时，可以缩短测定间隔时间。每次测点应避开前一次测孔，其净距为试针的 2 倍，但至少不小于 15 mm，试针与容器边缘之距离不小于 25 mm。测定初凝时间用截面积为 100 mm² 的试针，测定终凝时间用 20 mm² 的试针。

测试时，将砂浆试样筒置于贯入阻力仪上，测针端部与砂浆表面接触，然后在（10±2）s 内均匀地使测贯入砂浆（25±2）mm 深度。记录贯入阻力，精确至 10 N，记录测量时间，精确至 1 min。贯入阻力按式（8）计算，精确到 0.1 MPa。

$$R = \frac{P}{A} \quad\cdots\cdots\cdots\cdots\cdots\cdots\cdots\cdots\cdots\cdots\cdots\cdots\cdots\cdots \text{(8)}$$

式中：

R——贯入阻力值，单位为兆帕（MPa）；

P——贯入深度达 25mm 时所需的净压力，单位为牛顿（N）；

A——贯入阻力仪试针的截面积，单位为平方毫米（mm²）。

根据计算结果，以贯入阻力为纵坐标，测试时间为横坐标，绘制贯入阻力值与时间关系曲线，求出贯入阻力值达 3.5 MPa 时，对应的时间作为初凝时间及贯入阻力值达 28 MPa 时，对应的时间作为终凝时间。从水泥与水接触时开始计算凝结时间。

试验时，每批混凝土拌合物取一个试样，凝结时间取三个试样的平均值。若三批试验的最大值或最小值之中有一个与中间值之差超过 30 min 时，则把最大值与最小值一并舍去，取中间值作为该组试验的凝结时间。若两测值与中间值之差的均超过 30 min 组试验结果无效，则应重做。凝结时间以 min 表示，并修约到 5 min。

6.6　硬化混凝土

6.6.1　抗压强度比测定

抗压强度比以掺外加剂混凝土与基准混凝土同龄期抗压强度之比表示，按式（9）计算：

$$R_s = \frac{S_t}{S_c} \times 100 \quad\cdots\cdots\cdots\cdots\cdots\cdots\cdots\cdots\cdots\cdots\cdots\cdots \text{(9)}$$

式中：

R_s——抗压强度比，%；

S_t——受检混凝土的抗压强度，单位为兆帕（MPa）；

S_c——基准混凝土的抗压强度，单位为兆帕（MPa）。

受检混凝土与基准混凝土的抗压强度按 GB/T 50081 进行试验和计算。试件制作时，用振动台振动 15～20 s。试件预养温度为（20±3）℃。试验结果以三批试验测值的平均值表示，若三批试验中有一批的最大值或最小值与中间值的差值超过中间值的 15%，则把最大值与最小值一并舍去，取中间值作为该批的试验结果，如有两批测量与中间值的差均超过中间值的 15%，则试验结果无效，应该重做。

6.6.2　收缩比测定

收缩率比以 28 d 龄期受检混凝土与基准混凝土收缩率的比值表示，按（10）式计算：

$$R_\varepsilon = \frac{\varepsilon_t}{\varepsilon_c} \times 100 \quad\cdots\cdots\cdots\cdots\cdots\cdots\cdots\cdots\cdots\cdots (10)$$

式中：

R_ε——收缩率比，%；

ε_t——掺外加剂混凝土的收缩率，%；

ε_c——基准混凝土的收缩率，%；

受检混凝土与基准混凝土的收缩率按 GBJ 82 测定和计算。试件用振动台成型，振动 15～20 s。每批混凝土拌合物取一个试样，以三个试样收缩率比的算术平均值表示，计算精确 1%。

6.6.3 相对耐久性试验

按 GBJ 82 进行，试件采用振动台成型，振动 15～20 s，标准养护 28 d 后进行冻融循环试验（快冻法）。

相对耐久性指标是以掺外加剂混凝土冻融 200 次后的动弹性是否不小于 80% 来评定外加剂的质量。每批混凝土拌合物取一个试样，相对动弹性模量以三个试件测值的算术平均值表示。

6.7 匀质性试验方法

6.7.1 氯离子含量测定

氯离子含量按 GB/T 8077 进行测定，或按本标准附录 B 的方法测定，仲裁时采用附录 B 的方法。

6.7.2 含固量、总碱量、含水率、密度、细度、pH 值、硫酸钠含量的测定

按 GB/T 8077 进行。

7 检验规则

7.1 取样及编号

7.1.1 点样和混合样

点样是在一次生产产品时所取得的一个试样，混合样是三个或更多的点样等量均匀混合而取得的试样。

7.1.2 批号

生产厂应根据产量和生产设备条件，将产品分批编号。掺量大于 1%（含 1%）同品种的外加剂每一编号为 100 t，掺量小于 1% 的外加剂每一编号为 50 t，不足 100 t 或 50 t 的也可按一个批量计，同一批号的产品必须混合均匀。

7.1.3 每一编号取样量不少于 0.2 t 水泥所需用的外加剂量。

7.2 试样及留样

每一批号取样应充分混匀，分为两等份，其中一份按表 1 和表 2 规定的项目进行试验，另一份密封保存半年，以备有疑问时，提交国家指定的检验机关进行复验或仲裁。

7.3 检验分类

7.3.1 出厂检验

每批号外加剂检验项目，根据其品种不同按表 4 项目进行检验。

表 4　外加剂测定项目

测定项目	外加剂品种													备注
	高性能减水剂 HPWR			高效减水剂 HWR		普通减水剂 WR			引气减水剂 AEWR	泵送剂 PA	早强剂 Ac	缓凝剂 Re	引气剂 AE	
	早强型 HPWR-A	标准型 HPWR-S	缓凝型 HPWR-R	标准型 HWR-S	缓凝型 HWR-R	早强型 WR-A	标准型 WR-S	缓凝型 WR-R						
含固量														液体外加剂必测
含水率														粉状外加剂必测
密度														液体外加剂必测
细度														粉状外加剂必测
pH 值	√	√	√	√	√	√	√	√	√	√	√	√	√	
氯离子含量	√	√	√	√	√	√	√	√	√	√	√	√	√	每3个月至少一次
硫酸钠含量				√	√						√			每3个月至少一次
总碱量	√	√	√	√	√	√	√	√	√	√	√	√	√	每年至少一次

7.3.2　型式检验

型式检验项目包括第 5 章全部性能指标。有下列情况之一者，应进行型式检验：

新产品或老产品转厂生产的试制定型鉴定；正式生产后，如材料、工艺有较大改变，可能影响产品性能时；正常生产时，一年至少进行一次检验；产品长期停产后，恢复生产时；出厂检验结果与上次型式检验有较大差异时；国家质量监督机构提出进行型式试验要求时。

7.4　判定规则

7.4.1　出厂检验判定

型式检验报告在有效期内，且出厂检验结果符合表 2 的要求，可判定为该批产品检验合格。

7.4.2　型式检验判定

产品经检验，匀质性符合表 2 的要求；各种类型外加剂受检混凝土性能指标中，高性能减水剂及泵送剂的减水率和坍落度的经时变化量，其他减水剂的减水率、缓凝型外加剂的凝结时间差、引气型外加剂的含气量及其经时变化量、硬化混凝土的各项性能符合表1的要求，则判定该批号外加剂合格。如不符合上述要求时，则判该批号外加剂不合格。其余项目可作为参考指标。

7.5 复验

复验以封存祥进行。如使用单位要求现场取样，应事先在供货合同中规定．并在生产和使用单位人员在场的情况下于现场取混合样，复验按照型式检验项目检验。

8 产品说明书、包装、贮存及退货

8.1 产品说明书

产品出厂时应提供产品说明书，产品说明书至少应包括下列内容：

生产厂名称；产品名称及类型；产品性能特点、主要成分及技术指标；适用范围；推荐掺量；贮存条件及有效期，有效期从生产日期算起，企业根据产品性能自行规定；使用方法、注意事项、安全防护提示等。

8.2 包装

粉状外加剂可采用有塑料袋衬里的编织袋包装；液体外加剂可采用塑料桶、金属桶包装。包装净质量误差不超过1%。液体外加剂也看采用槽车散装。

所有包装容器上均应在明显位置注明以下内容：产品名称及类型、代号、执行标准、商标、净质量或体积、生产厂名及有效期限。生产日期和产品批号应在产品合格证上予以说明。

8.3 产品出厂

凡有下列情况之一者，不得出厂：技术文件（产品说明书、合格证、检验报告）不全、包装不符、质量不足、产品受潮变质，以及超过有效期限。产品匀质性指标的控制值应在相关的技术资料中明示。

生产厂随货提供技术文件的内容应包括：产品名称及型号、出厂日期、特性及主要成分、适用范围及推荐掺量、外加剂总碱量、氯离子含量、安全防护提示、储存条件及有效期等。

8.4 贮存

外加剂应存放在专用仓库或固定的场所妥善保管，以易于识别，便于检查和提货为原则。搬运时应轻拿轻放，防止破损，运输时避免受潮。

8.5 退货

使用单位在规定的存放条件和有效期限内，经复验发现外加剂性能与本标准不符时，则应予退回或更换。

净质量和体积超过1%时，可以要求退货或补足。粉状的可取50包，液体的外加剂可取30桶（其他包装形式由双方协商），称量取平均值计算。

凡无出厂文件或出厂技术文件不全，以及发现实物质量与出厂技术文件不符合，可退货。

4.2 混凝土外加剂定义、分类、命名与术语 GB/T 8075—2005

1. 范围

本标准规定了水泥混凝土外加剂的定义、分类、命名与术语。水泥净浆和砂浆用外加剂也可参考本标准采用。

2. 定义

混凝土外加剂是一种在混凝土搅拌之前或拌制过程中加入的、用以改善新拌混凝土和（或）硬化混凝土性能的材料。以下简称外加剂。

3. 分类

混凝土外加剂按其主要使用功能分为四类：

3.1 改善混凝土拌合物流变性能的外加剂，包括各种减水剂和泵送剂等；

3.2 调节混凝土凝结时间、硬化性能的外加剂，包括缓凝剂、促凝剂和速凝剂等；

3.3 改善混凝土耐久性的外加剂，包括引气剂、防水剂、阻锈剂和矿物外加剂等；

3.4 改善混凝土其他性能的外加剂，包括膨胀剂、防冻剂、着色剂等。

4. 命名

4.1 普通减水剂 water reducing admixture
在混凝土坍落度基本相同的条件下，能减少拌合用水量的外加剂。

4.2 早强剂 hardening accelerating admixture
加速混凝土早期强度发展的外加剂。

4.3 缓凝剂 set retarder
延长混凝土凝结时间的外加剂。

4.4 促凝剂 set accelerating admixture
能缩短拌合物凝结时间的外加剂。

4.5 引气剂 air entraining admixture
在混凝土搅拌过程中能引入大量均匀分布、稳定而封闭的微小气泡且能保留在硬化混凝土中的外加剂。

4.6 高效减水剂 superplasticizer
在混凝土坍落度基本相同的条件下，能大幅度减少拌合用水量的外加剂。

4.7 缓凝高效减水剂 set retarding superplasticizer
兼有缓凝功能和高效减水功能的外加剂。

4.8 早强减水剂 hardening accelerating and water reducing admixture
兼有早强和减水功能的外加剂。

4.9 缓凝减水剂 set retarding and water reducing admixture

兼有缓凝和减水功能的外加剂。

4.10 引气减水剂 air entraining and water reducing admixture

兼有引气和减水功能的外加剂。

4.11 防水剂 water-repellent admixture

能提高水泥砂浆、混凝土抗渗性能的外加剂。

4.12 阻锈剂 anti-corrosion admixture

能抑制或减轻混凝土中钢筋和其他金属预埋件锈蚀的外加剂。

4.13 加气剂 gas forming admixture

混凝土制备过程中因发生化学反应、放出气体，使硬化混凝土中含有大量均匀分布气孔的外加剂。

4.14 膨胀剂 expanding admixture

在混凝土硬化过程中因化学作用能使混凝土产生一定体积膨胀的外加剂。

4.15 防冻剂 anti-freezing admixture

能使混凝土在负温下硬化，并在规定养护条件下达到预期性能的外加剂。

4.16 着色剂 coloring admixture

能制备具有彩色混凝土的外加剂。

4.17 速凝剂 flash setting admixture

能使混凝土迅速硬化的外加剂。

4.18 泵送剂 pumping aid

能改善混凝土拌合物泵送性能的外加剂。

4.19 保水剂 water retaining admixture

能减少混凝土或砂浆失水的外加剂。

4.20 絮凝剂 flocculating agent

在水中施工时，能增加混凝土粘稠性，抗水泥和集料分离的外加剂。

4.21 增稠剂 viscosity enhancing agent

能提高混凝土拌合物黏度的外加剂。

4.22 减缩剂 shrinkage reducing agent

减少混凝土收缩的外加剂。

4.23 保塑剂 plastic retaining agent

在一定时间内，减少混凝土坍落度损失的外加剂。

4.24 磨细矿渣 grounded furnace slag

粒状高炉矿渣经干燥、粉磨等工艺达到规定细度的产品。

4.25 硅灰 silica fume

在冶炼硅铁合金或工业硅时，通过烟道配出的硅蒸汽氧化后，经收尘器收集得到的以无定形二氧化硅为主要成分的产品。

4.26 磨细粉煤灰 grounded fly ash

干燥的粉煤灰经粉磨达到规定细度的产品。

4.27 磨细天然沸石 grounded natural zeolite

以一定品位纯度的天然沸石为原料，经粉磨至规定细度的产品。

5. 术语

5.1　基本术语

5.1.1　外加剂掺量 dosage of admixture

外加剂掺量以外加剂占水泥（或者胶凝材料）质量的百分数表示。

5.1.2　推荐掺量范围 recommended range of dosage

由外加剂生产企业根据试验结果确定的、推荐给使用方的外加剂掺量范围。

5.1.3　适宜掺量 compliance dosage

满足相应的外加剂标准要求时的外加剂掺量，由外加剂生产企业说明，适宜掺量应在推荐掺量的范围之内。

5.1.4　最大推荐掺量 maximum recommended dosage

推荐掺量范围的上限。

5.1.5　多功能外加剂 multifunction admixture

能改善新拌和硬化混凝土两种或两种以上性能的外加剂。

5.1.6　主要功能 primary function

多功能外加剂功能中起主导作用的一种功能。

5.1.7　次要功能 secondary function

多功能外加剂除主要功能外的功能。

5.1.8　标准型外加剂 standard-type admixture

具有不改变混凝土凝结时间和早期硬化速度功能的外加剂。

5.1.9　缓凝型外加剂 set retarding-type admixture

具有延缓混凝土凝结时间功能的外加剂。

5.1.10　促凝型外加剂 set accelerating-type admixture

具有促进混凝土凝结功能的外加剂。

5.1.11　基准水泥 reference cement

专门用于检测混凝土外加剂性能的水泥。

5.1.12　基准混凝土 reference concrete

符合相关标准实验条件规定的、未掺有外加剂的混凝土。

5.1.13　受检混凝土 tested concrete

符合相关标准实验条件规定的、掺有外加剂的混凝土。

5.1.14　受检标养混凝土 tested concrete cured in standard condition

按照相关标准规定条件配制的掺加有防冻剂的标准养护混凝土。

5.1.15　受检负温混凝土 tested concrete curing at negative temperature

按照相关标准规定条件配制的掺加有防冻剂并按规定条件养护的混凝土。

5.1.16　基准砂浆 reference mortar

符合相关标准实验条件规定的、未掺加外加剂的水泥砂浆。

5.1.17　受检砂浆 tested mortar

符合相关标准实验条件规定的、掺加有一定比例外加剂的水泥砂浆。

5.1.18 复合矿物外加剂 compound mineral admixture

由两种或两种以上矿物外加剂复合而成的产品。

5.2 性能术语

5.2.1 减水率 water reducing rate

在混凝土坍落度基本相同时，基准混凝土和受检混凝土单位用水量之差与基准混凝土单位用水量之比。

5.2.2 泌水率 bleeding rate

单位质量混凝土泌出水量与其用水量之比。

5.2.3 泌水率比 ratio of bleeding rate

受检混凝土和基准混凝土的泌水率之比。

5.2.4 凝结时间 setting time

混凝土由塑性状态过渡到硬化状态所需时间。

5.2.5 初凝时间 initial setting time

混凝土从加水开始到贯入阻力达到 3.5 MPa 所需要的时间。

5.2.6 终凝时间 final setting time

混凝土从加水开始到贯入阻力达到 28 MPa 所需要的时间。

5.2.7 凝结时间差 difference in setting time

受检混凝土与基准混凝土凝结时间的差值。

5.2.8 抗压强度比 ratio of compressive strength

受检混凝土与基准混凝土同龄期抗压强度之比。

5.2.9 收缩率比 ratio of shrinkage

受检混凝土与基准混凝土同龄期收缩率之比。

5.2.10 钢筋锈蚀试验 test of corrosion of reinforcing steel bar

用来判定外加剂对钢筋有无锈蚀危害的试验，用新拌或硬化砂浆的阳极极化曲线来测试。

5.2.11 坍落度增加值 slump increase value

水灰比相同时，受检混凝土和基准混凝土坍落度之差。

5.2.12 常压泌水率比 ratio of bleeding rate at normal pressure

受检混凝土与基准混凝土在常压条件下的泌水率之比。

5.2.13 压力泌水率比 ratio of bleeding rate at pressure

受检泵送混凝土与基准混凝土在压力条件下的泌水率之比。

5.2.14 初始坍落度 initial slump

混凝土搅拌出机后，立刻测定的坍落度。

5.2.15 坍落度保留值 slump retain value

混凝土拌合物按规定条件存放一定时间后的坍落度值。

5.2.16 坍落度损失 slump loss

混凝土初始坍落度与某一特定时间的坍落度保留值的差值。

5.2.17 抗渗压力比 ratio of penetration pressure

受检混凝土抗渗压力与基准混凝土抗渗压力之比。

5.2.18 抗渗高度比 ratio of penetration height

受检混凝土抗渗高度与基准混凝土抗渗高度之比。

5.2.19 限制膨胀率 expansion rate in restrict condition

掺有膨胀剂的试件在规定的纵向限制器具限制下的膨胀率。

5.2.20 吸水量比 ratio of absorption

受检砂浆的吸水量与基准砂浆的吸水量之比。

5.2.21 需水量比 ratio of water demand

受检砂浆的流动度达到基准砂浆相同的流动度时，两者用水量之比。

5.2.22 水泥砂浆工作性 workability of cement mortar

在规定的试验条件下，受检砂浆和基准砂浆的流动度相同时，受检砂浆的减水率。

5.2.23 总碱量 total alkali content

外加剂中以氧化纳当量百分数表示的氧化钠和氧化钾的总和。

5.2.24 活性指数 index of activity

受检砂浆和基准砂浆试件标养至规定龄期的抗压强度之比。

5.2.25 相对耐久性指标 index of relative durability

受检混凝土经快速冻融 200 次后动弹性模量的保留值，用百分数表示。

5.2.26 pH 值 pH value

液体外加剂酸碱程度的数值。

5.2.27 固体含量 solid content

液体外加剂中固体物质的含量。

5.2.28 含水量 moisture content

固体外加剂在规定烘干失去水的重量占外加剂重量之比。

5.2.29 水泥净浆流动度 fluidity of cement paste

在规定的试验条件下，水泥浆体在玻璃平面上自由流淌的直径。

4.3 混凝土外加剂应用技术规范 GB 50119—2013

1 总则

1.1 为规范混凝土外加剂应用，改善混凝土性能，满足设计和施工要求，保证混凝土工程质量，做到技术先进、安全可靠、经济合理、节能环保，制定本规范。

1.2 本规范适用于普通减水剂、高效减水剂、聚羧酸系高性能减水剂、引气剂、引气减水剂、早强剂、缓凝剂、泵送剂、防冻剂、速凝剂、膨胀剂、防水剂和阻锈剂在混凝土工程中的应用。

1.3 混凝土外加剂在混凝土工程中的应用，除应符合本规范外，尚应符合国家现行有关标准的规定。

2 术语和符号

2.1 术语

2.1.1 减缩型聚羧酸系高性能减水剂 shrinkage-reducing typepolycarboxylate superplasticizer

28 d 收缩率比不大于 90% 的聚羧酸系高性能减水剂。

2.1.2 相容性 compatibility between water reducing admixturesand other concrete raw materials

含减水组分的混凝土外加剂与胶凝材料、骨料、其他外加剂相匹配时，拌合物的流动性及其经时变化程度。

2.2 符号

E——限制钢筋的弹性模量（MPa）；

h_0——试件高度的初始读数（mm）；

h_t——试件龄期为 t 时的高度读数（mm）；

h——试件基准高度（mm）；

L——初始长度测量值（mm）；

L_0——试件的基准长度（mm）；

L_t——所测龄期的试件长度测量值（mm）；

σ——膨胀或收缩应力（MPa）；

ε——所测龄期的限制膨胀率（%）；

ε_t——竖向膨胀率（%）；

μ——配筋率（%）。

3 基本规定

3.1 外加剂的选择

3.1.1 外加剂种类应根据设计和施工要求及外加剂的主要作用选择。

3.1.2 当不同供方、不同品种的外加剂同时使用时，应经试验验证，并应确保混凝土性能满足设计和施工要求后再使用。

3.1.3 含有六价铬盐、亚硝酸盐和硫氰酸盐成分的混凝土外加剂，严禁用于饮水工程中建成后与饮用水直接接触的混凝土。

3.1.4 含有强电解质无机盐的早强型普通减水剂、早强剂、防冻剂和防水剂，严禁用于下列混凝土结构：

    1. 与镀锌钢材或铝铁相接触部位的混凝土结构；

    2. 有外露钢筋预埋铁件而无防护措施的混凝土结构；

    3. 使用直流电源的混凝土结构；

    4. 距高压直流电源 100 m 以内的混凝土结构。

3.1.5 含有氯盐的早强型普通减水剂、早强剂、防水剂和氯盐类防冻剂，严禁用于预应力混凝土、钢筋混凝土和钢纤维混凝土结构。

3.1.6 含有硝酸铵、碳酸铵的早强型普通减水剂、早强剂和含有硝酸铵、碳酸铵、尿素的防冻剂，严禁用于办公、居住等有人员活动的建筑工程。

3.1.7 含有亚硝酸盐、碳酸盐的早强型普通减水剂、早强剂、防冻剂和含亚硝酸盐的阻锈剂，严禁用于预应力混凝土结构。

3.1.8 掺外加剂混凝土所用水泥，应符合现行国家标准《通用硅酸盐水泥》GB 175 和《中热硅酸盐水泥 低热硅酸盐水泥低热矿渣硅酸盐水泥》GB 200 的规定；掺外加剂混凝土所用砂、石应符合现行行业标准《普通混凝土用砂、石质量及检验方法标准》JGJ 52 的规定；所用粉煤灰和粒化高炉矿渣粉等矿物掺合料，应符合现行国家标准《用于水泥和混凝土中的粉煤灰》GB/T 1596 和《用于水泥和混凝土中的粒化高炉矿渣粉》GB/T 18046 的规定，并应检验外加剂与混凝土原材料的相容性，应符合要求后再使用。掺外加剂混凝土用水包括拌合用水和养护用水，应符合现行行业标准《混凝土用水标准》JGJ 63 的规定。硅灰应符合现行国家标准《高强高性能混凝土用矿物外加剂》GB/T 18736 的规定。

3.1.9 试配掺外加剂的混凝土应采用工程实际使用的原材料，检测项目应根据设计和施工要求确定，检测条件应与施工条件相同，当工程所用原材料或混凝土性能要求发生变化时，应重新试配。

3.2 外加剂的掺量

3.2.1 外加剂掺量应以外加剂质量占混凝土中胶凝材料总质量的百分数表示。

3.2.2 外加剂掺量宜按供方的推荐掺量确定，应采用工程实际使用的原材料和配合比，经试验确定。当混凝土其他原材料或使用环境发生变化时，混凝土配合比、外加剂掺量可进行调整。

3.3 外加剂的质量控制

3.3.1 外加剂进场时，供方应向需方提供下列质量证明文件：

    1. 型式检验报告；

    2. 出厂检验报告与合格证；

    3. 产品说明书。

3.3.2 外加剂进场时，同一供方，同一品种的外加剂应按本规范各外加剂种类规定的检验项目与检验批量进行检验与验收，检验样品应随机抽取。外加剂进厂检验方法应符合现行国家标准《混凝土外加剂》GB 8076 的规定；膨胀剂应符合现行国家标准《混凝土膨胀剂》GB 23439 的规定；防冻剂、速凝剂、防水剂和阻锈剂应分别符合现行行业标准《混凝土防冻剂》JC 475、《喷射混凝土用速凝剂》JC 477、《混凝土防水剂》JC 474 和《钢筋阻锈剂应用技术规程》JGJ/T 192 的规定。外加剂批量进货应与留样一致，应经检验合格后再使用。

3.3.3 经进场检验合格的外加剂应按不同供方、不同品种和不同牌号分别存放，标识应清楚。

3.3.4 当同一品种外加剂的供方、批次、产地和等级等发生变化时，需方应对外加剂进行复检，应合格并满足设计和施工要求后再使用。

3.3.5 粉状外加剂应防止受潮结块，有结块时，应进行检验，合格者应经粉碎至全部通过公称直径为 630 μm 方孔筛后再使用；液体外加剂应贮存在密闭容器内，并应防晒和防冻，有沉淀、异味、漂浮等现象时，应经检验合格后再使用。

3.3.6 外加剂计量系统在投入使用前，应经标定合格后再使用，标识应清楚，计量应准确，计量允许偏差应为 ±1%。

3.3.7 外加剂在贮存、运输和使用过程中应根据不同种类和品种分别采取安全防护措施。

4 普通减水剂

4.1 品种

4.1.1 混凝土工程可采用木质素磺酸钙、木质素磺酸钠、木质素磺酸镁等普通减水剂。

4.1.2 混凝土工程可采用由早强剂与普通减水剂复合而成的早强型普通减水剂。

4.1.3 混凝土工程可采用木质素磺酸盐类、多元醇类减水剂（包括糖钙和低聚糖类缓凝减水剂），以及木质素磺酸盐类、多元醇类减水剂与缓凝剂复合而成的缓凝型普通减水剂。

4.2 适用范围

4.2.1 普通减水剂宜用于日最低气温 5 ℃以上强度等级为 C40 以下的混凝土。

4.2.2 普通减水剂不宜单独用于蒸养混凝土。

4.2.3 早强型普通减水剂宜用于常温、低温和最低温度不低于 −5 ℃环境中施工的有早强要求的混凝土工程。炎热环境条件下不宜使用早强型普通减水剂。

4.2.4 缓凝型普通减水剂可用于大体积混凝土、碾压混凝土、炎热气候条件下施工的混凝土、大面积浇筑的混凝土、避免冷缝产生的混凝土、需长时间停放或长距离运输的混凝土、滑模施工或拉模施工的混凝土及其他需要延缓凝结时间的混凝土，不宜用于有早强要求的混凝土。

4.2.5 使用含糖类或木质素磺酸盐类物质的缓凝型普通减水剂时，可按本规范附录 A 的方法进行相容性试验，并应满足施工要求后再使用。

4.3 进场检验

4.3.1 普通减水剂应按每 50 t 为一检验批，不足 50 t 时也应按一个检验批计。每一检验批取样量不应少于 0.2 t 胶凝材料所需用的减水剂量。每一检验批取样应充分混匀，并应分为两等份：其中一份应按本规范第 4.3.2 和 4.3.3 条规定的项目及要求进行检验，每检验批检验不得少于两次；另一份应密封留样保存半年，有疑问时，应进行对比检验。

4.3.2 普通减水剂进场检验项目应包括 pH 值、密度（或细度）、含固量（或含水率）、减水率，早强型普通减水剂还应检验 1d 抗压强度比，缓凝型普通减水剂还应检验凝结时间差。

4.3.3 普通减水剂进场时，初始或经时坍落度（或扩展度）应按进场检验批次，采用工程实际使用的原材料和配合比与上批留样进行平行对比试验，其允许偏差应符合现行国家标准《混凝土量控制标准》GB 50164 的有关规定。

4.4　施工

4.4.1 普通减水剂相容性的试验应按本规范附录 A 的方法进行。

4.4.2 普通减水剂掺量应根据供方的推荐掺量、环境温度、施工要求的混凝土凝结时间、运输距离、停放时间等经试验确定，不应过量掺加。

4.4.3 难溶和不溶的粉状普通减水剂应采用干掺法。粉状普通减水剂宜与胶凝材料同时加入搅拌机内，并宜延长搅拌时间 30 s；液体普通减水剂宜与拌合水同时加入搅拌机内，计量应准确。减水剂的含水量应从拌合水中扣除。

4.4.4 普通减水剂可与其他外加剂复合使用，其掺量应经试验确定。配制溶液时，如产生絮凝或沉淀等现象，应分别配制溶液并分别加入混凝土搅拌机内。

4.4.5 早强型普通减水剂在日最低气温 0～—5 ℃条件下施工时，混凝土养护应加盖保温材料。

4.4.6 掺普通减水剂的混凝土浇筑、振捣后，应及时抹压，并应始终保持混凝土表面潮湿，终凝后还应浇水养护，低温环境施工时，应加强保温养护。

5　高效减水剂

5.1　品种

5.1.1 混凝土工程可采用下列高效减水剂：

　　1. 萘和萘的同系磺化物与甲醛缩合的盐类、氨基磺酸盐等多环芳香族磺酸盐类；

　　2. 磺化三聚氰胺树脂等水溶性树脂磺酸盐类；

　　3. 脂肪族羟烷基磺酸盐高缩聚物等脂肪族类。

5.1.2 混凝土工程可采用由缓凝剂与高效减水剂复合而成的缓凝型高效减水剂。

5.2　适用范围

5.2.1 高效减水剂可用于素混凝土、钢筋混凝土、预应力混凝土，并可用于制备高强混凝土。

5.2.2 缓凝型高效减水剂可用于大体积混凝土、碾压混凝土、炎热气候条件下施工的混凝土、大面积浇筑的混凝土、避免冷缝产生的混凝土、需较长时间停放或长距离运输的混凝土、自密实混凝土、滑模施工或拉模施工的混凝土及其他需要延缓凝结时间且有较高减水率要求的混凝土。

5.2.3 标准型高效减水剂宜用于日最低气温 0℃以上施工的混凝土，也可用于蒸养混凝土。

5.2.4 缓凝型高效减水剂宜用于日最低气温 5℃以上施工的混凝土。

5.3　进场检验

5.3.1 高效减水剂应按每 50 t 为一检验批，不足 50 t 时也应按一个检验批计。每一检验批取样量不应少于 0.2 t 胶凝材料所需用的外加剂量。每一检验批取样应充分混匀，并应分为两等份：其中一份应按本规范第 5.3.2 条和第 5.3.3 条规定的项目及要求进行检验，每检验批检验不得少于两次；另一份应密封留样保存半年，有疑问时，应进行对比检验。

5.3.2 高效减水剂进场检验项目应包括 pH 值、密度（或细度）、含固量（或含水率）、减水率，缓凝型高效减水剂还应检验凝结时间差。

5.3.3 高效减水剂进场时，初始或经时坍落度（或扩展度）应按进场检验批次采用工程实际使用的原材料和配合比与上批留样进行平行对比试验，其允许偏差应符合现行国家标准《混凝土质量控制标准》GB 50164 的有关规定。

5.4 施工

5.4.1 高效减水剂相容性的试验应按本规范附录 A 的方法进行。

5.4.2 高效减水剂掺量应根据供方的推荐掺量、环境温度、施工要求的混凝土凝结时间、运输距离、停放时间等经试验确定。

5.4.3 难溶和不溶的粉状高效减水剂应采用于掺法。粉状高效减水剂宜与胶凝材料同时加入搅拌机内，并宜延长搅拌时间 30 s；液体高效减水剂宜与拌合水同时加入搅拌机内，计量应准确。减水剂的含水量应从拌合水中扣除。

5.4.4 高效减水剂可与其他外加剂复合使用，其组成和掺量应经试验确定。配制溶液时，如产生絮凝或沉淀等现象，应分别配制溶液，并皮分别加入搅拌机内。

5.4.5 需二次添加高效减水剂时，应经试验确定，并应记录备案。二次添加的高效减水剂不应包括缓凝、引气组分。二次添加后应确保混凝土搅拌均匀，坍落度应符合要求后再使用。

5.4.6 掺高效减水剂的混凝土浇筑、振捣后，应及时抹压，并应始终保持混凝土表面潮湿，终凝后应浇水养护。

5.4.7 掺高效减水剂的混凝土采用蒸汽养护时，其蒸养制度应经试验确定。

6 聚羧酸系高性能减水剂

6.1 品种

6.1.1 混凝土工程可采用标准型、早强型和缓凝型聚羧酸系高性能减水剂。

6.1.2 混凝土工程可采用具有其他特殊功能的聚羧酸系高性能减水剂。

6.2 适用范围

6.2.1 聚羧酸系高性能减水剂可用于素混凝土、钢筋混凝土和预应力混凝土。

6.2.2 聚羧酸系高性能减水剂宜用于高强混凝土、自密实混凝土、泵送混凝土、清水混凝土、预制构件混凝土和钢管混凝土。

6.2.3 聚羧酸系高性能减水剂宜用于具有高体积稳定性、高耐久性或高工作性要求的混凝土。

6.2.4 缓凝型聚羧酸系高性能减水剂宜用于大体积混凝土，不宜用于日最低气温 5 ℃以下施工的混凝土。

6.2.5 早强型聚羧酸系高性能减水剂宜用于有早强要求或低温季节施工的混凝土，但不宜用于日最低气温－5 ℃以下施工的混凝土，且不宜用于大体积混凝土。

6.2.6 具有引气性的聚羧酸系高性能减水剂用于蒸养混凝土时，应经试验验证。

6.3 进场检验

6.3.1 聚羧酸系高性能减水剂应按每 50 t 为一检验批，不足 50 t 时也应按一个检验批计。每一检验批取样量不应少于 0.2 t 胶凝材料所需用的外加剂量。每一检验批取样应充分混匀，并应分为两等份：一份应按本规范第 6.3.2 和 6.3.3 条规定的项目及要求进行检验，每检验批检验不得少于两次；另一份应密封留样保存半年，有疑问时，应进行对比检验。

6.3.2 聚羧酸系高性能减水剂进场检验项目应包括 pH 值、密度（或细度）、含固量（或含水率）、减水率，早强型聚羧酸系高性能减水剂应测 1 d 抗压强度比，缓凝型聚羧酸系高性能减水剂还应检验凝结时间差。

6.3.3 聚羧酸系高性能减水剂进场时，初始或经时坍落度（或扩展度），应按进场检验批次采用工程实际使用的原材料和配合比与上批留样进行平行对比试验，其允许偏差应符合现行国家标准《混凝土质量控制标准》GB 50164 的有关规定。

6.4 施工

6.4.1 聚羧酸系高性能减水剂相容性的试验应按本规范附录 A 的方法进行。

6.4.2 聚羧酸系高性能减水剂不应与萘系和氨基磺酸盐高效减水剂复合或混合使用，与其他种类减水剂复合或混合时，应经试验验证，并应满足设计和施工要求后再使用。

6.4.3 聚羧酸系高性能减水剂在运输、贮存时，应采用洁净的塑料、玻璃钢或不锈钢等容器，不宜采用铁质容器。

6.4.4 高温季节，聚羧酸系高性能减水剂应置于阴凉处；低温季节，应对聚羧酸系高性能减水剂采取防冻措施。

6.4.5 聚羧酸系高性能减水剂与引气剂同时使用时，宜分别掺加。

6.4.6 含引气剂或消泡剂的聚羧酸系高性能减水剂使用前应进行均化处理。

6.4.7 聚羧酸系高性能减水剂应按混凝土施工配合比规定的掺量添加。

6.4.8 使用聚羧酸系高性能减水剂生产混凝土时，应控制砂、石含水量、含泥量和泥块含量的变化。

6.4.9 掺聚羧酸系高性能减水剂的混凝土宜采用强制式搅拌机均匀搅拌。混凝土搅拌的最短时间可符合表 6-1 的规定。搅拌强度等级 C60 及以上的混凝土时，搅拌时间应适当延长。

表 6-1 混凝土搅拌的最短时间（s）

混凝土坍落度/mm	搅拌机型	搅拌机出料量/L		
		<250	250～500	>500
≤40	强制式	60	90	120
>40 且<100	强制式	60	60	90
≥100	强制式	60	—	—

6.4.10 掺用过其他类型减水剂的混凝土搅拌机和运输罐车、泵车等设备，应清洗干净后再搅拌和运输掺聚羧酸系高性能减水剂的混凝土。

6.4.11 使用标准型或缓凝型聚羧酸系高性能减水剂时，当环境温度低于 10 ℃，应采取防止混凝土坍落度的经时增加的措施。

7 引气剂及引气减水剂

7.1 品种

7.1.1 混凝土工程可采用下列引气剂：
    1. 松香热聚物、松香皂及改性松香皂等松香树脂类；
    2. 十二烷基磺酸盐、烷基苯磺酸盐、石油磺酸盐等烷基和烷基芳烃磺酸盐类；

3. 脂肪醇聚氧乙烯磺酸钠、脂肪醇硫酸钠等脂肪醇磺酸盐类；

4. 脂肪醇聚氧乙烯醚、烷基苯酚聚氧乙烯醚等非离子聚醚类；

5. 三萜皂甙等皂甙类；

6. 不同品种引气剂的复合物。

7.1.2 混凝土工程中可采用由引气剂与减水剂复合而成的引气减水剂。

7.2 适用范围

7.2.1 引气剂及引气减水剂宜用于有抗冻融要求的混凝土、泵送混凝土和易产生泌水的混凝土。

7.2.2 引气剂及引气减水剂可用于抗渗混凝土、抗硫酸盐混凝土、贫混凝土、轻骨料混凝土、人工砂混凝土和有饰面要求的混凝土。

7.2.3 引气剂及引气减水剂不宜用于蒸养混凝土及预应力混凝土。必要时，应经试验确定。

7.3 技术要求

7.3.1 混凝土含气量的试验应采用工程实际使用的原材料和配合比，有抗冻融要求的混凝土含气量应根据混凝土抗冻等级和粗骨料最大公称粒径等经试验确定，但不宜超过表 7-1 规定的含气量。

表 7-1 掺引气剂或引气减水剂混凝土含气量限值

粗骨料最大公称粒径/mm	混凝土含气量限值/%
10	7.0
15	6.0
20	5.5
25	5.0
40	4.5

注：表中含气量，C50、C55 混凝土可降低 0.5%，C60 及 C60 以上混凝土可降低 1%，但不宜低于 3.5%。

7.3.2 用于改善新拌混凝土工作性时，新拌混凝土含气量宜控制在 3%～5%。

7.3.3 混凝土施工现场含气量和设计要求的含气量允许偏差应为±1.0%。

7.4 进场检验

7.4.1 引气剂应按每 10 t 为一检验批，不足 10 t 时也应按一个检验批计，引气减水剂应按每 50 t 为一检验批，不足 50 t 时也应按一个检验批计。每一检验批取样量不应少于 0.2 t 胶凝材料所需用的外加剂量。每一检验批取样应充分混匀，并应分为两等份：其中一份应按本规范第 7.4.2 和 7.4.3 条规定的项目及要求进行检验，每检验批检验不得少于两次；另一份应密封留样保存半年，有疑问时，应进行对比检验。

7.4.2 引气剂及引气减水剂进场时，检验项目应包括 pH 值、密度（或细度）、含固量（或含水率）、含气量、含气量经时损失，引气减水剂还应检测减水率。

7.4.3 引气剂及引气减水剂进场时，含气量应按进场检验批次采用工程实际使用的原材料和配合比与上批留样进行平行对比试验，初始含气量允许偏差应为±1.0%。

7.5 施工

7.5.1 引气减水剂相容性的试验应按本规范附录 A 的方法进行。

7.5.2 引气剂宜以溶液掺加，使用时应加入拌合水中，引气剂溶液中的水量应从拌合水中扣除。

7.5.3　引气剂、引气减水剂配制溶液时，应充分溶解后再使用。

7.5.4　引气剂可与减水剂、早强剂、缓凝剂、防冻剂等复合使用。配制溶液时，如产生絮凝或沉淀等现象，应分别配制溶液，并应分别加入搅拌机内。

7.5.5　当混凝土原材料、施工配合比或施工条件变化时，引气剂或引气减水剂的掺量应重新试验并确定。

7.5.6　掺引气剂、引气减水剂的混凝土宜采用强制式搅拌机搅拌，并应搅拌均匀。搅拌时间及搅拌量应经试验确定，最少搅拌时间可符合本规范表 6.4.9 的规定。出料到浇筑的停放时间不宜过长。采用插入式振捣时，同一振捣点振捣时间不宜超过 20 s。

8.5.7　检验混凝土的含气量应在施工现场进行取样。对含气量有设计要求的混凝土，当连续浇筑时每 4 h 应现场检验一次；当间歇施工时，每浇筑 200 m³ 应检验一次。必要时，可增加检验次数。

8　早强剂

8.1　品种

8.1.1　混凝土工程可采用下列早强剂：

 1. 硫酸盐、硫酸复盐、硝酸盐、碳酸盐、亚硝酸盐、氯盐、硫氰酸盐等无机盐类；

 2. 三乙醇胺、甲酸盐、乙酸盐、丙酸盐等有机化合物类。

8.1.2　混凝土工程可采用两种或两种以上无机盐类早强剂或有机化合物类早强剂复合而成的早强剂。

8.2　适用范围

8.2.1　早强剂宜用于蒸养、常温、低温和最低温度不低于 −5℃ 环境中施工的有早强要求的混凝土工程。炎热条件以及环境温度低于 −5℃ 时不宜使用早强剂。

8.2.2　早强剂不宜用于大体积混凝土；三乙醇胺等有机胺类早强剂不宜用于蒸养混凝土。

8.2.3　无机盐类早强剂不宜用于下列情况：

 1. 处于水位变化的结构；

 2. 露天结构及经常受水淋、受水流冲刷的结构；

 3. 相对湿度大于 80% 环境中使用的结构；

 4. 直接接触酸、碱或其他侵蚀性介质的结构；

 5. 有装饰要求的混凝土，特别是要求色彩一致或表面有金属装饰的混凝土。

8.3　进场检验

8.3.1　早强剂应按每 50 t 为一检验批，不足 50 t 时应按一个检验批计。每一检验批取样量不应少于 0.2 t 胶凝材料所需用的外加剂量。每一检验批取样应充分混匀，并应分为两等份：其中一份应按本规范第 8.3.2 条和第 8.3.3 条规定的项目和要求进行检验，每检验批检验不得少于两次；另一份应密封留样保存半年，有疑问时，应进行对比检验。

8.3.2　早强剂进场检验项目应包括密度（或细度）、含固量（或含水率）、碱含量、氯离子含量和 1 d 抗压强度比。

8.3.3　检验含有硫氰酸盐、甲酸盐等早强剂的氯离子含量时，应采用离子色谱法。

8.4　施工

8.4.1 供方应向需方提供早强剂产品贮存方式、使用注意事项和有效期，对含有亚硝酸盐、硫氰酸盐的早强剂应按有关化学品的管理规定进行贮存和使用。

8.4.2 供方应向需方提供早强剂产品的主要成分及掺量范围。早强剂中硫酸钠掺入混凝土的量应符合本规范表 8-1 的规定，三乙醇胺掺入混凝土的量不应大于胶凝材料质量的 0.05%，早强剂在素混凝土中引入的氯离子含量不应大于胶凝材料质量的 1.8%。其他品种早强剂的掺量应经试验确定。

表 8-1　硫酸钠掺量限值

混凝土种类	使用环境	掺量限值（凝胶材料质量）
预应方混凝土	干燥环境	≤1.0
钢筋混凝土	干燥环境	≤2.0
	潮湿环境	≤1.5
有饰面要求的混凝土	—	≤0.8
素混凝土	—	≤3.0

8.4.3 掺早强剂的混凝土采用蒸汽养护时，其蒸养制度应经试验确定。

8.4.4 掺粉状早强剂的混凝土宜延长搅拌时间 30 s。

9.4.5 掺早强剂的混凝土应加强保温保湿养护。

9　缓凝剂

9.1　品种

9.1.1 混凝土工程可采用下列缓凝剂：

1. 葡萄糖、蔗糖、糖蜜、糖钙等糖类化合物；

2. 柠檬酸（钠）、酒石酸（钾钠）、葡萄糖酸（钠）、水杨酸及其盐类等羟基羧酸及其盐类；

3. 山梨醇、甘露醇等多元醇及其衍生物；

4. 2-膦酸丁烷-1，2，4-三羧酸（PBTC）、氨基三甲叉膦酸（ATMP）及其盐类等有机磷酸及其盐类；

5. 磷酸盐、锌盐、硼酸及其盐类、氟硅酸盐等无机盐类。

9.1.2 混凝土工程可采用由不同缓凝组分复合而成的缓凝剂。

9.2　适用范围

9.2.1 缓凝剂宜用于延缓凝结时间的混凝土。

9.2.2 缓凝剂宜用于对坍落度保持能力有要求的混凝土、静停时间较长或长距离运输的混凝土、自密实混凝土。

9.2.3 缓凝剂可用于大体积混凝土。

9.2.4 缓凝剂宜用于日最低气温 5℃以上施工的混凝土。

9.2.5 柠檬酸（钠）及酒石酸（钾钠）等缓凝剂不宜单独用于贫混凝土。

9.2.6 含有糖类组分的缓凝剂与减水剂复合使用时，可按本规范附录 A 的方法进行相容性试验。

9.3 进场检验

9.3.1 缓凝剂应按每 20 t 为一检验批，不足 20 t 时也应按一个检验批计。每一批次检验批取样量不应少于 0.2 t 胶凝材料所需用的外加剂量。每一检验批取样应充分混匀，并应分为两等份：其中一份应按本规范第 9.3.2 条和第 9.3.3 条规定的项目和要求进行检验，每检验批检验不得少于两次；另一份应密封留样保存半年，有疑问时，应进行对比检验。

9.3.2 缓凝剂进场时检验项目应包括密度（或细度）、含固量（或含水率）和混凝土凝结时间差。

9.3.3 缓凝剂进场时，凝结时间的检测应按进场检验批次采用工程实际使用的原材料和配合比与上批留样进行平行对比，初、终凝时间允许偏差应为 ±1 h。

9.4 施工

9.4.1 缓凝剂的品种、掺量应根据环境温度、施工要求的混凝土凝结时间、运输距离、静停时间、强度等经试验确定。

9.4.2 缓凝剂用于连续浇筑的混凝土时，混凝土的初凝时间应满足设计和施工要求。

9.4.3 缓凝剂宜以溶液掺加，使用时应加入拌合水中，缓凝剂溶液中的水量应从拌合水中扣除。难溶和不溶的粉状缓凝剂应采用干掺法，并宜延长搅拌时间 30 s。

9.4.4 缓凝剂可与减水剂复合使用。配制溶液时，如产生絮凝或沉淀等现象，宜分别配制溶液，并应分别加入搅拌机内。

9.4.5 掺缓凝剂的混凝土浇筑、振捣后，应及时养护。

10.4.6 当环境温度波动超过 10℃时，应经试验调整缓凝剂掺量。

10 泵送剂

10.1 品种

10.1.1 混凝土工程可采用一种减水剂与缓凝组分、引气组分、保水组分和黏度调节组分复合而成的泵送剂。

10.1.2 混凝土工程可采用两种或两种以上减水剂与缓凝组分、引气组分、保水组分和黏度调节组分复合而成的泵送剂。

10.1.3 混凝土工程可采用一种减水剂作为泵送剂。

10.1.4 混凝土工程可采用两种或两种以上减水剂复合而成的泵送剂。

10.2 适用范围

10.2.1 泵送剂宜用于泵送施工的混凝土。

10.2.2 泵送剂可用于工业与民用建筑结构工程混凝土、桥梁混凝土、水下灌注桩混凝土、大坝混凝土、清水混凝土、防辐射混凝土和纤维增强混凝土等。

10.2.3 泵送剂宜用于日平均气温 5℃以上的施工环境。

10.2.4 泵送剂不宜用于蒸汽养护混凝土和蒸压养护的预制混凝土。

10.2.5 使用含糖类或木质素磺酸盐的泵送剂时，可按本规范附录 A 进行相容性试验，并应满足施工要求后再使用。

10.3 技术要求

10.3.1 泵送剂使用时，其减水率宜符合表 10-1 的规定。减水率应按现行国家标准《混凝土外加剂》GB 8076 的有关规定进行测定。

表 10-1　减水率的选择

序号	混凝土强度等级	减水率/%
1	C30 及 C30 以下	12～20
2	C30～C55	16～28
3	C60 及 C60 以上	≥25

10.3.2　用于自密实混凝土泵送剂的减水率不宜小于 20%。

10.3.3　掺泵送剂混凝土的坍落度 1 h 经时变化量可按表 10-2 的规定选择。坍落度 1 h 经时变化值应按现行国家标准《混凝土外加剂》GB 8076 的有关规定进行测定。

表 10-2　坍落度 1 h 经时变化量的选择

序号	运输和等候时间（min）	塌落度一小时变化量（mm）
1	<60	≤80
2	60～120	≤40
3	>120	≤20

10.4　进场检验

10.4.1　泵送剂应按每 50 t 为一检验批，不足 50 t 时也应按一个检验批计。每一检验批取样量不应少于 0.2 t 胶凝材料所需用的外加剂量。每一检验批取样应充分混匀，并应分为两等份：其中一份应按本规范第 10.4.2 和 10.4.3 条规定的项目和要求进行检验，每检验批检验不得少于两次；另一份应密封留样保存半年，有疑问时，应进行对比检验。

10.4.2　泵送剂进场检验项目应包括 pH 值、密度（或细度）、含固量（或含水率）、减水率和坍落度 1 h 经时变化值。

10.4.3　泵送剂进场时，减水率及坍落度 1 h 经时变化值应按进场检验批次采用工程实际使用的原材料和配合比与上批留样进行平行对比试验，减水率允许偏差应为 ±2%，坍落度 1 h 经时变化值允许偏差应为 ±20 mm。

10.5　施工

10.5.1　泵送剂相容性的试验应按本规范附录 A 的方法进行。

10.5.2　不同供方、不同品种的泵送剂不得混合使用。

10.5.3　泵送剂的品种、掺量应根据工程实际使用的原材料、环境温度、运输距离、泵送高度和泵送距离等经试验确定。

10.5.4　液体泵送剂宜与拌合水预混，溶液中的水量应从拌合水中扣除；粉状泵送剂宜与胶凝材料一起加入搅拌机内，并宜延长混凝土搅拌时间 30 s。

10.5.5　泵送混凝土的原材料选择、配合比要求，应符合现行行业标准《普通混凝土配合比设计规程》JGJ 55 的有关规定。

10.5.6　掺泵送剂的混凝土采用二次掺加法时，二次添加的外加剂品种及掺量应经试验确定，并应记录备案。二次添加的外加剂不应包括缓凝、引气组分。二次添加后应确保混凝土搅拌均匀，坍落度应符合要求后再使用。

10.5.7 掺泵送剂的混凝土浇筑、振捣后，应及时抹压，并应始终保持混凝土表面潮湿，终凝后还应浇水养护，当气温较低时，应加强保温保湿养护。

11 防冻剂

12.1 品种

11.1.1 混凝土工程可采用以某些醇类、尿素等有机化合物为防冻组分的有机化合物类防冻剂。

11.1.2 混凝土工程可采用下列无机盐类防冻剂：

    1. 以亚硝酸盐、硝酸盐、碳酸盐等无机盐为防冻组分的无氯盐类；

    2. 含有阻锈组分，并以氯盐为防冻组分的氯盐阻锈类；

    3. 以氯盐为防冻组分的氯盐类。

11.1.3 混凝土工程可采用防冻组分与早强、引气和减水组分复合而成的防冻剂。

11.2 适用范围

11.2.1 防冻剂可用于冬期施工的混凝土。

11.2.2 亚硝酸钠防冻剂或亚硝酸钠与碳酸锂复合防冻剂，可用于冬期施工的硫铝酸盐水泥混凝土。

11.3 进场检验

11.3.1 防冻剂应按每 100 t 为一检验批，不足 100 t 时也应按一个检验批计。每一检验批取样量不应少于 0.2 t 胶凝材料所需用的外加剂量。每一检验批取样应充分混匀，并应分为两等份：一份应按本规范第 11.3.2 和 11.3.3 条规定的项目和要求进行检验，每检验批检验不得少于两次；另一份应密封留样保存半年，有疑问时，应进行对比检验。

11.3.2 防冻剂进场检验项目应包括氯离子含量、密度（或细度）、含固量（或含水率）、碱含量和含气量，复合类防冻剂还应检测减水率。

11.3.3 检验含有硫氰酸盐、甲酸盐等防冻剂的氯离子含量时，应采用离子色谱法。

11.4 施工

11.4.1 含减水组分的防冻剂相容性的试验应按本规范附录 A 的方法进行。

11.4.2 防冻剂的品种、掺量应以混凝土浇筑后 5 d 内的预计日最低气温选用。在日最低气温为 $-5 \sim -10$ ℃、$-10 \sim -15$ ℃、$-15 \sim -20$ ℃时，应分别选用规定温度为 -5 ℃、-10 ℃、-15 ℃的防冻剂。

11.4.3 掺防冻剂的混凝土所用原材料，应符合下列要求：

    1. 宜选用硅酸盐水泥、普通硅酸盐水泥；

    2. 骨料应清洁，不得含有冰、雪、冻块及其他易冻裂物质。

11.4.4 防冻剂与其他外加剂同时使用时，应经试验确定，并应满足设计和施工要求后再使用。

11.4.5 使用液体防冻剂时，贮存和输送液体防冻剂的设备应采取保温措施。

11.4.6 掺防冻剂混凝土拌合物的入模温度不应低于 5 ℃。

11.4.7 掺防冻剂混凝土的生产、运输、施工及养护，应符合现行行业标准《建筑工程冬期施工规程》JGJ/T 104 的有关规定。

12 速凝剂

12.1 品种

12.1.1 喷射混凝土工程可采用下列粉状速凝剂：

1. 以铝酸盐、碳酸盐等为主要成分的粉状速凝剂；
2. 以硫酸铝、氢氧化铝等为主要成分与其他无机盐、有机物复合而成的低碱粉状速凝剂。

12.1.2 喷射混凝土工程可采用下列液体速凝剂：

1. 以铝酸盐、硅酸盐为主要成分与其他无机盐、有机物复合而成的液体速凝剂；
2. 以硫酸铝、氢氧化铝等为主要成分与其他无机盐、有机物复合而成的低碱液体速凝剂。

12.2 适用范围

12.2.1 速凝剂可用于喷射法施工的砂浆或混凝土，也可用于有速凝要求的其他混凝土。

12.2.2 粉状速凝剂宜用于干法施工的喷射混凝土，液体速凝剂宜用于湿法施工的喷射混凝土。

12.2.3 永久性支护或衬砌施工使用的喷射混凝土、对碱含量有特殊要求的喷射混凝土工程，宜选用碱含量小于1％的低碱速凝剂。

12.3 进场检验

12.3.1 速凝剂应按每50 t为一检验批，不足50 t时也应按一个检验批计。每一检验批取样量不应少于0.2 t胶凝材料所需用的外加剂量。每一检验批取样应充分混匀，并应分为两等份：其中一份应按本规范第12.3.2和12.3.3条规定的项目和要求进行检验，每检验批检验不得少于两次；另一份应密封留样保存半年，有疑问时，应进行对比检验。

12.3.2 速凝剂进场时检验项目应包括密度（或细度）、水泥净浆初凝和终凝时间。

12.3.3 速凝剂进场时，水泥净浆初、终凝时间应按进场检验批次采用工程实际使用的原材料和配合比与上批留样进行平行对比试验，其允许偏差应为±1 min。

12.4 施工

12.4.1 速凝剂掺量宜为胶凝材料质量的2％～10％，当混凝土原材料、环境温度发生变化时，应根据工程要求，经试验调整速凝剂掺量。

12.4.2 喷射混凝土的施工宜选用硅酸盐水泥或普通硅酸盐水泥，不得使用过期或受潮结块的水泥。当工程有防腐、耐高温或其他特殊要求时，也可采用相应特种水泥。

12.4.3 掺速凝剂混凝土的粗骨料宜采用最大粒径不大于20 mm的卵石或碎石，细骨料宜采用中砂。

12.4.4 掺速凝剂的喷射混凝土配合比宜通过试配试喷确定，其强度应符合设计要求，并应满足节约水泥、回弹量少等要求。特殊情况下，还应满足抗冻性和抗渗性等要求。砂率宜为45％～60％。湿喷混凝土拌合物的坍落度不宜小于80mm。

12.4.5 湿法施工时，应加强混凝土工作性的检查。喷射作业时每班次混凝土坍落度的检查次数不应少于两次，不足一个班次时也应按一个班次检查。当原材料出现波动时应及时检查。

12.4.6 干法施工时，混合料的搅拌宜采用强制式搅拌机。当采用容量小于400 L的强制式搅拌机时，搅拌时间不得少于 60 s；当采用自落式或滚筒式搅拌机时，搅拌时间不得少于 120 s。当掺有矿物掺合料或纤维时，搅拌时间宜延长 30 s。

12.4.7　干法施工时，混合料在运输、存放过程中，应防止受潮及杂物混入，投入喷射机前应过筛。

12.4.8　干法施工时，混合料应随拌随用。无速凝剂掺入的混合料，存放时间不应超过 2 h，有速凝剂掺入的混合料，存放时间不应超过 20 min。

12.4.9　喷射混凝土终凝 2 h 后，应喷水养护。环境温度低于 5 ℃时，不宜喷水养护。

12.4.10　掺速凝剂喷射混凝土作业区日最低气温不应低于 5 ℃。

12.4.11　掺速凝剂喷射混凝土施工时，施工人员应采取劳动防护措施，并应确保人身安全。

13　膨胀剂

13.1　品种

13.1.1　混凝土工程可采用硫铝酸钙类混凝土膨胀剂。

13.1.2　混凝土工程可采用硫铝酸钙—氧化钙类混凝土膨胀剂。

13.1.3　混凝土工程可采用氧化钙类混凝土膨胀剂。

13.2　适用范围

13.2.1　用膨胀剂配制的补偿收缩混凝土宜用于混凝土结构自防水、工程接缝、填充灌浆，采取连续施工的超长混凝土结构，大体积混凝土工程等；用膨胀剂配制的自应力混凝土宜用于自应力混凝土输水管、灌注桩等。

13.2.2　含硫铝酸钙类、硫铝酸钙—氧化钙类膨胀剂配制的混凝土（砂浆）不得用于长期环境温度为 80 ℃以上的工程。

13.2.3　膨胀剂应用于钢筋混凝土工程和填充性混凝土工程。

13.3　技术要求

13.3.1　掺膨胀剂的补偿收缩混凝土，其限制膨胀率应符合表 13-1 的规定。

表 13-1　补偿收缩混凝土的限制膨胀率

用途	限制膨胀率	
	水中 14 d	水中 14 d 转空气中 28 d
用于补偿混凝土收缩	≥0.015	≥0.030
用于后浇带、膨胀加强带和工程接缝填充	≥0.025	≥−0.020

13.3.2　补偿收缩混凝土限制膨胀率的试验和检验应按本规范附录 B 的方法进行。

13.3.3　补偿收缩混凝土的抗压强度应符合设计要求，其验收评定应符合现行国家标准《混凝土强度检验评定标准》GB/T 50107 的有关规定。

13.3.4　补偿收缩混凝土设计强度不宜低于 C25；用于填充的补偿收缩混凝土设计强度不宜低于 C30。

13.3.5　补偿收缩混凝土的强度试件制作和检验，应符合现行国家标准《普通混凝土力学性能试验方法标准》GB/T 50081 的有关规定。用于填充的补偿收缩混凝土的抗压强度试件制作和检测，应按现行行业标准《补偿收缩混凝土应用技术规程》JGJ/T 178—2009 的附录 A 进行。

13.3.6 灌浆用膨胀砂浆，其性能应符合表 13-2 的规定。抗压强度应采用 40mm×40mm×160mm 的试模，无振动成型，拆模、养护、强度检验应按现行国家标准《水泥胶砂强度检验方法（ISO 法）》GB/T 17671 的有关规定执行，竖向膨胀率的测定应按本规范附录 C 的方法进行。

表 13-2 灌浆用膨胀砂浆性能

扩展度/mm	竖向限制膨胀率/%		抗压强度/MPa		
	3 d	7 d	1 d	3 d	28 d
≥250	≥0.10	≥0.20	≥20	≥30	≥60

13.3.7 掺加膨胀剂配制自应力水泥时，其性能应符合现行行业标准《自应力硅酸盐水泥》JC/T 218 的有关规定。

13.4 进场检验

13.4.1 膨胀剂应按每 200 t 为一检验批，不足 200 t 时也应按一个检验批计。每一检验批取样量不应少于 10 kg。每一检验批取样应充分混匀，并应分为两等份：其中一份应按本规范第

13.4.2 条规定的项目进行检验，每检验批检验不得少于两次；另一份应密封留样保存半年，有疑问时，应进行对比检验。

13.4.3 膨胀剂进场时检验项目应为水中 7 d 限制膨胀率和细度。

13.5 施工

13.5.1 掺膨胀剂的补偿收缩混凝土，其设计和施工应符合现行行业标准《补偿收缩混凝土应用技术规程》JGJ/T 178 的有关规定。其中，对暴露在大气中的混凝土表面应及时进行保水养护，养护期不得少于 14 d；冬期施工时，构件拆模时间应延至 7 d 以上，表层不得直接洒水，可采用塑料薄膜保水，薄膜上部应覆盖岩棉被等保温材料。

13.5.2 大体积、大面积及超长结构的后浇带可采用膨胀加强带措施连续施工，膨胀加强带的构造形式和超长结构浇筑方式，应符合现行行业标准《补偿收缩混凝土应用技术规程》JGJ/T 178 的有关规定。

13.5.3 掺膨胀剂混凝土的胶凝材料最少用量应符合表 13-3 的规定。

表 13-3 胶凝材料最少用量

用 途	胶凝材料最少用料（kg/m³）
用于补偿混凝土收缩	300
用于后浇带、膨胀加强带和工程接缝填充	350
用于自应力混凝土	500

13.5.4 灌浆用膨胀砂浆施工应符合下列规定：

1. 灌浆用膨胀砂浆的水料（胶凝材料＋砂）比宜为 0.12～0.16，搅拌时间不宜少于 3 min；

2. 膨胀砂浆不得使用机械振捣，宜用人工插捣排除气泡，每个部位应从一个方向浇筑；

3. 浇筑完成后，应立即用湿麻袋等覆盖暴露部分，砂浆硬化后应立即浇水养护，养护期不宜少于 7 d；

4. 灌浆用膨胀砂浆浇筑和养护期间，最低气温低于 5 ℃时，应采取保温保湿养护措施。

14 防水剂

14.1 品种

14.1.1 混凝土工程可采用下列防水剂：

　　1. 氯化铁、硅灰粉末、锆化合物、无机铝盐防水剂、硅酸钠等无机化合物类；

　　2. 脂肪酸及其盐类、有机硅类（甲基硅醇钠、乙基硅醇钠、聚乙基羟基硅氧烷等）、聚合物乳液（石蜡、地沥青、橡胶及水溶性树脂乳液等）等有机化合物类。

14.1.2 混凝土工程可采用下列复合型防水剂：

　　1. 无机化合物类复合、有机化合物类复合、无机化合物类与有机化合物类复合；

　　2. 本条第 1 款各类与引气剂、减水剂、调凝剂等外加剂复合而成的防水剂。

14.2 适用范围

14.2.1 防水剂可用于有防水抗渗要求的混凝土工程。

14.2.2 对有抗冻要求的混凝土工程宜选用复合引气组分的防水剂。

14.3 进场检验

14.3.1 防水剂应按每 50 t 为一检验批，不足 50 t 时也应按一个检验批计。每一检验批取样量不应少于 0.2 t 胶凝材料所需用的外加剂量。每一检验批取样应充分混匀，并应分为两等份：其中一份应按本规范第 14.3.2 条规定的项目进行检验，每检验批检验不得少于两次；另一份应密封留样保存半年，有疑问时，应进行对比检验。

14.3.2 防水剂进场检验项目应包括密度（或细度）、含固量（或含水率）。

14.4 施工

14.4.1 含有减水组分的防水剂相容性的试验应按本规范附录 A 的方法进行。

14.4.2 掺防水剂的混凝土宜选用普通硅酸盐水泥。有抗硫酸盐要求时，宜选用抗硫酸盐硅酸盐水泥或火山灰质硅酸盐水泥，并应经试验确定。

14.4.3 防水剂应按供方推荐掺量掺加，超量掺加时应经试验确定。

14.4.4 掺防水剂混凝土宜采用最大粒径不大于 25 mm 连续级配的石子。

14.4.5 掺防水剂混凝土的搅拌时间应较普通混凝土延长 30 s。

14.4.6 掺防水剂混凝土应加强早期养护，潮湿养护不得少于 7 d。

14.4.7 处于侵蚀介质中掺防水剂的混凝土，应采取防腐蚀措施。

14.4.8 掺防水剂混凝土的结构表面温度不宜超过 100 ℃，超过 100 ℃时，应采取隔断热源的保护措施。

15 阻锈剂

15.1 品种

15.1.1 混凝土工程可采用下列阻锈剂：

　　1. 亚硝酸盐、硝酸盐、铬酸盐、重铬酸盐、磷酸盐、多磷酸盐、硅酸盐、钼酸盐、硼酸盐等无机盐类；

　　2. 胺类、醛类、炔醇类、有机磷化合物、有机硫化合物、羧酸及其盐类、磺酸及其盐类、杂环化合物等有机化合物类。

15.1.2 混凝土工程可采用两种或两种以上无机盐类或有机化合物类阻锈剂复合而成的阻锈剂。

15.2 适用范围

15.2.1 阻锈剂宜用于容易引起钢筋锈蚀的侵蚀环境中的钢筋混凝土、预应力混凝土和钢纤维混凝土。

15.2.2 阻锈剂宜用于新建混凝土工程和修复工程。

15.2.3 阻锈剂可用于预应力孔道灌浆。

15.3 进场检验

15.3.1 阻锈剂应按每 50 t 为一检验批，不足 50 t 时也应按一个检验批计。每一检验批取样量不应少于 0.2 t 胶凝材料所需用的外加剂量。每一检验批取样应充分混匀，并应分为两等份：其中一份应按本规范第 15.3.2 条规定的项目进行检验，每检验批检验不得少于两次；另一份应密封留样保存半年，有疑问时，应进行对比检验。

15.3.2 阻锈剂进场检验项目应包括 pH 值、密度（或细度）、含固量（或含水率）。

15.4 施工

15.4.1 新建钢筋混凝土工程采用阻锈剂时，应符合下列规定：

1. 掺阻锈剂混凝土配合比设计应符合现行行业标准《普通混凝土配合比设计规程》JGJ 55 的有关规定。当原材料或混凝土性能要求发生变化时，应重新进行混凝土配合比设计。

2. 掺阻锈剂或阻锈剂与其他外加剂复合使用的混凝土性能应满足设计和施工要求。

3. 掺阻锈剂混凝土的搅拌、运输、浇筑和养护，应符合现行国家标准《混凝土质量控制标准》GB 50164 的有关规定。

15.4.2 使用掺阻锈剂的混凝土或砂浆对既有钢筋混凝土工程进行修复时，应符合下列规定：

1. 应先剔除已被腐蚀、污染或中性化的混凝土层，并应清除钢筋表面锈蚀物后再进行修复。

2. 当损坏部位较小、修补层较薄时，宜采用砂浆进行修复；当损坏部位较大、修补层较厚时，宜采用混凝土进行修复。

3. 当大面积施工时，可采用喷射或喷、抹结合的施工方法。

4. 修复的混凝土或砂浆的养护应符合现行国家标准《混凝土质量控制标准》GB 50164 的有关规定。

4.4 聚羧酸系高性能减水剂 JG/T 223—2007

1 范围

本标准规定了用于水泥混凝土中的聚羧酸系高性能减水剂的术语和定义、分类与标记、要求、试验方法、检验规则、包装、出厂、贮存等。

本标准适用于在水泥混凝土中掺用的聚羧酸系高性能减水剂。

2 规范性引用文件

下列文件中的条款通过本标准的引用而成为本标准的条款。凡是注日期的引用文件，其随后所有的修改单（不包括勘误的内容）或修订版均不适用于本标准，然而，鼓励根据本标准达成协议的各方研究是否可使用这些文件的最新版本。凡是不注日期的引用文件，其最新版本适用于本标准。

GB 8076 混凝土外加剂

GB/T 8077 混凝土外加剂匀质性试验方法

GB 18582 室内装饰装修材料 内墙涂料中有害物质限量

GB/T 50080 普通混凝土拌合物性能试验方法标准

GB/T 50081 普通混凝土力学性能试验方法标准

GBJ 82 普通混凝土长期性能和耐久性能试验方法

JC 473 混凝土泵送剂

JC 475—2004 混凝土防冻剂

JGJ 52 普通混凝土用砂、石质量及检验方法标准

JGJ 63 混凝土用水标准

3 术语和定义

3.1 聚羧酸系高性能减水剂

polycarboxylates high performance water-reducing admixture

由含有羧基的不饱和单体和其他单体共聚而成，使混凝土在减水、保坍、增强、收缩及环保等方面具有优良性能的系列减水剂。

3.2 基准水泥 reference cement

符合 GB 8076 中规定的水泥。

3.3 基准混凝土 reference concrete

按照 GB 8076 试验条件规定配制的不掺外加剂的混凝土。

3.4 受检混凝土 tested concrete

按照本标准试验条件规定配制的掺聚羧酸系高性能减水剂的混凝土。

4 分类与标记

4.1 分类

4.1.1 按产品类型分类,见表1。

4.1.2 按产品形态分类,见表2。

4.1.3 按产品级别分类,见表3。

表1 聚羧酸系高性能减水剂的类型

类　型	符　号
非缓凝型	FHN
缓凝型	HN

表2 聚羧酸系高性能减水剂的形态

形　态	符　号
液体	Y
固体	G

表3 聚羧酸系高性能减水剂的级别

级　别	符　号
一等品	I
合格品	II

4.2 标记

4.2.1 标记方法

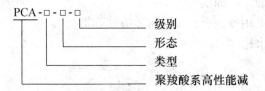

4.2.2 标记示例

PCA-FHN-Y-II表示非缓凝液体型合格品聚羧酸系高性能减水剂。

5 要求

5.1 聚羧酸系高性能减水剂化学性能

聚羧酸系高性能减水剂化学性能应符合表4要求。

表4 聚羧酸系高性能减水剂化学性能指标

序号	试验项目	性能指标			
		FHN		HN	
		I	II	I	II
1	甲醛含量（按折固含量计）/%　　　≤	0.05			

序号	试验项目	性能指标			
		FHN		HN	
		I	II	I	II
2	氯离子含量（按折固含量计）/% ≤	0.6			
3	总碱量（Na2O+0.658K2O）（按折固含量计）/% ≤	15			

5.2 掺聚羧酸系高性能减水剂混凝土性能

掺聚羧酸系高性能减水剂性能应符合表5要求。

表5 掺聚羧酸系高性能减水剂混凝土性能指标

序号	试验项目		性能指标			
			FHN		HN	
			I	II	I	II
1	减水率/% ≥		25	18	25	18
2	泌水率比/% ≤		60	70	60	70
3	含气量/% ≤		6.0			
4	1 h坍落度保留值/mm		—		150	
5	凝结时间差/min		−90～+120		＞+120	
6	抗压强度比/% ≥	1 d	170	150	—	
		3 d	160	140	155	135
		7 d	150	130	145	125
		28 d	130	120	130	120
7	28 d收缩率比/% ≤		100	120	100	120
8	对钢筋锈蚀作用		对钢筋无锈蚀作用			

5.3 聚羧酸系高性能减水剂匀质性

聚羧酸系高性能减水剂匀质性应符合表6要求。

表6 聚羧酸系高性能减水剂匀质性指标

序号	试验项目	指　　标
1	固体含量[a]	对液体聚羧酸系高性能减水剂：$S \geq 20\%$时，$0.95S \leq X < 1.05S$ $S < 20\%$时，$0.90S \leq X < 1.10S$
2	含水率[b]	对固体聚羧酸系高性能减水剂：$W \geq 5\%$时，$0.90W \leq X < 1.10W$ $W < 5\%$时，$0.80W \leq X < 1.20W$
3	细度	对固体聚羧酸系高性能减水剂，其0.3 mm筛筛余应小于15%。

续表

序号	试验项目	指 标
4	pH 值	应在生产厂控制值的±1.0 之内。
5	密度	对液体聚羧酸系高性能减水剂，密度测试值波动范围应控制在±0.01 g/mL
6	水泥净浆流动度c	不应小于生产厂控制值的 95%。
7	砂浆减水率c	不应小于生产厂控制值的 95%。

a S是生产厂提供的固体含量（质量分数），X是测试的固体含量（质量分数）。

b W是生产厂提供的含水率（质量分数），X是测试的含水率（质量分数）。

c 水泥净浆流动度和砂浆减水率选做其中的一项。

6 试验方法

6.1 聚羧酸系高性能减水剂化学性能

6.1.1 甲醛含量

聚羧酸系高性能减水剂样品中的甲醛含量应按照 GB 18582 规定的方法进行测定。按折固含量计的甲醛含量通过式（1）计算：

$$F = \frac{f}{X_s} \times 100\% \quad \cdots\cdots\cdots\cdots\cdots\cdots\cdots\cdots\cdots\cdots\cdots\cdots\cdots\cdots\cdots (1)$$

式中：

F——按折固含量计的甲醛含量，质量分数（%）；

f——聚羧酸系高性能减水剂样品中的甲醛含量，质量分数（%）；

X_s——聚羧酸系高性能减水剂的固体含量，质量分数（%）。

6.1.2 氯离子含量

聚羧酸系高性能减水剂样品中的氯离子含量应按照 GB/T 8077 规定的方法进行测定。按折固含量计的氯离子含量通过式（2）计算：

$$C = \frac{c}{X_s} \times 100\% \quad \cdots\cdots\cdots\cdots\cdots\cdots\cdots\cdots\cdots\cdots\cdots\cdots\cdots\cdots (2)$$

式中：

C——按折固含量计的氯离子含量，质量分数（%）；

c——聚羧酸系高性能减水剂样品中的氯离子含量，质量分数（%）；

X_s——聚羧酸系高性能减水剂的固体含量，质量分数（%）。

6.1.3 总碱量

聚羧酸系高性能减水剂样品中的总碱量应按照 GB/T 8077 规定的方法进行测定。按折固含量计的总碱量通过式（3）计算：

$$K = \frac{k}{X_s} \times 100\% \quad \cdots\cdots\cdots\cdots\cdots\cdots\cdots\cdots\cdots\cdots\cdots\cdots\cdots (3)$$

式中：

K——按折固含量计的总碱量，质量分数（%）；

k——聚羧酸系高性能减水剂样品中的总碱量，质量分数（%）；

X_s——聚羧酸系高性能减水剂的固体含量，质量分数（％）。

6.2 掺聚羧酸系高性能减水剂混凝土性能

6.2.1 原材料

6.2.1.1 水泥

应采用 GB 8076 标准规定的水泥，仲裁时须采用基准水泥。

6.2.1.2 砂

应采用符合 JGJ 52 要求的细度模数为 2.5～2.8 的中砂。

6.2.1.3 石子

应采用符合 JGJ 53 要求的二级配碎石，粒径为 5～20mm（圆孔筛），其中 5～10mm 占 40％，10～20mm 占 60％。

6.2.1.4 水

应采用符合 JGJ 63 要求的水。

6.2.1.5 外加剂

需要检测的聚羧酸系高性能减水剂。

6.2.2 配合比

混凝土配合比设计应符合以下规定：

6.2.2.1 在进行除混凝土拌合物 1 h 坍落度保留性能以外的其他性能测试时，基准混凝土和受检混凝土的配合比应按照 GB 8076 的规定进行设计，并应符合以下规定：

——水泥用量：330kg/m³；

——砂率：38％～40％；

——聚羧酸系高性能减水剂掺量：采用聚羧酸系高性能减水剂生产厂的推荐掺量；

——用水量：应使基准混凝土和受检混凝土的坍落度均为 80mm±10mm。

6.2.2.2 在进行混凝土拌合物 1 h 坍落度保留值测定时，受检混凝土配合比应按照 JC 473 的规定进行设计，并应符合以下规定：

——水泥用量：390kg/m³；

——砂率：44％；

——聚羧酸系高性能减水剂掺量：采用聚羧酸系高性能减水剂生产厂的推荐掺量；

——用水量：应使受检混凝土的坍落度为 210mm±10mm。

6.2.3 混凝土搅拌

应采用强制式混凝土搅拌机，拌合量应不少于搅拌机额定容量的 25％，不大于搅拌机额定容量的 75％。拌制混凝土时，先将砂、石、水泥加入搅拌机干拌 10s，之后加入聚羧酸系高性能减水剂及拌合水，继续搅拌 120s；搅拌结束，出料后在铁板上将拌合物用人工翻拌 2～3 次再行试验。

混凝土各种原材料及试验环境温度均应保持在 20℃±3℃；混凝土收缩试验应在 GBJ 82 规定的试验环境温度下进行。

6.2.4 试件制作

混凝土试件制作及养护应按照 GB/T 50081 规定的方法进行，但是混凝土预养时的环境温度为 20℃±2℃。

6.2.5 掺聚羧酸系高性能减水剂混凝土拌合物

6.2.5.1 减水率

减水率应按照 GB 8076 规定的方法进行测定。

6.2.5.2 泌水率比

泌水率比应按照 GB 8076 规定的方法进行测定。

6.2.5.3 含气量

含气量应按照 GB/T 50080 规定的方法进行测定。混凝土拌合物宜采用手工插捣捣实。

6.2.5.4 1 h 坍落度保留值

混凝土拌合物 1 h 坍落度保留值应按照 JC 473 规定的方法进行测定。

6.2.5.5 凝结时间差

凝结时间差应按照 GB 8076 规定的方法进行测定。

6.2.6 掺聚羧酸系高性能减水剂硬化混凝土

6.2.6.1 抗压强度比

抗压强度比应按照 GB 8076 规定的方法进行测定。

6.2.6.2 28 d 收缩率比

28 d 收缩率比应按照 GB 8076 规定的方法进行测定。

6.2.7 聚羧酸系高性能减水剂对钢筋的锈蚀作用

对钢筋的锈蚀作用应按照 GB 8076 中规定的方法进行测定。

6.2.8 聚羧酸系高性能减水剂匀质性

6.2.8.1 固体含量

固体含量应按照 GB/T 8077 规定的方法进行测定。

6.2.8.2 含水率

含水率应按照 JC 475—2004 附录 A 规定的方法进行测定。

6.2.8.3 细度

细度应按照 GB/T 8077 规定的方法进行测定。

6.2.8.4 pH 值

pH 值应按照 GB/T 8077 规定的方法进行测定。

6.2.8.5 密度

密度应按照 GB/T 8077 规定的方法进行测定。

6.2.8.6 水泥净浆流动度

水泥净浆流动度应按照 GB/T 8077 规定的方法进行测定。

6.2.8.7 砂浆减水率

砂浆减水率应按照 GB/T 8077 规定的方法进行测定。

7 检验规则

7.1 检验分类

7.1.1 出厂检验

出厂检验项目包括减水率和表 6 规定的匀质性试验项目。

7.1.2 型式检验

型式检验项目包括表 4、表 5 和表 6 中的所有项目。有下列条件之一时，应进行型式

检验:

1 新产品或老产品转厂生产的试制定型鉴定;

2 正式生产后,如材料、工艺有较大改变,可能影响产品性能时;

3 产品长期停产后,恢复生产时;

4 正常生产时,一年至少进行一次检验;

5 国家质量监督机构提出进行型式检验要求时;

6 出厂检验结果和上次型式检验结果有较大差异时。

7.2 批量、取样及留样

7.2.1 批量

同一品种的聚羧酸系高性能减水剂,每 100 t 为一批,不足 100 t 也作为一批。

7.2.2 取样及留样

1 取样应具有代表性。

2 每一批号取样量不少于 0.2 t 水泥所需用的聚羧酸系高性能减水剂量。

3 每一批号取得的试样应充分混匀,分为两等份。一份按本标准规定方法与项目进行试验,另一份要密封保存 6 个月,以备有争议时提交国家指定的检验机关进行复验或仲裁。如生产和使用单位同意,复验或仲裁也可使用现场取样。

7.3 判定规则

产品经检验,产品性能完全符合上述出厂检验和型式检验规定的相应指标要求,则判定该编号聚羧酸系高性能减水剂为相应等级的产品;如果不符合上述要求时,则判该编号聚羧酸系高性能减水剂为不合格。

7.4 复验

复验以封存样进行。如果使用单位要求现场取样,应事先在供货合同中规定,并在生产和使用单位相关人员在场的情况下于现场取具有代表性的样品。复验按照型式检验项目进行。

8 包装、出厂、贮存

8.1 包装

固体产品应采用有塑料袋衬里的编织袋或纸袋包装;液体产品应密封包装。单位包装内产品数量与规定数量相比的短缺量不应超过 2 %。

所有包装的容器上均应在明显位置注明以下内容:产品名称、标记、型号、净质量、生产厂名。生产日期及出厂编号应于产品合格证上予以说明。

8.2 出厂

生产厂应随第一批货提供出厂检验报告、产品说明书、合格证。

凡有下列情况之一者,不应出厂:不合格品、技术文件(产品说明书、合格证、检验报告)不全、包装不符、质量不足、产品变质以及超过保质期。

8.3 贮存

聚羧酸系高性能减水剂应存放在专用仓库或固定的场所妥善保管,以易于识别、便于检查和提货为原则。

第五部分　混凝土用水标准

5.1 混凝土用水标准 JGJ 63—2006

1 总则

1.1 为保证混凝土用水的质量，使混凝土性能符合技术要求，制定本标准。

1.2 本标准适用于工业与民用建筑以及一般构筑物的混凝土用水。

1.3 混凝土用水除应符合本标准外，尚应符合国家现行标准的规定。

2 术语

2.1 混凝土用水 water for concrete

混凝土拌合用水和混凝土养护用水总称，包括：饮用水、地表水、地下水、再生水、混凝土企业设备洗刷水和海水等。

2.2 地表水 yk nature surface water

存在于江、河、湖、塘、沼泽和冰川中的水。

2.3 地下水 underground water

存在于岩石缝隙或土壤孔隙中可以流动的水。

2.4 再生水 urban recycling water

指污水经适当再生工艺处理后具有使用功能的水。

2.5 不溶物 insoluble matter

在规定的条件下。水样经过滤，未通过滤膜部分干燥后留下的物质。

2.6 可溶物 soluble matter

在规定的条件下，水样经过滤，通过滤膜部分干燥蒸发后留下的物质。

3 技术要求

3.1 混凝土拌合用水

3.1.1 混凝土拌合用水水质要求应符合表 3-1 的规定。对于设计使用年限为 100 年的结构混凝土，氯离子含量不得超过 500 mg/L，对使用钢丝或经热处理钢筋的预应力混凝土，氯离子含量不得超过 350 mg/L。

表 3-1 混凝土拌合用水水质要求

项 目	预应力混凝土	钢筋混凝土	素混凝土
PH 值	≥5.0	≥4.5	≥4.5
不溶物/（mg/L）	≤2000	≤2000	≤5000
可溶物/（mg/L）	≤2000	≤5000	≤10000
Cl^-/（mg/L）	≤500	≤1000	≤3500
SO_2/（mg/L）	≤600	≤2000	≤2700
碱含量/（mg/L）	≤1500	≤1500	≤1500

注：碱含量按 $Na_2O+0.658K_2O$ 计算值来表示。采用非碱活性骨料时，可不检验碱含量。

3.1.2 地表水、地下水、再生水的放射性应符合现行国家标准《生活饮用水卫生标准》GB 5749 的规定。

3.1.3 被检验水样应与饮用水样进行水泥凝结时间对比试验。对比试验的水泥初凝时间差及终凝时间差不应大于 30min；同时，初凝和终凝时间应符合现行国家标准《硅酸盐水泥、普通硅酸盐水泥》GB 175 的规定。

3.1.4 被检验水样应与饮用水样进行水泥胶砂强度对比试验，被检验水样配制的水泥胶砂 3 d 和 28 d 强度不应低于饮用水配制的水泥胶砂 3 d 和 28 d 强度的 90 %。

3.1.5 混凝土拌合用水不应有漂浮明显的油脂和泡沫，不应有明显的颜色和异味。

3.1.6 混凝土企业设备洗刷水不宜用于预应力混凝土、装饰混凝土、加气混凝土和暴露于腐蚀环境的混凝土；不得用于使用碱活性或潜在碱活性骨料的混凝土。

3.1.7 未经处理的海水严禁用于钢筋混凝土和预应力混凝土。

3.1.8 在无法获得水源的情况下，海水可用于素混凝土，但不宜用于装饰混凝土。

3.2 混凝土养护用水

3.2.1 混凝土养护用水可不检验不溶物和可溶物，其他检验项目应符合本标准 3.1.1 条和 3.1.2 条的规定。

3.2.2 混凝土养护用水可不检验水泥凝结时间和水泥胶砂强度。

4 检验方法

4.1 pH 值的检验应符合现行国家标准《水质 pH 的测定玻璃电极法》GB/T 6920 的要求，并宜在现场测定。

4.2 不溶物的检验应符合现行国家标准《水质悬浮物的测定重量法》GB/T 11901 的要求。

4.3 可溶物的检验应符合现行国家标准《生活饮用水标准检验法》GB/T 5750 中溶解性总固体检验法的要求。

4.4 氯化物的检验应符合现行国家标准《水质氯化物的测定硝酸银滴定法》GB/T 11896 的要求。

4.5 硫酸盐的检验应符合现行国家标准《水质硫酸盐的测定重量法》GB/T 11899 的要求。

4.6 碱含量的检验应符合现行国家标准《水泥化学分析方法》GB/T 176 中关于氯化钾、氯化钠测定的火焰光度计法的要求。

4.7 水泥凝结时间试验应符合现行国家标准《水泥标准稠度用水量、凝结时间、安定性检验方法》GB/T 1346 的要求。试验宜采用 42.5 级硅酸盐水泥，也可采用 42.5 级普通硅酸盐水泥；出现争议时，应以 42.5 级硅酸盐水泥为准。

4.8 水泥胶砂强度试验应符合现行国家标准《水泥胶砂强度检验方法（ISO 法）》GB/T 17671 的要求。试验应采用 42.5 级硅酸盐水泥，也可采用 42.5 级普通硅酸盐水泥；出现争议时，应以 42.5 级硅酸盐水泥为准。

5 检测规则

5.1 取样

5.1.1 水质检验水样不应少于 5 L；用于测定水泥凝结时间和胶砂强度的水样不应少于 3 L。

5.1.2 采集水样的容器应无污染；容器应用待测水样冲洗三次在灌装，并应封存待用。

5.1.3 地表水宜在水域中心部位、距水面 100 mm 以下采集，并应记载季节，气候，雨量和周边环境的情况。

5.1.4 地下水应在放水冲洗管道后接取，或直接用容器采集；不得将地下水积存于地表后在从中采集。

5.15 再生水应在取水管道终端接取

5.1.6 混凝土企业设备洗刷水应沉淀后，在池中距水面 100 mm 以下采集。

5.2 检验期限和频率

5.2.1 水样检验期限应符合下列要求：

1. 水中全部项目检验宜在取样后 7 d 内完成。
2. 放射性检验、水泥凝结时间检验和水泥胶砂强度成型宜在取样后 10 d 内完成。

5.3.3 地表水、地下水和再生水的放射性应在使用前检验；当有可靠资料证明无放射性污染时，可不检验。

5.2.3 地表水、地下水、再生水和混凝土企业设备洗刷水在使用前阴进行检验；在使用期间，检验频率宜符合下列要求：

1. 地表水每 6 个月检验一次；
2. 地下水每年检验一次；
3. 再生水每 3 个月检验一次；在质量稳定一年后，可每 6 个月检验一次；
4. 混凝土企业设备洗刷水每 3 个月检验一次；在质量稳定一年后，可一年检验一次；
5. 当发现水收到污染和对混凝土性能有影响时，应立即检验。

6 结果评定

6.1 符合现行国家标准《生活饮用水卫生标准》GB 5749 要求的饮用水，可不经检验作为混凝土用水。

6.2 符合本标准 3.1 节要求的水，可作为混凝土用水；符合本标准 3.2 节要求的水，可作为混凝土养护用水。

6.3 当水泥凝结时间和水泥胶砂强度的检验不满足要求时，应重新加倍抽样复检一次。

第六部分 混凝土类

（一）产品标准类

6.1 预拌混凝土 GB/T 14902—2012

1 范围

本标准规定了预拌混凝土的术语和定义，分类、性能等级及标记，原材料和配合比，质量要求，制备，试验方法，检验规则，订货与交货。

本标准适用于搅拌站（楼）生产的预拌混凝土。

本标准不包括交货后的混凝土的浇筑、振捣和养护。

2 规范性引用文件

下列文件对于本文件的应用是必不可少的。凡是注日期的引用文件，仅注日期的版本适用于本文件。凡是不注日期的引用文件，其最新版本（包括所有修改单）适用于本文件。

GB 175　通用硅酸盐水泥

GB 200　中热硅酸盐水泥　低热硅酸盐水泥　低热矿渣硅酸盐水泥

GB/T 1596　用于水泥和混凝土中的粉煤灰

GB 8076　混凝土外加剂

GB/T 9142　混凝土搅拌机

GB 10171　混凝土搅拌站（楼）

GB 13693　道路硅酸盐水泥

GB/T 17431.1　轻集料及其试验方法 第1部分：轻集料

GB/T 18046　用于水泥和混凝土中的粒化高炉矿渣粉

GB/T 18736　高强高性能混凝土用矿物外加剂

GB/T 20491　用于水泥和混凝土中的钢渣粉

GB 23439　混凝土膨胀剂

GB/T 25176　混凝土和砂浆用再生细骨料

GB/T 25177　混凝土用再生粗骨料

GB/T 50080　普通混凝土拌合物性能试验方法标准

GB/T 50081　普通混凝土力学性能试验方法标准

GB/T 50082　普通混凝土长期性能和耐久性能试验方法标准

GB/T 50107　混凝土强度检验评定标准

GB 50119　混凝土外加剂应用技术规范

GB 50164—2011　混凝土质量控制标准

GB 50204　混凝土结构工程施工质量验收规范

GB/T 50557　重晶石防辐射混凝土应用技术规范

JC 475　混凝土防冻剂

JG/T 317　混凝土用粒化电炉磷渣粉

JG/T 351 水泥砂浆和混凝土用天然火山灰质材料

JG/T 5094 混凝土搅拌运输车

JGJ 51 轻骨料混凝土技术规程

JGJ 52 普通混凝土用砂、石质量及检验方法标准

JGJ 55 普通混凝土配合比设计规程

JGJ 63 混凝土用水标准

JGJ/T 193 混凝土耐久性检验评定标准

JGJ 206 海砂混凝土应用技术规范

JGJ/T 221 纤维混凝土应用技术规程

JGJ/T 240 再生骨料应用技术规程

JTJ 270 水运工程混凝土试验规程

HJ/T 412 环境标志产品技术要求 预拌混凝土

3 术语和定义

下列术语和定义适用于本文件。

3.1 预拌混凝土 ready-mixed concrete

在搅拌站（楼）生产的、通过运输设备送至使用地点的、交货时为拌合物的混凝土。

3.2 普通混凝土 ordinary concrete

干表观密度为 2 000～2 800kg/ m³ 的混凝土。

3.3 高强混凝土 high strength concrete

强度等级不低于 C60 的混凝土。

3.4 自密实混凝土 self-compacting concrete

无需振捣，能够在自重作用下流动密实的混凝土。

3.5 纤维混凝土 fiber reinforced concrete

掺加钢纤维或合成纤维作为增强材料的混凝土。

3.6 轻骨料混凝土 lightweight-aggregate concrete

用轻粗骨料、轻砂或普通砂等配制的干表观密度不大于 1 950 kg/m³ 的混凝土。

3.7 重混凝土 heavy-weight concrete

用重晶石等重骨料配制的干表观密度大于 2 800 kg/m³ 的混凝土。

3.8 再生骨料混凝土 recycled aggregate concrete

全部或部分采用再生骨料作为骨料配制的混凝土。

3.9 交货地点 delivery place

供需双方在合同中确定的交接预拌混凝土的地点。

3.10 出厂检验 inspection at manufacturer

在预拌混凝土出厂前对其质量进行的检验。

3.11 交货检验 inspection at delivery place

在交货地点对预拌混凝土质量进行的检验。

4 分类、性能等级及标记

4.1 分类

预拌混凝土分为常规品和特制品。

4.1.1 常规品

常规品应为除表1特制品以外的普通混凝土，代号A，混凝土强度等级代号C。

4.1.2 特制品

特制品代号B，包括的混凝土种类及其代号应符合表1的规定。

表1 特制品的混凝土种类及其代号

混凝土种类	高强混凝土	自密实混凝土	纤维混凝土	轻骨料混凝土	重混凝土
混凝土种类代号	H	S	F	L	W
强度等级代号	C	C	C（合成纤维混凝土）CF（钢纤维混凝土）	LC	C

4.2 性能等级

4.2.1 混凝土强度等级应划分为：C10、C15、C20、C25、C30、C35、C40、C45、C50、C55、C60、C65、C70、C75、C80、C85、C90、C95 和 C100。

4.2.2 混凝土拌合物坍落度和扩展度的等级划分应符合表2和表3的规定。

表2 混凝土拌合物的坍落度等级划分　　mm

等级	坍落度
S1	10～40
S2	50～90
S3	100～150
S4	160～210
S5	≥220

表3 混凝土拌合物的扩展度等级划分　　mm

等级	扩展直径
F1	≤340
F2	350～410
F3	420～480
F4	490～550
F5	560～620
F6	≥630

4.2.3 预拌混凝土耐久性能的等级划分应符合表 4、表 5、表 6 和表 7 的规定。

表 4　混凝土抗冻性能、抗水渗透性能和抗硫酸盐侵蚀性能的等级划分

抗冻等级（快冻法）		抗冻标号（慢冻法）	抗渗等级	抗硫酸盐等级
F50	F250	D50	P4	KS30
F100	F300	D100	P6	KS60
F150	F350	D150	P8	KS90
F200	F400	D200	P10	KS120
>F400		>D200	P12	KS150
			>P12	>KS150

表 5　混凝土抗氯离子渗透性能（84 d）的等级划分（RCM 法）

等级	RCM-Ⅰ	RCM-Ⅱ	RCM-Ⅲ	RCM-Ⅳ	RCM-Ⅴ
氯离子迁移系数 DRCM（RCM 法）/（×10−12m²/s）	≥4.5	≥3.5,<4.5	≥2.5,<3.5	≥1.5,<2.5	<1.5

表 6　混凝土抗氯离子渗透性能的等级划分（电通量法）

等级	Q-Ⅰ	Q-Ⅱ	Q-Ⅲ	Q-Ⅳ	Q-Ⅴ
电通量 QS/C	≥4 000	≥2 000,<4 000	≥1 000,<2 000	≥500,<1 000	<500

注：混凝土试验龄期宜为 28 d。当混凝土中水泥混合材与矿物掺合料之和超过胶凝材料用量的 50% 时，测试龄期可为 56 d。

表 7　混凝土抗碳化性能的等级划分

等级	T-Ⅰ	T-Ⅱ	T-Ⅲ	T-Ⅳ	T-Ⅴ
碳化深度 d/mm	≥30	≥20,<30	≥10,<20	≥0.1,<10	<0.1

4.3　标记

4.3.1　预拌混凝土标记应按下列顺序：

1. 常规品或特制品的代号，常规品可不标记；

2. 特制品混凝土种类的代号，兼有多种类情况可同时标出；

3. 强度等级；

4. 坍落度控制目标值，后附坍落度等级代号在括号中；自密实混凝土应采用扩展度控制目标值，后附扩展度等级代号在括号中；

5. 耐久性能等级代号，对于抗氯离子渗透性能和抗碳化性能，后附设计值在括号中；

6. 本标准号。

4.3.2　标记示例

示例 1：采用通用硅酸盐水泥、河砂（也可是人工砂或海砂）、石、矿物掺合料、外加剂和水配制的普通混凝土，强度等级为 C50，坍落度为 180mm，抗冻等级为 F250，抗氯离子渗透性能电通量 QS 为 1 000C，其标记为：

A-C50-180（S4）-F250　Q-Ⅲ（1 000）-GB/T 14902

示例 2：采用通用硅酸盐水泥、砂（也可是陶砂）、陶粒、矿物掺合料、外加剂、合成纤维和水配制的轻骨料纤维混凝土，强度等级为 LC40，坍落度为 210mm，抗渗等级为 P8，抗冻等级为 F150，其标记为：

B-LF-LC40-210（S4）-P8F150-GB/T 14902

5 原材料和配合比

5.1 水泥

5.1.1 水泥应符合 GB 175、GB 200 和 GB 13693 等的规定。

5.1.2 水泥进场应提供出厂检验报告等质量证明文件，并应进行检验。检验项目及检验批量应符合 GB 50164 的规定。

5.2 骨料

5.2.1 普通混凝土用骨料应符合 JDJ 52 的规定，海砂应符合 JGJ 206 的规定，再生粗骨料和再生细骨料应分别符合 GB/T 25177 和 GB/T 25176 的规定，轻骨料应符合 GB/T 17431.1 的规定，重晶石骨料应符合 GB/T 50557 的规定。

5.2.2 骨料进场时应进行检验。普通混凝土用骨料检验项目及检验批量应符合 GB 50164 的规定，再生骨料检验项目及检验批量应符合 JGJ/T 240 的规定，轻骨料检验项目及检验批量应符合 JGJ 51 的规定，重晶石骨料检验项目及检验批量应符合 GB/T 50557 的规定。

5.3 水

5.3.1 混凝土拌合用水应符合 JGJ 63 的规定。

5.3.2 混凝土拌合用水检验项目应符合 JGJ 63 的规定，检验频率应符合 GB 50204 的规定。

5.4 外加剂

5.4.1 外加剂应符合 GB 8076、GB 23439、GB 50119 和 JC 475 的规定。

5.4.2 外加剂进场应提供出厂检验报告等质量证明文件，并应进行检验。检验项目及检验批量应符合 GB 50164 的规定。

5.5 矿物掺合料

5.5.1 粉煤灰应符合 GB/T 1596 的规定，粒化高炉矿渣粉应符合 GB/T 18046 的规定，硅粉应符合 GB/T 18736 的规定，钢渣粉应符合 GB/T 20491 的规定，粒化电炉磷渣粉应符合 JG/T 317 的规定，天然火山灰质材料应符合 JG/T 351 的规定。

5.5.2 矿物掺合料进场应提供出厂检验报告等质量证明文件，并应进行检验。检验项目及检验批量应符合 GB 50164 的规定。

5.6 纤维

5.6.1 用于混凝土中的钢纤维和合成纤维应符合 JGJ/T 221 的规定。

5.6.2 钢纤维和合成纤维进场应提供出厂检验报告等质量证明文件，并应进行检验。检验项目及检验批量应符合 JGJ/T 221 的规定。

5.7 配合比

5.7.1 普通混凝土配合比设计应由供货方按 JGJ 55 的规定执行；轻骨料混凝土配合比设计应由供货方按 JGJ 51 的规定执行；纤维混凝土配合比设计应由供货方按 JGJ/T 221 的规定执行；重晶石混凝土配合比设计应由供货方按 GB/T 50557 的规定执行。

5.7.2 应根据工程要求对设计配合比进行施工适应性调整后确定施工配合比。

6 质量要求

6.1 强度

混凝土强度应满足设计要求，检验评定应符合 GB/T 50107 的规定。

6.2 坍落度

混凝土坍落度实测值与控制目标值的允许偏差应符合表 8 的规定。常规品的泵送混凝土坍落度控制目标值不宜大于 180 mm，并应满足施工要求，坍落度经时损失不宜大于 30 mm/h；特制品混凝土坍落度应满足相关标准规定和施工要求。

表 8 混凝土拌合物稠度允许偏差 mm

项目	控制目标值	允许偏差
坍落度	≤40	±10
	50～90	±20
	≥100	±30
扩展度	≥350	±30

6.3 扩展度

扩展度实测值与控制目标值的允许偏差宜符合表 8 的规定。自密实混凝土扩展度控制目标值不宜小于 550mm，并应满足施工要求。

6.4 含气量

混凝土含气量实测值不宜大于 7%，并与合同规定值的允许偏差不宜超过±1.0%。

6.5 水溶性氯离子含量

混凝土拌合物中水溶性氯离子最大含量实测值应符合表 9 的规定。

表 9 混凝土拌合物中水溶性氯离子最大含量 %

环境条件	水溶性氯离子最大含量		
	钢筋砼	预应力混凝土	素混凝土
干燥环境	0.3		
潮湿但不含氯离子的环境	0.2	0.06	1.0
潮湿而含有氯离子的环境、盐渍土环境	0.1		
除冰盐等侵蚀性物质的腐蚀环境	0.06		

6.6 耐久性能

混凝土耐久性能应满足设计要求，检验评定应符合 JGJ/T 193 的规定。

6.7 其他性能

当需方提出其他混凝土性能要求时，应按国家现行有关标准规定进行试验，无相应标准时应按合同规定进行试验；试验结果应满足标准或合同的要求。

7 制备

7.1 一般规定

7.1.1 混凝土搅拌站（楼）应符合 GB 10171 的规定。

7.1.2 预拌混凝土的制备应包括原材料贮存、计量、搅拌和运输。

7.1.3 特制品的制备除应符合本节规定外，重晶石混凝土、轻骨料混凝土和纤维混凝土还应分别符合 GB/T 50557、JGJ 51 和 JGJ/T 221 的规定。

7.1.4 预拌混凝土制备应符合环保的规定，并宜符合 HJ/T 412 的规定。粉料输送及称量应在密封状态下进行，并应有收尘装置；搅拌站机房宜为封闭系统；运输车出厂前应将车外壁和料斗壁上的混凝土残渣清洗干净；搅拌站应对生产过程中产生的工业废水和固体废弃物经行回收处理和再生利用。

7.2 原材料贮存

7.2.1 各种原材料应分仓贮存，并应有明显的标识。

7.2.2 水泥应按品种、强度等级和生产厂家别分标识和贮存；应防止水泥受潮及污染，不应采用结块的水泥；水泥用于生产时的温度不宜高于 60℃；水泥出厂超过 3 个月应进行复检，合格者方可使用。

7.2.3 骨料堆场应为能排水的硬质地面，并应有防尘和遮雨设施；不同品种、规格的骨料应分别贮存，避免混杂或污染。

7.2.4 外加剂应按品种和生产厂家分别标识和贮存；粉状外加剂应防止受潮结块，如有结块，应进行检验，合格者应经粉碎至全部通过 300μm 方孔筛筛孔后方可使用；液态外加剂应贮存在密闭容器内，并应防晒和防冻。如有沉淀等异常现象，应经检验合格后方可使用。

7.2.5 矿物掺合料应按品种、质量等级和产地分别标识和贮存，不应与水泥等其他粉状料混杂，并应防潮、防雨。

7.2.6 纤维应按品种、规格和生产厂家分别标识和贮存。

7.3 计量

7.3.1 固体原材料应按质量进行计量，水和液体外加剂可按体积经行计量。

7.3.2 原材料计量应采用电子计量设备。计量设备应能连续计量不同混凝土配合比的各种原材料，并应具有逐盘记录和储存计量结果（数据）的功能，其精度应符合 GB 10171 的规定。计量设备应具有法定计量部门签发的有效检定证书，并应定期校验。混凝土生产单位每月应至少自检一次；每一工作班开始前，应对计量设备进行零点校准。

7.3.3 原材料的计量允许偏差不应大于表 10 规定的范围，并应每班检查 1 次。

表 10 混凝土原材料计量允许偏差 %

原材料品种	水泥	骨料	水	外加剂	掺合料
每盘计量允许偏差	±2	±3	±1	±1	±2
累计计量允许偏差 a	±1	±2	±1	±1	±1
a 累计计量允许偏差是指每一运输车中各盘混凝土的每种材料计量和的偏差。					

7.4 搅拌

7.4.1 搅拌机型式应为强制式，并应符合 GB 10171 的规定。

7.4.2 搅拌应保证预拌混凝土拌合物质量均匀；同一盘混凝土的搅拌匀质性应符合 GB 50164 的规定。

7.4.3 预拌混凝土搅拌时间应符合下列规定：

（1）对于采用搅拌运输车运送混凝土的情况，混凝土在搅拌机中的搅拌时间应满足设备说明书的要求，并且不少于 30 s（从全部材料投完算起）；

（2）对于采用翻斗车运送混凝土的情况，应适当延长搅拌时间；

（3）在制备特制品或掺用引气剂、膨胀剂和粉状外加剂的混凝土时，应适当延长搅拌时间。

7.5 运输

7.5.1 混凝土搅拌运输车应符合 JG/T 5094 的规定；翻斗车应仅限用于运送坍落度小于 80 mm 的混凝土拌合物。运输车在运输时应能保证混凝土拌合物均匀并不产生分层、离析。对于寒冷、严寒或炎热的天气情况，搅拌运输车的搅拌罐应有保温或隔热措施。

7.5.2 搅拌运输车在装料前应将搅拌罐内积水排尽，装料后严禁向搅拌罐内的混凝土拌合物中加水。

7.5.3 当卸料前需要在混凝土拌合物中掺入外加剂时，应在外加剂掺入后采用快档旋转搅拌罐进行搅拌；外加剂掺量和搅拌时间应有经试验确定的预案。

7.5.4 预拌混凝土从搅拌机卸入搅拌运输车至卸料时的运输时间不宜大于 90 min，如需延长运送时间，则应采取相应的有效技术措施，并应通过试验验证；当采用翻斗车时，运输时间不应大于 45 min。

8 试验方法

8.1 强度

混凝土强度试验方法应符合 GB/T 50081 的规定。

8.2 坍落度、扩展度、含气量、表观密度

混凝土拌合物坍落度、扩展度、含气量和表观密度的试验方法应符合 GB/T 50080 的规定

8.3 坍落度经时损失

混凝土拌合物坍落度经时损失的试验方法应符合 GB 50164—2011 附录 A 的规定。

8.4 水溶性氯离子含量

混凝土拌合物中水溶性氯离子含量应按 JTJ 270 中混凝土拌合物氯离子含量快速测定方法或其他精确度更高的方法进行测定。

8.5 耐久性能

混凝土耐久性能试验方法应符合 GB/T 50082 的规定。

8.6 特殊要求项目

对合同中特殊要求的其他检验项目，其试验方法应符合国家现行有关标准的规定；无标准的，则应按合同规定进行。

9　检验规则

9.1　一般规定

9.1.1　预拌混凝土质量检验分为出厂检验和交货检验。出厂检验的取样和试验工作应由供方承担；交货检验的取样和试验工作应由需方承担，当需方不具备试验和人员的技术资质时，供需双方可协商确定并委托有检验资质的单位承担，并应在合同中予以明确。

9.1.2　交货检验的试验结果应在试验结束后 10 d 内通知供方。

9.1.3　预拌混凝土质量验收应以交货检验结果作为依据。

9.2　检验项目

9.2.1　常规品应检验混凝土强度、拌合物坍落度和设计要求的耐久性能；掺有引气型外加剂的混凝土还应检验拌合物的含气量。

9.2.2　特制品除应检验 9.2.1 所列项目外，还应按相关标准和合同规定检验其他项目。

9.3　取样与检验频率

9.3.1　混凝土出厂检验应在搅拌地点取样；混凝土交货检验应在交货地点取样，交货检验试样应随机从同一运输车卸料量的 1/4 至 3/4 之间抽取。

9.3.2　混凝土交货检验取样及坍落度试验应在混凝土运到交货地点时开始算起 20min 内完成，试件制作应在混凝土运到交货地点时开始算起 40min 内完成。

9.3.3　混凝土强度检验的取样频率应符合下列规定：

（1）出厂检验时，每 100 盘相同配合比混凝土取样不应少于 1 次，每一个工作班相同配合比混凝土达不到 100 盘时应按 100 盘计，每次取样应至少进行一组试验；

（2）交货检验的取样频率应符合 GB/T 50107 的规定。

9.3.4　混凝土坍落度检验的取样频率应与强度检验相同。

9.3.5　同一配合比混凝土拌合物中的水溶性氯离子含量检验应至少取样检验 1 次。海砂混凝土拌合物中的水溶性氯离子含量检验的取样频率应符合 JGJ 206 的规定。

9.3.6　混凝土耐久性能检验的取样频率应符合 JGJ/T 193 的规定。

9.3.7　混凝土的含气量、扩展度及其他项目检验的取样频率应符合国家现行有关标准和合同的规定。

9.4　评定

9.4.1　混凝土强度检验结果符合 6.1 规定时为合格。

9.4.2　混凝土坍落度、扩展度和含气量的检验结果分别符合 6.2、6.3 和 6.4 规定时为合格；若不符合要求，则应立即用试样余下部分或重新取样进行复检，当复检结果分别符合 6.2、6.3 和 6.4 的规定时，应评定为合格。

9.4.3　混凝土拌合物中水溶性氯离子含量检验结果符合 6.5 规定时为合格。

9.4.4　混凝土耐久性能检验结果符合 6.6 规定时为合格。

9.4.5　其他的混凝土性能检验结果符合 6.7 规定时为合格。

10　订货与交货

10.1　供货量

10.1.1　顶拌混凝土供货量应以体积计，计算单位为立方米（m³）。

10.1.2 预拌混凝土体积应由运输车实际装载的混凝土拌合物质量除以混凝土拌合物的表观密度求得。

注：一辆运输车实际装载量可由用于该车混凝土中全部原材料的质量之和求得，或可由运输车卸料前后的重量差求得。

10.1.3 预拌混凝土供货量应以运输车的发货总量计算。如需要以工程实际量（不扣除混凝土结构中的钢筋所占体积）进行复核时，其误差应不超过±2%。

10.2 订货

10.2.1 购买预拌混凝土时，供需双方应先签订合同。

10.2.2 合同签订后，供方应按订货单组织生产和供应。订货单应至少包括以下内容：（1）订货单位及联系人；（2）施工单位及联系人；（3）工程名称；（4）浇筑部位及浇筑方式；（5）混凝土标记；（6）标记内容以外的技术要求；（7）订货量（m²）；（8）交货地点；（9）供货起止时间。

10.3 交货

10.3.1 供方应按分部工程向需方提供同一配合比混凝土的出厂合格证。出厂合格证应至少包括以下内容：（1）出厂合格证编号；（2）合同编号；（3）工程名称；（4）需方；（5）供方；（6）供货日期（7）浇筑部位；（8）混凝土标记；（9）标记内容以外的技术要求；（10）供货量（m³）；（11）原材料的品种、规格、级别及检验报告编号；（12）混凝土配合比编号；（13）混凝土质量评定。

10.3.2 交货时，需方应指定专人及时对供方所供预拌混凝土的质量、数量进行确认。

10.3.3 供方应随每一辆运输车向需方提供该车混凝土的发货单，发货单应至少包括以下内容：

（1）合同编号；（2）发货单编号；（3）需方；（4）供方；（5）工程名称；（6）浇筑部位；（7）混凝土标记；（8）本车的供货量（m³）（9）运输车号；（10）交货地点；（11）交货日期；（12）发车时间和到达时间；（13）供需（含施工方）双方交接人员签字。

6.2 轻骨料混凝土技术规程 JGJ 51—2002

1 总则

1.1 为促进轻骨料混凝土生产和应用，保证技术先进、安全、可靠、经济合理的要求，制订本规程。

1.2 本规程适用于无机轻骨料混凝土及其制品的生产、质量控制和检验。

热工、水工、桥涵和船舶等用途的轻骨料混凝土可按本规程执行，但还应遵守相关的专门技术标准的有关规定。

1.3 轻骨料混凝土性能指标的测定和施工工艺，除应符合本规程的规定外，尚应符合国家现行有关强制性标准的规定。

2 术语、符号

2.1 术语

2.1.1 轻骨料混凝土　lightweight aggregate concrete

用轻粗骨料、轻砂（或普通砂）、水泥和水配制而成的干表观密度不大于 1950 kg/m³ 的混凝土。

2.1.2 全轻混凝土　full lightweight aggregate concrete

由轻砂做细骨料配制而成的轻骨料混凝土。

2.1.3 砂轻混凝土　sand lightweight concrete

由普通砂或部分轻砂做细骨料配制而成的轻骨料混凝土。

2.1.4 大孔轻骨料混凝土　hollow lightweight aggregate concrete

用轻粗骨料，水泥和水配制而成的无砂或少砂混凝土。

2.1.5 次轻混凝土　specified density concret

在轻粗骨料中掺入适量普通粗骨料，干表观密度大于 1950 kg/m³、小于或等于 2300 kg/m³ 的混凝土。

2.1.6 混凝土干表观密度　dry apparent density of concrete

硬化后的轻骨料混凝土单位体积的烘干质量。

2.1.7 混凝土湿表观密度　apparent density of fresh concrete

轻骨料混凝土拌和物经捣实后单位体积的质量。

2.1.8 净用水量　net water content

不包括轻骨料 1 h 吸水量的混凝土拌和用水量。

2.1.9 总用水量 total water content

包括轻骨料 1 h 吸水量的混凝土拌和用水量。

2.1.10 净水灰比 net water-cement ratio

净用水量与水泥用量之比。

2.1.11 总水灰比 total water-cement ratio

总用水量与水泥用量之比。

2.1.12 圆球型轻骨料 spherical lightweight aggregate

原材料经造粒、煅烧或非煅烧而成的，呈圆球状的轻骨料。

2.1.13 普通型轻骨料 ordinary lightweight aggregate

原材料经破碎烧胀而成的，呈非圆球状的轻骨料。

2.1.14 碎石型轻骨料 crushed lightweight aggregate

由天然轻骨料、自燃煤矸石或多孔烧结块经破碎加工而成的；或由页岩块烧胀后破碎而成的，呈碎石状的轻骨料。

2.2 符号

a_c —— 轻骨料混凝土在平衡含水率状态下的导温系数计算值；

a_d —— 轻骨料混凝土在干燥状态下的导温系数；

c_c —— 轻骨料混凝土在平衡含水率状态下的比热容计算值；

c_d —— 轻骨料混凝土在干燥状态下的比热容；

E_{LC} —— 轻骨料混凝土的弹性模量；

f_{ck} —— 轻骨料混凝土轴心抗压强度标准值；

$f_{cu,o}$ —— 轻骨料混凝土的试配强度；

$f_{cu,k}$ —— 轻骨料混凝土的立方体抗压强度标准值；

f_{tk} —— 轻骨料混凝土轴心抗拉强度标准值；

m_c —— 每立方米轻骨料混凝土的水泥用量；

m_a —— 每立方米轻骨料混凝土的粗集料用量；

m_s —— 每立方米轻骨料混凝土的细集料用量；

m_{wa} —— 每立方米轻骨料混凝土的附加水量；

m_{wn} —— 每立方米轻骨料混凝土的净用水量；

m_{wt} —— 每立方米轻骨料混凝土的总用水量；

S_{c24} —— 轻骨料混凝土在平衡含水率状态下，周期为 24 h 的蓄热系数；

S_{d24} —— 轻骨料混凝土在干燥状态下，周期为 24 h 的蓄热系数；

S_p —— 轻骨料混凝土的砂率，以体积砂率表示；

v_a —— 每立方米轻骨料混凝土的粗骨料体积；

v_s —— 每立方米轻骨料混凝土的细骨料体积；

v_t —— 每立方米轻骨料混凝土的粗细骨料总体积；

a_T —— 轻骨料混凝土的温度线膨胀系数；

β_c —— 粉煤灰取代水泥百分率；

δ_c —— 粉煤灰的超量系数；

η —— 配合比设计的校正系数；

λ_c —— 轻骨料混凝土在平衡含水率状态下的导热系数计算值；

λ_d —— 轻骨料混凝土在干燥状态下导热系数；

ρ_d —— 轻骨料混凝土的干表观密度；

ρ_l —— 轻骨料的堆积密度；

ρ_p —— 轻骨料的颗粒表观密度；

σ——轻骨料混凝土强度标准差；

ψ——轻骨料混凝土的软化系数；

ω_a——轻粗骨料 1 h 吸水率；

ω_s——轻砂 1 h 吸水率；

ω_{sat}——轻骨料混凝土的饱和吸水率。

3 原材料

3.1 轻骨料混凝土所用水泥应符合现行国家标准《硅酸盐水泥、普通硅酸盐水泥》GB 175 和《矿渣硅酸盐水泥、火山灰质硅酸盐水泥和粉煤灰硅酸盐水泥》GB 1344 的要求。

当采用其他品种的水泥时，其性能指标必须符合相应标准的要求。

3.2 轻骨料混凝土所用轻骨料应符合国家现行标准《轻集料及其试验方法第 1 部分：轻集料》GB/T l7431.1 和《膨胀珍珠岩》JC 209 的要求；膨胀珍珠岩的堆积密度应大于 80 kg/m³。

3.3 轻骨料混凝土所用普通砂应符合国家现行标准《普通混凝土用砂质量标准及检验方法》JGJ 52 的要求。

3.4 混凝土拌和用水应符合国家现行标准《混凝土拌和用水标准》JGJ 63 的要求。

3.5 轻骨料混凝土矿物掺和料应符合国家现行标准《用于水泥和混凝土的粉煤灰》GB 1596、《粉煤灰在混凝土和砂浆中应用技术规程》JGJ 28、《粉煤灰混凝土应用技术规范》GBJ 146 和《用于水泥和混凝土中的粒化高炉矿渣粉》GB/T 18046 的要求。

3.6 轻骨料混凝土所用的外加剂应符合现行国家标准《混凝土外加剂》GB 8076 的要求。

4 技术性能

4.1 一般规定

4.1.1 轻骨料混凝土的强度等级应按立方体抗压强度标准值确定。

4.1.2 轻骨料混凝土的强度等级应划分为：LC5.0；LC7.5；LC10；LC15；LC20；LC25；LC30；LC35；LC40；LC45；LC50；LC55；LC60。

4.1.3 轻骨料混凝土按其干表观密度可分为十四个等级（表 4-1）。某一密度等级轻骨料混凝土的密度标准值，可取该密度等级干表观密度变化范围的上限值。

表 4-1 轻骨料混凝土的密度等级

密度等级	干表观密度的变化范围 kg/m³	密度等级	干表观密度的变化范围 kg/m³
600	560～650	1 300	1 260～1 350
700	660～750	1 400	1 360～1 450
800	760～850	1 500	1 460～1 550
900	860～950	1 600	1 560～1 650
1 000	960～1050	1 700	1 660～1 750
1 100	1 060～1 150	1 800	1 760～1 850
1 200	1 160～1 250	1 900	1 860～1 950

4.1.4 轻骨料混凝土根据其用途可按表 4-2 分为三大类

表 4-2　轻骨料混凝土按用途分类

类别名称	混凝土强度等级的合理范围	混凝土密度等级的合理范围	用途
保温轻骨料混凝土	LC5.0	≤800	主要用于保温的维护结构或热工构筑物
结构保温轻骨料混凝土	LC5.0　LC7.5 LC10　LC15	800~1 400	主要用于既承重又保温的维护结构
结构轻骨料混凝土	LC15 LC20 LC25 LC30 LC35 LC40 LC45 LC50 LC55 LC60	1 400~1 900	主要用于承重构件或构筑物

4.2　性能指标

4.2.1　结构轻骨料混凝土的强度标准值应按表 4-3 采用。

表 4-3　结构轻骨料混凝土的强度标准值/MPa

强度种类		轴心抗压	轴心抗压
符号		f_{ck}	f_{ck}
混凝土强度等级	LC15	10.0	1.27
	LC20	13.4	1.54
	LC25	16.7	1.78
	LC30	20.1	2.01
	LC35	23.4	2.20
	LC40	26.8	2.39
	LC45	29.6	2.51
	LC50	32.4	2.64
	LC55	35.5	2.74
	LC60	38.5	2.85

注：自燃煤矸石混凝土轴心抗拉强度标准值应按表中值乘以系数 0.85；浮石或火山渣混凝土轴心抗拉强度标准值应按表中值乘以系数 0.80。

4.2.2　结构轻骨料混凝土弹性模量应通过试验确定。在缺乏试验资料时，可按表 4-4 取值。

表 4-4 轻骨料混凝土的弹性模量 $E_{LC}/\times 10^{20}$ MPa

强度等级	密度等级							
	1 200	1 300	1 400	1 500	1 600	1 700	1 800	1 900
LC15	94	102	110	117	125	133	141	149
LC20	—	117	126	135	145	154	163	172
LC30	—	—	141	152	162	172	182	192
LC35	—	—	—	166	177	188	199	210
LC40	—	—	—	—	191	203	215	227
LC45	—	—	—	—	—	217	230	243
LC50	—	—	—	—	—	230	244	257
LC55	—	—	—	—	—	243	257	271
LC60	—	—	—	—	—	—	267	285
LC65	—	—	—	—	—	—	280	297

注：用膨胀矿渣珠、自然煤矸石作粗料的混凝土，其弹性模量值可比表列数值提高 20%。

4.2.3 结构用砂轻混凝土的收缩值可按下列公式计算，且计算
后取值和实测值不应大于表 4-6 的规定值。

$$\varepsilon(t) = \varepsilon(t)_0 \beta_1 \cdot \beta_2 \cdot \beta_3 \cdot \beta_5 \quad \cdots\cdots\cdots\cdots\cdots\cdots\cdots\cdots\cdots (4\text{-}1)$$

$$\varepsilon(t)_0 = \frac{t}{a+bt} \times 10^{-3} \quad \cdots\cdots\cdots\cdots\cdots\cdots\cdots\cdots\cdots (4\text{-}2)$$

式中：

$\varepsilon(t)$ ——结构用砂轻混凝土的收缩值；

$\varepsilon(t)_0$ ——结构用砂轻混凝土随龄期变化的收缩值；

t ——龄期（d）；

β_1、β_2、β_3、β_5 ——结构用砂轻混凝土的收缩值修正系数，可按表 4-5 取值；

a、b ——计算参数，当初始测试龄期为 3 d 时，取 $a=78.69$，$b=1.20$；当初始测试龄期为 28d 时，取 $a=120.23$，$b=2.26$。

表 4-5 收缩与徐变系数的修正系数

影响因素	变化条件	收缩值		徐变系数	
		符号	系数	符号	系数
相对湿度/%	≤40	β_1	1.30	$\$_1$	1.30
	≈60		1.00		1.00
	≥80		0.75		0.75
截面尺寸 （体积/表面积， cm）	2.00	β_2	1.20	$\$_2$	1.15
	2.50		1.00		1.00
	3.75		0.95		0.92
	5.00		0.90		0.85
	10.00		0.80		0.70
	15.00		0.65		0.60
	>20.00		0.40		0.55

影响因素	变化条件	收缩值		徐变系数	
		符号	系数	符号	系数
养护方法	标准的 蒸养的	β_3		ξ_3	1.00 0.85
加荷龄期/d	7 14 28 90	—	— — — —	ξ_4	1.20 1.10 1.00 0.80
粉煤灰取代 水泥率/%	0 10～20	β_5	1.00 0.95	ξ_5	1.00 1.00

表 4-6　不同龄期的收缩值

龄期/d	28	90	180	360	终极指
收缩值/(mm/m)	0.36	0.59	0.72	0.82	0.85

4.2.4 结构用砂轻混凝土的徐变系数可按下列公式计算，且计算后取值和实测值不应大于表 4-7 的规定值。

$$\phi(t) = \phi(t)_0 \cdot \xi_1 \cdot \xi_2 \cdot \xi_3 \cdot \xi_4 \cdot \xi_5 \quad\cdots\cdots\cdots\cdots\cdots\cdots (4\text{-}3)$$

$$\varphi(t)_0 = \frac{t^n}{a + bt^n} \quad\cdots\cdots\cdots\cdots\cdots\cdots (4\text{-}4)$$

式中：

　　　　$\phi(t)$ ——结构用砂轻混凝土的徐变系数；

　　　　$\phi(t)_0$ ——结构用砂轻混凝土随龄期变化的徐变系数；

β_1、β_2、β_3、β_4、β_5 ——结构用砂轻混凝土徐变系数的修正系数，可按 4-5 取值；

　　　　n、a、b ——计算参数，当加荷龄期为 28d 时，取：$n = 0.6$，$a = 4.520$，$b = 0.353$。

表 4-7　不同龄期的徐变系数

龄期（d）	28	90	180	360	终极值
徐变系数	1.63	2.11	2.38	2.64	2.65

4.2.5 轻骨料混凝土的泊松比可取 0.2。

4.2.6 轻骨料混凝土温度线膨胀系数，当温度为 $0\sim100℃$ 范围时可取 $7\times10^{-6}/℃\sim10\times10^{-6}/℃$。低密度等级者可取下限值，高密度等级者可取上限值。

4.2.7 轻骨料混凝土在干燥条件下和在平衡含水率条件下的各种热物理系数应符合表 4-8 的要求。

表 4-8 轻骨料混凝土的各种热物理系数

密度等级	导热系数		比热容		导温系数		储热系数	
	γ_d	γ_0	c_d	C_0	a_d	a_0	S_{a24}	S_{a24}
	(W/m·K)		(kJ/kg·k)		(m²/h)		(W/m²·K)	
600	0.18	0.25	0.84	0.92	1.28	1.63	2.56	3.01
700	0.20	0.57	0.84	0.92	1.25	1.50	2.91	3.38
800	0.23	0.30	0.84	0.92	1.23	1.38	3.37	4.17
900	0.26	0.33	0.84	0.92	1.22	1.33	3.73	4.55
1 000	0.28	0.36	0.84	0.92	1.20	1.37	4.01	5.13
1 100	0.31	0.41	0.84	0.92	1.23	1.36	4.57	5.62
1 200	0.36	0.47	0.84	0.92	1.29	1.43	5.12	6.28
1 300	0.42	0.52	0.84	0.92	1.38	1.48	5.73	6.93

4.2.5 轻骨料混凝土的泊松比可取 0.2。

4.2.6 轻骨料混凝土温度线膨胀系数，当温度为 0~100℃范围时可取 $7 \times 10^{-6}/℃ \sim 10 \times 10^{-6}/℃$。低密度等级者可取下限值，高密度等级者可取上限值。

4.2.7 轻骨料混凝土在干燥条件下和在平衡含水率条件下的各种热物理系数应符合表 4-9 的要求。

表 4-9 轻骨料混凝土的各种热物理系数

密度等级	导热系数		比热容		导温系数		储热系数	
	γ_d	γ_0	c_d	C_0	a_d	a_0	S_{a24}	S_{a24}
	(W/m·K)		(kJ/kg·K)		(m²/h)		(W/m²·K)	
600	0.18	0.25	0.84	0.92	1.28	1.63	2.56	3.01
700	0.20	0.57	0.84	0.92	1.25	1.50	2.91	3.38
800	0.23	0.30	0.84	0.92	1.23	1.38	3.37	4.17
900	0.26	0.33	0.84	0.92	1.22	1.33	3.73	4.55
1 000	0.28	0.36	0.84	0.92	1.20	1.37	4.01	5.13
1 100	0.31	0.41	0.84	0.92	1.23	1.36	4.57	5.62
1 200	0.36	0.47	0.84	0.92	1.29	1.43	5.12	6.28
1 300	0.42	0.52	0.84	0.92	1.38	1.48	5.73	6.93
1 400	0.49	0.59	0.84	0.92	1.50	1.56	6.43	7.65
1 500	0.57	0.67	0.84	0.92	1.63	1.66	7.19	8.44
1 600	0.66	0.77	0.84	0.92	1.78	1.77	8.01	9.30
1 700	0.76	0.87	0.84	0.92	1.91	1.87	8.81	10.20
1 800	0.87	1.01	0.84	0.92	2.08	2.07	9.74	11.30
1 900	1.01	1.15	0.84	0.92	2.26	2.23	10.70	12.40

注：1. 轻骨料混凝土的体积平衡含水率取 6%。

2. 用膨胀矿渣珠作粗骨料的混凝土导热系数可按表列数值降低 25%取或经试验确定。

4.2.8 轻骨料混凝土不同使用条件的抗冻性应符合表 4-10 的要求。

表 4-10　不同使用条件的抗冻性

使用条件	抗冻标号
1. 非采暖地区	F5
2. 采暖地区	
相对湿度≤60%	F25
相对湿度>60%	F35
干湿交替部位和水位变化的部位	≥F50

注：非采暖地区系指最冷月份的平均气温高于−5℃的地区；采暖地区系指最冷月份的平均气温低于或等于−5℃的地区。

4.2.9 结构用砂轻混凝土的抗碳化耐久性应按快速碳化标准试验方法检验，其 28d 的碳化深度值应符合表 4-11 的要求。

表 4-11　砂轻混凝土的碳化深度值

等级	使用条件	碳化深度值/mm，不大于
1	正常湿度，室内	40
2	正常温度，室外	35
3	潮湿，室外	30
4	干湿交替	25

注：1. 正常湿度系指相对湿度为 55%～65%；

2. 潮湿系指相对湿度为 65%～80%；

3. 碳化深度值相当于在正常大气条件下，即 CO_2 的体积浓度为 0.03%、温度为 (20±3)℃环境条件下，自然碳化 50 年时轻骨料混凝土的碳化深度。

4.2.10 结构用砂轻混凝土的抗渗性应满足工程设计抗渗等级和有关标准的要求。

4.2.11 次轻混凝土的强度标准值、弹性模量、收缩、徐变等有关性能，应通过试验确定。

5　配合比设计

5.1　一般要求

5.1.1 轻骨料混凝土的配合比设计主要应满足抗压强度、密度和稠度的要求，并以合理使用材料和节约水泥为原则。必要时尚应符合对混凝土性能（如弹性模量、碳化和抗冻性等）的特殊要求。

5.1.2 轻骨料混凝土的配合比应通过计算和试配确定。混凝土试配强度应按下式

$$f_{cu,o} \geq f_{cu,k} + 1.645\sigma \quad \cdots\cdots\cdots\cdots\cdots\cdots\cdots\cdots\cdots\cdots\cdots\cdots (5\text{-}1)$$

式中：

$f_{cu,o}$——轻骨料混凝土的试配强度（MPa）；

$f_{cu,k}$——轻骨料混凝土立方体抗压强度标准值（即强度等级）（MPa）；

σ——轻骨料混凝土强度标准差（MPa）。

5.1.3 混凝土强度标准差应根据同品种、同强度等级轻骨料混凝土统计资料计算确定。计算时，强度试件组数不应少于 25 组。当无统计资料时，强度标准差可按表 5-1 取值。

表 5-1 强度标准差 Δ   MPa

混凝土强度等级	低于 LC20	LC20-LC35	高于 LC35
Δ	4	5	6

5.1.4 轻骨料混凝土配合比中的轻粗骨料宜采用同一品种的轻骨料。结构保温轻骨料混凝土及其制品掺入煤（炉）渣轻粗骨料时，其掺量不应大于轻粗骨料总量的 30%，煤（炉）渣含碳量不应大于 10%。为改善某些性能而掺入另一品种粗骨料时，其合理掺量应通过试验确定。

5.1.5 在轻骨料混凝土配合比中加入化学外加剂或矿物掺和料时，其品种、掺量和对水泥的适应性，必须通过试验确定。

5.1.6 大孔轻骨料混凝土和泵送轻骨料混凝土的配合比设计应符合附录 A 和附录 B 的规定。

5.2 设计参数选择

5.2.1 不同试配强度的轻骨料混凝土的水泥用量可按表 5-2 选用。

表 5-2 轻骨料混凝土的水泥用量   kg/m³

混凝土试配强度/MPa	轻骨料密度等级						
	400	500	600	700	800	900	1000
＜5.0	260～320	250～300	230～280				
5.0～7.5	280～360	260～340	240～320	220～300			
7.5-10		280～370	260～350	240～320			
10～15			280～350	260～340	240～330		
15～20			300～400	280～380	270～370	260～360	250～350
20～25			330～400	320～390	310～380	300～370	
25-30			380～450	360～430	360～430	350～420	
30～40			420～500	390～490	380～480	370～470	
40～50				430～530	420～520	410～510	
50～60				450～550	440～540	430～530	

注：1. 表中横线以上为采用 32.5 级水泥时水泥用量值；横线以下为采用 42.5 级水泥时的水泥用量值；

2. 表中下限值适用于圆球型和普通型轻粗骨料，上限值适用于碎石型轻粗骨料和全轻混凝土；

3. 最高水泥用量不宜超过 550 kg/m³。

5.2.2 轻骨料混凝土配合比中的水灰比应以净水灰比表示。配制全轻混凝土时，可采用总水灰比表示，但应加以说明。轻骨料混凝土最大水灰比和最小水泥用量的限值应符合表 5-3 的规定。

表 5-3 轻骨料混凝土的最大水灰比和最小水泥用量

混凝土所处的环境条件	最大水灰比	最小水泥用量/(kg/m³)	
		配筋混凝土	素混凝土
不受风雪影响混凝土	不确定	270	250
受风雪影响的露天混凝土；位于水中及水位升降范围内的混凝土和潮湿环境的混凝土	0.5	325	300

混凝土所处的环境条件	最大水灰比	最小水泥用量/(kg/m³)	
		配筋混凝土	素混凝土
寒冷地区位于水位升降范围内的混凝土和收税压货除冰盐作用的混凝土	0.45	375	350
严寒和寒冷地区位于水位升降范围内和受硫酸盐、除冰盐等腐蚀的混凝土	0.4	400	375

注：1. 严寒地区指最寒冷月份的月平均温度低于－15 ℃者，寒冷地区指最寒冷月份的月平均温度处于－5～－15 ℃者；

　　2. 水泥用量不包括掺和料；

　　3. 寒冷和严寒地区用的轻骨料混凝土应掺入引气剂，其含气量宜为 5%～8%。

5.2.3 轻骨料混凝土的净用水量根据稠度（坍落度或维勃稠度）和施工要求，可按表 5-4 选用。

表 5-4　轻骨料混凝土的净用水量

轻骨料混凝土用途	稠度		净用水量/(kg/m³)
	维勃稠度/s	坍落度/mm	
预制构件及制品： （1）振动加压成型	10～20	—	45～140
（2）振动台成型	5～10	0～10	140～180
（3）振捣棒或平板振动器振实	—	30—80	165～215
现浇混凝土： （1）机械振捣	—	50～100	180～225
（2）人工振捣或钢筋密集	—	≥80	200—230

注：1. 表中值适用于圆球型和普通型轻粗骨料，对碎石型轻粗骨料，宜增加 10 kg 左右的用水量；

　　2. 掺加外加剂时，宜按其减水率适当减少用水量，并按施工稠度要求进行调整；

　　3. 表中值适用于砂轻混凝土；若采用轻砂时，宜取轻砂 1 h 吸水率为附加水量；若无轻砂吸水率数据时，可适当增加用水量，并按施工稠度要求进行调整。

5.2.4 轻骨料混凝土的砂率可按表 5-5 选用。当采用松散体积法设计配合比时，表中数值为松散体积砂率；当采用绝对体积法设计配合比时，表中数值为绝对体积砂率。

表 5-5　轻骨料混凝土的砂率

轻骨料混凝土用途	细骨料品种	砂率/%
预制构件	轻　砂	35～50
	普通砂	30～40
现浇混凝土	轻　砂	—
	普通砂	35～45

注：1. 当混合使用普通砂和轻砂作细骨料时，砂率宜取中间值，宜按普通砂和轻砂的混合比例进行插入计算；

　　2. 当采用圆球型轻粗骨料时，砂率宜取表中值下限；采用碎石型时，则宜取上限。

5.2.5 当采用松散体积法设计配合比时，粗细骨料松散状态的总体积可按表 5-6 选用。

表 5-6　粗细骨料总体积

轻粗骨料粒型	细骨料品种	粗细骨料总体积/m³
圆球型	轻砂	1.25～1.50
	普通砂	1.10～1.40
普通型	轻砂	1.30～1.60
	普通砂	1.10～1.50
碎石型	轻砂	1.35～1.65
	普通砂	1.10～1.60

5.2.6 当采用粉煤灰作掺和料时，粉煤灰取代水泥百分率和超量系数等参数的选择，应按国家现行标准《粉煤灰在混凝土和砂浆中应用技术规程》JGJ 28 的有关规定执行。

5.3　配合比计算与调整

5.3.1 砂轻混凝土和全轻混凝土宜采用松散体积法进行配合比计算，砂轻混凝土也可采用绝对体积法。配合比计算中粗细骨料用量均应以干燥状态为基准。

5.3.2 采用松散体积法计算应按下列步骤进行：

1. 根据设计要求的轻骨料混凝土的强度等级、混凝土的用途，确定粗细骨料的种类和粗骨料的最大粒径；

2. 测定粗骨料的堆积密度。筒压强度和 1 h 吸水率，并测定细骨料的堆积密度；

3. 按本规程第 5.1.2 条计算混凝土试配强度；

4. 按本规程第 5.2.1 条选择水泥用量；

5. 根据施工稠度的要求，按本规程第 5.2.3 条选择净用水量；

6. 根据混凝土用途按本规程第 5.2.4 条选取松散体积砂率；

7. 根据粗细骨料的类型，按本规程第 5.2.5 条选用粗细骨料总体积，并按下列公式计算每立方米混凝土的粗细骨料用量：

$$V_s = V_t \times S_p \quad \cdots\cdots\cdots\cdots\cdots\cdots\cdots (5\text{-}1)$$

$$m_s = V_s \times \rho_{ls} \quad \cdots\cdots\cdots\cdots\cdots\cdots\cdots (5\text{-}2)$$

$$V_a = V_t - V_s \quad \cdots\cdots\cdots\cdots\cdots\cdots\cdots (5\text{-}3)$$

$$m_a = V_a \times \rho_{la} \quad \cdots\cdots\cdots\cdots\cdots\cdots\cdots (5\text{-}4)$$

式中：

V_s、V_a、V_t ——分别为每立方米细骨料、粗骨料和粗细骨料的松散体积（m³）；

　m_s、m_a ——分别为每立方米细骨料和粗骨料的用量（kg）；

　　　S_p ——砂率（%）；

　ρ_{ls}、ρ_{la} ——分别为细骨料和粗骨料的堆积密度（kg/m³）。

8. 根据净用水量和附加水量的关系按下式计算总用水量：

$$m_{wt} = m_{wn} + m_{wa} \quad \cdots\cdots\cdots\cdots\cdots\cdots\cdots (5\text{-}5)$$

式中：

　m_{wt} ——每立方米混凝土的总用水量（kg）；

　m_{wn} ——每立方米混凝土的净用水量（kg）；

m_{wa} ——每立方米混凝土的附加水量（kg）。

附加水量计算应符合本规程第 5.3.4 条的规定。

9. 按下式计算混凝土干表观密度，并与设计要求的干表观密度进行对比，如其误差大于 2%，则应按下式重新调整和计算配合比。

$$\rho_{cd} = 1.15m_c + m_a + m_s \quad \cdots\cdots\cdots\cdots\cdots\cdots\cdots\cdots\cdots\cdots\cdots \text{(5-6)}$$

式中：

ρ_{cd} ——轻骨料混凝土的干表观密度（kg/m³）。

5.3.3 采用绝对体积法计算应按下列步骤进行：

1. 根据设计要求的轻骨料混凝土的强度等级、密度等级和混凝土的用途，确定粗细骨料的种类和粗骨料的最大粒径；

2. 测定粗骨料的堆积密度、颗粒表观密度、筒压强度和 1 h 吸水率，并测定细骨料的堆积密度和相对密度；

3. 按本规程第 5.1.2 条计算混凝土试配强度；

4. 按本规程第 5.2.1 条选择水泥用量；

5. 根据制品生产工艺和施工条件要求的混凝土稠度指标，按本规程第 5.2.3 条确定净用水量；

6. 根据轻骨料混凝土的用途，按本规程第 5.2.4 条选用砂率；

7. 按下列公式计算粗细骨料的用量：

$$V_s = \left[1 - \left(\frac{m_c}{\rho_c} + \frac{m_{wn}}{\rho_w} \right) \div 1000 \right] \times S_p \quad \cdots\cdots\cdots\cdots\cdots \text{(5-7)}$$

$$m_s = V_s \times \rho_s \quad \cdots\cdots\cdots\cdots\cdots\cdots\cdots\cdots\cdots\cdots\cdots \text{(5-8)}$$

$$V_a = \left[1 - \left(\frac{m_c}{\rho_c} + \frac{m_{wn}}{\rho_w} + \frac{m_s}{\rho_s} \right) \div 1000 \right] \quad \cdots\cdots\cdots\cdots\cdots \text{(5-9)}$$

$$m_a = V_a \times \rho_{ap} \quad \cdots\cdots\cdots\cdots\cdots\cdots\cdots\cdots\cdots\cdots \text{(5-10)}$$

式中：

V_s ——每立方米混凝土的细骨料绝对体积（m³）；

m_c ——每立方米混凝土的水泥用量（kg）；

ρ_c ——水泥的相对密度，可取 $\rho_c = 2.9 \sim 3.1$；

ρ_w ——水的密度，可取 $\rho_w = 1.0$；

V_a ——每立方米混凝土的轻粗骨料绝对体积（m³）；

ρ_s ——细骨料密度，采用普通砂时，为砂的相对密度，可取 $\rho_s = 2.6$；采用轻砂时，为轻砂的颗粒表观密度（g/cm³）；

ρ_{ap} ——轻粗骨料的颗粒表观密度（kg/m³）。

8. 根据净用水量和附加水量的关系，按下式计算总用水量：

$$m_{wt} = m_{wn} + m_{wa} \quad \cdots\cdots\cdots\cdots\cdots\cdots\cdots\cdots\cdots \text{(5-11)}$$

附加水量的计算应符合本规程第 5.3.4 条的规定。

9. 按下式计算混凝土干表观密度，并与设计要求的干表观密度进行对比，当其误差大于 2%，则应重新调整和计算配合比。

$$\rho_{cd} = 1.15m_c + m_a + m_s \quad \cdots\cdots\cdots\cdots\cdots\cdots\cdots\cdots\cdots \text{(5-12)}$$

5.3.4 根据粗骨料的预湿处理方法和细骨料的品种，附加水量宜按表 5-7 所列公式计算。

表 5-7 附加水量的计算

项目	附加水量
粗骨料预湿，细骨料为普砂	$m_{wa} = 0$
粗骨料不预湿，细骨料为普砂	$m_{wa} = m_a \cdot \omega_a$
粗骨料预湿，细骨料为轻砂	$m_{wa} = m_s \cdot \omega_s$
粗骨料不预湿，细骨料为轻砂	$m_{wa} = m_a \cdot \omega_a + m_s \cdot \omega_s$

注：1. ω_a、ω_s 分别为粗、细骨料的 1 h 吸水率。

2. 当轻骨料含水时，必须在附加水量中扣除自然含水量。

5.3.5 粉煤灰轻骨料混凝土配合比计算应按下列步骤进行：

1. 基准轻骨料混凝土的配合比计算应按本规程第 5.3.2 条或第 5.3.3 条的步骤进行；

2. 粉煤灰取代水泥率应按表 5.3.5 的要求确定；

5.3.5 粉煤灰轻骨料混凝土配合比计算应按下列步骤进行：

1. 基准轻骨料混凝土的配合比计算应按本规程第 5.3.2 条或第 5.3.3 条的步骤进行；

2. 粉煤灰取代水泥率应按表 5-8 的要求确定；

表 5-8 粉煤灰取代水泥率

混凝土强度等级	取代普通硅酸盐水泥率 $\beta_c/\%$	取代矿渣硅酸盐水泥率 $\beta_c/\%$
≤LC15	25	20
LC20	15	10
≥LC25	20	15

注：1. 表中值为范围上限，以 32.5 级水泥为基准；

2. ≥LC20 的混凝土宜采用Ⅰ、Ⅱ级粉煤灰，≤LC15 的素混凝土可采用Ⅲ级粉煤灰；

3. 在有试验根据时，粉煤灰取代水泥百分率可适当放宽。

3. 根据基准混凝土水泥用量（m_{co}）和选用的粉煤灰取代水泥百分率（β_c），按下式计算粉煤灰轻骨料混凝土的水泥用量（m_c）：

$$m_c = m_{co}(1 - \beta_c) \quad \cdots\cdots\cdots\cdots\cdots\cdots\cdots\cdots\cdots\cdots (5-13)$$

4. 根据所用粉煤灰级别和混凝土的强度等级，粉煤灰的超量系数（δ_c）可在 1.2～2.0 范围内选取，并按下式计算粉煤灰掺量（m_f）：

$$m_f = \delta_c(m_{co} - m_c) \quad \cdots\cdots\cdots\cdots\cdots\cdots\cdots\cdots\cdots (5-14)$$

5. 分别计算每立方米粉煤灰轻骨料混凝土中水泥、粉煤灰和细骨料的绝对体积。按粉煤灰超出水泥的体积，扣除同体积的细骨料用量；

6. 用水量保持与基准混凝土相同，通过试配，以符合稠度要求来调整用水量；

7. 配合比的调整和校正方法同本规程第 5.3.6 条。

5.3.6 计算出的轻骨料混凝土配合比必须通过试配予以调整。

5.3.7 配合比的调整应按下列步骤进行：

1. 以计算的混凝土配合比为基础，再选取与之相差 ±10% 的相邻两个水泥用量，用水量不变，砂率相应适当增减，分别按三个配合比拌制混凝土拌和物。测定拌和物的稠度，调整用水量，以达到要求的稠度为止；

2. 按校正后的三个混凝土配合比进行试配，检验混凝土拌和物的稠度和振实湿表观密度，制作确定混凝土抗压强度标准值的试块，每种配合比至少制作一组；

3. 标准养护 28d 后，测定混凝土抗压强度和干表观密度。最后，以既能达到设计要求的混凝土配制强度和干表观密度又具有最小水泥用量的配合比作为选定的配合比；

4. 对选定配合比进行质量校正。其方法是先按公式（5-15）计算出轻骨料混凝土的计算湿表观密度，然后再与拌和物的实测振实湿表观密度相比，按公式（5-16）计算校正系数：

$$\rho_{cc} = m_a + m_s + m_c + m_f + m_{wt} \quad \cdots\cdots\cdots\cdots\cdots\cdots\cdots \text{(5-15)}$$

$$\eta = \frac{\rho_{co}}{\rho_{cc}} \quad \cdots\cdots\cdots\cdots\cdots\cdots\cdots\cdots\cdots\cdots \text{(5-16)}$$

式中：

η——校正系数；

ρ_{cc}——按配合比各组成材料计算的湿表观密度（kg/m³）；

ρ_{co}——混凝土拌和物的实测振实湿表观密度（kg/m³）；

m_a、m_s、m_c、m_f、m_{wt}——分别为配合比计算所得的粗骨料、细骨料、粉煤灰用量和总用水量（kg/m³）。

5. 选定配合比中的各项材料用量均乘以校正系数即为最终的配合比设计值。

6 施工工艺

6.1 一般要求

6.1.1 大孔径骨料混凝土的施工应符合附录 A 的规定，轻骨料混凝土的泵送施工应符合附录 B 的规定。

6.1.2 轻骨料进厂（场）后，应按现行国家标准《轻集料及其试验方法》GB/T 17431.1—2 的要求进行检验验收，对配制结构用轻骨料混凝土的高强轻骨料还应检验强度等级。

6.1.3 轻骨料的堆放和运输应符合下列要求：

1. 轻骨料应按不同品种分批运输和堆放，不得混杂；

2. 轻粗骨料运输和堆放应保持颗粒混合均匀，减少离析。采用自然级配时，堆放高度不宜超过 2m，并应防止树叶、泥土和其他有害物质混入；

3. 轻砂在堆放和运输时，宜采取防雨措施，并防止风刮飞扬。

6.1.4 在气温高于或等于 5℃的季节施工时，根据工程需要，预湿时间可按外界气温和来料的自然含水状态确定，应提前半天或一天对轻粗骨料进行淋水或泡水预湿，然后滤干水分进行投料。在气温低于 5℃时，不宜进行预湿处理。

6.2 拌和物拌制

6.2.1 应对轻粗骨料的含水率及其堆积密度进行测定。测定原则宜为：

1. 在批量拌制轻骨料混凝土拌和物前进行测定；

2. 在批量生产过程中抽查测定；

3. 雨天施工或发现拌和物稠度反常时进行测定。

对预湿处理的轻粗骨料，可不测其含水率，但应测定其湿堆积密度。

6.2.2 轻骨料混凝土生产时，砂轻混凝土拌和物中的各组分材料应以质量计量；全轻混凝土拌和物中轻骨料组分可采用体积计量，但宜按质量进行校核。轻粗、细骨料和掺和料的质量计量允许偏差为±3%；水、水泥和外加剂的质量计量允许偏差为±2%。

6.2.3 轻骨料混凝土拌和物必须采用强制式搅拌机搅拌。

6.2.4 在轻骨料混凝土搅拌时，使用预湿处理的轻粗骨料，宜采用图 6.2.4-1 的投料顺序；使用未预湿处理的轻粗骨料，宜采用图 6.2.4-2 的投料顺序。

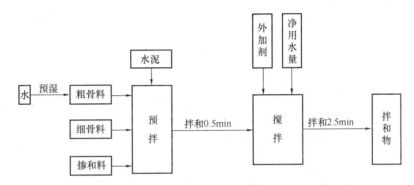

图 6.2.4-1 使用预湿处理的轻粗骨料时的投料顺序

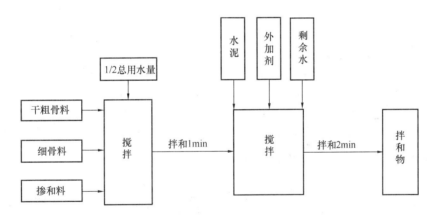

图 6.2.4-2 使用未预湿处理的轻粗骨料时的投料顺序

6.2.5 轻骨料混凝土全部加料完毕后的搅拌时间，在不采用搅拌运输车运送混凝土拌和物时，砂轻混凝土不宜少于 3 min；全轻或干硬性砂轻混凝土宜为 3~4 min。对强度低而易破碎的轻骨料，应严格控制混凝土的搅拌时间。

6.2.6 外加剂应在轻骨料吸水后加入。当用预湿处理的轻粗骨料时，液体外加剂可按图 6.2.4-1 所示加入；当用未预湿处理的轻粗骨料时，液体外加剂可按图 6.2.4-2 所示加入。采用粉状外加剂，可与水泥同时加入。

6.3 拌和物运输

6.3.1 拌和物在运输中应采取措施减少坍落度损失和防止离析。当产生拌和物稠度损失或离析较重时，浇筑前应采用二次拌和，但不得二次加水。

6.3.2 拌和物从搅拌机卸料起到浇入模内止的延续时间不宜超过 45 min。

6.3.3 当用搅拌运输车运送轻骨料混凝土拌和物，因运距过远或交通问题造成坍落度损失较大时，可采取在卸料前掺入适量减水剂进行搅拌的措施，满足施工所需和易性要求。

6.4 拌和物浇筑和成型

6.4.1 轻骨料混凝土拌和物浇筑倾落的自由高度不应超过 1.5 m。当倾落高度大于 1.5 m 时，应加串筒、斜槽或溜管等辅助工具。

6.4.2 轻骨料混凝土拌和物应采用机械振捣成型。对流动性大、能满足强度要求的塑性拌和物以及结构保温类和保温类轻骨料混凝土拌和物，可采用插捣成型。

6.4.3 干硬性轻骨料混凝土拌和物浇筑构件，应采用振动台或表面加压成型。

6.4.4 现场浇筑的大模板或滑模施工的墙体等竖向结构物，应分层浇筑，每层浇筑厚度宜控制在 300～350 mm。

6.4.5 浇筑上表面积较大的构件，当厚度小于或等于 200 mm 时，宜采用表面振动成型；当厚度大于 200 mm 时，宜先用插入式振捣器振捣密实后，再表面振捣。

6.4.6 用插入式振捣器振捣时，插入间距不应大于棒的振动作用半径的一倍，连续多层浇筑时，插入式振捣器应插入下层拌和物约 50 mm。

6.4.7 振捣延续时间应以拌和物捣实和避免轻骨料上浮为原则。振捣时间应根据拌和物稠度和振捣部位确定，宜为 10～30 s。

6.4.8 浇筑成型后，宜采用拍板，刮板，辊子或振动抹子等工具，及时将浮在表层的轻粗骨料颗粒压入混凝土内。若颗粒上浮面积较大，可采用表面振动器复振，使砂浆返上，再作抹面。

6.5 养护和缺陷修补

6.5.1 轻骨料混凝土浇筑成型后应及时覆盖和喷水养护。

6.5.2 采用自然养护时，用普通硅酸盐水泥、硅酸盐水泥、矿渣水泥拌制的轻骨料混凝土，湿养护时间不应少于 7 d；用粉煤灰水泥、火山灰水泥拌制的轻骨料混凝土及在施工中掺缓凝型外加剂的混凝土，湿养护时间不应少于 14 d。轻骨料混凝土构件用塑料薄膜覆盖养护时，全部表面应覆盖严密，保持膜内有凝结水。

6.5.3 轻骨料混凝土构件采用蒸汽养护时，成型后静停时间不宜少于 2h，并应控制升温和降温速度。

6.5.4 保温和结构保温类轻骨料混凝土构件及构筑物的表面缺陷，宜采用原配合比的砂浆修补。结构轻骨料混凝土构件及构筑物的表面缺陷可采用水泥砂浆修补。

6.6 质量检验和验收

6.6.1 轻骨料混凝土拌和物的检验应按下列规定进行：

    1. 检验拌和物各组成材料的称量是否与配合比相符。同一配合比每台班不得少于一次；

    2. 检验拌和物的坍落度或维勃稠度以及表观密度，每台班每一配合比不得少于一次。

6.6.2 轻骨料混凝土强度的检验应按下列规定进行，其检验评定方法应按现行国家标准《混凝土强度检验评定标准》GBJ 107 执行。

    1. 每 100 盘，且不超过 100 m³ 的同配合比的混凝土，取样次数不得少于一次；

    2. 每一工作班拌制的同配合比混凝土不足 100 盘时，取样次数不得少于一次。

6.6.3 混凝土干表观密度的检验应按下列规定进行，其检验结果的平均值不应超过配合比设计值的 ±3%。

    1. 连续生产的预制厂及预拌混凝土搅拌站，对同配合比的混凝土，每月不得少于四次；

    2. 单项工程，每 100 m³ 混凝土的抽查不得少于一次，不足者按 100 m³ 计。

6.6.4 轻骨料混凝土工程验收应按现行国家标准《混凝土结构工程施工质量验收规范》GB 50204 的有关规定执行。

7 试验方法

7.1 一般规定

7.1.1 轻骨料混凝土拌和物性能，力学性能，收缩和徐变等长期性能，以及碳化，钢锈和抗冻等耐久性能指标的测定，应符合现行国家标准《普通混凝土拌和物性能试验方法》GB 50080、《普通混凝土力学性能试验方法》GB 50081 和《普通混凝土长期性能和耐久性能试验方法》GB 50082 的有关规定。

7.1.2 与轻骨料特性有关的干表观密度，吸水率，软化系数。导热系数和线膨胀系数等混凝土性能指标的测定应符合本章的规定。

7.2 拌和方法

7.2.1 配合比中各组分材料的质量计量允许误差：粗、细骨料和掺和料为 $\pm 1\%$；水、水泥和外加剂为 $\pm 0.5\%$。

7.2.2 试验室拌制轻骨料混凝土时，拌和量不应小于搅拌机公称搅拌量的三分之一。

7.2.3 轻骨料混凝土应按下列步骤拌和：

1. 采用干燥或自然含水的轻粗骨料时，先将轻粗骨料。细骨料和水泥加入搅拌机内，加入二分之一拌和用水，搅拌 1 min 后，再加入剩余拌和水量，继续拌 2 min 即可；

2. 采用经过淋水预湿处理的轻粗骨料时，先将轻粗骨料滤去明水，与细骨料，水泥一起拌和约 1 min 后，再加入拌和用水量，继续拌和 2 min 即可。

7.2.4 掺和料或粉状外加剂可与水泥同时加入。液状外加剂或预制成溶液的粉状外加剂，宜加入剩余拌和用水中。

7.3 干表观密度

7.3.1 干表观密度可采用整体试件烘干法或破碎试件烘干法测定。

7.3.2 当采用整体试件烘干法测定干表观密度时，可把试件置 105～110 ℃的烘箱中烘至恒重，称重，并测定试件的体积，应按公式（7-1）计算干表观密度。

7.3.3 当采用破碎试件烘干法测定干表观密度时应按下列试验步骤进行：

1. 在做抗压试验前，先将立方体试件表面水分擦干。用称量为 5 kg（感量 2 g）的托盘天平称重。求出该组试件自然含水时混凝土的表观密度。应按下式计算：

$$\rho_n = \frac{m}{V} \times 10^3 \quad\cdots\cdots\cdots\cdots\cdots\cdots\cdots\cdots\cdots\cdots\cdots \text{（7-1）}$$

式中：

ρ_n ——自然含水时混凝土的表观密度（kg/m³）；

m ——自然含水时混凝土的质量（g）；

V ——自然含水时混凝土试件的体积（m³）。

2. 将做完抗压强度的试件破碎成粒径为 20～30 mm 以下的小块。把 3 块试件的破碎试料混匀，取样 1 kg，然后将试样放在 105～110 ℃烘箱中烘干至恒重；

3. 按下式计算出轻骨料混凝土的含水率：

$$w_c = \frac{m_1 - m_0}{m_0} \times 100\% \quad\cdots\cdots\cdots\cdots\cdots\cdots\cdots \text{（7-2）}$$

式中：

w_c ——混凝土的含水率（%），计算精确至 0.1%；

m_1 ——所取试样质量（g）；

m_0 ——烘干后试样质量（g）。

4. 按下式计算出轻骨料混凝土的干表观密度：

$$\rho_d = \frac{\rho_n}{1 + w_c} \quad \cdots\cdots\cdots\cdots\cdots\cdots\cdots\cdots\cdots\cdots \quad (7\text{-}3)$$

式中：

ρ_d ——轻骨料混凝土的干表观密度（kg/m^3），精确至 $10kg/m^3$；

ρ_n ——自然含水状态下轻骨料混凝土的表观密度（kg/m^3）。

7.4　吸水率和软化系数

7.4.1　吸水率和软化系数试验所用设备应符合下列规定：

1. 托盘天平：称量 5 kg，感量 2 g；

2. 烘箱：$105\sim110\ ℃$，可恒温；

3. 压力试验机：测力精度不低于 $\pm1\%$。

7.4.2　吸水率和软化系数试验应按下列步骤进行：

1. 试件的制作和养护按《普通混凝土力学性能试验方法》GB 50081 的要求进行，采用边长为 100 mm 立方体试件时，每组为 12 块；采用边长为 150 mm 立方体试件时，每组为 6 块；

2. 标准养护 28 d 后，取出试件在 $105\sim110\ ℃$ 下烘至恒重，取 6 块（或 3 块）试件作抗压强度试验，绝干状态混凝土的抗压强度（f_0）；

3. 取其余 6 块（或 3 块）试件，先称重，确定其质量平均值。然后，将它们浸入温度为 $20\pm5\ ℃$ 的水中，浸水时间分别为：0.5 h、1 h、3 h、6 h、12 h、24 h、48 h；每到上述各时间，将试件取出、擦干、称重，确定其质量平均值。随后，再浸入水中，直至 48 h 时，将试件取出、擦干、称重，确定其质量平均值。

4. 在称得浸水时间为 48 h 时试件的质量平均值后，即进行抗压强度试验，确定饱水状态混凝土的抗压强度（f_1）；

5. 按下列公式计算轻骨料混凝土的吸水率及软化系数：

$$\omega_t = \frac{m_1 - m_0}{m_0} \times 100\% \quad \cdots\cdots\cdots\cdots\cdots\cdots \quad (7\text{-}4)$$

$$\omega_{sat} = \frac{m_n - m_0}{m_0} \times 100\% \quad \cdots\cdots\cdots\cdots\cdots\cdots \quad (7\text{-}5)$$

$$\psi = \frac{f_1}{f_0} \quad \cdots\cdots\cdots\cdots\cdots\cdots\cdots\cdots\cdots \quad (7\text{-}6)$$

式中：

m_0 ——烘至恒重试件的质量平均值（kg）；

m_t ——浸水时间为 t 时试件的质量平均值（kg）；

m_n ——浸水时间为 48 h 时试件的质量平均值（kg）；

ω_t ——浸水时间为 t 时的吸水率（%）；

ω_{sat} ——浸水时间为 48 h 时的吸水率（%）；

ψ——软化系数；

f_0——绝干状态混凝土的抗压强度（MPa）；

f_1——饱水状态混凝土的抗压强度（MPa）。

7.5 线膨胀系数

7.5.1 线膨胀系数测定时所用的试件应为 100 mm×100 mm、调 300 mm 的棱柱体，每组至少三块；并应具有下列设备：

1. 人工气候箱，如无人工气候箱，亦可采用稳定性较好的烘箱；

2. 电阻应变仪；

3. 测量温度用镍铜—铜热电偶（试件成型时埋入混凝土内）及符合精度要求（精确至 0.1 ℃）的电位差计；

4. 石英管一根。

7.5.2 线膨胀系数测定应按下列步骤进行：

1. 试件应在恒温恒湿养护室养护到 28 d 龄期后，放入 105～110 ℃的烘箱中加热 24 h，再在室内放置 5～7 d 以使其湿度达到平衡；

2. 每个试件两侧各贴一个电阻片及一个热电偶。电阻片标距应为 100 mm，其电阻值应相同。贴片可采用 502 胶或其他在试验温度范围内工作可靠的胶粘贴；

3. 热电偶应事先在恒温器中校核，求出温度与电位差的关系，其温度读数应精确在 0.1 ℃；

4. 应在石英管上贴同样规格的电阻片，作电阻应变仪的补偿之用。为检查试验工作是否正常，应同时准备已知线膨胀系数的钢或铜等材料的试件，与混凝土试件同时进行测试；

5. 所有测量温度和变形的引出导线与仪器接通，经检验待工作正常后，调零，记下初读数。随即开始升（降）温，每次升（降）温的幅度控制在 10 t 左右，升（降）温速度宜缓慢，到达温度后要恒温到试件内外温差小于 0.2 ℃时才能测数，每次恒温时间宜为 3 h；

6. 记下所有各点的温度及变形读数后，即可继续升（降）温。整个试验的最低和最高温度差值应大于 60 ℃。

7.5.3 线膨胀系数值的取用和计算应按下列规定进行：

1. 按测得的温度和变形的数据用回归分析法求得两者的关系。温度和变形若呈直线关系，其斜率即为线膨胀系数值；

2. 数据不多时，也可用下式计算：

$$a_\text{T} = \frac{\varepsilon_\text{t} - \varepsilon_0}{t - t_0} \quad\cdots\cdots\cdots\cdots\cdots\cdots\cdots\cdots\cdots\cdots\cdots\cdots\cdots\cdots \text{(7-7)}$$

式中：

a_T——线膨胀系数；

ε_t——温度为 t 时的变形值（mm）；

ε_0——初始变形值（mm），如电阻应变仪在 t_0 时调零，则 $\varepsilon_0 = 0$；

t_0——初始温度（℃）；

t——测量时的温度（℃）。

（二）检测与试验方法类

6.3 普通混凝土拌合物性能试验方法标准
GB 50080—2002

1 总则

1.1 为进一步规范混凝土试验方法，提高混凝土试验精度和试验水平，并在检验或控制混凝土工程或预制混凝土构件的质量时，有一个统一的混凝土拌合物性能试验方法，制定本标准。

1.2 本标准适用于建筑工程中的普通混凝土拌合物性能试验，包括取样及试样制备、稠度试验、凝结时间试验、泌水与压力泌水试验、表观密度验、含气量试验和配合比分析试验。

1.3 按本标准的试验方法所做的试验，试验报告应包括下列内容：

1. 委托单位提供的内容：委托单位名称；工程名称及施工部位；要求检测的项目名称；原材料的品种、规格和产地以及混凝土配合比；要说明的其他内容。

2. 检测单位提供的内容：试样编号；试验日期及时间；仪器设备的名称、型号及编号；环境温度和湿度；原材料的品种、规格、产地和混凝土配合比及其相应的试验编号；搅拌方式；混凝土强度等级；检测结果；要说明的其他内容。

1.4 普通混凝土拌合物性能试验方法，除应符合本标准的规定外，尚应按现行国家强制性标准中的有关规定的要求执行。

2 取样及试样的制备

2.1 取样

2.1.1 同一组混凝土拌合物的取样应从同一盘混凝土或同一车混凝土中取样。取样量应多于试验所需量的 1.5 倍，且宜不小于 20 L。

2.1.2 混凝土拌合物的取样应具有代表性，宜采用多次采样的方法。一般在同一盘混凝土或同一车混凝土中的约 1/4 处、1/2 处和 3/4 处之间分别取样，从第一次取样到最后一次取样不宜超过 15 min，然后人工搅拌均匀。

2.1.3 从取样完毕到开始做各项性能试验不宜超过 5 min。

2.2 试样的制备

2.2.1 在试验室制备混凝土拌合物时，拌合时试验室的温度应保持在（20±5）℃，所用材料的温度应与试验室温度保持一致。

> 注：需要模拟施工条件下所用的混凝土时，所用原材料的温度宜与施工现场保持一致。

2.2.2 试验室拌合混凝土时，材料用量应以质量计。称量精度：骨料为 ±1%；水、水泥、掺合料、外加剂均为 ±0.5%。

2.2.3 混凝土拌合物的制备应符合《普通混凝土配合比设计规程》JGJ 55 中的有关规定。

2.2.4 从试样制备完毕到开始做各项性能试验不宜超过 5 min。

2.3 试验记录

2.3.1 取样记录应包括下列内容：取样日期和时间；工程名称、结构部位；混凝土强度等级；取样方法；试样编号；试样数量；环境温度及取样的混凝土温度。

2.3.2 在试验室制备混凝土拌合物时，除应记录以上内容外，还应记录下列内容：

1. 试验室温度；

2. 各种原材料品种、规格、产地及性能指标；

3. 混凝土配合比和每盘混凝土的材料用量。

3 稠度试验

3.1 坍落度与坍落扩展度法

3.1.1 本方法适用于骨料最大粒径不大于 40 mm、坍落度不小于 10 mm 的混凝土拌合物稠度测定。

3.1.2 坍落度与坍落扩展度试验所用的混凝土坍落度仪应符合。《混凝土坍落度仪》JG 3021 中有关技术要求的规定。

3.1.3 坍落度与坍落扩展度试验应按下列步骤进行：

1. 湿润坍落度筒及底板，在坍落度筒内壁和底板上应无明水。底板应放置在坚实水平面上，并把筒放在底板中心，然后用脚踩住二边的脚踏板，坍落度筒在装料时应保持固定的位置。

2. 把按要求取得的混凝土试样用小铲分三层均匀地装入筒内，使捣实后每层高度为筒高的三分之一左右。每层用捣棒插捣 25 次。插捣应沿螺旋方向由外向中心进行，各次插捣应在截面上均匀分布。插捣筒边混凝土时，捣棒可以稍微倾斜。插捣底层时，捣棒应贯穿整个深度。插捣第二层和顶层时，捣棒应插透本层至下一层的表面；浇灌顶层时，混凝土应灌到高出筒口。插捣过程中，如混凝土沉落到低于筒口，则应随时添加。顶层插捣完后，刮去多余的混凝土，并用抹刀抹平。

3. 清除筒边底板上的混凝土后，垂直平稳地提起坍落度筒。坍落度筒的提离过程应在 5～10 s 内完成；从开始装料到坍落度筒的整个过程应不间断地进行，并应在 150 s 内完成。

4. 提起坍落度筒后，侧量筒高与坍落后混凝土试体最高点之间的高度差，即为该混凝土拌合物的坍落度值；坍落度筒提高后，如混凝土发生崩坍或一边剪坏现象，则应重新取样另行测定；如第二次试验仍出现上述现象，则表示该混凝土和易性不好，应予记录备查。

5. 观察坍落后的混凝土试体的黏聚性及保水性。黏聚性的检查方法是用捣棒在已坍落的混凝土锥体侧面轻轻敲打，此时如果锥体逐渐下沉，则表示黏聚性良好，如果锥体倒塌、部分崩裂或出现离析现象，则表示黏聚性不好。保水性以混凝土拌合物稀浆析出的程度来评定，坍落度筒提起后如有较多的稀浆从底部析出，锥体部分的混凝土也因失浆而骨料外露，则表明此混凝土拌合物的保水性能不好；如坍落度筒提起后无稀浆或仅有少量稀浆自底部析出，则表示此混凝土拌合物保水性良好。

6. 当混凝土拌合物的坍落度大于 220 mm 时，用钢尺测量混凝土扩展后最终的最大直径和最小直径，在这两个直径之差小于 50 mm 的条件下，用其算术平均值作为坍落扩展度值；否则，此次试验无效。

如果发现粗骨料在中央集堆或边缘有水泥浆析出，表示此混凝土拌合物抗离析性不好，应予记录。

3.1.4 混凝土拌合物坍落度和坍落扩展度值以毫米为单位，测量精确至 1 mm，结果表达修约至 5 mm。

3.1.5 混凝土拌合物稠度试验报告内容除应包括本标准第 1.3 条的内容外，尚应报告混凝土拌合物坍落度值或坍落扩展度值。

3.2 维勃稠度法

3.2.1 本方法适用于骨料最大粒径不大于 40 mm，维勃稠度在 5～30 s 之间的混凝土拌合物稠度测定。坍落度不大于 50 mm 或干硬性混凝土和维勃稠度大于 30 s 的特干硬性混凝土拌合物的稠度可采用附录 A 增实因数法来测定。

3.2.2 维勃稠度试验所用维勃稠度仪应符合《维勃稠度仪》JG 3043 中技术要求的规定。

3.2.3 维勃稠度试验应按下列步骤进行：

1. 维勃稠度仪应放置在坚实水平面上，用湿布把容器、坍落度筒、喂料斗内壁及其他用具润湿；

2. 将喂料斗提到坍落度筒上方扣紧，校正容器位置，使其中心与喂料中心重合，然后拧紧固定螺丝；

3. 把按要求取样或制作的混凝土拌合物试样用小铲分三层经喂料斗均匀地装入筒内，装料及插捣的方法应符合第 3.1.3 条中第 2 款的规定；

4. 把喂料斗转离，垂直地提起坍落度筒，此时应注意不使混凝土试体产生横向的扭动；

5. 把透明圆盘转到混凝土圆台体顶面，放松测杆螺钉，降下圆盘，使其轻轻接触到混凝土顶面；

6. 拧紧定位螺钉，并检查测杆螺钉是否已经完全放松；

7. 在开启振动台的同时用秒表计时，当振动到透明圆盘的底面被水泥浆布满的瞬间停止计时，并关闭振动台。

8. 由秒表读出时间即为该混凝土拌合物的维勃稠度值。精确至 1 s。

3.2.4 混凝土拌合物稠度试验报告内容除应包括本标准第 1.3 条的内容外，尚应报告混凝土拌合物维勃稠度值。

4 凝结时间试验

4.1 本方法适用于从混凝土拌合物中筛出的砂浆用贯入阻力法来确定坍落度值不为零的混凝土拌合物凝结时间的测定。

4.2 贯入阻力仪应由加荷装置、测针、砂浆试样筒和标准筛组成，可以是手动的，也可以是自动的。贯入阻力仪应符合下列要求：

1. 加荷装置——最大测量值应不小于 1000 N，精度为 ±10 N；

2. 测针——长为 100 mm，承压面积为 100 mm，50 mm 和 20 m 时三种测针；在距贯入端 25 mm 处刻有一圈标记；

3. 砂浆试样筒——上口径为 160 mm，下口径为 150 mm，净高为 150 mm 刚性不透水的金属圆筒，并配有盖子；

4. 标准筛：筛孔为 5 mm 的符合现行国家标准《试验筛》GB/T 6005 规定的金属圆孔筛。

4.3 凝结时间试验应按下列步骤进行：

1. 应从按本标准第 2 章制备或现场取样的混凝土拌合物试样中，用 5 mm 标准筛筛出砂浆，每次应筛净，然后将其拌合均匀。将砂浆一次分别装入三个试样筒中，做三个试验。取样混凝土坍落度不大于 70 mm 的混凝土宜用振动台振实砂浆；取样混凝土坍落度大于 70 mm 的宜用捣棒人工捣实。用振动台振实砂浆时，振动应持续到表面出浆为止，不得过振；用捣棒人工捣实时，应沿螺旋方向由外向中心均匀插捣 25 次，然后用橡皮锤轻 轻敲打筒壁，直至插捣孔消失为止。振实或插捣后，砂浆表面应低于砂浆试样筒口约 10 mm；砂浆试样筒应立即加盖。

2. 砂浆试样制备完毕，编号后应置于温度为（20±2）℃的环境中或现场同条件下待试，并在以后的整个测试过程中，环境温度应始终保持（20±2）℃。现场同条件测试时，应与现场条件保持一致。在整个测试过程中，除在吸取泌水或进行贯入试验外，试样筒应始终加盖。

3. 凝结时间测定从水泥与水接触瞬间开始计时。根据混凝土拌合物的性能，确定测针一试验时间，以后每隔 0.5 h 测试一次，在临近初、终凝时可增加测定次数。

4. 在每次测试前 2 min，将一片 20 mm 厚的垫块垫入筒底一侧使其倾斜，用吸管吸去表面的泌水，吸水后平稳地复原。

5. 测试时将砂浆试样筒置于贯入阻力仪上，测针端部与砂浆表面接触，然后在（10±2）s 内均匀地使测针贯入砂浆（25±2）mm 深度，记录贯入压力，精确至 10 N；记 录测试时间，精确至 1 min；记录环境温度，精确至 0.5 ℃。

6. 各测点的间距应大于测针直径的两倍且不小于 15 mm，测点与试样筒壁的距离应不小于 25 mm。

7. 贯入阻力测试在 0.2～28 MPa 之间应至少进行 6 次，直至贯入阻力大于 28 MPa 为止。

8. 在测试过程中应根据砂浆凝结状况，适时更换测针，更换测针宜按表 4-1 选用。

表 4-1　测针选用规定表

贯入阻力/MPa	0.2～3.5	3.5～20	20～28
测针面积/mm²	100	50	20

4.4　贯入阻力的结果计算以及初凝时间和终凝时间的确定应按下述方法进行

1. 贯入阻力应按下式计算：

$$f_{PR} = \frac{P}{A} \quad\cdots\cdots\cdots\cdots\cdots\cdots\cdots\cdots\cdots \text{(4-1)}$$

式中：

f_{PR}——贯入阻力（MPa）；

p——贯入压力（N）；

A——测针面积（mm²）。

计算应精确至 0.1MPa。

2. 凝结时间宜通过线性回归方法确定，是将贯入阻力 f_{PR} 和时间 t 分别取自然对数 $\ln(f_{PR})$ 和 $\ln(t)$，然后把 $\ln(f_{PR})$ 当作自变量，$\ln(t)$ 当作因变量作线性回归得到回归方程式：

$$\ln(t) = A + B\ln(f_{PR}) \quad\cdots\cdots\cdots\cdots\cdots\cdots\cdots \text{(4-2)}$$

式中：

t——时间（min）；

f_{PR}——贯入阻力（MPa）；

A、B——线性回归系数。

根据式 4-2 求得当贯入阻力为 3.5MPa 时为初凝时间 t_s，贯入阻力为 28MPa 时为终凝时间 t_e：

$$t_s = e^{[A+B\ln(3.5)]} \quad \cdots\cdots\cdots\cdots\cdots\cdots\cdots\cdots\cdots\cdots\cdots \quad (4\text{-}3)$$

$$t_e = e^{[A+B\ln(28)]} \quad \cdots\cdots\cdots\cdots\cdots\cdots\cdots\cdots\cdots\cdots\cdots \quad (4\text{-}4)$$

式中：

t_s——初凝时间（min）；

t_e——终凝时间（min）；

A、B——式（4-2）中的线性回归系数。

凝结时间也可用绘图拟合方法确定，是以贯入阻力为纵坐标，经过的时间为横坐标（精确至 1 min），绘制出贯入阻力与时间之间的关系曲线 3.5 MPa 和 28 MPa 划两条平行于横坐标的直线，分别与曲线相交的两个交点的横坐标即为混凝土拌合物的初凝和终凝时间。

3. 用三个试验结果的初凝和终凝时间的算术平均值作为此次试验的初凝和终凝时间。如果三个测值的最大值或最小值中有一个与中间值之差超过中间值的 10%，则以中间值为试验结果；如果最大值和最小值与中间值之差均超过中间值的 10% 时，则此次试验无效。

凝结时间用 h/min 表示，并修约至 5 min。

4.0.5 混凝土拌合物凝结时间试验报告内容除应包括本标准第 1.3 条的内容外，还应包括以下内容：

1. 每次做贯入阻力试验时所对应的环境温度、时间、贯入压力、测针面积和计算出来的贯入阻力值。

2. 根据贯入阻力和时间绘制的关系曲线。

3. 混凝土拌合物的初凝和终凝时间。

4. 其他应用说明的情况。根据贯入阻力和时间绘制的关系线。混凝土拌合物的初凝和终凝时间。其他应说明的情况。

5 泌水与压力泌水试验

5.1 泌水试验

5.1.1 本方法适用于骨料最大粒径不大于 40 mm 的混凝土拌合物泌水测定。

5.1.2 泌水试验所用的仪器设备应符合下列条件：

1. 试样筒——符合本标准第 6.2 条中第 1 款、容积为 5 L 的容量筒并配有盖子；

2. 台秤——称量为 50 kg，感量为 50 g；

3. 量筒——容量为 10 mL，50 mL，100 mL 的量筒及吸管；

4. 振动台——应符合《混凝土试验室用振动台》JG/T 3020 中技术要求的规定；

5. 捣棒：应符合本标准第 3.1.2 条的要求。

5.1.3 泌水试验应按下列步骤进行：

1. 应用湿布湿润试样筒内壁后立即称量，记录试样筒的质量。再将混凝土试样装入试样筒，混凝土的装料及捣实方法有两种：

1）方法 A：用振动台振实。将试样一次装入试样筒内，开启振动台，振动应持续到表面出浆为止，且应避免过振；并使混凝土拌合物表面低于试样筒筒口（30±3）mm，用抹刀抹平。抹平后立即计时并称量，记录试样筒与试样的总质量。

2）方法 B：用捣棒捣实。采用捣棒捣实时，混凝土拌合物应分两层装入，每层的插捣次数应为 25 次；捣棒由边缘向中心均匀地插捣，插捣底层时捣棒应贯穿整个深度，插捣第二层时，捣棒应插透本层至下一层的表面；每一层捣完后用橡皮锤轻轻沿容量外壁敲打 5～10 次，进行振实，直至拌合物表面插捣孔消失并不见大气泡为止；并使混凝土拌合物表面低于试样筒筒口（30±3）mm，用抹刀抹平。抹平后立即计时并称量，记录试样筒与试样的总质量。

2. 在以下吸取混凝土拌合物表面泌水的整个过程中，应使试样筒保持水平、不受振动；除了吸水操作外，应始终盖好盖子；室温应保持在 20±2 ℃。

3. 从计时开始后 60min 内，每隔 10 min 吸取 1 次试样表面渗出的水。6 min 后，每隔 3 min 吸 1 次水，直至认为不再泌水为止。为了便于吸水，每次吸水前 2 min，将一片 5 mm³ 厚的垫块垫入筒底一侧使其倾斜，吸水后平稳地将吸出的水放人量筒中，记录每次吸水的水量并计算累计水量，精确至 1 mL

5.1.4 泌水量和泌水率的结果计算及其确定应按下列方法进行

1. 泌水量应按下式计算

$$B_a = \frac{V}{A} \quad\cdots\cdots\cdots\cdots\cdots\cdots\cdots\cdots\cdots\cdots\cdots\cdots (5\text{-}1)$$

式中：

B_a——泌水量（mL/mm²）；

V——最后一次吸水后累计的泌水量（mL）；

A——试样外露的表面面积（mm²）。

计算应精确至 0.1 mL/mm²。泌水量取三个试样测值的平均值。三个测值中的最大值或最小值，如果有一个与中间值之差超过中间值的 15%，则以中间值为试验结果；如果最大值和最小值与中间值之差均超过中间值的 15% 时，则此次试验无效。

2. 泌水率应按下式计算

$$B = \frac{V_W}{(W/G)G_W} \times 100 \quad\cdots\cdots\cdots\cdots\cdots\cdots\cdots (5\text{-}2)$$

$$G_W = G_1 - G_0 \quad\cdots\cdots\cdots\cdots\cdots\cdots\cdots\cdots\cdots (5\text{-}3)$$

式中：

B——泌水率（%）；

V_W——泌水总量（mL）；

G_W——试样质量（g）；

W——混凝土拌合物总用水量（mL）；

G——混凝土拌合物总质量（g）；

G_1——试样筒及试样总质量（g）；

G_0——试样筒质量（g）。

计算应精确至 1%。泌水率取三个试样测值的平均值。三个测值中的最大值或最小值，如果有一个与中间值之差超过中间值的15%，则以中间值为试验结果；如果最大值和最小值与中间值之差均超过中间值的15%时，则此次试验无效。

5.1.5 混凝土拌合物泌水试验记录及其报告内容除应满足本标准第1.3条要求除外，还应包括以下内容：

1. 混凝土拌合物总用水量和总质量；
2. 试样筒质量；
3. 试样筒和试样的总质量；
4. 每次吸水时间和对应的吸水量；
5. 泌水量和泌水率。

5.2 压力泌水试验

5.2.1 本方法适用于骨料最大粒径不大于40 mm的混凝土拌合物压力泌水测定。

5.2.2 压力泌水试验所用的仪器设备应符合下列条件：

1. 压力泌水仪——其主要部件包括压力表、缸体、工作活塞、筛网等（5.2.2）。压力表最大量程6 MPa，最小分度值不大于0.1 MPa；缸体内径（125±0.02）mm，内高（200±0.2）mm；工作活塞压强为3.2 MPa，公称直径为125 mm；筛网孔径为0.315 mm。

2. 捣棒——符合本规程第3.1.2条的规定。

3. 量筒——200 mL量筒。

5.2.3 压力泌水试验应按以下步骤进行：

1. 混凝土拌合物应分两层装入压力泌水仪的缸体容器内，每层的插捣次数应为20次。捣棒由边缘向中心均匀地插捣，插捣底层时捣棒应贯穿整个深度，插捣第二层时，捣棒应插透本层至下一层的表面；每一层捣完后用橡皮锤轻轻沿容器外壁敲打5～10次，进行振实，直至拌合物表面插捣孔消失并不见大泡为止；并使拌合物表面低于容器口以下约30 mm处，用抹刀将表面抹平。

2. 将容器外表擦干净，压力泌水仪按规定安装完毕后应立即给混凝土试样施加压力至3.2 MPa，并打开泌水阀门同时开始计时，保持恒压，泌出的水接入200 mL量筒里；加压至10 s时读取泌水量V_{10}，加压至140 s时读取泌水量V_{140}。

5.2.4 压力泌水率应按下式计算：

$$B_V = \frac{v_{10}}{v_{140}} \times 100 \quad\cdots\cdots\cdots\cdots\cdots\cdots (5\text{-}4)$$

式中：

B_V——压力泌水率（%）；

v_{10}——加压至10 s时的泌水量（mL）；

v_{140}——加压至140 s的泌水量（mL）。

压力泌水率的计算应精确至1%。

5.2.5 混凝土拌合物压力泌水试验报告内容除应包括本标准第1.0.3条的内容外，还应包括以下内容：

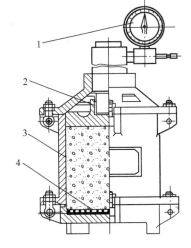

图5.2.2 压力泌水仪
t—压力表；2—工作活塞；3—缸体；
4—筛网

1. 加压至 10 s 时的泌水量 V_{10}，和加压至 140 s 时的泌水量 V_{140}；

2. 压力泌水率。

6　表观密度试验

6.1　本方法适用于测定混凝土拌合物捣实后的单位体积质量（即表观密度）。

6.2　混凝土拌合物表观密度试验所用的仪器设备应符合下列规定：

1. 容量筒：金属制成的圆筒，两旁装有提手。对骨料最大粒径不大 40 mm 的拌合物采用容积为 5 L 的容量筒，其内径与内高均为（186±2）mm，筒壁厚为 3 mm；骨料最大粒径大于 40 mm 时，容量筒的内径与内高均应大于骨料最大粒径的 4 倍。容量筒上缘及内壁应光滑平整，顶面与底面应平行并与圆柱体的轴垂直。

容量筒容积应予以标定，标定方法可采用一块能覆盖住容量筒顶面的玻璃板，先称出玻璃板和空桶的质量，然后向容量筒中灌入清水，当水接近上口时，一边不断加水，一边把玻璃板沿筒口徐徐推入盖严，应注意使玻璃板下不带入任何气泡；然后擦净玻璃板面及筒壁外的水分，将容量筒连同玻璃板放在台称上称其质量；两次质量之差（kg）即为容量筒的容积 L；

2. 台秤：称量 50 kg，感量 50 g；

3. 振动台：应符合《混凝土试验室用振动台》JG/T 3020 中技术要求的规定；

4. 捣棒：应符合规程第 3.1.2 条的规定。

6.3　混凝土拌合物表观密度试验应按以下步骤进行

1. 用湿布把容量筒内外擦干净，称出容量筒质量，精确至 50 g。

2. 混凝土的装料及捣实方法应根据拌合物的稠度而定。坍落度不大于 70 mm 的混凝土，用振动台振实为宜；大于 70 mm 用捣棒捣实为宜。采用捣棒捣实时，应根据容量筒的大小决定分层与插捣次数：用 5 L 容量筒时，混凝土拌合物应分两层装入，每层的插捣次数应为 25 次；用大于 5 L 的容量筒时，每层混凝土的高度不应大于 100 mm，每层插捣次数应按每 10000 mm² 截面不小于 12 次计算。各次插捣应由边缘向中心均匀地插捣，插捣底层时捣棒应贯穿整个深度，插捣第二层时，捣棒应插透本层至下一层的表面；每一层捣完后用橡皮锤轻轻沿容器外壁敲打 5～10 次，进行振实，直至拌合物表面插捣孔消失并不见大气泡为止。

采用振动台振实时，应一次将混凝土拌合物灌到高出容量筒口。装料时可用捣棒稍加插捣，振动过程中如混凝土低于筒口，应随时添加混凝土，振动直至表面出浆为止。

3. 用刮尺将筒口多余的混凝土拌合物刮去，表面如有凹陷应填平；将容量筒外壁擦净，称出混凝土试样与容量筒总质量，精确至 50 g。

6.4　混凝土拌合物表观密度的计算应按下式计算

$$\gamma_h = \frac{W_2 - W_1}{V} \times 1000 \quad \cdots\cdots\cdots\cdots\cdots\cdots\cdots\cdots\cdots\cdots (6\text{-}1)$$

式中：

γ_h——表观密度（kg/m³）；

W_1——容量筒质量（kg）；

W_2——容量筒和试样总质量（kg）；

V——容量筒容积（L）。

试验结果的计算精确至 10 kg/m³。

6.5 混凝土拌合物表观密度试验报告内容除应包括本标准第 1.3 条的内容外，还应包括以下内容：

    1. 容量筒质量和容积；

    2. 容量筒和混凝土试样总质量；

    3. 混凝土拌合物的表观密度。

7 含气量试验

7.1 本方法适于骨料最大粒径不大于 40 mm 的混凝土拌合物含气量测定。

7.2 含气量试验所用设备应符合下列规定：

    1. 含气量测定仪：如图 7-1 所示，由容器及盖体两部分组成。容器：应由硬质、不易被水泥浆腐蚀的金属制成，其内表面粗糙度不应大于 3.2 μm，内径应与深度相等，容积为 7 L。盖体：应用与容器相同的材料制成。盖体部分应包括有气室、水找平室、加水阀、排水阀、操作阀、进气阀、排气阀及压力表。压力表的量程为 0～0.25 MPa，精度为 0.01 MPa。容器及盖体之间应设置密封垫圈，用螺栓连接，连接处不得有空气存留，并保证密闭；

    2. 捣棒：应符合本规程第 3.1.2 条的规定；

    3. 振动台：应符合《混凝土试验室用振动台》JG/T 3020 中技术要求的规定；

    4. 台秤：称量 50 kg，感量 50 g；

    5. 橡皮锤：应带有质量约 2509 的橡皮锤头。

7.3 在进行拌合物含气量测定之前，应先按下列步骤测定拌合物所用骨料的含气量：

    1. 应按下式计算每个试样中粗、细骨料的质量：

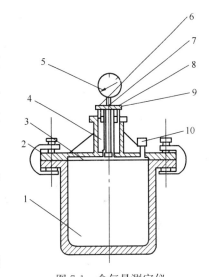

图 7-1 含气量测定仪

1—容器；2—盖体；3—水找平室；4—气室；
5—压力表；6—排气阀；7—操作阀；
8—排水阀；9—进气阀；10—加水阀

$$m_g = \frac{V}{1000} \times m'_g \quad \cdots\cdots\cdots\cdots\cdots \quad (7\text{-}1)$$

$$m_s = \frac{V}{1000} \times m'_s \quad \cdots\cdots\cdots\cdots\cdots\cdots\cdots\cdots\cdots\cdots\cdots\cdots \quad (7\text{-}2)$$

式中：

m_g、m_s——分别为每个试样中的粗、细骨料质量（kg）；

m'_g、m'_s——分别为每立方米混凝土拌合物中粗、细骨料质量（kg）；

    V——含气量测定仪容器容积（L）。

    2. 在容器中先注入 1/3 高度的水，然后把通过 40 mm 网筛的质量为 m_g、m_s 的粗、细骨料称好、拌匀，慢慢倒入容器。水面每升高 25 mm 左右，轻轻插捣 10 次，并略予搅动，以排除夹杂进去的空气，加料过程中应始终保持水面高出骨料的顶面；骨料全部加入后，应浸泡约 5 min，再用橡皮锤轻敲容器壁，排净气泡，除去水面泡沫，加水至满，擦净容器上口边缘；装好密封圈，加盖拧紧螺栓；

3. 关闭操作阀和排气阀，打开排水阀和加水阀，通过加水阀，向容器内注入水；当排水阀流出的水流不含气泡时，在注水的状态下，同时关闭加水阀和排水阀；

4. 开启进气阀，用气泵向气室内注入空气，使气室内的压力略大于 0.1 MPa，待压力表显示值稳定；微开排气阀，调整压力至 0.1 MPa，然后关紧排气阀；

5. 开启操作阀，使气室里的压缩空气进入容器，待压力表显示值稳定后记录示值 P_{g1}，然后开启排气阀，压力仪表示值应回零；

6. 重复以上第 7.3 条第 4 款和第 7.3 条第 5 款的试验，对容器内的试样再检测一次记录表值 P_{g2}；

7. 若 P_{g1} 和 P_{g2} 的相对误差小于 0.2% 时，则取 P_{g1} 和 P_{g2} 的算术平均值，按压力与含气量关系曲线（见本标准第 7.6 条第 2 款）查得骨料的含气量（精确 0.1%）；若不满足，则应进行第三次试验。测得压力值 P_{g3}（MPa）。当 P_{g3} 与 P_{g1}、P_{g2} 中较接近一个值的相对误差不大于 0.2% 时，则取此二值的算术平均值。当仍大于 0.2% 时，则此次试验无效，应重做。

7.4 混凝土拌合物含气量试验应按下列步骤进行：

1. 用湿布擦净容器和盖的内表面，装入混凝土拌合物试样；

2. 捣实可采用手工或机械方法。当拌合物坍落度大于 70 mm 时，宜采用手工插捣，当拌合物坍落度不大于 70 mm 时，宜采用机械振捣，如振动台或插入或振捣器等；

用捣棒捣实时，应将混凝土拌合物分 3 层装入，每层捣实后高度约为 1/3 容器高度；每层装料后由边缘向中心均匀地插捣 25 次，捣棒应插透本层高度，再用木锤沿容器外壁重击 10～15 次，使插捣留下的插孔填满。最后一层装料应避免过满；

采用机械捣实时，一次装入捣实后体积为容器容量的混凝土拌合物，装料时可用捣棒稍加插捣，振实过程中如拌合物低于容器口，应随时添加；振动至混凝土表面平整、表面出浆止，不得过度振捣；

若使用插入式振动器捣实，应避免振动器触及容器内壁和底面；

在施工现场测定混凝土拌合物含气量时，应采用与施工振动频率相同的机械方法捣实；

3. 捣实完毕后立即用刮尺刮平，表面如有凹陷应予填平抹光；

如需同时测定拌合物表观密度时，可在此时称量和计算；

然后在正对操作阀孔的混凝土拌合物表面贴一小片塑料薄膜，擦净容器上口边缘，装好密封垫圈，加盖并拧紧螺栓；

4. 关闭操作阀和排气阀，打开排水阀和加水阀，通过加水阀，向容器内注入水；当排水阀流出的水流不含气泡时，在注水的状态下，同时关闭加水阀和排水阀；

5. 然后开启进气阀，用气泵注入空气至气室内压力略大于 0.1 MPa，待压力示值仪表示值稳定后，微微开启排气阀，调整压力至 0.1 MPa，关闭排气；

6. 开启操作阀，待压力示值仪稳定后，测的压力值 P_{01}（MPa）；

7. 开启排气阀，压力仪示值回零；重复上述 5 至 6 步骤，对容器内试样再测一次压力值 P_{02}（MPa）；

8. 若 P_{01} 和 P_{02} 的相对误差小于 0.2% 时，择取 P_{01} 和 P_{02} 的算术平均值，按压力与含气量 A_0（精确至 0.01%）；若不满足，则应进行第三次实验，测得压力值 P_{03}（MPa）。当 P_{03} 与 P_{01} 和 P_{02} 中较接近一个值的相对误差不大于 0.2% 时，则取二值的算术平均值查的 A_0；

当仍大于 0.2%，此次实验无效。

7.5 混凝土拌合物含气量应按下式计算：

$$A = A_0 - A_g \quad \cdots\cdots\cdots\cdots\cdots\cdots\cdots\cdots\cdots\cdots\cdots (7\text{-}3)$$

式中：

A ——混凝土拌合物含气量（%）；

A_0 ——两次含气量测定的平均值（%）；

A_g ——骨料含气量（%）。

计算精确至 0.1%。

7.6 含气量测定仪容器容积的标定及率定应按下列规定进行：

1. 容器容积的标定按下列步骤进行：

1）擦净容器，并将含气量仪全部安装好，测定含气量仪的总质量，测量精确至 50 g；

2）往容器内注水至上缘，然后将盖体安装好，关闭操作阀和排气阀，打开排水阀流加水阀，通过加水阀，向容器内注入水；当排水阀流出的水流不含气泡时，在注水的状态下，同时关闭加水阀和排水阀，再测定其总质量；测量精确至 50 g；

3）容器的容积应按下式计算：

$$V = \frac{m_2 - m_1}{\rho_w} \times 1000 \quad \cdots\cdots\cdots\cdots\cdots\cdots\cdots\cdots (7\text{-}4)$$

式中：

V ——含气量仪的容积（L）；

m_1 ——干燥含气量仪的总质量（kg）；

m_2 ——水、含气量仪的总质量（kg）；

ρ_w ——容器内水的密度（kg/m³）。

计算应精确至 0.01 L。

2. 含气量测定仪的率定按下列步骤进行：

1）按第 7.4 条中第 5 条至第 8 条的操作步骤测得含气量为 0 时的压力值；

2）开启排气阀，压力示值器示值回零；关闭操作阀和排气阀，打开排水阀，在排水阀口用量筒接水；用气泵缓缓地向气室内打气，当排出的水恰好是含气量仪体积的 1% 时。按上述步骤测得含气量为 1% 时的压力值；

3）如此继续测取含气量分别为 2%、3%、4%、5%、6%、7%、8% 时的压力值；

4）以上试验均应进行两次，各次所测压力值均应精确至 0.01 MPa；

5）对以上的各次试验均应进行检验，其相对误差均应小于 0.2%；否则应重新率定；

6）据此检验以上含气量 0、1%、…、8% 共 9 次的测量结果，绘制含气量与气体压力之间的关系曲线。

7.7 气压法含气量试验报告内容除应包括本标准第 1.3 条的内容外，还应包括以下内容：

1. 粗骨料和细骨料的含气量；

2. 混凝土拌合物的含气量。

8 配合比分析试验

8.1 本方法适用于用水洗分析法测定普通混凝土拌合物中四大组分（水泥、水、砂、石）的含量，但不适用于骨料含泥量波动较大以及用特细砂、山砂和机制砂配制的混凝土。

8.2 混凝土拌合物配合比水洗分析法使用的设备应符合下列规定：

1. 广口瓶——容积为 2000 mL 的玻璃瓶，并配有玻璃盖板；

2. 台秤——称量 50 kg、感量 50 g 和称量 10k g，感量 5 g 各一台；

3. 托盘天平——称量 5 kg，感量 5 g；

4. 试样筒——符合本标准第 6.2 条中第 1 款要求的容积为 5 L 和 10 L 的容量筒并配有玻璃盖板；

5. 标准筛——孔径为 5 mm 和 0.16 mm 标准筛各一个。

8.3 在进行本试验前，应对下列混凝土原材料进行有关试验项目的测定：

1. 水泥表观密度试验，按《水泥密度测定方法》GB/T 208 进行。

2. 粗骨料、细骨料饱和面干状态的表观密度试验按《普通混凝土用砂质量标准及检验方法》JGJ 52 和《普通混凝土用碎石或卵石质量标准及检验方法》JGJ 53 进行。

3. 细骨料修正系数应按下述方法测定：

向广口瓶中注水至筒口，再一边加水一边徐徐推进玻璃板，注意玻璃板下不带有任何气泡，盖严后擦净板面和广口瓶壁的余水，如玻璃板下有气泡，必须排除。测定广口瓶、玻璃板和水的总质量后，取具有代表性的两个细骨料试样，每个试样的质量为 2 kg，精确至 5 g。分别倒入盛水的广口瓶中，充分搅拌、排气后浸泡约半小时；然后向广口瓶中注水至筒口，再一边加水一边徐徐推进玻璃板，注意玻璃板下不得带有任何气泡，盖严后擦净板面和瓶壁的余水，称得广口瓶、玻璃板、水和细粗骨料的总质量；则细骨料在水中的质量为：

$$m_{ys} = m_{ks} - m_p \quad\cdots\cdots\cdots\cdots\cdots (8\text{-}1)$$

式中：

m_{ys} ——细骨料在水中的质量（g）；

m_{ks} ——细骨料和广口瓶、水及玻璃板的总质量（g）；

m_p ——广口瓶、玻璃板和水的总质量（g）；

应以两个试样试验结果的算术平均值作为测定值，计算应精确至 1 g。

细骨料修正系数为：

$$C'_s = \frac{m_{ys}}{m_{ys1}} \quad\cdots\cdots\cdots\cdots\cdots (8\text{-}2)$$

式中：

C'_s ——细骨料修正系数；

m_{ys} ——细骨料在水中的质量（g）；

m_{ys1} ——大于 0.16mm 的细骨料在的水中的质量（g）。

计算应精确至 0.01。

8.4 混凝土拌合物的取样应符合下列规定：

1. 混凝土拌合物的取样应按本标准第 2 章的规定进行。

2. 当混凝土中粗骨料的最大粒径≤40 mm 时，混凝土拌合物的取样量 20 L，混凝土中粗骨料最大粒径>40 mm 时，混凝土拌合物的取样量≥40 L。

3. 进行混凝土配合比分析时，当混凝土中粗骨料最大粒径≤40 mm 时，每份取 12 kg 试样；当混凝土中粗骨料的最大粒径>40 mm 时，每份取 15 kg 试样。剩余的混凝土拌合物试样，按本标准第 6 章的规定，进行拌合物表观密度的测定。

8.5 水洗法分析混凝土配合比试验应按下列步骤进行：

1. 整个试验过程的环境温度应在 15～25 ℃之间，从最后加水至试验结束，温差不应超过 2 ℃。

2. 称取质量为 m_0 的混凝土拌合物试样，精确至 50 g 并应符合本标准 8.4 条中的有关规定；然后按下式计算混凝土拌合物试样的体积：

$$V = \frac{m_0}{\rho} \quad\text{\dotfill}\quad (8\text{-}3)$$

式中：

V——试样的体积（L）；

m_0——试样的质量（g）；

ρ——混凝土拌合物的表观密度（g/cm³）。

计算应精确至 1 g/cm³。

3. 把试样全部移到 5 mm 筛上水洗过筛，水洗时，要用水将筛上粗骨料仔细冲洗干净，粗骨料上不得粘有砂浆，筛下应备有不透水的底盘，以收集全部冲洗过筛的砂浆与水的混合物；称量洗净的粗骨料试样在饱和面干状态下在的质量 m_g，粗骨料饱和面干状态表观密度符号为 ρ_g，单位 g/cm³。

4. 将全部冲洗过筛的砂浆与水的混合物全部移到试样筒中，加水至试样筒三分之二高度，用棒搅拌，以排除其中的空气；如水面上有不能破裂的气泡，可以加入少量的异丙醇试剂以消除气泡；让试样静止 10 min 以使固体物质沉积于容器底部。加水至满，再一边加水一边徐徐推进玻璃板，注意玻璃板下不得带有任何气泡，盖严后应擦净板面和筒壁的余水。称出砂浆与水的混合物和试样筒、水及玻璃板的总质量。应按下式计算细砂浆的水中的质量：

$$m'_m = m_k - m_D \quad\text{\dotfill}\quad (8\text{-}4)$$

式中：

m'_m——砂浆在水中的质量（g）；

m_k——砂浆与水的混合物和试样筒、水及玻璃板的总质量（g）；

m_D——试样筒、玻璃板和水的总质量（g）。

计算应精确至 1 g。

5. 将试样筒中的砂浆与水的混合物在 0.16 mm 筛上冲洗，然后将在 0.16 mm 筛上洗净的细骨料全部移至广口瓶中，加水至满，再一边加水一边徐徐推进玻璃板，注意玻璃板下不得带有任何气泡，盖严后应擦净板面和瓶壁的余水；称出细骨料试样、试样筒、水及玻璃板总质量，应按下式计算细骨料在水中的质量：

$$m'_s = C_s(m_{cs} - m_p) \quad\text{\dotfill}\quad (8\text{-}5)$$

式中：

m'_s——细骨料在水中的质量（g）；

C_s——细骨料修正系数；

m_{ks}——细骨料试样、广口瓶、水及玻璃板总质量（g）；

m_p——广口瓶、玻璃板和水的总质量（g）。

计算应精确至 1 g。

8.6 混凝土拌合物中四种组分的结果计算及确定应按下述方法进行：

1. 混凝土拌合物试样中四种组分的质量应按以下公式计算：

1）试样中的水泥质量应按下式计算：

$$m_c = (m'_m - m'_s) \times \frac{\rho_c}{\rho_c - 1} \quad \cdots\cdots\cdots\cdots\cdots (8\text{-}6)$$

式中：

m_c ——试样中的水泥质量（g）；

m'_m ——砂浆在水中的质量（g）；

m'_s ——细骨料在水中的质量（g）；

ρ_c ——水泥的表观密度（g/cm³）。

计算应精确至 1 g。

2）试样中细骨料的质量应按下式计算：

$$m_s = m'_s \times \frac{\rho_c}{\rho_c - 1} \quad \cdots\cdots\cdots\cdots\cdots\cdots (8\text{-}7)$$

式中：

m_s ——试样中细骨料的质量（g）；

m'_s ——细骨料在水中的质量（g）；

ρ_s ——处于饱和面干状态下的细骨料的表观密度（g/cm³）。

计算应精确至 1 g。

3）试样中的水的质量应按下式计算：

$$m_w = m_0 - (m_g + m_s + m_c) \quad \cdots\cdots\cdots\cdots (8\text{-}8)$$

式中：

m_w ——试样中的水的质量（g）；

m_0 ——拌合物试样质量（g）；

$(m_g + m_s + m_c)$ ——分别为试样中粗骨料、细骨料和水泥的质量（mg）。

计算应精确至 1 g。

4）混凝土拌合物试样中粗骨料的质量应按第 8.5 条中第 3 款得出的粗骨料饱和面干质量 mg，单位 g。

2. 混凝土拌合物中水泥、水、粗骨料、细骨料的单位用量，应按分别按下式计算：

$$C = \frac{m_c}{V} \times 1000 \quad \cdots\cdots\cdots\cdots\cdots (8\text{-}9)$$

$$W = \frac{m_w}{V} \times 1000 \quad \cdots\cdots\cdots\cdots\cdots (8\text{-}10)$$

$$G = \frac{m_g}{V} \times 1000 \quad \cdots\cdots\cdots\cdots\cdots (8\text{-}11)$$

$$S = \frac{m_s}{V} \times 1000 \quad \cdots\cdots\cdots\cdots\cdots (8\text{-}12)$$

式中：

C、W、G、S ——分别为水泥、水、粗骨料、细骨料的单位用量（kg/m³）；

m_g、m_s、m_c、m_w ——分别为试样中水泥、水、粗骨料、细骨料的质量（g）；

V——试样体积（L）。

以上计算应精确至 $1 kg/m^3$。

3. 以两个试样试验结果的算术平均值作为测定值，两次试验结果差值的绝对值应符合下列规定：水泥：$\leqslant 6 kg/m^3$；水：$\leqslant 4 kg/m^3$；砂：$\leqslant 20 kg/m^3$；石：$\leqslant 30 kg/m^3$，否则此次试验无效。

8.7 混凝土拌合物水洗法分析试验报告内容除应包括本标准第 10.3 条的内容外，还应包括以下内容：

1. 试样的质量；
2. 水泥的表观密度；
3. 粗骨料和细骨料的饱和面干状态的表观密度；
4. 试样中水泥、水、细骨料和粗骨料的质量；
5. 混凝土拌合物中水泥、水、粗骨料和细骨料的单位用量；
6. 混凝土拌合物水灰比。

6.4 普通混凝土力学性能试验方法标准 GB/T 50081—2002

1 总则

1.1 为进一步规范混凝土试验方法，提高混凝土试验精度和试验水平，并在检验或控制混凝土工程或预制混凝土构件的质量时，有一个统一的混凝土力学性能试验方法，特制定本标准。

1.2 本标准适用于工业与民用建筑以及一般构筑物中的普通混凝土力学性能试验，包括抗压强度试验、轴心抗压强度试验、静力受压弹性模量试验、劈裂抗拉强度试验和抗折强度试验。

1.3 按本标准的试验方法所做的试验，试验报告或试验记录，一般应包括下列内容：

1. 委托单位提供的内容：委托单位名称；工程名称及施工部位；要求检测的项目名称；要说明的其他内容。

2. 试件制作单位提供的内容：试件编号；试件制作日期；混凝土强度等级；试件的形状与尺寸；原材料的品种、规格和产地以及混凝土配合比；养护条件；试验龄期；要说明的其他内容。

3. 检测单位提供的内容：试件收到的日期；试件的形状及尺寸；试验编号；试验日期；仪器设备的名称、型号及编号；试验室温度；养护条件及试验龄期；混凝土强度等级；检测结果；要说明的其他内容。

1.4 普通混凝土力学性能试验方法，除应符合本标准的规定外，尚应按现行国家强制性标准中有关规定的要求执行。

2 取样

2.1 混凝土的取样应符合《普通混凝土拌合物性能试验方法标准》GB/T 50080 第 2 章中的有关规定。

2.2 普通混凝土力学性能试验应以三个试件为一组，每组试件所用的拌合物应从同一盘混凝土或同一车混凝土中取样。

3 试件的尺寸、形状和公差

3.1 试件的尺寸

3.1.1 试件的尺寸应根据混凝土中骨料的最大粒径按表 3-1 选定。

表 3-1 混凝土试件尺寸选用表

试件横截面尺寸/mm	骨料最大粒径/mm	
	劈裂抗拉强度试验	其他试验
100×100	20	31.5
150×150	40	40

续表

试件横截面尺寸/mm	骨料最大粒径/mm	
	劈裂抗拉强度试验	其他试验
200×200	—	63

注：骨料最大粒径指的是符合《普通混凝土用碎石和卵石质量标准及检验方法》JGJ 53—92 中规定的圆孔筛的孔径。

3.1.2 为保证试件的尺寸，试件应采用符合本标准第4.1节规定的试模制作。

3.2　试件的形状

3.2.1 抗压强度和劈裂抗拉强度试件应符合下列规定：

1. 边长为150 mm 的立方体试件是标准试件。

2. 边长为100 mm 和200 mm 的立方体试件是非标准试件。

3. 在特殊情况下，可采用或 ϕ150 mm×300 mm 的圆柱体标准试件或 ϕ100 mm×200 mm 和 ϕ200 mm×400 mm 的圆柱体非标准试件。

3.2.2 轴心抗压强度和静力受压弹性模量试件应符合下列规定：

1. 边长为150 mm×150 mm×300 mm 的棱柱体试件是标准试件。

2. 边长为100 mm×100 mm×300 mm 和 200 mm×200 mm×400 mm 的棱柱体试件是非标准试件。

3. 在特殊情况下，可采用 ϕ150 mm×300 mm 的圆柱体标准试件或 ϕ100 mm×200 mm 和 ϕ200 mm×400 mm 的圆柱体非标准试件。

3.2.3 抗折强度试件应符合下列规定：

1. 边长为150 mm×150 mm×600 mm（或550 mm）的棱柱体试件是标准试件。

2. 边长为100 mm×100 mm×400 mm 的棱柱体试件是非标准试件。

3.3　尺寸公差

3.3.1 试件的承压面的平面度公差不得超过 0.0005d（d 为边长）。

3.3.2 试件的相邻面间的夹角应为90°，其公差不得超过 0.5°。

3.3.3 试件各边长、直径和高的尺寸的公差不得超过 1mm。

4　设备

4.1　试模

4.1.1 试模应符合《混凝土试模》JG 3019 中技术要求的规定。

4.1.2 应定期对试模进行自检，自检周期宜为三个月。

4.2　振动台

4.2.1 振动台应符合《混凝土试验室用振动台》JG/T 3020 中技术要求的规定。

4.2.2 应具有有效期内的计量检定证书。

4.3　压力试验机

4.3.1 压力试验机除应符合《液压式压力试验机》GB/T 3722 及《试验机通用技术要求》GB/T 2611 中技术要求外，其测量精度为±1%，试件破坏荷载应大于压力机众量程的20%且小于压力机全量程的80%。

4.3.2 应其有加荷速度指示装置或加荷速度控制装置，并应能均匀、连续地加荷。

4.3.3 应具有有效期内的计量检定证书。

4.4 微变形测量仪

4.4.1 微变形测量仪的测量精度不得低于 0.001 mm。

4.4.2 微变形测量固定架的标距应为 150 mm。

4.4.3 应具有有效期内的计量检定证书。

4.5 垫块垫条与支架

4.5.3 支架为钢支架，如图 4.5.3 所示。

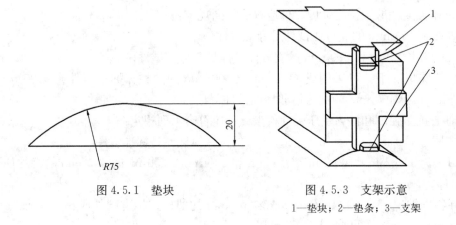

图 4.5.1　垫块　　　　　图 4.5.3　支架示意
1—垫块；2—垫条；3—支架

4.5.1 劈裂抗拉强度试验应采用半径为 75 mm 的钢制弧形垫块，其横截面尺寸如图 4.5.1 所示，垫块的长度与试件相同。

4.5.2 垫条为三层胶合板制成，宽度为 20 mm，厚度为 3～4 mm，长度不小于试件长度，垫条不得重复使用。

4.5.3 支架为钢支架，如图 4.5.3 所示

4.6 钢垫板

4.6.1 钢垫板的平面尺寸应不小于试件的承压面积，厚度应不小于 25 mm。

4.6.2 钢垫板应机械加工，承压面的平面度公差为 0.04 mm；表面硬度不小于 55HRC；硬化层厚度约为 5 mm。

4.7 其他量具及器具

4.7.1 量程大于 600 mm、分度值为 1 mm 的钢板尺。

4.7.2 量程大于 200 mm、分度值为 0.02 mm 的卡尺。

4.7.3 符合《混凝土坍落度仪》JG 3021 中规定的直径 16 mm、长 600 mm、端部呈半球形的捣棒。

5　试件的制作和养护

5.1　试件的制作

5.1.1 混凝土试件的制作应符合下列规定：

　　1. 成型前，应检验试模尺寸并符合本标准第 4.1.1 条中的有关规定；试模内表面应涂

一薄层矿物油或其他不与混凝土发生反应的脱模剂。

2. 在试验室拌制混凝土时，其材料用量应以质量计，称量的精度：水泥、掺合料、水和外加剂为±0.5%；骨料为±1%。

3. 取样或试验室拌制的混凝土应在拌制后尽短的时间内成型，一般不宜超过15 min。

4. 根据混凝土拌合物的稠度确定混凝土成型方法，坍落度不大于70 mm的混凝土宜用振动振实；大于70 mm的宜用捣棒人工捣实；检验现浇混凝土或预置构件的混凝土，试件成型方法宜与实际采用的方法相同。

5. 圆柱体试件的制作见附录A。

5.1.2　混凝土试件制作应按下列步骤进行：

1. 取样或拌制好的混凝土拌合物应至少用铁锹再来回拌合三次。

2. 按本章第5.1.1条中第4款的规定，选择成型方法成型。

1）用振动台振实制作试件应按下述方法进行：

a. 将混凝土拌合物一次装入试模，装料时应用抹刀沿各试摸壁插捣，并使混凝土拌和物高出试模口；

b. 试模底附着或固定在符合第4.2节要求的振动台上，振动时试模不得有任何跳动，振动应持续到表面出浆为止；不得过振。

2）用人工插捣制作试件应按下述方法进行：

a. 混凝土拌合物应分两次装入模内，每层的装料厚度大致相等；

b. 插捣应按螺旋方向从边缘向中心均匀进行。在插捣底层混凝土时，捣棒应达到试模底部；插捣上层时，捣棒应贯穿上层后插入下层20～30 mm；插捣时捣棒应保持垂直，不得倾斜。然后应用抹刀沿试模内壁插拔数次；

c. 每层插捣次数按在10000 mm² 截面积内不得少于12次；

d. 插捣后应用橡皮锤轻轻敲击试模四周，直至插捣棒留下的空洞消失为止。

3）用插入式振捣棒振实制作试件应按下述方法进行：

a. 将混凝土拌合物一次装入试模，装料时应用抹刀沿各试模壁摇捣，并使混凝土拌合物高出试模壁；

b. 使用直径为$\phi25mm$的插入式振捣棒，插入试模振捣时，振捣棒距试模底板10～20 mm且不得触及试模底板，振动应持续到表面出浆为止，且应避免过振，以防止混凝土离析；一般振捣时间为20 s。振捣棒拔出时要缓慢，拔出后不得留有孔洞。

c. 刮除试模上口多余的混凝土，待混凝土临近初凝时，用抹刀抹平。

5.2　试件的养护

5.2.1　试件成型后应立即用不透水的薄膜覆盖表面。

5.2.2　采用标准养护的试件，应在温度为（20±5）℃的环城中静置一昼夜至二昼夜，然后编号、拆模。拆模后应立即放入温度为（20±2）℃，相对湿度为95 %以上的标准养护室中养护，或在温度为（20±2）℃的不流动的Ca（OH）₂饱和溶液中养护。标准养护室内的试件应放在支架上，彼此间隔10～20 mm，试件表面应保持潮湿，并不得被水直接冲淋。

5.2.3　同条件养护试件的拆模时间可与实际构件的拆模时间相同，拆模后，试件仍需保持同条件养护。

5.2.4　标准养护龄期为28d（从搅拌加水开始计时）。

319

5.3 试验记录

5.3.1 试件制作和养护的试验记录内容应符合本标准第1.0.3条第2款的规定。

6 抗压强度试验

6.1 本方法适用于测定混凝土立方体试件的抗压强度，圆柱体试件的抗压强度试验见附录B。

6.2 混凝土试件的尺寸应符合本标准第3.1节中的有关规定。

6.3 试验采用的试验设备应符合下列规定：

1. 混凝土立方体抗压强度试验所采用压力试验机应符合本标准第4.3节的规定

2. 混凝土强度等级≥C60时，试件周围应设防崩裂网罩。当压力试验机上、下压板不符合本标准第4.6.2条规定时，压力试验机上、下压板与试件之间应各垫以符合本标准第4.6节要求的钢垫扳。

6.4 立方体抗压强度试验步骤应按下列方法进行：

1. 试件从养护地点取出后应及时进行试验，将试件表而与上下承压板面擦干净。

2. 将试件安放在试验机的下压板或垫板上，试件的承压面应与成型时的顶面垂直。试件的中心应与试验机下压板中心对准，开动试验机，当上压板与试件或钢垫板接近时，调整球座，使接触均衡。

3. 在试验过程中应连续均匀地加荷，混凝土强度等级<C30时，加荷速度取每秒钟0.3~0.5 MPa；混凝土强度等级≥C30且<C60时，取每秒钟0.5~0.8 MPa；混凝土强度等级≥C60时，取每秒钟0.8~1.0 MPa。

4. 当试件接近破坏开始急剧变形时，应停止调整试验机油门，直至破坏。然后记录破坏荷载。

6.5 立方体抗压强度试验结果计算及确定按下列方法进行：

1. 混凝土立方体抗压强度应按下式计算：

$$f_{cc} = \frac{F}{A} \quad \cdots\cdots\cdots\cdots\cdots\cdots\cdots\cdots\cdots\cdots \quad (6\text{-}1)$$

式中：

f_{cc}——混凝土立方体试件抗压强度（MPa）；

F——试件破坏荷载（N）；

A——试件承压面积（mm^2）。

混凝土立方体抗压强度计算应精确至：0.1 MPa。

2. 强度值的确定应符合下列规定：

1）三个试件测值的算术平均值作为该组试件的强度值（精确至0.1MPa）；

2）三个测值中的最大值或最小值中如有一个与中间值的差值超过中间值的15%时，则最大及最小值一并舍除，取中间值作为该组试件的抗压强度值；

3）如最大值和最小值与中间值的差均超过中间值的15%，则该组试件的试验结果无效。

3. 混凝土强度等级<C60时，用非标准试件测得的强度值均应乘以尺寸换算系数，其值为对200 mm×200 mm×200 mm试件为1.05；对100 mm×100 mm×100 mm试件为0.950；当混凝土强度等级≥C60时，宜采用标准试件；使用非标准试件时，尺寸换算系数

应由试验确定。

6.6 混凝土立方体抗压强度试验报告内容除应满足本标准第 1.3 条要求外，还应报告实测的混凝土立方体抗压强度值。

7　轴心抗压强度试验

7.1　本试验方法适用于测定棱柱体混凝土试件的轴心抗压强度。

7.2　测定混凝土轴心抗压强度试验的试件应符合本标准第 3 章中的有关规定。

7.3　试验采用的试验设备应符合下列规定：

　　1. 轴心抗压强度试验所采用压力试验机的精度应符合本标准第 4.3 节的要求。

　　2. 混凝土强度等级≥C60 时，试件周围应设防崩裂网罩。当压力试验机上、下压板不符合本标准第 4.6.2 条规定时，压力试验机上、下压板与试件之间应各垫以符合本标准第 4.6 节要求的钢垫板。

7.4　轴心抗压强度试验步骤应按下列方法进行：

　　1. 试件从养护地点取出后应及时进行试验，用干毛巾将试件表面与主下承压板面擦干净。

　　2. 将试件直立放置在试验机的下压板或钢垫板上，并使试件轴心与下压板中心对准。

　　3. 开动试验机，当上压板与试件或钢垫板接近时，调整球座，使接触均衡。

　　4. 应连续均匀地加荷，不得有冲击。所用加荷速度应符合本标准第 6.4 条中第 3 款的规定。

　　5. 试件接近破坏而开始急剧变形时，应停止调整试验机油门，直至破坏。然后记录破坏荷载。

7.5　试验结果计算及确定按下列方法进行：

　　1. 混凝土试件轴心抗压强度应按下式计算：

$$f_{cp} = \frac{F}{A} \quad\cdots\cdots\cdots\cdots\cdots\cdots\cdots\cdots\cdots\cdots\cdots \text{(7-5)}$$

式中：

f_{cp}——混凝土轴心抗压强度（MPa）；

F——试件破坏荷载（N）；

A——试件承压面积（mm²）。

　　混凝土轴心抗压强度计算值应精确至 0.1MPa。

　　2. 混凝土轴心抗压强度值的确定应符合本标准第 6.0.5 条中第 2 款的规定。

　　3. 混凝土强度等级＜C60 时，用非标准试件测得的强度值均应乘以尺寸换算系数，其值为对 200 mm×200 mm×400 mm 试件为 1.05；对 100 mm×100 mm×300 mm 试件为 0.95。当混凝土强度等级≥C60 时，应采用标准试件；使用非标准试件时，尺寸换算系数应由试验确定。

7.6　混凝混凝土轴压抗压强度试验报告内容除应满足本标准第 1.3 条要求外，还应报告实测的混凝土轴心抗压强度值。

8　静力受压弹性模量试验

8.1　本方法适用于测定棱性体试件的混凝土静力受压弹性模量（以下简称弹性模量），圆柱体试件的弹性模量试验见附录 C。

8.2 测定混凝土弹性模量的试件应符合本标准第 3 章中的有关规定。每次试验应制备 6 个试件。

8.3 试验采用的试验设备应符合下列规定：

1. 压力试验机应符合本标准中第 4.3 节中的规定。

2. 微变形测量仪应符合本标准第 4.4 节中的规定。

8.4 静力受压弹性模量试验步骤应按下列方法进行：

1. 试件从养护地点取出后先将试件表面与上下承压板面擦干净。

2. 取 3 个试件按本标准第 7 章的规定，测定混凝土的轴心抗压强度（f_{cp}）。另 3 个试件用于测定混凝土的弹性模量。

3. 在测定混凝土弹性模量时，变形测量仪应安装在试件两侧的中线上并对称乎试件的两端。

4. 应仔细调整试件在压力试验机上的位置，使其轴心与下压板的中心线对准。开动压力试验机，当上压板与试件接近时调整球座，使其接触匀衡。

5. 加荷至基准应力为 0.5 MPa 的初始荷载值 F_0，保持恒载 60 s 并在以后的 30 s 内记录每测点的变形读数 ε_0 应立即连续均匀地加荷至应力为轴心抗压强度如 f_{cp} 的 1/3 的荷载值 F_a，保持恒载 60 s 并在以后的 30 s 内记录每一测点的变形读数 ε_0。所用加荷速度应符合本标准第 6.4 条中第 3 款的规定。

6. 当以上这些变形值之差与它们平均值之比大于 20％时，应重新对中试件后重复本条第 5 款的试验。如果无法使其减少到低于 20％时，则此次试验无效。

7. 在确认试件对中符合本条第 6 款规定后，以与加荷速度相同的速度卸荷至基准应力 0.5 MPa（F_0），恒载 60 s；然后用同样的加荷和卸荷速度以及 60 s 的保持恒载（F_0 及 F_a）至少进行两次反复预压。在最后一次预压完成后，在基准应力 0.5MPa（F_0）持荷 60 s 并在以后的 30 s 内记录每一测点的变形读数 ε_0；再用同样的加荷速度加荷至 F_a，持荷 60 s 并在以后的 30 s 内记录每一测点的变形读数 ε_a（图 8.4）。

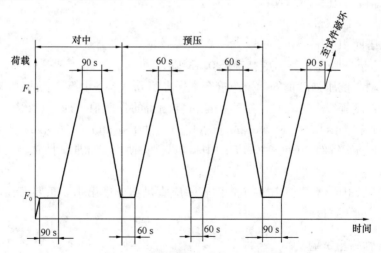

图 8.4　弹性模量加荷方法示意图

说明：1. 90 s 包括 60 s 持荷 30 s 读数；

2. 60s 为持荷。

8. 卸除变形测量仪，以同样的速度加荷至破坏，记录破坏荷载；如果试件的抗压强度与之差超过印的 20% 时，则应在报告中注明。

8.5 混凝土弹性模量试验结果计算及确定按下列方法进行：

1. 混凝土弹性模量值应按下式计算：

$$\varepsilon_C = \frac{F_a - F_0}{A} \times \frac{L}{Vn} \quad \cdots\cdots\cdots\cdots\cdots\cdots\cdots\cdots\cdots\cdots\cdots\cdots (8\text{-}1)$$

式中：

ε_c——混凝土弹性模量（MPa）；

F_a——威力为 1/3 轴心抗压强度时的荷载（N）；

F_0——应力为 0.5 MPa 时的初始荷载（N）；

A——试件承压面积（mm²）；

L——测量标距（mm）；

$$\Delta n = \varepsilon_a - \varepsilon_0 \quad \cdots\cdots\cdots\cdots\cdots\cdots\cdots\cdots\cdots\cdots\cdots\cdots (8\text{-}2)$$

式中：

Δn——最后一次从 F_0 加荷至 F_a 时试件两侧变形的平均值（mm）；

ε_a——F_a 时试件两侧变形的平均值（mm）；

ε_0——F_0 时试件两侧变形的平均值（mm）。

混凝土受压弹性模量计算精确至 100 MPa；

2. 弹性模量按 3 个试件测值的算术平均值计算。如果其中有一个试件的轴心抗压强度值与用以确定检验控制荷载的轴心抗压强度值相差超过后者的 20% 时，则弹性模量值按另两个试件测值的算术平均值计算；如有两个试件超过上述规定时，则此次试验无效。

8.6 混凝土弹性模量试验报告内容除应满足本标准第 1.3 条要求外，尚应报告实测的静力受压弹性模量值。

9 劈裂抗拉强度试验

9.1 本方法适用于测定混凝土立方体试件的劈裂抗拉强度，圆柱体劈裂抗拉强度试验方法见附录 D。

9.2 劈裂抗拉强度试件应符合本标准第 3 章中有关的规定。

9.3 试验采用的试验设备应符合下列规定：

1. 压力试验机应符合本标准第 4.3 节的规定。

2. 垫块、垫条及支架应符合本标准第 4.5 节的规定。

9.4 劈裂抗拉强度试验步骤应按下列方法进行：

1. 试件从养护地点取出后应及时进行试验，将试件表面与上下承压板面擦干净。

2. 将试件放在试验机下压板的中心位置，劈裂承压面和劈裂面应与试件成型时的顶面垂直；在上、下压板与试件之间垫以圆弧形垫块及垫条各一条，垫块与垫条应与试件上、下面的中心线对准并与成型时的顶面垂直。宜把垫条及试件安装在定位架上使用如图 4.5.3 所示。

3. 开动试验机，当上压板与圆弧形垫块接近时，调整球座，使接触均衡。加荷应连续均匀，当混凝土强度等级＜C30 时，加荷速度取每秒钟 0.02～0.05 MPa；当混凝土强度等级≥C30 且＜C60 时，取每秒钟 0.05～0.08 MPa；当混凝强度等级≥C60 时，取每秒钟 0.08～0.10 MPa，至试件接近破坏时，应停止调整试验机油门，直至试件破坏，然后记录破坏荷载。

9.5 混凝土劈裂抗拉强度试验结果计算及确定按下列方法进行：

1. 混凝土劈裂抗拉强度应按下式计算：

$$f_{ts} = \frac{2F}{\pi A} = 0.637 \frac{F}{A} \quad \cdots\cdots\cdots\cdots\cdots\cdots\cdots\cdots\cdots\cdots\cdots \quad (9\text{-}1)$$

式中：

f_{ts}——混凝土劈裂抗拉强度（MPa）；

F——试件破坏荷载（N）；

A——试件劈裂面面积（mm^2）；

劈裂抗拉强度计算精确到 0.01 MP80

2. 强度值的确定应符合下列规定：

1）三个试件测值的算术平均值作为该组试件的强度值（精确至 0.01 MPa）；

2）三个测值中的最大值或最小值中如有一个与中间值的差值超过中间值的 15% 时，则把最大及最小值一并舍除，取中间值作为该组试件的抗压强度值；

3）如最大值与最小值与中间值的差均超过中间值的 15%，则该组试件的试验结果无效。

3. 采用 100 mm×100 mm×100 mm 非标准试件测量的劈裂抗拉强度值，应乘以尺寸换算系数 0.85；当混凝土强度等级≥C60 时，宜采用标准试件；使用非标准试件时，尺寸换算系数应由试验确定。

9.6 混凝土劈裂抗拉强度试验报告内容除应满足本标准第 1.3 条要求外，尚应报告实测的劈裂抗拉强度值。

10 抗折强度试验

10.1 本方法适用于测定混凝土的抗折强度。

10.2 试件除应符合本标准第 3 章的有关规定外，在长向中部 1/3 区段内不得有表面直径超过 5 mm、深度超过 2 mm 的孔洞。

10.3 试验采用的试验设备应符合下列规定：

1. 试验机应符合第 4.3 节的有关规定。

2. 试验机应能施加均匀、连续、速度可控的荷载，并带有能使二个相等荷载同时作用在试件跨度 3 分点处的抗折试验装置，见图 10.3。

3. 试件的支座和加荷头应采用直径为 20～40 mm、长度不小于 $b+10$ mm 的硬钢圆柱，支座立脚点固定铰支，其他应为滚动支点。

10.4 抗折强度试验步骤应按下列方法进行：

1. 试件从养护地取出后应及时进行试验，将试件表面擦干净。

2. 按图 10.3 装置试件，安装尺寸偏差不得大于 1mm。试件的承压面应为试件成型时的侧面。支座及承压面与圆柱的接触面应平稳、均匀，否则应垫平。施加荷载应保持均匀、连续。当混凝土强度等级＜C30 时，加荷速度取每秒 0.02～0.05 MPa；当混凝土强度等级≥C30 且＜C60 时，取每秒钟 0.05～0.08 MPa；当混凝土强度等级≥C60 时，取每秒钟 0.08～0.10 MPa，至试件接近破坏时，应停止调整试验机油门，直至试件破坏，然后记录破坏荷载。记录试件破坏荷载的试验机示值及试件下边缘断裂位置。

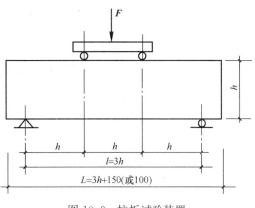

图 10.3 抗折试验装置

10.5 抗折强度试验结果计算及确定按下列方

1. 若试件下边缘断裂位置处于二个集中荷载作用线之间，则试件的抗折强度 f_f（MPa）按下式计算：

$$f_f = \frac{Fl}{bh^2} \quad \cdots\cdots\cdots\cdots\cdots\cdots\cdots\cdots\cdots\cdots\cdots\cdots\cdots\cdots\cdots \quad (10\text{-}1)$$

式中：

f_f——混凝土抗拆强度（MPa）；

F——试件破坏荷载（N）；

l——支座间跨度（mm）；

h——试件截面高度（mm）；

b——试件截面宽度（mm）；

抗折强度计算应精确至 0.1MPa。

2. 抗折强度值的确定应符合本标准第 6.5 条中第 2 款的规定。

3. 三个试件中若有一个折断面位于两个集中荷载之外，则混凝土抗折强度值按另两个试件的试验结果计算。若这两个测值的差值不大于这两个测值的较小值的 15％时，则该组试件的抗折强度值按这两个测值的平均值计算，否则该组试件的试验无效。若有两个试件的下边缘断裂位置位于两个集中荷载作用线之外，则该组试件试验无效。

4. 标准试件尺寸为 100 mm×100 mm×400 mm 非标准试件时，应乘以尺寸换算系数 0.85；当混凝土强度等级≥C60 时，应采用标准试件；使用非标准试件时，尺寸换算系数应由试验确定。

10.6 混凝土抗折强度试验报告内容除应满足本标准第 1.3 条要求外，尚应报告实测的混凝土抗折强度值。

6.5 普通混凝土长期性能和耐久性能试验方法
GB/T 50082—2009

1 总则

1.1 为规范和统一混凝土长期性能利耐久性能试验方法，提高混凝土试验和检测水平，制定本标准。

1.2 本标准适用于工程建设活动中对普通混凝土进行的长期性能和耐久性能试验。

1.3 本标准规定了普通混凝土长期性能和耐久性能试验的基本技术要求，当本标准与国家法律、行政法规的规定相抵触时，应接国家法律、行政法规的规定执行。

1.4 普通混凝土长期性能和耐久性能试验除应符合本标准的规定外，尚应符合现行国家标准的规定。

2 术语

2.1 普通混凝土

干表观密度为 2000～2800 kg/m³ 的水泥混凝土。

2.2 混凝土抗冻标号

用慢冻法测得的最大冻融循环次数来划分的混凝土的抗冻性能等级。

2.3 混凝土抗冻等级

用快冻法测得的最大冻融循环次数来划分的混凝土的抗冻性能等级。

2.4 电通量法

用通过混凝土试件的电通量来反映混凝土抗氯离子渗透性能的试验方法。

2.5 快速氯离子迁移系数法

通过测定混凝土中氯离子渗透深度，计算得到氯离子迁移系数来反映混凝土抗氯离子渗透性能的试验方法。简称为 RCM 法。

2.6 抗硫酸盐等级

用抗硫酸盐侵蚀试验方法测得的最大干湿循环次数来划分的混凝土抗硫酸盐侵蚀性能等级。

3 基本规定

3.1 混凝土取样

3.1.1 混凝土取样应符合现行国家标准《普通混凝土拌合物性能试验方法标准》GB/T 50080 中的规定。

3.1.2 每组试件所用的拌合物应从同一盘混凝土或同一车混凝土中取样。

3.2 试件横截面尺寸

3.2.1 试件的最小横截面尺寸宜按表 3.2.1 的规定选用。

表 3-1　试件横截面尺寸选用表

试件横截面尺寸/mm	骨料最大公称粒径/mm
100×100 或 φ100	31.5
150×150 或 φ150	40
200×200 或 φ200	63
注：骨料最大公称粒径应符合《普通混凝土用砂、石质量及检验方法标准》JGJ 52—2006 中的有关规定。	

3.2.2 骨料最大公称粒径应符合现行行业标准《普通混凝土用砂，石质量及检验方法标准》JGJ 52 的规定。

3.2.3 试件应采符合现行行业标准《混凝土试模》JC 237 规定的试模制作。

3.3　试件的公差

3.3.1 所有试件的承压面的平面度公差不得超过试件的边长或直径的 0.000 5。

3.3.2 除抗水渗透试件外，其他所有试件的相邻面间的夹角应为 90°，公差不得超过 0.5°。

3.3.3 除特别指明试件的尺寸公差以外，所有试件各边长、直径或高度的公差不得超过 1 mm。

3.4　试件的制作和养护

3.4.1 试件的制作和养护应符合现行国家标准《普通混凝土力学性能试验方法标准》GB/T 50081 中的规定。

3.4.2 在制作混凝土长期性能和耐久性能试验用试件时，不应采用憎水性脱模剂。

3.4.3 在制作混凝土长期性能和耐久性能试验用试件时，宜同时制作与相应耐久性能试验龄期对应的混凝土立方体抗压强度用试件。

3.4.4 制作混凝土长期性能和耐久性能试验用试件时，所采用的振动台和搅拌机应分别符合现行行业标准《混凝土试验用振动台》JG/T 245 和《混凝土试验用搅拌机》JG 244 的规定。

3.5　试验报告

3.5.1 委托单位提供的内容应包括下列项目：委托单位和见证单位名称。工程名称及施工部位。要求检测的项目名称。要说明的其他内容。

3.5.2 试件制作单位提供的内容应包括下列项目：试件编号。试件制作日期混凝土强度等级。试件的形状及尺寸。原材料的品种、规格和产地以及混凝土配合比。养护条件。试验龄期。要说明的其他内容。

3.5.3 试验或检测单位提供的内容应包括下列项目：试件收到的日期。试件的形状及尺寸。试验编号。试验日期。仪器设备的名称、型号及编号。试验室温（湿）度。养护条件及试验龄期。混凝土实际强度。测试结果。要说明的其他内容。

4　抗冻试验

4.1　慢冻法

4.1.1 本方法适用于测定混凝土试件在气冻水融条件下，以经受的冻融循环次数来表示的混凝土抗冻性能。

4.1.2 慢冻法抗冻试验所采用的试件应符合下列规定：

1 试验应采用尺寸为 100 mm×100 mm×100 mm 的立方体试件。

2 慢冻法试验所需要的试件组数应符合表 4-1 的规定，每组试件应为 3 块。

表 4-1　慢冻法试验所需要的试件组数

设计抗冻标号	D25	D50	D150	D200	D250	D300	D300 以上
检查前度所需冷冻次数	25	50	50 及 100	100 及 150	150 及 200	250 及 300	300 及设计次数
鉴定 28 d 强度所需零件组数	1	1	1	1	1	1	1
冻融试件组数	1	1	2	2	2	2	2
对比试件组数	1	1	2	2	2	2	2
总计设计组数	3	3	5	5	5	5	5

4.1.3　试验设备应符合下列规定：

1　冻融试验箱应能使试件静止不动，并应通过气冻水融进行冻融循环。在满载运转的条件下，冷冻期间冻融试验箱内空气的温度应能保持在－20～－18 ℃范围内；融化期间冻融试验箱内浸泡混凝土试件的水温应能保持在 18～20 ℃范围内；满载时冻融试验箱内各点温度极差不应超过 2℃。

2　采用自动冻融设备时，控制系统还应具有自动控制、数据曲线实时动态显示、断电记忆和试验数据自动存储等功能。

3　试件架应采用不锈钢或者其他耐腐蚀的材料制作，其尺寸应与冻融试验箱和所装的试件相适应。

4　称量设备的最大量程应为 20 kg，感量不应超过 5 g。

5　压力试验机应符合现行国家标准《普通混凝土力学性能试验方法标准》GB/T 50081 的相关要求。

6　温度传感器的温度检测范围不应小于－20～20 ℃，测量精度应为±0.5 ℃。

4.1.4　慢冻试验应按照下列步骤进行：

1　在标准养护室内或同条件养护的冻融试验的试件应在养护龄期为 24 d 时提前将试件从养护地点取出，随后应将试件放在 20±2 ℃水中浸泡，浸泡时水面应高出试件顶面 20～30 mm，在水中浸泡的时间应为 4 d，试件应在 28 d 龄期时开始进行冻融试验。始终在水中养护的冻融试验的试件，当试件养护龄期达到 28 d 时，可直接进行后续试验，对此种情况，应在试验报告中予以说明。

2　当试件养护龄期达到 28 d 时应及时取出冻融试验的试件，用湿布擦除表面水分后应对外观尺寸进行测量，试件的外观尺寸应满足本标准第 3.3 节的要求，并应分别编号、称重，然后接编号置入试件架内，且试件架与试件的接触面积不宜超过试件底面的 1/5。试件与箱体内壁之间应至少留有 20 mm 的空隙试件架中并试件之间应至少保持 30 mm 的空隙。

3　冷冻时间应在冻融箱内温度降至－18℃时开始计算。每次从装完试件到温度降至－18 ℃所需的时间应存 1.5～2.0 h 内。冻融箱内温度在持冻时应保持在－20～－18 ℃。

4　每次冻融循环中试件的冷冻试件不应小于 4 h。

5　冷冻结束后，应立即加入温度为 18～20 ℃的水，使试件转入融化状态，加水时间不应超过 10 min。控制系统应确保在 30 min 内，水温不低于 10 ℃，且在 30 min 后水温能保持在 18～20 ℃。冻融箱内的水面应至少高出试件表面 20 mm。融化时间不应小于 4 h。融化完毕视为该次冻融循环结束，可进入下一次冻融循环。

6　每 25 次循环宜对冻融试件进行一次外观检查。当出现严重破坏时，应立即进行称重。当一组试件的平均质量损失率超过 5%，可停止其冻融循环试验。

7 试件在达到本标准表 4.1.2 规定的冻融循环次数后，试件应称重. 并进行外观检查应详细记录试件表面破损、裂缝及边角缺损情况。当试件表面破损严重时，应先用高强石膏找平，然后应进行抗压强度试验。抗压强度试验应符合现行国家标准《普通混凝土力学性能试验方法标准》GB/T 50081 的相关规定。

8 当冻融循环因故中断且试件处于冷冻状态时，试件应继续保持冷冻状态，直至恢复冻融试验为止，并应将故障原因及暂停时间在试验结果中注明。当试件处在融化状态下因故中断时，中断时间不应超过两个冻融循环的时间。在整个试验过程中，超过两个冻融循环时间的中断故障次数不得超过两次。

9 当部分试件由于失效破坏或者停止试验被取出时，应用空白试件填充空位。

10 对比试件应继续保持原有的养护条件，直到完成冻融循环后，与冻融试验的试件同时进行抗压强度试验。

4.1.5 当冻融循环出现下列三种情况之一时，可停止试验：

1 已达到规定的循环次数；

2 抗压强度损失率已达到 25%；

3 质量损失率已达到 5%。

4.1.6 试验结果计算及处理应符合下列规定：

1 强度损失率应按下式进行计算：

$$Vf_c = \frac{f_{c0} - f_{cn}}{f_{c0}} \times 100 \cdots\cdots\cdots\cdots\cdots (4\text{-}1)$$

式中：

Vf_c——N 次冻融循环后的混凝土抗压强度损失率（%），精确至 0.1；

f_{c0}——对比用的一组混凝土试件的抗压强度测定值（MPa），精确至 0.1 MPa；

f_{cn}——经 N 次冻融循环后的一组混凝土试件抗压强度测定值（MPa），精确至 0.1 MPa。

2 f_{c0} 和 f_{cn} 应以三个试件抗压强度试验结果的算术平均值作为测定值。当三个试件抗压强度最大值或最小值与中间值之差超过中间值的 15% 时，应剔除此值，再取其余两值的算术平均值作为测定值；当最大值和最小值均超过中间值的 15% 时，应取中间值作为测定值。

3 单个试件的质量损失率应按下式计算：

$$VW_{ni} = \frac{W_{0i} - W_{ni}}{W_{0i}} \times 100 \cdots\cdots\cdots\cdots\cdots (4\text{-}2)$$

式中：

VW_{ni}——N 次冻融循环后第 i 个混凝土试件的质量损失率（%），精确至 0.01；

W_{0i}——冻融循环试验前第 i 个混凝土试件的质量（g）；

W_{ni}——N 次冻融循环后第 i 个混凝土试件的质量（g）。

4 一组试件的平均质量损失率应按下式计算：

$$\Delta W_n = \frac{\sum_{i=1}^{3} \Delta W_{ni}}{3} \times 100 \cdots\cdots\cdots\cdots\cdots (4\text{-}3)$$

式中：

ΔW_n——N 状冻融循环后一组混凝土试件的平均质量损失率（%），精确至 0.1。

5 每组试件的平均质量损失率应以三个试件的质量损失试验结果的算术平均值作为测定值。当某个试验结果出现负值，应取 0，再取三个试件的算术平均值。当三个值中的最大值或最小值与中间值之差超过 1% 时，应剔除此值，再取其余两值的算术平均值作为测定值；当最大值和最小值与中间值之差均超过 1% 时，应按中间值作为测定值。

6 抗冻标号应以抗压强度损失率不超过 25% 或者质量损失率不超过 5% 时的最大冻融循环状数应按标准表 4-1 确定。

4.2 快冻法

4.2.1 本方法适用于测定混凝土试件在水冻水融条件下，以经受的快速冻融循环次数来表示的混凝土抗冻性能。

4.2.2 试验设备应符合下列规定：

1 试件盒（图 4.2.2）宜采用具有弹性的橡胶材料制作，其内表面底部应有半径为 3 mm 橡胶突起部分。盒内加水后水面应至少高出试件顶面 5 mm。试件盒横截面尺寸宜为 115 mm×115 mm，试件盒长度宜为 500 mm。

2 快速冻融装置应符合现行行业标准《混凝土抗冻试验设备》JG/T 243 的规定。除应在测温试件中埋设温度传感器外，尚应在冻融箱内防冻液中心、中心与任何一个对角线的两端分别没有温度传感器。运转时冻融箱内防冻液各点温度的极差不得超过 2 ℃。

3 称量设备的最大量程应为 20 kg，质量不应超过 5 g。

4 混凝土动弹性模量测定仪应符合本标准第 5 章的规定。

5 温度传感器（包括热电偶、电位差计等）应在−20～20 ℃范围内测定试件中心温度，且测量精度应为±0.5 ℃。

4.2.3 快冻法抗冻试件所采用的试件应符合如下规定：

1 快冻法抗冻试验应采用尺寸为 100 mm×100 mm×100 mm 的棱柱体试件，每组试件应为 3 块。

2 成型试件时，不得采用憎水性脱模剂。

3 除制作冻融试验的试件外，尚应制作同样形状、尺寸，且中心埋有温度传感器的测温试件，测温试件应采用防冻液作为球融介质。测温试件所用混凝土的抗冻性能高于冻融试件测温试件的温度传感器应埋设在试件中心。温度传感器不应采用钻孔后插入的方式埋设。

4.2.4 快冻试验应按照下列步骤进行：

1 在标准养护室内或同条件养护的试件应在养护龄期为 24 d 时提前将冻融试验的试件从养护地点取出，随后应将冻融试件放在（20±2）℃水中浸泡，提泡时水面应高出试件顶面 20～30 mm。在水中浸泡时间应为 4 d，试件应在 28 d 龄期时开始进行冻融试验。始终在水中养护的试件，当试件养护龄期达到 28 d 时，可直接进行后续试验。对此种情况，应在试验报告中予以

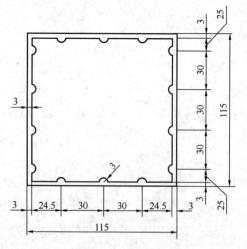

图 4.2.2 橡胶试验盒横截面示意图

说明。

2 当试件养护龄期达到 28 d 时应厦时取出试件。用湿布擦除表面水分后应对外观尺寸进行测量，试件的外观尺寸应满足本标准第 3.3 节的要求，并应编号、称景试件初始质量 W_{0i}；然后应按本标准第 5 章的规定测定其横向基频的初始值 f_{0i}。

3 将试件放入试件盒内，试件应位于试件盒中心，然后将试件盒放入冻融箱内的试件架中，并向试件盒中注入清水。在整个试验过程中，盒内水位高度应始终保持至少高出试件顶面 5 mm。

4 测温试件盒应放在冻融箱的中心位置。

5 当球融循环过程应符合下列规定：

　　1）每次冻融循环应在 2~4 h 内完成，且用于融化的时间不得低于整个冻融循环时间的 1/4；

　　2）在冷冻和融化过程中，试件中心最低和最高温度应分别控制在（−18±2）℃和（5±2）℃内。在任意时刻，试件中心温度不得高于 7 ℃，且不得低于−20 ℃

　　3）每块试件从 3 ℃降到−16 ℃所用的时间不得少于冷冻时间的 1/2；每块试件从−16 ℃升至 3 ℃所用时间不得少于整个融化时间的 1/2，试件内外的温差不宜超过 28 ℃；

　　4）冷冻和融化之间的转换时间不宜超过 10 min。

6 每隔 25 次冻融循环宜测量试件的横向基频 f_n。测量前应先将试件表面浮渣清洗干净并擦干表面水分，然后应检查其外部损伤并称量试件的质量 W_n。随后应按本标准第 5 章规定的方法测量横向基频。测完后，应迅速将试件调头重新装入试件盒内并加入清水，继续试验。试件的测量、称量及外观检查应迅速，待测试件应用湿布覆盖。

7 当有试件停止试验被取出时，应另用其他试件填充空位。当试件在冷冻状态下因故中断时，试件应保持在冷冻状态，直至恢复冻融试验为止，并应将故障原因及暂停时间在试验结果中注明。试件在非冷冻状态下发生故障的时间不宜超过两个冻融循环的时间。在整个试验过程中，超过两个冻融循环时间的中断故障次数不得超过两次。

8 当冻融循环出现下列情况之一时，可停止试验：

　　1）达到规定的冻融循环次数；

　　2）试件的相对动弹性模量下降到 60%；

　　3）试件的质量损失率达 5%。

4.2.5 试验结果计算及处理应符合下列规定：

1 相对动弹性模量应按下式计算

$$P_i = f_{ni}^2 / f_{0i}^2 \times 100 \quad\cdots\cdots\cdots\cdots\cdots\cdots\cdots\cdots (4\text{-}4)$$

式中：

P_i——经 N 次冻融循环后第 i 个混凝土试件的相对动弹性模量（%）

f_{ni}——经 N 改冻融循环后第 i 个混凝土试件的横向基频（Hz）；

f_{0i}——冻融循环试验前第 i 个混凝土试件横向基频初始值（Hz）

$$P = \frac{1}{3}\sum_{i=1}^{3} P_i \quad\cdots\cdots\cdots\cdots\cdots\cdots\cdots\cdots (4\text{-}5)$$

式中：

P——经 N 次冻融循环后一组混凝土试件的相对动弹性模量（％），精确至 0.1。相对动弹性模量 P 应以三个试验结果的算术平均值作为测定值。当最大值或最小值与中间值之差超过中间值的 15％时，应剔除此值，并应取其余两值的算术平均值作为测定值当最大值和最小值与中间值之差均超过中间值的 15％时，应取中间值作为测定值。

2 单个试件的质量损失率应按下式计算：

$$\Delta W_{ni} = (W_{0i} - W_{ni})/W_{0i} \times 100 \quad\cdots\cdots\cdots\cdots\cdots\cdots (4\text{-}6)$$

式中：

ΔW_{ni}——N 次冻融循环后第 i 个混凝土试件的质量损失率（％），精确至 0.01；

W_{0i}——冻融循环试验前第 i 个混凝土试件的质量（g）；

W_{ni}——N 次冻融循环后第 i 个混凝土试件的质量（g）。

3 一组试件的平均质量损失率应按下式计算：

$$\Delta W_n = \frac{\sum\limits_{i=1}^{3} \Delta W_{ni}}{3} \times 100 \quad\cdots\cdots\cdots\cdots\cdots\cdots (4\text{-}7)$$

式中：

ΔW_n——N 次冻融循环后一组混凝土试件的平均质量损失率（％），精确至 0.1。

4 每组试件的平均质量损失率应以三个试件的质量损失率试验结果的算术平均值作为测定值。当某个试验结果出现负值，应取 0，再取三个试件的平均值。当三个值中的最大值或最小值与中间值之差超过 1％时，应剔除此值，并应取其余两值的算术平均值作为测定值；当最大值和最小值与中间值之差均超过 1％时，应取中间值作为测定值。

5 混凝土抗冻等级应以相对动弹性模量下降至不低于 60％或者质量损失率不超过 5％时的最大冻融循环次数来确定，并用 F 表示。

4.3 单面冻融法（或称盐冻法）

4.3.1 本方法适用于测定混凝土试件在大气环境中且与盐接触的条件下，以能够经受的冻融循环次数或者表面剥落质量或超声波相对动弹性模量来表示的混凝土抗冻性能。

4.3.2 试验环境条件应满足下列要求：

1 温度 (20 ± 2)℃；

2 相对湿度 (65 ± 5)％。

4.3.3 单面冻融法所采用的试验设备和用具应符合下列规定：

1 顶部有盖的试件盒（图 4.3.3-1）应采用不锈钢制成，容器内的长度应为 (250 ± 1) mm，宽度应为 (200 ± 1) mm，高度应为 (120 ± 1) mm。容器底部应安置高 (5 ± 0.1) mm 不吸水、浸水不变形且在试验过程中不得影响溶液组分的非金属三角垫条或支撑。

2 液面调整装置（图 4.3.3-2）应由一支吸水管和使液面与试件盘底部间的距离保持在一定范围内的液面自动定位控制装置组成，在使用时，液面调整装置应使液面高度保持在 (10 ± 1) mm。

3 单面冻融试验箱（图 4.3.3-3）应符合现行行业标准《混凝土抗冻试验设备》JG/T 243 的规定，试件盒应固定在单面冻融试验箱内，并应自动地按规定的冻融循环制度进行冻融循环。冻融循环制度（图 4.3.3-4）的温度应从 20 ℃开始，并应以 (10 ± 1)℃/h 的速度均匀地降至 (-20 ± 1) ℃，且应维持 3 h；然后应从 -20 ℃开始，并应以 (10 ± 1) ℃/h 的速度均

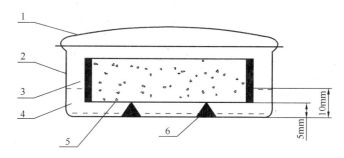

图 4.3.3-1　试件容器示意图

1—盖子；2—试验容器；3—侧向封闭；4—试验液体；5—试验表面；6—垫块；7—试件

匀地升至(20±1)℃，且应维持 1 h。

4　试件盒的底部浸入冷冻液中的深度应为（10±2）mm。单面冻融试验箱内应装有可将冷冻液和试件盒上部空间隔开的装置和同定的温度传感器，温度传感器应装在 50 mm×6 mm×6 mm 的矩形容器内。温度传感器在 0 ℃时的测量精度小应低于±0.05 ℃，在冷冻液中测温的时间间隔应为（6.3±0.8）s。单面冻融试验箱内温度控制精度成为±0.5 ℃，当满载运转时，单而冻融试

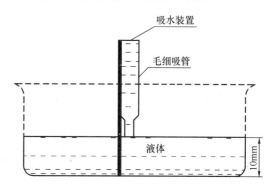

图 4.3.3-2　液面调整装置示意图

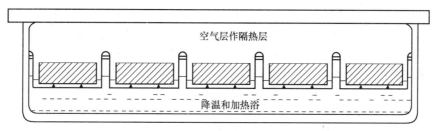

图 3.3.3-3　冻融试验箱

验箱内各点之间的最大温差不得超过 1 ℃。单面冻融试验箱连续工作时间不应少于 28 d。

5　超声浴槽中超声发生器的功率应为 250 W，双半波运行下高频峰值功率应为 450 W，频率成为 35 kHz。超声浴槽的尺寸应使试件盒与超声浴槽之间无机械接触地置于其中，试

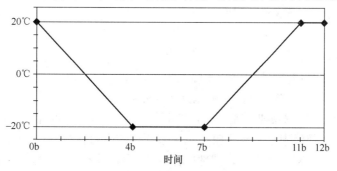

图 4.3.3-4　温度循环控制制度

件盒在超声浴槽的位置应符合图 4.3.3-5 的规定，且试件盒和超声浴槽底部的距离不应小于 15 mm。

6 超声波测试仪的频率范围应在（50～150）kHz 之间。

7 不锈钢盘（或称剥落物收集器）应由厚 1 mm、面积不小于 110 mm×150 mm、边缘翘起为（10±2）mm 的不锈钢制成的带把手钢盘；

8 超声传播时间测量装置（图 4.3.3-6）应由长和宽均为（160±1）mm、高为（80±1）mm 的有机玻璃制成。超声传感器应安置在该装置两侧相对的位置上，且超声传感器轴线距试件的测试面的距离应为 35 mm。

9 试验溶液应采用质量比为 97% 蒸馏水和 3%NaCl 配制而成的盐溶液。

10 烘箱温度应为（110±5）℃。

11 称量设备应该采用最大量程分别为 10 kg 和 5 kg，感量分别为 0.1 g 和 0.01 g 各一台。

12 游标卡尺的量程不应小于 300 mm，精度应为 ±0.1mm。

13 成型混凝土试件应采用 150 mm×150 mm×150 mm 的立方体试模，并附加尺寸应为 150 mm×150 mm×2 mm 聚四氟乙稀片。

14 密封材料应为涂异丁橡胶的铝箔或环氧树脂。密封材料应采用在 −20 ℃ 和盐侵蚀条件下仍保持原有性能，且在达到最低温度时不得表现为脆性的材料。

4.3.4 试件制作应符合下列规定：

1 在制作试件时，应采用 150 mm×150 mm×150 mm 的立方体试模，应在模具中间垂直插入一片聚四氟乙烯片，使试模均分为两部分，聚四氟乙烯片不得涂抹任何脱模剂。当骨料尺寸较大时，应在试模的两内侧各放一片聚四氟乙烯片，但骨料的最大粒径不得大于超声波最小传播距离的 1/3。应将接触聚四氟乙烯片的面作为测试面。

2 试件成型后，需先在空气中带模养护（24±2）h，然后将试件脱模并放在（20±2）℃ 的水中养护至 7 d 龄期。当试件的强度较低时，带模养护的时间可延长，在（20±2）℃ 的水中的养护时间应相应缩短。

3 当试件在水中养护至 7 d 龄期后，应对试件进行切割。试件切割位置应符合图 4.3.4 的规定，首先应将试件的成型面切去，试件的高度应为 110 mm。然后将试件从中间的聚四氟乙烯片分开成两个试件，每个试件的尺寸应为 150 mm×110 mm×70 mm，偏差应为 ±2 mm。切割完成后，应将试件放置在空气中养护。对于切割后的试件与标准试件的尺寸有偏差的，应在报告中注明。非标准试件的测试表面边长不应小于 90 mm；对于形状不规则的试件，其测试表面太小应能保证内切一个直径 90 mm 的圆，试件的长高比不应大于 3。

4 每组试件的数量不应少于三个，且总的测试面积不得少于 0.08 mm^2。

4.3.5 单面冻融试验应按照下列步骤进行：

1 到达规定养护龄期的试件应放在温度为（20±2）℃、相对湿度为（65±5）% 的实验室中干燥至 28 d 龄期。干燥时试件应侧立并应相互间隔 50 mm。

2 在试件干燥至 28 d 龄期前的 2～4 d，除测试面和与测试面相平行的顶面外，其他侧面应采用环氧树脂或其他满足本标准第 4.3.3 条要求的密封材料进行密封。密封前应对试件侧面进行清洁处理。在密封过程中，试件应保持清洁和干燥，并应测量和记录试件密封前后的质量 W_0 和 W_1，精确至 0.1 g。

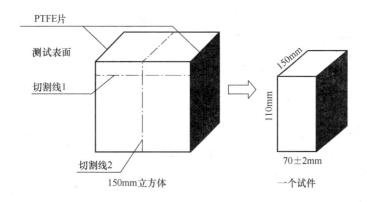

图 4.3.4 混凝土试件切割示意图

3 密封好的试件应放置在试件盒中，并应使测试面向下接触垫条，试件与试件盒侧壁之间的空隙应为（30±2）mm。向试件盒中加入试验液体并不得溅湿试件顶面。试验体的液面高度应由液面调整为（10±1）mm。加入试验液体后，应盖上试件盒的盖子，并应记录加入试验液体的时间。试件预吸水时间应持续 7 d，试验温度应保持为（20±2）℃。预吸水期间应定期检查试验液体高度，并应始终保持试验液体高度满足（10±1）mm 的要求。试件预吸水过程中应每隔（2~3）d 测量试件的质量，精确至 0.1 g。

4 当试件预吸水结束之后，应采用超声波测试仪测定试件的超声传播时间初始值 t_0，精确至 0.1 μs。在每个试件测试开始前，应对超声波测试仪器进行校正。超声传播时间初始值的测量应符合以下规定：

1）首先应迅速将试件从试件盒中取出，并以测试面向下的方向将试件放置在不锈钢盘上，然后将试件连同不锈钢盘一起放入超声传播时间测量装置中（图 4.3.3-6）。10 超声传感器的探头中心与试件测试面之间的距离应为 35 mm。应向超声传播时间测量装置中加入试验溶液作为耦合剂，且液面应高于超声传感器探头 10 mm，但不应超过试件上表面。

2）每个试件的超声传播时间应通过测量离测试面 35 mm 的两条相互垂直的传播轴得到。可通过细微调整试件位置，使测量的传播时间最小，以此确定试件的最终测量位置，并应标记这些位置作为后续试验中定位时采用。

3）试验过程中，应始终保持试件和耦合剂的温度（20±2）℃，防止试件的上表面被湿润。排除超声传感器表面和试件两侧的气泡，并应保护试件的密封材料不受损伤。

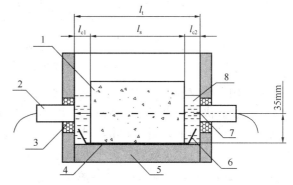

图 4.3.5-1 测量超声传播时间的试验装置

5 将完成超声传播时间初始值测量的试件按本标准第 4.3.3 条的要求重新装入试件盒中，试验溶液的高度应为（10±1）mm。在整个试验过程中应随时检查试件盒中的液面度，

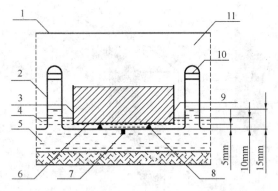

图 4.3.5-2　试验容器在冻融箱中的位置示意图

1—试验机盖；2—试验容器；3—侧向密封层；4—试验液
体；5—制冷液体；6—试验表面；7—参考点；8—垫条；
9—试件；10—托架；11—绝温空气层

并对液面进行及时调整。将装有试件的试件盒放置在单面冻融试验箱的托架上，当全部试件盒放入单面冻融试验箱中后，应确保试件盒浸泡在冷冻液中的深度为（15±2）mm，且试件盒在单面冻融试验箱的位置符合图 4.3.5 的规定。在冻融循环试验前，应采用超声浴方法将试件表面的疏松颗粒和物质清除，清除之后应作为废弃物处理。

6　在进行单面冻融试验时，应去掉试件盒的盖子。冻融循环过程宜连续不断地进行。当冻融循环过程被打断时，应将试件保存在试件盒中，并应保持试验液体的高度。

7　每 4 个冻融循环应对试件的剥落物、吸水率、超声波相对传播时间和超声波相对动弹性模量进行一次测量。上述参数测量应在（20±2）℃的恒温室中进行。当测量过程被打断时，应将试件保存在盛有试验液体的试验容器中。

8　试件的剥落物、吸水率、超声波相对传播时间和超声波图相对动弹性模量的测量应按下列步骤进行：

1）　先将试件盘执单面冻融试验箱中取出，并放置到超声波槽中，应使试件的测试面朝下，并应对浸泡在试验液体中的试件进行超声波 3 min。

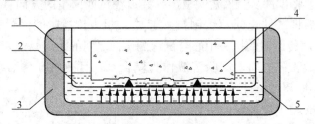

图 4.3.5-3　试件和试验容器在超声波中的位置示意图

1—试验容器；2—试验液体；3—超声波；4—试件；5—水

2）　用超声波方法处理完试件剥落物后，应立即将试件从试件盒中拿起，并垂直放置在一吸水物表面上。待测试面液体流尽后，应将试件放置在不锈钢盘中，且应使测试面向下。用干毛巾将试件侧面和上表面的水擦干净后，应将试件从钢盘中拿开，并将钢盘放置在天平上归零，再将试件放回到不锈钢盘中进行称量。应记录此时试件的质量 ω_n，精确至 0.1 g。

3）　称量后应将试件与不锈钢盘一起放置在超声传播时间测量装置中，并应按测量超声传播时间初始值相同的方法测定此时试件的超声传播时间 T_n，精确至 0.1 μs。

4）　测量完试件的超声传播世界后，应重新将试件放入另一个试件盒中，并应按上述要求进行下一个冻融循环。

5）　将试件重新放入试件盒后，应及时将超声波测试过程中掉落到不锈钢盘中的剥落物收集到试件盒中，并用滤纸过滤留在试件盒中的剥落物。过滤前应先称量滤纸

的质量 μ_i，然后将过滤后含有全部剥落物的滤纸置于 (110 ± 5) ℃的烘箱中烘干 24 h，并在温度为 (20 ± 2) ℃、相对湿度 (60 ± 5)％的实验室中冷却 (60 ± 5) min。冷却后应称量烘干后滤纸和剥落物的总质量 μ_b，精确至 0.01 g。

    9 当冻融循环出现下列情况之一时，可停止试验，并应以经受的冻融循环次数或者单位表面面积剥落物总质量或超声波相对冻弹性模量来表示混凝土抗冻性能。

        1）达到 28 次冻融循环时；

        2）试件单位表面面积剥落物总质量大于 $1500g/m^2$ 时；

        3）试件的超声波相对冻弹性模量降低到 80％时。

4.3.6 试验结果计算及处理应符合下列规定：

    1 试件表面剥落物的质量 μ_s 应按下式计算：

$$\mu_s = \mu_b - \mu_f \quad\cdots\cdots\cdots\cdots\cdots\cdots\cdots (4\text{-}8)$$

式中：

μ_s——试件表面剥落物的质量（g），精确至 0.01 g；

μ_f——滤纸的质量（g），精确至 0.01g；

μ_b——干燥后滤纸与试件剥落物的总质量（g），精确至 0.01 g。

    2 N 次冻融循环之后，单个试件单位测试表面面积剥落物总质量应按下式进行计算：

$$m_n = \frac{\sum \mu_s}{A} \times 10^6 \quad\cdots\cdots\cdots\cdots\cdots (4\text{-}9)$$

式中：

m_n——N 次冻融循环后，单个试件单位表面面积剥落物总质量（g/m^2）；

μ_s——每次测试间隙得到的试件剥落物质量（g），精确至 0.01 g；

A——单个试件测试表面的表面积（mm^2）。

    3 每组应取 5 个试件单位测试表面面积上剥落物总质量计算值的算术平均值作为该组试件单位测试表面面积上剥落物总质量测定值。

    4 经 N 次冻融循环后试件相对质量增长 $\Delta\omega_n$（或吸水率）应按下式计算：

$$\Delta\omega_n = (\omega_n - \omega_1 + \sum \mu_s)/\omega_0 \times 100 \quad\cdots\cdots\cdots (4\text{-}10)$$

式中：

ω_n——经 N 次冻融循环后，每个试件的吸水率（％），精确至 0.1；

μ_s——每次测试间隙得到的试件剥落物质量（g），精确至 0.01g；

ω_0——试件密封前干燥状态的净质量（不包括侧面密封物的质量）（g），精确至 0.1 g；

ω_n——经 N 次冻融循环后，试件的质量（包括侧面密封物）（g），精确至 0.1 g；

ω_1——密封后饱水之前试件的质量（包括侧面密封物）（g），精确至 0.1 g；

    5 每组应取 5 个试件吸水率计算值的平均值作为该组试件的吸水率测定值。

    6 超声波相对传播试件盒相对冻弹性模量应按下式计算：

        1）超声波在耦合剂中的传播试件 t_c 应按下式计算

$$t_c = l_c/\upsilon_c \quad\cdots\cdots\cdots\cdots\cdots\cdots\cdots (4\text{-}11)$$

式中：

t_c——超声波在耦合剂中的传播时间（μs），精确至 $0.1 \mu s$；

l_c——超声波在耦合剂中传播的长度（$l_{c1}+l_{c2}$）mm。l_c 应由超声探头之间的距离和测试试件的长度的差值决定；

$υ_c$——超声波在耦合剂中传播的速度 km/s。$υ_c$ 可利用超声波在水中的传播速度来假定，在温度为（20±5）℃时，超声波在耦合剂中的传播速度为 1440 m/s（或 1.440 km/s）。

　　2）经 N 次冻融循环后，每个试件传播轴线上传播时间的相对变化应按下式计算：

$$\tau_n = \frac{t_0 - t_c}{t_n - t_c} \times 100 \quad \cdots\cdots\cdots\cdots\cdots\cdots\cdots \quad (4\text{-}12)$$

式中：

τ_n——试件的超声波相对传播时间（%），精确至 0.1；

t_0——在预吸水后第一次冻融之前，超声波在试件和耦合剂中的总传播时间（μ_s）；

t_n——经 N 次冻融循环之后超声波在试件和耦合剂中的总传播时间（μ_s）。

　　3）在计算每个试件的超声波相对传播时间时，应以两个轴的超声波相对传播时间的算术平均值作为该试件的超声波相对传播时间测定值。每组应取 5 个试件超声波相对传播时间计算值的算术平均值作为该组试件超声波相对传播时间的测定值。

　　4）经 N 次冻融循环之后，时间的超声波相对动弹性模量 $R_{u,n}$ 应按下式计算：

$$R_{u,n} = \tau_n^2 \times 100 \quad \cdots\cdots\cdots\cdots\cdots\cdots\cdots\cdots\cdots \quad (4\text{-}13)$$

式中：

$R_{u,n}$——试件的超声波相对动弹性模量（%），精确至 0.1。

　　5）在计算每个试件的超声波相对动弹性模量时，应先分别计算两个相互垂直的传播轴上的超声波相对动弹性模量，并应取两个轴的超声波相对动弹性模量的算术平均值作为该试件的超声波相对动弹性模量测定值。每组应取 5 个试件超声波相对动弹性模量计算值的算术平均值作为该组试件超声波相对动弹性模量值测定值。

5　动弹性模量试验

5.1　本方法适用下采用共振法测定混凝土的动弹性模量。

5.2　动弹性模量试验成采用尺寸为 100 mm×100 mm×400 mm 的棱柱体试件。

5.3　试验设备应符合下列规定：

　　1　共振法混凝土动弹性模量测定仪（又称共振仪）的输出频率可调范围应为 100～20 000 Hz，输出功率应能使试件产生受迫振动。

　　2　试件支承体应采用厚度约为 20 mm 的泡沫塑料垫，并用表观密度为 16～18 kg/m³ 的聚苯板。

　　3　称量设备的最大量程应为 20 kg，质量不应超过 5 g。

5.4　动弹性模量试验应按下列步骤进行：

　　1　首先应测定试件的质量和尺寸。试件质量应精确至 0.01 kg，尺寸的测量应精确至 1 mm。

　　2　测定完试件的质量和尺寸后，应将试件放置在支撑体中心位置，成型面应向上，并应将激振换能器的测杆轻轻地压在试件长边侧面中线的 1/2 处，接收换能器的测杆轻轻地压在试件长边侧面中线距端面 5 mm 处。在测杆接触试件前，宜在测杆与试件接触面涂一层黄油或凡士林作为耦合介质，测杆压力的大小应以不出现噪声为准。采用的动弹性模量测定仪各部件连接和相对位置应符合图 5.4 的规定。

3 放置好测杆后,应将调整兵振仪的激振功率和接收增赫旋钮至适当位置,然后变换激振频率,并应注意观察指示电表的指针偏转。当指针偏转为最大时,表示试件达到共振状态,应以这时所显示的共振频率作为试件的基频振动频率。每一测量应重复测读两次以上,当两次连续测值之差不超过两个测值的算术平均值的0.5%时,应取这两个测值的算术平均值作为该试件的基频振动频率。

4 当用示波器作显示的仪器时,示波器的图形调成一个正圆时的频率应为共振频率。在测试过程中,当发现两个以上峰值时应将接收换能器移至距试件端部0.224倍试件长处,当指示电表示值为零时,应将其作为真实的共振峰值。

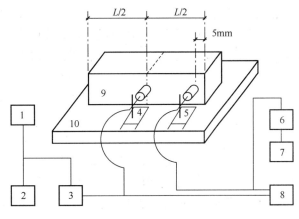

图 5.4 共振法混凝土动弹性模量测定基本原理示意图
1—振荡器;2—频率计;3—放大器;4—激振换能器;5—接收换能器;6—放大器;7—电表;8—示波器;9—试件(测量时试件成型面朝上);10—软泡沫塑料垫

5.5 试验结果计算及处理应符合下列规定:

1 动弹性模量应按下式计算:

$$E_d = 13.244 \times 10^{-4} \times WL^3 f^2 / a^4$$

式中:

E_d——混凝土动弹性模量(MPa);

a——正方形截面试件的边长(mm);

L——试件的长度(mm);

W——试件的质量(kg),精确到0.01 kg;

F——试件横向振动时的幕频振动频率(Hz)。

2 每组应以3个试件动弹性模量的试验结果的算术平均值作为测定值,计算应精确至100 MPa。

6 渗水高度法

6.1 渗水高度

6.1.1 本方法适用于以测定硬化混凝土在恒定水压力下的平均渗水高度来表示的混凝土抗水渗透性能。

6.1.2 试验设备应符合下列规定:

1 混凝土抗渗仪应符合现行行业标准《混凝土抗渗仪》JG/T 249 的规定,并应能使水压按规定的制度稳定地作用在试件上。抗渗仪施加水压力范围应为0.1～2.0 MPa;

2 试模应采用上口内部直径为175 mm、下口内部直径为185 mm 和高度为150 mm 的圆台体。

3 密封材料宜用石蜡加松香或水泥加黄油等材料,也可采用橡胶套等其他有效密封材料。

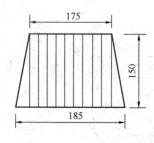

图 6.1.2 梯形板示意图

4 梯形板（图 6.1.2）应采用尺寸为 200 mm×200 mm 透明材料制成，并应画有十条等间距、垂直于梯形底线的直线。

5 钢尺的分度值为 1 mm。

6 钟表的分度值为 1 min。

7 辅助设备应包括螺旋加压器、烘箱、电炉、浅盘、铁锅和钢丝刷等。

8 安装试件的加压设备可为螺旋加压或其他加压形式，其压力应能保证将试件压入试件套内。

6.1.3 抗水渗透试验应按照下列步骤进行：

1 应先按第 3 章规定的方法进行试件的制作和养护。抗水渗透试验应以 6 个试件为一组，

2 试件拆模后，应用钢丝刷刷左两端面的水泥浆膜，并应立即将试件送入标准养护室进行养护。

3 抗水渗透试验的龄期宜为 28 d。应在到达试验龄期的前一天从养护室取出试件，并擦拭干净。待试件表面晾干后，应按下列方法进行试件密封：

1） 当用石蜡密封时，应在试件侧面裹涂一层熔化的内加少量松香的石蜡。然后应用螺旋加压器将试件压入经过烘箱或电炉预热过的试模中，使试件与试模底平齐，并应在试模变冷后解除压力。试模的预热温度，应以石蜡接触试模，即缓慢熔化，但不流淌为准。

2） 用水泥加黄油密封时，其质量比应为（2.5～3）∶1。应用三角刀将密封材料均匀地刮涂在试件侧面上，厚度应为（1～2）mm。应套上试模并将试件压入，应使试件与试模底齐平。

3） 试件密封也可以采用其他更可靠的密封方式。

4 试件准备好之后，启动抗渗仪，并开通 6 个试位下的阀门，使水从 6 个孔中渗出，水应充满试位坑，在关闭 6 个试位下的阀门后应将密封好的试件安装在抗渗仪上。

5 试件安装好以后，应立即开通 6 个试位下的阀门，使水压在 24 h 内恒定控制在（1.2±0.05）MPa，且加过程不应大于 5 min，应以达到稳定压力的时间作为试验记录起始时间（精确至 1 min）。在稳压过程中随时观察试件端面的渗水情况，当有某一个试件端面出现渗水时，应停止该试件的试验并应记录时间，并以试件的高度作为该试件的渗水高度。对于试件端面未出现渗水的情况，应在试验 24 h 后停止试验，并及时取出试件。在试验过程中，当发现水从试件周边渗出时，应重新按本标准第 6.1.3 条的规定进行密封。

6 将从抗渗仪上取出来的试件放在压力机上，并应在试件上下两端面中心处沿直径方向各放一根直径为 6 mm 的钢垫条，并应确保它们在同一竖直平面内。然后开动压力机，将试件沿纵断面劈裂为两半。试件劈开后，应用防水笔描出水痕。

7 应将梯形板放在试件劈裂面上，并用钢尺沿水痕等间距离测 10 个测点的渗水高度值，读数应精确至 1 mm。当读数时若遇到某测点被骨料阻挡，可以靠近骨料两端的渗水高度算术平均值来作为该测点的渗水高度。

6.1.4 试验结果计算及处理应符合下列规定：

1 试件渗水高度应按下式进行计算：

$$\overline{h_i} = \frac{1}{10}\sum_{j=1}^{10} h_j \quad\cdots\cdots\cdots\cdots\cdots\cdots\cdots\cdots\cdots\cdots (6\text{-}1)$$

式中：

h_j——第 i 个试件第 j 个测点处的渗水高度（mm）；

$\overline{h_i}$——第 i 个试件的平均渗水高度（mm）。应以 10 个测点渗水高度的平均值作为该试件渗水高度的测定值。

    2 一组试件的平均渗水高度应按下式进行计算。

$$\overline{h} = \frac{1}{6}\sum_{i=1}^{6} \overline{h_i} \quad\cdots\cdots\cdots\cdots\cdots\cdots\cdots\cdots\cdots\cdots (6\text{-}2)$$

式中：

$\overline{h}$——一组 6 个试件的平均渗水高度（mm）。应以一组 6 个试件渗水高度的算术平均值作为该组试件渗水高度的测定值。

6.2 逐级加压法

6.2.1 本方法适用于通过逐级施加水压力来测定以抗渗等级来表示的混凝土的抗水渗透性能。

6.2.2 仪器设备应符合本标准第 6.1 节的规定。

6.2.3 试验步骤应符合下列规定：

    1 首先按本标准第 6.1.3 条的规定进行试件的密封和安装

    2 试验时，水压应从 0.1 MPa 开始，以每隔 8 h 增加 0.1 MPa 水压，并应随时观察试件端面渗水情况。当 6 个试件中有 3 个试件表面出现渗水时，或加至规定压力（设计抗渗等级）在 8 h 内 6 个试件中表面渗水试件少于 3 个时，可停止试验，并记下此时的水压力。在试验过程中，当发现水从试件周边渗出时，应按本标准第 6.1.3 条的规定重新进行密封。

6.2.4 混凝土的抗渗等级应以每组 6 个试件中有 4 个试件未出现渗水时的最大水压力乘以 10 来确定。混凝土的抗渗等级应按下式计算：

$$P = 10H - 1 \quad\cdots\cdots\cdots\cdots\cdots\cdots\cdots\cdots\cdots\cdots (6\text{-}3)$$

式中：

P——混凝土抗渗等级；

H——6 个试件中有 3 个试件渗水时的水压力（MPa）。

7 抗氯离子渗透试验

7.1 抗速氯离子迁移系数法（或称 RCM 法）

7.1.1 本方法适用于以测定氯离子在混凝土中非稳态迁移的迁移系数来确定混凝土抗氯离子渗透性能。

7.1.2 试验所用试剂、仪器设备、溶液和指示剂应符合下列规定：

    1 试剂应符合下列规定：

      1）溶剂应采用蒸馏水或去离子水。

      2）氢氧化钠应为化学纯。

      3）氯化钠应为化学纯。

      4）硝酸银应为化学纯。

5）氢氧化钙应为化学纯。

2 仪器设备应符合下列规定：

1）切割试件的设备应采用水冷式金刚石锯或碳化硅锯。

2）真空容器应至少能够容纳 3 个试件。

3）真空泵应能保持容器内的气压处于（1～5）kPa。

4）RCM 试验装置（图 7.1.2）采用的有机硅橡胶套的内径和外径应分别为 100 mm 和 115 mm，长度应为 150 mm。夹具应采用不锈钢环箍，其直径范围应为 105～115 mm 宽度应为 20 mm。阴极试验槽可采用尺寸为 370 mm×270 mm×280 mm 的塑料箱。阴极板应采用厚度为（0.5±0.1）mm、直径不小于 100 mm 的不锈钢板。阳极板应采用厚度为 0.5 mm、直径为（98±1）mm 的不锈钢网或带孔的不锈钢板。支架应由硬塑料板制成。处于试件和阳极板之间的支架头高度应为 15～20 mm。RCM 试验装置还应符合现行行业标准《混凝土氯离子扩散系数测定仪》JG/T 262 的有关规定。

5）电源应能稳定提供 0～60 V 的可调直流电，精度应为 ±0.1 V，电流应为 0～10 A。

6）电表的精度应力 ±0.1 mA；

7）温度计或热电偶的精度应为 ±0.2 ℃。

8）喷雾器应适合喷洒硝酸银溶液。

9）游标卡尺的精度应为 ±0.1 mm。

10）尺子的最小刻度应为 1mm。

11）水砂纸的规格应为 200～600 号。

12）细锉刀可为备用工具。

13）扭矩扳手的扭矩范围应为（20～100）N·m，测量允许误差为 ±5%。

14）电吹风的功率应为（1 000～2 000）W。

15）黄铜刷可为备用工具。

16）真空表或压力计的精度应为 ±665 Pa（5 mmHg 柱），量程应为（0～13 300）Pa（0～100 mmHg 柱）。

17）抽真空设备可由体积在 1 000 mL 以上的烧杯、真空干燥器、真空泵、分液装置、真空表等组合而成。

3 溶液和指示剂应符合下列规定：

阴极溶液应为 10% 质量浓度的 NaCl 溶液，阳极溶液应为 0.3 mol/L 摩尔浓度的 NaOH 溶液。溶液应至少提前 24 h 配制，并应密封保存在温度为（20～25）℃ 的环境中。

2）显色指示剂应为 mol/L 浓度的 AgNO$_3$ 溶液。

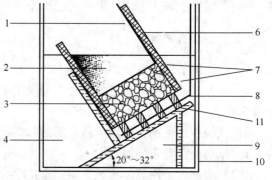

图 7.1.2　RCM 试验装置示意图

1—阳极板；2—阳极溶液；3—试件；4—阴极溶液；5—直流稳压电源；6—有机硅橡胶套；7—环箍；8—明极板；9—支架；10—阴极试验槽；11—支撑头

7.1.3 RCM 试验所处的试验室温度应控制在（20～25）℃，

7.1.4 试件制作应符合下列规定：

1 RCM 试验用试件应采用直径为（100±1）mm，高度为（50±2）mm 的圆柱体试件。

2 在试验室制作试件时，宜使用 Φ100 mm×100 mm 或 Φ100 mm×200 mm 试模。骨料最大公称粒径不宜大于 25 mm。试件成型后应立即用塑料薄膜覆盖并移至标准养护室。试件应在（24±2）h 内拆模，然后应浸没于标准养护室的水池中。

3 试件的养护龄期宜为 28 d。也可根据要求选用 56 d 或 84 d 养护龄期。

4 应在抗氯离子渗透试验前 7 d 加工成标准尺寸的试件。当使用 Φ100 mm×100 mm 试件时，应从试件中部切取高度为（50±2）mm 的圆柱体作为试验用试件，并应将靠近浇筑断的试件端面作为暴露于氯离子溶液中的测试面。当使用 Φ100×200 mm 试件时，应先将试件从正中间切成相同尺寸的两部分 Φ100 mm×100 mm，然后应从两部分中各切取一个高度为（50±2）mm 的试件，并应将第一次的切口面作为暴露于氯离子溶液中的测试面。

5 试件加工后应采用水砂纸和细锉刀打磨光滑。

6 加工好的试件应继续浸没于水中养护至试验龄期。

7.1.5 RCM 法试验应按下列步骤进行：

1 首先应将试件从养护池中取出来，并将试件表面的碎屑刷洗干净，擦干试件表面多余的水分。然后应采用游标卡尺测量试件的直径和高度，测量应精确到 0.1 mm。应将试件在饱和面干状态下置于真空容器中进行真空处理。应在 5 min 内将真空容器中的气压减少至 1～5 kPa，并应保持该真空度 3 h，然后在真空泵仍然运转的情况下，将用蒸馏水配制的饱和氢氧化钙溶液注入容器，溶液高度应保证将试件浸没。在试件浸没 1 h 后恢复常压，并应继续浸泡。

2 试件安装在 RCM 试验装置前应采用电吹风冷风档吹干，表面应干净，无油污、灰砂和水珠。

3 RCM 试验装置的试验槽在试验前应用室温凉开水冲洗干净。

4 试件和 RCM 试验装置（图 7.1.2）准备好以后，应将试件装入橡胶套内的底部，应在与试件齐高的橡胶套外侧安装两个不锈钢坏箍（图 7.1.5）每个箍高度应为 20 mm，并应拧紧环箍上的螺栓至扭矩（30±2）N·m，使试件的圆柱侧面处于密封状态。当试件的圆柱曲面可能有造成液体渗漏的缺陷时，应以密封剂保持其密封性。

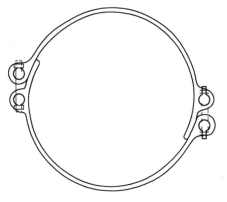

图 7.1.5　不锈钢环箍（mm）

5 应将装有试件的橡胶套安装到试验槽中，并安装好阳极板。然后应在橡胶套中注入约 300 mL 浓度为 0.3 mol/L 的 NaOH 溶液，并应使阳极板和试件表面均浸没于溶液中。应在阴极试验槽中注入 12 L 质量浓度为 10% 的 NaCl 溶液，并应使其液面与橡胶套中的 NaOH 溶液的液面齐平。

6 试件安装完成后，应将电源的阳极（又称正极）用导线连至橡胶筒中阳极板，并将阴极（又称负极）用导线连至试验槽中的阴极板。

7.1.6 电迁移试验应按下列步骤进行：

1 首先应打开电源，将电压调整到（30±0.2）V，并应记录通过每个试件的初始电流。

2 后续试验应施加的电压（表 7-1 第二列）应根据施加 30 V 电压时测量得到的初始电流值所处的范围（表 7-1 第一列）决定。应根据实际施加的电压，记录新的初始电流。应按照新的初始电流值所处的范围（表 7-1 第三列），确定试验应持续的时间（表 7-1 第四列）。

3 应按照温度计或者热电偶的显示读数记录每一个试件的阳极溶液的初始温度。

表 7-1 初始电流、电压与试验时间的关系

初始电流 I_{30V}（用 30 V 电压）/mA	施加的电压 U（调整后）/V	可能的新初始电流 I_0/mA	试验持续时间 t/h
$I_0 < 5$	60	$I_0 < 10$	96
$5 \leqslant I_0 < 10$	60	$10 \leqslant I_0 < 20$	48
$10 \leqslant I_0 < 15$	60	$20 \leqslant I_0 < 30$	24
$15 \leqslant I_0 < 20$	50	$25 \leqslant I_0 < 35$	24
$20 \leqslant I_0 < 30$	40	$25 \leqslant I_0 < 40$	24
$30 \leqslant I_0 < 40$	35	$35 \leqslant I_0 < 50$	24
$40 \leqslant I_0 < 60$	30	$40 \leqslant I_0 < 60$	24
$60 \leqslant I_0 < 90$	25	$50 \leqslant I_0 < 75$	24
$90 \leqslant I_0 < 120$	20	$60 \leqslant I_0 < 80$	24
$120 \leqslant I_0 < 180$	15	$60 \leqslant I_0 < 90$	24
$180 \leqslant I_0 < 360$	10	$60 \leqslant I_0 < 120$	24
$I_0 \geqslant 360$	10	$I_0 \geqslant 120$	6

4 试验结束时，应测定阳极溶液的最终温度和最终电流。

5 试验结束后应及时排除试验溶液。应用黄铜刷清除试验槽的结垢或沉淀物，并应用饮用水和洗涤剂将试验槽和橡胶套冲洗干净，然后用电吹风的冷风挡吹干。

7.1.7 氯离子渗透深度测定应按下列步骤进行：

1 试验结束后，应及时断开电源。

2 断开电源后，应将试件从橡胶套中取出，并应立即用自来水将试件表面冲洗干净，然后应擦去试件表面多余水分。

3 试件去面冲洗干净后，应在压力试验机上沿轴向劈成两个半圆柱体，并应在劈开的试件断面立即喷涂浓度为 0.1 mol/L 的 $AgNO_3$ 溶液显色指示剂。

4 指示剂喷洒约 15 min 后应沿试件直径断面将其分成 10 等份，并应用防水笔描出渗透轮廓线。

5 然后应根据观察到的明显的颜色变化，测带显色分界线（图 7.1.7）离试件底面的距离，精确至 0.1 mm。

6 当测点被骨料阻挡，可将此测点位置移动到最近未被骨料阻挡的位置进行测量，当某测点数据不能得到，只要总测点数多于 5 个，可忽略此测点。

7 当某测点位置有一个明显的缺陷，使该点测量值远大于各测点的平均值，可忽略此测点数据，但应将这种情况在试验记录和报告中注明。

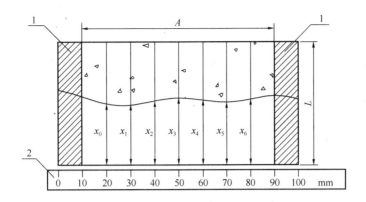

图 7.1.7 显色分界线位置编号

1—试件边缘部分；2—尺子；A—测量范围；L—试件高度

7.1.8 试验结果计算及处理应符合下列规定：

1 混凝土的非稳态氯离子迁移系数应按下式进行计算：

$$D_{RCM} = \frac{0.023\,9 \times (273+T)L}{(U-2)t}\left(X_d - 0.023\,8\sqrt{\frac{(273+T)LX_d}{U-2}}\right) \cdots (7-1)$$

式中：

D_{RCM}——混凝土的非稳态氯离子迁移系数，精确到 $0.1 \times 10^{-12}\,m^2/s$；

U——所用电压的绝对值（V）；

T——阳极溶液的初始温度和结束温度的平均值℃；

L——试件厚度（mm），精确到 $0.1\,mm$；

X_d——氯离子渗透深度的平均值（mm），精确到 $0.1\,mm$；

t——试验持续时间（h）。

2 每组应以 3 个试样的氯离子迁移系数的算术平均值作为该组试件的氯离子迁移系数测定值。当最大值或最小值与中间值之差超过中间值的 15%时，应剔除此值，再取其余两值的平均值作为测定值；当最大值和最小值均超过中间值的 15%时，应取中间值作为测定值。

7.2 电通量法

7.2.1 本方法适用于测定以通过混凝土试件的电通量为指标来确定混凝土抗氯离子渗透性能。本方法不适用于掺有亚硝酸盐和钢纤维等良导电材料的混凝土抗氯离子渗透试验。

7.2.2 采用的试验装置、试剂和用具应符合下列规定：

1 电通量试验装置应符合图 7.2.2-1 的要求，并应满足现行行业标准《混凝土氯离子电通量测定仪》JG/T 261 的有关规定。

2 仪器设备和化学试剂应符合下列要求：

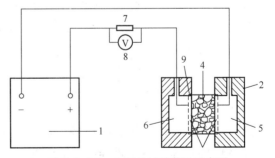

图 7.2.2-1 电通量试验装置示意图

1—流稳压电极；2—实验槽；3—铜电极；4—混凝土试件；5—3.0%NaCl 溶液；6—0.3mol/L NaOH 溶液；7—标准电阻；8—直流数字式电压表；9—试件垫圈（硫化橡胶垫或硅橡胶垫）

345

1）直流稳压电源的电压范围应为 0～80 V，电流范围应为 0～10 A。并应能稳定输出 60 V 直流电压，精度应为±0.1 V。

2）耐热塑料或耐热有机玻璃试验槽（图 7.2.2-2）的边长应为 150 mm，总厚度不应小于 51 mm。

3）试验槽中心的两个槽的直径应分别为 89 mm 和 112 mm。两个槽的深度应分别为 41 mm 和 6.4 mm，在试验槽的一边应开有直径为 10 mm 的注液孔。

4）标准电阻精度应为±0.1%；直流数字电流表量程应为 0～20 A，精度应为±0.1%。

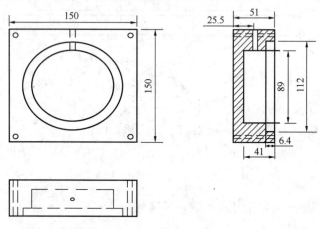

图 7.2.2-2　试验槽结构图

5）真空泵和真空表应符合本标准第 7.1.2 条的要求。

6）真空容器的内径不应小于 250 mm，并应能至少容纳 3 个试件。

7）阴极溶液应用化学纯试剂配制的质量浓度为 3.0% 的 NaCl 溶液。

8）阳极溶液应用化学纯试剂配制的摩尔浓度为 0.3 mol/L 的 NaOH 溶液。

9）密封材料应采用硅胶或树脂等密封材料。

10）硫化橡胶垫或硅橡胶垫的外径应为 100 mm、内径应为 75 mm、厚度应为 6 mm。

11）切割试件的设备应采用水冷式金刚锯或碳化硅锯。

12）抽真空设备可由烧杯（体积在 1 000 mL 以上）、真空干燥器、真空泵、分液装置，真空表等组合而成。

13）温度计的量程应为（0～120）℃精度应为±0.1 ℃

14）电吹风的功率应为（1 000～2 000）W。

7.2.3　电通量试验应按下列步骤进行：

1　电通量试验应采用直径（100±1）mm，高度（50±2）mm 的圆柱体试件。试件的制作、养护应符合本标准第 7.1.3 条的规定。当试件表面有涂料等附加材料时，应预先去除，且试样内不得含有钢筋等良导电材料，在试件移送试验室前，应避免冻伤或其他物理伤害。

2　电通量试验宜在试件养护到龄期进行。对于掺有大掺量矿物掺合料的混凝土，可在龄期进行试验。应先将养护到规定龄期的试件暴露于空气中至表面干燥，并应以硅胶或树脂密封材料涂刷试件圆柱侧面，还应填补涂层中的孔洞。

3　电通量试验前应将试件进行真空饱水。应先将试件放入真空容器中，然后启动真空泵，并应在 5 min 内将真空容器中的绝对压强减少至（1～5）kPa，应保持该真空度 3 h，然后在真空泵仍然运转的情况下，注入足够的蒸馏水或者去离子水，直至淹没试件，应在试件浸没 1 h 后恢复常压，并继续浸泡（18±2）h。

4 在真空饱水结束后，应从水中取出试件，并抹掉多余水分，且应保持试件所处环境的相对湿度在 95% 以上。应将试件安装于试验槽内，并应采用螺杆将两试验槽和端面装有硫化橡胶垫的试件夹紧。试件安装好以后，应采用蒸馏水或者其他有效方式检查试件和试验槽之间的密封性能。

5 检查试件和试件槽之间的密封性后，应将质量浓度为 0.3% 的 NaCl 溶液和摩尔浓度为 0.3 mol/L 的 NaOH 溶液分别注入试件两侧的试验槽中，注入 NaCl 溶液的试验槽内的铜网应连接电源负极、注入 NaOH 溶液的试验槽中的铜网应连接电源正极。

6 在正确连接电源线后，应在保持试验槽中充满溶液的情况下接通电源，并应对上述两铜网施加（60±0.1）V 直流恒电压，且应记录电流初始读数 I_0。开始时应每隔 5 min 记录一次电流值，当电流值变化不大时可每隔 10 min 记录一次电流值；当电流变化很小时，应每隔 30 min 记录一次电流值，直至通电 6 h。

7 当采用自动采集数据的测试装置时，记录电流的时间间隔可设定为（5～10）min。电流测量值应精确至 ±0.5 mA。试验过程中宜同时监测试验槽中溶液的温度。

8 试验结束后，应及时排出试验溶液，并应用凉开水和洗涤剂冲洗试验槽 60 s 以上，然后用蒸馏水洗净并用电吹风冷风档吹干。

9 试验应在（20～25）℃的室内进行。

7.2.4 试验结果计算及处理应符合下列规定：

1 试验过程中或试验结束后，应绘制电流与时间的关系图。应通过将各点数据以光滑曲线连接起来，对曲线作面积积分，或按梯形法进行面积积分，得到试验 6 h 通过的电通量（C）。

2 每个试件的总电通量可采用下列简化公式计算：

$$Q = 900(I_0 + 2I_{30} + 2I_{60} + L + 2I_t L + 2I_{300} + 2I_{330} + 2I_{360}) \qquad (7\text{-}2)$$

式中：

Q——通过试件的总电通量（C）；

I_0——初始电流（A），精确到 0.001 A；

I_c——在时间 t（min）的电流（A），精确到 0.001 A。

3 计算得到的通过试件的总电通量应换算成直径为 95 mm 试件的电通量值。应通过将计算的总电通量乘以一个直径为 95 mm 的试件和实际试件横截面积的比值来换算，换算可按下式进行：

$$Q_s = Q_x \times (95/X)^2 \qquad\cdots\cdots\cdots\cdots\cdots\cdots\cdots (7\text{-}3)$$

式中：

Q_s——通过直径为 95 mm 的试件的电通量（C）；

Q_x——通过直径为 x（mm）的试件的电通量（C）；

X——试件的实际直径（mm）。

4 每组应取 3 个试件电通量的算术平均值作为该组试件的电通量测定值。当某一个电通量值与中值的差值超过中值的 15% 时，应取其余两个试件的电通量的算术平均值作为该组试件的试验结果测定值。当有两个测值与中值的差值都超过中值的 15% 时，应取中值作为该组试件的电通量试验结果测定值。

8 收缩试验

8.1 非接触法

8.1.1 本方法主要适用于测定龄期混凝土的自由收缩变形，也可用于无约束状态下混凝土自收缩变形的测定。

8.1.2 本方法应采用尺寸为 100 mm×100 mm×515 mm 的棱柱体试件。每组应为 3 个试件。

8.1.3 试验设备应符合下列规定：

1 非接触法混凝土收缩变形测定仪（图 8.1.3）应设计成整机一体化装置，并应具备自动采集和处理数据、能设定采样时间间隔等功能。整个测试装置（含试件、传感器等）应固定于具有避振功能的固定式实验台面上。

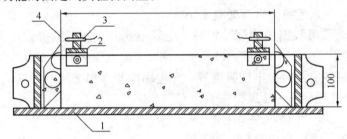

图 8.1.3　非接触法混凝土收缩变形测定仪原理示意图（mm）
1—试模；2—固定架；3—传感器探头；4—反射靶

2 应有可靠方式将反射靶固定于试模上，使反射靶在试件成型浇筑振动过程中不会移位偏斜，且在成型后应能保证反射靶与试模之间的摩擦力尽可能小。试模应采用具有足够刚度的钢模，且本身的收缩变形应小。试模的长度应能保证混凝土试件的测量标距不小于 400 mm。

3 传感器的测试量程不应小于试件测量标距长度的 5% 或量程不应小于 1 mm，测试精度不应低于 0.002 mm。且应采用可靠方式将传感器测头固定，并应能使测头在测量整个过程中与试模相对位置保持固定不变。试验过程中应能保证反射靶能够随着混凝土收缩而同步移动。

8.1.4 非接触法收缩试验步骤应符合以下规定：

1 试验应在温度为（20±2）℃、相对湿度为（60±5）%的恒温恒湿条件下进行。非接触法收缩试验应带模进行测试。

2 试模准备后，应在试模内涂刷润滑油，然后应在试模内设两层塑料薄膜或者放置一片聚四氟乙烯（PTFE）片，且应在薄膜或者聚四氟乙烯片与试模接触的面上均匀涂抹一层润滑油。应将反射靶固定在试模两端。

3 将混凝土拌合物浇筑入试模后，应振动成型并抹平，然后应立即带模移入恒温恒湿室。成型试件的同时，应测定混凝土的初凝时间。混凝土初凝试验和早龄期收缩试验的环境应相同。当混凝土初凝时，应开始测读试件左右两侧的初始读数，此后应至少每隔 1 h 或按设定的时间间隔测定试件两侧的变形读数。

4 在整个测试过程中，试件在变形测定仪上放置的位置、方向均应始终保持固定不变。

5 需要测定混凝土自收缩值的试件，应在浇筑振捣后立即采用塑料薄膜作密封处理。

8.1.5 非接触法收缩试验结果的计算和处理应符合下列规定：

1 混凝土收缩率应按照下式计算：

$$\varepsilon_{st} = \frac{(L_{10} - L_{1t}) + (L_{20} - L_{2t})}{L_0} \quad \cdots\cdots\cdots\cdots\cdots\cdots\cdots (8\text{-}1)$$

式中：

ε_{st}——测试期为 t（h）的混凝土收缩率，t 从初始读数时算起；

L_{10}——左侧非接触法位移传感器初始读数（mm）；

L_{1t}——左侧非接触法位移传感器测试期为 t（h）的读数（mm）；

L_{20}——右侧非接触法位移传感器初始读数（mm）；

L_{2t}——右侧非接触法位移传感器测试期为 t（h）的读数（mm）；

L_0——试件测量标距（mm），等于试件长度减去试件中两个反射靶沿试件长度方向埋入试件中的长度之和。

2 每组应取 3 个试件测试结果的算术平均值作为该组混凝土试件的早龄期收缩测定值，计算应精确到 1.0×10^{-6}。作为相对比较的混凝土早龄期收缩值应以 3 d 龄期测试得到的混凝土收缩值为准。

8.2　接触法

8.2.1 本方法适用于测定在无约束和规定的温湿度条件下硬化混凝土试件的收缩变形性能。

8.2.2 试件和测头应符合下列规定：

1 本方法应采用尺寸为 100 mm×100 mm×515 mm 的棱柱体试件。每组应为 3 个试件。

2 采用卧式混凝土收缩仪时，试件两端应预埋测头或留有埋设测头的凹槽。卧式收缩试验用测头（图 8.2.2-1）应由不锈钢或其他不锈的材料制成。

3 采用立式混凝土收缩仪时，试件一端中心应预埋测头（图 8.2.2-2）。立式收缩试验

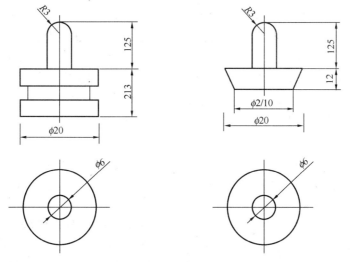

图 8.2.2　收缩测头

a—预埋测头　b—后埋测头

349

用测头的另外一端宜采用 M20 mm×35 mm 的螺栓（螺纹通长），并应与立式混凝土收缩仪底座固定。螺栓和测头都应预埋进去。

    4 采用接触法引伸仪时，所用试件的长度应至少比仪器的测量标距长出一个截面边长。测头应粘贴在试件两侧面的轴线上。

    5 使用混凝土收缩仪时，制作试件的试模应具有能固定测头或预留凹槽的端板。使用接触法引伸仪时，可用一般棱柱体试膜制作试件。

    6 收缩试件成型时不得使用机油等憎水性脱模剂。试件成型后应带模养护（1~2）d 并保证拆模时不损伤试件。对于事先没有埋设测头的试件，标模后应立即粘贴或埋设测头。试件拆模后，应立即送至温度为（20±2）℃、相对湿度为 95% 以上的标准养护室养护。

8.2.3 试验设备应符合下列规定：

    1 测量混凝土收缩变形的装置应具有硬钢或石英玻璃制作的标准杆，并应在测量前及测量过程中及时校核仪表的读数。

    2 收缩测量装置可采用下列形式之一：

        1）卧式混凝土收缩仪的测量标距应为 540 mm，并应装有精度为 4±0.001 mm 的千分表或测微器。

        2）立式混凝土收缩仪的测量标距和测微器同卧式混凝土收缩仪。

        3）其他形式的变形测量仪表的测量标距不应小于 100 mm 及骨料最大粒径的 3 倍并至少能达到 ±0.001 mm 的测量精度。

8.2.4 混凝土收缩试验步骤应按下列要求进行：

    1 收缩试验应在恒温恒湿环境中进行，室温应保持在（20±2）℃，相对湿度应保持在（60±5）%。试件应放置在不吸水的搁架上，底面应架空，每个试件之间的间隙应大于 30 mm。

    2 测定代表某一混凝土收缩性能的特征值时，试件应在 3 d 龄期时（从混凝土搅拌加水时算起）从标准养护室取出，并应立即移入恒温恒湿室测定其初始长度，此后应至少按下列规定的时间间隔测量其变形读数：1 d、3 d、7 d、14 d、28 d、45 d、60 d，90 d、120 d、150 d、180 d、360 d（从移入恒温恒湿室内计时）。

    3 测定混凝土在某一具体条件下的相对收缩值时（包括在徐变试验时的混凝土收缩变形测定）应按要求的条件进行试验，对非标准养护试件，当需要移入恒温恒湿室进行试验时，应先在该室内预置 4 h，再测其初始值。测量时应记下试件的初始干湿状态。

    4 收缩测量前应先用标准杆校正仪表的零点，并应在测定过程中至少复核 1-2 次，其中 1 次应在全部试件测读完后进行。当复核时发现零点与原值的偏差超过 ±0.001 时，应调零后重新测量。

    5 试件每次在卧式收缩仪上放置的位置和方向均应保持一致。试件上应标明相应的方向记号。试件在放置及取出时应轻稳仔细，不得碰撞表架及表杆。当发生碰撞时，应取下试件，并成重新以标准杆复核零点。

    6 采用立式混凝土收缩仪时，整套测试装置应放在不易受外部振动影响的地方。读数时宜轻敲仪表或者上下轻轻滑动测头。安装立式混凝土收缩仪的测试台应有减振装置。

    7 用接触法引伸仪测量时，应使每次测量时试件与仪表保持相对固定的位置和方向。每次读数应重复 3 次。

8.2.5 混凝土收缩试验结果计算和处理应符合以下规定：

1 混凝土收缩率应按下式计算：

$$\varepsilon_{st} = \frac{L_0 - L_t}{L_b} \quad\cdots\cdots\cdots\cdots\cdots\cdots\cdots\cdots\cdots\cdots\cdots (8\text{-}2)$$

式中：

ε_{st}——试验期为 t（d）的混凝土收缩率，t 从测定初始长度时算起；

L_b——试件的测量标距，用混凝土收缩仪测量时应等于两测头内侧的距离，即等于混凝土试件长度（不计测头凸出部分）减去两个测头埋入深度之和（mm）用接触法引伸仪时，即为仪器的测量标距；

L_0——试件长度的初始读数（mm）；

L_t——试件在试验期为 t（d）时测得的精度读数（mm）。

2 每组应取 3 个试件收缩率的算术平均值作为该组混凝土试件的收缩率测定值，计算精确至 1.0×10^{-6}。

3 作为相互比较的混凝土收缩率值应为不密封试件于 180 d 所测得的收缩率值。可将不密封试件于 360 d 所测得的收缩率值作为该混凝土的终极收缩率值。

9 早期抗裂试验

9.1 本方法适用于测试混凝土试件在约束条件下的早期抗裂性能。

9.2 试验装置及试件尺寸应符合下列规定：

1 本方法应采用尺寸为 800 mm×600 mm×100 mm 的平面薄板型试件，每组应至少 2 个试件。混凝土骨料最大公称粒径不应超过 3.5 mm。

2 混凝土早期抗裂试验装置（图 9.2）应采用钢制模具，模具的四边（包括长侧板和短侧板）宜采用槽钢或者角钢焊接而成，侧板厚度不应小于 5 mm，模具四边与底板宜通过螺栓固定在一起。模具内应设有 7 根裂缝诱导器，裂缝诱导器可分别用 50 mm×50 mm，40 mm×40 mm 角钢与 5 mm×5 mm 钢板焊接组成，并应平行于模具短边。底板宜采用不小于 5 mm 厚的钢板，并应在底板表面铺设聚乙烯薄膜或者聚四氟乙烯片做隔离层。模具应作为测试装置的一个部分，测试时应与试件连在一起。

3 风扇的风速应可调，并且应能够保证试件表面中心处的风速不小于 5 m/s。

4 温度计精度不应低于±0.5 ℃。相对湿度计精度不应低于±1%。风速计精度不应低于±0.5 m/s。

5 刻度放大镜的放大倍数不应小于 40 倍，分度值不应大于 0.01 mm。

6 照明装置可采用手电筒或者其他简

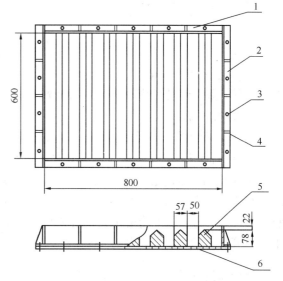

图 9.2 混凝土早期抗裂试验装置示意图（mm）

1—长刺板；2—短侧板；3—螺栓；4—加强助；

5—裂缝诱导器；6—底板

351

易照明装置。

7 钢直尺的最小刻度应为 1 mm。

9.3 试验应按下列步骤进行：

1 试验宜在温度为（20±2）℃，相对湿度为（60±5）％的恒温恒湿室中进行。

2 将混凝土浇筑至模具内以后，应立即将混凝土摊平，且表面应比模具边框略高，可使用平板表面式振捣器或者采用振捣棒插捣，应控制好振捣时间，并应防止过振和欠振。

3 在振捣后，应用抹子整平表面，并应使骨料不外露，且应使表面平实。

4 应在试件成型 30 min 后，立即调节风扇位置和风速，使试件表面中心正上方 100 mm 处风速为（5±0.5）m/s，并应使风向平行于试件表面和裂缝诱导器。

5 试验时间应从混凝土搅拌加水开始计算，应在（24±0.5）h 测读裂缝。裂缝长度应用钢直尺测量，并应取裂缝两端直线距离为裂缝长度。当一个刀口上有两条裂缝时，可将两条裂缝的长度相加，折算成一条裂缝。

6 裂缝宽度应采用放大倍数至少 40 倍的读数显微镜进行测量，并应测量每条裂缝的最大宽度。

7 平均开裂面积、单位面积的裂缝数目和单位面积上的总开裂面积应根据混凝土浇筑 24 h 测量得到裂缝数据来计算。

9.0.4 试验结果计算及其确定应符合下列规定：

1 每条裂缝的平均开裂面积应按下式计算：

$$a = \frac{1}{2N}\sum_{i=1}^{N}(W_i \times L_i) \quad \cdots\cdots\cdots\cdots\cdots\cdots\cdots\cdots \text{(9-1)}$$

2 单位面积的裂缝数目应按下式计算：

$$b = \frac{N}{A} \quad \cdots\cdots\cdots\cdots\cdots\cdots\cdots\cdots\cdots\cdots\cdots\cdots \text{(9-2)}$$

3 单位面积上的总开裂面积应按下式计算：

$$c = a \cdot b \quad \cdots\cdots\cdots\cdots\cdots\cdots\cdots\cdots\cdots\cdots\cdots \text{(9-3)}$$

式中：

W_i——第 i 条裂缝的最大宽度（mm），精确到 0.1 mm；

L_i——第 i 条裂缝的长度（mm），精确到 1 mm；

N——总裂缝数目（条）；

a——每条裂缝的平均开裂面积（mm²/条），精确到 1 mm²/条；

b——单位面积的裂缝数目（条/m²），精确到 0.1 条/m²；

c——单位面积上的总开裂面积（mm²/m²），精确到 1 mm²/m²。

每组应分别以 2 个或多个试件的平均开裂面积（单位面积上的裂缝数目或单位面积上的总开裂面积）的算术平均值作为该组试件平均开裂面积（单位面积上的裂缝数目或单位面积上的总开裂面积）的测定值。

10 受压徐变试验

10.1 本方法适用于测定混凝土试件在长期恒定轴向压力作用下的变形性能。

10.2 试验仪器设备应符合下列规定：

1 徐变仪应符合下列规定：

    1） 徐变仪应在要求时间范围内（至少1年）把所要求的压缩荷载加到试件上并应能保持该荷载不变；

    2） 常用徐变仪可选用弹簧式或液压式，其工作荷载范围应为（180～500）kN。

    3） 弹簧式压缩徐变仪（图10.2）应包括上下压板、球座或球铰及其配套垫板，弹簧持荷装置以及2～3根承力丝杆。压板与铝板应具有足够的刚度。压板的受压面的平整度偏差不应大于0.1 mm/100 mm，并应能保证对试件均匀加荷。弹簧及丝杆的尺寸应按徐变仪所要求的试验吨位而定。在式验荷载下丝杆的拉应力不应大于材料屈服点的30%，弹簧的工作压力不应超过允许极限荷载的80%，故工作时弹簧的压缩变形不得小于20 mm。

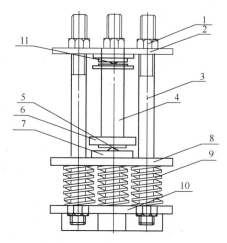

图10.2 弹簧式压缩徐变仪示意图
1—螺母；2—上压板；3—丝杆；；4—试件；
5—球铰；6—垫板；7—定心；8—下压板；
9—弹簧；10—底盘；11—球校

    4） 当使用液压式持荷部件时，可通过一套中央液压调节单元同时加荷几个徐变架，该单元应由储液器、调节器、显示仪表和一个高压源（如高压氮气瓶或高压泵）等组成；

    5） 有条件时可采用几个试件串叠受荷，上下压板之间的总距离不得超过1600 mm。

2 加荷装置应符合下列规定：

    1） 加荷架应由接长杆及顶板组成。加荷时加荷架应与徐变仪丝杆顶部相连；

    2） 油压千斤顶可采用一般的起重千斤顶，其吨位应大于所要求的试验荷载。

    3） 测力装置可采用钢环测力计、荷载传感器或其他形式的压力测定装置。其测量精度应达到所加荷载的 ±2%，试件破坏荷载不应小于测力装置全量程的20%且不应大于测力装置全量程的80%。

3 变形量测装置应符合下列规定：

    1） 变形量测装置可采用外装式、内埋式或便携式，其测量的应变值精度不应低于0.001 mm/m。

    2） 采用外装式变形量测装置时，应至少测量不少于两个均匀地布置在试件周边的基线的应变。测点应精确地布置在试件的纵向表面的纵轴上，且应与试件端头等距，与相邻试件端头的距离不应小于一个截面边长。

    3） 采用差动式应变计或钢弦式成变计等内埋式变形测量装置时，应在试件成型时可靠地固定该装置，应使其量测基线位于试件中部并应与试件纵轴重合。

    4） 采用接触法引伸仪等便携式变形量测装置时，测头应牢固附置在试件上。

    5） 量测标距应大于混凝土骨料最大粒径的3倍，且不少于100 mm。

10.3 试件应符合下列规定：

1 试件的形状与尺寸应符合下列规定；

    1） 徐变试验应采用棱柱体试件。试件的尺寸应根据混凝土中骨料的最大粒径按表

10-1 选用，长度应为截面边长尺寸的 3～4 倍。

2）当试件叠放时，应在每叠试件端头的试件和压板之间加装一个未安装应变量测仪表的辅助性混凝土铝垫块，其截面边长尺寸应与被测试件的相同，且长度应至少等于其截面尺寸的一半。

表 10-1　徐变试验试件尺寸选用表

骨料最大粒径/mm	试件最小边长/mm	试件长度/mm
31.5	100	400
40	150	≥450

2　试件数量应符合下列规定：

1）制作徐变试件时，应同时制作相应的棱柱体抗压试件及收缩试件。

2）收缩试件应与徐变试件相同，并应装有与徐变试件相同的变形测量装置。

3）每组抗压、收缩和徐变试件的数量宜为 3 个，其中每个加荷龄期的每组徐变试件应至少为 2 个。

3　试件制备应符合下列规定：

1）当要叠放试件时，宜磨平其端头。

2）徐变试件的受压面与相邻的纵向表面之间的角度与直角的偏差不应超过 1 mm/100 mm。

3）采用外装式应变量测装置时，徐变试件两侧面应有安装量测装置的测头，测头宜采用埋入式，试模的侧壁应具有能在成型时使测头定位的装置。在对粘结的工艺及材料确有把握时，可采用胶粘。

4　试件的养护与存放方式应符合下列规定：

1）抗压试件及收缩试件应随徐变试件一并同条件养护。

2）对于标准环境中的徐变，试件应在成型后不少于 24 h 且不多于 48 h 时拆模，在拆模之前，应覆盖试件表面。随后应立即将试件送入标准养护室养护到 7 d 龄期（自混凝土搅拌加水开始计时），其中 3 d 加载的徐变试验应养护 3 d，养护期间试件不应浸泡于水中。试件养护完成后应移入温度为（20±2）℃、相对湿度为（60±5）%的恒温恒湿室进行徐变试验，直至试验完成。

3）对于适用于大体积混凝土内部情况的绝湿徐变，试件在制作或脱模后应密封在保湿外套中（包括橡皮套、金属套筒等），且在整个试件存放和测试期间也应保持密封。

4）对于需要考虑温度对混凝土弹性和非弹性性质的影响等特定温度下的徐变，应控制好试件存放的试验环境温度，应使其符合希望的温度历史。

5）对于需确定在具体使用条件下的混凝土徐变值等其他存放条件，应根据具体情况确定试件的养护及试验制度。

10.4　徐变试验应符合下列规定：

1　对比或检验混凝土的徐变性能时，试件应在 28 d 龄期时加荷。当研究某一混凝土的徐变特性时，应至少制备 5 组徐变试件并应分别在龄期为 3 d、7 d、14 d、和 90 d 时加荷。

2　徐变试验位按下列步骤进行：

1）测头或测点应在试验前 1 d 粘好，仪表安装好后应仔细检查，不得有任何松动或异常现象。加荷装置、测力计等也应予以检查。

2）在即将加荷徐变试件前，应测试同条件养护试件的棱柱体抗压强度。

3）测头和仪表准备好以后，应将徐变试件放在徐变仪的下压板后，应使试件加荷装置、测力计及徐变仪的轴线重合。并应再次检查变形测量仪表的调零情况，且应记下初始读数。当采用未密封的徐变试件时，应在将其放在徐变仪上的同时，覆盖参比用收缩试件的端部。

4）试件放好后，应及时开始加荷。当无特殊要求时，应取徐变应力为所测得的棱柱体抗压强度的 40 ％。当采用外装仪表或者接触法引伸仪时，应用千斤顶先加扭至徐变应力的 20％进行对中。两侧的变形相差应小于其平均值的 10％，当超出此值，应松开千斤顶卸荷，进行重新调整后，应再加荷到徐变应力的 20％，并再次检查对中的情况。对中完毕后，应立即继续加荷直到徐变应力，应及时读出两边的变形值，并将此时两边变形的平均值作为在徐变荷载下的初始变形值。从对中完毕到测初始变形值之间的加荷及测量时间不得超过 1 min。随后应拧紧承力丝杆上端的螺母，并应松开千斤顶卸荷，且应观察两边变形值的变化情况。此时，试件两侧的读数相差不应超过平均值的 10％，否则应予以调整，调整应在试件持荷的情况下进行，调整过程中所产生的变形增值应计入徐变变形之中。然后应再加荷到徐变应力，并应检查两侧变形读数，其总和与加荷前读数相比，误差不应超过 2％。否则应予以补足。

5）应在加荷后的 1 d、3 d、7 d、14 d、28 d、45 d、60 d，90 d，120 d、150 d，180 d、270 d 和 360 d 测读试件的变形值：

6）在测读徐变试件的变形读数的同时，应测量同条件放置参比用收缩试件的收缩值。

7）试件加荷后应定期检查荷载的保持情况，应在加荷后 7 d、28 d、60 d、90 d 各校核一次，如荷载变化大于 2％t 应予以补足。在使用弹簧式加载架时，可通过施加正确的荷载并拧紧丝杆上的螺母，来进行调整。

10.5 试验结果计算及处理应符合下列规定：

1 徐变应变应按下式计算：

$$\varepsilon_{ct} = \frac{\Delta L_t - \Delta L_0}{L_b} - \varepsilon_t \cdots\cdots\cdots\cdots\cdots\cdots (10\text{-}1)$$

式中：

ε_{ct}——加荷 t（d）后的徐变应变（mm/m），精确至 0.001 mm/m；

ΔL_t——加荷 t（d）后的总变形值（mm），精确至 0.001 mm；

ΔL_0——加荷时测得的初始变形值（mm），精确至 0.001 mm；

L_b——测量标距，精确至 1 mm；

ε_t——同龄期的收缩值（mm/m），精确至 0.001 mm/m。

2 徐变度应按下式计算：

$$C_t = \varepsilon_{ct}/\delta \cdots\cdots\cdots\cdots\cdots\cdots (10\text{-}2)$$

式中：

C_t——加荷 t（d）的混凝土徐变度（1MPa），计算精确至 1.0×10^{-6}（MPa）；

δ——徐变应力（MPa）。

3 徐变系数应按下列公式计算：

$$\varphi_t = \varepsilon_{ct}/\varepsilon_0 \quad \cdots\cdots\cdots\cdots\cdots\cdots\cdots\cdots \text{(10-3)}$$

$$\varepsilon_0 = \Delta L_0/L_b \quad \cdots\cdots\cdots\cdots\cdots\cdots\cdots\cdots \text{(10-4)}$$

式中：

φ_t——加荷 t（d）的徐变系数；

ε_0——在加荷时测得的初始应变值（mm/m），精确至 0.001 mm/m。

4 每组应分别以 3 个试件徐变应变（徐变度或徐变系数）试验结果的算术平均值作为该组混凝土试件徐变应变（徐变度或徐变系数）的测定值。

5 作为供对比用的混凝土徐变值，应采用经过标准养护的混凝土试件，在 28 d 龄期时经受 0.4 倍棱柱体抗压强度恒定荷载持续作用 360 d 的徐变值。可用测得的 3 年徐变值作为终极徐变值。

11 碳化试验

11.1 本方法适用于测定在一定浓度的二氧化碳气体介质中混凝土试件的碳化程度。

11.2 试件及处理应符合下列规定：

1 本方法宜采用棱柱体混凝土试件，应以 3 块为一组。棱柱体的长宽比不宜小于 3。

2 无棱柱体试件时，也可用立方体试件，其数量应相应增加。

3 试件宜在 28 d 龄期进行碳化试验，掺有掺合料的混凝土可以根据其特性决定碳化前的养护龄期。碳化试验的试件宜采用标准养护，试件应在试验前 2 d 从标准养护室取出，然后应在 60 ℃下烘 48 h。

4 经烘干处理后的试件，除应留下一个或相对的两个侧面外，其余表面应采用加热的石蜡予以密封，然后应在暴露侧面上沿长度方向用铅笔以 10 mm 间距画出平行线，作为预定碳化深度的测量点。

11.3 试验设备应符合下列规定：

1 碳化箱应符合现行行业标准《混凝土碳化试验箱》JG/T 247 的规定，并应采用带有密封盖的密封容器，容器的容积应至少为预定进行试验的试件体积的两倍。碳化箱内应有架空试件的支架、二氧化碳引入口、分析取样用的气体导出口、箱内气体对流循环装置、为保持箱内恒温恒湿所需的设施以及温湿度监测装置。宜在碳化箱上设玻璃观察口对箱内的温度进行度数。

2 气体分析仪应能分析箱内二氧化碳浓度，并应精确至±1%。

3 二氧化碳供气装置应包括气瓶、压力表和流量计。

11.4 混凝土碳化试验应按下列步骤进行：

1 首先应将经过处理的试件放入碳化箱内的支架上。各试件之间的间距不应小于 50 mm。

2 试件放入碳化箱后，应将碳化箱密封。密封可采用机械办法或油封，但不得采用水封。应开动箱内气体对流装置，徐徐充入二氧化碳，并测定箱内的二氧化碳浓度。应逐步调节二氧化碳的流量，使箱内的二氧化碳浓度保持在（20±3）%。在整个试验期间应采取去湿措施，使箱内的相对湿度控制在（70±5）%，温度应控制在（20±2）℃的范围内。

3 碳化试验开始后应每隔一定时期对箱内的二氧化碳浓度、温度及湿度作一次测定。宜在前 2 d 每隔 2 h 测定一次，以后每隔 4 h 测定一次。试验中应报据所测得的二氧化碳浓度、温度及湿度随时调节这些参数，去湿用的硅胶应经常更换。也可采用其他更有效的去湿方法。

4 应在碳化到了 3 d，7 d、14 d 和 28 d 时，分别取出试件，破型测定碳化深度。棱柱体试件应通过在压力试验机上的劈裂法或者用干锯法从一端开始破型。每次切除的厚度应为试件宽度的一半，切后应用石蜡将破型后试件的切断面封好，再放入箱内继续碳化，直到下一个试验期。当采用立方体试件时，应在试件中部劈开，立方体试件应只作一次检验，劈开测试碳化深度后不得再重复使用。

5 随后应将切除所得的试件部分刷去断面上残存的粉末，然后应喷上（或滴上）浓度为 1% 的酚酞酒精溶液（酒精溶液含 20% 的蒸馏水）。约经 30 s 后应按原先标划的每 10 mm 一个测量点用钢板尺测出各点碳化深度。当测点处的碳化分界线上刚好嵌有粗骨料颗粒，可取该颗粒两侧处碳化深度的算术平均值作为该点的深度值。碳化深度测量应精确至0.5 mm。

11.5 混凝土碳化试验结果计算和处理应符合下列规定：

1 混凝土在各试验龄期时的平均碳化深度应按下式计算：

$$\overline{d_t} = \frac{1}{n}\sum_{i=1}^{n} d_i \quad \cdots\cdots\cdots\cdots\cdots\cdots\cdots\cdots\cdots\cdots\cdots (11\text{-}1)$$

式中：

$\overline{d_t}$——试件碳化 t（d）后的平均碳化深度（mm），精确至 0.1 mm；

d_i——各测点的碳化深度（mm）；

n——测点总数。

2 每组应以在二氧化碳浓度为（20±3）%，温度为（20±2）℃，湿度为（70±5）% 的条件下 3 个试件碳化 28 d 的碳化深度算术平均值作为该组混凝土试件碳化测定值。

3 碳化结果处理时宜绘制碳化时间与碳化深度的关系曲线。

12 混凝土中钢筋锈蚀试验

12.1 本方法适用于测定在给定条件下混凝土中钢筋的锈蚀程度。本方法不适用于在侵蚀性介质中混凝土内的钢筋锈蚀试验。

12.2 试件的制作与处理应符合下列规定：

1 本方法应采用尺寸为 100 mm×100 mm×300 mm 的棱柱体试件，每组应为 3 块。

2 试件中埋置的钢筋应采用直径为 6.5 mm 的 Q235 普通低碳钢热轧盘条调直截断制成，其表面不得有锈坑及其他严重缺陷。每根钢筋长应为（299＋1）mm，应用砂轮将其一端磨出长约 30 mm 的平面，并用钢字打上标记。钢筋应采用 12% 盐酸溶液进行酸洗，并经清水洗净后，用石灰水中和，再用清水冲洗干净，擦干后应在干燥器中至少存放 4 h，然后应用天平称取每根钢筋的初重（精确至 0.001 g）。钢筋应存放在干燥器中备用；

3 试件成型前应将套有定位板的钢筋放入试模，定位板应紧贴试模的两个端板，安放完毕后应使用丙酮擦净钢筋表面。

4 试件成型后，应在（20±2）℃的温度下盖湿布养护 24 h 后编号拆模，并应拆除定位板。然后应用钢丝刷将试件两端部混凝土刷毛，并应用水灰比小于试件用混凝土水灰比、水

357

泥和砂子比例为 1∶2 的水泥砂浆抹上不小于 20 mm 厚的保护层，并应确保钢筋端部密封质量。试件应在就地潮湿养护（或用塑料薄膜盖好）24 h 后，移入标准养护室养护至 28 d。

12.3 试验设备应符合下列规定：

1 混凝土碳化试验设备应包括碳化箱、供气装置及气体分析仪。碳化设备并应符合本标准第 11.3 条的规定。

2 钢筋定位扳（图 12.3）宜采用木质五合板或薄木板等材料制作，尺寸应为 100 mm ×100 mm，板上应钻右穿插钢筋的圆孔。

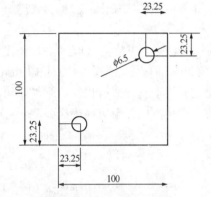

图 12.3　钢筋定位板示意图

3 称量设备的最大量程应为 1 kg，感量应为 0.001 g。

12.4 混凝土中钢筋锈蚀试验应按下列步骤进行：

1 钢筋锈蚀试验的试件应先进行碳化，碳化应在 28 d 龄期时开始。碳化应在二氧化碳浓度为（20±3）%、相对湿度为（70±5）%和温度为（20±2）℃的条件下进行，碳化时间应为 28 d。对于有特殊要求的混凝土中钢筋锈蚀试验，碳化时间可延长 14 d 或者 28 d。

2 试件碳化处理后应立即移入标准养护室放置。在养护室中，相邻试件间的距离不应小于 50 mm，并应避免试件直接淋水。应在潮湿条件下存放后将试件取出，然后破型，破型时不得损伤钢筋。应先测出碳化深度，然后进行钢筋锈蚀程度的测定。

3 试件破型后，应取出试件中的钢筋，并应刮去钢筋上沾附的混凝土。应用盐酸溶液对钢筋进行酸洗，经清水漂净后，用石灰水中和，最后应以清水冲洗干净。应将钢筋擦干后在干燥器中至少存放 4 h，然后应对每根钢筋称重（精确至 0.001 g），并应计算钢筋锈蚀失重率。酸洗钢筋时，应在洗液中放入两根尺寸相同的同类无锈钢筋作为基准校正。

12.5 钢筋锈蚀试验结果计算和处理应符合以下规定：

1 钢筋锈蚀失重率应按下式计算：

$$L_w = \frac{\omega_0 - \omega - \dfrac{(\omega_{01} - \omega_1) + (\omega_{02} - \omega_2)}{2}}{\omega_0} \times 100 \quad \text{……………(12-1)}$$

L_w——钢筋锈蚀失重率（%），精确至 0.01；

ω_0——钢筋未锈前质量（g）；

ω——锈蚀钢筋经过酸处理后的质量（g）；

ω_{01}、ω_{02}——分别为基准校正用的两根钢筋的初始质量（g）；

ω_0、ω_0——分别为基准校正用的两根钢筋酸洗后的质量（g）；

2 每组应取 3 个混凝土试件中钢筋锈蚀失重率的平均值作为该组混凝土试件中钢筋锈蚀失重率测定值。

13　抗压疲劳变形试验

13.1 本方法适用于在自然条件下，通过测定混凝土在等幅重复荷载作用下疲劳累计变形与加载循环次数的关系，来反映混凝土抗压疲劳变形性能。

13.2　试验设备应符合下列规定：

1　疲劳试验机的吨位应能使试件预期的疲劳破坏荷载不小于试验机全量程的 20%。也不应大于试验机全量程的 80%。准确度应为 I 级，加载频率应在 4~8 Hz 之间。

2　上、下钢垫板应具有足够的刚度，其尺寸应大于 100 mm×100 mm，平面度要求为每 100 mm 不应超过 0.02 mm。

3　微变形测量装置的标距应为 150 mm，可在试件两侧相对的位置上同时测量。承受等幅重复荷载时，在连续测量情况下，微变形测量装置的精度不得低于 0.001 mm。

13.3　抗压疲劳变形试验应采用尺寸为 100 mm×100 mm×300 mm 的棱柱体试件。试件应在振动台上成型，每组试件应至少为 6 个，其中 3 个用于测量试件的轴心抗压强度，其余 3 个用于抗压疲劳变形性能试验。

13.4　抗压疲劳变形试验按下列步骤进行：

1　全部试件应在标准养护室养护至 28 d 龄期后取出，并应存在室温（20±5）℃存放至 3 个月龄期。

2　试件应在龄期达 3 个月时从存放地点取山，应先将其中 3 块试件按照现行国家标准《普通混凝土力学性能试验方法标准》GB/T 50081 测定其轴心抗压强度 f_c。

3　然后应对剩下的 3 块试件进行抗压疲劳变形试验。每一试件进行抗压疲劳变形试验前，应先在疲劳试验机上进行静压变形对中，对中时采用两次对中的方式。首次对中的应力宜取轴心抗压强度 f_c 的 20%（荷载可近似取整数，kN），第二次对中应力宜取轴心抗压强度 f_c 的 40%。对中时，试件两侧变形值之差应小于平均值的 5%，否则应调整试件位置，直至符合对中要求。

4　抗压疲劳变形试验采用的脉冲频率宜为 4Hz。试验荷载（图 13.4）的上限应力 σ_{max} 值取 0.66f_c，下限应力 σ_{min} 宜取 0.1f_c。有特殊要求时，上限应力和下限应力可根据要求选定。

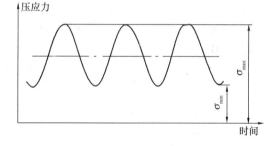

图 13.4　试验荷载示意图

5　抗压疲劳变形试验中，应于每 1×10^5 次重复加载后，停机测量混凝土棱柱体试件的累积变形。测量宜在疲劳试验机停机后 15 s 内完成。应在对测试结果进行记录之后，继续加载进行抗压疲劳变形试验，直到试件破坏为止。若加载至 2×10^6 次，试件仍未破坏，可停止试验。

13.5　每组应取 3 个试件在相同加载次数时累积变形的算术平均值作为该组混凝土试件在等幅重复荷载下的扰压疲劳变形测定值，精确至 0.001 mm/m。

14　抗硫酸盐侵蚀试验

14.1　本方法适用于测定混凝土试件在干湿交替环境中，以能够经受的最大干湿循环次数来表示的混凝土抗硫酸盐侵蚀性能。

14.2　试件应符合下列规定；

1　本方法应采用尺寸为 100 mm×100 mm×100 mm 的立方体试件，每组应为 3 块。

2 混凝土的取样、试件的制作和养护应符合本标准第 3 章的要求。

3 除制作抗硫酸盐侵蚀试验用试件外，还应按照同样方法，同时制作抗压强度对比用试件。试件组数应符合表 14-1 的要求。

表 14-1　抗硫酸盐侵蚀试验所需的试件组数

设计抗硫酸盐等级	KS15	KS30	KS60	KS90	KS120	KS150	KS150 以上
检查强度所需干湿循环次数	15	15 及 30	30 及 60	60 及 90	90 及 120	120 及 150	150 及设计次数
鉴定 28d 强度所需试件组数	1	1	1	1	1	1	1
干湿循环试件组数	1	2	2	2	2	2	2
对比试件组数	1	2	2	2	2	2	2
总计试件组数	3	5	5	5	5	5	5

14.3 试验设备和试剂应符合下列规定：

1 干湿循环试验装置宜采用能使试件静止不动，浸泡、烘干及冷却等过程应能自动进行的装置。设备应具有数据实时显示、断电记忆及试验数据自动存储的功能。

2 也可采用符合下列规定的设备进行干湿循环试验。

　1）烘箱应能使温度稳定在（80±5）℃。

　2）容器应至少能够装 27 L 溶液，并应带盖，且应由耐盐腐蚀材料制成。

3 试剂应采用化学纯无水硫酸钠。

14.4 干湿循环试验应按下列步骤进行：

1 试作应在养护至 28 d 龄期的前 2 d，将需进行干湿循环的试件从标准养护室取出。擦干试件表面水分，然后将试件放入烘箱中，并应在（80±5）℃下烘 48 h。烘干结束后应将试件在干燥环境冷却到室温。对于掺入掺合料比较多的混凝土，也可采用 56 d 龄期或者设计规定的龄期进行试验，这种情况应在试验报告中说明。

2 试件烘干并冷却后，应立即将试件放入试件盒（架）中，相邻试件之间应保持 20 mm 间距，试件与试件盒侧壁的间距不应小于 20 mm。

3 试件放入试件盒以后，应将配制好的 5% Na$_2$SO$_4$ 溶液放入试件盒，溶液应至少超过最上层试件表面 20 mm，然后开始浸泡。从试件开始放入溶液，到浸泡过程结束的时间应为（15±0.5)h。注入溶液的时间不应超过 30 min。浸泡龄期应从将混凝土试件移入 5% Na$_2$SO$_4$ 溶液中起计时。试验过程中宜定期检查和调整溶液的 pH 值，可每隔 15 个循环测试一次溶液 pH 值，应始终维持溶液的 pH 值在 6～8 之间。溶液的温度应控制在 25～30 ℃。也可不检测其 pH 值，但应每月更换一次试验用溶液。

4 浸泡过程结束后，应立即排液，应在 30 min 内将溶液排空。溶液排空后应将试件风干 30 min. 从溶液开始排出到试件风干的时间成为 1 h。

5 风干过程结束后应立即升温，应将试件盒内的温度升到 80 ℃，开始烘干过程。升温过程应在 30 min 内完成。温度升到后应将温度维持在（80±5）℃。从升温开始冷却的时间应为 6 h。

6 烘干过程结束后，应立即对试件进行冷却，从开始冷却到将试件盒内的试件表面温度冷却到（25～30)℃的时间应为 2 h。

7 每个干湿循环的总时间应为（24±2）h。然后应再次放入溶液，按照上述 3～6 的步骤进行下一个干湿循环。

8 在达到本标准表 14-1 规定的干湿循环次数后，应及时进抗压强度试验。同时应观察经过干湿循环后混凝土表面的破损情况并进行外观描述。当试件有严重剥落、掉角等缺陷时，应先高强石膏补平后再进行抗压强度试验。

9 当干湿循环试验出现下列三种情况之一时，可停止试验：

1) 当抗压强度耐蚀系数达到 75%

2) 干湿循环次数达到 150 次；

3) 达到试件抗硫酸盐等级相应的干湿循环次数。

10 对比试件应继续保持原有的养护条件，直到完成干湿循环后，与进行干湿循环试验的试件同时进行抗压强度试验。

14.5 试验结果计算及处理应符合下列规定：

$$K_f = \frac{f_{cn}}{f_{c0}} \times 100 \quad\cdots\cdots\cdots\cdots\cdots\cdots\cdots\cdots\cdots\cdots (14\text{-}1)$$

式中：

K_f——抗压强度耐蚀系数（%）；

f_{cn}——为 N 次干湿循环后受硫酸盐腐蚀的一组混凝土试件的抗压强度测定值（MPa），精确至 0.1 MPa；

f_{c0}——与受硫酸盐腐蚀试件同龄期的标准养护的一组对比混凝土试件的抗压强度测定值（MPa），精确至 0.1 MPa。

2 f_{cn} 和 f_{c0} 应以 3 个试件抗压强度试验结果的算术平均值为测定值。当最大值或最小值，与中间值之差超过中间值的 15% 时，应剔除此值，并应取其余两值的算术平均值作为测定值；当最大值和最小值，均超过中间值的 15% 时，应取中间值作为测定值。

3 抗硫酸盐等级应以混凝土抗压强度耐蚀系数下降到不低于 75% 时的最大干湿循环次数来确定，并应以符号 KS 表示。

15 碱-骨料反应试验

15.1 本试验方法用于检验混凝土试件在温度 38 ℃ 及潮湿条件养护下，混凝土中的碱与骨料反应所引起的膨胀是否具有潜在危害。适用于碱-硅酸反应和碱-碳酸盐反应。

15.2 试验仪器设备应符合下列要求：

1 本方法应采用与公称直径分别为 20 mm、16 mm、10 mm、5 mm 的圆孔筛对应的方孔筛。

2 称量设备的最大量程应分别为 50 kg 和 10 kg，感量应分别不超过 50 g 和 5 g，各一台。

3 试模的内测尺寸应为 75 mm×75 mm×275 mm，试模两个端板应预留安装测头的圆孔，孔的直径应与测头直径相匹配。

4 侧头（埋钉）的直径应为（5～7）mm，长度应为 25 mm。应采用不锈金属制成，测头均应位于试模两端的中心部位。

5 测长仪的测量范围应为（275～300）mm，精度应为 ±0.001 mm。

6 养护盒应由耐腐蚀材料制成，不应漏水，且应能密封。盘底部应装有（20±5）mm

深的水，盒内应有试件架，且应能使试件垂直立在盒中。试件底部不应与水接触。一个养护盘宜同时容纳 3 个试件。

15.3 碱-骨料反应试验应符合下列规定：

1 原材料和设计配合比例按照下列规定准备：

1）应使用硅酸盐水泥，水泥含碱量宜为（0.9±0.1）%（Na_2O 当量计，即 Na_2O + 0.658 K_2O）。可通过外加浓度为 10% 的 NaOH 溶液，使试验用水泥含碱量达到 1.25%。

2）当试验用来评价细骨料的活性，应采用非活性的粗骨料，粗骨料的非活性也应通过试验确定，试验用细骨料细度模数宜为（2.7±0.2）。当试验用来评价粗骨料的活性，应用非活性的细骨料，细骨料的非活性也应通过试验确定。当工程用的骨料为同一种的材料，应用该粗、细骨料来评价活性。试验用粗骨料应由三种级配：20～16 mm、16～10 mm 和 10～5mm，各取 1/3 等量混合。

3）每立方米混凝土水泥用量应为（420±10）kg。水灰比应为 0.42～0.45。粗骨料与细的质量比应为 6∶4。试验中除可外加 NaOH 外，不得使用其他的外加剂

2 试件应按下列规定制作：

1）成型前 24 h，应将试验所用所有原材料放入（20±5）℃的成型室。

2）混凝土搅拌宜采用机械拌合。

3）混凝土应一次装入试模，应用捣棒和抹刀捣实，然后应在振动台上振动 30 s 或直至表面泛浆为止。

4）试件成型后应带模一起送入（20±2）℃、相对湿度 95% 以上的标准养护室中，应在混凝土初凝前（1～2）h，对试件沿模口抹平并应编号

3 试件养护及测量应符合下列要求：

1）试件应在标准养护室中养护（24±4）h 后脱模，脱模时应特别小心不要损伤测头，并应尽快测试试件的基准长度。待测试件应用湿布盖好。

2）试件的基准长度应在（20±2）℃的恒温中进行。每个试件应至少重复测试两次，应取两次测值的算术平均值作为该试件的基准长度值。

3）测量基准长度后应将试件放入养护盒中，并盖严盒盖。然后应将养护盒放入（38±2）℃的养护室或养护箱里养护。

4）试件的测量龄期应从测定基准长度后算起，测量龄期应为 1 周、2 周、4 周、8 周、13 周、18 周、26 周、39 周和 52 周，以后可每半年测一次。每次测量的前一天，应将养护盘从（38±2）℃的养护室中取出，并放入（20±2）℃的恒温中，恒温时间应为（24±4）h。试件各龄期的测试与测量基准长度的方法相同，测量完毕后，应将试件调头放入养护盒中，并盖严盒盖。然后应将养护盒重新放入（38±2）℃的养护室或养护箱中继续养护至下一测试龄期。

5）每次测量时，应观察试件有无裂缝、变形、渗出物及反应产物等，并应作详细记录。必要时可在长度测试周期全部结束后，辅以岩相分析等手段，综合判断试件内部结构和可能的反应产物。

4 当碱-骨料反应试验出现以下两种情况之一时，可结束试验：

1）在 52 周的测试龄期内的膨胀率超过 0.04%；

2）膨胀率虽小于 0.04%，但试验周期已经达 52 周（或一年）。

15.4 试验结果计算和处理应符合下列规定：

$$\varepsilon_t = \frac{L_t - L_0}{L_0 - 2\Delta} \times 100 \quad\cdots\cdots\cdots\cdots\cdots\cdots\cdots\cdots\cdots \text{（15-1）}$$

式中：

ε_t——试件在 t（d）龄期的膨胀率（%），精确至 0.001；

L_t——试件在 t（d）龄期的长度（mm）；

L_0——试件的基准长度（mm）；

Δ——测头的长度（mm）。

2 每组应以 3 个试件测值的算术平均值作为某一龄期膨胀率的测定值。

3 当每组平均膨胀率小于 0.020% 时，同一组试件中单个试件之间的膨胀率的差值（最高值与最低值之差）不应超过 0.008%；当每组平均膨胀率大于 0.020% 时，同一组试件中单个试件的膨胀率的差值（最高值与最低值之差）不应超过平均值的 40%。

6.6 混凝土耐久性检验评定标准 JGJ/T 193—2009

1 总则

1.1 为规范混凝土耐久性能的检验评定方法，制定本标准。

1.2 本标准适用于建筑与市政工程中混凝土耐久性的检验与评定。

1.3 本标准规定了混凝土耐久性检验评定的基本技术要求。当本标准与国家法律、行政法规的规定相抵触时，应按国家法律、行政法规的规定执行。

1.4 混凝土耐久性的检验评定除应符合本标准的规定外，尚应符合国家现行有关标准的规定

2 基本规定

2.1 混凝土耐久性检验评定的项目可包括抗冻性能、抗水渗透性能、抗硫酸盐侵蚀性能、抗氯离子渗透性能、抗碳化性能和早期抗裂性能。当混凝土需要进行耐久性检验评定时，检验评定的项目及其等级或限值应根据设计要求确定。

2.2 混凝土原材料应符合国家现行有关标准的规定，并应满足设计要求；工程施工过程中，混凝土原材料的质量控制与验收应符合现行国家标准《混凝土结构工程施工质量验收规范》GB 50204 的规定。

2.3 对于需要进行耐久性检验评定的混凝土，其强度应满足设计要求，且强度检验评定应符合现行国家标准《混凝土强度检验评定标准》GBJ 107 的规定。

2.4 混凝土的配合比设计应符合现行行业标准《普通混凝土配合比设计规程》JGJ 55 中关于耐久性的规定。

2.5 混凝土的质量控制应符合现行国家标准《混凝土质量控制标准》GB 50164 的规定

3 性能等级划分与试验方法

3.1 混凝土抗冻性能、抗水渗透性能和抗硫酸盐侵蚀性能的等级划分应符合表 3-1 的规定。

表 3-1　混凝土抗冻性能、抗水渗透性能和抗硫酸盐侵蚀性能的等级划

抗冻等级（快冻法）	抗冻标号（慢冻法）	抗渗等级	抗硫酸盐等级
F50	F250	D50	P4	KS30
F100	F300	D100	P6	KS30
F150	F350	D150	P8	KS90
F200	F400	D200	P10	KS120
>F400		>D200	P12	KS150
			>P12	>KS150

3.2 混凝土抗氯离子渗透性能的等级划分应符合下列规定：

　　1. 当采用氯离子迁移系数（RCM 法）划分混凝土抗氯离子渗透性能等级时，应符合表

3-2 的规定，且混凝土测试龄期应为 84 d。

表 3-2　混凝土抗氯离子渗透性能的等级划分（RCM 法）

等　级	RCM-Ⅰ	RCM-Ⅱ	RCM-Ⅲ	RCM-Ⅳ	RCM-Ⅴ
氯离子迁移系数 D_{RCM}（RCM 法）（$\times 10^{-2} m^2/s$）	$D_{RCM} \geqslant 4.5$	$3.5 \leqslant D_{RCM} < 4.5$	$2.5 \leqslant D_{RCM} < 3.5$	$1.5 \leqslant D_{RCM} < 2.5$	$D_{RCM} < 1.5$

2. 当采用电通量划分混凝土抗氯离子渗透性能等级时，应符合表 3-3 的规定，且混凝土测试龄期宜为 28 d。当混凝土中水泥混合材与矿物掺合料之和超过胶凝材料用量的 50%时，测试龄期可为 56 d。

表 3-3　混凝土抗氯离子渗透性能的等级划分（电通量法）

等级	Q-Ⅰ	Q-Ⅱ	Q-Ⅲ	Q-Ⅳ	Q-Ⅴ
电通量 Q. （C）	$Q \geqslant 4\,000$	$2\,000 \leqslant Q_s < 4\,000$	$1\,000 \leqslant Q_s < 2\,000$	$500 \leqslant Q_s < 1\,000$	$Q < 500$

3.3　混凝土抗碳化性能的等级划分应符合表 3-4 的规定。

表 3-4　混凝土抗碳化性能的等级划分

等级	T-Ⅰ	T-Ⅱ	T-Ⅲ	T-Ⅳ	T-Ⅴ
碳化深度 d（mm）	$d \geqslant 30$	$20 \leqslant c < 30$	$10 \leqslant d < 20$	$0.1 \leqslant c < 10$	$d < 0.1$

3.4　混凝土早期抗裂性能的等级划分应符合表 3-5 的规定。

表 3-5　混凝土早期抗裂性能的等级划分

等级	L-Ⅰ	L-Ⅱ	L-Ⅲ	L-Ⅳ	L-Ⅴ
单位面积上的总开裂面积 c（mm^2/m^2）	$c \geqslant 1\,000$	$700 \leqslant c < 1\,000$	$400 \leqslant c < 700$	$100 \leqslant c < 400$	$c < 100$

3.5　混凝土耐久性检验项目的试验方法应符合现行国家标准《普通混凝土长期性能和耐久性能试验方法标准》GBlT 50082 的规定。

4　检验

4.1　检验批及试验组数

4.1.1　同一检验批混凝土的强度等级、龄期、生产工艺和配合比应相同。

4.1.2　对于同一工程、同一配合比的混凝土，检验批不应少于一个。

4.1.3　对于同一检验批，设计要求的各个检验项目应至少完成一组试验。

4.2　取样

4.2.1　取样方法应符合现行国家标准《普通混凝土拌合物性能试验方法标准》GB/T 50080 的规定。

4.2.2　取样应在施工现场进行，应随机从同一车（盘）中取样，并不宜在首车（盘）混凝土中取样。从车中取样时，应将混凝土搅拌均匀，并应在卸料量的 1/4～3/4 之间取样。

4.2.3 取样数量应至少为计算试验用量的 1.5 倍。计算试验用量应根据现行国家标准《普通混凝土长期性能和耐久性能试验方法标准》GBlT 50082 的规定计算。

4.2.4 每次取样应进行记录，取样记录应至少包括下列内容：

1. 耐久性检验项目；
2. 取样日期、时间和取样人；
3. 取样地点（实验室名称或工程名称、结构部位等）；
4. 混凝土强度等级；
5. 混凝土拌合物工作性；
6. 取样方法；
7. 试样编号；
8. 试样数量；
9. 环境温度及取样的混凝土温度（现场取样还应记录取样时的天气状况）；
10. 取样后的样品保存方法、运输方法以及从取样到制作成型的时间。

4.3 试件制作与养护

4.3.1 试件制作应在现场取样后 30 min 内进行。

4.3.2 试件制作和养护应符合现行国家标准《普通混凝土力学性能试验方法标准》GBlT 50081 和《普通混凝土长期性能和耐久性能试验方法标准》GBlT 50082 的有关规定。

4.4 检验结果

4.4.1 对于同一检验批只进行一组试验的检验项目，应将试验结果作为检验结果。对于抗冻试验、抗水渗透试验和抗硫酸盐侵蚀试验，当同一检验批进行一组以上试验时，应取所有组试验结果中的最小值作为检验结果。当检验结果介于本标准表 3.0.1 中所列的相邻两个等级之间时，应取等级较低者作为检验结果。

4.4.2 对于抗氯离子渗透试验、碳化试验、早期抗裂试验，当同一检验批进行一组以上试验时，应取所有组试验结果中的最大值作为检验结果

5 评定

5.1 混凝土的耐久性应根据混凝土的各耐久性检验项目的检验结果，分项进行评定。符合设计规定的检验项目，可评定为合格。

5.2 同一检验批全部耐久性项目检验合格者，该检验批混凝土耐久性可评定为合格。

5.3 对于某一检验批被评定为不合格的耐久性检验项目，应进行专项评审并对该检验批的混凝土提出处理意见。

6.7 混凝土强度检验评定标准 GB/T 50107—2010

1 总则

1.1 为了统一混凝土强度的检验评定方法，保证混凝土强度符合混凝土工程质量的要求，制定本标准。

1.2 本标准适用于混凝土强度的检验评定。

1.3 混凝土强度的检验评定，除应符合本标准外，尚应符合国家现行有关标准的规定。

2 术语和符号

2.1 术语

2.1.1 混凝土 concrete
　　由水泥、骨料和水等按一定配合比，经搅拌、成型、养护等工艺硬化而成的工程材料。

2.1.2 龄期 age of concrete
　　自加水搅拌开始，混凝土所经历的时间，按天或小时计。

2.1.3 混凝土强度 strength of concrete
　　混凝土的力学性能，表征其抵抗外力作用的能力。本标准中的混凝土强度是指混凝土立方体抗压强度。

2.1.4 合格性评定 evaluation of conformity
　　根据一定规则对混凝土强度合格与否所作的判定。

2.1.5 检验批 inspection batch
　　由符合规定条件的混凝土组成，用于合格性评定的混凝土总体。

2.1.6 检验期 inspection period
　　为确定检验批混凝土强度的标准差而规定的统计时段。

2.1.7 样本容量 sample size
　　代表检验批的用于合格评定的混凝土试件组数。

2.2 符号

m_{fcu}——同一检验批混凝土立方体抗压强度的平均值；

$f_{cu.k}$——混凝土立方体抗压强度标准值；

$f_{cu.min}$——同一检验批混凝土立方体抗压强度的最小值；

S_{fcu}——标准差未知评定方法中，同一检验批混凝土立方体抗压强度的标准差；

σ_0——标准差已知评定方法中，检验批混凝土立方体抗压强度的标准差；

λ_1，λ_2，λ_3，λ_4——合格评定系数；

$f_{cu.i}$——第 i 组混凝土试件的立方体抗压强度代表值；

n——样本容量。

3 基本规定

3.1 混凝土的强度等级应按立方体抗压强度标准值划分。混凝土强度等级应采用符号 C 与立方体抗压强度标准值（以 N/mm² 计）表示。

3.2 立方体抗压强度标准值应为按标准方法制作和养护的边长为 150 mm 的立方体试件，用标准试验方法在 28 d 龄期测得的混凝土抗压强度总体分布中的一个值，强度低于该值的概率应为 5％。

3.3 混凝土强度应分批进行检验评定。一个检验批的混凝土应由强度等级相同、试验龄期相同、生产工艺条件和配合比基本相同的混凝土组成。

3.4 对大批量、连续生产混凝土的强度应按本标准第 5.1 节中规定的统计方法评定。对小批量或零星生产混凝土的强度应按本标准第 5.2 节中规定的非统计方法评定。

4 混凝土的取样与试验

4.1 混凝土的取样

4.1.1 混凝土的取样，宜根据本标准规定的检验评定方法要求制定检验批的划分方案和相应的取样计划。

4.1.2 混凝土强度试样应在混凝土的浇筑地点随机抽取。

4.1.3 试件的取样频率和数量应符合下列规定：

　　1 每 100 盘，但不超过 100 m³ 的同配合比混凝土，取样次数不应少于一次；

　　2 每一工作班拌制的同配合比混凝土，不足 100 盘和 100 m³ 时其取样次数不应少于一次；

　　3 当一次连续浇筑的同配合比混凝土超过 1 000 m³ 时，每 200 m³ 取样不应少于一次；

　　4 对房屋建筑，每一楼层、同一配合比的混凝土，取样不应少于一次。

4.1.4 每批混凝土试样应制作的试件总组数，除满足本标准第 5 章规定的混凝土强度评定所必需的组数外，还应留置为检验结构或构件施工阶段混凝土强度所必需的试件。

4.2 混凝土试件的制作与养护

4.2.1 每次取样应至少制作一组标准养护试件。

4.2.2 每组 3 个试件应由同一盘或同一车的混凝土中取样制作。

4.2.3 检验评定混凝土强度用的混凝土试件，其成型方法及标准养护条件应符合现行国家标准《普通混凝土力学性能试验方法标准》GB/T 50081 的规定。

4.2.4 采用蒸汽养护的构件，其试件应先随构件同条件养护，然后应置入标准养护，两段养护试件的总和应为设计规定龄期。

4.3 混凝土试件的试验

4.3.1 混凝土试件的立方体抗压强度试验应根据现行国家标准《普通混凝土力学性能试验方法标准》GB/T 50081 的规定执行。每组混凝土试件强度代表值的确定，应符合下列规定：

　　1 取 3 个试件强度的算术平均值作为每组试件的强度代表值；

　　2 当一组试件中强度的最大值或最小值与中间值之差超过中间值的 15％时，取中间值作为该组试件的强度代表值；

　　3 当一组试件中强度的最大值和最小值与中间值之差均超过中间值的 15％时，该组试件的强度不应作为评定的依据。

　　注：对掺矿物掺合料的混凝土进行强度评定时，可根据设计规定，可采用大于 28 d 龄期的混凝土强度。

4.3.2 当采用非标准尺寸试件时，应将其抗压强度乘以尺寸折算系数，折算成边长为 150 mm 的标准尺寸试件抗压强度。尺寸折算系数按下列规定采用：

1 当混凝土强度等级低于 C60 时，对边长为 100 mm 的立方体试件取 0.95，对边长为 200 mm 的立方体试件取 1.05；

2 当混凝土强度等级不低于 C60 时，宜采用标准尺寸试件；使用非标准尺寸试件时，尺寸折算系数应由试验确定，其试件数量不应少于 30 对组。

5 混凝土强度的检验评定

5.1 统计方法评定

5.1.1 采用统计方法评定时，应按下列规定进行：

1 当连续生产的混凝土，生产条件在较长时间内保持一致，且同一品种、同一强度等级混凝土的强度变异性保持稳定时，应按本标准第 5.1.2 条的规定进行评定。

2 其他情况应按本标准第 5.1.3 条的规定进行评定。

5.1.2 一个检验批的样本容量应为连续的 3 组试件，其强度应同时符合下列规定：

$$m_{f_{cu}} \geqslant f_{cu,k} + 0.7\sigma_0 \quad\text{……………………} (5-1)$$

$$f_{cu,\min} \geqslant f_{cu,k} - 0.7\sigma_0 \quad\text{……………………} (5-2)$$

检验批混凝土立方体抗压强度的标准差应按下式计算：

$$\sigma_0 = \sqrt{\frac{\sum\limits_{i=1}^{n} f_{cu,i}^2 - nm_{f_{cu}}^2}{n-1}} \quad\text{……………………} (5-3)$$

当混凝土强度等级不高于 C20 时，其强度的最小值尚应满足下式要求：

$$f_{cu,\min} \geqslant 0.85 f_{cu,k} \quad\text{……………………} (5-4)$$

当混凝土强度等级高于 C20 时，其强度的最小值尚应满足下列要求：

$$f_{cu,\min} \geqslant 0.90 f_{cu,k} \quad\text{……………………} (5-5)$$

式中：

$m_{f_{cu}}$——同一检验批混凝土立方体抗压强度的平均值（N/mm²），精确到 0.1（N/mm²）；

$f_{cu,k}$——混凝土立方体抗压强度标准值（N/mm²），精确到 0.1（N/mm²）；

σ_0——检验批混凝土立方体抗压强度的标准差（N/mm²），精确到 0.01（N/mm²）；当检验批混凝土强度标准差 σ_0 计算值小于 2.5 N/mm² 时，应取 2.5 N/mm²；

$f_{cu,i}$——前一个检验期内同一品种、同一强度等级的第 i 组混凝土试件的立方体抗压强度代表值（N/mm²），精确到 0.1（N/mm²）；该检验期不应少于 60 d，也不得大于 90 d；

n——前一检验期内的样本容量，在该期间内样本容量不应少于 45；

$f_{cu,\min}$——同一检验批混凝土立方体抗压强度的最小值（N/mm²），精确到 0.1（N/mm²）。

5.1.3 当样本容量不少于 10 组时，其强度应同时满足下列要求：

$$m_{f_{cu}} \geqslant f_{cu,k} + \lambda_1 \cdot S_{f_{cu}} \quad\text{……………………} (5-6)$$

$$f_{cu,\min} \geqslant \lambda_2 \cdot f_{cu,k} \quad\text{……………………} (5-7)$$

同一检验批混凝土立方体抗压强度的标准差应按下式计算：

$$S_{f_{cu}} = \sqrt{\frac{\sum_{i=1}^{n} f_{cu,i}^2 - n m_{f_{cu}}^2}{n-1}} \quad \cdots\cdots\cdots\cdots\cdots\cdots\cdots\cdots \text{(5-8)}$$

式中：

S_{fcu}——同一检验批混凝土立方体抗压强度的标准差（N/rnm²），精确到 0.01（N/mm²）；

　　　　当检验批混凝土强度标准差 S_{fcu} 计算值小于 2.5 N/mm²时，应取 2.5 N/mm²；

λ_1，λ_2——合格评定系数，按表 5-1 取用；

n——本检验期内的样本容量。

表 5-1　混凝土强度的合格评定系数

试件组数	10～14	15～19	≥20
λ_1	1.15	1.05	0.95
λ_2	0.90	0.85	

5.2　非统计方法评定

5.2.1　当用于评定的样本容量小于 10 组时，应采用非统计方法评定混凝土强度。

5.2.2　按非统计方法评定混凝土强度时，其强度应同时符合下列规定：

$$m_{fcu} \geqslant \lambda_3 \cdot f_{cu.k} \quad \cdots\cdots\cdots\cdots\cdots\cdots\cdots\cdots\cdots \text{(5-9)}$$

$$f_{cu.min} \geqslant \lambda_4 \cdot f_{cu.k} \quad \cdots\cdots\cdots\cdots\cdots\cdots\cdots\cdots \text{(5-10)}$$

式中：

λ_3，λ_4——合格评定系数，应按表 5.2.2 取用。

表 5-2　混凝土强度的非统计法合格评定系数

混凝土强度等级	<C60	≥C60
λ_3	1.15	1.10
λ_4	0.95	

5.3　混凝土强度的合格性评定

5.3.1　当检验结果满足第 5.1.2 条或第 5.1.3 条或第 5.2.2 条的规定时，则该批混凝土强度应评定为合格；当不能满足上述规定时，该批混凝土强度应评定为不合格。

5.3.2　对评定为不合格批的混凝土，可按国家现行的有关标准进行处理。

6.8 混凝土质量控制 GB 50164—2011

1 总则

1.1 为加强混凝土质量控制，促进混凝土技术进步，确保混凝土工程质量，制订本标准

1.2 本标准适用于建设工程的普通混凝土质量控制

1.3 混凝土质量控制除应符合本标准规定外，尚应符合现行有关国家标准的规定。

2 原材料质量控制

2.1 水泥

2.1.1 水泥品种与强度等级的选用应根据设计、施工要求以及工程所处环境确定。对于一般建筑结构及预制构件的普通混凝土，宜采用通用硅酸盐水泥高强混凝土和有抗冻要求的混凝土：宜采用硅酸盐水泥或普通硅酸盐水泥有预防混凝土碱骨料反应要求的混凝土工程宜采用碱含量低于 0.6% 的水泥大体积混凝土宜采用中低热硅酸盐水泥或低热矿渣硅酸盐水泥：水泥应符合现行国家标准《通用硅酸盐水泥》GB 175 和《中热硅酸盐水泥　低热硅酸盐水泥　低热矿渣硅酸盐水泥》GB 200 的有关规定。

2.1.2 水泥质量主要控制项目应包括凝结时间、安定性、胶砂强度、氧化镁和氯离子含量，碱含量低于 0.6% 的水泥主要控制项目还应包括碱含量，中，低热硅酸盐水泥或低热矿渣硅酸盐水泥主要控制项目还应包括水化热。

2.1.3 水泥的应用方面尚应符合以下规定：

1 宜采用新型干法窑生产的水泥；

2 应注明水泥中的混合材品种和掺加量；

3 用于生产混凝土的水泥温度不宜高于 60℃。

2.2 粗骨料

2.2.1 粗骨料应符合现行行业标准《普通混凝土用砂、石质量及检验方法标准》JGJ 52 的规定。

2.2.2 粗骨料质量主要控制项目应包括颗粒级配、针片状含量、含泥量、泥块含量、压碎指标和坚固性；用于高强混凝土的粗骨料还包括岩石抗压强度。

2.2.3 粗骨料在应用方面尚应符合以下规定：

1. 混凝土粗骨料宜采用连续级配

2. 对于混凝土结构，粗骨料最大公称粒径不得大于构件截面积最小尺寸的 1/4，且不得大于钢筋最小净间距的 3/4；对混凝土实心板，骨料的最大公称粒径不宜大于板厚 1/3，且不得大于 40 mm；对于大体积混凝土，粗骨料最大公称粒径不宜小于 31.5 mm。

3. 对于抗渗抗冻抗腐蚀、耐磨或其他特殊要求的混凝土，粗骨料中的含泥量和泥块含量分别不应大于 1.0% 和 0.5%；坚固性检验的质量损失不应大于 8%。

4. 对于高强混凝土，粗骨料的岩石抗压强度应至少比混凝土设计强度高 30%；最大公称粒径不宜大于 25 mm，针片状颗粒含量不宜大于 5% 且不应大于 8%；含泥量和泥块含量

分别不应大于 0.5% 和 0.2%。

5. 对粗骨料或用于制作粗骨料的岩石，应进行碱活性检验，包括碱-硅酸反应活性检验和碱-碳酸盐反应活性检验；对于有预防混凝土碱-骨料反应要求的混凝土工程，不宜采用有碱活性的粗骨料。

2.3 细骨料

2.3.1 细骨料应符合现行行业标准《普通混凝土用砂、石质量及检验方法标准》JGJ 52 的规定；混凝土用海砂应符合现行行业标准《海砂混凝土应用技术规范》JGJ 206 的有关规定。

2.3.2 细骨料质量主要控制项目应包括颗粒级配、细度模数、含泥量、泥块含量、坚固性、氯离子含量和有害物质含量；海砂主要控制项目除应包括上述指标外尚应包括贝壳含量；人工砂主要控制项目应包括上述指标外尚应包括石粉含量和压碎值指标，人工砂主要控制项目可不包括氯离子含量和有害物质含量。

2.3.3 细骨料的应用应符合下列规定：

1 泵送混凝土宜采用中砂，且 300 μm 筛孔的颗粒通过量不宜少于 15%。

2 对于有抗渗、抗冻或其他特殊要求的混凝土，砂中的含泥量和泥块含量应分别不大于 3.0% 和 1.0%；坚固性检验的质量损失不应大于 8%。

3 对于高强混凝土，砂的细度模数宜控制在 2.6～3.0 范围之内，含泥量和泥块含量分别不应大于 2.0% 和 0.5%。

4 钢筋混凝土和预应力钢筋混凝土用砂的氯离子含量分别不应大于 0.06% 和 0.02%。

5 混凝土用海砂必须经过净化处理。

6 混凝土用海砂氯离子含量不应大于 0.03% 贝壳含量应符合表 2-1 的规定。海砂不得用于预应力钢筋混凝土。

表 2-1 混凝土用海砂的贝壳含量

混凝土强度等级	≥C60	≥C40	C35～C30	C25～C15
贝壳含量（按质量计,%）	≤3	≤5	≤8	≤10

7 人工砂中的石粉含量应符合表 2-2 的规定。

表 2-2 人工砂中石粉含量

混凝土强度等级		≥C60	C55～C30	≤C25
石粉含量（%）	MB<1.4	≤5.0	≤7.0	≤10.0
	MB≥1.4	≤2.0	≤3.0	≤5.0

8 不宜单独采用特细砂作为细骨料配制混凝土。

9 河砂和海砂应进行碱-硅酸反应活性检验；人工砂应进行碱-硅酸反应活性检验和碱-碳酸盐反应活性检验；对于有预防混凝土碱骨料反应要求的混凝土工程，不宜采用有碱活性的砂。

2.4 矿物掺合料

2.4.1 用于混凝土中的矿物掺合料可包括粉煤灰、粒化高炉矿渣粉、硅灰、钢渣粉、磷渣粉，可采用两种或两种以上的矿物掺合料按一定比例混合使用。粉煤灰应符合现行国家标准《用于水泥和混凝土中的粉煤灰》GB/T 1596 的有关规定；粒化高炉矿渣粉应符合现行国家标准《用于水泥和混凝土中的粒化高炉矿渣粉》GB/T 18046 的有关规定；钢渣粉应符合现行国家标准《用于水泥和混凝土中的钢渣粉》GB/T 20491 的有关规定；其他矿物掺合料应符合相关现行国家标准的规定并满足混凝土性能要求；矿物掺合料的放射性应符合现行国家标准《建筑材料放射性核素限量》GB 6566 的有关规定。

2.4.2 粉煤灰的主要控制项目应包括细度、需水量比、烧失量和三氧化硫含量，C 类粉煤灰的主要控制项目还应包括游离氧化钙含量和安定性；粒化高炉矿渣粉主要控制项目应包括比表面积、活性指数和流动度比；钢渣粉的主要控制项目应包括比表面积、活性指数、流动度比、游离氧化钙含量、三氧化硫含量、氧化镁含量和安定性；磷渣粉的主要控制项目应包括细度、活性指数、流动度比、五氧化二磷含量和安定性；硅灰的主要控制项目应包括比表面积和二氧化硅含量。矿物掺合料的主要控制项目还应包括放射性。

2.4.3 矿物掺合料的应用应符合下列规定：

1. 掺用矿物掺合料的混凝土，宜采用硅酸盐水泥和普通硅酸盐水泥。

2. 在混凝土中掺用矿物掺合料时，矿物掺合料的种类和掺量应经试验确定。

3. 矿物掺合料宜与高效减水剂同时使用。

4. 对于高强混凝土或有抗渗、抗冻、抗腐蚀、耐磨等其他特殊要求的混凝土，不宜采用低于 II 级的粉煤灰。

5. 对于高强混凝土和耐腐蚀要求的混凝土，当需要采用硅灰时，宜采用二氧化硅含量不小于 90% 的硅灰；

2.5 外加剂

2.5.1 外加剂应符合国家现行标准《混凝土外加剂》GB 8076、《混凝土防冻剂》JC 475 和《混凝土膨胀剂》GB 23439 的有关规定。

2.5.2 外加剂质量主要控制项目应包括掺外加剂混凝土性能和外加剂匀质性两方面。混凝土性能方面的主要控制项目包括减水率、凝结时间差和抗压强度比；外加剂匀质性方面的主要控制项目应包括 pH 值、氯离子含量和碱含量；引气剂和引气减水剂主要控制项目还应包括含气量；防冻剂主要控制项目还应包括含气量和 50 次冻融强度损失率比；膨胀剂主要控制项目还应包括凝结时间、限制膨胀率和抗压强度。

2.5.3 外加剂应用方面除应符合现行国家标准《混凝土外加剂应用技术规范》GB 50119 的有关规定外尚应符合下列规定：

1 在混凝土中掺用外加剂时，外加剂应与水泥具有良好的适应性，其种类和掺量应经试验确定，

2 高强混凝土宜采用高性能减水剂；有抗冻要求的混凝土宜采用引气剂或引气减水剂；大体积混凝土宜采用缓凝剂或缓凝减水剂；混凝土冬期施工可采用防冻剂。

3 外加剂中的氯离子含量和碱含量应满足混凝土设计要求。

4 宜采用液态外加剂。

2.6 水

2.6.1 混凝土用水应符合现行行业标准《混凝土用水标准》JGJ 63 的有关规定。

2.6.2 混凝土用水主要控制项目应包括 pH 值、不溶物含量、可溶物含量、硫酸根离子含

量、氯离子含量、水泥凝结时间差和水泥胶砂强度比，当混凝土骨料为碱活性时，主要控制项目还应包括碱含量。

2.6.3 混凝土用水的应用应符合以下规定：

1 未经处理的海水严禁用于钢筋混凝土和预应力钢筋混凝土。

2 当骨料具有碱活性时，混凝土用水不得采用混凝土企业生产设备洗刷水。

3 混凝土性能要求

3.1 拌合物性能

3.1.1 混凝土拌合物性能应满足设计和施工要求。混凝土拌合物性能试验方法应符合现行国家标准《混凝土拌合物性能试验方法》GB/T 50080 的有关规定；坍落度经时损失试验方法应符合本标准附录 A 的规定。

3.1.2 混凝土拌合物的稠度可采用坍落度、维勃稠度或扩展度表示，坍落度检验适用于坍落度不小于 10 mm 的混凝土拌合物，维勃稠度检验适用于维勃稠度 5 s～30 s 的混凝土拌合物，扩展度适用于泵送高强混凝土和自密实混凝土。坍落度、维勃稠度和扩展度的等级划分及其允许偏差应符合表 3-1、3-2、3-3 和 3-4 的规定。

表 3-1 混凝土拌合物的坍落度等级划分

等 级	坍落度/mm
S1	10～40
S2	50～90
S3	100～150
S4	160～210
S5	≥220

表 3-2 混凝土拌合物的维勃稠度等级划分

等 级	维勃稠度/s
V0	≥31
V1	30～21
V2	20～11
V3	10～6
V4	5～3

表 3.1.2-3 混凝土拌合物的扩展度等级划分

等 级	扩展直径/mm
F1	≤ 340
F2	350～410
F3	420～480
F4	490～550
F5	560～620
F6	≥ 630

表 3-4 混凝土拌合物稠度允许偏差

拌合物性能		允许偏差		
坍落度（mm）	设计值	≤40	50～90	≥100
	允许偏差	±10	±20	±30

续表

拌合物性能		允许偏差		
维勃稠度（S）	设计值	≥11	10～6	≤5
	允许偏差	±3	±2	±1
扩展度（mm）	设计值	≥350		
	允许偏差	±30		

3.1.3 混凝土拌合物在满足施工要求的前提下，尽可能采用较小的坍落度；泵送混凝土拌合物坍落度设计值不宜大于 180 mm。

3.1.4 泵送高强混凝土的扩展度不宜小于 500 mm；自密实混凝土的扩展度不宜小于600 mm。

3.1.5 混凝土拌合物的坍落度经时损失不应影响混凝土的正常施工。泵送混凝土拌合物的坍落度经时损失不宜大于 30 mm/h。

3.1.6 混凝土拌合物应具有良好的和易性，并不得离析或泌水。

3.1.7 混凝土拌合物的凝结时间应满足施工要求和混凝土性能要求。

3.1.8 混凝土拌合物中水溶性氯离子最大含量应符合表 3-5 的要求。混凝土拌合物中水溶性氯离子含量应按照现行行业标准《水运工程混凝土试验规程》JTJ 270 中混凝土拌合物中氯离子含量的快速测定方法或其它准确度更好的方法进行测定。

表 3-5　混凝土拌合物中水溶性氯离子最大含量（水泥用量的质量百分比，%）

环境条件	水溶性氯离子最大含量		
	钢筋混凝土	预应力混凝土	素混凝土
干燥环境	0.30		
潮湿但不含氯离子的环境	0.20	0.06	1.00
除冰盐等侵蚀性物质的腐蚀	0.10		
环境	0.06		

3.1.9 掺用引气型或引气型外加剂混凝土拌合物的含气量宜符合表 3-6 的规定。

表 3-6　混凝土含气量

粗骨料最大公称粒径/mm	混凝土含气量/%
20	≤5.5
25	≤5.0
40	≤4.5

3.2　力学性能

3.2.1 混凝土的力学性能应满足设计和施工的要求。混凝土力学性能试验方法应符合现行国家标准《普通混凝土力学性能试验方法标准》GB/T 50081 的有关规定。

3.2.2 混凝土强度等级应按立方体抗压强度标准值（MPa）划分为：C10、C15、C20、C25、C30、C35、C40、C45、C50、C55、C60、C65、C70、C75、C80、C85、C90、C95 和C100。

3.2.3 混凝土抗压强度应按现行国家标准《混凝土强度检验评定标准》GB/T 50107 的有关规定进行检验评定，并应合格。

3.3 长期性能和耐久性能

3.3.1 混凝土耐久性能应满足设计要求，试验方法应符合现行国家标准《普通混凝土长期性能和耐久性能试验方法标准》GB/T 50082 的有关规定。

3.3.2 混凝土的抗冻性能、抗水渗透性能和抗硫酸盐侵蚀性能的等级划分应符合表 3-7 的规定。

表 3-7　混凝土抗冻性能、抗水渗透性能和抗硫酸盐侵蚀性能的等级划分

抗冻等级（快冻法）		抗冻标号（慢冻法）	抗渗等级	抗硫酸盐等级
F50	F250	D50	P4	KS30
F100	F300	D100	P6	KS60
F150	F350	D150	P8	KS90
F200	F400	D200	P10	KS120
>F400		>D200	P12	KS150
			>P12	>KS150

3.3.3 混凝土抗氯离子渗透性能的等级划分应符合下列规定：

1 当采用氯离子迁移系数（RCM 法）划分混凝土抗氯离子渗透性能等级时，应符合表 3-8 的规定，且混凝土龄期应为 84 d。

表 3-8　混凝土抗氯离子渗透性能的等级划分（RCM 法）

等级	RCM-Ⅰ	RCM-Ⅱ	RCM-Ⅲ	RCM-Ⅳ	RCM-Ⅴ
氯离子迁移系数 D_{RCM}（RCM 法）（$\times 10^{-12} m^2/s$）	$D_{RCM} \geq 4.5$	$3.5 \leq D_{RCM} < 4.5$	$2.5 \leq D_{RCM} < 3.5$	$1.5 \leq D_{RCM} < 2.5$	$D_{RCM} < 1.5$

2 当采用电通量划分混凝土抗氯离子渗透性能等级时，应符合表 3-9 的规定，且混凝土龄期宜为 28 d。当混凝土中水泥混合材与矿物掺合料之和超过胶凝材料用量的 50% 时，测试龄期可为 56 d。

表 3-9　混凝土抗氯离子渗透性能的等级划分（电通量法）

等级	Q-Ⅰ	Q-Ⅱ	Q-Ⅲ	Q-Ⅳ	Q-Ⅴ
电通量 Q_S（C）	$Q_S \geq 4\,000$	$2\,000 \leq Q_S < 4\,000$	$2\,000 \leq Q_S < 4\,000$	$500 \leq Q_S < 1\,000$	$Q_S < 500$

3.3.4 混凝土的抗碳化性能等级划分应符合表 3-10 的规定。

表 3-10　混凝土抗碳化性能的等级划分

等级	T-Ⅰ	T-Ⅱ	T-Ⅲ	T-Ⅳ	T-Ⅴ
碳化深度 d（mm）	$d \geq 30$	$20 \leq d < 30$	$10 \leq d < 20$	$0.1 \leq d < 10$	$d < 0.1$

3.3.5 混凝土的早期抗裂性能等级划分应符合表 3-11 的规定。

表 3-11　混凝土早期抗裂性能的等级划分

等级	L-Ⅰ	L-Ⅱ	L-Ⅲ	L-Ⅳ	L-Ⅴ
单位面积上的总开裂面积 C（mm^2/m^2）	$C \geq 1\,000$	$700 \leq C < 1\,000$	$400 \leq C < 700$	$100 \leq C < 400$	$C < 100$

3.3.6 混凝土耐久性能应按现行行业标准《混凝土耐久性检验评定标准》JGJ/T 193 的有关规定进行检验评定，并应合格。

4　配合比控制

4.1 混凝土配合比设计应符合国家现行标准《普通混凝土配合比设计规程》JGJ 55 的有关规定。

4.2 混凝土配合比应满足混凝土施工性能要求，强度以及其他力学性能和耐久性能应符合设计要求。

4.3 对首次使用、使用间隔时间超过三个月的配合比应进行开盘鉴定，开盘鉴定应符合下列规定：

　　1 生产使用的原材料应与配合比设计一致；

　　2 混凝土拌合物性能应满足施工要求；

　　3 混凝土强度评定应符合设计要求；

　　4 混凝土耐久性能应符合设计要求。

4.4 在混凝土配合比使用过程中，应根据混凝土质量的动态信息及时调整。

5　生产控制水平要求

5.1 混凝土的工程宜采用预拌混凝土。

5.2 混凝土生产控制水平可按强度标准差（σ）和实测强度达到强度标准值组数的百分率（p）表征

5.3 混凝土强度标准差（σ）应按公式 5-1 计算并宜符合表 5-1 的规定

$$\sigma = \sqrt{\frac{\sum_{i=1}^{n} f_{cu,i}^2 - nm_{fcu}^2}{n-1}} \quad \cdots\cdots\cdots\cdots\cdots\cdots\cdots\cdots\cdots (5\text{-}1)$$

式中：

　　σ——混凝土强度标准差，精确到 0.1 MPa；

　　$f_{cu,i}$——统计周期内第 i 组混凝土立方体试件的抗压强度值，精确到 0.1 MPa；

　　m_{fcu}——统计周期内 n 组混凝土立方体试件的抗压强度的平均值，精确到 0.1 MPa；

　　n——统计周期内相同强度等级混凝土的试件组数，n 值应不小于 30。

表 5-1　混凝土强度标准差

生产场所	强度标准差 σ/MPa		
	＜c20	C20～C40	≥C45
预拌混凝土搅拌站 预制混凝土构件厂	≤3.0	≤3.0	≤4.0
施工现场搅拌站	≤3.5	≤4.0	≤4.5

5.0.4 实测强度达到强度标准值组数的百分率（P）应按公式 5-2 计算，且 P 不应小于 95％。

$$p = \frac{n_0}{n} \times 100\% \quad \cdots\cdots\cdots\cdots\cdots\cdots\cdots\cdots\cdots (5\text{-}2)$$

式中：

P——统计周期内实测强度达到强度标准值组数的百分率，精确到 0.1%；

n_0——统计周期内相同强度等级混凝土达到强度标准值的试件组数。

5.5 预拌混凝土搅拌站和预制混凝土构件厂的统计周期可取一个月；施工现场搅拌站的统计周期可根据实际情况确定。但不宜超过三个月。

6 生产与施工质量控制

6.1 一般规定

6.1.1 混凝土生产施工之前，应制订完整的技术方案，并应做好各项准备工作

6.1.2 混凝土拌合物在运输和浇筑成型过程中严禁加水

6.2 原材料进场

6.2.1 混凝土原材料进场时，供方应按规定批次向需方提供质量证明文件。质量证明文件应包括型式检验报告、出厂检验报告与合格证等，外加剂产品还应提供使用说明书。

6.2.2 原材料进场后，应按本标准第 7.1 节的规定进行进场检验。

6.2.3 水泥应按不同厂家、不同品种和强度等级分批存储，并应采取防潮措施；出现结块的水泥不得用于混凝土工程；水泥出厂超过 3 个月（硫铝酸盐水泥超过 45 d），应进行复检，合格者方可使用。

6.2.4 粗、细骨料堆场应有遮雨设施，并应符合有关环境保护的规定；粗、细骨料应按品种、规格分别堆放，不得混杂，不得混入杂物。

6.2.5 矿物掺合料存储时，应有明显标记，不同矿物掺合料以及水泥不得混杂堆放，应防潮防雨，并应符合有关环境保护的规定；矿物掺合料存储期超过 3 个月时，应进行复检，合格者方可使用。

6.2.6 外加剂的送检样品应与工程大批量进货一致，并应按不同的供货单位、品种和牌号进行标识，单独存放；粉状外加剂应防止受潮结块，如有结块，应进行检验，合格者应经粉碎至全部通过 600 μm 筛孔后方可使用；液态外加剂应贮存在密闭容器内，并应防晒和防冻，如有沉淀等异常现象，应经检验合格后方可使用。

6.3 计量

6.3.1 原材料计量宜采用电子计量设备。计量设备的精度应满足现行国家标准《混凝土搅拌站（楼）技术条件》GB 10171 的有关规定，应具有法定计量部门签发的有效检定证书，并应定期校验。混凝土生产单位每月应自检 1 次；每一工作班开始前，应对计量设备进行零点校准。

6.3.2 每盘混凝土原材料计量的允许偏差应符合表 6-1 的规定，原材料计量偏差应每班检查 1 次。

表 6-1　各种原材料计量的允许偏差（按质量计,%）

原材料种类	计量允许偏差
胶凝材料	±2
粗、细骨料	±3
拌合用水	±1
外加剂	±1

6.3.3 对于原材料计量，应根据粗、细骨料含水率的变化，及时调整粗、细骨料和拌合用水的称量。

6.4 搅拌

6.4.1 混凝土搅拌机应符合现行国家标准《混凝土搅拌机》GB/T 9142 的规定。混凝土搅拌宜采用强制式搅拌机。

6.4.2 原材料投料方式应满足混凝土搅拌技术要求和混凝土拌合物质量要求。

6.4.3 混凝土搅拌的最短时间可按表 6-2 采用；当搅拌高强混凝土时，搅拌时间应适当延长；采用自落式搅拌机时，搅拌时间宜延长 30 s。对于双卧轴强制式搅拌机，可在保证搅拌均匀的情况下适当缩短搅拌时间。混凝土搅拌时间应每班检查 2 次。

表 6-2 混凝土搅拌的最短时间/s

混凝土坍落度/mm)	搅拌机机型	搅拌机出料量/L		
		<250	250~500	>500
≤40	强制式	60	90	120
>40 且<100	强制式	60	60	90
≥100	强制式	60		

注：混凝土搅拌的最短时间系指全部材料装入搅拌筒中起，到开始卸料止的时间。

6.4.4 同一盘混凝土的搅拌匀质性应符合以下规定：

    1 混凝土中砂浆密度两次测值的相对误差不应大于 0.8%；

    2 混凝土稠度两次测值的差值不应大于表 3-4 规定的混凝土拌合物稠度允许偏差的绝对值。

6.4.5 冬期生产施工搅拌混凝土时，宜优先采用加热水的方法提高拌合物温度，也可同时采用加热骨料的方法提高拌合物温度。当拌合用水和骨料加热时，拌合用水和骨料的加热温度不应超过表 6-3 的规定：当骨料不加热时，拌合用水可加热到 60 ℃ 以上。应先投入骨料和热水进行搅拌，然后再投入胶凝材料等共同搅拌。

表 6-3 拌合用水和骨料的最高加热温度/℃

采用的水泥品种	拌合用水	骨料
硅酸盐水泥和普通硅酸盐水泥	60	40

6.5 运输

6.5.1 在运输过程中，应控制混凝土不离析、不分层，并应控制混凝土拌合物性能满足施工要求。

6.5.2 当采用机动翻斗车运输混凝土时，道路应平整。

6.5.3 当采用搅拌罐车运送混凝土拌合物时，搅拌罐在冬期应有保温措施。

6.5.4 当采用搅拌罐车运送混凝土拌合物时，卸料前应采用快档旋转搅拌罐不少于 20 s；因运距过远、交通或现场等问题造成坍落度损失较大而卸料困难时，可采用在混凝土拌合物中掺入适量减水剂并快档旋转搅拌罐的措施，减水剂掺量应有经试验确定的预案。

6.5.5 当采用泵送混凝土时，混凝土运输应保证混凝土连续泵送，并应符合现行行业标准

《泵送混凝土施工技术规程》JGJ/T 10 的有关规定。

6.5.6 混凝土拌合物从搅拌机卸出至施工现场接收的时间间隔不宜大于 90 min。

6.6 浇筑成型

6.6.1 浇筑混凝土前，应检查并控制模板、钢筋、保护层和预埋件等的尺寸、规格、数量和位置，其偏差值应符合现行国家标准《混凝土结构工程施工质量验收规范》GB 50204 的规定，并应检查模板支撑的稳定性以及接缝的密合情况，并应保证模板在混凝土浇筑过程中不失稳、不跑模和不漏浆。

6.6.2 浇筑混凝土前，应清除模板内以及垫层上的杂物；表面干燥的地基土、垫层、木模板应浇水湿润。

6.6.3 当夏季天气炎热时，混凝土拌合物入模温度不应高于 35 ℃，宜选择晚间或夜间浇筑混凝土；现场温度高于 35 ℃时，宜对金属模板进行浇水降温，但不得留有积水。并宜采取遮挡措施避免阳光照射金属模板．

6.6.4 当冬期施工时，混凝土拌合物入模温度不应低于 5 ℃，并应有保温措施。

6.6.5 在浇筑过程中，应有效控制混凝土的均匀性、密实性和整体性。

6.6.6 泵送混凝土输送管道的最小内径宜符合表 6-4 的规定；混凝土输送泵的泵压应与混凝土拌合物特性和泵送高度相匹配；泵送混凝土的输送管道应支撑稳定，不漏浆，冬期应有保温措施，夏季最高气温超过 40 ℃时，应有隔热措施。

表 6-4 泵送混凝土输送管道的最小内径/mm

粗骨料公称最大粒径	输送管最小内径
25	125
40	150

6.6.7 不同配合比或不同强度等级泵送混凝土在同一时间段交替浇筑时，输送管道中的混凝土不得混入其他不同配合比或不同强度等级混凝土。

6.6.8 当混凝土自由倾落高度大于 3.0 m 时，应采用串筒、溜管或振动溜管等辅助设备。

6.6.9 浇筑竖向尺寸较大的结构物时，应分层浇筑，每层浇筑厚度宜控制在 300～350 mm；大体积混凝土宜采用分层浇筑方法，可利用自然流淌形成斜坡沿高度均匀上升，分层厚度不应大于 500 mm；对于清水混凝土浇筑，可多安排振捣棒，应边灌注混凝土边振捣，宜连续成型。

6.6.10 自密实混凝土浇筑布料点应结合拌合物特性选择适宜的间距，必要时可以通过试验确定混凝土布料点下料间距。

6.6.11 应根据混凝土拌合物特性及混凝土结构、构件或制品的制作方式选择适当的振捣方式和振捣时间。

6.6.12 混凝土振捣宜采用机械振捣。当施工无特殊振捣要求时，可采用振捣棒进行捣实，插入间距不应大于振捣棒振动作用半径的一倍，连续多层浇筑时，振捣棒应插入下层拌合物约 50 mm 进行振捣；当浇筑厚度不大于 200 mm 的表面积较大的平面结构或构件时，宜采用表面振动成型；当采用干硬性混凝土拌合物浇筑成型混凝土制品时，宜采用振动台或表面加压振动成型。

6.6.13 振捣时间宜按拌合物稠度和振捣部位等不同情况，控制在 10～30 s 内，当混凝土拌合物表面出现泛浆，基本无气泡逸出，可视为捣实。

6.6.14　混凝土拌合物从搅拌机卸出后到浇筑完毕的延续时间不宜超过表6-5的规定。

表6-5　混凝土从搅拌机卸出到浇筑完毕的延续时间/min

混凝土生产地点	气温	
	≤25℃	>25℃
预拌混凝土搅拌站	150	120
施工现场	120	90
混凝土制品厂	90	60

6.6.15　在混凝土浇筑同时，应制作供结构或构件出池、拆模、吊装、张拉、放张和强度合格评定用的同条件养护试件，并应按设计要求制作抗冻、抗渗或其它性能试验用的试件。

6.6.16　在混凝土浇筑及静置过程中，应在混凝土终凝前对浇筑面进行抹面处理。

6.6.17　混凝土构件成型后，在强度达到1.2 MPa以前，不得在构件上面踩踏行走。

6.7　养护

6.7.1　生产和施工单位应根据结构、构件或制品情况、环境条件、原材料情况以及对混凝土性能的要求等，提出施工养护方案或生产养护制度，并应严格执行。

6.7.2　混凝土施工可采用浇水、覆盖保湿、喷涂养护剂、冬季蓄热养护等方法进行养护；混凝土构件或制品厂生产可采用蒸汽养护、湿热养护或潮湿自然养护等方法进行养护。选择的养护方法应满足施工养护方案或生产养护制度的要求。

6.7.3　采用塑料薄膜覆盖养护时，混凝土全部表面应覆盖严密，并应保持膜内有凝结水；采用养护剂养护时，应通过试验检验养护剂的保湿效果。

6.7.4　对于混凝土浇筑面，尤其是平面结构，宜边浇筑成型边采用塑料薄膜覆盖保湿。

6.7.5　混凝土施工养护时间应符合以下规定：

　1　对于采用硅酸盐水泥、普通硅酸盐水泥或矿渣硅酸盐水泥配制的混凝土，采用浇水和潮湿覆盖的养护时间不得少于7 d。

　2　对于采用粉煤灰硅酸盐水泥、火山灰硅酸盐水泥、复合硅酸盐水泥配制的混凝土，或掺加缓凝剂的混凝土以及大掺量矿物掺合料混凝土，采用浇水和潮湿覆盖的养护时间不得少于14 d。

　3　对于竖向混凝土结构，养护时间宜适当延长。

6.7.6　混凝土构件或制品厂的混凝土养护应符合以下规定：

　1　采用蒸汽养护或湿热养护时，养护时间和养护制度应满足混凝土及其制品性能的要求。

　2　采用蒸汽养护时，应分为静停、升温、恒温和降温四个养护阶段。混凝土成型后的静停时间不宜少于2 h，升温速度不宜超过25 ℃/h，降温速度不宜超过20 ℃/h，最高和恒温温度不宜超过65 ℃；混凝土构件或制品在出池或撤除养护措施前，应进行温度测量，当表面与外界温差不大于20 ℃时，方可撤除养护措施或构件出池。

　3　采用潮湿自然养护时，应符合本节第6.7.2条~6.7.5条的规定。

6.7.7 对于大体积混凝土，养护过程应进行温度控制，混凝土内部和表面的温差不宜超过25 ℃，表面与外界温差不宜大于 20 ℃。

6.7.8 对于冬期施工的混凝土，养护应符合以下规定：

1 日均气温低于 5 ℃时，不得采用浇水自然养护方法。

2 混凝土受冻前的强度不得低于 5 MPa。

3 模板和保温层应在混凝土冷却到 5 ℃方可拆除，或在混凝土表面温度与外界温度相差不大于 20 ℃时拆模，拆模后的混凝土亦应及时覆盖，使其缓慢冷却。

4 混凝土强度达到设计强度等级的 50%时，方可撤除养护措施。

7 混凝土质量检验和验收

7.1 混凝土原材料质量检验

7.1.1 原材料进场时，应按规定批次验收型式检验报告、出厂检验报告或合格证等质量证明文件，外加剂产品还应具有使用说明书。

7.1.2 混凝土原材料进场时应进行检验，检验样品应随机抽取。

7.1.3 混凝土原材料的检验批量应符合以下规定：

1 散装水泥应按每 500 t 为一个检验批；袋装水泥按每 200 t 为一个检验批；粉煤灰或粒化高炉矿渣粉等矿物掺合料应按每 200 t 为一个检验批；硅灰应按每 30 t 为一个检验批；砂、石骨料应按每 400 m³ 或 600 t 为一个检验批；外加剂应按每 50 t 为一个检验批；水应按同一水源不少于一个检验批。

2 当符合下列条件之一时，可将检验批量扩大一倍。

　　1）对经产品认证机构认证符合要求的产品。

　　2）来源稳定且连续三次检验合格。

　　3）同一厂家的同批出厂材料，用于同时施工且属于同一工程项目的多个单位工程。

3 不同批次或非连续供应的不足一个检验批量的混凝土原材料应作为一个检验批。

7.1.4 原材料的质量应符合本标准第 2 章的规定。

7.2 混凝土拌合物性能检验

7.2.1 在生产施工过程中，应在搅拌地点和浇筑地点分别对混凝土拌合物进行抽样检验。

7.2.2 混凝土拌合物的检验频率应符合以下规定：

1 混凝土坍落度取样检验频率应符合现行国家标准《混凝土强度检验评定标准》GB/T 50107 的有关规定。

2 同一工程、同一配合比、采用同一批次水泥和外加剂的混凝土的凝结时间应至少检验 1 次。

3 同一工程、同一配合比的混凝土的氯离子含量应至少检验 1 次；同一工程、同一配合比和采用同一批次海砂的混凝土的氯离子含量应至少检验 1 次。

7.2.3 混凝土拌合物性能应符合本标准第 3.1 节的规定。

7.3 硬化混凝土性能检验

7.3.1 混凝土性能检验应符合下列规定：

1 强度检验应符合现行国家标准《混凝土强度检验评定标准》GB/T 50107 的有关规定，其他力学性能检验应符合设计要求和有关标准的规定。

  2 耐久性能检验评定应符合现行行业标准《混凝土耐久性检验评定标准》JGJ/T 193 的有关规定。

  3 长期性能检验规则可按现行行业标准《混凝土耐久性检验评定标准》JGJ/T 193 中耐久性检验的有关规定执行。

7.3.2 混凝土力学性能应符合本标准第 3.2 节的规定；长期性能和耐久性能应符合本标准第 3.3 节的规定。

（三）工程建设类

6.9 普通混凝土配合比设计规程 JGJ 55—2011

1 总则

1.1 为规范普通混凝土配合比设计方法，满足设计和施工要求，保证混凝土工程质量，达到经济合理，制定本规程。

1.2 本规程适用于工业与民用建筑及一般构筑物所采用的普通混凝土配合比设计。

1.3 普通混凝土配合比设计除应符合本规程的规定外，尚应符合国家现行有关标准的规定。

2 术语、符号

2.1 术语

2.1.1 普通混凝土 ordinary concrete
干表观密度为 2000 kg/m³～2800 kg/m³ 的混凝土。

2.1.2 干硬性混凝土 stiff concrete
拌合物坍落度小于 10mm 且须用维勃稠度（s）表示其稠度的混凝土。

2.1.3 塑性混凝土 plastic concrete
拌合物坍落度为 10mm～90mm 的混凝土。

2.1.4 流动性混凝土 flowinng concrete
拌合物坍落度为 100mm～150mm 的混凝土。

2.1.5 大流动性混凝土 high flowing concrete
拌合物坍落度不低于 160mm 的混凝土。

2.1.6 抗渗混凝土 impermeable concrete
抗渗等级不低于 P6 的混凝土。

2.1.7 抗冻混凝土 frost-resistant concrete
抗冻等级不低于 F50 的混凝土。

2.1.8 高强混凝土 high strength concrete
强度等级不低于 C60 的混凝土。

2.1.9 泵送混凝土 pumped concrete
可在施工现场通过压力泵及输送管道进行浇筑的混凝土。

2.1.10 大体积混凝土 mass concrete
体积较大的、可能由胶凝材料水化热引起的温度应力导致有害裂缝的结构混凝土。

2.1.11 胶凝材料 binder
混凝土中水泥和矿物掺合料的总称。

2.1.12 胶凝材料用量 binder concrete
每立方米混凝土中水泥用量和活化矿物掺合料用量之和。

2.1.13 水胶比 water-binder ratio
混凝土中用水量与胶凝材料用量的质量比。

2.1.14 矿物掺合料掺量：percentage of mineral admixture

混凝土中矿物掺合料用量占胶凝材料用量的质量百分比。

2.1.15 外加剂掺量：percentage of chemical admixture

混凝土中外加剂用量相对于胶凝材料用量的质量百分比。

2.2 符号

f_b——胶凝材料 28d 胶砂抗压强度实测值（MPa）

f_{ce}——水泥 28d 胶砂抗压强度（MPa）

$f_{ce,g}$——水泥强度等级值（MPa）

$f_{cu,0}$——混凝土配制强度（MPa）

$f_{cu,i}$——第 i 组的试件强度（MPa）

$f_{cu,k}$——混凝土立方体抗压强度标准值（MPa）

m_a——每立方米混凝土的外加剂用量（kg/m³）

m_{a0}——计算配合比每立方米混凝土的外加剂用量（kg/m³）

m_b——每立方米混凝土的胶凝材料用量（kg/m³）

m_{b0}——计算配合比每立方米混凝土的胶凝材料用量（kg/m³）

m_c——每立方米混凝土水泥用量（kg/m³）

m_{c0}——计算配合比每立方米混凝土的水泥用量（kg/m³）

m_{cp}——每立方米混凝土拌合物的假定质量（kg/m³）

m_f——每立方米混凝土的矿物掺合料用量（kg/m³）

m_{f0}——计算配合比每立方米混凝土的矿物掺合料用量（kg/m³）

m_{fcu}——n 组试件的强度平均值（MPa）

m_g——每立方米混凝土的粗骨料用量（kg/m³）

m_{g0}——计算配合比每立方米混凝土的粗骨料用量（kg/m³）

m_s——每立方米混凝土的细骨料用量（kg/m³）

m_{s0}——计算配合比每立方米混凝土的细骨料用量（kg/m³）

m_w——每立方米混凝土的用水量（kg/m³）

m_{w0}——计算配合比每立方米混凝土的用水量（kg/m³）

m'_{w0}——未掺外加剂时推定的满足实际坍落度要求每立方米混凝土用水量（kg/m³）

n——试件组数，n 值应大于或者等于 30

P_t——六个试件中不少于 4 个未出现渗水时的最大水压值（MPa）；

P——设计要求的抗渗等级值；

W/B——混凝土水胶比

α——混凝土含气量百分数

α_a、α_b——混凝土水胶比计算公式中的回归系数

β——外加剂的减水率（%）

β_a——外加剂的掺量（%）

β_f——矿物掺合料的掺量（%）

β_s——砂率（%）

R_c——水泥强度等级的富余系数

γ_f——粉煤灰影响系数；

γ_s——粒化高炉矿渣粉影响系数；

δ——混凝土配合比校正系数

ρ_c——水泥密度（kg/m³）

$\rho_{c,c}$——混凝土拌合物表观密度计算值（kg/m³）

$\rho_{c,t}$——混凝土拌合物表观密度实测值（kg/m³）

ρ_f——矿物掺合料密度（kg/m³）

ρ_g——粗骨料的表观密度（kg/m³）

ρ_s——细骨料的表观密度（kg/m³）

ρ_w——水的密度（kg/m³）

σ——混凝土强度标准差（MPa）

3　基本规定

3.1　混凝土配合比设计应满足混凝土配制强度及其他力学性能、拌合物性能、长期性能和耐久性能的设计要求。混凝土拌合物性能、力学性能、长期性能和耐久性能的试验方法应分别符合现行国家标准《普通混凝土拌合物性能试验方法标准》GB/T 50080、《普通混凝土力学性能试验方法标准》GB/T 50081 和《普通混凝土长期性能和耐久性能试验方法标准》GB/T 50082 的规定。

3.2　混凝土配合比设计应采用工程实际使用的原材料，配合比设计所采用细骨料含水率应小于 0.5％，粗骨料含水率应小于 0.2％。

3.3　混凝土的最大水胶比应符合《混凝土结构设计规范》GB 50010 的规定。

3.4　除配制 C15 及其以下强度等级的混凝土外，混凝土的最小胶凝材料用量应符合表 3.0.4 的规定

表 3-1　混凝土的最小凝胶材料用量

最大水胶比	最小胶凝材料用量（kg/m³）		
	素混凝土	钢筋混凝土	预应力混凝土
0.60	250	280	300
0.55	280	300	300
0.50	320		
≤0.45	330		

3.5　矿物掺合料在混凝土中的掺量应通过试验确定。采用硅酸盐水泥或普通硅酸盐水泥时，钢筋混凝土中矿物掺合料最大掺量宜符合表 3-2 的规定；预应力钢筋混凝土中矿物掺合料最大掺量宜符合表 3-3 的规定。对基础大体积混凝土，粉煤灰、粒化高炉矿渣和复合掺合料的最大掺加量可增加5％。采用掺量大于30％的 C 类粉煤灰的混凝土应以实际使用的水泥和粉煤灰掺量进行安全性检验。

表 3-2　钢筋混凝土中矿物掺合料最大掺量

矿物掺合料	水胶比	最大掺量	
		硅酸盐水泥	普通硅酸盐水泥
粉煤灰	≤0.40	45	35
	>0.40	40	30
粒化高炉矿渣	≤0.40	65	55
	>0.40	55	45
钢渣粉	—	30	20
磷渣粉	—	30	20
硅灰	—	10	10
复合掺合料	≤0.40	65	55
	>0.40	55	45

注：1. 采用其他通用硅酸盐水泥时，宜将水泥混合材掺量 20％以上的混合材料计入矿物掺合料；

2. 复合掺合料各组分的掺量不宜超过单掺时的最大掺量；

3. 在混合使用两种或两种以上矿物掺合料时，矿物掺合料总掺量应复合表中复合掺合料的规定。

表 3-3　预应力钢筋混凝土中矿物掺合料最大掺量

矿物掺合料种类	水胶比	最大掺量/％	
		硅酸盐水泥	普通硅酸盐水泥
粉煤灰	≤0.40	35	30
	>0.40	25	20
粒化高炉矿渣粉	≤0.40	55	45
	>0.40	45	35
钢渣粉	—	20	10
磷渣粉	—	20	10
硅灰	—	10	10
复合掺合料	≤0.40	55	45
	>0.40	45	35

注：1. 采用其他通用硅酸盐水泥时，宜将水泥混合材掺量 20％以上的混合材料计入矿物掺合料；

2. 复合掺合料各组分的掺量不宜超过单掺量时的最大掺量；

3. 在混合使用两种或两种以上矿物掺合料时，矿物掺合料总掺量应复合表中复合掺合料的规定。

3.6　混凝土拌合物中水溶性氯离子最大含量应符合表 3-4 的要求。其测试方法应符合现行行业标准《水运工程混凝土试验规程》JTJ 270 中混凝土拌合物中氯离子含量的快速测定方法进行测定。

表 3-4　混凝土拌合物中水溶性氯离子最大含量

环境条件	水溶性氯离子最大含量（％，水泥用量的质量百分比）		
	钢筋混凝土	预应力混凝土	素混凝土
干燥环境	0.30		
潮湿但不含氯离子的环境	0.20	0.06	1.00
潮湿且含有氯离子的环境、盐渍环境	0.10		
除冰盐等侵蚀性物质的腐蚀环境	0.06		

3.7 长期处于潮湿或水位变动的寒冷和严寒环境以及盐冻环境的混凝土应掺用引气剂。引气剂掺量应根据混凝土含气量要求经试验确定；混凝土最小含气量应符合表3-5的规定，最大不宜超过7.0%。

表3-5　混凝土最小含气量

粗骨料最大公称粒径（mm）	混凝土最小含气量/%	
	潮湿或水位变动的寒冷或严寒环境	盐冻环境
40.0	4.5	5.0
25.0	5.0	5.5
20.0	5.5	6.0

注：含气量为气体占混凝土体积的百分比。

3.0.8 对于有预防混凝土碱骨料反应设计要求的工程，宜掺用适量粉煤灰或其他矿物掺合料，混凝土中最大碱含量不应大于3.0kg/m³，对于矿物掺合料碱含量，粉煤灰碱含量可取实测值的1/6，粒化高炉矿渣粉碱含量可取实测值的1/2。

4　混凝土配制强度的确定

4.1 混凝土配制强度应按下列规定确定：

1. 当混凝土的设计强度等级小于C60时，配制强度应按下式确定：

$$f_{cu,0} \geqslant f_{cu,k} + 1.645\sigma \quad \cdots\cdots\cdots\cdots\cdots\cdots \text{(4-1)}$$

式中：

$f_{cu,0}$——混凝土配制强度（MPa）

$f_{cu,k}$——混凝土立方体抗压强度标准差，这里取混凝土的设计强度等级值（MPa）

δ——混凝土强度标准差（MPa）

2. 当设计强度等级不小于C60时，配制强度应按下式确定：

$$f_{cu,0} \geqslant 1.15 f_{cu,k} \quad \cdots\cdots\cdots\cdots\cdots\cdots \text{(4-2)}$$

4.0.2 混凝土强度标准差应按照下列规定确定：

1. 当具有近1个月～3个月的同一品种、同一强度等级混凝土的强度资料时，且试件组数不小于30时，其混凝土强度标准差σ应按下式计算：

$$\sigma = \sqrt{\frac{\sum\limits_{i=1}^{n} f_{cu,i}^2 - n m_{f_{cu}}^2}{n-1}} \quad \cdots\cdots\cdots\cdots\cdots\cdots \text{(4-3)}$$

式中：

δ——混凝土强度标准差；

$f_{cu,i}$——第 i 组的试件强度（MPa）；

m_{fcu}——n 组试件的强度平均值（MPa）；

n——试件组数。

对于强度等级不大于C30的混凝土，当混凝土强度标准差不小于3.0MPa时，应按式（4-3）计算结果取值；当混凝土强度标准差计算值小于3.0MPa时，σ应取3.0MPa。

对于强度等级大于C30且不大于C60的混凝土：当混凝土强度标准差计算值不小于

4.0MPa 时，应按式（4-3）计算结果取值；当混凝土强度标准差计算值小于 4.0MPa 时，应取 4.0MPa。

2. 当没有近期的同一品种、同一强度等级混凝土强度资料时，其强度标准差 δ 可按表 4-1 取值。

表 4-1　标准差 δ 值

≤C20	C25～C45	C50～C55
4.0	5.0	6.0

5　混凝土配合比计算

5.1　水胶比

5.1.1　混凝土强度等级不大于 C60 等级时，混凝土水胶比宜按下式计算：

$$W/B = \frac{\alpha_a f_b}{f_{cu,0} + \alpha_a \alpha_b f_b} \quad\cdots\cdots (5\text{-}1)$$

式中：

W/B——混凝土水胶比；

α_a、α_b——回归系数，按本规程第 5.1.2 的规定取值；

f_b——胶凝材料 28d 胶砂抗压强度（MPa），可实测，且试验方法应按现行国家标准《水泥胶砂强度检验方法（ISO）》GB/T 17671 执行；也可按本规程 5.1.4 确定。

5.1.2　回归系数

1. 根据工程所用的原材料，通过试验建立的水胶比与混凝土强度关系式来确定；

2. 当不具备上述试验统计资料时，可按表 5-1 选用。

表 5-1　回归系数取值表

系数 \ 粗骨料品种	碎石	卵石
α_a	0.53	0.49
α_b	0.20	0.13

5.1.3　当胶凝材料 28d 胶砂抗压强度值无实测值时，可按下式计算：

$$f_b = \gamma_f \gamma_s f_{ce} \quad\cdots\cdots (5\text{-}2)$$

式中：

γ_f、γ_s——粉煤灰影响系数和粒化高炉矿渣粉影响系数可按表 5-2 选用；

f_{ce}——水泥 28d 胶砂抗压强度（MPa），可实测，也按本规程第 5.1.4 条确定

表 5-2　粉煤灰影响系数和粒化高炉矿渣粉影响系数

种类 \ 掺量（%）	粉煤灰影响系数	粒化高炉矿渣影响系数
0	1.00	1.00
10	0.85～0.95	1.00

种类 掺量（%）	粉煤灰影响系数	粒化高炉矿渣影响系数
20	0.75～0.85	0.95～1.00
30	0.65～0.75	0.90～1.00
40	0.55～0.65	0.80～0.90
50	—	0.70～0.85

注：1 采用Ⅰ级、Ⅱ级粉煤灰宜取上限值

    2 采用 S75 级粒化高炉矿渣宜取下限值，采用 S95 级粒化高炉矿渣粉宜取上限值，采用 S105 级粒化高炉矿渣粉可去上限值加 0.005。

    3 当超出表中的掺量时，粉煤灰和粒化高炉矿渣粉影响系数应经试验确定。

5.1.4 当水泥 28d 胶砂抗压强度无实测值时，可按下式计算：

$$f_{ce} = \gamma_c f_{ce,g} \quad\cdots\cdots\cdots\cdots\cdots\cdots\cdots\cdots\cdots\cdots (5\text{-}3)$$

式中：

    γ_c——水泥强度等级值的富余系数，可按实际统计资料确定；当缺乏实际统计资料时，也可按表 5-3 选用；

    $f_{ce,g}$——水泥强度等级值（MPa）。

表 5-3 水泥强度等级值得富余系数

水泥强度等级值	32.5	42.5	52.5
富余系数	1.12	1.16	1.10

5.2 用水量和外加剂用量

5.2.1 每立方米干硬性或塑性混凝土的用水量（m_{w0}）应符合下列规定：

    1. 混凝土水胶比在 0.40～0.80 范围时，可按表 5-4 和表 5-5 选取；

    2. 混凝土水胶比小于 0.40 时，可通过试验确定。

表 5-4 干硬性混凝土的用水量/（kg/m³）

拌合物稠度		卵石最大公称粒径/mm			碎石最大公称粒径/mm		
项目	指标	10.0	20.0	40.0	16.0	20.0	40.0
维勃稠度（s）	16～20	175	160	145	180	170	155
	11～15	180	165	150	185	175	160
	5～10	185	170	155	190	180	165

表 5-5 塑性混凝土的用水量/（kg/m³）

拌合物稠度		卵石最大公称粒径/mm				碎石最大公称粒径/mm			
项目	指标	10.0	20.0	31.5	40.0	16.0	20.0	31.5	40.0
坍落度（mm）	10～30	190	170	160	150	200	185	175	165
	35～50	200	180	170	160	210	195	185	175
	55～70	210	190	180	170	220	205	195	185
	75～90	215	195	185	175	230	215	205	195

注：1 本表用水量系采用中砂时的取值。采用细砂时，每立方米混凝土用水量可增加 5kg～10kg；采用粗砂，可减少 5kg～10kg；

    2 掺用矿物掺合料和外加剂时，用水量应相应调整。

5.2.2 掺外加剂时，每立方米流动性或大流动性混凝土的用水量可按下式计算：

$$m_{w0} = m'_{w0}(1 - \beta) \quad \cdots\cdots\cdots\cdots\cdots\cdots\cdots\cdots\cdots (5\text{-}4)$$

式中：

m_{w0}——计算配合比每立方米混凝土的用水量（kg）；

m'_{w0}——未掺外加剂时推定的满足实际坍落度要求的每立方米混凝土用水量（kg），以表 5-5 中 90mm 坍落度的用水量为基础，按每增大 20mm 坍落度相应增加 5kg 用水量来计算；当坍落度增大到 180mm 以上时，随坍落度相应增加的用水量可减少。

β——外加剂的减水率（％），应经混凝土试验确定。

5.2.3 每立方米混凝土中外加剂用量（m_{a0}）应按下式计算：

$$m_{a0} = m_{b0}\beta_a \quad \cdots\cdots\cdots\cdots\cdots\cdots\cdots\cdots\cdots\cdots (5\text{-}5)$$

式中：

m_{a0}——计算配合比每立方米混凝土中外加剂用量（kg）；

m_{b0}——计算配合比每立方米混凝土中胶凝材料用量（kg），计算应符合本规程 5.3.1 条的规定；

β_a——外加剂掺量（％），应经混凝土试验确定。

5.3 胶凝材料、矿物掺合料和水泥用量

5.3.1 每立方米混凝土的胶凝材料用量（m_{b0}）应按下式计算，并应进行试拌调整，在拌合物性能满足的情况下，取经济合理的胶凝材料用量。

$$m_{b0} = \frac{m_{w0}}{W/B} \quad \cdots\cdots\cdots\cdots\cdots\cdots\cdots\cdots (5\text{-}6)$$

式中：

m_{b0}——计算配合比每立方米混凝土中胶凝材料用量（kg/m³）；

m_{w0}——计算配合比每立方米混凝土的用水量（kg/m³）；

W/B——混凝土水胶比。

5.3.2 每立方米混凝土的矿物掺合料用量（m_{f0}）应按下式计算：

$$m_{f0} = m_{b0}\beta_f \quad \cdots\cdots\cdots\cdots\cdots\cdots\cdots\cdots (5\text{-}7)$$

式中：

m_{f0}——计算配合比每立方米混凝土中矿物掺合料用量（kg/m³）；

β_f——矿物掺合料用量％。

5.3.3 每立方米混凝土的水泥用量（m_{c0}）应按下式计算：

$$m_{c0} = m_{b0} - m_{f0} \quad \cdots\cdots\cdots\cdots\cdots\cdots\cdots\cdots (5\text{-}8)$$

式中：

m_{c0}——计算配合比每立方米混凝土中水泥用量（kg/m³）。

5.4 砂率

5.4.1 砂率应根据骨料的技术指标、混凝土拌合物性能和施工要求，参考既有历史资料确定。

5.4.2 当缺乏砂率的历史资料可参考时，混凝土砂率的确定应符合下列规定：

　1. 坍落度小于 10mm 的混凝土，其砂率应经试验确定。

　2. 坍落度为 10～60mm 的混凝土，其砂率可根据粗骨料品种、最大公称粒径及水胶比按表 5.4.2 选取。

3. 坍落度大于 60mm 的混凝土，其砂率可经试验确定，也可在表 5-6 的基础上，按坍落度每增大 20mm、砂率增大 1% 的幅度予以调整。

表 5-6 混凝土的砂率（%）

水胶比	卵石最大公称粒径/mm			碎石最大公称粒径/mm		
	10.0	20.0	40.0	16.0	20.0	40.0
0.40	26～32	25～31	24～30	30～35	29～34	27～32
0.50	30～35	29～34	28～33	33～38	32～37	30～35
0.60	33～38	32～37	31～36	36～41	35～40	33～38
0.70	36～41	35～40	34～39	39～44	38～43	36～41

5.5 粗、细骨料用量

5.5.1 采用质量法计算粗、细骨料用量时，应按下列公式计算：

$$m_{f0} + m_{c0} + m_{g0} + m_{s0} + m_{w0} = m_{cp} \quad \cdots\cdots\cdots\cdots (5-9)$$

$$\beta_s = \frac{m_{s0}}{m_{g0} + m_{s0}} \times 100\% \quad \cdots\cdots\cdots\cdots (5-10)$$

式中：

m_{g0}——计算配合比每立方米混凝土的粗骨料用量（kg）；

m_{s0}——计算配合比每立方米混凝土的细骨料用量（kg）；

β_s——砂率（%）；

m_{cp}——每立方米混凝土拌合物的假定质量（kg），可取 2350 kg～2450kg。

5.5.2 采用体积法计算粗、细骨料用量时，应按下列公式计算：

$$\frac{m_{c0}}{\rho_c} + \frac{m_{f0}}{\rho_f} + \frac{m_{g0}}{\rho_g} + \frac{m_{s0}}{\rho_s} + \frac{m_{w0}}{\rho_w} + 0.01\alpha = 1 \quad \cdots\cdots\cdots\cdots (5-11)$$

$$\beta_s = \frac{m_{s0}}{m_{g0} + m_{s0}} \times 100\% \quad \cdots\cdots\cdots\cdots (5-12)$$

式中：

ρ_c——水泥密度（kg/m³），可按现行国家标准《水泥密度测定方法》GB/T 208 测定，也可取 2900 kg/m³～3100 kg/m³；

ρ_f——矿物掺合料密度（kg/m³），可按现行国家标准《水泥密度测定方法》GB/T 208 测定；

ρ_g——粗骨料的表观密度（kg/m³），应按现行行业标准《普通混凝土用砂、石质量及检验方法标准》JGJ 52 测定；

ρ_s——细骨料的表观密度（kg/m³），应按现行行业标准《普通混凝土用砂、石质量及检验方法标准》JGJ 52 测定；

ρ_w——水的密度（kg/m³），可取 1000 kg/m³；

α——混凝土的含气量百分数，在不使用引气剂或引气型外加剂时，α 可取 1。

6 混凝土配合比的试配、调整与确定

6.1 试配

6.1.1 搅拌方法包括搅拌方式、投料方式和搅拌时间等。

6.1.2 试验室成型条件。

6.1.3 每盘混凝土试配的最小搅拌量应符合表 6-1 的规定，并不应小于搅拌机额定搅拌量的 1/4

表 6-1　混凝土试配的最小搅拌量

粗骨料最大公称粒径/mm	拌合物数量/L
≤31.5	20
40.0	25

6.1.4 在计算配合比的基础上应进行试样。计算水胶比宜保持不变，并应通过调整配合比其他参数混凝土拌合物性能符合设计和施工要求，然后修正计算配合比，提出试拌配合比。

6.1.5 应在试拌配合比的基础上，进行混凝土强度试验，并应符合下列规定：

1. 应至少采用三个不同的配合比，其中一个应为本规程第 6.1.4 条确定的试样配合比，另外两个配合比的水胶比宜较试拌配合比分别增加和减少 0.05，用水量应与试拌配合比相同，砂率可分别增加和减少 1%。

2. 进行混凝土强度试验时，拌合物性能应符合设计和施工要求。

3. 进行混凝土试验强度时，每个配合比应至少制作一组试件，并应标准养护到 28d 或设计规定龄期时试压。

6.2 配合比的调整与确定

6.2.1 配合比调整应符合下列规定：

1. 根据本规程第 6.1.5 条混凝土强度试验结果，宜绘制强度和水胶比的线性关系图或插值法确定略大于配制强度对应的胶水比；

2. 在试拌配合比的基础上，用水量和外加剂用量应根据确定的水胶比做调整；

3. 胶凝材料用量应以用水量乘以确定的胶水比计算得出；

4. 粗骨料和细骨料用量应根据用水量和胶凝材料用量进行调整。

6.2.2 配合比应按以下规定进行校正

1. 配合比调整后的混凝土拌合物的表观密度应按下式计算：

$$\rho_{c,c} = m_c + m_f + m_g + m_s + m_w \quad \cdots\cdots\cdots\cdots\cdots\cdots\cdots (6\text{-}1)$$

式中：

$\rho_{c,c}$——混凝土拌合物表观密度计算值（kg/m^3）；

m_c——每立方米混凝土水泥用量（kg/m^3）；

m_f——每立方米混凝土的矿物掺合料用量（kg/m^3）；

m_g——每立方米混凝土的粗骨料用量（kg/m^3）；

m_s——每立方米混凝土的细骨料用量（kg/m^3）；

m_w——每立方米混凝土的用水量（kg/m^3）。

2. 混凝土配合比校正系数应按下式计算：

$$\delta = \frac{\rho_{c,t}}{\rho_{c,c}} \quad \cdots\cdots\cdots\cdots\cdots\cdots\cdots\cdots\cdots\cdots\cdots \quad (6\text{-}2)$$

式中：

δ——混凝土配合比校正系数；

$\rho_{c,t}$——混凝土拌合物表观密度实测值（kg/m^3）。

6.2.3 配合比调整后，应测定拌合物水溶性氯离子含量，试验结果应符合本规程表 3.6 的规定。

6.2.4 配合比调整后，应对设计要求的混凝土耐久性能进行试验，符合设计规定的耐久性能要求的配合比方可确定为设计配合比。

6.2.5 对耐久性有设计要求的混凝土应进行相关耐久性试验验证

6.2.6 生产单位可根据常用材料设计出常用的混凝土配合比备用，并应在启用过程中予以验证或调整。遇有下列情况之一时，应重新进行配合比设计。

    1 对混凝土性能有特殊要求时；

    2 水泥、外加剂或矿物掺合料等原材料品种、质量有显著变化时。

7 有特殊要求的混凝土

7.1.1 抗渗混凝土的原材料应符合下列规定：

    1 水泥宜采用普通硅酸盐水泥

    2 粗骨料宜采用连续级配，其最大公称粒径不宜大于 40.0mm，含泥量不得大于 1.0%，泥块含量不得大于 0.5%

    3 细骨料采用中砂，含泥量不得大于 3.0%，泥块含量不得大于 1.0%

    4 粉煤灰等级应为Ⅰ级或Ⅱ级。

7.1.2 抗渗混凝土配合比应符合下列规定：

    1 最大水胶比应符合表 7-1 的规定；

    2 每立方米混凝土中的胶凝材料用量不宜小于 320kg；

    3 砂率为 35%～45%

表 7-1　抗渗混凝土最大水胶比

设计抗渗等级	最大水胶比	
	C20～C30	C30 以上
P6	0.60	0.55
P8～P12	0.55	0.50
＞P12	0.50	0.45

7.1.3 配合比设计中抗渗技术要求应符合下列规定：

    1 配制抗渗混凝土要求的抗渗水压值应比设计值提高 0.2MPa；

    2 抗渗试验结果应满足下式要求

$$P_t \geqslant \frac{P}{10} + 0.2 \quad \cdots\cdots\cdots\cdots\cdots\cdots\cdots\cdots \quad (7\text{-}1)$$

式中：

P_t——6 个试件中不少于 4 个未出现渗水时的最大水压值；

P——设计要求的抗渗等级。

7.1.4 掺用引气剂或引气型外加剂的抗渗混凝土，应进行含气量试验，含气量宜控制在 3.0%～5.0%。

7.2 抗冻混凝土

7.2.1 抗冻混凝土的原材料应符合下列规定：

    1 水泥应采用硅酸盐水泥或普通硅酸盐水泥；

    2 粗骨料宜选用连续级配，含泥量不得大于 1.0%，泥块含量不得大于 0.5%；

    3 细骨料含泥量不得大于 3.0%，泥块含量不得大于 1.0%；

    4 粗细骨料均应进行坚固性试验，并应符合现行行业标准《普通混凝土用砂、石质量及检验方法标准》JGJ 52 的规定；

    5 抗冻等级不小于 F100 的抗冻混凝土宜掺用引气剂；

    6 在钢筋混凝土和预应力混凝土不得掺用含有氯盐的防冻剂；在预应力混凝土中不得掺用含有亚硝酸盐或碳酸盐的防冻剂。

大量抗渗混凝土用于地下工程，为了提高抗渗性能和适合地下环境特点，掺加外加剂和矿物掺合料十分有利。在以胶凝材料最小用量作为控制指标的情况下，采用普通硅酸盐水泥有利于提高混凝土耐久性能和进行质量控制。骨料粒径太大和含泥（包括泥块）较多都对混凝土抗渗性能不利。

7.2.2 抗冻混凝土配合比应符合下列规定：

    1 最大水胶比和最小胶凝材料用量应符合表 7-1 的规定；

表 7-1 最大水胶比和最小胶凝材料用量

设计抗冻等级	最大水胶比		最小胶凝材料用量（kg/m³）
	无引气剂时	掺引气剂时	
F50	0.55	0.60	300
F100	0.50	0.55	320
F150	—	0.50	320

    2 复合矿物掺合料掺量宜符合表 7-2 的规定；其它矿物掺合料掺量宜符合本规程表 3-2 的规定；

表 7-2 复合矿物掺合料最大掺量

水胶比	最大掺量/%	
	采用硅酸盐水泥时	采用普通硅酸盐水泥时
≤0.40	60	50
>0.40	50	40

注：采用其他通用硅酸盐水泥时，可将水泥混合材掺量 20% 以上的混合材量计入矿物掺合料；

    2 复合矿物掺合料中各矿物掺合料产物组分掺量不宜超过表 3-2 中单掺的掺量。

7.3 高强混凝土

7.3.1 高强混凝土的原材料应符合下列规定：

1 水泥应选用硅酸盐水泥或普通硅酸盐水泥；

2 粗骨料宜采用连续级配，其最大公称粒径不宜大于25.0mm，针片状颗粒含量不宜大于5.0％，含泥量不应大于0.5％，泥块含量不应大于0.2％；

3 细骨料的细度模数宜为2.6～3.0，含泥量不应大于2.0％，泥块含量不应大于0.5％；

4 宜采用减水率不小于25％的高性能减水剂；

5 宜复合掺用粒化高炉矿渣粉、粉煤灰和硅灰等矿物掺合料；粉煤灰等级不应低于Ⅱ级；对强度等级不低于C80的高强混凝土宜掺用硅灰。

7.3.2 高强混凝土配合比应经试验确定，在缺乏试验依据的情况下，配合比设计宜符合下列规定：

1 水胶比、胶凝材料用量和砂率可按表7-3选取，并应经试配确定；

表7-3 水胶比、胶凝材料用量和砂率

强度等级	水胶比	胶凝材料用量（kg/m³）	砂率/％
≥C60，<C80	0.28～0.34	480～560	
≥C80，<C100	0.26～0.28	520～580	35～42
C100	0.24～0.26	550～600	

2 外加剂和矿物掺合料的品种、掺量，应通过试配确定；矿物掺合料掺量宜为25％～40％；硅灰掺量不宜大于10％；

3 水泥用量不宜大于500 kg/m³。

7.3.3 在试配过程中，应采用三个不同的配合比进行混凝土强度试验，其中一个可为依据表7-3计算后调整拌合物的试拌配合比，另外两个配合比的水胶比，宜较试拌配合比分别增加和减少0.02。

7.3.4 高强混凝土设计配合比确定后，尚应采用该配合比进行不少于三盘混凝土的重复试验，每盘混凝土应至少成型一组试件，每组混凝土的抗压强度不应低于配制强度。

7.3.5 高强混凝土抗压强度宜采用标准试件通过试验测定；使用非标准尺寸试件时，尺寸折算系数应由试验确定。

7.4 泵送混凝土

7.4.1 泵送混凝土所采用的原材料应符合下列规定：

1. 水泥应选用硅酸盐水泥、普通硅酸盐水泥、矿渣硅酸盐水泥和粉煤灰硅酸盐水泥；

2. 粗骨料宜采用连续级配，其针片状颗粒含量不宜大于10％；粗骨料最大公称粒径与输送管径之比宜符合表7-4的规定；

表7-4 粗骨料最大公称粒径与输送管径之比

粗骨料品种	泵送高度/m	粗骨料最大公称粒径与输送管径之比
碎石	<50	≤1：3.0
	50～100	≤1：4.0
	>100	≤1：5.0
卵石	<50	≤1：2.5
	50～100	≤1：3.0
	>100	≤1：4.0

3. 细骨料宜采用中砂，其通过公称直径为 $315\mu m$ 筛孔的颗粒含量不宜小于 15%；

4. 泵送混凝土应掺用泵送剂或减水剂，并宜掺用矿物掺合料。

7.4.2 泵送混凝土配合比应符合下列规定：

1. 胶凝材料用量不宜小于 $300kg/m^3$；

2. 砂率宜为 35%～45%；

7.4.3 泵送混凝土试配时应考虑坍落度经时损失。

7.5 大体积混凝土

7.5.1 大体积混凝土所用的原材料应符合下列规定：

1. 水泥宜采用中、低热硅酸盐水泥或低热矿渣硅酸盐水泥，水泥的 3 d 和 7 d 水化热应符合现行国家标准《中低热硅酸盐水泥 低热硅酸盐水泥 低热矿渣硅酸盐水泥》GB 200 规定；当采用硅酸盐水泥或普通硅酸盐水泥时应掺加矿物掺合料，胶凝材料的 3 d 和 7 d 水化热分别不宜大于 240 kJ/kg 和 270 kJ/kg。水化热试验方法应按现行国家标准《水泥水化热测定方法》GB/T 12959 执行。

2. 粗骨料宜为连续级配，最大公称粒径不宜小于 31.5 mm，含泥量不应大于 1.0%；

3. 细骨料宜采用中砂，含泥量不应大于 3.0%。

4. 宜掺用矿物掺合料和缓凝型减水剂。

7.5.2 当采用混凝土 60 d 或 90 d 龄期设计强度时，宜采用标准尺寸试件进行抗压强度试验。

7.5.3 大体积混凝土配合比应符合下列规定：

1. 水胶比不宜大于 0.55，用水量不宜大于 175 kg/m³。

2. 在保证混凝土性能要求的前提下，宜提高每立方米混凝土中的粗骨料用量；砂率宜为 38%～42%。

3. 在保证混凝土性能要求的前提下，应减少胶凝材料中的水泥用量，提高矿物掺合料掺量，矿物掺合料掺量应符合本规程表 3-2 的规定。

7.5.4 在配合比试配和调整时，控制混凝土绝热温升不宜大于 50 ℃。

7.5.5 大体积混凝土配合比应满足施工对混凝土凝结时间的要求。

6.10 混凝土泵送施工技术规程 JGJ/T 10—2011

1 总则

1.1 为提高混凝土泵送施工质量，促进混凝土泵送技术的发展，制定本规程。

1.2 本规程适用于建筑工程、市政工程的混凝土泵送施工，本规程不适用于轻骨料混凝土的泵送施工。

1.3 混凝土泵送施工应编制施工方案，前项工序验收合格方可进行混凝土泵送施工。

1.4 混凝土泵送施工除应符合本规程外，尚应符合国家现行有关标准的规定。

2 术语和符号

2.1 术语

2.1.1 泵送混凝土　pumping concrete

可通过泵压作用沿输送管道强制流动到目的地并进行浇筑的混凝土。

2.1.2 混凝土可泵性　concrete pumpability

表示混凝土在泵压下沿输送管道流动的难易程度以及稳定程度的特性。

2.1.3 混凝土布料设备　concrete distributor

可将臂架伸展覆盖一定区域范围对混凝土进行布料浇筑的装置或设备。

2.2 符号

K_1——粘着系数；

K_2——速度系数；

L——混凝土泵送管路系统的累计水平换算距离；

L_1——混凝土搅拌运输车往返距离；

L_{max}——混凝土泵最大水平输送距离；

N_1——混凝土搅拌运输车台数；

N_2——混凝土泵台数；

P_e——混凝土泵额定工作压力；

P_f——混凝土泵送系统附件及泵体内部压力损失；

P_{max}——混凝土泵送的最大阻力；

ΔP_H——混凝土在水平输送管内流动每米产生的压力损失；

Q——混凝土浇筑体积量；

Q_1——每台混凝土泵的实际平均输出量；

Q_{max}——每台混凝土泵的最大输出量；

r——混凝土输送管半径；

S_0——混凝土搅拌运输车平均行车速度；

S_1——混凝土坍落度；

t_2/t_1——混凝土泵分配阀切换时间与活塞推压混凝土时间之比；

T_0——混凝土泵送计划施工作业时间；

T_1——每台混凝土搅拌运输车总计停歇时间；

V_1——每台混凝土搅拌运输车容量；

V_2——混凝土拌合物在输送管内的平均流速；

α——混凝土输送管倾斜角；

α_1——配管条件系数；

α_2——径向压力与轴向压力之比；

β——混凝土输送管弯头张角；

η——作业效率；

η_V——搅拌运输车容量折减系数。

3 混凝土泵送施工方案设计

3.1 一般规定

3.1.1 混凝土泵进施工方案应根据混凝土工程特点、浇筑工程量、拌合物特性以及浇筑进度等因素设计和确定。

3.1.2 混凝土泵送施工方案应包括下列内容：编制依据；工程概况；施工技术条件分析；混凝土运输方案；混凝土输送方案；混凝土浇筑方案；施工技术措施；施工安全措施；环境保护技术措施；施工组织。

3.1.3 当多台混凝土泵同时泵送或与其他输送方法组合输送混凝土时，应根据各自的输送能力，规定浇筑区域和浇筑顺序。

3.2 混凝土可泵性分析

3.2.1 在混凝土泵送方案设计阶段，应根据施工技术要求、原材料特性、混凝土配合比、混凝土拌制工艺、混凝土运输和输送方案等技术条件分析混凝土的可泵性。

3.2.2 混凝土的骨料级配，水胶比、砂率、最小胶凝材料用量等技术指标，应符合现行行业标准《普通混凝土配合比设计规程》JGJ 55 中有关泵送混凝土的要求。

3.2.3 不同入泵坍落度或扩展度的混凝土，其泵送高度宜符合表 3-1 的规定。

表 3-1　混凝土入泵坍落度与泵送高度关系表

最大泵送高度（m）	50	100	200	400	400 以上
入泵坍落度（mm）	100～140	150～180	190～220	230～260	—
入泵扩展度（mm）	—	—	—	450～590	600～740

3.2.4 泵送混凝土宜采用预拌混凝土。当需要在现场搅拌混凝土时，宜采用具有自动计量装置的集中搅拌方式，不得采用人工搅拌的混凝土进行泵送。

3.2.5 混凝土供应方成有严格的质量保障体系。供应能力应符合连续泵送的要求。混凝土的性能除应符合设计要求外，尚应符合现行国家标准《预拌混凝土》GB/T 14902 的有关规定。

3.2.6 泵送混凝土搅拌的最短时间，应符合现行国家标准《预拌混凝土》GB/T 14902 的有关规定。当混凝土强度等级高于 C60 时，泵送混凝土的搅拌时间应比普通混凝土延长 20～30 s。

3.2.7 拌制强度等级高于 C60 的泵送混凝土时，应根据现场具体情况增加坍落度和经时坍落度损失的检测频率，并做好相应记录。

3.3　混凝土泵的选配

3.3.1 应根据混凝土输送管路系统布置方案及浇筑工程量、浇筑进度以及混凝土坍落度、设备状况等施工技术条件，确定混凝土泵的选型。

3.3.2 混凝土泵的实际平均输出量可根据混凝土泵的最大输出量、配管情况和作业效率，按下式计算：

$$Q_l = \eta \alpha_1 Q_{\max} \quad\cdots\cdots\cdots\cdots\cdots\cdots\cdots\cdots \text{(3-1)}$$

式中：

Q_l——每台混凝土泵的实际平均输出量（m^3/h）；

$Q_{\max}$——每台混凝土泵的最大输出量（m^3/h）；

α_1——配管条件系数，可取 0.8～0.9；

η——作业效率。根据混凝土搅拌运输车向混凝土泵供料的间断时间、拆装混凝土输送管和布料停歇等情况，可取 0.5～0.7。

3.3.3 混凝土泵的配备数量可根据混凝土浇筑体积量，单机的实际平均输出量和计划施工作业时间，按下式计算：

$$N_2 = \frac{Q}{Q_1 T_0} \quad\cdots\cdots\cdots\cdots\cdots\cdots\cdots\cdots \text{(3-3)}$$

式中：

N_2——混凝土泵的台数，按计算结果取整，小数点以后的部分应进位；

Q——混凝土浇筑体积量（m^3）；

Q_1——每台混凝土泵的实际平均输出量（m^3/h）；

T_0——混凝土泵送计划施工作业时间（h）。

3.3.4 混凝土泵的额定工作压力应大于按下式计算的混凝土最大泵送阻力：

$$P_{\max} = \frac{\Delta P_H L}{10^6} + P_f \quad\cdots\cdots\cdots\cdots\cdots\cdots\cdots\cdots \text{(3-4)}$$

式中：

$P_{\max}$——混凝土最大泵送阻力（MPa）；

L——各类布置状态下混凝土输送管路系统的累计水平换算距离，可按本规程附录 A 表 A.0.1 换算累加确定（m）；

ΔP_H——混凝土在水平输送管内流动每米产生的压力损失，可按本规程附录 B 公式（B.0.2-1）计算（Pa/m）；

P_f——混凝土泵送系统附件及泵体内部压力损失，当缺乏详细资料时，可按本规程附录 B 表 B.0.1 取值累加计算（MPa）。

3.3.5 混凝土泵的最大水平输送距离，可按下列方法之一确定：

1 由试验确定；

2 根据混凝土泵的最大出口压力、配管情况、混凝土性能指标和输出量，按下式计算：

$$L_{\max} = \frac{P_e - P_f}{\Delta P_H} \times 10^6 \quad\cdots\cdots\cdots\cdots\cdots\cdots\cdots\cdots \text{(3-5)}$$

式中：

L_{max}——混凝土泵最大水平输送距离（m）；

P_e——混凝土泵额定工作压力（MPa）；

P_f——混凝土泵送系统附件及泵体内部压力损失（MPa）；

ΔP_H——混凝土在水平输送管内流动每米产生的压力损失（Pa/m）；

    3 根据产品的性能表（曲线）确定。

3.3.6 混凝土泵不宜采用接力输送的方式。当必须采用接力泵输送混凝土时，接力泵的设置位置应使上、下泵的输送能力匹配。对设置接力泵的结构部位应进行承载力验算，必要时应采取加固措施。

3.3.7 混凝土泵集料斗应没置网筛。

3.4 混凝土运输车的选配

3.4.1 泵送混凝土宜采用搅拌运输车运输，运输车性能应符合现行行业标准《混凝土搅拌运输车》GB/T 26408 的有关规定。

3.4.2 当混凝土泵连续作业时，每台混凝土泵所需配备的混凝土搅拌运输车数量，可按下式计算：

$$N_1 = \frac{Q_1}{60V_1\eta_v}\left(\frac{60L_1}{S_0} + T_1\right) \quad \cdots\cdots\cdots\cdots\cdots\cdots\cdots (3\text{-}6)$$

式中：

N_1——混凝土搅拌运输车台数，按计算结果取整数，小数点以后的部分应进位；

Q_1——每台混凝土泵的实际平均输出量，按本规程公式（3-2）计算（m³/h）；

V_1——每台混凝土搅拌运输车容量（m³）；

H_v——搅拌运输车容量折减系数，可取 0.90～0.95；

S_0——混凝土搅拌运输车平均行车速度（km/h）；

L_1——混凝土搅拌运输车往返距离（km）；

T_1——每台混凝土搅拌运输车总计停歇时间（min）。

3.5 混凝土输送管的选配

3.5.1 混凝土输送管应根据工程特点、施工场地条件、混凝土浇筑方案等进行合理选型和布置。输送管布置宜平直，宜减少管道弯头用量。

3.5.2 混凝土输送管规格应根据粗骨料最大粒径、混凝土输出量和输送距离以及拌合物性能等进行选择，宜符合表 3-2 规定，并应符合现行国家标准《无缝钢管尺寸、外形、重量及允许偏差》GB/T 17395 的有关规定。

表 3-2　混凝土输送管最小内径要求

粗骨料最大粒径/mm	输送管最小内径/mm
25	125
40	150

3.5.3 混凝土输送管强度应满足泵送要求，不得有龟裂、孔洞、凹凸损伤和弯折等缺陷。应根据最大泵送压力计算出最小壁厚值。

3.5.4 管接头成具有足够强度，并能快速装拆，其密封结构应严密可靠。

3.6 布料设备的选配

3.6.1 布料设备的选型与布置应根据浇筑混凝土的平面尺寸、配管、布料半径等要求确定，并应与混凝土输送泵相匹配。

3.6.2 布料设备的输送管最小内径应符合本规程表 3-2 的规定。

3.6.3 布料设备的作业半径宜覆盖整个混凝土浇筑范围。

4 泵送混凝土的运输

4.1 一般规定

4.1.1 泵送混凝土的供应，应根据技术要求、施工进度、运输条件以及混凝土浇筑量等因素编制供应方案。混凝土的供应过程应加强通信联络、调度，确保连续均衡供料。

4.1.2 混凝土在运输，输送和浇筑过程中，不得加水。

4.2 泵送混凝土的运输

4.2.1 混凝土搅拌运输车的施工现场行驶道路，应符合下列规定：

   1 宜设置环形车道，并应满足重车行驶要求；

   2 车辆出入四处，宜设交通安全指挥人员；

   3 夜间施工时，现场变通出入口和运输道路上应有良好照明，危险区域应设安全标志。

4.2.2 混凝土搅拌运输车装料前，应排净拌筒内积水。

4.2.3 泵送混凝土的运输延续时间应符合现行国家标准《预拌混凝土》GB/T 14902 的有关规定。

4.2.4 混凝土搅拌运输车向混凝土泵卸料时，应符合下列规定：

   1 为了使混凝土拌合均匀，卸料前应高速旋转拌筒；

   2 应配合泵送过程均匀反向旋转拌筒向集料斗内卸料；集料斗内的混凝土应满足最小集料量的要求；

   3 搅拌运输车中断卸料阶段，应保持拌筒低速转动；

   4 泵送混凝土卸料作业应由具备相应能力的专职人员操作。

5 混凝土的泵送

5.1 一般规定

5.1.1 混凝土泵送施工现场，应配备通信联络设备。并应设专门的指挥和组织施工的调度人员。

5.1.2 当多台混凝土泵同时泵送或与其他输送方法组合输送混凝土时，应分工明确、互相配合、统一指挥。

5.1.3 炎热季节或冬期施工时，应采取专门技术措施。冬期施工尚应符合现行行业标准《建筑工程冬期施工规程》JGT 104 的有关规定。

5.1.4 混凝土泵的操作应严格按照使用说明书和操作规程进行。

5.1.5 混凝土泵送宜连续进行。混凝土运输、输送、浇筑及间歇的全部时间不应超过国家现行标准的有关规定；如超过规定时间时，应临时设置施工缝，继续浇筑混凝土，并应按施工缝要求处理。

5.2 混凝土泵送设备安装

5.2.1 混凝土泵安装场地应平整坚实、道路畅通、接近排水设施、便于配管。

5.2.2 同一管路宜采用相同管径的输送管，除终端出口处外，不得采用软管。

5.2.3 垂直向上配管时，地面水平管折算长度不宜小于垂直管长度的 1/5，且不宜小于 15m；垂直泵送高度超越 100m 时，混凝土泵机出料口处应设置截止阀。

5.2.4 倾斜或垂直向下泵送施工时，且高差大于 20m 时，应在倾斜或垂直管下端设置弯管或水平管，弯管和水平管折算长度不宜小于 1.5 倍高差。

5.2.5 混凝土输送管的固定应可靠稳定。用于水平输送的管路应采用支架固定；用于垂直输送的管路支架应与结构牢固连接。支架不得支承在脚手架上，并应符合下列规定：

    1 水平管的固定支撑宜具有一定离地高度；

    2 每根垂直管应有两个或两个以上固定点；

    3 如现场条件受限，可另搭设专用支承架；

    4 垂直管下端的弯管不应作为支承点使用，宜设钢支撑承受垂直管重量；

    5 应严格按要求安装接口密封圈，管道接头处不得漏浆。

5.2.6 手动布料设备不得支承在脚手架上，也不得直接支承在钢筋上，宜设置钢支撑将其架空。

5.3 混凝土的泵送

5.3.1 泵送混凝土时，混凝土泵的支腿应伸出调平并插好安全销，支腿支撑应牢固。

5.3.2 混凝土泵与输送管连通后，应对其进行全面检查。混凝土泵送前应进行空载试运转。

5.3.3 混凝土泵送施工前应检查混凝土送料单，核对配合比，检查坍落度，必要时还应测定混凝土扩展度，在确认无误后方可进行混凝土泵送。

5.3.4 泵送混凝土的入泵坍落度不宜小于 100mm，对强度等级超过 C60 的泵送混凝土，其入泵坍落度不宜小于 180mm。

5.3.5 混凝土泵启动后，应先泵送适量清水以湿润混凝土泵的料斗、活塞及输送管的内壁等直接与混凝土接触部位。泵送完毕后，应清除泵内积水。

5.3.6 经泵送清水检查，确认混凝土泵和输送管中无异物后，应选用下列浆液中的一种润滑混凝土泵和输送管内壁：

    1 水泥净浆；

    2 1：2 水泥砂浆；

    3 与混凝土内除粗骨料外的其他成分相同配合比的水泥砂浆。

    润滑用浆料泵出后应妥善回收，不得作为结构混凝土使用。

5.3.7 开始泵送时，混凝土泵应处于匀速缓慢运行并随时可反泵的状态。泵送速度应先慢后快，逐步加速。同时，应观察混凝土泵的压力和各系统的工作情况，待各系统运转正常后，方可以正常速度进行泵送。

5.3.8 泵送混凝土时，应保证水箱或活塞清洗室中水量充足。

5.3.9 在混凝土泵送过程中，如常加接输送管，应预先对新接管道内壁进行湿润。

5.3.10 当混凝土泵出现压力升高且不稳定、油温升高、输送管明显振动等现象而泵送困难时，不得强行泵送，并应立即查明原因，采取措施排除故障。

5.3.11 当输送管堵塞时，应及时拆除管道，排除堵塞物。拆除的管道重新安装前应湿润。

5.3.12 当混凝土供应不及时,宜采取间歇泵送方式,放慢泵送速度。间歇泵送可采用每隔4～5min进行两个行程反泵,再进行两个行程正泵的泵送方式。

5.3.13 向下泵送混凝土时,应采取措施排除管内空气。

5.3.14 泵送完毕时,应及时将混凝土泵和输送管清洗干净。

6 泵送混凝土的浇筑

6.1 一般规定

6.1.1 泵送混凝土的浇筑应符合现行国家标准《混凝土结构工程施工质量验收规范》GB 50204 的有关规定。

6.1.2 应有效控制混凝土的均匀性和密实性,混凝土应连续浇筑使其成为连续的整体。

6.1.3 泵送浇筑应预先采取措施避免造成模板内钢筋、预埋件及其定位件移动。

6.2 混凝土的浇筑

6.2.1 混凝土的浇筑顺序,应符合下列规定:

1 当采用输送管输送混凝土时,宜由远而近浇筑;

2 同一区域的混凝土,应按先竖向结构后水平结构的顺序分层连续浇筑。

6.2.2 混凝土的布料方法,应符合下列规定:

1 混凝土输送管末端出料口宜接近浇筑位置。浇筑竖向结构混凝土,布料设备的出口离摸板内侧面不应小于50mm。应采取减缓混凝土下料冲击的措施,保证混凝土不发生离析。

2 浇筑水平结构混凝土,不应在同一处连续布料,应水平移动分散布料。

7 施工安全与环境保护

7.1 一般规定

7.1.1 混凝土泵送施工应符合国家安全与环境保护方面的有关规定。

7.1.2 混凝土输送泵及布料设备在转移,安装固定、使用时的安全要求,应符合产品安装使用说明书及相关标准的规定。

7.2 安全规定

7.2.1 用于泵送混凝土的模板及其支承件的设计,应考虑混凝土泵送浇筑施工所产生的附加作用力,并按实际工况对模板及其支撑件进行强度、刚度、稳定性验算。浇筑过程中应对模板和支架进行观察和维护。发现异常情况应及时进行处理。

7.2.2 对安装于垂直管下端钢支撑、布料设备及接力泵的结构部位应进行承载力验算,必要时应采取加固措施。布料设备尚应验算其使用状态的抗倾覆稳定性。

7.2.3 在有人员通过之处的高压管段、距混凝土泵出口较近的弯管,宜设置安全防护设施。

7.2.4 当输送管发生堵塞而需拆卸管夹时,应先对堵塞部位混凝土进行卸压,混凝土彻底卸压后方可进行拆卸。为防止混凝土突然喷射伤人,拆卸人员不应直接面对输送管管夹进行拆卸。

7.2.5 排除堵塞后重新泵送或清洗混凝土泵时,末端输送管的出口应固定,并应朝向安全方向。

7.2.6 应定期检查输送管道和布料管道的磨损情况,弯头部位应重点检查,对磨损较大、不符合使用要求的管道应及时更换。

7.2.7 在布料设备的作业范围内，不得有高压线或影响作业的障碍物。布料设备与塔吊和升降机械设备不得在同一范围内作业，施工过程中应进行监护。

7.2.8 应控制布料设备出料口位置，避免超出施工区域，必要时应采取安全防护设施，防止出料口混凝土坠落。

7.2.9 布料设备在出现雷雨，风力大于 6 级等恶劣天气时，不得作业。

7.3 环境保护

7.3.1 施工现场的混凝土运输通道，或现场拌制混凝土区域，宜采取有效的扬尘控制措施。

7.3.2 设备油液不能直接泄漏在地面上，应使用容器收集并妥善处理。

7.3.3 废旧油品、更换的油液过滤器滤芯等废物应集中清理，不得随地丢弃。

7.3.4 设备废弃的电池、塑料制品、轮胎等对环境有害的零部件，应分类回收，依据相关规定处理。

7.3.5 设备在居民区施工作业时，应采取降噪措施。搅拌、泵送、振捣等作业的允许噪声，昼间为 70 dB（A 声级），夜间为 55 dB（A 声级）。

7.3.6 输送管的清洗，应采用有利于节水节能、减少排污量的清洗方法。

7.3.7 泵送和清洗过程中产生的废弃混凝土或清洗残余物，应按预先确定的处理方法和场所，及时进行妥善处理，并不得将其用于未浇筑的结构部位中。

8 泵送混凝土质量控制

8.1 应建立质量控制保证体系，制定保证质量的技术措施。

8.2 泵送混凝土的原材料及其储存，计量应符合现行国家标准《预拌混凝土》GB/T 14902 的有关规定，原材料的储备量应满足泵进要求。

8.3 泵送混凝土质量应符合现行国家标准《混凝土结构工程施工质量验收规范》GB 50204 和《预拌混凝土》GB/T 14902 的有关规定。

8.4 泵送混凝土的质量控制除应符合现行国家标准《预拌混凝土》GB/T 14092 的相关规定外。尚应符合下列规定：

    1 泵送混凝土的可泵性试验，可按现行国家标准《普通混凝土拌合物性能试验方法标准》GB/T 50080 有关压力泌水试验的方法进行检测，10s 时的相对压力泌水率不宜大于 40%。

    2 混凝土人泵时的坍落度及其允许偏差，应符合表 8-4 的规定。

    3 混凝土强度的检验评定，应符合现行国家标准《混凝上强度检验评定标准》GB/T 50107 的规定。

表 8-4　混凝土坍落度允许偏差

坍落度/mm	坍落度允许偏差/mm
100～160	±20
>160	±30

8.5 出泵混凝土的质量检查，应按现行国家标准《混凝土结构工程施工质量验收规范》GB 50204 的有关规定进行。用作评定结构或构件混凝土强度质量的试件，应在浇筑地点取样、制作，且混凝土的取样、试件制作、养护和试验均成符合现行国家标准《混凝土强度检验评定标准》GB/T 50107 的规定。

6.11 回弹法检测混凝土抗压强度技术规程 JGJ/T 23—2011

1 总则

1.1 为统一使用回弹仪检测普通混凝土抗压强度的方法，保证检测精度，制定本规程。

1.2 本规程适用于普通混凝土抗压强度（以下简称混凝土强度）的检测，不适用于表层与内部质量有明显差异或内部存在缺陷的混凝土强度检测。

1.3 使用回弹法进行检测的人员，应通过专门的技术培训。

1.4 回弹法检测混凝土强度除应符合本规程外，尚应符合国家现行有关标准的规定。

2 术语和符号

2.1 术语

2.1.1 测区 test area

检测构件混凝土强度时的一个检测单元。

2.1.2 测点 test point

测区内的一个回弹检测点。

2.1.3 测区混凝土强度换算值 conversion value of concrete compressive strength of test area

由测区的平均回弹值和碳化深度值通过测强曲线或测区强度换算表得到的测区现龄期混凝土强度值。

2.1.4 混凝土强度推定值 estimation value of strength for concrete

相应于强度换算值总体分布中保证率不低于95%的构件中的混凝土强度值。

2.2 符号

d_m ——测区的平均碳化深度值。

$f_{cu,i}^c$ ——测区混凝土强度换算值。

$f_{cor,m}$ ——芯样试件混凝土强度平均值。

$f_{cu,m}$ ——同条件立方体试块混凝土强度平均值。

$f_{cu,m0}^c$ ——对应于钻芯部位或同条件试块回弹测区混凝土强度换算值的平均值。

$f_{cor,i}$ ——第i个混凝土芯样试件的强度值。

$f_{cu,i}$ ——第i个混凝土立方体试块的抗压强度。

$f_{cu,i0}^c$ ——修正前第i个测区的混凝土强度换算值。

$f_{cu,i1}^c$ ——修正后第i个测区的混凝土强度换算值。

$f_{cu,min}^c$ ——构件中测区混凝土强度换算值的最小值。

$f_{cu,e}$ ——构件混凝土强度推定值。

$m_{f_{cu}^c}$ ——测区混凝土强度换算值的平均值。

$s_{f_{cu}^c}$ ——构件测区混凝土强度换算值的标准差。

R_i ——测区第i个测点的回弹值。

R_m——测区或试块的平均回弹值。

$R_{\mathrm{m}\alpha}$——回弹仪非水平方向检测时，测区的平均回弹值。

R_m^t——回弹仪在水平方向检测混凝土浇筑表面时，测区的平均回弹值。

R_m^b——回弹仪在水平方向检测混凝土浇筑底面时，测区的平均回弹值。

R_a^t——回弹仪检测混凝土浇筑表面时，回弹值的修正值。

R_a^b——回弹仪检测混凝土浇筑底面时，回弹值的修正值。

$R_{\mathrm{a}\alpha}$——非水平方向检测时，回弹值的修正值。

Δ_tot——测区混凝土强度修正量。

3 回弹仪

3.1 技术要求

3.1.1 回弹仪可为数字式的，也可为指针直读式的。

3.1.2 回弹仪应具有产品合格证及计量检定证书，并应在回弹仪的明显位置上标注名称、型号、制造厂名（或商标）、出厂编号等。

3.1.3 回弹仪除应符合现行国家标准《回弹仪》GB/T9138 的规定外，尚应符合下列规定：

1 水平弹击时，在弹击锤脱钩瞬间，回弹仪的标称能量应为 2.207J；

2 在弹击锤与弹击杆碰撞的瞬间，弹击拉簧应处于自由状态，且弹击锤起跳点应位于指针指示刻度尺上的"0"处；

3 在洛氏硬度 HRC 为 60 ± 2 的钢砧上，回弹仪的率定值应为 80 ± 2；

4 数字式回弹仪应带有指针直读示值系统；数字显示的回弹值与指针直读示值相差不应超过 1。

3.1.4 回弹仪使用时的环境温度应为（$-4\sim40$）℃。

3.2 检定

3.2.1 回弹仪检定周期期为半年，当回弹仪具有下列情况之一时，应由法定计量检定机构按现行行业标准《回弹仪》JJG 817 进行检定：

1 新回弹仪启用前；

2 超过检定有效期限；

3 数字式回弹仪数字显示的回弹值与指针直读示值相差大于 1；

4 经保养后，在钢砧上的率定值不合格；

5 遭受严重撞击或其他损害。

3.2.2 回弹仪的率定试验应符合下列规定：

1 率定试验应在室温为 $5\sim35$℃ 的条件下进行；

2 钢砧表面应干燥、清洁，并应稳固地平放在刚度大的物体上；

3 回弹值应取连续向下弹击三次的稳定回弹结果的平均值；

4 率定试验应分四个方向进行，且每个方向弹击前，弹击杆应旋转 90 度，每个方向的回弹值应为 80 ± 2。

3.2.3 回弹仪率定试验所用的钢砧应每 2 年送授权计量检定机构检定或校准。

3.3 保养

3.3.1 当回弹仪存在下列情况之一时，应进行保养：

1 回弹仪弹击超过 2000 次；

2 在钢砧上的率定值不合格；

3 对检测值有怀疑。

3.3.2 回弹仪的保养应按下列步骤进行：

1 先将弹击锤脱钩，取出机芯，然后卸下弹击杆，取出里面的缓冲压簧，并取出弹击锤、弹击拉簧和拉簧座。

2 清洁机芯各零部件，并应重点清理中心导杆、弹击锤和弹击杆的内孔及冲击面。清理后，应在中心导杆上薄薄涂抹钟表油，其他零部件不得抹油。

3 清理机壳内壁，卸下刻度尺，检查指针，其摩擦力应为 0.5～0.8N。

4 按本规程第 3.2.3 条的规定进行率定。

5 保养时，不得旋转尾盖上已定位紧固的调零螺丝，不得自制或更换零部件。

6 对于数字式回弹仪，还应按产品要求的维护程序进行维护。

3.3.3 回弹仪使用完毕，应使弹击杆伸出机壳，并应清除弹击杆、杆前端球面以及刻度尺表面和外壳上的污垢、尘土。回弹仪不用时，应将弹击杆压入机壳内，经弹击后应按下按钮，锁住机芯，然后装入仪器箱。仪器箱应平放在干燥阴凉处。当数字式回弹仪长期不用时，应取出电池。

4　检测技术

4.1　一般规定

4.1.1 采用回弹法检测混凝土强度时，宜具有下列资料：工程名称、设计单位、施工单位；构件名称、数量及混凝土类型、强度等级；水泥安定性，外加剂、掺合料品种，混凝土配合比等；施工模板，混凝土浇筑、养护情况及浇筑日期等；必要的设计图纸和施工记录；检测原因。

4.1.2 回弹仪在检测前后，均应在钢砧上做率定试验，并应符合本规程第 3.1.3 条的规定。

4.1.3 混凝土强度可按单个构件或按批量进行检测，并应符合下列规定：

1 单个构件的检测应符合本规程第 4.1.4 条的规定。

2 对于混凝土生产工艺、强度等级相同，原材料、配合比、养护条件基本一致且龄期相近的一批同类构件的检测应采用批量检测。按批量进行检测时，应随机抽取构件，抽检数量不宜少于同批构件总数的 30％且不宜少于 10 件。当检验批构件数量大于 30 个时，抽样构件数量可适当调整，并不得少于国家现行有关标准规定的最少抽样数量。

4.1.4 单个构件的检测应符合下列规定：

1 对于一般构件，测区数不宜少于 10 个。当受检构件数量大于 30 个且不需提供单个构件推定强度或受检构件一方向尺寸不大于 4.5m 且另一方向尺寸不大于 0.3m 时，每个构件的测区数量可适当减少，但不应少于 5 个。

2 相邻两测区的间距不应大于 2m，测区离构件端部或施工缝边缘的距离不宜大于 0.5m，且不宜小于 0.2m。

3 测区宜选在能使回弹仪处于水平方向的混凝土浇筑侧面。当不能满足这一要求时，也可选在使回弹仪处于非水平方向的混凝土浇筑表面或底面。

4 测区宜布置在构件的两个对称的可测面上，当不能布置在对称的可测面上时，也可布置在同一可测面上，且应均匀分布。在构件的重要部位及薄弱部位应布置测区，并应避开预埋件。

5 测区的面积不宜大于 $0.04m^2$。

6 测区表面应为混凝土原浆面，并应清洁、平整，不应有疏松层、浮浆、油垢、涂层以及蜂窝、麻面。

7 对于弹击时产生颤动的薄壁、小型构件，应进行固定。

4.1.5 测区应标有清晰的编号，并宜在记录纸上绘制测区布置示意图和描述外观质量情况。

4.1.6 当检测条件与本规程第 6.2.1 条和第 6.2.2 条的适用条件有较大差异时，可采用在构件上钻取的混凝土芯样或同条件试块对测区混凝土强度换算值进行修正。对同一强度等级混凝土修正时，芯样数量不应少于 6 个，公称直径宜为 100mm，高径比应为 1。芯样应在测区内钻取，每个芯样应只加工一个试件。同条件试块修正时，试块数量不应少于 6 个，试块边长应为 150mm。计算时，测区混凝土强度修正量及测区混凝土强度换算值的修正应符合下列规定：

1 修正量应按下列公式计算：

$$\Delta_{tot} = f_{cor,m} - f_{cu,m0}^c \quad \cdots\cdots (4\text{-}1)$$

$$\Delta_{tot} = f_{cu,m} - f_{cu,m0}^c \quad \cdots\cdots (4\text{-}2)$$

$$f_{cor,m} = \frac{1}{n}\sum_{i=1}^{n} f_{cor,i} \quad \cdots\cdots (4\text{-}3)$$

$$f_{cu,m} = \frac{1}{n}\sum_{i=1}^{n} f_{cu,i} \quad \cdots\cdots (4\text{-}4)$$

$$f_{cu,m0}^c = \frac{1}{n}\sum_{i=1}^{n} f_{cu,i}^c \quad \cdots\cdots (4\text{-}5)$$

式中：

Δ_{tot} ——测区混凝土强度修正量（MPa）精确到 0.1MPa；

$f_{cor,m}$ ——芯样试件混凝土强度平均值（MPa），精确到 0.1MPa；

$f_{cu,m}$ ——150mm 同条件立方体试块混凝土强度平均值（MPa），精确到 0.1MPa；

$f_{cu,m0}^c$ ——对应于钻芯部位或同条件立方体试块回弹测区混凝土强度换算值的平均值（MPa），精确到 0.1MPa；

$f_{cor,i}$ ——第 i 个混凝土芯样试件的抗压强度；

$f_{cu,i}$ ——第 i 个混凝土立方体试块的抗压强度；

$f_{cu,i}^c$ ——对应于第 i 个芯样部位或同条件立方体试块测区回弹值和碳化深度值的混凝土强度换算值，可按本规程附录 A 或附录 B 取值；

n ——芯样或试块数量。

2 测区混凝土强度换算值的修正应按下式计算：

$$f_{cu,i1}^c = f_{cu,i0}^c + \Delta_{tot} \quad \cdots\cdots (4\text{-}6)$$

式中：

$f_{cu,i0}^c$ ——第 i 个测区修正前的混凝土强度换算值（MPa），精确到 0.1MPa。

$f_{cu,i1}^c$ ——第 i 个测区修正后的混凝土强度换算值（MPa），精确到 0.1MPa。

4.2 回弹值测量

4.2.1 测量回弹值时，回弹仪的轴线应始终垂直于混凝土检测面，并应缓慢施压、准确读数、快速复位。

4.2.2　每一测区应读取 16 个回弹值，每一测点的回弹值读数应精确至 1。测点宜在测区范围内均匀分布，相邻两测点的净距离不宜小于 20mm；测点距外露钢筋、预埋件的距离不宜小于 30mm；测点不应在气孔或外露石子上，同一测点应只弹击一次。

4.3　碳化深度值测量

4.3.1　回弹值测量完毕后，应在有代表性的测区上测量碳化深度值，测点数不应少于构件测区数的 30%，并应取其平均值作为该构件每个测区的碳化深度值。当碳化深度值极差大于 2.0mm 时，应在每一测区分别测量碳化深度值。

4.3.2　碳化深度值的测量应符合下列规定：

　　1　可采用工具在测区表面形成直径约 15mm 的孔洞，其深度应大于混凝土的碳化深度；

　　2　应清除孔洞中的粉末和碎屑，且不得用水擦洗；

　　3　应采用浓度为 1%～2% 的酚酞酒精溶液滴在孔洞内壁的边缘处，当已碳化与未碳化界线清晰时，应采用碳化深度测量仪测量已碳化与未碳化混凝土交界面到混凝土表面的垂直距离，并应测量 3 次，每次读数应精确至 0.25mm；

　　4　应取三次测量的平均值作为检测结果，并应精确至 0.5 mm。

4.4　泵送混凝土的检测

4.4.1　检测泵送混凝土强度时，测区应选在混凝土浇筑侧面。

5　回弹值计算

5.1　计算测区平均回弹值时，应从该测区的 16 个回弹值中剔除 3 个最大值和 3 个最小值，其余的 10 个回弹值按下式计算：

$$R_m = \frac{\sum_{i=1}^{10} R_i}{10} \quad\cdots\cdots\cdots\cdots\cdots\cdots (5-1)$$

式中：

R_m——测区平均回弹值，精确至 0.1；

R_i——第 i 个测点的回弹值。

5.2　非水平方向检测混凝土浇筑侧面时，测区的平均回弹值应按下式修正：

$$R_m = R_{m\alpha} + R_{a\alpha} \quad\cdots\cdots\cdots\cdots\cdots\cdots (5-2)$$

式中：

$R_{m\alpha}$——非水平方向检测时测区的平均回弹值，精确至 0.1；

$R_{a\alpha}$——非水平方向检测时回弹值修正值，应按本规程附录 C 取值。

5.3　水平方向检测混凝土浇筑表面或浇筑底面时，测区的平均回弹值应按下列公式修正：

$$R_m = R_m^t + R_a^t \quad\cdots\cdots\cdots\cdots\cdots\cdots (5-3)$$

$$R_m = R_m^b + R_a^b \quad\cdots\cdots\cdots\cdots\cdots\cdots (5-4)$$

式中：

R_m^t、R_m^b——水平方向检测混凝土浇筑表面、底面时，测区的平均回弹值，精确至 0.1；

R_a^t、R_a^b——混凝土浇筑表面、底面回弹值的修正值，应按本规程附录 D 取值。

5.4 当回弹仪为非水平方向且测试面为混凝土的非浇筑侧面时，应先对回弹值进行角度修正，并应对修正后的回弹值进行浇筑面修正。

6 测强曲线

6.1 一般规定

6.1.1 混凝土强度换算值可采用下列测强曲线计算：

　　1 统一测强曲线：由全国有代表性的材料、成型工艺制作的混凝土试件，通过试验所建立的测强曲线。

　　2 地区测强曲线：由本地区常用的材料、成型工艺制作的混凝土试件，通过试验所建立的测强曲线。

　　3 专用测强曲线：由与构件混凝土相同的材料、成型养护工艺制作的混凝土试件，通过试验所建立的测强曲线。

6.1.2 有条件的地区和部门，应制定本地区的测强曲线或专用测强曲线。检测单位宜按专用测强曲线、地区测强曲线、统一测强曲线的顺序选用测强曲线。

6.2 统一测强曲线

6.2.1 符合下列条件的非泵送混凝土，测区强度应按本规程附录 A 进行强度换算：

　　1 混凝土采用的水泥、砂石、外加剂、掺合料、拌和用水符合国家现行有关标准；

　　2 采用普通成型工艺；

　　3 采用符合国家标准规定的模板；

　　4 蒸汽养护出池经自然养护 7d 以上，且混凝土表层为干燥状态；

　　5 自然养护且龄期为 14～1000d；

　　6 抗压强度为 10.0～60.0MPa。

6.2.2 符合本规程第 6.2.1 条的泵送混凝土，测区强度可按本规程附录 B 的曲线方程计算或按本规程附录 B 的规定进行强度换算。

6.2.3 测区混凝土强度换算表所依据的统一测强曲线，其强度误差值应符合下列规定：

　　1 平均相对误差（δ）不应大于±15.0％；

　　2 相对标准差（e_r）不应大于 18.0％。

6.2.4 当有下列情况之一时，测区混凝土强度不得按本规程附录 A 或附录 B 进行强度换算：

　　1 非泵送混凝土粗集料最大公称粒径大于 60mm，泵送混凝土粗集料最大公称粒径大于 31.5mm；

　　2 特种成型工艺制作的混凝土；

　　3 检测部位曲率半径小于 250mm；

　　4 潮湿或浸水混凝土。

6.3 地区和专用测强曲线

6.3.1 地区和专用测强曲线的强度误差应符合下列规定：

　　1 地区测强曲线：平均相对误差（δ）不应大于±14.0％，相对标准差（e_r）不应大于 17.0％。

　　2 专用测强曲线：平均相对误差（δ）不应大于±12.0％，相对标准差（e_r）不应大于

14.0%。

　　3 平均相对误差（δ）和相对标准差（e_r）的计算应符合本规程附录 E 的规定。

6.3.2 地区和专用测强曲线应按本规程附录 E 的方法制定。使用地区或专用测强曲线时，被检测的混凝土应与制定该类测强曲线混凝土的适应条件相同，不得超出该类测强曲线的适应范围，并应每半年抽取一定数量的同条件试件进行校核，当存在显著差异时，应查找原因，不得继续使用。

7 混凝土强度的计算

7.1 构件第 i 个测区混凝土强度换算值，可按本规程第五章所求得的平均回弹值（R_m）及按本规程第 4.3 条所求得的平均碳化深度值（d_m）由本规程附录 A、附录 B 查表或计算得出。当有地区或专用测强曲线时，混凝土强度的换算值宜按地区测强曲线或专用测强曲线计算或查表得出。

7.2 构件的测区混凝土强度平均值应根据各测区的混凝土强度换算值计算。当测区数为 10 个及以上时，还应计算强度标准差。平均值及标准差应按下列公式计算：

$$m_{f_{cu}^c} = \frac{\sum_{i=1}^{n} f_{cu,i}^c}{n} \quad \cdots\cdots\cdots\cdots\cdots\cdots\cdots (7\text{-}1)$$

$$S_{f_{cu}^c} = \sqrt{\frac{\sum_{i=1}^{n} (f_{cu,i}^c)^2 - n(m_{f_{cu}^c})^2}{n-1}} \quad \cdots\cdots\cdots\cdots\cdots (7\text{-}2)$$

式中：

$m_{f_{cu}^c}$——构件测区混凝土强度换算值的平均值（MPa），精确至 0.1MPa；

　　n——对于单个检测的构件，取该构件的测区数；对批量检测的构件，取所有被抽检构件测区数之和；

$S_{f_{cu}^c}$——结构或构件测区混凝土强度换算值的标准差（MPa），精确至 0.01 MPa。

7.3 构件的现龄期混凝土强度推定值（$f_{cu,e}$）应符合下列规定：

　　1 当构件测区数少于 10 个时，应按下式计算：

$$f_{cu,e} = f_{cu,min}^c \quad \cdots\cdots\cdots\cdots\cdots\cdots\cdots\cdots (7\text{-}1)$$

式中：

$f_{cu,min}^c$——构件中最小的测区混凝土强度换算值。

　　2 当构件的测区强度值中出现小于 10.0MPa 时，应按下式确定：

$$f_{cu,e} < 10.0\text{MPa} \quad \cdots\cdots\cdots\cdots\cdots\cdots (7\text{-}4)$$

　　3 当构件测区数不少于 10 个时，应按下式计算：

$$f_{cu,e} = m_{f_{cu}^c} - 1.645 S_{f_{cu}^c} \quad \cdots\cdots\cdots\cdots (7\text{-}5)$$

　　4 当批量检测时，应按下式计算：

$$f_{cu,e} = m_{f_{cu}^c} - k S_{f_{cu}^c} \quad (7\text{-}6)$$

式中：

k——推定系数，宜取 1.645。当需要进行推定强度区间时，可按国家现行有关标准的规定取值。

注：构件的混凝土强度推定值是指相应于强度换算值总体分布中保证率不低于 95％的构件中混凝土抗压强度值。

7.4 对按批量检测的构件，当该批构件混凝土强度标准差出现下列情况之一时，该批构件应全部按单个构件检测：

1 当该批构件混凝土强度平均值小于 25 MPa、$S_{f_{cu}}$ 大于 4.5 MPa 时；

2 当该批构件混凝土强度平均值不小于 25 MPa 且不大于 60 MPa、$S_{f_{cu}}$ 大于 5.5 MPa 时。

7.5 回弹法检测混凝土抗压强度报告可按本规程附录 F 的格式编写。

6.12 大体积混凝土施工规范 GB 50496—2009

1 总则

1.1 为使大体积混凝土施工符合技术先进、经济合理、安全适用的原则，确保工程质量，制定本规范。

1.2 本规范适用于工业与民用建筑混凝土结构工程中大体积混凝土工程施工。本规范不适用于碾压混凝土和水工大体积混凝土工程施工。

1.3 大体积混凝土施工除应遵守本规范外，尚应符合国家现行有关标准的规定。

2 术语符号

2.1 术语

2.1.1 大体积混凝土　mass concrete
混凝土结构物实体最小几何尺寸不小于1m的大体量混凝土，或预计会因混凝土中胶凝材料水化引起的温度变化和收缩而导致有害裂缝产生的混凝土。

2.1.2 胶凝材料　cementing material
用于配制混凝土的硅酸盐水泥与活性矿物掺合料的总称。

2.1.3 跳仓施工法　alternative bay construction method
在大体积混凝土混凝土工程施工中，将超长的混凝土块体分为若干小块体间隔施工，经过短期的应力释放，再将若干小块体连成整体，依靠混凝土抗拉强度抵抗下一段的温度收缩应力的施工方法。

2.1.4 永久变形缝　deformation seam
将建筑物（构筑物）垂直分割开来的永久留置的预留缝，包括伸缩缝和沉降缝。

2.1.5 竖向施工缝　vertical construction seam
混凝土不能连续浇筑时，因混凝土浇筑停顿时间有可能超过混凝土的初凝时间，在适当位置留置的垂直方向的预留缝。

2.1.6 水平施工缝　horizontal construction seam
混凝土不能连续浇筑时，因混凝土浇筑停顿时间有可能超过混凝土的初凝时间，在适当位置留置的水平方向的预留缝。

2.1.7 温度应力　thermal stress
混凝土的温度变形受到约束时，混凝土内部所产生的应力。

2.1.8 收缩应力　shrinkage stress
混凝土的收缩变形受到约束时，混凝土内部所产生的应力。

2.1.9 温升峰值　the peak value of rising temperature
混凝土浇筑体内部的最高温升值。

2.1.10 里表温差　temperature difference of center and surface
混凝土浇筑体中心与混凝土浇筑体表层温度之差。

2.1.11 降温速率 the descending speed of temperature

散热条件下，混凝土浇筑体内部温度达到温升峰值后，单位时间内温度下降的值。

2.1.12 入模温度 the temperature of mixture placing to mold

混凝土拌合物浇筑入模时的温度。

2.1.13 有害裂缝 harmful crack

影响结构安全或使用功能的裂缝。

2.1.14 贯穿性裂缝 transverse crack

贯穿混凝土全截面的裂缝。

2.1.15 绝热温升 adiabatic temperature rise

混凝土浇筑体处于绝热状态，内部某一时刻温升值。

2.1.16 胶浆量 binder paste content

混凝土中胶凝材料浆体量占混凝土总量之比。

2.2 符号

2.2.1 温度及材料性能

α——混凝土热扩散率；

C——混凝土比热容；

C_x——外约束介质（地基或老混凝土）的水平变形刚度

E_0——混凝土弹性模量；

$E(t)$——混凝土龄期为 t 时的弹性模量；

$E_i(t)$——第 i 计算区段，龄期为 t 时，混凝土的弹性模量；

$f_{tk}(t)$——混凝土龄期为 t 时的抗拉强度标准值；

K_b，K_1，K_2——混凝土浇筑体表面保温层传热系数修正值；

M——与水泥品种，浇筑温度等有关的系数；

Q——胶凝材料水化热总量；

Q_0——水泥水化热总量；

Q_t——龄期 t 时的累积水化热；

T——龄期；

T_b——混凝土浇筑体表面温度；

$T_b(t)$——龄期为 t 时，混凝土浇筑体内的表层温度；

$T_{bm}(t)$、$T_{dm}(t)$——一混凝土浇筑体中部达到最高温度时，其块体上、下表面的温度；

T_{max}——混凝土浇筑体内的最高温度；

$T_{max}(t)$——龄期为 t 时，混凝土浇筑体内的最高温度；

T_q——混凝土达到最高温度时的大气平均温度；

$T(t)$——龄期为 t 时，混凝土的绝热温升；

$T_y(t)$——龄期为 t 时，混凝土收缩当量温度；

$T_w(t)$——龄期为 t 时，混凝土浇筑体预计的稳定温度或最终稳定温度；

$\Delta T_1(t)$——龄期为 t 时，混凝土浇筑块体的里表温差；

$\Delta T_2(t)$——龄期为 t 时，混凝土浇筑块体在降温过程中的综合降温差；

$\Delta T_{1\max}(t)$ ——混凝土浇筑后可能出现的最大里表温差；

$\Delta T_{1i}(t)$ ——龄期为 t 时，在第 i 计算区段混凝土浇筑块体里表温度的增量；

$\Delta T_{2i}(t)$ ——龄期为 t 时，在第 i 计算区段内，混凝土浇筑块体综合降温差的增量；

β_{μ} ——固体在空气中的放热系数；

β_s ——保温材料总放热系数；

λ_0 ——混凝土的导热系数；

λ_i ——第 i 层保温材料的导热系数；

2.2.2 数量几何参数

H ——混凝土浇筑体的厚度，该厚度为浇筑体实际厚度与保温层换算混凝土虚拟厚度之和；

h ——混凝土的实际厚度；

h' ——混凝土的虚拟厚度；

L ——混凝土搅拌运输车往返距离；

N ——混凝土搅拌运输车台数；

Q_1 ——每台混凝土泵的实际平均输出量；

$Q_{\max}$ ——每台混凝土泵的最大输出量；

S_0 ——混凝土搅拌运输车平均行车速度；

T_t ——每台混凝土搅拌运输车总计停歇时间；

V ——每台混凝土搅拌运输车的容量；

W ——每立方米混凝土的胶凝材料用量；

α_1 ——配管条件系数；

δ ——混凝土表面的保温层厚度；

δ_1 ——第 i 层保温材料厚度。

2.2.3 计算参数及其他

$H(\tau,t)$ ——在龄期为 t 时产生的约束应力延续至 t 时的松弛系数；

K ——防裂安全系数

k ——不同掺量掺合料水化热调整系数；

k_1、k_2 ——粉煤灰、矿渣粉掺量对应的水化热调整系数；

M_1、M_2 ……M_{11} ——混凝土收缩变形不同条件影响修正系数；

$R_i(t)$ ——龄期为 t 时，在第 1 计算区段，外约束的约束系数；

n ——常数，随水泥品种、比表面积等因素不同而异；

$\bar{r}$ ——水力半径的倒数；

α ——混凝土的线膨胀系数；

β ——混凝土中掺合料对弹性模量的修正系数；

β_1、β_2 ——混凝土中粉煤灰、矿渣粉掺量对应的弹性模量修正系数；

ρ ——混凝土的质量密度；

ε_y^0 ——在标准试验状态下混凝土最终收缩的相对变形值；

$\varepsilon_y(t)$ ——龄期为 t 时，混凝土收缩引起的相对变形值；

λ ——掺合料对混凝土抗拉强度影响系数；

λ_1、λ_2 ——粉煤灰、矿渣粉掺量对应的抗拉强度调整系数；

$\sigma_x(t)$ ——龄期为 t 时，因综合降温差，在外约束条件下产生的拉应力；

$\sigma_z(t)$ ——龄期为 t 时，因混凝土浇筑块体里表温差产生自约束拉应力的累计值；

η ——作业效率；

σ_{zmax} ——最大自约束应力。

3 基本规定

3.1 大体积混凝土施工应编制施工组织设计或施工技术方案。

3.2 在大体积混凝土工程除应满足设计规范及生产工艺的要求外，尚应符合下列要求：

1 大体积混凝土的设计强度等级宜在 C25～C40 的范围内，并可利用混凝土 60d 或 90d 的强度作为混凝土配合比设计、混凝土强度评定及工程验收的依据；

2 大体积混凝土的结构配筋除应满足结构强度和构造要求外，还应结合大体积混凝土的施工方法配置控制温度和收缩的构造钢筋；

3 大体积混凝土置于岩石类地基上时，宜在混凝土垫层上设置滑动层；

4 设计中宜采用减少大体积混凝土外部约束的技术措施。

5 设计中宜根据工程的情况提出温度场和应变的相关测试要求。

3.3 大体积混凝土工程施工前，宜对施工阶段大体积混凝土浇筑体的温度、温度应力及收缩应力进行试算，并确定施工阶段大体积混凝土浇筑体的升温峰值，里表温差及降温速率的控制指标，制定相应的温控技术措施。

3.4 温控指标宜符合下列规定：

1 混凝土浇筑体在入模温度基础上的温升值不宜大于 50 ℃；

2 混凝土浇筑块体的里表温差（不含混凝土收缩的当量温度）不宜大于 25 ℃；

3 混凝土浇筑体的降温速率不宜大于 2.0 ℃/d。

4 混凝土浇筑体表面写大气温差不宜大于 20 ℃。

3.5 大体积混凝土施工前，应做好各项施工前准备工作，并与当地气象台、站联系，掌握近期气象情况。必要时，应增添相应的技术措施，在冬期施工时，尚应符合国家现行有关混凝土冬期施工的标准。

4 大体积混凝土的材料、配比、制备及运输

4.1 一般规定

4.1.1 大体积混凝土配合比的设计除应符合工程设计所规定的强度等级、耐久性、抗渗性、体积稳定性等要求外，尚应符合大体积混凝土施工工艺特性的要求，并应符合合理使用材料、减少水泥用量、降低混凝土绝热温升值的要求。

4.1.2 大体积混凝土的制备和运输，除应符合设计混凝土强度等级的要求外，尚应根据预拌混凝土运输距离、运输设备、供应能力、材料批次、环境温度等调整预拌混凝土的有关参数。

4.2 原材料

4.2.1 配制大体积混凝土所用水泥的选择及其质量，应符合下列规定：

1 所用水泥应符合现行国家标准《硅酸盐水泥、普通硅酸盐水泥》GB 175 的有关规定，当采用其他品种时，其性能指标必须符合国家现行有关标准的规定；

2 应选用中、低热硅酸盐水泥或低热矿渣硅酸盐水泥，大体积混凝土施工所用水泥其 3d 天的水化热不宜大于 240 kJ/kg，7 d 天的水化热不宜大于 270 kJ/kg；

3 当混凝土有抗渗指标要求时，所用水泥的铝酸三钙含量不宜大于 8%；

4 所用水泥在搅拌站的入机温度不应大于 60 ℃。

4.2.2 水泥进场时应对水泥品种、强度等级、包装或散装仓号、出厂日期等进行检查，并应对其强度、安定性、凝结时间、水化热等性能指标及其他必要的性能指标进行复检。

4.2.3 骨料的选择，除应符合国家现行标准《普通混凝土用砂、石质量及检验方法标准》JGJ 52 的有关规定外，尚应符合下列规定：

1 细骨料宜采用中砂，其细度模数宜大于 2.3，含泥量不大于 3%；

2 粗骨料宜选用粒径 5～31.5mm，并连续级配，含泥量不大于 1%；

3 应选用非碱活性的粗骨料；

4 当采用非泵送施工时，粗骨料的粒径可适当增大。

4.2.4 粉煤灰和粒化高炉矿渣粉，其质量应符合现行国家标准《用于水泥和混凝土中的粉煤灰》GB 1596 和《用于水泥和混凝土中的粒化高炉矿渣粉》GB/T 18046 的有关规定。

4.2.5 所用外加剂的质量及应用技术，应符合现行国家标准《混凝土外加剂》GB 8076、《混凝土外加剂应用技术规范》GB 50119 和有关环境保护的规定。

4.2.6 外加剂的选择除应满足本规范第 4.2.5 条的规定外，尚应符合下列要求：

1 外加剂的品种、掺量应根据工程所用胶凝材料经试验确定；

2 应提供外加剂对硬化混凝土收缩等性能的影响；

3 耐久性要求较高或寒冷地区的大体积混凝土，宜采用引气剂或引气减水剂。

4.2.7 拌合用水的质量应符合国家现行标准《混凝土用水标准》JGJ 63 的有关规定。

4.3 配合比设计

4.3.1 大体积混凝土配合比设计，除应符合现行国家现行标准《普通混凝土配合比设计规范》JGJ 55 外，尚应符合下列规定：

1 采用混凝土 60 d 或 90 d 强度作为指标时，应将其作为混凝土配合比的设计依据。

2 所配制的混凝土拌合物，到浇筑工作面的坍落度不宜低于 160 mm。

3 拌和水用量不宜大于 175 kg/m³。

4 粉煤灰掺量不宜超过胶凝材料用量的 40%；矿渣粉的掺量不宜超过胶凝材料用量的 50%；粉煤灰和矿渣粉掺合料的总量不宜大于混凝土中胶凝材料用量的 50%。

5 水胶比不宜大于 0.55。

6 砂率宜为 38%～42%。

7 拌合物泌水量宜小于 10 L/m³。

4.3.2 在混凝土制备前，应进行常规配合比试验，并应进行水化热、泌水率、可泵性等对大体积混凝土控制裂缝所需的技术参数的试验；必要时其配合比设计应当通过试泵送。

4.3.3 在确定混凝土配合比时，应根据混凝土的绝热温升、温控施工方案的要求等，提出混凝土制备时粗细骨料和拌和用水及入模温度控制的技术措施。

4.4 制备及运输

4.4.1 混凝土的制备量与运输能力满足混凝土浇筑工艺的要求，并应用具有生产资质的预拌混凝土生产单位，其质量应符合国家现行标准《预拌混凝土》GB/T 14902 的有关规定，并应满足施工工艺对坍落度损失、入模坍落度、入模温度等的技术要求。

4.4.2 多厂家制备预拌混凝土的工程，应符合原材料、配合比、材料计量等级相同，以及制备工艺和质量检验水平基本相同的原则。

4.4.3 混凝土拌合物的运输应采用混凝土搅拌运输车，运输车应具有防风、防晒、防雨和防寒设施。

4.4.4 搅拌运输车在装料前应将罐内的积水排尽。

4.4.5 搅拌运输车的数量应满足混凝土浇筑的工艺要求，计算方法应符合本规范附录 A 的规定。

4.4.6 搅拌运输车单程运送时间，采用预拌混凝土时，应符合国家现行标准《预拌混凝土》GB/T 14902 的有关规定。

4.4.7 搅拌运输过程中需补充外加剂或调整拌合物质量时，宜符合下列规定：

1 当运输过程中出现离析或使用外加剂进行调整时，搅拌运输车应进行快速搅拌，搅拌时间应不小于 120 s；

2 运输过程中严禁向拌合物中加水。

4.4.8 运输过程中，坍落度损失或离析严重，经补充外加剂或快速搅拌已无法恢复混凝土拌和物的工艺性能时，不得浇筑入模。

5 混凝土施工

5.1 一般规定

5.1.1 大体积混凝土施工组织设计，应包括下列主要内容：

1 大体积混凝土浇筑体温度应力和收缩应力的计算，可按奉规范附录 B "计算；

2 施工阶段主要抗裂构造措施和温控指标的确定；

3 原材料优选、配合比设计、制备与运输；

4 混凝土主要施工设备和现场总平面布置；

5 温控监测设备和测试布置图；

6 混凝土浇筑运输顺序和施工进度计划；

7 混凝土保温和保湿养护方法，其中保温覆盖层的厚度可根据温控指标的要求按本规范附录 C 计算；

8 主要应急保障措施；

9 特殊部位和特殊气候条件下的施工措施。

5.1.2 大体积混凝土工程的施工宜采用整体分层连续浇筑施工（图 5-1）或推移式连续浇筑施工（图 5-2）。

5.1.3 大体积混凝土施工设置水平施工缝时，除应符合设计要求外，尚应根据混凝土浇筑过程中温度裂缝控制的要求、混凝土的供应能力、钢筋工程的施工、预埋管件安装等因素确定其间隙时间。

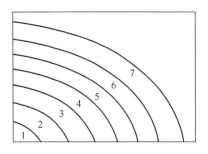

图 5-1　整体分层连续浇筑施工　　　图 5-2　推移式连续浇筑施工

5.1.4 超长大体积混凝土施工，应选用下列方法控制结构不出现有害裂缝：

1 留置变形缝：变形缝的设置和施工应符合现行国家有关标准的规定；

2 后浇带施工：后浇带的设置和施工应符合现行国家有关标准的规定；

3 跳仓法施工：跳仓的最大分块尺寸不宜大于 40m，跳仓间隔施工的时间不宜小于 7d，跳仓接缝处按施工缝的要求设置和处理。

5.1.5 大体积混凝土的施工宜规定合理的工期，在不利气候条件下应采取确保工程质量的措施。

5.2　施工技术准备

5.2.1 大体积混凝土施工前应进行图纸会审，提出施工阶段的综合抗裂措施，制订关键部位的施工作业指导书。

5.2.2 大体积混凝土施工应在混凝土的模板和支架、钢筋工程、预埋管件等工作完成并验收合格的基础上进行。

5.2.3 施工现场设施应按施工总平面布置图的要求按时完成，场区内道路应坚实平坦，必要时，应与市政、交管等部门协调，制订场外交通临时疏导方案。

5.2.4 施工现场的供水、供电应满足混凝土连续施工的需要，当有断电可能时，应有双路供电或自备电源等措施。

5.2.5 大体积混凝土的供应能力应满足混凝土连续施工的需要，不宜低于单位时间所需量的 1.2 倍。

5.2.6 用于大体积混凝土施工的设备，在浇筑混凝土前应进行全面的检修和试运转，其性能和数量应满足大体积混凝土连续浇筑的需要。

5.2.7 混凝土的测温监控设备宜按本规范的有关规定配置和布设，标定调试应正常，保温用材料应齐备，并应派专人负责测温作业管理。

5.2.8 大体积混凝土施工前，应对工人进行专业培训，并应逐级进行技术交底，同时应建立严格的岗位责任制和交接班制度。

5.3　模板工程

5.3.1 大体积混凝土的模板和支架系统除应按国家现行有关标准的规定进行强度、刚度相稳定性验算外，同时还应结合大体积混凝土的养护方法进行保温构造设计。

5.3.2 模板和支架系统在安装、使用或拆除过程中，必须采取防倾覆的临时固定措施。

5.3.3 后浇带或跳仓方留置的竖向施工缝，宜用钢板网、铁丝网或小木板拼接支模，也可用快易收口网进行支挡；后浇带的垂直支架系统宜与其他部位分开。

5.3.4 大体积混凝土的拆模时间，应满足国家现行有关标准对混凝土的强度要求混凝土浇筑体表面与大气温差不应大于 20 ℃；当模板作为保温养护措施的一部分时，其拆模时间应根据本规范规定的温控要求确定。

5.3.5 大体积混凝土有条件时宜适当延迟拆模时间，拆模后，应采取预防寒流袭击、突然降温和剧烈干燥等措施。

5.4 混凝土浇筑

5.4.1 大体积混凝土的浇筑工艺应并符合下列规定：

1 混凝土的浇筑厚度应根据所用振捣器的作用深度及混凝土的和易性确定，整体连续浇筑时宜为 300～500 mm。

2 整体分层连续浇筑或推移式连续浇筑，应缩短间歇时间，并在前层混凝土初凝之前将次层混凝土浇筑完毕。层间最长的间歇时间不应大于混凝土的初凝时间。混凝土的初凝时间应通过试验确定。当层间间隔时间超过混凝土的初凝时间时，层面应按施工缝处理。

3 混凝土浇筑宜从低处开始，沿长边方向自一端向另一端进行。当混凝土供应量有保证时，亦可多点同时浇筑。

4 混凝土宜采用二次振捣工艺。

5.4.2 大体积混凝土施工采取分层间歇浇筑混凝土时，水平施工缝的处理应符合下列规定：

1 清除浇筑表面的浮浆、软弱混凝土层及松动的石子，并均匀的露出粗骨料；

2 在上层混凝土浇筑前，应用压力水冲洗混凝土表面的污物，充分润湿，但不得有积水；

3 对非泵送及低流动度混凝土，在浇筑上层混凝土时，应采取接浆措施。

5.4.3 在大体积混凝土浇筑过程中，应采取措施防止受力钢筋、定位筋、预埋件等移位和变形，并及时清除混凝土表面的泌水。

5.4.5 大体积混凝土浇筑面应及时进行二次抹压处理。

5.5 混凝土养护

5.5.1 大体积混凝土应进行保温保湿养护，在每次混凝土浇筑完毕后，除应按普通混凝土进行常规养护外，尚应及时按温控技术措施的要求进行保温养护，并应符合下列规定：

1 应专人负责保温养护工作，并应按本规范的有关规定操作，同时应做好测试记录；

2 保湿养护的持续时间不得少于 14 d，应经常检查塑料薄膜或养护剂涂层的完整情况，保持混凝土表面湿润。

3 保温覆盖层的拆除应分层逐步进行，当混凝土的表面温度与环境最大温差小于 20 ℃时，可全部拆除。

5.5.2 在混凝土浇筑完毕初凝前，宜立即进行喷雾养护工作。

5.5.3 塑料薄膜、麻袋、阻燃保温被等，可作为保温材料覆盖混凝土和模板，必要时，可搭设挡风保温棚或遮阳降温棚。在保温养护过程中，应对混凝土浇筑体的里表温差和降温速率进行现场监测，当实测结果不满足温控指标的要求时，应及时调整保温养护措施。

5.5.4 高层建筑转换层的大体积混凝土施工，应加强进行养护，其侧模、底模的保温构造应在支模设计时确定。

5.5.5 大体积混凝土拆模后，地下结构应及时回填土；地上结构应尽早进行装饰，不宜长期暴露在自然环境中。

5.6 特殊气候条件下的施工

5.6.1 大体积混凝土施工遇炎热、冬期、大风或者雨雪天气时，必须采用保证混凝土浇筑质量的技术措施。

5.6.2 炎热天气浇筑混凝土时，宜采用遮盖、洒水、拌冰屑等降低混凝土原材料温度的措施，混凝土入模温度宜控制在 30 ℃以下。混凝土浇筑后，应及时进保湿保温养护；条件许可时，应避开高温时段浇筑混凝土。

5.6.3 冬期浇筑混凝土，宜采用热水拌和、加热骨料等提高混凝土原材料温度的措施，混凝土入模温度不宜低于 5 ℃。混凝土浇筑后，应及时进行保湿保温养护。

5.6.4 大风天气浇筑混凝土，在作业面应采取挡风措施，并增加混凝土表面的抹压次数，应及时覆盖塑料薄膜和保温材料。

5.6.5 雨雪天不宜露天浇筑混凝土，当需施工时，应采取确保混凝土质量的措施。浇筑过程中突遇大雨或大雪天气时，应及时在结构合理部位留置施工缝，并应尽快中止混凝土浇筑；对已浇筑还未硬化的混凝土应立即进行覆盖，严禁雨水直接冲刷新浇筑的混凝土。

6 温控施工的现场监测与试验

6.1 大体积混凝土浇筑体里表温差、降温速率及环境温度及温度应变的测试，在混凝土浇筑后，每昼夜可不应少于 4 次；入模温度的测量，每台班不少于 2 次。

6.2 大体积混凝土浇筑体内监测点的布置，应真实地反映出混凝土浇筑体内最高温升、里表温差、降温速率及环境温度，可按下列方式布置：

    1 监测点的布置范围应以所选混凝土浇筑体平面图对称轴线的半条轴线为测试区，在测试区内监测点按平面分层布置；

    2 在测试区内，监测点的位置与数量可根据混凝土浇筑体内温度场分布情况及温控的要求确定；

    3 在每条测试轴线上，监测点位宜不少于 4 处，应根据结构的几何尺寸布置；

    4 沿混凝土浇筑体厚度方向，必须布置外面、底面和中凡温度测点，其余测点宜按测点间距不大于 600 mm 布置；

    5 保温养护效果及环境温度监测点数量应根据具体需要确定；

    6 混凝土浇筑体的外表温度，宜为混凝土外表以内 50 mm 处的温度；

    7 混凝土浇筑体底面的温度，宜为混凝土浇筑体底面上 50 mm 处的温度。

6.3 测温元件的选择应符合以下列规定：

    1 测温元件的测温误差不应大于 0.3 ℃（25 ℃环境下）；

    2 测试范围：−30～150 ℃；

    3 绝缘电阻应大于 500 MΩ；

6.4 湿度和应变测试元件的安装及保护，应符合下列规定：

    1 测试元件安装前，必须在水下 1m 处经过浸泡 24 h 不损坏；

    2 测试元件接头安装位置应准确，固定应牢固，并与结构钢筋及固定架金属体绝热；

    3 测试元件的引出线宜集中布置，并应加以保护；

    4 测试元件周围应进行保护，混凝土浇筑过程中，下料时不得直接冲击测试测温元件及其引出线；振捣时，振捣器不得触及测温元件及引出线。

6.5 测试过程中宜及时描绘出各点的温度变化曲线和断面的温度分布曲线；

6.6 发现温控数值异常应及时报警，并应采取本应的措施。

附录1 水泥及混凝土检验员常见标准汇编（见课件）

序号	标准（规范）号	标准（规范）名称	被替代标准号	备注
第一部分 水泥类 （一）产品标准类				
1	GB 175—2007	通用硅酸盐水泥	GB 175—1999 GB 1344—1999 GB 12958—1999	
2	GB/T 21372—2008	硅酸盐水泥熟料		
3	GB 200—2003	中、低热硅酸盐水泥、低热矿渣硅酸盐水泥	GB 200—1989	见光盘
4	GB 201—2000	铝酸盐水泥	GB 201—1981 JC236—1981（1996）	见光盘
5	GB 748—2005	抗硫酸盐硅酸盐水泥	GB 748—1996	见光盘
6	GB 13693—2005	道路硅酸盐水泥	GB 13693—1992	见光盘
7	GB/T 2015—2005	白色硅酸盐水泥	GB/T 2015—1991	见光盘
8	GB 13590—2006	钢渣硅酸盐水泥	GB 13590—1992	见光盘
9	GB 2938—2008	低热微膨胀水泥		见光盘
10	GB 20472—2006	硫铝酸盐水泥		见光盘
11	GB/T 3183—2003	砌筑水泥		见光盘
12	GB 10238—2005	油井水泥	GB 10238—1998	见光盘
13	GB/T 23933—2009	镁渣硅酸盐水泥		见光盘
14	JC 740—2006	磷渣硅酸盐水泥	JC 740—1988（1996）	见光盘
15	JC/T 1082—2008	低热钢渣硅酸盐水泥	YB/T 057—1994	见光盘
16	JC/T 870—2012	彩色硅酸盐水泥	JC/T 870—2000	见光盘
17	JC/T 600—2010	石灰石硅酸盐水泥	JC 600—2002	见光盘
18	JC/T 1090—2008	钢渣砌筑水泥		见光盘
19	GB 20472—2006	硫铝酸盐水泥		见光盘
20	JC/T 311—2004	明矾石膨胀水泥		见光盘
21	JC 933—2003	快硬硫铝酸盐水泥		见光盘
（二）检测与试验方法类				
22	JC/T 312—2009	明矾石膨胀水泥化学分析方法		
23	GB 176—2008	水泥化学分析方法		

序号	标准（规范）号	标准（规范）名称	被替代标准号	备注
第一部分　水泥类　（一）产品标准类				
24	GB/T 1346—2011	水泥标准稠度用水量、凝结时间安定性检验方法		
25	GB/T 17671—1999	水泥胶砂强度检验方法（ISO法）		
26	JC/T 738—2004	水泥强度快速检验方法		见光盘
27	GB/T 2419—2005	水泥胶砂流动度测定方法		
28	GB/T 1345—2005	水泥细度检验方法筛析法		
29		水泥企业管理质量规程		
第二部分　骨料类				
30	GB/T 14684—2011	建设用砂	GB/T 14684—2001	
31	GB/T 14685—2011	建设用卵石、碎石	GB/T 14685—2001	
32	GB/T 25176—2010	混凝土和砂浆用再生细骨料		
33	GB/T 25177—2010	混凝土用再生粗骨料		
34	JGJ 52—2006	普通混凝土用砂、石质量及检验方法标准		
第三部分　掺合料类				
35	GB/T 1596—2005	用于水泥和混凝土中的粉煤灰	GB/T 1596—1991	
36	GB/T 18046—2008	用于水泥和混凝土中的高炉矿渣粉	GB/T 18046—2000	
37	JG/T 266—2011	混凝土用粒化电炉磷渣粉		
38	GB/T 20491—2006	用于水泥和混凝土的钢渣粉		
39	GB/T 27690—2011	砂浆和混凝土用硅灰		
第四部分　混凝土外加剂类				
40	GB 8075—2005	混凝土外加剂的分类、命名及定义		
41	GB 8076—2008	混凝土外加剂		
42	JG/T 223—2007	聚羧酸系高性能减水剂		
43	JC 474—2008	砂浆、混凝土防水剂		
44	JC 475—2004	防冻剂		
45	JC 477—2005	喷射混凝土用速凝剂		见光盘
46	GB 23439—2009	混凝土膨胀剂		见光盘
47	GB/T 18736—2002	高强高性能混凝土用矿物外加剂		见光盘
第五部分　混凝土用水标准				
48	JGJ 63—2006	混凝土用水标准	JGJ 63—89	
第六部分　混凝土类　（一）产品标准类				
49	GB/T 14902—2012	预拌混凝土	GB/T 14902—2003	

续表

序号	标准（规范）号	标准（规范）名称	被替代标准号	备注
50	JGJ 51—2002	轻骨料混凝土		
51	JG/T 3064—1999	钢纤维混凝土		
52	JC 861—2008	混凝土砌块（砖）砌体用灌孔混凝土	JC 861—2000	见光盘
53	JG/T 266—2011	泡沫混凝土		见光盘
		（二）检测与试验方法类		
54	GB/T 50080—2002	普通混凝土拌合物性能试验方法标准		
55	GB/T 50081—2002	普通混凝土力学性能试验方法标准		
56	GB/T 50082—2009	普通混凝土长期性能和耐久性能试验方法		
57	JGJ 193—2009	混凝土耐久性检验评定标准		
58	GB 50107—2010	混凝土强度检验评定标准		
59	GB 50164—2011	混凝土质量控制标准		
		（三）工程建设类		
60	JGJ 55—2011	普通混凝土配合比设计规程		
61	JGJ/T 10—2011	混凝土泵送施工技术规程		
62	JGJ/T 23—2011	回弹法检测混凝土抗压强度技术规程		
63	JGJ/T 281—2012	高强混凝土应用技术规程		
64	GB 50496—2009	大体积混凝土施工规范		
65	JGJ 28—1986	粉煤灰在混凝土和砂浆中应用技术规程		见光盘
66	GB/T 50146—2014	粉煤灰混凝土应用技术规范		见光盘
67	CECS 03—2007	钻芯法检测混凝土强度技术规程		见光盘
68	CECS 02—2005	超声回弹综合法检测混凝土强度技术规程		见光盘

附录 2　数值修约规则与极限数值的表示和判定
GB/T 8170—2008

1　范围

本标准规定了对数值进行修约的规则、数值极限数值的表示和判定方法，有关用语及其符号，以及将测定值与标准规定的极限数值作比较的方法。

本标准适用于科学技术与生产活动中测试和计算得出的各种数值。当所得数值需要修约时，应按本标准给出的规则进行。

本标准适用于各种标准或其他技术规范的编写和对测试结果的判定。

2　术语和定义

2.1　数值修约　rounding off for numerical values

通过省略原数值的最后若干位数字，调整所保留的末位数字，使最后得到的值最接近原数值的过程。

注：经数值修约后的数值称为（原数值的）修约值。

2.2　修约间隔　rounding interval

修约值的最小单位。

注：修约间隔的数值一经确定，修约值即为该数值的整数倍。

例 1：如指定修约间隔为 0.1，修约值应在 0.1 的整数倍中选取，相当于将数值修约到一位小数。

例 2：如指定修约间隔为 100，修约值应在 100 的整数倍中选取，相当于将数值修约到"百"位数。

2.3　极限数值　limiting values

标准（或技术规范）中规定考核的以数量形式或给出且符合该标准（或技术规范）要求的指数数值范围的界限值。

3　数值修约规则

3.1　确定修约间隔

1. 指定修约间隔为 10^{-n}（n 为正整数），或指明将数值修约到 n 位小数；

2. 指定修约间隔为 1，或指明将数值修约到"个"位小数；

3. 指定修约间隔为 10^n（n 为正整数），或指明将数值修约到 10^n 数位，或指明将数值修约到"十"、"百"、"千"……数位。

3.2　进舍规则

3.2.1　拟舍弃数字的最左一位数字小于 5，则舍去，保留其余各位数字不变。

例：将 12.1498 修约到个位数，得 12；将 12.1498 修约到一位小数，得 12.1。

3.2.2　拟舍弃数字的最左一位数字大于 5，则进一，即保留数字的末位数字加 1。

例：将 1268 修约到"百"位数，得 13×10^2（特定场合可写为 1300）。

注：本标准示例中，"特定场合"系指修约间隔明确时。

3.2.3 拟舍弃数字的最左一位数字是 5，且其后有非 0 数字时进一，即保留数字的末位数字加 1。

例：将 10.5002 修约到个位数，得 11。

3.2.4 拟舍弃数字的最左一位数字是 5，且其后无数字或皆为 0 时，若保留的末位数字为奇书（1、3、5、7、9）则进一，即保留数字的末位数字加 1；若保留的末位数字为偶数（0、2、4、6、8），则舍去。

例 1：修约间隔为 0.1（或 10^{-1}）：

拟修约值	修约值
1.050	10×10^{-1}（特定场合可写为 1.0）
0.35	4×10^{-1}（特定场合可写为 0.4）

例 2：修约间隔为 1000（或 10^3）：

拟修约值	修约值
2500	2×10^3（特定场合可写为 2000）
3500	4×10^3（特定场合可写为 4000）

3.2.5 负数修约时，先将它的绝对值按 3.2.1～3.2.4 的规定进行修约，然后在所得值前面加上负号。

例 1：将下列数字修约到"十位数"：

拟修约值	修约值
−355	-36×10（特定场合可写为 −360）
−325	-32×10（特定场合可写为 −320）

例 2：将下列数字修约到三位小数，即修约间隔为 10^{-3}：

拟修约值	修约值
−0.365	-36×10^{-3}（特定场合可写为 −0.036）

3.3 不允许连续修约

3.3.1 拟修约数字应在确定修约间隔或指定修约数位后一次修约获得结果，不得多次按 3.2 规则连续修约。

例 1：修约 97.46，修约间隔为 1。

正确的做法：97.46→97.5；不正确的做法：97.46→97.5→98。

例 2：修约 15.4546，修约间隔为 1。

正确的做法：15.4546→15；不正确的做法：15.4546→15.455→15.46→15.5→15。

3.3.2 在具体实施中，有时测试与计算部门先将获得数值按指定的修约数位多一位或几位报出，而后由其他部门判定。为避免产生连续修约的错误，应按下述步骤进行。

3.3.2.1 报出数值最右的非 0 数字为 5 时，应在数值右上角加"＋"或"－"或不加符号，分别表明已进行过舍，进或未舍未进。

例：16.50⁺ 表示实际值大于 16.50，经修约舍弃为 16.50；16.50⁻ 表示实际值小于 16.50，经修约进一为 16.50。

3.3.2.2 如对报出值需进行修约，当拟舍弃数字的最左一位数字为 5，且其后无数字或皆为 0 时，数值右上角有"＋"者进一，有"－"者舍去，其他按 3.2 的规定进行。

例1：将下列数字修约到个位数（报出值多留一位至一位小数）。

实测值	报出值	修约值
15.4546	15.5⁻	15
−15.4546	−15.5⁻	−15
16.5203	16.5⁺	17
−16.5203	−16.5⁺	−17
17.5000	17.5	18

3.4 0.5 单位修约与 0.2 单位修约

在对数值进行修约时，若有必要，也可采用 0.5 单位修约或 0.2 单位修约。

3.4.1 0.5 单位修约（半个单位修约）

0.5 单位修约是指按指定修约间隔对拟修约的数值 0.5 单位进行修约。

0.5 单位修约方法如下：将拟修约数值 X 乘以 2，按指定修约间隔对 $2X$ 依 3.2 的规定修约，所得数值（$2X$ 修约值）再除以 2。

例：将下列数字修约到"个"数位的 0.5 单位修约。

拟修约数值 X	$2X$	$2X$ 修约值	X 修约值
60.25	120.50	120	60.0
60.38	120.76	121	60.5
60.28	120.56	121	60.5
−60.75	−121.50	−122	−61.0

3.4.2 0.2 单位修约

0.2 单位修约是指按指定修约间隔对拟修约的数值 0.2 单位进行修约。

0.2 单位修约方法如下：将拟修约数值 X 乘以 5，按指定修约间隔对 $5X$ 依 3.2 的规定修约，所得数值（$5X$ 修约值）再除以 5。

例：将下列数字修约到"百"数位的 0.2 单位修约。

拟修约数值 X	$5X$	$5X$ 修约值	X 修约值
830	4150	4200	840
842	4210	4200	840
832	4160	4200	840
−930	−4650	−4600	−920

4 极限数值的表示和判定

4.1 书写极限数值的一般规则

4.1.1 标准（或其他技术规范）中规定考核的以数量形式给出的指标或参数等，应当规定极限数值。极限数值表示符合该标准要求的数值范围的界限值，它通过给出最小极限值和（或）最大极限值，或给出基本数值与极限偏差值等方式表达。

4.1.2 标准中极限数值的表示形式及书写位数应适当，其有效数字应全部写出。书写位数的表示的精确程度，应能保证产品或其他标准化对象应有的性能和质量。

4.2　表示极限数值的用语

4.2.1　基本用语

4.2.1.1　表达极限数值的基本用语见表1。

表1　表达极限数值的基本用语及符号

基本用语	符号	特定情形下的基本用语			注
大于 A	$>A$		多于 A	高于 A	测定值或计算值恰好为 A 值时不符合要求
小于 A	$<A$		少于 A	低于 A	测定值或计算值恰好为 A 值时不符合要求
大于或等于 A	$\geqslant A$	不小于 A	不少于 A	不低于 A	测定值或计算值恰好为 A 值时符合要求
小于或等于 A	$\leqslant A$	不大于 A	不多于 A	不高于 A	测定值或计算值恰好为 A 值时符合要求

注1：A 为极限数值。注2：允许采用以下习惯用语表达极限数值：(1)"超过 A"，指数值大于 A（$>A$）；(2)"不足 A"，指数值小于 A（$<A$）；(3)"A 及以上"或"至少 A"，值数值大于或等于 A（$\geqslant A$）(4)"A 及以下"或"至多 A"，指数值小于或等于 A（$\leqslant A$）。

例1：钢中磷的残量 $<0.035\%$，$A=0.035\%$。

例2：钢丝绳抗拉强度 $\geqslant 22\times 10^2$（MPa），$A=22\times 10^2$（MPa）。

4.2.1.2　基本用语可以组合使用，表示极限值范围。

对特定的考核指标 X，允许采用下列用语和符号（表2）。同一标准中一般只应使用一种符号表示方式。

表2　对特定考核指标 X，允许采用的表达极限数值的组合用语及符号

组合基本用语	组合允许用语	符　　号		
		表示方式Ⅰ	表示方式Ⅱ	表示方式Ⅲ
大于或等于 A 且小于或等于 B	从 A 到 B	$A\leqslant X\leqslant B$	$A\leqslant X\leqslant B$	$A\sim B$
大于 A 且小于或等于 B	超过 A 到 B	$A<X\leqslant B$	$A<X\leqslant B$	$>A\sim B$
大于或等于 A 且小于 B	至少 A 不足 B	$A\leqslant X<B$	$A\leqslant X<B$	$A\sim <B$
大于 A 且小于 B	超过 A 不足 B	$A<X<B$	$A<\cdot <B$	

4.2.2　带有极限偏差的数值

4.2.2.1　基本数值 A 带有绝对极限上偏差 $+b_1$ 和绝对下偏差 $-b_2$，指从 $A-b_2$ 到 $A+b_1$ 符号要求，记为 $A^{+b_1}_{-b_2}$。

注：当 $b_1=b_2=b$ 时，$A^{+b_1}_{-b_2}$ 可简记为 $A\pm b$。

例：80^{+2}_{-1} mm，指从 79 到 82 mm 符合要求。

4.2.2.2　基本数值 A 带有相当极限上偏差值 $+b_1\%$ 和相对下偏差值 $b_2\%$，指实测值或其计算值 R 对于 A 的相对偏差值 $[(R-A)/A]$ 从 $-b_2\%$ 到 $+b_1\%$ 符合要求，记为 $A^{+b_1}_{-b_2}\%$。

注：当 $b_1=b_2=b$ 时，$A^{+b_1}_{-b_2}\%$ 可记为 $A(1\pm b\%)$。

例2：510Ω（$1\pm 5\%$），指实测值或其计算值 R（Ω）对于 510Ω 的相对偏差值 $[(R-510)/510]$ 从 -5% 到 $+5\%$ 符合要求（不含 5%）。

4.2.2.3　对基本数值 A，若极限上偏差值 $+b_1$ 和极限下偏差值 $-b_2$ 使得 $A+b_1$ 和（或）$A-b_2$ 不符合要求，则应附加括号，写成 $A^{+b_1}_{-b_2}$（不含 b_1 和 b_2）或 $A^{+b_1}_{-b_2}$（不含 b_1）、$A^{+b_1}_{-b_2}$（不含 b_2）。

例1：80^{+2}_{-1}（不含 2）mm，指从 79 到接近但不足 82mm 符合要求。

例2：510Ω（$1\pm 5\%$）（不含 5%），指实测值或其计算值 R（Ω）对于 510Ω 的相对偏差

值［（$R-510$）/510］从-5%到接近但不足$+5\%$符合要求。

4.3 测定值或计算值与标准规定的极限数值作比较的方法

4.3.1 总则

4.3.1.1 在判定测定值或其计算值是否符合标准要求时，应将测试所得的测定值或其计算值与标准规定的极限数值作比较，比较的方法可采用：全数值比较法和修约值比较法。

4.3.1.2 当标准或有关文件中，若对接数值（包括带有极限偏差值的数值）无特殊规定时，均应使用全数值比较法。如规定采用修约值比较法，应在标准中加以说明。

4.3.1.3 若标准或有关文件规定了使用其中一张比较方法时，一经确定，不得改动。

4.3.2 全数值比较法

将测试所得的测定值或计算值不经修约处理（或虽经修约处理，但应标明它是经舍、进或未进未舍而得），用该数值与规定的极限数值作比较，只要超出极限数值规定的范围（不论超出程度大小），都判定为不符合要求。示例见表3。

4.3.3 修约值比较法

4.3.3.1 将测试或计算精度允许时，应先将获得的数值按指定的修约数位多一位或几位报出，然后按3.2的程序修约至归的数位。

4.3.3.2 将修约后的数值与规定的极限数值进行比较，只要超出极限数值规定的范围（不论超出程度大小），都判定为不符合要求。示例见表3。

表3 全数值比较法好修约值比较法的示例与比较

项目	极限数值	测定值或其计算值	按全数值比较是否符合要求	修约值	按修约值比较是否符合要求
中碳钢抗拉强度/MPa	≥14×100	1349	不符合	13×100	不符合
		1351	不符合	14×100	符合
		1400	符合	14×100	符合
		1402	符合	14×100	符合
NaOH的质量分数/%	≥97.0	97.01	符合	97.0	符合
		97.00	符合	97.0	符合
		96.96	不符合	97.0	符合
		96.94	符合	96.9	不符合
中碳钢的硅的质量分数/%	≤0.5	0.452	符合	1.2	符合
		0.500	不符合	1.2	符合
		0.549	不符合	1.6	符合
		0.551	不符合	1.7	不符合
中碳钢的锰的质量分数/%	1.2～1.6	1.151	不符合	1.2	符合
		1.200	符合	1.2	符合
		1.649	不符合	1.6	符合
		1.651	不符合	1.7	不符合

项目	极限数值	测定值或其计算值	按全数值比较是否符合要求	修约值	按修约值比较是否符合要求
盘条直径/mm	10.0±0.1	9.89	不符合	9.9	不符合
		9.85	不符合	9.8	符合
		10.10	符合	10.1	符合
		10.16	不符合	10.2	不符合
盘条直径/mm	10.0±0.1（不含0.1）	9.94	符合	9.9	符合
		9.86	符合	9.9	符合
		10.06	符合	10.1	不符合
		10.05	符合	10.0	符合
盘条直径/mm	10.0±0.1（不含+0.1）	9.94	符合	9.9	符合
		9.86	不符合	9.9	符合
		10.06	符合	10.1	不符合
		10.05	符合	10.0	符合
盘条直径/mm	10.0±0.1（不含-0.1）	9.94	符合	9.9	不符合
		9.86	不符合	9.9	不符合
		10.06	符合	10.1	符合
		10.05	符合	10.0	符合

注：表中的示例并不表明这类极限数值都应采用全数值比较法或修约值比较法。

4.3.4　两种判定方法的比较

对测定值或其计算值与规定的极限数值在不同情形用全数值比较法和修约值比较法的比较结果的示例见表3。对同样的极限数值，若它本身符合要求，则全数值比较法比修约值比较法相对较严格。

附录 3　标准规范变更清单